Springer Collected Works in Mathematics

More information about this series at http://www.springer.com/series/11104

David Hilbert

Gesammelte Abhandlungen III

Analysis · Grundlagen der Mathematik Physik · Verschiedenes · Lebensgeschichte

2. Auflage

Reprint of the 1970 Edition

 Springer

David Hilbert (1862 – 1943)
Universität Göttingen
Göttingen
Germany

ISSN 2194-9875
Springer Collected Works in Mathematics
ISBN 978-3-662-48785-3   (Softcover)
       978-3-662-23645-1   (Hardcover)

Library of Congress Control Number: 2012954381

Mathematics Subject Classification (2010): 79.0X, 01A75

Springer Heidelberg New York Dordrecht London

Printed on acid-free paper

Springer-Verlag GmbH Berlin Heidelberg is part of Springer Science+Business Media
(www.springer.com)

DAVID HILBERT
GESAMMELTE ABHANDLUNGEN

BAND III

ANALYSIS · GRUNDLAGEN DER MATHEMATIK
PHYSIK · VERSCHIEDENES
LEBENSGESCHICHTE

Zweite Auflage

Mit 12 Abbildungen

SPRINGER-VERLAG
BERLIN HEIDELBERG GMBH 1970

ISBN 978-3-662-23645-1   ISBN 978-3-662-25726-5 (eBook)
DOI 10.1007/978-3-662-25726-5

Library of Congress Catalog Card Number 32-23172.

Titel-Nr. 1669

Vorwort zum dritten Band.

Entgegen dem ursprünglichen Plan einer vierbändigen Ausgabe meiner Abhandlungen konnte der Abdruck meiner Arbeiten über Analysis, Physik und Grundlagen im Rahmen dieses dritten Bandes erfolgen und mit ihm die Ausgabe abgeschlossen werden. Dies wurde durch Verzicht auf den Abdruck der als Sonderdruck in Buchform veröffentlichten Abhandlungen über Integralgleichungen ermöglicht. Ebenso wurde von der Aufnahme derjenigen Abhandlungen zur Grundlegung der Mathematik, welche bereits als Anhänge in meinem Buch über Grundlagen der Geometrie abgedruckt sind, abgesehen.

An Stelle der so entstandenen Lücken haben Herr HELLINGER eine zusammenfassende Darstellung meiner Arbeiten über Integralgleichungstheorie und die daran anschließende Entwicklung, Herr BERNAYS eine solche Darstellung über die Arbeiten zur Grundlegung der Mathematik gegeben. Die Arbeiten über Strahlungstheorie sind in freundlicher Weise von Herrn KRATZER einer Durchsicht unterzogen worden.

Der vorliegende Band enthält ferner einen biographischen Aufsatz aus der Feder von Herrn BLUMENTHAL.

Allen diesen Herren sowie Herrn HELMUT ULM, dem Generalredakteur auch für diesen Band, und Herrn ARNOLD SCHMIDT spreche ich für ihre Mitarbeit, für ihre kommentierenden Anmerkungen usw. meinen herzlichsten Dank aus.

Endlich gebührt nochmals mein herzlichster Dank der Verlagsbuchhandlung Julius Springer und ihrem großzügigen Leiter Dr. FERDINAND SPRINGER für das überaus große Entgegenkommen bei der Fertigstellung dieser Ausgabe.

Göttingen, September 1935.

DAVID HILBERT.

Inhaltsverzeichnis.

1. Über die stetige Abbildung einer Linie auf ein Flächenstück[1].

[Mathem. Annalen Bd. 38, S. 459—460 (1891).]

PEANO hat kürzlich in den Mathematischen Annalen[2] durch eine arithmetische Betrachtung gezeigt, wie die Punkte einer Linie stetig auf die Punkte
eines Flächenstückes abgebildet werden können. Die für eine solche Abbildung
erforderlichen Funktionen lassen sich in übersichtlicherer Weise herstellen,
wenn man sich der folgenden geometrischen Anschauung bedient. Die abzu-
bildende Linie — etwa eine Gerade von der Länge 1 — teilen wir zunächst in
4 gleiche Teile 1, 2, 3, 4 und das Flächenstück, welches wir in der Gestalt eines
Quadrates von der Seitenlänge 1 annehmen, teilen wir durch zwei zu einander
senkrechte Gerade in 4 gleiche Quadrate 1, 2, 3, 4 (Abb. 1). Zweitens teilen wir

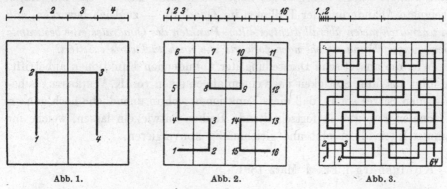

Abb. 1.   Abb. 2.   Abb. 3.

jede der Teilstrecken 1, 2, 3, 4 wiederum in 4 gleiche Teile, so daß wir auf der
Geraden die 16 Teilstrecken 1, 2, 3, ..., 16 erhalten; gleichzeitig werde jedes
der 4 Quadrate 1, 2, 3, 4 in 4 gleiche Quadrate geteilt und den so entstehenden
16 Quadraten werden dann die Zahlen 1, 2, ..., 16 eingeschrieben, wobei jedoch die Reihenfolge der Quadrate so zu wählen ist, daß jedes folgende Quadrat
sich mit einer Seite an das vorhergehende anlehnt (Abb. 2). Denken wir uns
dieses Verfahren fortgesetzt — Abb. 3 veranschaulicht den nächsten Schritt —,

---

[1] Vgl. eine Mitteilung über denselben Gegenstand in den Verhandlungen der Gesellschaft deutscher Naturforscher und Ärzte. Bremen 1890.

[2] Bd. 36, S. 157.

so ist leicht ersichtlich, wie man einem jeden gegebenen Punkte der Geraden einen einzigen bestimmten Punkt des Quadrates zuordnen kann. Man hat nur nötig, diejenigen Teilstrecken der Geraden zu bestimmen, auf welche der gegebene Punkt fällt. Die mit den nämlichen Zahlen bezeichneten Quadrate liegen notwendig in einander und schließen in der Grenze einen bestimmten Punkt des Flächenstückes ein. Dies sei der dem gegebenen Punkte zugeordnete Punkt. *Die so gefundene Abbildung ist eindeutig und stetig und umgekehrt einem jeden Punkte des Quadrates entsprechen ein, zwei oder vier Punkte der Linie.* Es erscheint überdies bemerkenswert, daß durch geeignete Abänderung der Teillinien in dem Quadrate sich leicht *eine eindeutige und stetige Abbildung finden läßt, deren Umkehrung eine nirgends mehr als dreideutige ist.*

Die oben gefundenen abbildenden Funktionen sind zugleich einfache Beispiele für überall stetige und nirgends differenzierbare Funktionen.

Die mechanische Bedeutung der erörterten Abbildung ist folgende: *Es kann sich ein Punkt stetig derart bewegen, daß er während einer endlichen Zeit sämtliche Punkte eines Flächenstückes trifft.* Auch kann man — ebenfalls durch geeignete Abänderung der Teillinien im Quadrate — zugleich bewirken, *daß in unendlich vielen überall dichtverteilten Punkten des Quadrates eine bestimmte Bewegungsrichtung sowohl nach vorwärts wie nach rückwärts existiert.*

Was die analytische Darstellung der abbildenden Funktionen anbetrifft, so folgt aus ihrer Stetigkeit nach einem allgemeinen von K. WEIERSTRASS bewiesenen Satze[1] sofort, daß diese Funktionen sich in unendliche nach ganzen rationalen Funktionen fortschreitende Reihen entwickeln lassen, welche im ganzen Intervall absolut und gleichmäßig konvergieren.

Königsberg i. Pr., 4. März 1891.

---

[1] Vgl. Sitzungsber. der Akademie der Wissenschaften zu Berlin, 9. Juli 1885, S. 326.

2. Über die Entwicklung einer beliebigen analytischen Funktion einer Variablen in eine unendliche nach ganzen rationalen Funktionen fortschreitende Reihe.

[Göttinger Nachrichten 1897, S. 63—70.]

In der vorliegenden Note soll der folgende Satz bewiesen werden:

Es sei in der Ebene der komplexen Variablen z irgend ein endliches, einfach zusammenhängendes und die Ebene nirgends mehrfach überdeckendes Gebiet J und ferner eine im Inneren dieses Gebietes J überall reguläre analytische Funktion f(z) der komplexen Variablen z vorgelegt: dann läßt sich diese Funktion f(z) stets in eine unendliche Reihe

$$f(z) = G_1(z) + G_2(z) + G_3(z) + \cdots$$

entwickeln, welche in der Umgebung jedes Punktes im Inneren von J gleichmäßig konvergiert und deren Glieder $G_1(z), G_2(z), G_3(z), \ldots$ sämtlich ganze rationale Funktionen von z sind.

Wir denken uns das Gebiet J durch eine Kurve begrenzt, die aus endlich vielen Stücken mit stetig sich ändernden Tangenten und Krümmungen besteht, wenngleich diese beschränkende Annahme für das Folgende keine wesentliche ist. Unter dem Inneren des Gebietes J verstehen wir die innerhalb J und nicht auf der Grenzkurve von J gelegenen Punkte. Auch sei bemerkt, daß der Satz noch gültig bleibt, wenn das Gebiet J sich ins Unendliche hin erstreckt; nur muß dann der unendlichferne Punkt selbst zur Begrenzung des Gebietes J gehören. Die analytische Funktion f(z) darf auf der Grenzkurve und außerhalb des Gebietes J beliebige Singularitäten besitzen. So gestattet beispielsweise nach der eben erwähnten Erweiterung des aufgestellten Satzes jede der Funktionen $\frac{1}{z}$, $\sqrt{z}$, $l(z)$ eine Entwicklung in eine unendliche Reihe, die nach ganzen rationalen Funktionen fortschreitet und in der ganzen Ebene gleichmäßig konvergiert, wenn man allein die Punkte der positiven Achse der reellen Zahlen ausnimmt.

Die Forderungen des einfachen Zusammenhanges von J und der einfachen Überdeckung der Ebene durch J sind offenbar notwendig, wenn jede in J reguläre Funktion die verlangte Entwicklung gestatten soll.

Es ist nicht schwer, *die Funktion f(z) in eine unendliche, innerhalb J gleich-*

1*

mäßig konvergente Reihe von der Form

$$f(z) = R_1(z) + R_2(z) + R_3(z) + \cdots$$

zu entwickeln, wo $R_1, R_2, R_3, \ldots$ *rationale, innerhalb* J *reguläre Funktionen sind.* Um dies zu erkennen, bezeichnen wir mit $\zeta_1^{(1)}$ einen beliebigen Punkt auf der Grenze von J, mit $\zeta_1^{(2)}, \zeta_2^{(2)}$ ein System von zwei Punkten auf der Grenze von J, mit $\zeta_1^{(3)}, \zeta_2^{(3)}, \zeta_3^{(3)}$ ein System von drei Punkten auf der Grenze von J usw., derart, daß die Punkte eines jeden Systems in der Weise geordnet sind, wie sie beim Durchlaufen der Grenzkurve aufeinander folgen und daß schließlich die Punkte der Systeme an jeder Stelle der Grenzkurve von J sich verdichten; es ist dann, vorausgesetzt, daß $f(z)$ in jedem Punkte der Grenzkurve von J sich regulär verhält

$$f(z) = \frac{1}{2i\pi} \int\limits_{(J)} \frac{f(\zeta)}{\zeta - z} \, d\zeta = \frac{1}{2i\pi} \mathop{\mathrm{L}}_{h=\infty} \left\{ \sum_{(k=1,2,\ldots,h-1)} \frac{f(\zeta_k^{(h)})(\zeta_{k+1}^{(h)} - \zeta_k^{(h)})}{\zeta_k^{(h)} - z} \right\},$$

wo das Integral in positiver Richtung längs der Begrenzung von J zu erstrecken ist. Setzen wir daher

$$S_h(z) = \frac{1}{2i\pi} \sum_{(k=1,2,\ldots,h-1)} \frac{f(\zeta_k^{(h)})(\zeta_{k+1}^{(h)} - \zeta_k^{(h)})}{\zeta_k^{(h)} - z},$$

so folgt die unendliche Reihenentwicklung

$$f(z) = S_1(z) + [S_2(z) - S_1(z)] + [S_3(z) - S_2(z)] + \cdots,$$

deren Glieder rationale Funktionen von z sind. Besitzt $f(z)$ auf der Grenzkurve des Gebietes J Singularitäten, so ist noch eine Hilfsbetrachtung erforderlich, wie sie dem bei III am Schluß dieser Note dargelegten Verfahren entspricht.

Aus der eben bewiesenen Tatsache kann der zu Anfang aufgestellte Satz für den Fall geschlossen werden, daß das Gebiet J *überall konvex nach außen gekrümmt ist.* In der Tat unter dieser Voraussetzung läßt sich durch jeden Punkt $\zeta_k^{(h)}$ ein Kreis legen, welcher das Gebiet J umschließt. Ist $z = c_k^{(h)}$ der Mittelpunkt eines solchen Kreises, so möge die Funktion $\frac{1}{\zeta_k^{(h)} - z}$ in eine unendliche nach steigenden Potenzen von $z - c_k^{(h)}$ fortschreitende Reihe entwickelt werden. Indem wir dann genügend viele Glieder dieser Potenzreihe in Anspruch nehmen, erkennen wir, daß die Funktion $\frac{1}{\zeta_k^{(h)} - z}$ und folglich auch die Funktionen $S_1(z), S_2(z), S_3(z), \ldots$ sämtlich für jeden Punkt innerhalb J mit beliebiger Genauigkeit durch ganze rationale Funktionen angenähert werden können.

Weit schwieriger ist der Nachweis unseres Satzes für ein beliebiges Gebiet J.

Wir verstehen im folgenden unter einer Lemniskate L eine jede solche geschlossene Kurve in der Ebene der komplexen Variablen z, in deren Innerem sich eine gewisse Anzahl n von einander verschiedener Punkte $z = c$, $z = c_1$, $\ldots$, $z = c_{n-1}$ derart bestimmen lassen, daß die n Abstände eines beliebigen Punktes der Kurve von $z = c$, $z = c_1$, $\ldots$, $z = c_{n-1}$ ein konstantes Produkt R besitzen. Die Gleichung der Lemniskate L ist demnach

$$|z - c| \, |z - c_1| \cdots |z - c_{n-1}| = R. \tag{1}$$

Wir führen nun den Nachweis des aufgestellten Satzes in drei Schritten:

I. *Der zu Anfang dieser Note aufgestellte Satz gilt, falls die Grenzkurve des Gebietes J eine Lemniskate L ist.*

Um dies einzusehen, nehmen wir an, es seien $z = c$, $z = c_1$, $\ldots$, $z = c_{n-1}$ die n von einander verschiedenen Punkte innerhalb der Lemniskate L, derart, daß (1) die Gleichung der Lemniskate L vorstellt. Setzen wir

$$\zeta = (z - c)(z - c_1) \cdots (z - c_{n-1}), \tag{2}$$

so ergibt sich hieraus durch Umkehrung z als algebraische Funktion von ζ und die n Zweige $z, z_1, \ldots, z_{n-1}$ dieser Funktion gestatten in der Umgebung der Stelle $\zeta = 0$ Entwicklungen von der Form

$$\left. \begin{aligned} z \phantom{_{n-1}} &= c \phantom{_{n-1}} + c' \zeta \phantom{_{n-1}} + c'' \zeta^2 + \cdots \\ z_1 \phantom{_{n}} &= c_1 \phantom{_{n}} + c_1' \zeta \phantom{_{n}} + c_1'' \zeta^2 + \cdots \\ & \cdots\cdots\cdots\cdots\cdots\cdots \\ z_{n-1} &= c_{n-1} + c_{n-1}' \zeta + c_{n-1}'' \zeta^2 + \cdots \end{aligned} \right\} \tag{3}$$

Diese n Potenzreihen mögen sämtlich in einem Kreise mit dem Radius $r (< R)$ um den Anfangspunkt der ζ-Ebene konvergieren.

Die Diskriminante der Gleichung n-ten Grades in z

$$(z - c)(z - c_1) \cdots (z - c_{n-1}) - \zeta = 0 \tag{4}$$

ist eine ganze rationale Funktion von ζ und wird, wenn wir in ihr für ζ den Wert aus (2) eintragen, eine ganze rationale Funktion der Veränderlichen z; es besteht also, wenn wir diese ganze rationale Funktion von z mit $D(z)$ bezeichnen, für jene n Zweige die vermöge (3) in ζ identische Relation

$$(z - z_1)^2 (z - z_2)^2 \cdots (z - z_{n-1})^2 (z_1 - z_2)^2 \cdots (z_{n-2} - z_{n-1})^2 = D(z). \tag{5}$$

Nunmehr sei $f(z)$ die gegebene innerhalb J reguläre analytische Funktion von z: dann läßt sich stets eine ganze rationale Funktion $G(z)$ bestimmen, so daß innerhalb J der Quotient

$$\varphi(z) = \frac{f(z) - G(z)}{D(z)} \tag{6}$$

eine reguläre analytische Funktion von z wird; man hat, um dies zu erreichen, nur nötig, $G(z)$ so zu wählen, daß $f(z) - G(z)$ alle innerhalb J gelegenen Punkte, in denen $D(z)$ von der m-ten Ordnung verschwindet, als Nullstellen m-ter oder höherer Ordnung aufweist.

Wir betrachten nun, indem wir für $z, z_1, \ldots, z_{n-1}$ die Entwicklungen (3) benutzen, die n Ausdrücke

$$
\left.
\begin{aligned}
\varphi(z) + \quad \varphi(z_1) + \cdots + \quad \varphi(z_{n-1}) &= \Phi(\zeta), \\
z\,\varphi(z) + \quad z_1\,\varphi(z_1) + \cdots + z_{n-1}\varphi(z_{n-1}) &= \Phi'(\zeta), \\
z^2\,\varphi(z) + \quad z_1^2\,\varphi(z_1) + \cdots + z_{n-1}^2\,\varphi(z_{n-1}) &= \Phi''(\zeta), \\
\cdots \cdots \cdots \cdots \cdots \cdots \cdots \cdots \cdots \cdots \\
z^{n-1}\varphi(z) + z_1^{n-1}\,\varphi(z_1) + \cdots + z_{n-1}^{n-1}\,\varphi(z_{n-1}) &= \Phi^{(n-1)}(\zeta)
\end{aligned}
\right\}
\quad (7)
$$

als Funktionen von ζ. Da die Potenzreihen (3) für $|\zeta| < r$ konvergieren, so sind diese Funktionen sicherlich regulär im Inneren des Kreises mit dem Radius r um den Nullpunkt der ζ-Ebene. Lassen wir nun die Variabele ζ sich beliebig innerhalb des konzentrischen Kreises mit dem Radius $R(> r)$ bewegen, so werden die vermöge (2) entsprechenden Werte der n Zweige z, z_1, $\ldots, z_{n-1}$ in der z-Ebene sämtlich durch Punkte innerhalb der Lemniskate (1) dargestellt, und hieraus folgt, daß die Funktionen $\Phi(\zeta), \Phi'(\zeta), \ldots, \Phi^{n-1}(\zeta)$ gewiß in das Innere des Kreises mit dem Radius R fortsetzbar sind. Da sich ferner die n Zweige (3) bei der Umkreisung der Verzweigungspunkte in der ζ-Ebene nur unter einander vertauschen, so sind die Funktionen $\Phi(\zeta), \Phi'(\zeta)$, $\ldots, \Phi^{(n-1)}(\zeta)$ innerhalb des Kreises mit dem Radius R eindeutige Funktionen von ζ. Endlich sind wegen (4) $z, z_1, \ldots, z_{n-1}$ die Zweige einer *ganzen* algebraischen Funktion von ζ und mithin sind $\Phi(\zeta), \Phi'(\zeta), \ldots, \Phi^{(n-1)}(\zeta)$ im Inneren des Kreises mit dem Radius R überall endlich und stetig. Hieraus folgt, daß diese Funktionen innerhalb des Kreises mit dem Radius R sich regulär verhalten; entwickeln wir sie also in unendliche Reihen nach aufsteigenden Potenzen von ζ, so konvergieren diese Reihen für $|\zeta| < R$.

Die Gleichungen (7) liefern, wie man leicht durch Elimination von $\varphi(z_1)$, $\ldots, \varphi(z_{n-1})$ und mit Rücksicht auf (5) erkennt, eine Relation von der Gestalt

$$
D(z)\,\varphi(z) = H(z; z_1, \ldots, z_{n-1})\,\Phi(\zeta) + H'(z; z_1, \ldots, z_{n-1})\,\Phi'(\zeta) + \cdots
$$
$$
\cdots + H^{(n-1)}(z; z_1, \ldots, z_{n-1})\,\Phi^{(n-1)}(\zeta), \quad (8)
$$

worin $H, H', \ldots, H^{(n-1)}$ ganze rationale Funktionen von $z, z_1, \ldots, z_{n-1}$ bedeuten, die in $z_1, \ldots, z_{n-1}$ symmetrisch ausfallen. Berücksichtigen wir, daß vermöge (4) jede ganze rationale symmetrische Funktion von $z_1, \ldots, z_{n-1}$ als ganze rationale Funktion von z dargestellt werden kann, so ergibt sich wegen (6) aus der Gleichung (8) eine Relation von der Gestalt

$$
f(z) = G(z) + K(z)\,\Phi(\zeta) + K'(z)\,\Phi'(\zeta) + \cdots + K^{(n-1)}(z)\,\Phi^{(n-1)}(\zeta), \quad (9)
$$

wo $K, K', \ldots, K^{(n-1)}$ ganze rationale Funktionen von z sind. Hierin denken wir uns rechter Hand für ζ den Ausdruck (2) in z eingesetzt; dann haben wir in (9) eine Reihenentwicklung von der verlangten Art und der Beweis für die Behauptung I ist damit erbracht.

II. *Wenn J ein durch eine geschlossene doppelpunktlose Kurve begrenztes Gebiet der z-Ebene und J_1 ein im Innern von J gelegenes Gebiet von der nämlichen Beschaffenheit ist, so daß die Grenzkurven von J und J_1 keinen Punkt mit einander gemein haben, so gibt es stets innerhalb J eine Lemniskate L, die das Gebiet J_1 umschließt und die weder mit der Grenzkurve von J noch mit derjenigen von J_1 einen Punkt gemein hat.*

Um diese Behauptung zu beweisen, nehmen wir wiederum an, daß die Grenzkurven von J und J_1 aus endlich vielen aneinander gereihten Kurvenstücken zusammengesetzt sind, deren jedes eine stetig sich ändernde Tangente und Krümmung besitzt. Die Gesamtlänge der Grenzkurve von J_1 sei l. Wir wählen auf J_1 einen beliebigen Punkt $z = c$ als Anfangspunkt und bezeichnen die Bogenlänge der Grenzkurve des Gebietes J_1 vom Punkte c bis zu einem beliebigen Punkte dieser Grenzkurve mit s, so daß durch die Werte des zwischen 0 und l variierenden Parameters s die Punkte der Grenzkurve von J_1 eindeutig bestimmt sind. Auf Grund des Schwarz-Neumannschen alternierenden Verfahrens und mit Hinzuziehung bekannter Sätze der Potentialtheorie[1] folgt, daß es eine stetige Funktion $\delta(s)$ der reellen Veränderlichen s gibt, die keine negativen Werte annimmt und überdies folgende Eigenschaften aufweist: wenn wir mit p einen beliebigen Punkt außerhalb J_1, ferner mit $E(p, s)$ die geradlinige Entfernung des Punktes p bis zum Punkte s auf der Grenzkurve von J_1 bezeichnen und dann das Integral

$$V(p) = \int\limits_0^l l\,E(p, s)\,\delta(s)\,ds$$

bilden, so stellt dasselbe ein logarithmisches Potential dar, welches sich einem gewissen konstanten Werte γ unbegrenzt nähert, wenn der Punkt p nach irgend einem Punkte s der Grenzkurve von J_1 rückt; es ist endlich

$$\int\limits_0^l \delta(s)\,ds = 1.$$

Die so beschaffene Funktion $\delta(s)$ stellt die Dichtigkeit der Massenverteilung auf der Grenzkurve von J_1 dar, welche C. Neumann[2] die Minimalverteilung oder die natürliche Belegung nennt.

Es sei $\varkappa$ der kleinste Wert, den $V(p)$ annimmt, wenn p auf der Grenzkurve des Gebietes J wandert; dann ist notwendig $\varkappa > \gamma$. Wir setzen $\mu = \dfrac{\varkappa + \gamma}{2}$ und bestimmen eine positive Zahl ε, so daß $\mu + \varepsilon < \varkappa$ und $\mu - \varepsilon > \gamma$ wird. Bezeichnen wir den Ort aller Punkte p, für welche $V(p) = \mu + \varepsilon$ ist, mit $O^{(+)}$ und den Ort aller Punkte p, für welche $V(p) = \mu - \varepsilon$ ist, mit $O^{(-)}$, so ist $O^{(+)}$

---

[1] Vgl. A. Harnack: Theorie des logarithmischen Potentials. § 27. Leipzig 1887.

[2] Vgl. Untersuchungen über das logarithmische und Newtonsche Potential. Kap. III, § 9. Leipzig 1877.

eine geschlossene im Innern von J gelegene Kurve, und $O^{(-)}$ eine geschlossene im Innern von $O^{(+)}$ gelegene Kurve, welche J_1 umschließt.

Nunmehr bezeichnen wir mit n eine beliebige ganze rationale Zahl (> 1) und bestimmen auf der Grenzkurve von J_1 die $n - 1$ aufeinander folgenden Punkte $s = s_1, \ldots, s = s_{n-1}$ derart, daß

$$\int\limits_0^{s_1} \delta(s)\, ds = \frac{1}{n}, \quad \int\limits_{s_1}^{s_2} \delta(s)\, ds = \frac{1}{n}, \quad \ldots, \quad \int\limits_{s_{n-2}}^{s_{n-1}} \delta(s)\, ds = \frac{1}{n}$$

wird. Auf Grund der Definition des bestimmten Integrals ist, da sich jene Punkte für unendlich wachsendes n überall auf der Kurve verdichten,

$$V(p) = \mathop{\mathrm{L}}\limits_{n=\infty} \frac{1}{n} \{l\, E(p, 0) + l\, E(p, s_1) + \cdots + l\, E(p, s_{n-1})\}.$$

Wegen dieses Umstandes läßt sich die ganze rationale Zahl n so groß wählen, daß für jeden Punkt p des durch $O^{(+)}$ und $O^{(-)}$ begrenzten ringförmigen Gebietes die Ungleichungen

$$\varepsilon > V(p) - \frac{1}{n} \{l\, E(p, 0) + l\, E(p, s_1) + \cdots + l\, E(p, s_{n-1})\} > -\varepsilon$$

erfüllt sind. Ist diese Wahl getroffen, so folgt leicht, daß der Ort der Punkte p, für welche

$$\frac{1}{n} \{l\, E(p, 0) + l\, E(p, s_1) + \cdots + l\, E(p, s_{n-1})\} = \mu \tag{10}$$

ist, eine geschlossene Kurve darstellt, die in dem durch $O^{(+)}$ begrenzten Gebiete verläuft und das durch $O^{(-)}$ begrenzte Gebiet umschließt. Bezeichnen wir die den Punkten p, $s = 0$, $s = s_1, \ldots, s = s_{n-1}$ entsprechenden komplexen Zahlen bzw. mit $z, c, c_1, \ldots, c_{n-1}$, so können wir die Gleichung (10) in die Form

$$|z - c|\, |z - c_1| \ldots |z - c_{n-2}| = e^{n\mu}$$

bringen und hieraus erkennen wir, daß jene Kurve eine Lemniskate ist. Diese Lemniskate hat die Beschaffenheit, welche in II verlangt wurde.

III. Um nun den zu Anfang dieser Note aufgestellten Satz *für jedes beliebige, einfach zusammenhängende, und die Ebene nirgends mehrfach bedeckende Gebiet J* zu beweisen, bestimmen wir irgend ein unendliches System von Gebieten $J_1, J_2, J_3, \ldots$, welche sämtlich im Inneren des Gebietes J liegen und die so in einander geschachtelt sind, daß J_1 im Inneren von J_2, J_2 im Inneren von J_3, J_3 im Inneren von J_4 liegt, usw.; dabei sollen die Grenzkurven der Gebiete $J, J_1, J_2, \ldots$ keinen Punkt miteinander gemein haben, und endlich soll jeder Punkt, welcher im Inneren von J liegt, von einem genügend großen h ab, in jedem Gebiete J_h jenes Systems gelegen sein, so daß der Gebietsteil der z-Ebene, welche von den Gebieten $J_1, J_2, J_3, \ldots$ insgesamt bedeckt wird, mit dem Innern des Gebietes J genau übereinstimmt.

Nach II ist es möglich, eine Lemniskate zu konstruieren, welche im Innern von J verläuft und J_1 umschließt; wir bezeichnen eine solche Lemniskate mit L_1. Ferner sei L_2 eine Lemniskate, welche im Innern von J verläuft und J_2 umschließt; L_3 sei eine solche, die innerhalb J verläuft und J_3 umschließt, usw. Es sei $f(z)$ die in J zu entwickelnde Funktion. Da nach I unser Satz für die durch $L_1, L_2, L_3, \ldots$ begrenzten Gebiete gilt, so läßt sich die Funktion $f(z)$ bzw. in $J_1, J_2, J_3, \ldots$ mittels ganzer rationaler Funktionen beliebig genau annähern; es gibt also insbesondere gewiß eine ganze rationale Funktion $G_1(z)$, so daß für sämtliche in J_1 gelegenen Punkte z die Gleichung

$$| f(z) - G_1(z) | < 1$$

erfüllt ist; desgleichen gibt es eine ganze rationale Funktion $G_2(z)$, so daß für sämtliche in J_2 gelegenen Punkte z die Ungleichung

$$| f(z) - G_2(z) | < \tfrac{1}{2}$$

gilt; allgemein sei $G_h(z)$ eine ganze rationale Funktion von z, so daß für sämtliche in J_h gelegenen Punkte

$$| f(z) - G_h(z) | < \frac{1}{h}$$

ausfällt. Dann haben wir

$$f(z) = \underset{h=\infty}{L}\, G_h(z) = G_1(z) + [G_2(z) - G_1(z)] + [G_3(z) - G_2(z)] + \cdots$$

und hiermit ist der zu Anfang aufgestellte Satz vollständig bewiesen.

Göttingen, den 6. März 1897.

3. Über das Dirichletsche Prinzip[1].

[J. reine angew. Math. Bd. 129, S. 63—67 (1905).]

Das Dirichletsche Prinzip ist eine Schlußweise, welche DIRICHLET — durch einen Gedanken von GAUSS veranlaßt — zur Lösung der sogenannten Randwertaufgabe angewandt hat, und die sich kurz wie folgt charakterisieren läßt. Man errichte auf der xy-Ebene in den Punkten der gegebenen Randkurve Lote und trage áuf diesen die betreffenden Randwerte ab. Unter den Flächen $z = f(x, y)$, die von der so entstehenden Raumkurve berandet sind, denke man sich eine solche Fläche ausgesucht, für welche der Wert des Integrals

$$J(f) = \iint \left\{ \left(\frac{\partial f}{\partial x}\right)^2 + \left(\frac{\partial f}{\partial y}\right)^2 \right\} dx\, dy$$

ein Minimum ist. Diese Fläche ist, wie man leicht vermöge der Variationsrechnung zeigt, notwendig eine Potentialfläche. Mit dem Hinweise auf eine Betrachtung solcher Art hat RIEMANN den Beweis der Existenz der Lösung der Randwertaufgabe für erledigt gehalten und dann unbedenklich seine großartige Theorie der Abelschen Funktionen hierauf begründet.

---

[1] Abdruck eines Vortrages aus dem Jahresbericht der Deutschen Mathematiker-Vereinigung, VIII, 1900, S. 184—188. Meine hier skizzierten Methoden sind seitdem für einfache Integrale in der Inauguraldissertation von CH. A. NOBLE (Eine neue Methode in der Variationsrechnung. Göttingen 1901. Dissertationen-Verzeichnis Nr. 16) und für gewisse Fälle von Doppelintegralen in der Inauguraldissertation von E. R. HEDRIK (Über den analytischen Charakter der Lösungen von Differentialgleichungen. Göttingen 1901. D. V. Nr. 14) ausgeführt worden. Für den Fall des einfachen Integrals vgl. noch die wohldurchdachte Darstellung meiner Methode in dem vor kurzem erschienenen Werke von O. BOLZA (Lectures on the calculus of variations. Chicago 1904) sowie eine künftig in den Mathematischen Annalen erscheinende Abhandlung von C. CARATHÉODORY, in der eine wesentliche Ausdehnung der Gültigkeit meiner Methode dargelegt werden wird (Math. Ann. Bd. 62, S. 449—503).

Ein von der obigen Methode verschiedenes, dem Dirichletschen Prinzipe nachgebildetes Verfahren zur Lösung der Randwertaufgabe in der Potentialtheorie habe ich in der Festschrift zur Feier des 150jährigen Bestehens der Kgl. Gesellschaft der Wissenschaften zu Göttingen 1901 (abgedruckt in den Math. Ann. Bd. 59, S. 161—186, dieser Band Abh. Nr. 4) dargelegt. Vgl. endlich die soeben erschienene Abhandlung von M. MASON: J. de Math. Bd. 10 (1904), in der der Verfasser das in seiner Göttinger Dissertation nach meinen Angaben dargelegte Verfahren zum Nachweis der Existenz einer Minimalfunktion auf den Fall zweier unabhängiger Veränderlichen überträgt.

Es ist zuerst von WEIERSTRASS erkannt worden, daß die hier angewandte Schlußweise des Dirichletschen Prinzips nicht stichhaltig ist: in der Tat, wäre nur eine endliche Anzahl von Zahlwerten vorgelegt, so dürften wir ohne weiteres schließen, daß es unter ihnen einen kleinsten Zahlwert gibt; unter einer unbegrenzten Anzahl von Zahlwerten jedoch braucht ein kleinster Zahlwert nicht notwendig vorhanden zu sein; es bedarf vielmehr eines besonderen Beweises, daß in dem erörterten Falle tatsächlich eine Fläche $z = f(x, y)$ existiert, für welche der zugehörige Integralwert $J(f)$ ein kleinster ist.

Die wichtigen Untersuchungen von C. NEUMANN, H. A. SCHWARZ und H. POINCARÉ haben gezeigt, daß unter gewissen sehr allgemeinen Voraussetzungen über die Natur der Randkurve und der Randwerte die Randwertaufgabe gewiß lösbar ist, und dadurch ist auf dem umgekehrten Wege die Existenz jener Minimalfunktion $f(x, y)$ sichergestellt.

Das Dirichletsche Prinzip verdankte seinen Ruhm der anziehenden Einfachheit seiner mathematischen Grundidee, dem unleugbaren Reichtum der möglichen Anwendungen auf reine und physikalische Mathematik und der ihm innewohnenden Überzeugungskraft. Aber seit der Weierstraßschen Kritik fand das Dirichletsche Prinzip nur noch historische Würdigung und erschien jedenfalls als Mittel zur Lösung der Randwertaufgabe abgetan. Bedauernd spricht C. NEUMANN aus, daß das so schöne und dereinst so viel benutzte Dirichletsche Prinzip jetzt wohl für immer dahingesunken sei; nur A. BRILL und M. NOETHER rufen neue Hoffnung in uns wach, indem sie der Überzeugung Ausdruck geben, daß das Dirichletsche Prinzip, gewissermaßen der Natur nachgebildet, vielleicht in modifizierter Fassung einmal eine Wiederbelebung erfährt.

Das Folgende ist ein Versuch der Wiederbelebung des Dirichletschen Prinzips.

Indem wir bedenken, daß die Dirichletsche Aufgabe nur eine besondere Aufgabe der Variationsrechnung ist, gelangen wir dazu, das Dirichletsche Prinzip in folgender allgemeinerer Form auszusprechen:

Eine jede reguläre[1] Aufgabe der Variationsrechnung besitzt eine Lösung, sobald hinsichtlich der Natur der gegebenen Grenzbedingungen geeignete einschränkende Annahmen erfüllt sind und nötigenfalls der Begriff der Lösung eine sinngemäße Erweiterung erfährt.

Wie uns dieses Prinzip als Leitstern zur Auffindung von strengen und einfachen Existenzbeweisen dienen kann, zeigen folgende zwei Beispiele:

---

[1] Vgl. meinen auf dem Pariser Kongreß 1900 gehaltenen Vortrag: Mathematische Probleme (Nr. 19). Arch. Math. u. Phys. R. III, dieser Band Abh. Nr. 17 sowie die zwei Abhandlungen von S. BERNSTEIN: Sur la nature analytique des solutions des équations aux dérivées partielles du second ordre, Math. Ann. Bd. 59, S. 20—76 u. Sur la déformation des surfaces, Math. Ann. Bd. 60, S. 434—436.

I. Auf einer gegebenen Fläche $z = f(x, y)$ zwischen zwei gegebenen Punkten P und $P^{(1)}$ die kürzeste Linie zu ziehen.

Es sei l die untere Grenze für die Längen aller Kurven auf der Fläche zwischen den beiden gegebenen Punkten. Aus der Gesamtheit dieser Verbindungskurven suchen wir solche Kurven $C_1, C_2, C_3, \ldots$ aus, deren Längen L_1, bzw. $L_2, L_3, \ldots$ sich der Grenze l nähern. Auf C_1 tragen wir von P aus die Länge $\frac{1}{2} L_1$ ab und erhalten dadurch auf C_1 den Punkt $P_1^{(\frac{1}{2})}$; sodann tragen wir von P aus auf C_2 die Länge $\frac{1}{2} L_2$ ab bis $P_2^{(\frac{1}{2})}$, ferner auf C_3 die Länge $\frac{1}{2} L_3$ bis $P_3^{(\frac{1}{2})}$ usw. Die Punkte $P_1^{(\frac{1}{2})}$, $P_2^{(\frac{1}{2})}$, $P_3^{(\frac{1}{2})}$, $\ldots$ mögen etwa den Punkt $P^{(\frac{1}{2})}$ als eine Verdichtungsstelle haben, wo $P^{(\frac{1}{2})}$ wiederum ein Punkt der Fläche $z = f(x, y)$ ist.

Das nämliche Verfahren, welches wir soeben auf die Punkte P und $P^{(1)}$ angewandt haben, und das uns auf einen Punkt $P^{(\frac{1}{2})}$ führte, wenden wir nunmehr auf die Punkte P und $P^{(\frac{1}{2})}$ an und gelangen dadurch zu einem Punkte $P^{(\frac{1}{4})}$ auf der gegebenen Fläche. Desgleichen erhalten wir einen Punkt $P^{(\frac{3}{4})}$ der gegebenen Fläche, wenn wir das genannte Verfahren auf die Punkte $P^{(\frac{1}{2})}$ und $P^{(1)}$ anwenden. Entsprechend finden wir die Punkte $P^{(\frac{1}{8})}$, $P^{(\frac{3}{8})}$, $P^{(\frac{5}{8})}$, $P^{(\frac{7}{8})}$, $P^{(\frac{1}{16})}$, $\ldots$. Diese sämtlichen Punkte und ihre Verdichtungsstellen bilden auf der Fläche $z = f(x, y)$ eine stetige Kurve, welche die gesuchte kürzeste Linie ist.

Der Nachweis für diese Tatsache wird leicht geführt, wenn man die Kurvenlänge als Grenzwert der Längen einbeschriebener Polygonzüge definiert. Wie wir zugleich sehen, genügt für unsere Betrachtung die Annahme, daß die gegebene Funktion $f(x, y)$ nebst den ersten Differentialquotienten nach x und nach y stetig ist.

II. Eine Potentialfunktion $z = f(x, y)$ zu finden, die auf einer gegebenen Randkurve in der xy-Ebene gegebene Randwerte annimmt.

Der Einfachheit halber setzen wir für die gegebene Randkurve stetige Tangente und Krümmung, und für die Randwerte eine stetige Ableitung voraus. Wir stellen uns nun die zu Anfang dieses Vortrages erwähnte Raumkurve her und bestimmen dann einen festen dieser Raumkurve eigentümlichen Winkel φ von folgender Beschaffenheit: Wenn $z = F(x, y)$ irgend eine analytische oder stückweise analytische Fläche ist, deren Rand durch die Raumkurve gebildet wird, so läßt sich aus $z = F(x, y)$ stets eine Fläche $z = \hat{F}(x, y)$ konstruieren, so daß der zu $z = \hat{F}(x, y)$ gehörige Integralwert $J(\hat{F})$ kleiner oder gleich dem zu $z = F(x, y)$ gehörigen Integralwert $J(F)$ wird, und zugleich $z = \hat{F}(x, y)$ an keiner Stelle eine Tangente besitzt, deren

Winkel mit der xy-Ebene größer als φ ausfällt. Man gelangt zu einem solchen Winkel φ, indem man diejenigen Stellen ins Auge faßt, an denen die Stärke des Abfalles der Fläche $z = F(x, y)$ gegen die xy-Ebene $\Big($d. h. die Größe arctang $\sqrt{\left(\frac{\partial F}{\partial x}\right)^2 + \left(\frac{\partial F}{\partial y}\right)^2}\Big)$ eine gewisse Größe überschreitet, und zeigt, daß die Fläche $z = F(x, y)$ in der Umgebung dieser Stellen stets durch ein Stück einer Ebene

$$z = ax + by + c$$

oder (am Rande) durch ein Stück einer trichterförmigen Potentialfläche

$$z = \frac{a(x + \alpha) + b(y + \beta)}{(x + \alpha)^2 + (y + \beta)^2} + c$$

ersetzt werden kann — unter a, b, c, α, β solche Konstante verstanden, daß die Ebene bzw. die Tangenten des betreffenden Stückes der trichterförmigen Potentialfläche gegen die xy-Ebene weniger steil geneigt sind.

Es sei i die untere Grenze der Integralwerte J für alle Flächen, deren Rand durch die gegebene Raumkurve gebildet wird. Aus der Gesamtheit dieser Flächen suchen wir solche Flächen

$$z = F_1(x, y), \qquad z = F_2(x, y), \qquad z = F_3(x, y), \ldots$$

aus, deren zugehörige Integralwerte

$$J_1 = J(F_1), \qquad J_2 = J(F_2), \qquad J_3 = J(F_3), \ldots$$

sich der Grenze i nähern. Wir ersetzen dann jede der Flächen

$$z = F_1, \qquad z = F_2, \qquad z = F_3, \ldots$$

bzw. durch solche Flächen

$$z = \hat{F}_1, \qquad z = \hat{F}_2, \qquad z = \hat{F}_3, \ldots$$

die an keiner Stelle eine Tangente besitzen, deren Winkel mit der xy-Ebene größer als φ ausfällt.

Nunmehr suchen wir aus der unendlichen Reihe der Funktionen $\hat{F}_1$, $\hat{F}_2$, $\hat{F}_3, \ldots$ eine solche Reihe von Funktionen $f_1, f_2, f_3, \ldots$ aus, daß der Grenzwert

$$\underset{n=\infty}{L} f_n(x, y)$$

für alle diejenigen Punkte x, y innerhalb der gegebenen ebenen Randkurve existiert, deren Koordinaten x, y rationale Zahlen sind. Da andererseits für sämtliche Punkte innerhalb der Randkurve

$$\left|\frac{\partial f_i}{\partial x}\right| < \text{tang } \varphi, \qquad \left|\frac{\partial f_i}{\partial y}\right| < \text{tang } \varphi \qquad (i = 1, 2, 3, \ldots)$$

ausfällt, so folgt leicht, daß die unendliche Reihe von Funktionen $f_1, f_2, f_3, \ldots$

für das Innere der Kurve einschließlich des Randes gleichmäßig konvergiert,
d. h. es ist

$$f(x, y) = L_{n=\infty} f_n(x, y)$$

eine stetige Funktion der Veränderlichen x, y.

Die Fläche $z = f(x, y)$ ist die gesuchte Potentialfläche. Der Nachweis
hierfür bietet keine Schwierigkeit; er gelingt am einfachsten, wenn wir die
Existenz der Minimalfunktion, d. h. die Lösung der Randwertaufgabe für
den Kreis und eine beliebige stetige Randfunktion benutzen; doch läßt sich
der Nachweis auch auf direktem Wege erbringen.

Neben der Einfachheit und Durchsichtigkeit des eben kurz gekennzeichneten Schlußverfahrens erblicke ich den Hauptvorteil der neuen Methode darin,
daß sie nur die Minimums-Eigenschaft benutzt und von der speziellen Natur
der Aufgabe, d. h. von den besonderen Eigenschaften der geodätischen Linie
bzw. der Potentialfunktion keinen Gebrauch macht; das Schlußverfahren ist
daher auch auf allgemeinere Probleme der Flächentheorie und der mathematischen Physik anwendbar.

4. Über das Dirichletsche Prinzip[1].

[Mathem. Annalen Bd. 59, S. 161—186 (1904).]

Unter dem Dirichletschen Prinzip verstehen wir diejenige Schlußweise auf die Existenz einer Minimalfunktion, welche GAUSS (1839), THOMSON (1847), DIRICHLET (1856) und andere Mathematiker zur Lösung sogenannter Randwertaufgaben angewandt haben und deren Unzulässigkeit zuerst von WEIERSTRASS erkannt worden ist. Daß dieses Prinzip dennoch zur Auffindung von strengen und einfachen Existenzbeweisen dienen kann, habe ich in einem Vortrage[2] in der Deutschen Mathematiker-Vereinigung hervorgehoben; meine damaligen Andeutungen sind seitdem von CH. A. NOBLE[3] für einfache bestimmte Integrale und von E. R. HEDRICK[4] für gewisse Fälle von Doppelintegralen ausgeführt worden.

Im folgenden soll ein dem Dirichletschen Prinzip nachgebildetes Verfahren dargelegt werden, bei welchem wir nicht, wie früher, die Lösung der Randwertaufgabe für irgend ein spezielles Gebiet voraussetzen. Das neue Verfahren gestattet daher weitgehende Verallgemeinerungen auf die Lösung von Randwertaufgaben für gewisse aus Variationsproblemen entspringende partielle Differentialgleichungen oder für Systeme von solchen Differentialgleichungen. Vor allem aber scheinen mir die folgenden Entwicklungen ein *methodisches* Interesse zu bieten, insofern sie zeigen, wie die modernen Hilfsmittel der Analysis und insbesondere der Variationsrechnung imstande sind, den der geometrischen und physikalischen Anschauung entnommenen Grundgedanken des Dirichletschen Prinzips in genauem Anschluß an die anschauliche Bedeutung desselben derart zu verfolgen, daß aus demselben ein streng mathematischer Beweis für die Existenz der Minimalfunktion entsteht.

§ 1. Darlegung des Problems.

Durch das Dirichletsche Prinzip hat insbesondere RIEMANN die Existenz der überall endlichen Integrale auf einer vorgelegten Riemannschen Fläche

---

[1] Abdruck aus der Festschrift zur Feier des 150jährigen Bestehens der Königl. Gesellschaft der Wissenschaften zu Göttingen 1901.

[2] Jber. dtsch. Math.-Ver., VIII (1900) S. 184, siehe auch dieser Band Abh. Nr. 3.

[3] Eine neue Methode in der Variationsrechnung. Inauguraldissertation Göttingen 1901. Dissertationen-Verzeichnis = D. V. Nr. 16.

[4] Über den analytischen Charakter der Lösungen von Differentialgleichungen. Inauguraldissertation Göttingen 1901, Kapitel V. D. V. Nr. 14.

zu beweisen gesucht. Ich bediene mich im folgenden dieses klassischen Beispiels zur Darlegung meines strengen Beweisverfahrens.

Auf der Ebene der komplexen Zahlen sei eine Riemannsche Fläche F gegeben mit einer gewissen endlichen Anzahl von Verzweigungspunkten und einer gewissen endlichen Anzahl von Blättern. Sodann sei auf der Riemannschen Fläche F eine Kurve C gegeben, die im Endlichen verläuft, keinen Verzweigungspunkt trifft und, ohne die Fläche F zu zerstückeln, in sich zurückkehrt. Wir nehmen diese Kurve C als einen Polygonzug an, der aus geradlinigen, teils zur x-Achse, teils zur y-Achse parallelen Stücken besteht.

Eine Funktion u der beiden Veränderlichen x, y, die in einem gewöhnlichen Punkte der Riemannschen Fläche nebst sämtlichen Ableitungen stetig ist und der Differentialgleichung

$$\frac{\partial^2 u}{\partial x^2} + \frac{\partial^2 u}{\partial y^2} \equiv \triangle u = 0$$

genügt, heiße eine in diesem Punkte reguläre Potentialfunktion.

Sind a, b die Koordinaten eines r-fachen Verzweigungspunktes der Riemannschen Fläche F und verhält sich die Potentialfunktion u überall in der Umgebung dieses Verzweigungspunktes regulär, so setze man in u an Stelle von x, y bezüglich den reellen und den mit i multiplizierten Bestandteil des Ausdruckes

$$a + ib + (\xi + i\eta)^r;$$

wenn dann u in eine Potentialfunktion von ξ, η übergeht, die sich auch im Punkte $\xi = 0$, $\eta = 0$ regulär verhält, so heißt die ursprüngliche Potentialfunktion von x, y in dem Verzweigungspunkte a, b regulär.

Wenn eine Potentialfunktion u in der Umgebung eines unendlichfernen Punktes unserer Riemannschen Fläche sich regulär verhält und durch die Transformation

$$x = \frac{\xi}{\xi^2 + \eta^2}, \qquad y = \frac{-\eta}{\xi^2 + \eta^2}$$

in eine Potentialfunktion der Veränderlichen ξ, η übergeht, die sich im Punkte $\xi = 0$, $\eta = 0$ regulär verhält, so heiße die ursprüngliche Funktion u von x, y in jenem unendlichfernen Punkte regulär.

Wenn endlich eine Potentialfunktion u in der Umgebung der Punkte der Kurve C zu beiden Seiten regulär ist, auf der Kurve C aber sich in der Weise unstetig verhält, daß die Werte der Potentialfunktion u auf der einen Seite, um die Konstante 1 vermehrt, genau die reguläre Fortsetzung der Potentialfunktion u auf der anderen Seite der Kurve C bilden, so sagen wir, die Potentialfunktion u erleide beim Übergange von der einen auf die andere Seite den Sprung 1.

Unsere Aufgabe soll nun darin bestehen, die Existenz einer Potentialfunktion u auf der vorgelegten Riemannschen Fläche F nachzuweisen, die sich in allen Punkten dieser Fläche F einschließlich der unendlichfernen Punkte und der Verzweigungspunkte regulär verhält und überdies beim Übergange über die gegebene Unstetigkeitskurve C den Sprung 1 erleidet. Mit der Lösung dieser Aufgabe ist bekanntlich der Nachweis für die Existenz der überall endlichen Integrale auf der Riemannschen Fläche F geführt.

§ 2. Hilfssatz über Dirichletsche Integrale.

Wir erörtern in diesem und den beiden folgenden Paragraphen einige einfache Hilfssätze. Der erste Hilfssatz behandelt gewisse Ungleichungen zwischen bestimmten Integralen, wenn das sogenannte Dirichletsche Integral für die in Betracht kommende Funktion einen bestimmten endlichen Wert hat. Wir wollen stets unter dem *Dirichletschen Integral* für eine vorgelegte Funktion U das über ein gewisses Gebiet G der xy-Ebene zu erstreckende Doppelintegral

$$D = \iint\limits_{(G)} \left\{ \left(\frac{\partial U}{\partial x}\right)^2 + \left(\frac{\partial U}{\partial y}\right)^2 \right\} dx\, dy$$

verstehen.

Hilfssatz 1. Es sei in der xy-Ebene ein Rechteck R gegeben, dessen Seiten parallel zur x-Achse bzw. zur y-Achse laufen und die Längen l bzw. l' besitzen; die Ecken dieses Rechteckes mögen die Koordinaten

$$a, b; \quad a+l, b; \quad a+l, b+l'; \quad a, b+l'$$

haben. Ferner bezeichne $U(x, y)$ eine Funktion der Veränderlichen x, y, die im Inneren und auf den Seiten des Rechtecks R stückweise analytisch ist und es werde

$$D = \int\limits_a^{a+l} \int\limits_b^{b+l'} \left\{ \left(\frac{\partial U}{\partial x}\right)^2 + \left(\frac{\partial U}{\partial y}\right)^2 \right\} dx\, dy$$

gesetzt: dann gelten folgende drei Formeln:

$$\text{I} \quad \int\limits_a^{a+l} U(x, b)\, dx = \int\limits_a^{a+l} U(x, b+l')\, dx + \vartheta \left(D + \frac{1}{4}\, l l' \right)$$

$$\text{II} \quad \int\limits_a^{a+l} \int\limits_b^{b+l'} U(x, y)\, dx\, dy = l' \int\limits_a^{a+l} U(x, b)\, dx + \vartheta' \, l' \left(D + \frac{1}{4}\, l l' \right)$$

$$\text{III} \quad l \int\limits_b^{b+l'} U(a, y)\, dy = l' \int\limits_a^{a+l} U(x, b)\, dx + \vartheta'' (l + l') \left(D + \frac{1}{4}\, l l' \right);$$

darin bedeuten ϑ, ϑ', ϑ'' gewisse den Ungleichungen

$$-1 \leqq \vartheta \leqq +1, \qquad -1 \leqq \vartheta' \leqq +1, \qquad -1 \leqq \vartheta'' \leqq +1$$

genügende Zahlen.

„*Stückweise analytisch*" heiße eine stetige Funktion, wenn sie aus einer endlichen Anzahl von analytischen Funktionen zusammengesetzt ist, die in stückweise analytischen Kurven stetig aneinander grenzen und einschließlich dieser Grenzkurven sich regulär verhalten.

Beweis. Aus der Ungleichung:

$$\left| \frac{\partial U}{\partial y} \right|^2 - \left| \frac{\partial U}{\partial y} \right| + \frac{1}{4} \geqq 0$$

folgt durch Integration nach y zwischen den Grenzen b, $b + l'$

$$\int_b^{b+l'} \left| \frac{\partial U}{\partial y} \right| dy \leqq \int_b^{b+l'} \left(\frac{\partial U}{\partial y} \right)^2 dy + \frac{1}{4} l'$$

und hieraus durch Integration nach x zwischen den Grenzen a, $a + l$:

$$\int_a^{a+l} \int_b^{b+l'} \left| \frac{\partial U}{\partial y} \right| dx\, dy \leqq D + \frac{1}{4} ll'.$$

Mit Benutzung von

$$\left| \int_a^{a+l} \int_b^{b+l'} \frac{\partial U}{\partial y} dx\, dy \right| \leqq \int_a^{a+l} \int_b^{b+l'} \left| \frac{\partial U}{\partial y} \right| dx\, dy$$

erhalten wir

$$\left| \int_a^{a+l} U(x, b + l')\, dx - \int_a^{a+l} U(x, b)\, dx \right| \leqq D + \frac{1}{4} ll'$$

und damit ist die Formel I des Hilfssatzes 1 bewiesen.

Die Formeln II und III sind unmittelbare Folgerungen aus Formel I.

§ 3. Allgemeiner Hilfssatz über gleichmäßige Konvergenz.

Bei der Herstellung der gesuchten Potentialfunktion u werden wir folgenden, leicht zu beweisenden Hilfssatz gebrauchen, dessen wesentlicher Inhalt bekannt ist[1].

Hilfssatz 2. Es sei G ein im Endlichen gelegenes Gebiet der xy-Ebene und

$$v_1, v_2, v_3, \ldots$$

---

[1] BENDIXSON: Öfversigt af kongl. Svenska Vetenskaps-Akademiens Förhandlingar, Bd. 54, S. 605—622, sowie TOWNSEND: Begriff und Anwendung des Doppellimes, S. 34. Inauguraldissertation Göttingen 1900. D. V. Nr. 12.

sei eine unendliche Reihe von Funktionen von x, y mit folgenden Eigenschaften:

1. jede der Funktionen v_h sei innerhalb und auf dem Rande des Gebietes G stetig und einmal nach x sowie nach y differenzierbar;

2. die ersten Ableitungen von v_h innerhalb und auf dem Rande von G liegen absolut genommen unterhalb einer endlichen Größe A, die von x, y und von h unabhängig ist:

wenn dann die Funktionen

$$v_1, v_2, v_3, \ldots$$

für jeden Punkt einer in G überall dichten Punktmenge gegen einen endlichen Grenzwert konvergieren, so konvergieren sie für jeden *beliebigen* Punkt in G und auf dem Rande von G gegen einen endlichen Grenzwert, und zwar gleichmäßig für das Gebiet G.

Der Limes

$$\operatorname*{L}_{h=\infty} v_h$$

stellt mithin eine in G einschließlich des Randes stetige Funktion von x, y dar.

§ 4. Hilfssatz über das Verschwinden eines gewissen Doppelintegrals bei willkürlicher Wahl einer unter dem Integralzeichen vorkommenden Funktion.

Hilfssatz 3. Es sei in der xy-Ebene ein Rechteck R gegeben, dessen Seiten parallel zur x-Achse bzw. zur y-Achse laufen und die Längen l bzw. l' besitzen; die Ecken dieses Rechteckes mögen die Koordinaten

$$a, b; \qquad a + l, b; \qquad a + l, b + l'; \qquad a, b + l'$$

haben. Ferner sei ζ eine Funktion von x, y, die folgende Bedingungen erfüllt:

1. die Ableitungen

$$\frac{\partial^{m+n} \zeta}{\partial x^m \partial y^n}, \quad (m, n = 0, 1, 2, 3)$$

existieren im Rechteck R einschließlich der Seiten desselben und sind daselbst stetig.

2. für $x = a$ und $x = a + l$ ist identisch für alle Werte von y

$$\zeta = 0, \qquad \frac{\partial \zeta}{\partial x} = 0, \qquad \frac{\partial^2 \zeta}{\partial x^2} = 0$$

und für $y = b$, $y = b + l'$ ist identisch für alle Werte von x

$$\zeta = 0, \qquad \frac{\partial \zeta}{\partial y} = 0, \qquad \frac{\partial^2 \zeta}{\partial y^2} = 0;$$

wenn dann $F(x, y)$ eine Funktion von x, y bezeichnet, die in R einschließlich der Seiten stetig verläuft, und wenn das über R erstreckte Integral

$$\iint\limits_{(R)} \frac{\partial^6 \zeta}{\partial x^3 \partial y^3} F(x, y) \, dx \, dy$$

2*

für alle den Bedingungen 1. und 2. genügenden Funktionen ζ verschwindet, so hat die Funktion F notwendig die Form

$$F = X + X' y + X'' y^2 + Y + Y' x + Y'' x^2,$$

wo X, X', X'' stetige Funktionen von x allein und Y, Y', Y'' stetige Funktionen von y allein bedeuten.

Beweis: Es seien s, σ, α, α', α'' irgend solche Zahlen, daß die sämtlichen Ausdrücke

$$s + \varepsilon \sigma + e\alpha + e'\alpha' + e''\alpha''$$

$$(\varepsilon, e, e', e'' = 0,1)$$

Werte darstellen, die $\geq a$ und $\leq a + l$ sind. Desgleichen seien t, τ, β, β', β'' irgend solche Zahlen, daß die sämtlichen Ausdrücke

$$t + \varepsilon \tau + e\beta + e'\beta' + e''\beta''$$

$$(\varepsilon, e, e', e'' = 0,1)$$

Werte darstellen, die $\geq b$ und $\leq b + l'$ sind. Wir definieren dann eine Funktion ξ von x allein und eine Funktion η von y allein durch die Gleichungen

$$\xi = 0 \qquad \text{für } x \leq s$$
$$\text{und } \quad x \geq s + \sigma$$
$$\xi = (x - s)(s + \sigma - x) \quad \text{,,} \quad s \leq x \leq s + \sigma$$
$$\eta = 0 \qquad \text{für } y \leq t$$
$$\text{und } \quad y \geq t + \tau$$
$$\eta = (y - t)(t + \tau - y) \quad \text{,,} \quad t \leq y \leq t + \tau.$$

Endlich führen wir zur Abkürzung die folgenden Bezeichnungen ein, worin $A(x)$, $B(y)$ irgend welche Ausdrücke des Arguments x bzw. y bedeuten:

$$d_x^{(\alpha)} A = A(x + \alpha\ ) - A(x),$$
$$d_x^{(\alpha')} A = A(x + \alpha'\ ) - A(x),$$
$$d_x^{(\alpha'')} A = A(x + \alpha'') - A(x),$$
$$d_y^{(\beta)} B = B(y + \beta\ ) - B(y),$$
$$d_y^{(\beta')} B = B(y + \beta'\ ) - B(y),$$
$$d_y^{(\beta'')} B = B(y + \beta'') - B(y).$$

Die Funktion

$$\zeta = \int\limits_a^x\int\limits_a^x\int\limits_a^x d_x^{(-\alpha)} d_x^{(-\alpha')} d_x^{(-\alpha'')} \xi\, dx\, dx\, dx \cdot \int\limits_b^y\int\limits_b^y\int\limits_b^y d_y^{(-\beta)} d_y^{(-\beta')} \cdot d_y^{(-\beta'')} \eta\, dy\, dy\, dy$$

besitzt dann offenbar alle oben vorgeschriebenen Eigenschaften und nach der Voraussetzung des zu beweisenden Hilfssatzes ist daher

$$\int\limits_a^{a+l} \int\limits_b^{b+l'} d_x^{(-\alpha)} d_x^{(-\alpha')} d_x^{(-\alpha'')} \xi \cdot d_y^{(-\beta)} d_y^{(-\beta')} d_y^{(-\beta'')} \eta \cdot F(x,y)\, dx\, dy = 0.$$

Setzen wir zunächst

$$\int_b^{b+l'} d_y^{(-\beta)} d_y^{(-\beta')} d_y^{(-\beta'')} \eta \cdot F(x,y)\,dy = G(x), \tag{1}$$

so haben wir

$$\int_a^{a+l} d_x^{(-\alpha)} d_x^{(-\alpha')} d_x^{(-\alpha'')} \xi \cdot G(x)\,dx = 0 \tag{2}$$

oder

$$\int_a^{a+l} \xi \cdot d_x^{(\alpha)} d_x^{(\alpha')} d_x^{(\alpha'')} G(x)\,dx = 0$$

und, indem wir hier auf das Integral linker Hand den Mittelwertsatz für bestimmte Integrale anwenden, folgt unter Fortlassung des Faktors:

$$\int_0^\sigma x(\sigma - x)\,dx:$$

die Gleichung

$$d_s^{(\alpha)} d_s^{(\alpha')} d_s^{(\alpha'')} G(s + \vartheta s) = 0. \qquad (0 \leqq \vartheta \leqq 1)$$

Der Grenzübergang für $\sigma = 0$ führt uns zu der Gleichung

$$d_s^{(\alpha)} d_s^{(\alpha')} d_s^{(\alpha'')} G(s) = 0. \tag{3}$$

Setzen wir in (1) statt x die Variable s ein und wenden wir dann die Ope-
ration $d_s^{(\alpha)} d_s^{(\alpha')} d_s^{(\alpha'')}$ auf (1) an, so folgt vermöge (3) die Gleichung

$$\int_b^{b+l'} d_y^{(-\beta)} d_y^{(-\beta')} d_y^{(-\beta'')} \eta \cdot d_s^{(\alpha)} d_s^{(\alpha')} d_s^{(\alpha'')} F(s,y)\,dy = 0 \tag{4}$$

und genau wie vorhin die Gleichung (3) aus (2) folgte, so gewinnen wir jetzt
aus (4) die Gleichung

$$d_t^{(\beta)} d_t^{(\beta')} d_t^{(\beta'')} d_s^{(\alpha)} d_s^{(\alpha')} d_s^{(\alpha'')} F(s,t) = 0.$$

Diese Formel gilt identisch für alle Zahlen s, α, α', α'', t, β, β', β'', wenn
nur die sämtlichen Ausdrücke

$$s + e\alpha + e'\alpha' + e''\alpha'', \qquad t + e\beta + e'\beta' + e''\beta''$$

$$(e, e', e'' = 0,1)$$

noch in die Intervalle a bis $a + l$ bzw. b bis $b + l'$ fallen. Aus diesem Umstande folgt ohne Schwierigkeit, daß $F(x, y)$ die im Hilfssatze 3 behauptete
Gestalt haben muß.

§ 5. Konstruktion der gesuchten Potentialfunktion auf Grund des Dirichletschen Prinzips.

Entsprechend dem Grundgedanken des Dirichletschen Prinzips werden
wir im folgenden auf unserer Riemannschen Fläche F Systeme von stückweise analytischen Funktionen $U(x, y)$ ins Auge fassen, deren jede auf der

Kurve C den Sprung 1 erleidet und für welche das über die gesamte Riemannsche Fläche F erstreckte Dirichletsche Integral einen endlichen Wert besitzt. Dabei wird, wie in Hilfssatz 1 in § 2, eine Funktion als „*stückweise analytisch*" bezeichnet, wenn sie aus einer endlichen Anzahl von analytischen Funktionen zusammengesetzt ist, die in stückweise analytischen Kurven stetig aneinandergrenzen und einschließlich dieser Grenzkurven sich regulär verhalten. Daß es auf unserer Riemannschen Fläche F Funktionen $U(x, y)$ von der verlangten Beschaffenheit gewiß gibt, erkennen wir leicht auf folgende Weise. Wir konstruieren auf der Riemannschen Fläche F in genügender Nähe neben C einen C nicht schneidenden und ebenfalls geschlossenen Polygonzug C^*, dessen Teilstücke den geradlinigen Stücken von C bezüglich parallel sind, so daß das von C und C^* begrenzte ringförmige Gebiet von Verzweigungspunkten frei bleibt und es möglich wird, aus linearen Funktionen von x, y stückweise eine Funktion zusammenzusetzen, die im Inneren dieses ringförmigen Gebietes stetig ist und auf C den Wert 1, auf C^* den Wert 0 annimmt. Setzt man U in dem zwischen C und C^* gelegenen Gebiete gleich dieser stückweise linearen Funktion und definiert man U in allen übrigen Punkten der Riemannschen Fläche gleich 0, so erfüllt U offenbar die gestellten Forderungen.

Nunmehr bezeichnen wir mit d die untere Grenze der Werte der Dirichletschen Integrale aller möglichen Funktionen $U(x, y)$ und denken uns dann eine solche unendliche Reihe von Funktionen $U(x, y)$ ausgewählt, etwa

$$U_1, \ U_2, \ U_3, \ \ldots, \tag{5}$$

deren Dirichletsche Integrale gegen d konvergieren. Endlich sei D eine Zahl, die größer als alle Werte der Dirichletschen Integrale der Funktionen (5) ausfällt.

Wenn wir eine Funktion U um irgend eine Konstante vermehren, so ändert sich der Wert des Dirichletschen Integrals dadurch nicht. Es bezeichne S auf der Riemannschen Fläche irgend eine geradlinige endliche, zur x-Achse parallele Strecke, die keinen Verzweigungspunkt enthält und die Kurve C nicht trifft; dann denken wir uns jede der Funktionen (5) um je eine solche Konstante vermehrt, daß die Integrale der veränderten Funktionen, über die Strecke S erstreckt, sämtlich verschwinden. Behalten wir für die veränderten Funktionen die ursprüngliche Bezeichnung U_h bei, so genügen sie den folgenden Bedingungen:

$$\iint\limits_{(F)} \left\{ \left(\frac{\partial U_h}{\partial x}\right)^2 + \left(\frac{\partial U_h}{\partial y}\right)^2 \right\} dx\,dy < D, \qquad (h = 1, 2, 3, \ldots)$$

$$\underset{h=\infty}{L} \ \iint\limits_{(F)} \left\{ \left(\frac{\partial U_h}{\partial x}\right)^2 + \left(\frac{\partial U_h}{\partial y}\right)^2 \right\} dx\,dy = d,$$

$$\int\limits_{(S)} U_h\,dx = 0. \qquad (h = 1, 2, 3, \ldots)$$

Man könnte zeigen, daß die Werte unserer Funktionen

$$U_1, \ U_2, \ U_3, \ \ldots \tag{6}$$

nicht notwendig für jeden Punkt der Riemannschen Fläche gegen einen Grenzwert konvergieren und daß es auch im allgemeinen nicht möglich ist, aus
dieser Funktionenreihe (6) eine solche unendliche Reihe auszuwählen, deren
Werte für jeden Punkt der Riemannschen Fläche gegen einen Grenzwert
konvergieren. Hingegen wird sich aus den Funktionen (6) eine unendliche
üeihe derart auswählen lassen, daß die Doppelintegrale dieser Funktionen
Rber gewisse auf der Riemannschen Fläche gelegene Rechtecke stets gegen
einen Grenzwert konvergieren und diese Grenzwerte werden uns dann zur
Konstruktion der gesuchten Potentialfunktionen dienen.

Wir fixieren in den verschiedenen Blättern der Riemannschen Fläche
sämtliche derartigen Punkte, deren Koordinaten rationale Zahlen sind. Sodann fassen wir alle diejenigen auf der Riemannschen Fläche gelegenen
Rechtecke R ins Auge, deren Ecken derartige Punkte sind und deren Seiten
parallel zuı x-Achse und y-Achse laufen, die überdies so gelegen sind, daß
in ihrem Inneren oder auf den Seiten kein Verzweigungspunkt der Riemannschen Fläche und auch kein Punkt der Kurve C enthalten ist. Diese Rechtecke R bilden eine abzählbare Menge und seien in die unendliche Reihe

$$R_1, \ R_2, \ R_3, \ \ldots \tag{7}$$

angeordnet.

Wir betrachten nun irgend eines der Rechtecke (7), etwa das Rechteck R_k und bilden auf der Riemannschen Fläche eine endliche Kette von
Rechtecken, deren erstes ein Rechteck mit der Seite S und deren letztes
das Rechteck R_k ist und in welcher jedes folgende Rechteck mit dem vorhergehenden eine Seite gemein hat. Da die Integrale der Funktionen (6)
über die Strecke S sämtlich verschwinden, so schließen wir, indem wir die
Formeln I und III des Hilfssatzes 1 in § 2 auf die Rechtecke unserer Kette
anwenden und unter D die vorhin eingeführte obere Grenze der Dirichletschen
Integrale verstehen, daß die über die Seiten von R_k erstreckten Integrale der
Funktionen U_h absolut genommen gewiß unterhalb einer endlichen Grenze
bleiben, welche nur von der Gestalt und Lage des Rechteckes R_k, nicht aber
von dem Index h, d. h. nicht von der Auswahl der Funktion U_h aus der Reihe (6)
abhängt. Wenden wir dann noch die Formel II des Hilfssatzes 1 in § 2 auf das
Rechteck R_k an, so folgt, daß auch das über dieses Rechteck erstreckte Doppelintegral der Funktion U_h, d. h. das Integral

$$\iint\limits_{(R_k)} U_h \, dx \, dy$$

absolut genommen unterhalb einer endlichen vom Index h unabhängigen
Grenze liegen muß.

Diese Betrachtung setzt uns in den Stand, in der Reihe der Funktionen (6) die gewünschte Auswahl zu treffen.

Wir betrachten zunächst das Rechteck R_1. Da die über dieses Rechteck erstreckten Doppelintegrale

$$\iint\limits_{(R_1)} U_h \, dx \, dy \qquad\qquad (h = 1, 2, 3, \ldots)$$

absolut genommen sämtlich unter einer endlichen Grenze bleiben, so ist es leicht möglich, eine unendliche Anzahl aus den Funktionen U_h der unendlichen Reihe (6) auszuwählen, etwa die Funktionen

$$U_1', U_2', U_3', \ldots \qquad\qquad (8)$$

derart, daß die Doppelintegrale dieser Funktionen sich einem bestimmten endlichen Grenzwerte nähern und mithin

$$L_{h=\infty} \iint\limits_{(R_1)} U_h' \, dx \, dy$$

existiert. Jetzt heben wir aus der Funktionenreihe (8) eine solche unendliche Anzahl von Funktionen, etwa die Funktionen

$$U_1'', U_2'', U_3'', \ldots \qquad\qquad (9)$$

heraus derart, daß die über das Rechteck R_2 erstreckten Doppelintegrale dieser Funktionen sich einem bestimmten endlichen Grenzwerte nähern und mithin

$$L_{h=\infty} \iint\limits_{(R_2)} U_h'' \, dx \, dy$$

existiert. Entsprechend wählen wir aus der Funktionenreihe (9) eine unendliche Anzahl von Funktionen

$$U_1''', U_2''', U_3''', \ldots$$

aus derart, daß

$$L_{h=\infty} \iint\limits_{(R_3)} U_h''' \, dx \, dy$$

existiert usw.

Setzen wir nun

$$u_1 = U_1', \quad u_2 = U_2'', \quad u_3 = U_3''', \ldots$$

so ist offenbar die unendliche Funktionenreihe

$$u_1, u_2, u_3, \ldots \qquad\qquad (10)$$

eine derartige, daß für jedes Rechteck R_k aus der unendlichen Reihe (7)

$$L_{h=\infty} \iint\limits_{(R_k)} u_h \, dx \, dy$$

existiert.

Die Funktionenreihe (10) wird uns die Konstruktion der gesuchten Potentialfunktion auf der Riemannschen Fläche in folgender Weise ermöglichen.

Es sei ein Rechteck R auf der Riemannschen Fläche gegeben, dessen Seiten parallel zu den Koordinatenachsen laufen und die Längen l bzw. l' besitzen, die Koordinaten der Ecken dieses Rechteckes seien

$$a, b; \quad a + l, b; \quad a + l, b + l'; \quad a, b + l',$$

und x, y seien die Koordinaten eines Punktes im Inneren oder auf einer Seite dieses Rechteckes R. Wir setzen zur Abkürzung

$$v_h = \int_a^x \int_b^y u_h \, dx \, dy$$

und beweisen dann folgende Tatsachen.

I. Es existiert stets der Grenzwert

I.
$$v(x, y) = \underset{h=\infty}{L} v_h = \underset{h=\infty}{L} \int_a^x \int_b^y u_h \, dx \, dy,$$

und zwar konvergieren die Funktionen v_h gleichmäßig für alle Punkte x, y im Inneren oder auf einer Seite des Rechteckes R gegen jenen Grenzwert; die durch jenen Grenzwert I dargestellte Funktion ist daher eine stetige Funktion von x, y in R.

II. Die durch den Grenzwert I dargestellte Funktion von x, y ist beliebig oft differenzierbar, und zwar definiert

II.
$$u(x, y) = \frac{\partial^2 v}{\partial x \, \partial y} = \frac{\partial^2}{\partial x \, \partial y} \underset{h=\infty}{L} \int_a^x \int_b^y u_h \, dx \, dy = \underset{\substack{\varepsilon=0 \\ \eta=0}}{L} \underset{h=\infty}{L} \frac{1}{\varepsilon \eta} \int_x^{x+\varepsilon} \int_y^{y+\eta} u_h \, dx \, dy$$

im Rechteck R die gesuchte Potentialfunktion auf der Riemannschen Fläche F.

§ 6. Beweis der Existenz der Funktion *v*.

Zum Beweise der aufgestellten Behauptungen I und II dienen die folgenden Entwicklungen.

Es sei R_k ein bestimmt ausgewähltes Rechteck in der unendlichen Reihe (7) mit den Ecken $a, b; a + l, b; a + l, b + l'; a, b + l'$ und x, y seien die Koordinaten eines Punktes im Inneren oder auf den Seiten dieses Rechteckes. Wir haben erkannt, daß die über die Seiten von R_k erstreckten Integrale der Funktionen U_h unterhalb einer endlichen von h unabhängigen Grenze liegen; wir nennen diese Grenze G_k. Da die Funktionen u_h unter den Funktionen U_h enthalten sind, so gelten mithin Gleichungen von der Form

$$\int_a^{a+l} u_h \, dx = \vartheta^* G_k,$$

$$\int_b^{b+l'} u_h \, dy = \vartheta^{**} G_k,$$

worin ϑ^*, ϑ^{**} Zahlen sind, die den Ungleichungen

$$-1 \leqq \vartheta^* \leqq +1, \qquad -1 \leqq \vartheta^{**} \leqq +1$$

genügen. Wenden wir nun die Formel III des Hifssatzes 1 in § 2 auf das Rechteck mit den Ecken

$$a, b; \quad a+l, b; \quad a+l, y; \quad a, y$$

an, so erhalten wir

$$l \int_b^y u_h(a, y)\, dy = (y - b) \int_a^{a+l} u_h(x, b)\, dx + \vartheta''(l + y - b)\left(D + \tfrac{1}{4} l\,(y - b)\right),$$

$$= \vartheta\, l' \cdot \vartheta^* G_k + \vartheta'''(l + l')(D + \tfrac{1}{4} l\, l'),$$

$$(-1 \leqq \vartheta \leqq +1, \quad -1 \leqq \vartheta'' \leqq +1, \quad -1 \leqq \vartheta''' \leqq +1)$$

und diese Gleichung zeigt, daß der absolute Wert des einfachen Integrals

$$\int_b^y u_h(a, y)\, dx$$

unterhalb einer gewissen endlichen Grenze liegt, die weder von h noch von der Ordinate des Punktes x, y in R_k abhängig ist. Hieraus folgt unmittelbar, wenn wir die Formel I des Hifssatzes 1 in § 2 auf das Rechteck mit den Ecken

$$a, b; \quad x, b; \quad x, y; \quad a, y$$

anwenden, daß auch der absolute Wert des einfachen Integrales

$$\int_b^y u_h(x, y)\, dy$$

unterhalb einer gewissen endlichen Grenze liegt, die weder von h noch von der Lage des Punktes x, y in R_k abhängt.

Das gleiche wird in analoger Weise von dem einfachen Integral

$$\int_a^x u_h(x, y)\, dx$$

gezeigt.

Wenn die Koordinaten x, y rationale Zahlen sind, so gehört das aus den Ecken

$$a, b; \quad x, b; \quad x, y; \quad a, y$$

gebildete Rechteck selbst zu den Rechtecken (7); in diesem Falle existiert mithin nach § 5 der Grenzwert

$$\underset{h=\infty}{L}\, v_h = \underset{h=\infty}{L} \int_a^x \int_b^y u_h\, dx\, dy\,.$$

Da andererseits nach dem eben Bewiesenen die Ableitungen von v_h nach x, y:

$$\frac{\partial v_h}{\partial x} = \int_b^y u_h\, dy\,, \qquad \frac{\partial v_h}{\partial y} = \int_a^x u_h\, dx$$

absolut genommen sämtlich unterhalb einer von h und von x, y unabhängigen Grenze bleiben, so erfüllt die unendliche Reihe der Funktionen

$$v_1,\ v_2,\ v_3,\ \ldots$$

alle Bedingungen des Hilfssatzes 2 in § 3; nach diesem Hilfssatze konvergieren also diese Funktionen gleichmäßig in R_k gegen eine Grenzfunktion:

$$v(x, y) = \underset{h=\infty}{L}\, v_h;$$

diese Gleichung definiert mithin eine in R_k stetige Funktion der Variablen x, y. Damit ist die Behauptung I in § 5 bewiesen für den Fall, daß wir ein Rechteck R_k aus der Reihe (7) der Betrachtung zugrunde legen.

Wählen wir nun statt dieses Rechteckes R_k ein beliebiges Rechteck, dessen Seiten parallel zur x-Achse und zur y-Achse laufen und das keinen Verzweigungspunkt und keinen Punkt der Kurve C enthält, etwa das Rechteck R mit den Ecken

$$\alpha, \beta;\quad \alpha + \lambda, \beta;\quad \alpha + \lambda, \beta + \lambda';\quad \alpha, \beta + \lambda'$$

und bezeichnen wir mit x, y einen in diesem Rechteck R gelegenen Punkt, so erweist sich auch von der Funktionenreihe

$$v_h = \int\limits_{\alpha}^{x}\int\limits_{\beta}^{y} u_h\, dx\, dy$$

die Behauptung I in § 5 leicht als zutreffend, wenn wir ein Rechteck R_k in der Reihe (7) wählen, welches das Rechteck R im Inneren enthält und dann auf R_k die eben bewiesene Behauptung I anwenden.

§ 7. Existenz der Funktion u und Beweis ihrer Potentialeigenschaft.

Wir gehen nun zum Beweise der Behauptung II in § 5 über. Zu dem Zwecke erörtern wir zunächst folgende Eigenschaft unserer Funktionenreihe (10).

Es sei R irgend ein Rechteck auf unserer Riemannschen Fläche mit den Ecken

$$a, b;\quad a + l, b;\quad a + l, b + l';\quad a, b + l',$$

welches keinen Verzweigungspunkt und keinen Punkt der Kurve C enthält. Wenn dann ζ irgend eine stückweise analytische Funktion von x, y bedeutet, die nebst ihren ersten Ableitungen nach x, y innerhalb des Rechteckes R einschließlich seiner Seiten stetig ist und auf den Seiten von R verschwindet, so gilt stets die Gleichung

$$\underset{h=\infty}{L} \iint\limits_{(R)} \left\{ \frac{\partial \zeta}{\partial x} \frac{\partial u_h}{\partial x} + \frac{\partial \zeta}{\partial y} \frac{\partial u_h}{\partial y} \right\} dx\, dy = 0, \tag{11}$$

wo das Doppelintegral über das Rechteck R zu erstrecken ist.

Zum Beweise dieser Behauptung nehmen wir im Gegenteil an, es ließe sich aus unserer Funktionenreihe (10)

$$u_1, u_2, u_3, \ldots$$

eine unendliche Reihe

$$u_1', u_2', u_3', \ldots$$

der Art herausgreifen, daß für alle h

$$\iint\limits_{(R)} \left\{ \frac{\partial \zeta}{\partial x} \frac{\partial u_h'}{\partial x} + \frac{\partial \zeta}{\partial y} \frac{\partial u_h'}{\partial y} \right\} dx\, dy \geqq \varrho \quad \text{oder} \quad \leqq \varrho$$

wäre, wo ϱ im ersten Falle eine positive, im zweiten Falle eine negative, von h unabhängige Zahl bedeutet. Dann setzen wir

$$\varkappa = \frac{\varrho}{\iint\limits_{(R)} \left\{ \left(\frac{\partial \zeta}{\partial x}\right)^2 + \left(\frac{\partial \zeta}{\partial y}\right)^2 \right\} dx\, dy}$$

und definieren auf unserer Riemannschen Fläche F eine stetige Funktion ζ, so daß ζ in R mit der vorgelegten Funktion ζ übereinstimmt und außerhalb überall den Wert 0 hat. Die Funktionen

$$u_h' - \varkappa \zeta, \qquad\qquad (h = 1, 2, 3, \ldots)$$

sind dann stückweise analytische Funktionen auf F, die in C den Sprung 1 erleiden, und das über F erstreckte Dirichletsche Integral für diese Funktion erhält den Wert

$$\iint\limits_{(F)} \left\{ \left(\frac{\partial (u_h' - \varkappa \zeta)}{\partial x}\right)^2 + \left(\frac{\partial (u_h' - \varkappa \zeta)}{\partial y}\right)^2 \right\} dx\, dy$$

$$= \iint\limits_{(F)} \left\{ \left(\frac{\partial u_h'}{\partial x}\right)^2 + \left(\frac{\partial u_h'}{\partial y}\right)^2 \right\} dx\, dy - 2\varkappa \iint\limits_{(R)} \left\{ \frac{\partial \zeta}{\partial x} \frac{\partial u_h'}{\partial x} + \frac{\partial \zeta}{\partial y} \frac{\partial u_h'}{\partial y} \right\} dx\, dy + \varkappa \varrho$$

und folglich würden wir für alle h

$$\iint\limits_{(F)} \left\{ \left(\frac{\partial (u_h' - \varkappa \zeta)}{\partial x}\right)^2 + \left(\frac{\partial (u_h' - \varkappa \zeta)}{\partial y}\right)^2 \right\} dx\, dy \leqq d_h - \varkappa \varrho$$

erhalten, wo d_h das über F erstreckte Dirichletsche Integral für u_h' bedeutet und also auf Grund der Festsetzung in § 5 d_h sich bei wachsendem h der Grenze d nähert. Da

$$\varkappa \varrho = \frac{\varrho^2}{\iint\limits_{(R)} \left\{ \left(\frac{\partial \zeta}{\partial x}\right)^2 + \left(\frac{\partial \zeta}{\partial y}\right)^2 \right\} dx\, dy}$$

eine positive, von h unabhängige Zahl wird, so wäre mithin d gewiß nicht die untere Grenze aller möglichen Werte von Dirichletschen Integralen.

Dieser Widerspruch zeigt die Unzulässigkeit unserer Annahme und damit ist der Beweis für unsere obige Behauptung erbracht.

Die eben bewiesene Gleichung (11) entspricht der Forderung des Verschwindens der ersten Variation in der gewöhnlichen Variationsrechnung.

Um nun den Grenzübergang für $h = \infty$ unter dem Integralzeichen in (11) ausführen zu können, wenden wir das Mittel der partiellen Integration an, aber nicht, indem wir wie in der gewöhnlichen Variationsrechnung nach Lagrange die Ableitungen der Variation ζ fortschaffen, sondern wir schaffen im Gegenteil die Ableitungen von u_h fort und führen statt derselben mehrfache Integrale von u_h ein.

Die Variation ζ sei von nun an eine stückweise analytische Funktion von x, y, die folgende Bedingung erfüllt.

1. Die Ableitungen

$$\frac{\partial^{m+n} \zeta}{\partial x^m \, \partial y^n}, \qquad\qquad (m, \, n = 0, 1, 2, 3)$$

existieren im Rechteck R einschließlich der Seiten desselben und sind daselbst stetig.

2. Für $x = a$ und $x = a + l$ ist identisch für alle Werte von y

$$\zeta = 0, \quad \frac{\partial \zeta}{\partial x} = 0, \quad \frac{\partial^2 \zeta}{\partial x^2} = 0.$$

Für $y = b$ und $y = b + l'$ ist identisch für alle Werte von x

$$\zeta = 0, \quad \frac{\partial \zeta}{\partial y} = 0, \quad \frac{\partial^2 \zeta}{\partial y^2} = 0.$$

Indem wir dann die Formel für partielle Integration wiederholt für die Integration nach x und nach y in Anwendung bringen, gelangen wir, unter a^*, b^* irgend zwei bezüglich zwischen den Grenzen a, $a + l$ und b, $b + l'$ gelegene Zahlen verstanden, zu folgenden Gleichungen

$$\int_a^{a+l} \frac{\partial \zeta}{\partial x} \frac{\partial u_h}{\partial x} \, dx = -\int_a^{a+l} \frac{\partial^2 \zeta}{\partial x^2} u_h \, dx,$$

$$\int_a^{a+l} \frac{\partial^2 \zeta}{\partial x^2} u_h \, dx = -\int_a^{a+l} \frac{\partial^3 \zeta}{\partial x^3} \cdot \int_{a^*}^x u_h \, dx \cdot dx$$

und ferner, wenn

$$v_h = \int_{a^*}^x \int_{b^*}^y u_h \, dx \, dy$$

gesetzt wird:

$$\int_b^{b+l'} \frac{\partial^3 \zeta}{\partial x^3} \cdot \int_{a^*}^x u_h \, dx \cdot dy = -\int_b^{b+l'} \frac{\partial^4 \zeta}{\partial x^3 \, \partial y} v_h \, dy,$$

$$\int\limits_{b}^{b+l'} \frac{\partial^4 \zeta}{\partial x^3\, \partial y}\, v_h\, dy = -\int\limits_{b}^{b+l'} \frac{\partial^5 \zeta}{\partial x^2\, \partial y^2} \cdot \int\limits_{b}^{y} v_h\, dy \cdot dy,$$

$$\int\limits_{b}^{b+l'} \frac{\partial^5 \zeta}{\partial x^3\, \partial y^2} \cdot \int\limits_{b}^{y} v_h\, dy \cdot dy = -\int\limits_{b}^{b+l'} \frac{\partial^6 \zeta}{\partial x^3\, \partial y^3} \int\limits_{b}^{y}\int\limits_{b}^{y} v_h\, dy\, dy \cdot dy.$$

Mithin ist

$$\iint\limits_{(R)} \frac{\partial \zeta}{\partial x}\, \frac{\partial u_h}{\partial x}\, dx\, dy = -\iint\limits_{(R)} \frac{\partial^6 \zeta}{\partial x^3\, \partial y^3} \cdot \int\limits_{b}^{y}\int\limits_{b}^{y} v_h\, dy\, dy \cdot dx\, dy.$$

Ebenso finden wir

$$\iint\limits_{(R)} \frac{\partial \zeta}{\partial y}\, \frac{\partial u_h}{\partial y}\, dx\, dy = -\iint\limits_{(R)} \frac{\partial^6 \zeta}{\partial x^3\, \partial y^3} \cdot \int\limits_{a}^{x}\int\limits_{a}^{x} v_h\, dx\, dx \cdot dx\, dy.$$

Die Addition der beiden letzten Formeln liefert

$$\iint\limits_{(R)} \left\{ \frac{\partial \zeta}{\partial x}\, \frac{\partial u_h}{\partial x} + \frac{\partial \zeta}{\partial y}\, \frac{\partial u_h}{\partial y} \right\} dx\, dy$$

$$= -\iint\limits_{(R)} \frac{\partial^6 \zeta}{\partial x^3\, \partial y^3} \left\{ \int\limits_{b}^{y}\int\limits_{b}^{y} v_h\, dy\, dy + \int\limits_{a}^{x}\int\limits_{a}^{x} v_h\, dx\, dx \right\} dx\, dy.$$

Wenden wir nun die Behauptung I in §5, die in §6 bereits bewiesen worden ist, auf diejenigen vier Rechtecke an, in welche das Rechteck R durch die beiden Geraden

$$x = a^*, \quad y = b^*$$

zerlegt wird, so erkennen wir, daß die Funktionenreihe

$$v_1, v_2, v_3, \ldots$$

gleichmäßig im Rechteck R einschließlich der Seiten desselben konvergiert. Die Grenzfunktion

$$v(x,y) = L_{h=\infty} v_h = L_{h=\infty} \int\limits_{a^*}^{x}\int\limits_{b^*}^{y} u_h\, dx\, dy$$

ist mithin in R stetig und da wegen der gleichmäßigen Konvergenz die Reihenfolge des Grenzüberganges für $h = \infty$ und der Integrationsprozesse vertauscht werden darf, so haben wir

$$L_{h=\infty} \iint\limits_{(R)} \left\{ \frac{\partial \zeta}{\partial x}\, \frac{\partial u_h}{\partial x} + \frac{\partial \zeta}{\partial y}\, \frac{\partial u_h}{\partial y} \right\} dx\, dy$$

$$= -L_{h=\infty} \iint\limits_{(R)} \frac{\partial^6 \zeta}{\partial x^3\, \partial y^3} \left\{ \int\limits_{b}^{y}\int\limits_{b}^{y} v_h\, dy\, dy + \int\limits_{a}^{x}\int\limits_{a}^{x} v_h\, dx\, dx \right\} dx\, dy$$

$$= -\iint\limits_{(R)} \frac{\partial^6 \zeta}{\partial x^3\, \partial y^3} \left\{ \int\limits_{b}^{y}\int\limits_{b}^{y} v\, dy\, dy + \int\limits_{a}^{x}\int\limits_{a}^{x} v\, dx\, dx \right\} dx\, dy.$$

Unter Benutzung dieser Umformung und bei Einführung der abkürzenden Bezeichnung

$$w(x, y) = \int\limits_a^x \int\limits_a^x \int\limits_b^y \int\limits_b^y v \, dx \, dx \, dy \, dy$$

drückt sich die in Formel (11) ausgesprochene Behauptung wie folgt aus.

Die Funktion $w(x, y)$ ist von der Art, daß für jede beliebige den Bedingungen 1. und 2. genügende Funktion ζ stets das über R erstreckte Doppelintegral

$$\iint\limits_{(R)} \frac{\partial^6 \zeta}{\partial x^3 \partial y^3} \triangle w \, dx \, dy$$

den Wert 0 hat.

Da $\triangle w$ eine stetige Funktion von x, y ist, so folgt hieraus nach Hilfssatz 3 in § 4, daß $\triangle w$ notwendig die Gestalt hat

$$\triangle w = X y^2 + X' y + X'' + Y x^2 + Y' x + Y'', \tag{12}$$

wo X, X', X'' stetige Funktionen der Variabeln x allein und Y, Y', Y'' stetige Funktionen der Variabeln y allein bedeuten. Setzen wir

$$z = w - \int\limits_a^x \int\limits_a^x \{X y^2 + X' y + X''\} \, dx \, dx + 2 \int\limits_a^x \int\limits_a^x \int\limits_a^x \int\limits_a^x X \, dx \, dx \, dx \, dx$$

$$- \int\limits_b^y \int\limits_b^y \{Y x^2 + Y' x + Y''\} \, dy \, dy + 2 \int\limits_b^y \int\limits_b^y \int\limits_b^y \int\limits_b^y Y \, dy \, dy \, dy \, dy,$$

so geht die Gleichung (12) über in die Gleichung

$$\triangle z = 0$$

und diese zeigt, daß z eine innerhalb R reguläre Potentialfunktion ist. Da eine reguläre Potentialfunktion nach den beiden Veränderlichen x, y beliebig oft differenziert werden kann und alle ihre Ableitungen ebenfalls reguläre Potentialfunktionen sind, so folgt, daß auch

$$\frac{\partial^4 z}{\partial x^2 \partial y^2} = v - 2 X - 2 Y$$

eine innerhalb R reguläre Potentialfunktion ist.

Setzen wir in dem Ausdruck $v - 2 X - 2 Y$ insbesondere $y = b^*$ ein und berücksichtigen, daß v für $y = b^*$ identisch in x verschwindet, so folgt, daß X notwendig eine analytische und also nach x differenzierbare Funktion sein muß; ebenso folgt durch Einsetzen von $x = a^*$ in jenen Ausdruck, daß Y eine analytische und also nach y differenzierbare Funktion sein muß. Mithin ist die Funktion v analytisch und also gewiß nach x und nach y differenzierbar: setzen wir

$$u(x, y) = \frac{\partial^6 z}{\partial x^3 \partial y^3} = \frac{\partial^2 v}{\partial x \partial y},$$

so erhellt, daß u ebenfalls eine innerhalb R reguläre Potentialfunktion ist.

Die hieraus zu entnehmende Formel

$$u(x, y) = \underset{\substack{\varepsilon=0 \\ \eta=0}}{L} \underset{h=\infty}{L} \frac{1}{\varepsilon\eta} \int\limits_x^{x+\varepsilon} \int\limits_y^{y+\eta} u_h \, dx \, dy$$

zeigt, daß der Wert der Funktion u von der Wahl der Zahlen a^*, b^* unabhängig ist und mithin definiert diese Formel auf der ganzen Riemannschen Fläche F eine Potentialfunktion, die gewiß überall im Endlichen sich regulär verhält, wenn man von den Punkten der Kurve C und den Verzweigungsstellen absieht.

Um zu erkennen, daß $u(x, y)$ die gesuchte Potentialfunktion der gegebenen Riemannschen Fläche F ist, bleibt noch zu zeigen, daß $u(x, y)$ in dem in § 1 festgesetzten Sinne beim Übergange über die Kurve C den Sprung 1 erleidet und daß u auch in den unendlichfernen Punkten und in den Verzweigungspunkten der Riemannschen Fläche F in dem in § 1 festgesetzten Sinne sich regulär verhält.

§ 8. Beweis für die verlangte Unstetigkeit der Potentialfunktion u auf der Kurve C.

Der Nachweis für das verlangte unstetige Verhalten auf der Kurve C läßt sich sehr einfach führen. Wir ändern zu dem Zwecke die Kurve C auf der Riemannschen Fläche F in der Weise ab, wie wir dies im § 5 getan haben, indem wir die einzelnen geradlinigen Stücke des Polygonzuges C parallel mit sich nach der Seite hin verschieben, nach welcher die Vermehrung der Funktionswerte um 1 eintritt, und gleichzeitig jedes geradlinige Stück in geeigneter Weise verlängern oder verkürzen, so daß die abgeänderten Stücke wiederum einen geschlossenen Polygonzug bilden, den wir C^* nennen. Wir treffen die Abänderung so, daß in dem zwischen C und C^* gelegenen ringförmigen Gebiete kein Verzweigungspunkt der Riemannschen Fläche zu liegen kommt. Nunmehr führen wir unsere gesamte Betrachtung für den Polygonzug C^* anstatt wie früher für den Polygonzug C aus. Wir bezeichnen der Kürze halber eine Funktion, die innerhalb des von C und C^* begrenzten ringförmigen Gebietes den konstanten Wert 1 hat und sonst überall auf der Riemannschen Fläche verschwindet, mit 1*. Aus jeder beliebigen Funktion U, die auf der Riemannschen Fläche F stetig verläuft und nur in C den Sprung 1 erleidet, gewinnen wir dann offenbar durch Subtraktion der Funktion 1* eine Funktion, die auf der Riemannschen Fläche F stetig verläuft und nur in C^* den Sprung 1 erleidet und wir können offenbar für die neue Betrachtung von vornherein die Funktionenreihe

$$u_1 - 1^*, \quad u_2 - 1^*, \quad u_3 - 1^*, \ldots$$

zugrunde legen, wo $u_1, u_2, u_3, \ldots$ die in den vorigen Entwicklungen gewonnenen und zur Konstruktion unserer Potentialfunktion u verwandten Funktionen (10) bedeuten. Unser Verfahren zeigt dann, daß sich aus dieser Funktionenreihe eine Auswahl

$$u'_1 - 1^*, \; u'_2 - 1^*, \; u'_3 - 1^*, \; \ldots$$

muß treffen lassen, derart, daß der durch die Formel

$$u^* = L_{\substack{\varepsilon = 0 \\ \eta = 0}} \; L_{h = \infty} \int\limits_x^{x+\varepsilon} \int\limits_y^{y+\eta} (u'_h - 1^*) \, dx \, dy$$

definierte Ausdruck eine Potentialfunktion darstellt, die nur in den Punkten des Polygonzuges C^* unstetig ist. Nun ist aber jener Ausdruck u^* offenbar gleich $u - 1^*$ und mithin $u - 1^*$ eine auf C reguläre Potentialfunktion, d. h. u erleidet in dem in § 1 festgesetzten Sinne beim Übergange über die Kurve C den Sprung 1.

§ 9. Der Wert des Dirichletschen Integrals der Potentialfunktion u auf der Riemannschen Fläche.

Um das Verhalten der gefundenen Potentialfunktion u in den unendlichfernen Punkten und in den Verzweigungspunkten der Riemannschen Fläche F zu beurteilen, ist es zuvor nötig, zu zeigen, daß die Funktion u das ins Auge gefaßte Dirichletsche Variationsproblem löst, daß der Wert des über die gesamte Riemannsche Fläche erstreckten Dirichletschen Integrals für diese Funktion wirklich gleich der in § 5 mit d bezeichneten Grenze aller möglichen Werte der über F erstreckten Dirichletschen Integrale wird.

Beim Nachweise hierfür bedienen wir uns der folgenden Tatsache:

Es sei R irgend ein Rechteck auf unserer Riemannschen Fläche mit den Ecken

$$a, b; \qquad a + l, b; \qquad a + l, \, b + l'; \qquad a, \, b + l',$$

welches keinen Verzweigungspunkt und keinen Punkt der Kurve C enthält und $f(x, y)$ sei eine in R einschließlich der Seiten von R reguläre analytische Funktion: wird dann zur Abkürzung

$$\omega_h = u_h - u$$

gesetzt, so behaupte ich, daß stets die Gleichung gilt

$$L_{h = \infty} \int\limits_a^x \int\limits_b^y f(x, y) \cdot \omega_h \, dx \, dy = 0,$$

$$(a \leqq x \leqq a + l, \quad b \leqq y \leqq b + l')$$

und zwar konvergiert das Doppelintegral *gleichmäßig* für alle in R gelegenen Punkte x, y gegen den Wert 0.

Zum Beweise dieser Behauptung formen wir das Doppelintegral wie folgt um

$$\int\limits_a^x\int\limits_b^y f\cdot\omega_h\,dx\,dy = f\int\limits_a^x\int\limits_b^y \omega_h\,dx\,dy - \int\limits_b^y \frac{\partial f}{\partial y}\cdot\int\limits_a^x\int\limits_b^y \omega_h\,dx\,dy\cdot dy$$

$$-\int\limits_a^x \frac{\partial f}{\partial x}\cdot\int\limits_a^x\int\limits_b^y \omega_h\,dx\,dy\cdot dx + \int\limits_a^x\int\limits_b^y \frac{\partial^2 f}{\partial x\,\partial y}\cdot\int\limits_a^x\int\limits_b^y \omega_h\,dx\,dy\cdot dx\,dy$$

und bedenken dann, daß das Doppelintegral

$$\int\limits_a^x\int\limits_b^y \omega_h\,dx\,dy = \int\limits_a^x\int\limits_b^y u_h\,dx\,dy - \int\limits_a^x\int\limits_b^y u\,dx\,dy$$

gleichmäßig für alle in R gelegenen Punkte x, y gegen den Wert 0 konvergiert.

Wir wollen nun zeigen, daß das über die gesamte Riemannsche Fläche F erstreckte Dirichletsche Integral für die Potentialfunktion u einen *endlichen* Wert besitzt, der gewiß nicht größer als d ist. Im entgegengesetzten Falle nämlich müßte es gewiß auch möglich sein, auf der Riemannschen Fläche F ein ganz im Endlichen gelegenes, von Verzweigungspunkten und Punkten der Kurve C freies Gebiet G abzugrenzen, so daß das über G erstreckte Dirichletsche Integral für die Funktion u größer als d ausfällt, und zwar nehmen wir an, es sei das über G erstreckte Dirichletsche Integral $\geqq d + p$, wo p eine gewisse positive Zahl bedeutet. Dann konstruieren wir einen Polygonzug P, der aus einer endlichen Anzahl geradliniger zur x-Achse oder zur y-Achse paralleler Stücke besteht derart, daß das Gebiet G auf der Riemannschen Fläche ganz in das Innere des durch diesen Polygonzug P begrenzten Polygones zu liegen kommt. Endlich wählen wir noch eine positive Größe δ so klein, daß das Gebiet G auch innerhalb jedes solchen Polygonzuges $P_{\xi\eta}$ enthalten bleibt, der aus P durch eine Parallelverschiebung:

$$x' = x + \xi, \qquad 0 \leqq \xi \leqq \delta$$
$$y' = y + \eta, \qquad 0 \leqq \eta \leqq \delta$$

hervorgeht. Offenbar sind dann die über das Innere der Polygonzüge $P_{\xi\eta}$ erstreckten Dirichletschen Integrale für die Funktion u ebenfalls sämtlich $\geqq d + p$; wir können daher aus der Identität

$$\int\limits_{(P_{\xi\eta})}\int \left\{\left(\frac{\partial u_h}{\partial x}\right)^2 + \left(\frac{\partial u_h}{\partial y}\right)^2\right\}dx\,dy = \int\limits_{(P_{\xi\eta})}\int \left\{\left(\frac{\partial u}{\partial x}\right)^2 + \left(\frac{\partial u}{\partial y}\right)^2\right\}dx\,dy$$

$$+ 2\int\limits_{(P_{\xi\eta})}\int \left\{\frac{\partial u}{\partial x}\frac{\partial \omega_h}{\partial x} + \frac{\partial u}{\partial y}\frac{\partial \omega_h}{\partial y}\right\}dx\,dy + \int\limits_{(P_{\xi\eta})}\int \left\{\left(\frac{\partial \omega_h}{\partial x}\right)^2 + \left(\frac{\partial \omega_h}{\partial y}\right)^2\right\}dx\,dy,$$

in der die Doppelintegrale über das Innere des Polygones $P_{\xi\eta}$ zu erstrecken sind, die Ungleichung entnehmen

$$\iint\limits_{(P_{\xi\eta})} \left\{ \left(\frac{\partial u_h}{\partial x}\right)^2 + \left(\frac{\partial u_h}{\partial y}\right)^2 \right\} dx\, dy \geqq d + p + 2 \iint\limits_{(P_{\xi\eta})} \left\{ \frac{\partial u}{\partial x}\frac{\partial \omega_h}{\partial x} + \frac{\partial u}{\partial y}\frac{\partial \omega_h}{\partial y} \right\} dx\, dy.$$

Um so mehr ist

$$\iint\limits_{(F)} \left\{ \left(\frac{\partial u_h}{\partial x}\right)^2 + \left(\frac{\partial u_h}{\partial y}\right)^2 \right\} dx\, dy \geqq d + p + 2 \iint\limits_{(P_{\xi\eta})} \left\{ \frac{\partial u}{\partial x}\frac{\partial \omega_h}{\partial x} + \frac{\partial u}{\partial y}\frac{\partial \omega_h}{\partial y} \right\} dx\, dy, \quad (13)$$

wenn das Doppelintegral linker Hand über die ganze Riemannsche Fläche F erstreckt wird. Andererseits gilt die Formel

$$\iint\limits_{(P_{\xi\eta})} \left\{ \frac{\partial u}{\partial x}\frac{\partial \omega_h}{\partial x} + \frac{\partial u}{\partial y}\frac{\partial \omega_h}{\partial y} \right\} dx\, dy = -\int\limits_{(P_{\xi\eta})} \frac{\partial u}{\partial t} \omega_h\, ds - \iint\limits_{(P_{\xi\eta})} \triangle u\, \omega_h\, dx\, dy;$$

hierin ist das erste Integral rechter Hand über den Polygonzug $P_{\xi\eta}$ zu erstrecken, wobei s, t die Variabeln x, $\pm y$ bezüglich y, $\pm x$ bedeuten, je nachdem die betreffende Polygonseite zur x-Achse oder zur y-Achse parallel läuft. Wegen $\triangle u = 0$ gewinnen wir die Formel

$$\iint\limits_{(P_{\xi\eta})} \left\{ \frac{\partial u}{\partial x}\frac{\partial \omega_h}{\partial x} + \frac{\partial u}{\partial y}\frac{\partial \omega_h}{\partial y} \right\} = -\int\limits_{(P_{\xi\eta})} \frac{\partial u}{\partial t} \omega_h\, ds. \quad (14)$$

Nun lehrt die am Anfang dieses Paragraphen erkannte Tatsache, daß, wenn wir das Integral rechter Hand in (14) nach ξ und η zwischen den Grenzen 0 und δ integrieren und dann zur Grenze $h = \infty$ übergehen, sich Null ergibt und mithin gilt das gleiche für die linke Seite, d. h. wir haben

$$\underset{h=\infty}{L} \int\limits_0^\delta \int\limits_0^\delta \iint\limits_{(P_{\xi\eta})} \left\{ \frac{\partial u}{\partial x}\frac{\partial \omega_h}{\partial x} - \frac{\partial u}{\partial y}\frac{\partial \omega_h}{\partial y} \right\} dx\, dy \cdot d\xi\, d\eta = 0.$$

Integrieren wir nun die Gleichung (13) nach ξ und η zwischen den Grenzen 0 und δ und gehen dann zur Grenze $h = \infty$ über, so erhalten wir

$$\delta^2 d \geqq \delta^2 (d + p)$$

und diese Ungleichung enthält wegen $p > 0$ einen Widerspruch. Unsere Annahme ist mithin unzulässig, d. h. das über die gesamte Riemannsche Fläche F erstreckte Integral für die Potentialfunktion u besitzt einen endlichen Wert, der gewiß nicht größer als d ist.

Dieser Wert kann auch nicht kleiner als d sein, da unserer anfänglichen Festsetzung zufolge d die untere Grenze aller möglichen Werte der Dirichletschen Integrale für die in Betracht kommenden Funktionen bezeichnet. Das über F erstreckte Dirichletsche Integral für die Funktion u hat daher genau den Wert d und mithin löst die Potentialfunktion u das Dirichletsche Variationsproblem.

§ 10. Beweis für das reguläre Verhalten der Potentialfunktion u in den unendlichfernen Punkten und in den Verzweigungspunkten der Riemannschen Fläche.

Um zu beweisen, daß die gefundene Funktion u auch in den unendlichfernen Punkten und in den Verzweigungspunkten der Riemannschen Fläche F in dem in § 1 festgesetzten Sinne sich regulär verhält, bedenken wir, daß bei der in § 1 angegebenen Transformation das vorgelegte Dirichletsche Integral wieder in ein Dirichletsches Integral übergeht und mithin das über die transformierte Riemannsche Fläche erstreckte Dirichletsche Integral den gleichen endlichen Wert besitzt, wie das über die ursprünglich vorgelegte Fläche F erstreckte Integral. Bei der in § 1 angegebenen Transformation gehen die Verzweigungspunkte bzw. die unendlichfernen Punkte der Riemannschen Fläche F in gewöhnliche Punkte über und mithin haben wir nach der dort getroffenen Festsetzung nur nötig zu zeigen, daß die transformierte Potentialfunktion u^* in einem gewöhnlichen Punkte P sich regulär verhalten muß, falls sie in der Umgebung dieses Punktes P eindeutig und regulär ist und ein endliches Dirichletsches Integral aufweist. Hierzu benutzen wir die aus dem Laurentschen Satze leicht zu folgernde Tatsache, daß u^* in der Umgebung von P eine Reihenentwicklung von der Gestalt

$$u^*(x, y) = (a + \alpha \, l \, r)$$
$$+ \left(a_1 r + \frac{\alpha_1}{r}\right) \cos \varphi + \left(a_2 r^2 + \frac{\alpha_2}{r^2}\right) \cos 2\varphi + \left(a_3 r^3 + \frac{\alpha_3}{r^3}\right) \cos 3\varphi + \cdots$$
$$+ \left(b_1 r + \frac{\beta_1}{r}\right) \sin \varphi + \left(b_2 r^2 + \frac{\beta_2}{r^2}\right) \sin 2\varphi + \left(b_3 r^3 + \frac{\beta_3}{r^3}\right) \sin 3\varphi + \cdots$$

besitzen muß, wo r die Entfernung des Punktes x, y von P und φ den Winkel bezeichnet, den die Verbindungsgrade zwischen diesen Punkten mit der x-Achse einschließt und wo $a, \alpha, a_1, \alpha_1, a_2, \alpha_2, a_3, \alpha_3, \ldots b_1, \beta_1, b_2, \beta_2, b_3, \beta_3, \ldots$ Konstante bedeuten. Es mögen r, $r' > r$ zwei besondere Werte bezeichnen, für welche jene Reihenentwicklung konvergiert, die von den mit r und r' um P geschlagenen Kreisen gebildet wird. Das über diesen Kreisring erstreckte Dirichletsche Integral für die Potentialfunktion u^* ist bekanntlich nach dem Greenschen Satz durch die Integrale über die Peripherie jener beiden Kreise ausdrückbar; man erhält für dasselbe den Wert

$$\int\limits_0^{2\pi} u^* \frac{\partial u^*}{\partial r} r \, d\varphi - \int\limits_0^{2\pi} \left[u^* \frac{\partial u^*}{\partial r}\right]_{r=r'} r' \, d\varphi.$$

Da das Dirichletsche Integral über die gesamte Fläche erstreckt einen endlichen Wert d haben soll, so muß auch

$$\int\limits_0^{2\pi} u^* \frac{\partial u^*}{\partial r} r \, d\varphi$$

bei abnehmendem r, absolut genommen, unterhalb einer endlichen Größe A bleiben und daraus entnehmen wir, daß das Integral

$$\int\limits_{r'}^{r} \int\limits_{0}^{2\pi} u^* \frac{\partial u^*}{\partial r} \, d\varphi \cdot dr = \frac{1}{2} \int\limits_{0}^{2\pi} u^{*2} \, d\varphi - \frac{1}{2} \int\limits_{0}^{2\pi} [u^{*2}]_{r=r'} \, d\varphi$$

absolut genommen unterhalb der Grenze

$$\int\limits_{r}^{r'} \frac{A}{r} \, dr = A \, l \, \frac{r'}{r}$$

bleibt, d. h. das Integral

$$\int\limits_{0}^{2\pi} u^{*2} \, d\varphi$$

muß bei abnehmendem r absolut genommen unterhalb einer Größe von der Form

$$2 \, A \, l \, \frac{1}{r} + B$$

bleiben, wo B eine geeignet gewählte Konstante ist. Wegen

$$\frac{1}{\pi} \int\limits_{0}^{2\pi} u^{*2} \, d\varphi = 2 \, (a + \alpha \, l \, r)^2 + \left(a_1 r + \frac{\alpha_1}{r}\right)^2 + \left(a_2 r^2 + \frac{\alpha_2}{r^2}\right)^2 + \cdots$$

$$+ \left(b_1 r + \frac{\beta_1}{r}\right)^2 + \left(b_2 r^2 + \frac{\beta_2}{r^2}\right)^2 + \cdots$$

folgt aber hieraus, daß die Konstanten α, α_1, α_2, ... β_1, β_2, ... sämtlich gleich 0 sind, d. h. die Potentialfunktion u^* verhält sich auch im Punkte P regulär.

Göttingen, den 18. September 1901.

5. Zur Variationsrechnung[1].

[Mathem. Annalen Bd. 62, S. 351—370 (1906).]

Notwendigkeit des Bestehens der Lagrangeschen Differentialgleichungen.

Die Frage nach der Notwendigkeit des Lagrangeschen Kriteriums, d. h. des Bestehens der durch das Verschwinden der ersten Variation bedingten Differentialgleichungen ist insbesondere von A. Mayer[2] und A. Kneser[3] behandelt worden. Ich möchte hier einen strengen und zugleich sehr einfachen Weg angeben, der zu dem gewünschten Nachweise für die Notwendigkeit des Lagrangeschen Kriteriums führt.

Der Kürze halber nehme ich überall in der vorliegenden Mitteilung die gegebenen Funktionen und Differentialbeziehungen analytisch an, wodurch zugleich der analytische Charakter der zur Verwendung kommenden Lösungen gewährleistet ist.

Wir wählen ferner der angenehmeren Darstellung wegen — die Allgemeinheit der Methode wird dadurch nicht beeinträchtigt — den Fall dreier gesuchter Funktionen $y(x), z(x), s(x)$ der unabhängigen Veränderlichen x; zwischen ihnen und ihren ersten nach x genommenen Ableitungen

$$\frac{dy}{dx} = y'(x), \qquad \frac{dz}{dx} = z'(x), \qquad \frac{ds}{dx} = s'(x)$$

seien zwei Bedingungen von der Form

$$\left.\begin{array}{l} f(y', z', s', y, z, s; x) = 0, \\ g(y', z', s', y, z, s; x) = 0 \end{array}\right\} \tag{1}$$

vorgelegt. Alsdann kommt es darauf an, den folgenden Satz zu beweisen:

Es mögen $y(x), z(x), s(x)$ drei besondere den Bedingungen (1) genügende Funktionen von folgender Beschaffenheit bezeichnen: für alle zwischen $x = a_1$

---

[1] Im wesentlichen unverändert abgedruckt aus den Göttinger Nachrichten 1905, S. 159—180.

[2] Math. Ann. Bd. 26 und Leipziger Berichte 1895; in letzterer Note hat A. Mayer seine Begründung der Lagrangeschen Differentialgleichungen auf das allgemeinste Problem ausgedehnt.

[3] Lehrbuch der Variationsrechnung § 56—58, Braunschweig 1900; daselbst ist ebenfalls das Problem in voller Allgemeinheit in Angriff genommen worden.

und $x = a_2$ liegenden Werte von x falle

$$\begin{vmatrix} \dfrac{\partial f}{\partial y'} & \dfrac{\partial f}{\partial z'} \\[2mm] \dfrac{\partial g}{\partial y'} & \dfrac{\partial g}{\partial z'} \end{vmatrix} \neq 0 \tag{2}$$

aus; wählen wir irgend drei andere ebenfalls den Bedingungen (1) genügende Funktionen $Y(x), Z(x), S(x)$, für die

$$Y(a_1) = y(a_1),$$
$$Z(a_1) = z(a_1), \qquad Z(a_2) = z(a_2),$$
$$S(a_1) = s(a_1), \qquad S(a_2) = s(a_2),$$

gilt, so sei — vorausgesetzt, daß die Funktionen $Y(x), Z(x), S(x)$ nebst ihren Ableitungen bzw. von jenen besonderen Funktionen $y(x), z(x), s(x)$ und deren Ableitungen hinreichend wenig verschieden sind — stets

$$Y(a_2) \geqq y(a_2); \tag{3}$$

ist diese Minimalforderung erfüllt, so gibt es notwendig zwei Funktionen $\lambda(x)$, $\mu(x)$, *die nicht beide identisch für alle* x *verschwinden, und die zusammen mit den Funktionen* $y(x), z(x), s(x)$ *die aus dem Nullsetzen der ersten Variation des Integrals*

$$\int\limits_{a_1}^{a_2} \{ \lambda f(y', z', s', y, z, s; x) + \mu g(y', z', s', y, z, s; x) \}\, dx$$

entspringenden Lagrangeschen Differentialgleichungen

$$\frac{d}{dx} \frac{\partial(\lambda f + \mu g)}{\partial y'} - \frac{\partial(\lambda f + \mu g)}{\partial y} = 0, \tag{4}$$

$$\frac{d}{dx} \frac{\partial(\lambda f + \mu g)}{\partial z'} - \frac{\partial(\lambda f + \mu g)}{\partial z} = 0, \tag{5}$$

$$\frac{d}{dx} \frac{\partial(\lambda f + \mu g)}{\partial s'} - \frac{\partial(\lambda f + \mu g)}{\partial s} = 0 \tag{6}$$

erfüllen.

Um den Nachweis dieses Satzes zu führen, nehmen wir irgend zwei bestimmte Funktionen $\sigma_1(x), \sigma_2(x)$, die für $x = a_1$ und $x = a_2$ verschwinden, und setzen in (1) an Stelle von y, z, s bez.

$$Y = Y(x, \varepsilon_1, \varepsilon_2),$$
$$Z = Z(x, \varepsilon_1, \varepsilon_2),$$
$$S = s(x) + \varepsilon_1 \sigma_1(x) + \varepsilon_2 \sigma_2(x)$$

ein, wo $\varepsilon_1, \varepsilon_2$ zwei Parameter bedeuten. Die so entstehenden Gleichungen:

$$\left. \begin{array}{l} f(Y', Z', S', Y, Z, S; x) = 0, \\ g(Y', Z', S', Y, Z, S; x) = 0 \end{array} \right\} \tag{7}$$

fassen wir als ein System von zwei Differentialgleichungen zur Bestimmung der zwei Funktionen Y, Z auf. Wie die Theorie der Differentialgleichungen lehrt[1], gibt es wegen der Voraussetzung (2) für genügend kleine Werte von ε_1, ε_2 gewiß ein System zweier jene Gleichungen identisch in x, ε_1, ε_2 erfüllenden Funktionen

$$Y(x, \varepsilon_1, \varepsilon_2) \quad \text{und} \quad Z(x, \varepsilon_1, \varepsilon_2),$$

die für $\varepsilon_1 = 0$, $\varepsilon_2 = 0$ bez. in $y(x), z(x)$ übergehen und ferner für $x = a_1$ bei beliebigen ε_1, ε_2 bzw. die Werte $y(a_1), z(a_1)$ annehmen.

Da wegen unserer Minimumsforderung (3) $Y(a_2, \varepsilon_1, \varepsilon_2)$ als Funktion von ε_1, ε_2 gewiß für $\varepsilon_1 = 0$, $\varepsilon_2 = 0$ ein Minimum haben muß, während zwischen ε_1, ε_2 die Gleichung

$$Z(a_2, \varepsilon_1, \varepsilon_2) = z(a_2)$$

besteht, so lehrt die Theorie des relativen Minimums einer Funktion zweier Veränderlicher, daß es notwendig zwei Konstante l, m geben muß, die nicht beide gleich Null sind, und für welche

$$\left.\left[\frac{\partial(l\, Y(a_2, \varepsilon_1, \varepsilon_2) + m\, Z(a_2, \varepsilon_1, \varepsilon_2))}{\partial \varepsilon_1}\right]\right]_0 = 0, \\ \left.\left[\frac{\partial(l\, Y(a_2, \varepsilon_1, \varepsilon_2) + m\, Z(a_2, \varepsilon_1, \varepsilon_2))}{\partial \varepsilon_2}\right]\right]_0 = 0 \right\} \tag{8}$$

wird, wobei jedesmal der Index 0 bedeutet, daß beide Parameter ε_1, ε_2 gleich Null zu setzen sind.

Wir bestimmen nunmehr, was wegen (2) gewiß möglich ist, zwei Funktionen $\lambda(x)$, $\mu(x)$ der Veränderlichen x, die den beiden für sie linearen homogenen Differentialgleichungen (4), (5) genügen und für die an der Stelle $x = a_2$ die Randbedingungen

$$\left.\left[\frac{\partial(\lambda f + \mu g)}{\partial y'}\right]\right]_{x=a_2} = l, \\ \left.\left[\frac{\partial(\lambda f + \mu g)}{\partial z'}\right]\right]_{x=a_2} = m \right\} \tag{9}$$

gelten. Da l, m nicht beide Null sind, so verschwinden auch die beiden so bestimmten Funktionen $\lambda(x)$, $\mu(x)$ gewiß ebenfalls nicht identisch.

Durch Differentiation der Gleichungen (7) nach ε_1, ε_2 und nachheriges Nullsetzen dieser beiden Parameter erhalten wir die Gleichungen

$$\left[\frac{\partial Y'}{\partial \varepsilon_1}\right]_0 \frac{\partial f}{\partial y'} + \left[\frac{\partial Y}{\partial \varepsilon_1}\right]_0 \frac{\partial f}{\partial y} + \left[\frac{\partial Z'}{\partial \varepsilon_1}\right]_0 \frac{\partial f}{\partial z'} + \left[\frac{\partial Z}{\partial \varepsilon_1}\right]_0 \frac{\partial f}{\partial z} + \sigma_1' \frac{\partial f}{\partial s'} + \sigma_1 \frac{\partial f}{\partial s} = 0,$$

$$\left[\frac{\partial Y'}{\partial \varepsilon_1}\right]_0 \frac{\partial g}{\partial y'} + \left[\frac{\partial Y}{\partial \varepsilon_1}\right]_0 \frac{\partial g}{\partial y} + \left[\frac{\partial Z'}{\partial \varepsilon_1}\right]_0 \frac{\partial g}{\partial z'} + \left[\frac{\partial Z}{\partial \varepsilon_1}\right]_0 \frac{\partial g}{\partial z} + \sigma_1' \frac{\partial g}{\partial s'} + \sigma_1 \frac{\partial g}{\partial s} = 0,$$

$$\left[\frac{\partial Y'}{\partial \varepsilon_2}\right]_0 \frac{\partial f}{\partial y'} + \left[\frac{\partial Y}{\partial \varepsilon_2}\right]_0 \frac{\partial f}{\partial y} + \left[\frac{\partial Z'}{\partial \varepsilon_2}\right]_0 \frac{\partial f}{\partial z'} + \left[\frac{\partial Z}{\partial \varepsilon_2}\right]_0 \frac{\partial f}{\partial z} + \sigma_2' \frac{\partial f}{\partial s'} + \sigma_2 \frac{\partial f}{\partial s} = 0,$$

$$\left[\frac{\partial Y'}{\partial \varepsilon_2}\right]_0 \frac{\partial g}{\partial y'} + \left[\frac{\partial Y}{\partial \varepsilon_2}\right]_0 \frac{\partial g}{\partial y} + \left[\frac{\partial Z'}{\partial \varepsilon_2}\right]_0 \frac{\partial g}{\partial z'} + \left[\frac{\partial Z}{\partial \varepsilon_2}\right]_0 \frac{\partial g}{\partial z} + \sigma_2' \frac{\partial g}{\partial s'} + \sigma_2 \frac{\partial g}{\partial s} = 0,$$

---

[1] Vgl. É. PICARD: Traité d'Analyse, t. III, ch. VIII.

wobei wiederum jedesmal der Index 0 bedeutet, daß beide Parameter ε_1, ε_2 gleich Null zu setzen sind. Von diesen Gleichungen werden einerseits die erste und zweite bez. mit λ, μ multipliziert, die entstehenden Gleichungen addiert und dann zwischen den Grenzen $x = a_1$, $x = a_2$ integriert; andererseits werden die dritte und die vierte Gleichung bez. mit λ, μ multipliziert und die entstehenden Gleichungen addiert und dann zwischen den Grenzen $x = a_1$ und $x = a_2$ integriert. Dadurch erhalten wir

$$
\left.
\begin{aligned}
&\int_{a_1}^{a_2}\left\{\frac{\partial(\lambda f+\mu g)}{\partial y'}\left[\frac{\partial Y'}{\partial \varepsilon_1}\right]_0 + \frac{\partial(\lambda f+\mu g)}{\partial y}\left[\frac{\partial Y}{\partial \varepsilon_1}\right]_0 + \frac{\partial(\lambda f+\mu g)}{\partial z'}\left[\frac{\partial Z'}{\partial \varepsilon_1}\right]_0\right.\\
&\qquad\left.+ \frac{\partial(\lambda f+\mu g)}{\partial z}\left[\frac{\partial Z}{\partial \varepsilon_1}\right]_0 + \frac{\partial(\lambda f+\mu g)}{\partial s'}\sigma_1' + \frac{\partial(\lambda f+\mu g)}{\partial s}\sigma_1\right\} dx = 0,\\
&\int_{a_1}^{a_2}\left\{\frac{\partial(\lambda f+\mu g)}{\partial y'}\left[\frac{\partial Y'}{\partial \varepsilon_2}\right]_0 + \frac{\partial(\lambda f+\mu g)}{\partial y}\left[\frac{\partial Y}{\partial \varepsilon_2}\right]_0 + \frac{\partial(\lambda f+\mu g)}{\partial z'}\left[\frac{\partial Z'}{\partial \varepsilon_2}\right]_0\right.\\
&\qquad\left.+ \frac{\partial(\lambda f+\mu g)}{\partial z}\left[\frac{\partial Z}{\partial \varepsilon_2}\right]_0 + \frac{\partial(\lambda f+\mu g)}{\partial s'}\sigma_2' + \frac{\partial(\lambda f+\mu g)}{\partial s}\sigma_2\right\} dx = 0.
\end{aligned}
\right\} \quad (10)
$$

Nun haben wir einerseits wegen der getroffenen Bestimmungen

$$Y(a_1, \varepsilon_1, \varepsilon_2) = y(a_1), \qquad Z(a_1, \varepsilon_1, \varepsilon_2) = z(a_1)$$

und daher für die Stelle $x = a_1$

$$\left[\frac{\partial Y}{\partial \varepsilon_1}\right]_0 = 0, \qquad \left[\frac{\partial Z}{\partial \varepsilon_1}\right]_0 = 0,$$

$$\left[\frac{\partial Y}{\partial \varepsilon_2}\right]_0 = 0, \qquad \left[\frac{\partial Z}{\partial \varepsilon_2}\right]_0 = 0;$$

andererseits entnehmen wir aus den Gleichungen (8) und (9) für die Stelle $x = a_2$

$$\frac{\partial(\lambda f+\mu g)}{\partial y'}\left[\frac{\partial Y}{\partial \varepsilon_1}\right]_0 + \frac{\partial(\lambda f+\mu g)}{\partial z'}\left[\frac{\partial Z}{\partial \varepsilon_1}\right]_0 = 0,$$

$$\frac{\partial(\lambda f+\mu g)}{\partial y'}\left[\frac{\partial Y}{\partial \varepsilon_2}\right]_0 + \frac{\partial(\lambda f+\mu g)}{\partial z'}\left[\frac{\partial Z}{\partial \varepsilon_2}\right]_0 = 0.$$

Mit Rücksicht hierauf folgen aus (10) und vermöge (4), (5) mittels der Formel für die Integration eines Produktes (partieller Integration) die Gleichungen:

$$\int_{a_1}^{a_2}\left\{\frac{\partial(\lambda f+\mu g)}{\partial s'}\sigma_1' + \frac{\partial(\lambda f+\mu g)}{\partial s}\sigma_1\right\} dx = 0,$$

$$\int_{a_1}^{a_2}\left\{\frac{\partial(\lambda f+\mu g)}{\partial s'}\sigma_2' + \frac{\partial(\lambda f+\mu g)}{\partial s}\sigma_2\right\} dx = 0.$$

Setzen wir zur Abkürzung

$$(\lambda\mu, \sigma) = \int_{a_1}^{a_2}\left\{\frac{\partial(\lambda f+\mu g)}{\partial s'}\sigma' + \frac{\partial(\lambda f+\mu g)}{\partial s}\sigma\right\} dx,$$

so können wir das eben erhaltene Resultat wie folgt aussprechen: *Für irgend zwei in* $x = a_1$ *und* $x = a_2$ *verschwindende Funktionen* σ_1, σ_2 *gibt es stets ein nicht identisch verschwindendes Lösungssystem* λ, μ *der Differentialgleichungen* (4), (5), *so daß*

$$(\lambda\mu, \sigma_1) = 0 \quad und \quad (\lambda\mu, \sigma_2) = 0$$

ausfällt.

Nehmen wir nun an, es gäbe für dieses Lösungssystem λ, μ eine Funktion σ_3, so daß die Ungleichung

$$(\lambda\mu, \sigma_3) \neq 0 \tag{11}$$

stattfindet, so bilden wir irgend ein nicht identisch verschwindendes Lösungssystem λ' μ' der Differentialgleichungen (4), (5), so daß

$$(\lambda'\mu', \sigma_3) = 0 \tag{12}$$

ausfällt. Nehmen wir wiederum an, es gäbe eine Funktion σ_4, für die die Ungleichung

$$(\lambda'\mu', \sigma_4) \neq 0 \tag{13}$$

stattfindet, so können wir unser voriges Resultat auf die Funktionen σ_3, σ_4 anwenden und erkennen daraus die Existenz eines Lösungssystemes λ'', μ'' von (4), (5), derart, daß die Gleichungen

$$(\lambda''\mu'', \sigma_3) = 0, \tag{14}$$

$$(\lambda''\mu'', \sigma_4) = 0 \tag{15}$$

stattfinden. Da λ, μ; λ', μ'; λ'', μ'' Lösungen eines Systems zweier homogener linearer Differentialgleichungen erster Ordnung sind, so müssen zwischen ihnen zwei homogene lineare Relationen von der Gestalt

$$a\lambda + a'\lambda' + a''\lambda'' = 0,$$
$$a\mu + a'\mu' + a''\mu'' = 0$$

bestehen, wo a, a', a'' Konstante bedeuten, die nicht sämtlich Null sind. Aus (11), (12), (14) würde dann aber notwendig $a = 0$ und sodann aus (13), (15) $a' = 0$ folgen, was nicht möglich ist, da ja nunmehr $a'' \neq 0$ ist und das Lösungssystem λ'', μ'' nicht identisch in x verschwindet.

Unsere Annahmen sind daher unzutreffend und wir schließen daraus, daß entweder λ, μ oder λ', μ' ein solches System von Lösungen von (4), (5) ist, daß die betreffende Integralbeziehung

$$(\lambda\mu, \sigma) = 0 \quad bzw. \quad (\lambda'\mu', \sigma) = 0$$

für jede Funktion σ gilt. Die Anwendung der Produktintegration (partiellen Integration) auf diese Beziehung zeigt dann, daß für das Lösungssystem λ, μ bzw. λ', μ' notwendig die Gleichung (6) gelten muß, und damit ist der gewünschte Nachweis vollständig erbracht.

Unabhängigkeitssatz und Jacobi-Hamiltonsche Theorie des zugehörigen Integrationsproblems.

In meinem Vortrage[1] „Mathematische Probleme" habe ich zur Aufstellung der weiteren notwendigen und hinreichenden Kriterien in der Variationsrechnung folgende Methode angegeben:

Es handle sich um das einfachste Problem der Variationsrechnung, nämlich das Problem, eine Funktion y der Veränderlichen x derart zu finden, daß das Integral

$$J = \int_a^b F(y', y;\ x)\, dx, \qquad \left[y' = \frac{dy}{dx}\right]$$

einen Minimalwert erhält im Vergleich zu denjenigen Werten, die das Integral annimmt, wenn wir statt $y(x)$ andere Funktionen von x mit den nämlichen gegebenen Anfangs- und Endwerten in das Integral einsetzen.

Wir betrachten nun das Integral

$$J^* = \int_a^b \{F + (y' - p)F_p\}\, dx$$

$$\left[F = F(p, y;\ x), \qquad F_p = \frac{\partial F(p, y;\ x)}{\partial p}\right],$$

und wir fragen, wie darin p als Funktion von x, y zu nehmen ist, damit der Wert dieses Integrals J^* von dem Integrationswege in der xy-Ebene, d. h. von der Wahl der Funktion y der Variablen x unabhängig wird. Die Antwort ist: man nehme irgend eine einparametrige Schar von Integralkurven der Lagrangeschen Differentialgleichung

$$\frac{d\,\frac{\partial F}{\partial y'}}{dx} - \frac{\partial F}{\partial y} = 0, \qquad [F = F(y', y;\ x)]$$

und bestimme in jedem Punkte x, y den Wert der Ableitung y' der durch diesen Punkt gehenden Kurve der Schar. Der Wert dieser Ableitung y' ist eine Funktion $p(x, y)$ von der verlangten Beschaffenheit.

Aus diesem „Unabhängigkeitssatze" folgen nicht nur unmittelbar die bekannten Kriterien für das Eintreten des Minimums, sondern auch alle wesentlichen Tatsachen der Jacobi-Hamiltonschen Theorie des zugehörigen Integrationsproblems.

Für den Fall mehrerer Funktionen hat A. Mayer[2] den entsprechenden Satz durch Rechnung bewiesen und seinen Zusammenhang mit der Jacobi-Hamiltonschen Theorie dargelegt. Im folgenden möchte ich zeigen, daß der Unabhängigkeitssatz noch einer allgemeineren Fassung fähig ist und auch

---

[1] Gehalten auf dem Internationalen Mathematiker-Kongreß zu Paris 1900; dieser Band Abh. Nr. 17.

[2] Math. Ann. Bd. 58, S. 235.

ohne Aufwand von Rechnung, durch Zurückführung auf den soeben angegebenen und in meinem Vortrag erledigten Spezialfall sehr einfach bewiesen werden kann.

Der leichteren Faßlichkeit wegen lege ich nur zwei Funktionen $y(x)$, $z(x)$ zugrunde; das Variationsproblem bestehe darin, diese so zu wählen, daß das Integral

$$J = \int_a^b F(y', z', y, z; x)\, dx, \quad \left[y' = \frac{dy}{dx}, \quad z' = \frac{dz}{dx} \right]$$

einen Minimalwert erhält im Vergleich zu denjenigen Werten, die das Integral annimmt, wenn wir statt $y(x)$, $z(x)$ andere Funktionen von x mit den nämlichen gegebenen Anfangs- und Endwerten einsetzen.

Wir betrachten nun das Integral

$$J^* = \int_a^b \{ F + (y' - p)\, F_p + (z' - q)\, F_q \}\, dx$$

$$\left[F = F(p, q, y, z; x), \quad F_p = \frac{\partial F(p, q, y, z; x)}{\partial p}, \quad F_q = \frac{\partial F(p, q, y, z; x)}{\partial q} \right]$$

und fragen, wie darin p, q als Funktionen von x, y, z zu nehmen sind, damit der Wert dieses Integrals J^* von dem Integrationswege im xyz-Raume, d. h. von der Wahl der Funktionen $y(x), z(x)$ unabhängig wird.

Um diese Frage zu beantworten, wählen wir im xyz-Raume eine beliebige Fläche $T(x, y, z) = 0$ und denken uns auf derselben die Funktionen p, q derart bestimmt, daß das Integral J^*, wenn wir dasselbe zwischen zwei Punkten der Fläche $T = 0$ über irgend eine auf $T = 0$ gelegene Kurve erstrecken, einen von der Wahl dieser Kurve unabhängigen Wert erhält. Alsdann konstruieren wir durch jeden Punkt P der Fläche $T = 0$ diejenige im xyz-Raume gelegene Integralkurve der Lagrangeschen Gleichungen

$$\frac{d\, \frac{\partial F}{\partial y'}}{dx} - \frac{\partial F}{\partial y} = 0,$$

$$\frac{d\, \frac{\partial F}{\partial z'}}{dx} - \frac{\partial F}{\partial z} = 0,$$

$$[F = F(y', z', y, z; x)],$$

für welche in jenem Punkte P

$$y' = p, \quad z' = q \tag{16}$$

wird, so daß auf diese Weise eine zweiparametrige, ein räumliches Feld erfüllende Schar von Integralkurven entsteht. Wir denken uns nun für jeden Punkt x, y, z dieses Feldes die hindurchgehende Integralkurve der Schar bestimmt. *Die Werte der Ableitungen y', z' in jenem Punkte x, y, z sind dann Funktionen $p(x, y, z), q(x, y, z)$ von der verlangten Beschaffenheit.*

Um diese Behauptung zu beweisen, verbinden wir einen bestimmten

Punkt A der Fläche $T = 0$ mit einem beliebigen Punkte Q des räumlichen Feldes mittels eines Weges w; durch jeden Punkt dieses Weges w denken wir uns die Integralkurve unserer zweiparametrigen Schar gelegt: die so entstehende einparametrige Schar von Integralkurven werde durch die Gleichungen

$$y = \psi(x,\, \alpha)\,,\ \left.\vphantom{\begin{matrix}a\\b\end{matrix}}\right\}$$
$$z = \chi(x,\, \alpha) \qquad\qquad (17)$$

dargestellt. Diejenigen Punkte der Fläche $T = 0$, von denen diese Integralkurven (17) ausgehen, bilden ihrerseits auf der Fläche $T = 0$ einen Weg w_T, der vom Punkte A bis zu demjenigen Punkte P auf $T = 0$ führt, von dem die durch Q laufende Integralkurve der Schar ausgeht.

Durch die einparametrige Kurvenschar (17) wird eine Fläche erzeugt, deren Gleichung

$$z = f(x,\, y) \qquad\qquad (18)$$

man erhält, wenn man aus den zwei Gleichungen (17) den Parameter α eliminiert.

Führen wir nun in F an Stelle von z die Funktion $f(x,\, y)$ ein und setzen

$$F\left(y',\, \frac{\partial f}{\partial x} + \frac{\partial f}{\partial y}\, y',\, y,\, f(x,\, y);\ x\right) = \Phi(y',\, y;\ x)\,,$$

so ist für jede auf der Fläche (18) gelegene Kurve

$$\int_a^b F(y',\, z',\, y,\, z;\ x)\, dx = \int_a^b \Phi(y',\, y,\, x)\, dx\,,$$

und folglich verschwindet in der xy-Ebene für jede Kurve der Schar

$$y = \psi(x,\, \alpha) \qquad\qquad (19)$$

gewiß auch die erste Variation des Integrals

$$\int_a^b \Phi(y',\, y,\, x)\, dx\,, \qquad\qquad (20)$$

d. h. die Kurvenschar (19) in der xy-Ebene ist eine Schar von Integralkurven derjenigen Lagrangeschen Differentialgleichungen, die durch das Verschwinden der ersten Variation des Integrals (20) bedingt wird. Aus der Gültigkeit des Unabhängigkeitssatzes für *eine* Funktion y folgt mithin, daß das Integral

$$\int_a^b \{\Phi + (y' - p)\, \Phi_p\}\, dx\,, \qquad [\Phi = \Phi(p,\, y;\ x)] \qquad (21)$$

einen von der Wahl der Funktion y unabhängigen Wert besitzt.

Wegen

$$z' = \frac{\partial f}{\partial x} + \frac{\partial f}{\partial y}\, y'\,,$$
$$q = \frac{\partial f}{\partial x} + \frac{\partial f}{\partial y}\, p$$

wird aber

$$\frac{\partial f}{\partial y}(y' - p) = z' - q$$

und folglich haben wir

$$\Phi(p, y;\, x) + (y' - p)\,\Phi_p = F(p, q, y, z;\, x) + (y' - p)\left(F_p + F_q\frac{\partial f}{\partial y}\right)$$

$$= F(p, q, y, z;\, x) + (y' - p)\,F_p + (z' - q)\,F_q\,.$$

Die eben bewiesene Unabhängigkeit des Integrals (21) bringt es also mit sich, daß auch unser ursprüngliches Integral

$$J^* = \int\limits_a^b \{F + (y' - p)\,F_p + (z' - q)\,F_q\}\,dx$$

seinen Wert beibehält, wenn wir als Integrationsweg statt w einen anderen auf der Fläche (18) gelegenen, von A nach Q führenden Weg, nämlich etwa denjenigen Weg wählen, der sich aus dem Wege w_T und der von P ausgehenden nach Q laufenden Integralkurve der Schar (17) zusammensetzt. Diese Tatsache läßt sich, wenn wir noch berücksichtigen, daß auf dem Wegstücke PQ die Gleichungen (16) gelten, durch die Gleichung

$$\int\limits_{(w)} \{F + (y' - p)\,F_p + (z' - q)\,F_q\}\,dx$$

$$= \int\limits_{(w_T)} \{F + (y' - p)\,F_p + (z' - q)\,F_q\}\,dx + \int\limits_P^Q F\,dx \qquad (22)$$

ausdrücken.

Bezeichnen wir mit $\overline{w}$ irgend einen anderen in unserem räumlichen pq-Felde von A nach Q führenden Weg und mit $\overline{w}_T$ den entsprechenden von A nach P führenden Weg auf der Fläche $T = 0$, so folgt durch die nämlichen Überlegungen auch die Gleichung

$$\int\limits_{(\overline{w})} \{F + (y' - p)\,F_p + (z' - q)\,F_q\}\,dx$$

$$= \int\limits_{(\overline{w}_T)} \{F + (y' - p)\,F_p + (z' - q)\,F_q\}\,dx + \int\limits_P^Q F\,dx \qquad (23)$$

und da die ersten Integrale auf den rechten Seiten von (22) und (23) unserer Annahme zufolge, weil w_T und $\overline{w}_T$ auf $T = 0$ verlaufen, gleiche Werte haben, so folgt, daß auch die links stehenden Integrale in (22) und (23) einander gleich sind, womit unser Unabhängigkeitssatz bewiesen ist.

Die einfachste Art, auf der Fläche $T = 0$ die Funktionen p, q unserer Forderung gemäß zu wählen, besteht darin, sie aus den Gleichungen

$$F - p\,F_p - q\,F_q : F_p : F_q = \frac{\partial T}{\partial x} : \frac{\partial T}{\partial y} : \frac{\partial T}{\partial z} \qquad (24)$$

zu bestimmen; alsdann verschwindet für jeden auf $T = 0$ verlaufenden

Weg der Integrand des Integrals J^* und dieses Integral hat daher auf $T = 0$ den vom Wege unabhängigen Wert Null.

Insbesondere kann man die Fläche $T = 0$ durch einen Punkt ersetzen; dann bilden die sämtlichen durch diesen Punkt laufenden Integralkurven der Lagrangeschen Differentialgleichungen eine zweiparametrige Kurvenschar, die man zur Konstruktion des räumlichen pq-Feldes zu verwenden hat.

Da das Integral J^* vom Wege unabhängig wird, so stellt dasselbe bei variabler oberer Grenze eine Ortsfunktion, d. h. eine Funktion des Endpunktes x, y, z im räumlichen pq-Felde dar; wir setzen

$$J(x, y, z) = \int\limits_A^{x, y, z} \{F + (y' - p) F_p + (z' - q) F_q\} \, dx . \qquad (25)$$

Diese Funktion befriedigt offenbar die Gleichungen

$$\frac{\partial J}{\partial x} = F - p F_p - q F_q ,$$

$$\frac{\partial J}{\partial y} = F_p ,$$

$$\frac{\partial J}{\partial z} = F_q .$$

Eliminieren wir hieraus die Größen p, q, so entsteht die „Jacobi-Hamiltonsche partielle Differentialgleichung" erster Ordnung für die Funktion $J(x, y, z)$. Sind insbesondere bei der Konstruktion des räumlichen pq-Feldes die Werte von p, q auf $T = 0$ in der Weise bestimmt worden, daß der Integrand des Integrals J^* verschwindet, d. h. daß (24) besteht, so ist $J(x, y, z)$ diejenige Lösung jener Jacobi-Hamiltonschen Differentialgleichung, die auf $T = 0$ verschwindet.

Denken wir uns die Fläche $T = 0$ einer zweiparametrigen Flächenschar angehörig und bezeichnen mit a, b die Parameter dieser Schar, so werden auch die Funktionen p, q des räumlichen Feldes und mithin auch die Funktion $J(x, y, z)$ von diesen Parametern abhängig. Die Differentiation der Gleichung (25) nach diesen Parametern a, b liefert

$$\frac{\partial J}{\partial a} = \int\limits_A^{x, y, z} \left\{ (y' - p) \frac{\partial F_p}{\partial a} + (z' - q) \frac{\partial F_q}{\partial a} \right\} dx ,$$

$$\frac{\partial J}{\partial b} = \int\limits_A^{x, y, z} \left\{ (y' - p) \frac{\partial F_p}{\partial b} + (z' - q) \frac{\partial F_q}{\partial b} \right\} dx ,$$

und da offenbar die Integranden der Integrale rechter Hand wegen (16) beim Fortschreiten auf einer Integralkurve verschwinden, so stellen diese Integrale Funktionen von x, y, z dar, die auf jeder einzelnen Integralkurve denselben Wert annehmen, d. h. die Gleichungen

$$\frac{\partial J}{\partial a} = c,$$

$$\frac{\partial J}{\partial b} = d$$

sind, wenn c, d ebenso wie a, b Integrationskonstanten bedeuten, nichts anderes als die Integrale der Lagrangeschen Differentialgleichungen.

Diese Hinweise mögen genügen, um zu zeigen, wie unmittelbar die wesentlichen Sätze der Jacobi-Hamiltonschen Theorie aus dem Unabhängigkeitssatze entspringen.

Übertragung der Methode des unabhängigen Integrals auf Doppelintegrale.

Wenn es sich lediglich um die Frage nach den Bedingungen des Minimums eines Integrals handelt, so bedarf es nicht der angegebenen Konstruktion eines räumlichen pq-Feldes; es genügt vielmehr eine einparametrige Schar von Integralkurven (17) der Lagrangeschen Gleichungen zu konstruieren, derart, daß die durch sie erzeugte Fläche die variierte Kurve w enthält. Die Anwendung des Unabhängigkeitssatzes für *eine* Funktion in der vorhin dargelegten Weise führt alsdann zum Ziel.

Diese Bemerkung ist von Nutzen, wenn man die Methode des unabhängigen Integrals auf das Problem übertragen will, das Minimum eines Doppelintegrals zu finden, welches mehrere unbekannte Funktionen mehrerer unabhängiger Veränderlicher enthält.

Um ein solches Problem zu behandeln, bezeichnen wir mit z, t zwei Funktionen der zwei Veränderlichen x, y und suchen diese Funktionen derart zu bestimmen, daß das über ein gegebenes Gebiet Ω der xy-Ebene zu erstreckende Doppelintegral

$$J = \int\limits_{(\Omega)} F(z_x, z_y, t_x, t_y, z, t; x, y)\, d\omega,$$

$$\left[z_x = \frac{\partial z}{\partial x}, \quad z_y = \frac{\partial z}{\partial y}, \quad t_x = \frac{\partial t}{\partial x}, \quad t_y = \frac{\partial t}{\partial y} \right]$$

einen Minimalwert erhält im Vergleich zu denjenigen Werten, die das Integral annimmt, wenn wir statt z, t irgend welche andere Funktionen $\bar{z}, \bar{t}$ einsetzen, die auf dem Rande S des Gebietes Ω die nämlichen vorgeschriebenen Werte wie z, t besitzen. Die Lagrangeschen Gleichungen, wie sie durch das Verschwinden der ersten Variation geliefert werden, lauten in diesem Falle

$$\frac{d}{dx}\frac{\partial F}{\partial z_x} + \frac{d}{dy}\frac{\partial F}{\partial z_y} - \frac{\partial F}{\partial z} = 0,$$

$$\frac{d}{dx}\frac{\partial F}{\partial t_x} + \frac{d}{dy}\frac{\partial F}{\partial t_y} - \frac{\partial F}{\partial t} = 0.$$

Nunmehr legen wir eine bestimmte Lösung z, t der Lagrangeschen Gleichungen zugrunde, und $\bar{z}, \bar{t}$ sei ein irgendwie variiertes Funktionensystem, das ebenso wie z, t die Randbedingung erfüllt. Wir bestimmen dann eine solche Funktion $S(x, y)$ der Variabeln x, y, daß die Gleichung $S(x, y) = 0$ die Randkurve von Ω in der xy-Ebene darstellt, während $S(x, y) = 1$ nur durch die Koordinaten eines einzigen Punktes innerhalb Ω erfüllt wird; endlich soll die Gleichung $S(x, y) = \alpha$, wenn α die Werte zwischen 0 und 1 durchläuft, eine Schar von Kurven darstellen, die das Innere des Gebietes Ω einfach und lückenlos ausfüllt. Sodann bestimmen wir diejenigen Funktionen

$$\left.\begin{array}{l} z = \psi(x, y, \alpha), \\ t = \chi(x, y, \alpha), \end{array}\right\} \tag{26}$$

die den Lagrangeschen Differentialgleichungen genügen und auf der Kurve $S(x, y) = \alpha$ die daselbst durch das variierte Funktionensystem $\bar{z}(x, y)$, $\bar{t}(x, y)$ vorgeschriebenen Werte besitzen, so daß für $\alpha = 0$ die Funktionen (26) in die zugrunde gelegte Lösung z, t übergehen. Diese Funktionen (26) bilden dann offenbar eine einparametrige Schar von Lösungssystemen der Lagrangeschen Gleichungen, für welche die Gleichungen

$$\bar{z}(x, y) = \psi(x, y, S(x, y)),$$
$$\bar{t}(x, y) = \chi(x, y, S(x, y))$$

identisch in x, y erfüllt sind.

Deuten wir in dem vierdimensionalen $xyzt$-Raume die zugrunde gelegte Lösung z, t der Lagrangeschen Gleichungen und ebenso das beliebig variierte Funktionensystem $\bar{z}, \bar{t}$ als eine zweidimensionale Fläche, so erzeugen in diesem $xyzt$-Raume die zweidimensionalen Integralflächen der einparametrigen Schar (26) einen dreidimensionalen Raum, dessen Gleichung sich durch Elimination von α aus (26) ergibt; die Gleichung dieses dreidimensionalen Raumes sei von der Gestalt

$$t = f(x, y, z).$$

Wir nehmen an, daß die einparametrige Schar (26) diesen dreidimensionalen Raum einfach und lückenlos ausfüllt.

Führen wir in F an Stelle von t die Funktion $f(x, y, z)$ ein und setzen

$$F\left(z_x, z_y, \frac{\partial f}{\partial x} + \frac{\partial f}{\partial z} z_x, \frac{\partial f}{\partial y} + \frac{\partial f}{\partial z} z_y, z, f(x, y, z); x, y\right) = \Phi(z_x, z_y, z; x, y),$$

so haben wir nur nötig, den von mir im genannten Vortrage bewiesenen Unabhängigkeitssatz für *eine* unbekannte Funktion und die daran anknüpfende Überlegung auf das Integral

$$\int\limits_{(\Omega)} \Phi(z_x, z_y, z; x, y)\, d\omega$$

anzuwenden, um zu erkennen, daß das Integral J unter der Voraussetzung

einer positiven E-Funktion für das vorgelegte Funktionensystem $z(x, y)$,
$t(x, y)$ wirklich einen Minimalwert annimmt. Das Eintreten des Minimums
ist hiernach an folgende zwei Forderungen gebunden:

1. Konstruierbarkeit der Schar (26). Diese Forderung ist gewiß erfüllt,
wenn die Lagrangeschen partiellen Differentialgleichungen stets Systeme
von Lösungen z, t besitzen, die auf einer jeden innerhalb Ω verlaufenden
geschlossenen Kurve K irgendwie vorgeschriebene Werte besitzen, während
sie innerhalb K reguläre Funktionen von x, y sind.

2. Einfache und lückenlose Überdeckung des dreidimensionalen Raumes
durch die Schar (26). Diese Forderung ist gewiß erfüllt, wenn jedes System
von Lösungen z, t der Lagrangeschen Gleichungen durch seine Randwerte
auf irgend einer beliebigen innerhalb Ω verlaufenden geschlossenen Kurve K
eindeutig bestimmt ist.

Das Resultat können wir kurz wie folgt zusammenfassen:

Unser Kriterium für das Eintreten des Minimums verlangt, daß die Rand-
wertaufgabe für die Lagrangeschen Differentialgleichungen bezüglich einer jeden
innerhalb Ω verlaufenden geschlossenen Kurve K bei beliebigen Randwerten
eindeutig lösbar ist. Unsere Betrachtung zeigt, daß dieses Kriterium gewiß
ein hinreichendes ist.

Wenn insbesondere in dem zu behandelnden Problem die gegebene Funktion F unter dem Integralzeichen nur vom zweiten Grade in z_x, z_y, t_x, t_y, z, t
ausfällt, so werden die Lagrangeschen Differentialgleichungen linear in diesen
Größen, und in diesem Falle läßt sich das zur Anwendung unseres Kriteriums
erforderliche Randwertproblem vollständig mit Hilfe meiner Theorie der Integralgleichungen behandeln.

Um die in diesem Falle zur Anwendung kommende Überlegung näher
zu entwickeln, bilden wir dasjenige *homogene* lineare Differentialgleichungs-
system, welches aus den Lagrangeschen Gleichungen durch Fortlassen der
von z, t freien Glieder entsteht; wir wollen dieses Gleichungssystem als die
„Jacobischen Gleichungen" bezeichnen. Zunächst ist unmittelbar ersichtlich,
daß die Randwertaufgabe für eine Kurve K nur dann mehrere Lösungssysteme zuläßt, wenn die Jacobischen Gleichungen ein System von Lösungen
z, t besitzen, die auf einer Kurve K, nicht aber überall innerhalb des von K
begrenzten Gebietes Null sind. Nun zeigt die Theorie der Integralgleichungen,
daß der letztere Fall zugleich der einzige ist, in dem die Randwertaufgabe
für die Kurve K bei gewissen vorgeschriebenen Randwerten *nicht* lösbar wird.

Unser Kriterium für das Eintreten des Minimums läuft also in dem Falle
eines quadratischen F auf die Forderung hinaus, daß die Jacobischen Glei-
chungen außer Null kein System von Lösungen z, t zulassen, die auf dem
Rande S oder auf einer innerhalb von Ω verlaufenden, geschlossenen Kurve
Null sind. (Das Erfülltsein des Kriteriums ist in diesem Falle auch notwendig.)

Im allgemeinen Falle, wenn die gegebene Funktion F unter dem Integralzeichen nicht speziell quadratisch, sondern beliebig von den zu bestimmenden
Funktionen z, t und deren Ableitungen abhängt, haben wir das eben ausgesprochene Kriterium auf die zweite Variation des Integrals J anzuwenden
und gelangen so zu einem Kriterium, welches dem bekannten Jacobischen
Kriterium im Falle *einer* unabhängigen Veränderlichen oder *einer* zu bestimmenden Funktion mehrerer unabhängiger Veränderlicher genau analog ist
und daher hier kurz als Jacobisches Kriterium bezeichnet werden möge.

Minimum der Summe eines Doppelintegrals und eines einfachen Randintegrals.

Wir behandeln endlich das Problem, die Funktion z der Veränderlichen
x, y derart zu bestimmen, daß ein über ein gegebenes Gebiet Ω der xy-Ebene
zu erstreckendes Doppelintegral, vermehrt um ein über einen Teil S_1 des
Randes von Ω zu erstreckendes Integral, nämlich die Integralsumme

$$J = \int\limits_{(\Omega)} F(z_x, z_y, z; x, y)\, d\omega + \int\limits_{(S_1)} f(z_s, z; s)\, ds$$

$$\left[z_x = \frac{\partial z}{\partial x}, \quad z_y = \frac{\partial z}{\partial y}, \quad z_s = \frac{dz}{ds} \right]$$

einen Minimalwert erhält, während z auf dem übrigen Teile S_2 des Randes
vorgeschriebene Werte haben soll; dabei sind F, f gegebene Funktionen ihrer
Argumente und s bedeutet die von einem festen Punkte an in positivem
Umlauf gerechnete Bogenlänge der Randkurve S von Ω.

Das Verschwinden der ersten Variation verlangt, daß die gesuchte Funktion z als Funktion von x, y im Innern von Ω die partielle Differentialgleichung

$$\frac{d}{dx}\frac{\partial F}{\partial z_x} + \frac{d}{dy}\frac{\partial F}{\partial z_y} - \frac{\partial F}{\partial z} = 0 \tag{27}$$

erfüllen muß, während auf dem Rande S_1 die Differentialbeziehung

$$\left(\frac{\partial F}{\partial z_y}\right)_{S_1}\frac{dx}{ds} - \left(\frac{\partial F}{\partial z_x}\right)_{S_1}\frac{dy}{ds} + \frac{d}{ds}\frac{\partial f}{\partial z_s} - \frac{\partial f}{\partial z} = 0 \tag{28}$$

zu gelten hat; dabei sind unter $\dfrac{dx}{ds}, \dfrac{dy}{ds}$ die Ableitungen der Funktionen $x(s)$,
$y(s)$ zu verstehen, die die Randkurve S_1 definieren.

Wir betrachten nun die Integralsumme

$$J^* = \int\limits_{(\Omega)} \{F + (z_x - p)F_p + (z_y - q)F_q\}\, d\omega + \int\limits_{(S_1)} \{f + (z_s - \pi)f_\pi\}\, ds$$

$$\left[F = F(p, q, z; x, y), \quad F_p = \frac{\partial F}{\partial p}, \quad F_q = \frac{\partial F}{\partial q}, \right.$$

$$\left. f = f(\pi, z; s), \quad f_\pi = \frac{\partial f}{\partial \pi} \right]$$

und wollen darin p, q als Funktionen von x, y, z und π als Funktion von
s, z derart zu bestimmen suchen, daß der Wert dieser Integralsumme von der
über Ω ausgebreiteten Fläche $z = z(x, y)$, d. h. von der Wahl der Funktion z

unabhängig wird, wenn diese nur in S_2 die vorgeschriebenen Randwerte hat. Die Integralsumme J^* hat die Form

$$\int\limits_{(\Omega)} \{A z_x + B z_y - C\} \, d\omega + \int\limits_{(S_1)} \{a z_s - b\} \, ds,$$

wo A, B, C Funktionen von x, y, z und a, b Funktionen von s, z darstellen. Diese Integralsumme ist, wie man leicht erkennt, in dem verlangten Sinne von der Fläche $z = z(x, y)$ unabhängig, wenn innerhalb des sich auf das Gebiet Ω projizierenden xyz-Raumes die Differentialgleichung

$$\frac{\partial A}{\partial x} + \frac{\partial B}{\partial y} + \frac{\partial C}{\partial z} = 0 \tag{29}$$

identisch in x, y, z und in der auf die Randkurve S_1 sich projizierenden sz-Zylinderfläche die Differentialgleichung

$$(B)_{S_1} \frac{dx}{ds} - (A)_{S_1} \frac{dy}{ds} + \frac{\partial a}{\partial s} + \frac{\partial b}{\partial z} = 0 \tag{30}$$

identisch in s, z erfüllt ist. Die beiden Gleichungen (29), (30) stellen, wenn wir für A, B, C, a, b ihre Werte

$$\left.\begin{aligned} A &= F_p, \\ B &= F_q, \\ C &= p F_p + q F_q - F, \\ a &= f_\pi, \\ b &= \pi f_\pi - f \end{aligned}\right\} \tag{31}$$

eintragen, partielle Differentialgleichungen für die Funktionen p, q, π dar.

Wir bestimmen nun eine einparametrige Schar von Funktionen

$$z = \psi(x, y, \alpha), \tag{32}$$

die den Lagrangeschen Gleichungen (27), (28) genügen, und setzen auf dem Rande

$$z = \psi(x(s), y(s), \alpha) = \psi(s, \alpha); \tag{33}$$

wir nehmen an, daß diese einparametrige Schar das räumliche Feld eindeutig und lückenlos erfüllt. Sodann berechnen wir aus (32) α als Funktion von x, y, z und aus (33) α als Funktion von s, z und bilden die Ausdrücke

$$p(x, y, z) = \left[\frac{\partial \psi(x, y, \alpha)}{\partial x} \right]_{\alpha = \alpha(x, y, z)},$$

$$q(x, y, z) = \left[\frac{\partial \psi(x, y, \alpha)}{\partial y} \right]_{\alpha = \alpha(x, y, z)},$$

$$\pi(s, z) = \left[\frac{\partial \psi(s, \alpha)}{\partial s} \right]_{\alpha = \alpha(s, z)}.$$

Die so entstehenden Funktionen p, q von x, y, z und π von s, z sind solche von der verlangten Eigenschaft.

In der Tat, daß die Funktionen p, q der Gleichung (29) genügen, folgt unter Berücksichtigung der Gleichung

$$\frac{\partial p}{\partial y} + q \frac{\partial p}{\partial z} = \frac{\partial q}{\partial x} + p \frac{\partial q}{\partial z}$$

leicht, wenn wir bedenken, daß $\psi(x, y, \alpha)$ identisch für alle Werte x, y, α die Lagrangesche Gleichung erfüllen soll. Um auch das Bestehen von (30) nachzuweisen, setzen wir in die Lagrangesche Gleichung (28), die identisch in s, α erfüllt ist,

$$z_x = p,$$
$$z_y = q,$$
$$z_s = \pi,$$
$$\frac{d^2 z}{d s^2} = \frac{\partial \pi}{\partial s} + \pi \frac{\partial \pi}{\partial z}$$

ein, dieselbe geht dann in die identisch für alle s, z geltende Gleichung

$$(F_q)_{s_1} \frac{d x}{d s} - (F_p)_{s_1} \frac{d y}{d s} + \frac{\partial^2 f}{\partial \pi^2} \left(\frac{\partial \pi}{\partial s} + \pi \frac{\partial \pi}{\partial z} \right) + \frac{\partial^2 f}{\partial \pi \partial z} \pi + \frac{\partial^2 f}{\partial \pi \partial s} - \frac{\partial f}{\partial z} = 0$$

über. Genau die nämliche Gleichung erhalten wir, wenn wir in Formel (30) die Ausdrücke (31) eintragen. Damit ist der Beweis des Unabhängigkeitssatzes für das vorliegende Problem erbracht.

Aus dem Unabhängigkeitssatz folgt wie früher:

$$E(z_x, z_y, p, q) \equiv F(z_x, z_y) - F(p, q) - (z_x - p) F_p - (z_y - q) F_q > 0,$$
$$E(z_s, \pi) \qquad \equiv f(z_s) - f(\pi) - (z_s - \pi) f_\pi > 0,$$

so daß im vorliegenden Problem *zwei Weierstraßsche E-Funktionen in Betracht kommen: eine für das Innere und eine für den Rand S_1.*

Damit andererseits eine einparametrige Schar (32) existiere, die in verlangter Weise ein einfach und lückenlos überdecktes räumliches Feld erzeugt, stellen wir *die Forderung, daß jede Lösung z der Lagrangeschen Gleichungen* (27), (28) *durch ihre Randwerte auf irgend einem beliebigen innerhalb Ω verlaufenden, geschlossenen oder in S_1 beginnenden und endigenden Kurvenzuge K eindeutig bestimmt sei. Unsere Betrachtung zeigt dann, daß dieses Kriterium gewiß ein hinreichendes ist.*

Wenn insbesondere in dem zu behandelnden Problem die gegebenen Funktionen F, f unter den Integralzeichen nur vom zweiten Grade in z_x, z_y, z bzw. z_s, s ausfallen, so werden die Lagrangeschen Differentialgleichungen linear. Bilden wir dann diejenigen *homogenen* linearen Differentialgleichungen, die aus den Lagrangeschen Gleichungen durch Fortlassen der von z freien Glieder entstehen, und bezeichnen diese als Jacobische Gleichungen, so ist unmittelbar ersichtlich, daß die Randwertaufgabe für eine Kurve K nur dann mehrere Lösungen zuläßt, wenn die Jacobischen Gleichungen eine Lösung z besitzen, die auf K, nicht aber überall innerhalb des von K bzw. von K und S_1 begrenzten Gebietes Null ist.

Unser Kriterium für das Eintreten des Minimums läuft also in dem Falle quadratischer F, f auf die Forderung hinaus, daß die Jacobischen Gleichungen außer Null keine Lösung z zulassen, die auf dem Rande S_2 oder auf einer inner-

halb von Ω verlaufenden geschlossenen oder in S_1 beginnenden und endigenden Kurve K Null ist.

Im allgemeinen Falle, wenn die gegebenen Funktionen F, f nicht speziell quadratisch, sondern beliebig von der zu bestimmenden Funktion z und deren Ableitungen abhängen, haben wir das eben ausgesprochene Kriterium auf die zweite Variation der Integralsumme J anzuwenden und gelangen so zu einem Kriterium, welches dem bekannten Jacobischen Kriterium genau analog ist und daher hier kurz als solches bezeichnet werden möge.

Wenn das Problem gestellt ist, das Doppelintegral

$$\int\limits_{(\Omega)} F(z_x, z_y, z; x, y)\, d\omega$$

zu einem Minimum zu machen, während die Randwerte der gesuchten Funktion z die Nebenbedingung

$$f(z_s, z; s) = 0$$

erfüllen sollen, so können wir die Formeln und Überlegungen des eben behandelten Problems unmittelbar anwenden; es ist nur nötig, die Gleichung $f = 0$ hinzuzufügen und in den Formeln überall $f(s)$ durch $\lambda(s) f$ zu ersetzen, wo der Lagrangesche Faktor $\lambda(s)$ als eine mitzubestimmende Funktion von s anzusehen ist.

Allgemeine Regel für die Behandlung von Variationsproblemen und Aufstellung eines neuen Kriteriums.

Zum Schluß sei mir gestattet, eine aus den oben behandelten Fällen abstrahierte, allgemeine Regel für die Behandlung von solchen Variationsproblemen auszusprechen, bei denen überall auf dem Rande die Werte der zu bestimmenden Funktionen vorgeschrieben sind.

Zunächst gewinnt man durch Nullsetzen der ersten Variation die Lagrangeschen Gleichungen L des Variationsproblems. Es sei dann ein System Z von solchen Lösungen dieser Differentialgleichungen L bekannt, die zugleich alle das Innere sowie den Rand betreffenden gegebenen Bedingungen B des Variationsproblems erfüllen.

Wenn die Weierstraßschen E-Funktionen für unser Lösungssystem Z positiv ausfallen, so bezeichnen wir das Lösungssystem Z als ein solches *von positiv definitem Charakter.*

Wir fassen nun irgend einen Teil T des Integrationsgebietes ins Auge und bezeichnen den Rand dieses Teilgebietes T, soweit er dem Rande des ursprünglichen Integrationsgebietes angehört, mit S_T, soweit er jedoch in das Innere des ursprünglichen Integrationsgebietes fällt, also als neue Grenze entstanden ist, mit s_T. Für den ersteren Rand S_T sowie für das Innere von T seien die Bedingungen B, wie sie daselbst das vorgelegte Variationsproblem fordert, gültig, für s_T schreiben wir die dort vorhandenen Werte der Funktionen des Lösungssystems Z als Randwerte vor: das dadurch für das Teilgebiet T entstehende System von Bedingungen werde mt B_T bezeichnet.

Wenn alsdann kein anderes Lösungssystem der Lagrangeschen Gleichung L existiert, das die Bedingungen B erfüllt, außer dem Lösungssystem Z; wenn ferner auch für jedes Teilgebiet T kein anderes Lösungssystem der Lagrangeschen Gleichungen L existiert, das die Bedingungen B_T erfüllt, außer dem Lösungssystem Z innerhalb T: so heiße das Lösungssystem Z ein solches *von innerlich eindeutigem Charakter.*

Für das Lösungssystem Z tritt gewiß Minimum ein, wenn dasselbe von positiv definitem und von innerlich eindeutigem Charakter ist.

In der hiermit ausgesprochenen allgemeinen Behauptung tritt, wie man sieht, neben die Weierstraßsche Forderung des definiten Charakters der Lösung Z noch eine neue Forderung, nämlich die Forderung des innerlich eindeutigen Charakters der Lösung Z. Die letztere Forderung steht nun zu dem Jacobischen Kriterium — soweit dasselbe bisher in der Variationsrechnung formuliert worden ist — in dem entsprechenden Verhältnisse, wie das Weierstraßsche zu dem Legendreschen Kriterium, wenn man das Weierstraßsche Kriterium als die bei beliebigen Variationen notwendige sachgemäße Vertiefung des Legendreschen auffaßt. In der Tat, wie aus dem Weierstraßschen Kriterium durch Anwendung auf die zweite Variation das Legendresche wird, so entsteht aus dem von mir aufgestellten Kriterium (Forderung des innerlich eindeutigen Charakters der Lösung Z) durch Anwendung auf die zweite Variation das Jacobische. Bilden wir nämlich in leicht erkennbarer Analogie aus den Lagrangeschen Gleichungen L die *homogenen linearen* Jacobischen $[L]$ und aus den gegebenen Bedingungen B ebenfalls die *homogenen linearen* zugehörigen Bedingungen $[B]$, so läuft unser Kriterium auf die Forderung hinaus, daß dieses homogene lineare Gleichungs- und Bedingungssystem außer Null keine Lösung besitzen darf, und zwar auch nicht für irgend ein Teilgebiet T, wenn man auch an der neu entstehenden Berandung s_T dieses Teilgebietes die Randwerte Null vorschreibt. Das von mir aufgestellte Kriterium ist aber — in Analogie zum Weierstraßschen Kriterium — als hinreichendes Kriterium unbeschränkt gültig, auch wenn beliebige Variationen, nicht bloß solche in genügend naher Nachbarschaft in Betracht kommen; desgleichen ist es beispielsweise dann anwendbar, wenn die Entscheidung über das Minimum für eine Kurve zwischen zwei konjugierten Punkten getroffen werden soll, wo das Jacobische Kriterium versagt.

Inwieweit das von mir aufgestellte Kriterium auch bei nicht festgegebenen Randwerten hinreicht bzw. wie dasselbe alsdann zu modifizieren ist, bedarf im besonderen Falle einer Untersuchung.

6. Wesen und Ziele einer Analysis der unendlichvielen unabhängigen Variablen[1].

[Rend. del Circolo mat. di Palermo Bd. 27, S. 59—74 (1909).]

In der Algebra wird meist eine *endliche* Anzahl von Größen — sie seien $\varphi_1, \varphi_2, \ldots, \varphi_n$ genannt — als Unbekannte angesehen und alsdann das Problem behandelt, diese endliche Anzahl von Größen $\varphi_1, \varphi_2, \ldots, \varphi_n$ so zu bestimmen, daß sie einer endlichen Anzahl von gegebenen Relationen genügen.

Die Probleme der Analysis dagegen laufen meist darauf hinaus, *Funktionen* als Unbekannte anzusehen und solche zu bestimmen, daß sie gegebenen Relationen genügen, mögen diese Relationen in der Form von Differential-, Integral- oder Funktionalgleichungen vorliegen oder auch Kombinationen solcher Gleichungen sein. Um die Idee dieser Probleme zu fixieren, sehen wir als Unbekannte eine einzige stetige Funktion $\varphi(s)$ der einen Variablen s an und für diese sei die eine einzige Relation

$$R(\varphi(s)) = 0$$

gegeben.

Das eben bezeichnete Problem der Analysis und das zuerst genannte Problem der Algebra verschmelzen sich und sind enthalten in dem allgemeineren und abgeschlosseneren Problem *unendlichviele* unbekannte Größen als Unbekannte anzusehen und solche so zu bestimmen, daß sie *unendlichvielen* gegebenen Relationen genügen. In der Tat: die stetige Funktion $\varphi(s)$ muß als bestimmt gelten, sobald gewisse von $\varphi(s)$ abhängige Werte eines Systems unendlichvieler Variablen wie beispielsweise die Fourierkoeffizienten

$$x_1 = \int_{-\pi}^{+\pi} \varphi(s)\,ds, \qquad x_2 = \int_{-\pi}^{+\pi} \varphi(s)\cos s\,ds, \qquad x_3 = \int_{-\pi}^{+\pi} \varphi(s)\sin s\,ds,$$

$$x_4 = \int_{-\pi}^{+\pi} \varphi(s)\cos 2s\,ds, \qquad x_5 = \int_{-\pi}^{+\pi} \varphi(s)\sin 2s\,ds, \qquad \ldots\ldots\ldots\ldots$$

---

[1] Die nachfolgenden Ausführungen beabsichtigte ich auf dem IV. Internationalen Mathematikerkongreß in Rom 1908 vorzutragen.

bekannte Größen sind, und andererseits lassen sich die gegebenen Relationen (Differential-, Integral- oder Funktionalgleichungen) in unendlichviele Gleichungen zwischen diesen Werten x_1, x_2, ... umsetzen; diese Gleichungen sind dann die unendlichvielen gegebenen Relationen zur Bestimmung der unendlichvielen unbekannten Größen x_1, x_2, ...

Das genannte Problem der Bestimmung unendlichvieler Unbekannter aus unendlichvielen Gleichungen erscheint auf den ersten Blick wegen seiner Allgemeinheit undankbar und unzugänglich; bei einer Beschäftigung damit droht die Gefahr, daß wir uns in zu schwierige oder vage und weitschichtige Betrachtungsweisen verlieren ohne entsprechenden Gewinn für tiefere Probleme. Aber wenn wir uns durch solche Erwägungen nicht beirren lassen, geht es uns wie Siegfried, vor dem die Feuerzauber von selber zurückweichen und als Lohn winkt uns entgegen der schöne Preis *einer methodisch-einheitlichen Gestaltung von Algebra und Analysis*.

Um den Zugang zu dem Problem der Bestimmung unendlichvieler Unbekannter aus unendlichvielen Gleichungen zu gewinnen, erinnern wir uns an die Verfahrungsweise bei *endlicher* Variablenzahl: wir bedenken, daß die linken Seiten der gegebenen Relationen Funktionen einer Anzahl von Argumenten sind, und daß die Schwierigkeit der Auffindung der Wurzeln der gegebenen Gleichungen von der Natur dieser Funktionen abhängt. Sind diese — um mit den einfachsten Funktionen zu beginnen — linear, quadratisch oder irgendwelche ganz rationale Funktionen, so entstehen durch Nullsetzen derselben solche Gleichungen, deren Auflösung die Theorie der numerischen Gleichungen lehrt. In der Funktionentheorie treffen wir zunächst den allgemeinen Begriff der Funktion einer beliebigen endlichen Zahl von Variablen an; wir spezialisieren diesen allgemeinen Funktionsbegriff schrittweise, mittels der Forderungen der Stetigkeit, ferner der Differenzierbarkeit und gelangen schließlich durch weitere Spezialisierung des Funktionsbegriffes zu dem Begriff der analytischen Funktion.

Die erste Aufgabe der Analysis der *unendlichvielen* Variablen muß darin bestehen, *alle diese Begriffe und die aus denselben fließenden Wahrheiten in sachgemäßer Weise auf unendlichviele Variable zu übertragen*[1]. Da erheischt nun sofort beim ersten Versuche, den Begriff der linearen Funktion unendlichvieler Variablen zu definieren, die Tatsache Berücksichtigung, daß ein in den unendlichvielen Variablen x_1, x_2, ... linearer *Ausdruck*

$$a_1 x_1 + a_2 x_2 + \cdots$$

gewiß nur dann eine *Funktion* jener unendlichvielen Variablen darstellt, so-

---

[1] Vgl. meine 4. und 5. Mitteilung über die Grundzüge einer allgemeinen Theorie der linearen Integralgleichungen. Nachr. Ges. Wiss. Göttingen, Mathematisch-physikalische Klasse, Jahrg. 1906, S.157—227 und 439—480; oder Grundzüge einer allgemeinen Theorie der linearen Integralgleichungen. Leipzig 1912, 1924 4. und 5. Abschnitt.

bald jene unendliche Reihe *konvergiert*, und dies ist gewiß nur dann der Fall, wenn die unendlichvielen Variablen x_1, x_2, ..., die wir vorläufig als reell voraussetzen wollen, durch Ungleichungen eingeschränkt werden. Diese einschränkenden Ungleichungen können in mannigfaltiger Weise gewählt werden: die Willkür schwindet aber, wenn man — dem Dualitätsprinzip folgend — fordert, daß allemal die Koeffizienten a_1, a_2, ... der linearen Funktion ebenfalls ein den einschränkenden Ungleichungen genügendes Wertsystem der unendlichvielen Variablen sein sollen. Die Einschränkung für die unendlichvielen Variablen x_1, x_2, ... besteht dann sehr einfach darin, daß die Summe ihrer Quadrate endlich bleiben soll — eine Einschränkung, die wir zunächst stets festhalten, wo auch immer von Funktionen oder Gleichungen für die unendlichvielen reellen Variablen x_1, x_2, ... die Rede ist. Insbesondere zeigt sich, daß jener lineare Ausdruck

$$a_1 x_1 + a_2 x_2 + \cdots$$

dann und nur dann eine lineare Funktion der unendlichvielen Variablen x_1, x_2, ... darstellt, wenn die Summe der Quadrate der Koeffizienten a_1, a_2, ... endlich ist.

Wir wenden uns nun zur Behandlung des *Stetigkeitsbegriffs*. Von den unendlichvielen Wertsystemen

$$(x') = x_1', \; x_2', \; \ldots$$
$$(x'') = x_1'', \; x_2'', \; \ldots$$
$$(x''') = x_1''', \; x_2''', \; \ldots$$
$$\cdots\cdots\cdots\cdots\cdots$$

sagen wir, daß sie *stetig* in das Wertsystem

$$(x) = x_1, \; x_2, \ldots$$

übergehn, wenn die Limesgleichungen

$$\mathop{L}_{n=\infty} x_1^{(n)} = x_1,$$
$$\mathop{L}_{n=\infty} x_2^{(n)} = x_2,$$
$$\cdots\cdots\cdots\cdots$$

sämtlich bestehen. Eine Funktion $F(x)$ der unendlichvielen Variablen x_1, x_2, ... heiße *stetig*, wenn die Funktionswerte $F(x')$, $F(x'')$, $F(x''')$, ... allemal dem Funktionswerte $F(x)$ sich annähern, sobald die unendlichvielen Wertsysteme (x'), (x''), (x'''), ... in das Wertsystem (x) übergehen.

Auf Grund dieser Definition der Stetigkeit erkennen wir leicht, daß entsprechend dem Falle einer endlichen Variablenzahl eine stetige Funktion von stetigen Funktionen stets wieder eine stetige Funktion wird. Vor allem aber gilt die Tatsache, daß eine stetige Funktion unendlichvieler Variablen stets ein Minimum besitzen muß[1] — ein Satz, der uns wegen seiner Präzision, seiner Allgemeinheit und seiner Anwendbarkeit als ein Ersatz für das bekannte *Dirichletsche Prinzip* erscheint.

Was nun spezielle Funktionen der unendlichvielen Variablen betrifft, so erkennen wir sofort, daß eine *lineare Funktion stets stetig* ist. Zwecks Definition der quadratischen Funktion seien

$$a_{pq} \qquad\qquad (p, q = 1, 2, \ldots)$$

irgendwelche Größen von der Art, daß der Limes

$$\underset{n=\infty}{L} \underset{(p,\,q=1,\,2,\,\ldots\,n)}{\sum} a_{pq} x_p x_q$$

für alle Werte der Variablen $x_1, x_2, \ldots$ existiert: alsdann bezeichnen wir diesen Limeswert mit

$$Q(x) = \underset{(p,\,q=1,\,2,\,\ldots)}{\sum} a_{pq} x_p x_q$$

und nennen ihn eine *quadratische Funktion* der unendlichvielen Variablen x_1, $x_2, \ldots$. Eine quadratische Funktion ist im allgemeinen nicht stetig, sondern kann nur in einem hier nicht näher zu erörternden Sinne als eine „beschränkt-stetige" Funktion der unendlichvielen Variablen $x_1, x_2, \ldots$ angesehen werden; eine quadratische Funktion erweist sich jedoch sicher dann als stetig, wenn sie für irgend ein besonderes Wertsystem, beispielsweise für das Wertsystem

$$x_1 = 0, \quad x_2 = 0, \ldots$$

stetig ist.

Die eben definierten linearen und quadratischen Funktionen haben homogenen Charakter in den unendlichvielen Variablen $x_1, x_2, \ldots$ und werden daher auch Formen genannt, während wir als lineare bzw. quadratische Funktionen auch Summen von Konstanten, linearen bzw. linearen und quadratischen Formen bezeichnen. Entsprechend lassen sich unmittelbar die Begriffe Bilinearform, lineare, orthogonale Transformation, Invariante usw. einführen und durch Entwicklung dieser Begriffe und der aus denselben fließenden Wahrheiten entsteht eine Theorie der Formen unendlichvieler Variablen — ein neues gewissermaßen zwischen Algebra und Analysis vermittelndes Wissensgebiet, das hinsichtlich seiner Methoden sich an die Algebra anlehnt, wegen der transzendenten Natur seiner Resultate dagegen der Analysis angehört.

Am wichtigsten sind die Sätze über quadratische und Bilinearformen[2]. Voran steht der Satz, *daß eine quadratische Form $Q(x)$, wenn sie stetig ist, stets durch eine orthogonale Transformation in die Summe der Quadrate der neuen*

---

[1] Vgl. meine 4. Mitteilung S. 200 und meine 5. Mitteilung S. 440 [Anm. 1, S. 57].

[2] Vgl. meine 4. Mitteilung S. 201 [Anm. 1, S. 57].

Variablen x_1', x_2', ... transformiert werden kann derart, daß

$$Q(x) = k_1 x_1'^2 + k_2 x_2'^2 + \cdots$$

wird, wo $k_1, k_2, \ldots$ gewisse gegen Null konvergierende Konstante bedeuten. Aus diesem Satze fließen weitere Sätze und schließlich folgt ein wichtiger Satz über die stetige Bilinearform, dessen wesentlicher Inhalt darauf hinausläuft, *daß ein gewisses aus der stetigen Bilinearform entspringendes System von unendlichvielen linearen Gleichungen mit unendlichvielen Unbekannten hinsichtlich der Existenz und Anzahl seiner Lösungen alle Eigenschaften eines Systems von endlichvielen Gleichungen mit ebensovielen Unbekannten aufweist.*

Was die zur Begründung dieser Sätze erforderliche Beweisführung betrifft, so beruht dieselbe im Grunde auf dem vorhin genannten Satze von der Existenz des Minimums einer stetigen Funktion unendlichvieler Variablen und erscheint alsdann im weiteren Verlauf so einfach und natürlich, daß es nur nötig wird, die einzelnen zu passierenden Zwischenstationen in der richtigen Reihenfolge zu nennen, worauf jedermann sogleich die verbindenden Schritte errät: man hat eben nur die bekannten Betrachtungsweisen aus der Theorie der quadratischen und bilinearen Formen mit endlicher Variablenzahl heranzuziehen und es ist, als ob diese Betrachtungsweisen erst hier in der Theorie der Formen mit unendlichvielen Variablen ihre schönsten Triumphe feiern.

Nicht minder wichtig ist die Theorie der nur beschränktstetigen quadratischen Formen. Es zeigt sich, daß auch diese Formen eine analoge Darstellung gestatten: nur muß zu der unendlichen Summe von Quadraten linearer Formen, wie eine solche schon bei der Darstellung stetiger quadratischer Formen auftrat, noch ein gewisses Integral von Quadratsummencharakter hinzugefügt werden[1].

Wenn nun auch die Theorie der Funktionen unendlichvieler reeller Variablen, wie wir sie bisher kennenlernten, von selbständigem Interesse erscheint

---

[1] Das hier bezeichnete wichtige Problem, dessen Behandlung ich in meiner in Anm. 1, S. 57 zitierten 4. Mitteilung aufgenommen habe, ist seitdem wesentlich in folgenden Arbeiten gefördert worden:

E. HELLINGER und O. TOEPLITZ: Grundlagen für eine Theorie der unendlichen Matrizen. Nachr. Ges. Wiss. Göttingen, Mathematisch-physikalische Klasse, Jahrg. 1906 S. 351—355.

O. TOEPLITZ: Die Jacobische Transformation der quadratischen Formen von unendlichvielen Veränderlichen. Ibid. Jahrg. 1907 S. 101—109.

O. TOEPLITZ: Zur Transformation der Scharen bilinearer Formen von unendlichvielen Veränderlichen. Ibid., Jahrg. 1907 S. 110—115.

E. HELLINGER: Die Orthogonalinvarianten quadratischer Formen von unendlichvielen Variablen. Inaugural-Dissertation Göttingen 1907. D. V. Nr. 41.

E. SCHMIDT: Über die Auflösung linearer Gleichungen mit unendlichvielen Unbekannten. Rendiconti del Circolo Matematico di Palermo Bd. 25 (1. Semester 1908) S. 53—77.

und ihr Studium an und für sich von Wert ist, so kommt es doch vor allem auf die Erreichung ihres Hauptzieles an, das darin besteht, für die bekannten Probleme der Analysis, soweit sie sich auf die Lösung von Gleichungen zwischen Funktionen beziehen, einen zusammenfassenden Gesichtspunkt und eine einheitliche Beweismethode zu gewinnen.

Unter den bekannten Problemen der Analysis kommen vor allem diejenigen Aufgaben in Frage, in denen es sich um die Bestimmung einer Funktion aus einer *linearen* transzendenten Relation handelt; das allgemeinste bisher behandelte Problem dieser Art ist das der *linearen Integralgleichung;* wir fassen etwa die Integralgleichung

$$f(s) = \varphi(s) + \int_{-\pi}^{+\pi} K(s,t)\,\varphi(t)\,dt$$

ins Auge, wo $f(s)$, $K(s,t)$ gegebene Funktionen und $\varphi(s)$ die gesuchte Funktion bedeutet. Um die vorhin genannten Sätze über die Auflösung unendlichvieler linearer Gleichungen auf jene Integralgleichung anzuwenden[1], bedarf es zur Vermittlung irgend eines Systems von unendlichvielen stetigen Funktionen der Variablen s

$$\varphi_1(s),\quad \varphi_2(s),\ \ldots,$$

die die „Orthogonalitätseigenschaft"

$$\int_{-\pi}^{+\pi} \varphi_p(s)\,\varphi_q(s)\,ds = 0 \qquad\qquad (p \neq q),$$

$$\int_{-\pi}^{+\pi} (\varphi_p(s))^2\,ds = 1$$

besitzen und die überdies die „Vollständigkeits-Relation"

$$\int_{-\pi}^{+\pi} (u(s))^2\,ds = \Big\{\int_{-\pi}^{+\pi} u(s)\,\varphi_1(s)\,ds\Big\}^2 + \Big\{\int_{-\pi}^{+\pi} u(s)\,\varphi_2(s)\,ds\Big\}^2 + \cdots$$

identisch für jede stetige Funktion $u(s)$ erfüllen. Solch ein Funktionensystem läßt sich für ein gegebenes Intervall oder Intervallsystem sowie überhaupt für jeden Integrationsbereich stets leicht konstruieren; dasselbe möge ein *orthogonales vollständiges Funktionensystem des Bereiches* heißen. Im vorliegenden Falle bilden die Cosinus und Sinus der ganzen Vielfachen von s ein orthogonales vollständiges Funktionensystem.

Bringen wir nun in jeder Integralgleichung für die unbekannte Funktion den formalen Ansatz

$$\varphi(s) = x_1\,\varphi_1(s) + x_2\,\varphi_2(s) + \cdots$$

und für die gegebenen Funktionen $f(s)$, $K(s,t)$ entsprechende Ansätze zur Verwendung, so erhalten wir auf einfache Weise und in vollkommnerer Form

---

[1] Vgl. meine 5. Mitteilung S. 442 [Anm. 1, S. 57].

sämtliche bisher gefundenen Resultate über jene Integralgleichung, *nämlich die Lösungsmethode von* NEUMANN, *die Sätze von* FREDHOLM *und die von mir entwickelte Theorie der Integralgleichung mit symmetrischem Kern, insbesondere die Existenz der Eigenwerte und die Entwickelbarkeit einer willkürlichen Funktion nach Eigenfunktionen*[1].

Auf Grund dieser Sätze gelingt es, sehr allgemeine Randwertaufgaben in der Theorie der linearen Differentialgleichungen mit einer oder mehreren unabhängigen Variablen zu lösen[2], und zwar sowohl solche Randwertaufgaben, bei denen überhaupt nach Lösungen gegebener Differentialgleichungen mit gegebenen Randwertbedingungen gefragt wird — Probleme, die ich als *streng lineare* bezeichnen möchte —, als auch solche Randwertaufgaben, bei denen es sich darum handelt, einen in der Differentialgleichung oder in den Randwertbedingungen linear vorkommenden Parameter derart zu bestimmen, daß eine nichtverschwindende Lösung vorhanden ist — Probleme, die ich als *einparametrig bilineare* bezeichnen möchte. Die Theorie der Eigenwerte und die Sätze über die Entwickelbarkeit nach Eigenfunktionen kommen unmittelbar zur Geltung bei den Randwertproblemen der letzteren Art, während die Probleme ersterer Art zur Lösung wichtiger, auf RIEMANN zurückgehender Aufgaben aus der Theorie der Funktionen komplexer Variablen führen, beispielsweise *zum Nachweis der Existenz linearer Differentialgleichungen mit vorgeschriebener Monodromiegruppe*[3].

Dennoch möchte ich innerhalb des Reiches der Analysis der unendlichvielen Variablen die Theorie der Integralgleichungen *nur als eine wichtige Station* bezeichnen, von der aus mannigfache Zugänge in die Theorie der Randwertprobleme führen, die aber nicht notwendig passiert werden muß. Bedienen wir uns nämlich wie oben zur Vermittlung der orthogonalen vollständigen Funktionensysteme

$$\varphi_1 = 1,$$
$$\varphi_2 = \cos s,$$
$$\varphi_3 = \sin s,$$
$$\varphi_4 = \cos 2s,$$
$$\varphi_5 = \sin 2s,$$
$$\cdots \cdots \cdots$$

[1] Vgl. meine 5. Mitteilung S. 452—462 [Anm. 1, S. 57].

[2] Vgl. meine 2. Mitteilung über die Grundzüge einer allgemeinen Theorie der linearen Integralgleichungen. Nachr. Ges. Wiss. Göttingen, Mathematisch-physikalische Klasse, Jahrg. 1904, S. 213—259.

[3] Vgl. meine 3. Mitteilung über die Grundzüge einer allgemeinen Theorie der linearen Integralgleichungen. Nachr. Ges. Wiss. Göttingen, Mathematisch-physikalische Klasse, Jahrg. 1905, S. 307—338 und meine 6. Mitteilung, ibid. Jahrg. 1910, S. 355 bis 419.

und bedenken dann, daß durch Differentiation des Ansatzes

$$\varphi(s) = x_1 + x_2 \cos s + x_3 \sin s + x_4 \cos 2s + x_5 \sin 2s + \cdots$$

formal

$$\frac{d\varphi(s)}{ds} = -x_2 \sin s + x_3 \cos s - 2x_4 \sin 2s + 2x_5 \cos 2s + \cdots$$

$$= x_1' + x_2' \cos s + x_3' \sin s + x_4' \cos 2s + x_5' \sin 2s + \cdots$$

entsteht, so sehen wir, daß der Prozeß der Differentiation einer willkürlichen Funktion nach der Variablen s der linearen Transformation

$$x_1' = 0,$$
$$x_2' = x_3,$$
$$x_3' = -x_2,$$
$$x_4' = 2x_5,$$
$$x_5' = -2x_4,$$
$$\cdots\cdots\cdots\cdots$$

der unendlichvielen Variablen x_1, x_2, ... in die unendlichvielen Variablen x_1', x_2', ... gleichkommt. So bietet sich, wie man aus dieser Andeutung entnehmen kann, *der Vorteil, die Probleme der Theorie der linearen Differentialgleichungen ohne Hilfe einer Integralgleichung direkt durch die Methode der unendlichvielen Variablen in Angriff zu nehmen.*

Die Methode der unendlichvielen Variablen erscheint vollends wie geschaffen zur Anwendung auf die *Variationsrechnung.* In der Tat, in der Variationsrechnung wird nach einer Funktion $\varphi(s)$ gefragt, die eine in gegebener Weise von dieser Funktion $\varphi(s)$ abhängige Größe zum Minimum macht. Durch Vermittlung eines orthogonalen vollständigen Funktionensystems $\varphi_1(s)$, $\varphi_2(s)$, ..., indem man sich des Ansatzes

$$\varphi(s) = x_1 \varphi_1(s) + x_2 \varphi_2(s) + \cdots$$

bedient, geht jenes Problem, wie man sieht, in das Problem über, die Werte der unendlichvielen Variablen x_1, x_2, ... so zu bestimmen, daß eine gegebene Funktion derselben zum Minimum wird; *das Variationsproblem verwandelt sich also in eine Minimumsaufgabe, die dem Bereich der Differentialrechnung der Funktionen unendlichvieler Variablen angehört*[1].

Die hier zutage tretende Auffassung der Variationsrechnung als einer Differentialrechnung der Funktionen unendlichvieler Variablen erscheint mir in mehrfacher Hinsicht von Wichtigkeit: es zeigt sich nämlich, daß auf Grund dieser Auffassung nicht nur die bekannten Tatsachen der Variationsrechnung

---

[1] Eine Anwendung der Theorie der Funktionen unendlichvieler Variablen auf die Variationsrechnung findet man in der Inaugural-Dissertation von WILLIAM DE WESE CAIRNS: Die Anwendung der Integralgleichungen auf die 2. Variation bei isoperimetrischen Problemen. Göttingen 1907. Siehe D. V. Nr. 39.

wiedergewonnen und erweitert werden können, sondern es bahnt sich hier auch ein Weg an, auf welchem man zugleich zu einer wesentlichen Verallgemeinerung der Fragestellungen in der Variationsrechnung gelangen kann.

In der Differentialrechnung wird nämlich gelehrt, daß man durch Nullsetzen der ersten Ableitung einer Funktion zweier Variablen nicht bloß die Minima und Maxima der Funktion, sondern auch die Sattelpunkte der durch die Funktion dargestellten Fläche findet, und es werden zugleich die Bedingungen für das Auftreten eines solchen Sattelpunktes erörtert. Dementsprechend entsteht in der Variationsrechnung, wenn eine Größe gegeben ist, die von einer Funktion und einem Parameter (oder von zwei Funktionen) abhängt, die Aufgabe, die Funktion und den Parameter (bzw. die zwei Funktionen) derart zu bestimmen, daß der Minimalwert, den die gegebene Größe bei festgehaltenem Parameter (bzw. *einer* festgehaltenen Funktion) annimmt, zum Maximum wird. Diese Aufgabe gestattet eine völlig entsprechende Behandlung, wie die übliche Frage nach dem Minimum der gegebenen Größe, und sie ist von besonderer Wichtigkeit, da durch sie die Lösung des Oszillationsproblems in der Theorie der linearen Differentialgleichungen mit mehreren linear vorkommenden Parametern möglich ist — eines Problems, welches ich im Anschluß an meine frühere Bezeichnungsweise *ein mehrparametrigbilineares Problem* nennen möchte. Diese Andeutungen mögen genügen, um darzutun, *daß auch das in der Theorie der linearen Differentialgleichungen so wichtige Oszillationstheorem in den Bereich der Methode der unendlichvielen Variablen fällt.*

Wir haben bisher nur lineare und gewisse bilineare transzendente Probleme behandelt. Um allgemeinere transzendente Probleme mittels der Methode der unendlichvielen Variablen in Angriff zu nehmen, ist es zuvor notwendig, die Theorie der Funktionen unendlichvieler Variablen weiter zu entwickeln und dies geschieht vor allem durch Einführung des Begriffes der *analytischen* Funktion[1] von unendlichvielen Variablen.

Bei unserer bisherigen Behandlung der linearen, quadratischen und bilinearen Funktionen unendlichvieler Variablen bedeuteten die Koeffizienten sowie die Variablen stets *reelle* Größen und den Variablen war überdies die Bedingung auferlegt, daß sie eine endliche Quadratsumme besitzen sollen; diese Einschränkungen lassen wir nunmehr fortfallen: wir verstehen unter einer Potenzreihe der unendlichvielen Variablen einen Ausdruck von der Gestalt

$$\mathfrak{P}(x_1, x_2, \ldots) = c + \sum_{(p)} c_p x_p + \sum_{(p, q)} c_{pq} x_p x_q + \sum_{(p, q, r)} c_{pqr} x_p x_q x_r + \cdots \quad (1)$$
$$(p, q, r, \ldots = 1, 2, 3, \ldots),$$

wo $c, c_p, c_{pq}, c_{pqr}, \ldots$ irgendwelche gegebene reelle oder komplexe Größen und

---

[1] Der Begriff der analytischen Funktion unendlichvieler Variablen kommt schon bei HELGE VON KOCH: Sur les systèmes d'ordre infini d'équations différentielles. Öfversigt af Kongl. Svenska Vetenskaps-Akademiens Förhandlingar Bd. 56 (1899) S. 395—411 vor.

$x_1, x_2, x_3, \ldots$ die Variablen bedeuten, die ebenfalls reelle oder komplexe Werte annehmen dürfen. Wenn nun jener Ausdruck für ein gewisses System von reellen oder komplexen Größen, von denen keine verschwindet,

$$x_1 = \varepsilon_1, \quad x_2 = \varepsilon_2, \quad x_3 = \varepsilon_3, \ldots$$

absolut konvergiert, so findet absolute Konvergenz jener Potenzreihe $\mathfrak{P}(x_1, x_2, \ldots)$ gewiß für alle diejenigen reellen oder komplexen Werte der Variablen $x_1, x_2, x_3, \ldots$ statt, die den Ungleichungen

$$|x_1| \leqq |\varepsilon_1|, \quad |x_2| \leqq |\varepsilon_2|, \quad |x_3| \leqq |\varepsilon_3|, \ldots \tag{2}$$

genügen: wir sagen, daß die Potenzreihe $\mathfrak{P}(x_1, x_2, \ldots)$ eine analytische Funktion F der unendlichvielen Variablen $x_1, x_2, x_3, \ldots$ in der durch (2) definierten *Umgebung* der Stelle $x_1 = 0$, $x_2 = 0$, $x_3 = 0 \ldots$ darstellt.

Um zu einem Kriterium zu gelangen, welches zu entscheiden gestattet, ob ein beliebig vorgelegter Ausdruck

$$c + \sum_{(p)} c_p x_p + \sum_{(p,q)} c_{pq} x_p x_q + \sum_{(p,q,r)} c_{pqr} x_p x_q x_r + \cdots \tag{3}$$
$$(p, q, r, \ldots = 1, 2, 3, \ldots)$$

eine analytische Funktion F der unendlichvielen Variablen $x_1, x_2, \ldots$ darstellt, denken wir uns für jeden Wert von n in jenem Ausdrucke die Variablen $x_{n+1}, x_{n+2}, x_{n+3}, \ldots$ sämtlich Null gesetzt: der so entstehende Ausdruck in den n Variablen $x_1, x_2, \ldots, x_n$ heiße der n-te Abschnitt von (3); gibt es nun eine Umgebung, in der für jeden Wert von n der n-te Abschnitt eine absolut konvergente Potenzreihe der n Variablen $x_1, \ldots, x_n$ ist, und die Werte dieser sämtlichen Potenzreihen überdies absolut unterhalb einer von n unabhängigen Grenze bleiben, so heiße jener Ausdruck *in dieser Umgebung beschränkt*. Es gilt der Satz, das jeder in einer Umgebung beschränkte Ausdruck (3) daselbst eine analytische Funktion der unendlichvielen Variablen $x_1, x_2, x_3, \ldots$ darstellt. Bleiben insbesondere die Dimensionen der Glieder in einem Ausdrucke (3) unterhalb einer endlichen Grenze, d. h. kommen jene Summen $\sum$ nur in endlicher Anzahl vor, so heißt der Ausdruck ganz und rational. Aus dem eben genannten Satz läßt sich folgern, daß ein ganzer rationaler Ausdruck in einer gewissen Umgebung stets eine analytische Funktion darstellt; dieselbe heiße eine *ganze rationale* Funktion der unendlichvielen Variablen.

Ich führe einige Beispiele analytischer Funktionen unendlichvieler Variablen an.

Die Hillsche Determinante, wie sie bei der Auflösung gewisser linearer Gleichungssysteme mit unendlichvielen Unbekannten eine Rolle spielt:

$$\begin{vmatrix} 1 + x_{11} & x_{12} & x_{13} & \cdots \\ x_{21} & 1 + x_{22} & x_{23} & \cdots \\ x_{31} & x_{32} & 1 + x_{33} & \cdots \\ \cdots & \cdots & \cdots & \end{vmatrix}$$

ist eine analytische Funktion der unendlichvielen Variablen x_{11}, x_{12}, x_{13}, $x_{21}, x_{22}, x_{23}, \ldots$

Ein anderes Beispiel erhalten wir, wenn wir aus der Gleichung

$$y = x_1 + x_2 y^2 + x_3 y^3 + x_4 y^4 + \cdots$$

y als Potenzreihe in $x_1, x_2, x_3, \ldots$ berechnen wie folgt:

$$y = x_1 + x_1^2 x_2 + x_1^3 x_3 + 2 x_1^3 x_2^2 + x_1^4 x_4 + \cdots;$$

es läßt sich dann leicht mit Hilfe der Majorantenmethode der Nachweis führen, daß diese Potenzreihe in einer gewissen Umgebung der Stelle

$$x_1 = 0, \quad x_2 = 0, \quad x_3 = 0, \ldots$$

konvergiert, d. h. y ist eine analytische Funktion von $x_1, x_2, x_3, \ldots$.

Bedeutet, um ein drittes Beispiel zu gewinnen,

$$\mathfrak{P}(x, y) = u_{00} + u_{10} x + u_{01} y + u_{20} x^2 + u_{11} x y + u_{02} y^2 + \cdots$$

eine Potenzreihe der beiden Variablen x, y und $u_{00}, u_{10}, u_{01}, u_{20}, \ldots$ deren Koeffizienten, so erweist sich diejenige Lösung y der Differentialgleichung

$$\frac{dy}{dx} = \mathfrak{P}(x, y)$$

die für $x = 0$ verschwindet, als eine analytische Funktion der unendlichvielen Variablen $x, u_{00}, u_{10}, u_{01}, u_{20}, \ldots$, so daß also die Integrale einer analytischen Differentialgleichung bei analytischer Nebenbedingung sich auch als analytische Funktionen der sämtlichen in Betracht kommenden Koeffizienten ergeben.

Es handelt sich weiterhin vor allem darum, die wichtigsten Begriffe und Sätze der Theorie der analytischen Funktionen mit endlicher Variablenzahl auf die Theorie der analytischen Funktionen mit unendlichvielen Variablen zu übertragen.

Zunächst ist klar, daß der in der Theorie der Funktionen endlichvieler Variablen wohl bekannte Satz, daß alle Koeffizienten einer Potenzreihe gleich Null sind, wenn die Funktion an jeder Stelle einer Umgebung verschwindet, in dieser Theorie richtig bleibt; denn die Abschnitte dieser Funktion, die Potenzreihen endlichvieler Variablen sind, müssen ebenfalls identisch verschwinden; folglich sind alle ihre Koeffizienten Null.

Alsdann versuchen wir die Methode der Fortsetzung einer Potenzreihe auf unendlichviele Variable zu übertragen.

Bedeutet $a_1, a_2, \ldots$ eine Stelle, die in die Umgebung (2) der Potenzreihe $\mathfrak{P}(x_1, x_2, \ldots)$ fällt und ordnen wir dann

$$\mathfrak{P}(y_1 - a_1, y_2 - a_2, \ldots)$$

nach Potenzen von $y_1, y_2, \ldots$, wie (3) nach Potenzen von $x_1, x_2, \ldots$ geordnet ist, so konvergiert die entstehende Potenzreihe $\mathfrak{Q}(y_1, y_2, \ldots)$ stets in einer gewissen Umgebung

$$|y_1| \leqq |\eta_1|, \quad |y_2| \leqq |\eta_2|, \quad |y_3| \leqq |\eta_3|, \ldots$$

der Stelle $y_1 = 0$, $y_2 = 0$, $y_3 = 0, \ldots$. Die durch $\mathfrak{P}$ und $\mathfrak{Q}$ dargestellten Funktionen stimmen an den gemeinschaftlichen Konvergenzstellen mit einander überein. Für diejenigen Stellen, an denen $\mathfrak{P}(x_1, x_2, \ldots)$ nicht, wohl aber $\mathfrak{Q}(y_1, y_2, \ldots)$ konvergiert, liefert diese Potenzreihe die analytische *Fortsetzung* der durch $\mathfrak{P}(x_1, x_2, \ldots)$ definierten analytischen Funktion F.

Hierzu füge ich noch eine Bemerkung hinzu. In der Theorie der Funktionen einer Veränderlichen wird folgender Satz bewiesen: Ist $\mathfrak{P}(x)$ eine in einem bestimmten Kreise um den Nullpunkt konvergente Potenzreihe und $f(y)$ eine in der Umgebung der Stelle $y = 0$ umkehrbar eindeutige reguläre analytische Funktion, und entwickeln wir $\mathfrak{P}(f(y))$ nach Potenzen von y, so kann diese Potenzreihe auch an einer solchen Stelle $y = y_0$ konvergieren, daß $x_0 = f(y_0)$ nicht in den Konvergenzkreis der Potenzreihe $\mathfrak{P}(x)$ fällt. Dann stellt die Potenzreihe $\mathfrak{P}(f(y))$ in der Umgebung der Stelle $y = y_0$, als Funktion von x betrachtet, die analytische Fortsetzung von $\mathfrak{P}(x)$ in der Umgebung der Stelle $x = x_0$ dar. Dieser Satz, der für Funktionen endlichvieler Variablen ebenfalls gilt, ist in der Theorie der Funktionen unendlichvieler Veränderlicher nicht mehr richtig; man erkennt dies an dem folgenden Beispiele: Die lineare Funktion:

$$L(x) = x_1 + x_2 + x_3 + \cdots$$

ist nach der obigen Definition der analytischen Fortsetzung eindeutig und nicht über den ursprünglichen Konvergenzbereich fortsetzbar. Setzen wir aber $y_1 = x_1 + x_2$, $y_2 = x_2$, $y_3 = x_3 + x_4$, $y_4 = x_4$, $y_5 = x_5 + x_6, \ldots$, so wird $L(x) = y_1 + y_3 + \cdots$, und diese Reihe konvergiert z. B. auch noch für $x_1 = 1$, $x_2 = -1$, $x_3 = 1$, $x_4 = -1, \ldots$ und liefert den Wert 0, obwohl bis an diese Stelle die ursprüngliche Funktion nicht fortsetzbar ist. Wollte man diesem Umstande Rechnung tragen, indem man den Begriff der Fortsetzung entsprechend allgemeiner definiert, so müßte man die Eindeutigkeit der Funktion $L(x)$ preisgeben. In der Tat durch die Substitution $z_1 = x_1$, $z_2 = x_2 + x_3$, $z_3 = x_3$, $z_4 = x_4 + x_5$, $z_5 = x_5, \ldots$ geht $L(x)$ in $z_1 + z_2 + z_4 + \cdots$ über und liefert für die Stelle $x_1 = 1$, $x_2 = -1$, $x_3 = 1$, $x_4 = -1, \ldots$ den Wert 1, während wir früher den Wert 0 erhalten haben.

Um eine Anwendung von dem Begriffe der Fortsetzung einer analytischen Funktion unendlichvieler Variablen zu machen, will ich ein Beispiel einer solchen Funktion angeben, die nebst ihren analytischen Fortsetzungen alle Werte eines reellen Intervalles anzunehmen fähig ist. Es ist nämlich offenbar die *F*unktion

$$F(x_1, x_2, \ldots) = \frac{1}{2}\sqrt{1 - x_1} + \frac{1}{2^2}\sqrt{1 - x_2} + \frac{1}{2^3}\sqrt{1 - x_3} + \frac{1}{2^4}\sqrt{1 - x_4} + \cdots$$

in eine Potenzreihe nach $x_1, x_2, x_3, \ldots$ entwickelbar, welche gewiß in der Umgebung

$$|x_1| \leqq \frac{1}{2}, \qquad |x_2| \leqq \frac{1}{2}, \qquad |x_3| \leqq \frac{1}{2}, \ldots$$

absolut konvergiert; es ist

$$F(0, 0, \ldots) = \frac{1}{2} + \frac{1}{2^2} + \frac{1}{2^3} + \cdots = 1.$$

Lassen wir nun irgend eine der komplexen Variablen x_p einen den Punkt 1 einschließenden Weg ausführen, so tritt in der obigen unendlichen Reihe für $F(x_1, x_2, \ldots)$ an Stelle des Gliedes $+\frac{1}{2^p}\sqrt{1 - x_p}$ entgegengesetzte Wert $-\frac{1}{2^p}\sqrt{1 - x_p}$ ein, und die entsprechende Fortsetzung der analytischen Funktion $F(x_1, x_2, \ldots)$ nimmt mithin an der Stelle $x_1 = 0$, $x_2 = 0$, $x_3 = 0, \ldots$ den Wert

$$\frac{1}{2} + \frac{1}{2^2} + \frac{1}{2^3} + \cdots - \frac{1}{2^p} + \cdots$$

an. Lassen wir irgendwelche Systeme der komplexen Variablen $x_1, x_2, \ldots$ den Punkt 1 umkreisen, so erkennen wir, daß die Fortsetzungen der analytischen Funktion $F(x_1, x_2, \ldots)$ jeden Wert von der Form

$$\pm \frac{1}{2} \pm \frac{1}{2^2} \pm \frac{1}{2^3} \pm \cdots$$

annehmen können, d. h. die analytische Funktion $F(x_1, x_2, \ldots)$ nimmt an der Stelle $x_1 = 0$, $x_2 = 0$, $x_3 = 0, \ldots$ jeden reellen zwischen -1 und $+1$ gelegenen Wert wirklich an. Diese Tatsache ist deshalb bemerkenswert, weil damit gezeigt ist, *daß eine analytische Funktion von unendlichvielen Variablen kontinuierlich-vieldeutig sein kann*, während eine analytische Funktion von einer endlichen Anzahl von Variablen nach einem bekannten von VOLTERRA und POINCARÉ bewiesenen Satze stets nur abzählbar-vieldeutig ist.

Es gilt der Satz, daß eine *analytische Funktion von unendlichvielen Variablen an jeder Stelle relativ zu jeder Umgebung dieser Stelle stets eine stetige Funktion ist*; d. h. wenn die sämtlich in der Umgebung der Stelle $a_1, a_2, \ldots$ liegenden Wertsysteme

$$a_1^{(p)}, a_2^{(p)}, \ldots \qquad\qquad (p = 1, 2, 3, \ldots)$$

gegen das Wertsystem $a_1, a_2, \ldots$ konvergieren, so konvergieren die entsprechenden Werte der analytischen Funktion stets gegen den Wert, den sie an der Stelle $a_1, a_2, \ldots$ besitzt. Dagegen erweist sich eine analytische Funktion von unendlichvielen Variablen keineswegs relativ zu irgend einem Bereiche als stetig.

Aus diesem Satze folgt unmittelbar die folgende Tatsache: Konvergiert die Potenzreihe $\mathfrak{P}(x_1, x_2, \ldots)$ in der Umgebung $|x_1| \leqq \varepsilon_1$, $|x_2| \leqq \varepsilon_2, \ldots$, so ist die dargestellte Funktion in dieser Umgebung *beschränkt*. In der Tat liefert das Maximum des Betrages der Funktion eine obere Grenze für die Beträge ihrer Abschnitte. Dieser Satz ist eine Umkehrung des Satzes S. 65.

Ebenso wie das Statthaben der Stetigkeit einer Funktion von unendlichvielen Variablen wesentlich durch die Festsetzung der Nachbarschaft, die in Betracht gezogen werden soll, bedingt ist, so hängt auch der *Begriff des Maximums oder Minimums einer analytischen Funktion von unendlichvielen Variablen* an einer Stelle wesentlich von der Abgrenzung der Nachbarschaft ab, die als Vergleichsstellen herangezogen werden sollen, und daher kommt es, daß bei einer Potenzreihe von unendlichvielen Variablen das Verhalten der Glieder zweiter Dimension für das Eintreten eines Maximums oder Minimums nicht in derselben Weise wie bei einer analytischen Funktion mit endlicher Variablenzahl den Ausschlag gibt.

Als Beispiel diene die Potenzreihe

$$\frac{x_1^2}{1^2} + \frac{x_2^2}{2^2} + \frac{x_3^2}{3^2} + \cdots - \frac{x_1^3}{1} - \frac{x_2^3}{2} - \frac{x_3^3}{3} - \cdots,$$

die für alle reellen der Bedingung

$$x_1^2 + x_2^2 + x_3^2 + \cdots \leqq 1 \qquad (4)$$

genügenden Wertsysteme absolut konvergiert und überdies eine relativ zu diesem Gebiete (4) stetige Funktion darstellt. Obwohl die Glieder zweiter Dimension positiv definit sind und nur verschwinden für

$$x_1 = 0, \quad x_2 = 0, \quad x_3 = 0, \ldots,$$

so tritt doch an dieser Stelle kein Minimum ein, selbst nicht relativ zu einer Umgebung der Stelle; denn für

$$x_1 = 0, \quad x_2 = 0, \ldots \ x_{n-1} = 0, \quad x_n = \frac{2}{n}, \quad x_{n+1} = 0, \ldots$$

erhält die Funktion den negativen Wert

$$\frac{2^2}{n^4} - \frac{2^3}{n^4} = -\frac{2^2}{n^4}.$$

Ein anderes Beispiel ist die durch die Potenzreihe

$$x_1^2 + x_2^2 + x_3^2 + \cdots - 2x_1^3 - 2x_2^3 - 2x_3^3 - \cdots$$

in demselben Gebiete (4) dargestellte Funktion; dieselbe besitzt an der Stelle

$$x_1 = 0, \quad x_2 = 0, \quad x_3 = 0, \ldots$$

kein Minimum relativ zu jenem Gebiete (4), da ja die Einsetzung von

$$x_1 = 0, \quad x_2 = 0, \ldots, \quad x_{n-1} = 0, \quad x_n = 1, \quad x_{n+1} = 0, \ldots$$

negative Werte liefert. Dagegen findet an jener Stelle das Minimum statt relativ zu der Umgebung

$$|x_1| \leqq \frac{1}{2}, \qquad |x_2| \leqq \frac{1}{2}, \qquad |x_3| \leqq \frac{1}{2}, \ldots;$$

denn für alle diesen Ungleichungen genügenden reellen Werte der Variablen fällt wegen

$$x_n^2 - 2x_n^3 > 0$$

die Funktion gewiß positiv aus.

Die eben erläuterten Vorkommnisse erinnern uns an die bekannten analogen Tatsachen in der Theorie der zweiten Variation — wie ja auch in der Variationsrechnung gelehrt wird, daß ein bestimmtes Integral für eine gewisse Kurve nicht zum Minimum wird, wenn wir alle in genügender Nähe der Kurve verlaufenden Kurven zum Vergleich heranziehen, dagegen das Minimum des Integrals für jene Kurve sehr wohl stattfindet, wenn wir nur solche Kurven zum Vergleich zulassen, deren Tangenten sich von den Tangenten jener Kurve genügend wenig unterscheiden.

Mit Benutzung des vorhin genannten Satzes, demzufolge eine analytische Funktion relativ zu jeder Umgebung stetig ist, gelingt es dann, die grundlegende Tatsache zu erkennen, *daß eine analytische Funktion von unendlichvielen analytischen Funktionen unendlichvieler Variablen wiederum eine analytische Funktion dieser Variablen wird.*

Um diesen Satz zu beweisen, betrachten wir die Potenzreihe

$$\mathfrak{P}(x_1, x_2, \ldots) = \sum C_{n_1 \ldots n_k} x_1^{n_1} \ldots x_k^{n_k},$$

die in einer Umgebung der Stelle $x_1 = 0$, $x_2 = 0, \ldots$ etwa für die Wertsysteme:

$$|x_1| \leqq 1, \quad |x_2| \leqq 1, \ldots$$

absolut konvergiert: ferner seien:

$$x_1 = x_1(\xi_1, \xi_2, \ldots), \quad x_2 = x_2(\xi_1, \xi_2, \ldots), \ldots$$

solche unendlichviele Potenzreihen der Variablen $\xi_1, \xi_2, \ldots$, die *alle* in der Umgebung:

$$|\xi_1| \leqq \alpha_1, \quad |\xi_2| \leqq \alpha_2, \ldots$$

— unter $\alpha_1, \alpha_2, \ldots$ gewisse positive Konstante verstanden — absolut konvergieren und in dieser Umgebung dem Betrage nach kleiner als 1 bleiben. Durch Anwendung dieser Substitution geht die Funktion $\mathfrak{P}(x_1, x_2, \ldots)$ in eine Funktion der $\xi_1, \xi_2, \ldots$ über:

$$\mathfrak{P}(x_1(\xi), \quad x_2(\xi), \ldots) = F(\xi_1, \xi_2, \ldots),$$

und wir wollen zeigen, daß dies eine analytische Funktion von $\xi_1, \xi_2, \ldots$ ist. Jedes Glied der Potenzreihe $\mathfrak{P}$ ist ein Produkt endlichvieler Faktoren, die absolut konvergente Potenzreihen von $\xi_1, \xi_2, \ldots$ sind. Nach dem Satze über die Multiplikation absolut konvergenter Reihen folgt daraus, daß jedes Glied von $\mathfrak{P}$ in eine analytische Funktion von $\xi_1, \xi_2, \ldots$ übergeht und kleiner als 1 bleibt. Mit anderen Worten: $F(\xi_1, \xi_2, \ldots)$ ist eine Summe absolut konvergenter Potenzreihen:

$$F(\xi_1, \xi_2, \ldots) = C_1 X_1(\xi_1, \xi_2, \ldots) + C_2 X_2(\xi_1, \xi_2, \ldots) + \cdots,$$

wobei die $C_1, C_2, \ldots$ die Koeffizienten der Potenzreihe $\mathfrak{P}(x_1, x_2, \ldots)$ sind. Zufolge unserer Annahme muß die Summe der Beträge dieser Koeffizienten endlich bleiben. Daraus folgt aber, daß die Funktion $F(\xi_1, \xi_2, \ldots)$ in der betrachteten Umgebung $|\xi_p| \leqq \alpha_p$ beschränkt ist. Wir wollen nun den n-ten

Abschnitt dieser Funktion:

$$[F]_n = C_1[X_1]_n + C_2[X_2]_n + \cdots$$

betrachten. Da die $X_1, X_2, \ldots$ absolut genommen kleiner als 1 bleiben, so ist $[F]_n$ als Summe einer gleichmäßig konvergenten Reihe, deren Glieder analytische Funktionen von $\xi_1, \xi_2, \ldots, \xi_n$ sind, eine analytische Funktion dieser Veränderlichen. Wir können daher formal eine Potenzreihe der unendlichvielen Variablen $\xi_1, \xi_2, \ldots$ bilden, die so beschaffen ist, daß ihre Abschnitte mit den Abschnitten der Funktion $F(\xi_1, \xi_2, \ldots)$ übereinstimmen und außerdem in der Umgebung $|\xi_1| \leqq \alpha_1, |\xi_2| \leqq \alpha_2, \ldots$ beschränkt ist. Daraus folgt aber, daß die so konstruierte Potenzreihe in einer bestimmten Umgebung absolut konvergiert und eine analytische Funktion darstellt. Um die Identität dieser analytischen Funktion mit der Funktion $F(\xi_1, \xi_2, \ldots)$ zu konstatieren, bemerken wir, daß beide Funktionen stetig sind und daher an jeder Stelle mit dem Grenzwerte ihrer Abschnitte, die bei den beiden Funktionen dieselben sind, übereinstimmen.

Eine der wichtigsten Aufgaben unserer Theorie besteht in der Lösung gegebener analytischer Gleichungen zwischen unendlichvielen Variablen. Sind diese Gleichungen linear, so finden die zu Anfang dieses Vortrages genannten Sätze in geeigneter Modifikation Anwendung. Aber auch im Falle nichtlinearer Gleichungen lassen sich allgemeine Sätze gewinnen. Als Beispiel diene der folgende, die Umkehrung eines Gleichungssystems betreffende Satz[1]:

Es sei das Gleichungssystem

$$y_1 = x_1 + \mathfrak{P}_1(x_1, x_2, \ldots),$$
$$y_2 = x_2 + \mathfrak{P}_2(x_1, x_2, \ldots),$$
$$y_3 = x_3 + \mathfrak{P}_3(x_1, x_2, \ldots),$$
$$\cdots\cdots\cdots\cdots\cdots\cdots\cdots$$

vorgelegt, wo allgemein $\mathfrak{P}_n(x_1, x_2, \ldots)$ eine Potenzreihe der unendlichvielen Variablen $x_1, x_2, \ldots$ sein möge, die keine linearen Glieder enthält und deren Koeffizienten sämtlich absolut unterhalb der endlichen Grenze M_n bleiben; ferner sei die Summe

$$M_1 + M_2 + M_3 + \cdots$$

endlich: dann gibt es für die Größen $x_1, x_2, \ldots$ ein eindeutig bestimmtes System von absolut konvergenten Potenzreihen der Variablen $y_1, y_2, \ldots$, die die analytischen Auflösungen jenes Gleichungssystems darstellen.

Wir haben damit die mannigfachen Anwendungen aufgezählt, die die Analysis der unendlichvielen Variablen auf die Theorie der Integralgleichungen,

---

[1] Vgl. HELGE VON KOCH: Sur les fonctions implicites définies par une infinité d'équations simultanées. Bull. Soc. math. France Bd. 27 (1899) S. 215—227. Dieser Satz stimmt auch wesentlich mit einem von E. SCHMIDT für Integralgleichungen bewiesenen Satze überein. E. SCHMIDT: Zur Theorie der linearen und nichtlinearen Integralgleichungen. III. Teil. Math. Ann. Bd. 65 (1908) S. 370—399.

der Differentialgleichungen, auf die Funktiontheorie und die Variationsrechnung gestattet und wir haben gesehen, daß uns die Methode der unendlichvielen Variablen einen Standpunkt einzunehmen gestattet, von dem aus
die schwierigeren Fragen jener Theorien näher aneinandergerückt und dadurch in vielen Verkettungen übersichtlicher gruppiert erscheinen.

Der Analysis der unendlichvielen Variablen fällt aber noch eine Aufgabe
zu, die von prinzipiellem Standpunkte aus als eine noch höhere bezeichnet
werden kann, wie es die Förderung einzelner Disziplinen ist.

Bei gewissen modernen mathematischen Untersuchungen — ich erinnere an
die Untersuchungen über die Grundlagen der Geometrie, der Arithmetik und der
Mengenlehre — handelt es sich nicht sowohl darum, eine bestimmte Tatsache
zu beweisen oder die Richtigkeit eines bestimmten Satzes festzustellen, sondern vielmehr darum, den Beweis eines Satzes mit Beschränkung auf gewisse
Hilfsmittel zu führen oder den Nachweis für die Unmöglichkeit einer solchen
Beweisführung zu erbringen. Die Analysis der unendlichvielen Variablen setzt
uns in den Stand, solche *beweiskritischen* Untersuchungen auch im Gebiete der
Funktionentheorie und der Theorie der Differentialgleichungen anzustellen.

Von hervorragendem Interesse erscheint mir eine nach diesem Gesichtspunkte durchzuführende Untersuchung über die Konvergenzbetrachtungen,
die zum Aufbau einer bestimmten analytischen Disziplin dienen, in der Weise,
daß man ein System gewisser möglichst einfacher Grundtatsachen aufstellt,
die ihrerseits zum Beweise eine gewisse Konvergenzbetrachtung erfordern
und mit deren ausschließlicher Hilfe ohne Hinzunahme irgend einer neuen
Konvergenzbetrachtung die sämtlichen Sätze jener analytischen Disziplin
bewiesen werden können.

So bedarf es beispielsweise nur des Satzes von der orthogonalen Transformation einer quadratischen Form unendlichvieler Variablen in die Summe
von Quadraten, um alle von mir aufgestellten Sätze über die Lösung unendlichvieler linearer Gleichungen mit unendlichvielen Unbekannten ohne irgend
eine neue Konvergenzbetrachtung zu beweisen. Bedenken wir, daß der Satz
gilt: Man erhält das Integral einer stetigen Funktion unendlichvieler Variablen,
die stetige Funktionen einer Veränderlichen sind, indem man den n-ten Abschnitt
jener Funktion nach dieser Veränderlichen integriert und dann den Grenzübergang $n = \infty$ vollzieht, und fügen wir dann noch den Satz von der Existenz
eines orthogonalen vollständigen Funktionensystems hinzu, so läßt sich auf
diese drei Sätze die Theorie der linearen Integralgleichungen wesentlich ohne
Zuhilfenahme einer weiteren Konvergenzbetrachtung begründen und dieselben
Hilfsmittel genügen dann auch zur Lösung der oben genannten Probleme aus
der Theorie der linearen Differentialgleichungen und der Funktionentheorie.

Göttingen, April 1908.

7. Zur Theorie der konformen Abbildung[1].

[Göttinger Nachrichten 1909, S. 314—323.]

In meiner Abhandlung über das Dirichletsche Prinzip[2] habe ich auf Grund dieses Prinzips eine strenge Methode zum Nachweise der Lösbarkeit der Randwertaufgabe in der Theorie des ebenen Potentials dargelegt; ich möchte jetzt zeigen, daß diese Methode der weitgehendsten Anwendung fähig ist und insbesondere sehr allgemeine und fundamentale Probleme aus der Theorie der konformen Abbildung zu lösen gestattet.

Die Modifikation, deren meine in der zitierten Abhandlung entwickelte Methode dabei bedarf, möchte ich des leichteren Verständnisses wegen an einem der einfachsten Randwertprobleme auseinandersetzen, nämlich an folgendem Problem:

Randwertproblem. *In der xy-Ebene sei ein Gebiet Ω gegeben, das von einer analytischen doppelpunktlosen Kurve begrenzt ist: gesucht wird eine Potentialfunktion $u(x, y)$ von folgender Beschaffenheit:*

1. $u(x, y)$ soll sich innerhalb Ω überall regulär verhalten mit Ausnahme eines Punktes, etwa des Nullpunktes, der innerhalb Ω liegen möge, in dessen Umgebung

$$u(x, y) = \frac{x}{x^2 + y^2} + R(x, y)$$

sein möge, wo $R(x, y)$ eine im Nullpunkt reguläre Potentialfunktion bedeutet;

---

[1] Diese Mitteilung gibt im wesentlichen den Inhalt eines Vortrages wieder, den ich im April dieses Jahres gelegentlich der Anwesenheit des Herrn H. Poincaré in der Göttinger mathematischen Gesellschaft gehalten habe. Hinsichtlich der genauen Durchführung der Beweise verweise ich auf die demnächst erscheinende Göttinger Dissertation von R. Courant. D. V. Nr. 47.

[2] Jber. dtsch. Math.-Ver. Bd. 8 (1900), siehe auch diesen Band Abh. Nr. 3 und Festschrift zur Feier des 150jährigen Bestehens der K. Ges. d. Wiss. zu Göttingen 1901, abgedruckt in Math. Ann. Bd. 59, siehe auch diesen Band Abh. Nr. 4. Vgl. auch die daran anknüpfenden Abhandlungen von O. Bolza: Lectures on the Calculus of Variation 1904 Kap. VII. C. Carathéodory: Math. Ann. Bd. 62 (1906). Ch. A. Noble: Dissertation Göttingen 1901. D.V. Nr. 16. G. Fubini: Rendiconti del circolo matematico di Palermo Bd. 22 (1906); Bd. 23 (1907); Ann. Matemat. Ser. 3 Bd. 16 (1907); Atti della R. Accademia dei Lincei Ser. 5 Bd. 16 (1907); Bd. 17 (1908). Hedrick: Diss. Göttingen 1901. D. V. Nr. 14. B. Levi: Rendiconti del circolo mat. di Palermo Bd. 22 (1906). H. Lebesgue: Comptes rendus Bd. 155 (1907); Rendiconti del circolo mat. di Palermo Bd. 24 (1907). W. Ritz: Gött. Nachr. 1908; J. Math. Bd. 135 (1909). E. Holmgren: Comptes rendus Bd. 142 (1906); Arkiv för matematik, astronomi och fysik Bd. 3 (1906).

2. *die zu $u(x, y)$ konjugierte Potentialfunktion $v(x, y)$ soll, wenn der Punkt x, y auf der Randkurve liegt, einen konstanten Wert haben.*

Wir wollen nun dieses Randwertproblem durch ein Minimalproblem, wie es im Sinne unserer Methode des Dirichletschen Prinzips liegt, ersetzen. Zu dem Zwecke schlagen wir um den Nullpunkt einen Kreis, dessen Inneres wir mit K bezeichnen und konstruieren um diesen Kreis ein ebenfalls noch ganz innerhalb des gegebenen Gebietes Ω liegendes Quadrat mit den Ecken $x = \pm a$, $y = \pm a$, wo die positive Größe a den Kreisradius übertrifft. Der außerhalb des Kreises und innerhalb des Quadrates liegende Teil von Ω werde mit Q und der außerhalb des Quadrates liegende Teil von Ω mit A bezeichnet,

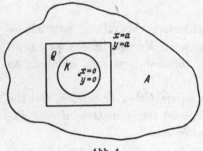

Abb. 4.

so daß das gesamte Gebiet von Ω sich aus den drei Teilgebieten K, Q, A zusammensetzt.

Nunmehr definieren wir eine Funktion $\Phi(x, y)$ der Variablen x, y wie folgt: wir setzen

$$\Phi(x, y) = \frac{x}{x^2 + y^2} \quad \text{in } K$$
$$= 0 \quad \text{in } A$$

und nehmen für Φ innerhalb und auf der Grenze von Q nämlich auf dem Rande des Kreises und des Quadrates eine zweimalstetig differenzierbare Funktion von x, y, so daß Φ, abgesehen vom Nullpunkt, überall innerhalb Ω eine Funktion der Variablen x, y wird, deren zweite Ableitungen nach x, y noch stetig sind.

Setzen wir ferner

$$\left. \begin{aligned} C(x, y) &= \frac{x}{x^2 + y^2} - \Phi(x, y), \\ \gamma(x, y) &= \Delta C \equiv \frac{\partial^2 C}{\partial x^2} + \frac{\partial^2 C}{\partial y^2}, \end{aligned} \right\} \tag{1}$$

so ist γ eine überall in Ω stetige Funktion, die sowohl in K wie in A identisch verschwindet. Nach der Greenschen Formel, angewandt auf Q, ist

$$\iint\limits_{(Q)} \Delta C \, dx \, dy = -\int\limits_{(k)} \frac{\partial C}{\partial n} \, ds - \int\limits_{(q)} \frac{\partial C}{\partial n} \, ds,$$

wo die einfachen Integrale rechter Hand über k, die Peripherie des Kreises, und q, den Rand des Quadrates, zu erstrecken sind. Da nun die normalen Ableitungen von C die Werte

$$\frac{\partial C}{\partial n} = 0 \qquad \text{auf } k$$

$$\frac{\partial C}{\partial n} = \frac{\partial \frac{x}{x^2 + y^2}}{\partial n} = \frac{\partial \frac{-y}{x^2 + y^2}}{\partial s} \quad \text{auf } q$$

aufweisen, so folgt

$$\iint\limits_{(Q)} \Delta C \, dx \, dy = 0$$

und da

$$\gamma = \Delta C$$

in K identisch verschwindet, so ist auch

$$\int\limits_{-a}^{+a}\int\limits_{-a}^{+a} \gamma(x, y) \, dx \, dy = 0.$$

Wir setzen nun

$$\xi(x) = \frac{3}{4} \frac{1}{a^3}(a^2 - x^2) \quad \text{für} \quad -a \leq x \leq a,$$
$$= 0 \qquad\qquad \text{für} \quad x < -a \quad \text{und} \quad x > a,$$

so daß

$$\int\limits_{-a}^{+a} \xi(x) \, dx = 1$$

wird, ferner

$$\eta(y) = \int\limits_{-a}^{+a} \gamma(x, y) \, dx$$

$$\alpha(x, y) = \int\limits_{-a}^{x} \{\gamma(x, y) - \xi(x)\,\eta(y)\} \, dx,$$

$$\beta(x, y) = \int\limits_{-a}^{y} \xi(x)\,\eta(y) \, dy.$$

Die Funktionen α, β werden, wie sofort zu sehen ist, in A überall identisch Null, und innerhalb des Quadrates gilt die Gleichung

$$\frac{\partial \alpha}{\partial x} + \frac{\partial \beta}{\partial y} = \gamma. \qquad (2)$$

Das Minimalproblem, welches unser ursprüngliches Randwertproblem (S. 73) zu ersetzen vermag, lautet nun wie folgt:

Minimalproblem. *Es soll eine innerhalb Ω überall stetig differenzierbare Funktion φ gefunden werden, für welche das über Ω zu erstreckende modifizierte Dirichletsche Integral*

$$D^*(\varphi) = \iint\limits_{(\Omega)} \left\{ \left(\frac{\partial \varphi}{\partial x} - \alpha\right)^2 + \left(\frac{\partial \varphi}{\partial y} - \beta\right)^2 \right\} dx \, dy$$

zum Minimum wird; dabei bedeuten α, β die eben konstruierten nur innerhalb des Quadrates von Null verschiedenen Funktionen der Variablen x, y.

Dieses Minimalproblem ist von der Art, daß die in meiner anfangs zitierten Abhandlung entwickelte Methode unmittelbar auf dasselbe anwendbar wird: dieselbe ergibt dann die Existenz einer zweimal stetigdifferenzierbaren Funktion φ, die die Minimalforderung erfüllt.

Wir wollen nun den Nachweis führen, daß

$$u(x, y) = \varphi(x, y) + \Phi(x, y)$$

diejenige Potentialfunktion ist, die unser Randwertproblem (S. 73) löst.

Zu dem Zwecke berücksichtigen wir, daß wegen der Minimaleigenschaft der Funktion φ das Verschwinden der ersten Variation, d. h. die Gleichung

$$\iint\limits_{(\Omega)} \left\{ \left(\frac{\partial \varphi}{\partial x} - \alpha \right) \frac{\partial \zeta}{\partial x} + \left(\frac{\partial \varphi}{\partial y} - \beta \right) \frac{\partial \zeta}{\partial y} \right\} dx\, dy = 0 \tag{3}$$

statt hat, wo ζ eine willkürliche, innerhalb Ω stetigdifferenzierbare Funktion der Variablen x, y bedeutet. Nunmehr folgt aus (3) nach der Greenschen Formel

$$\iint\limits_{\Omega} \left(\Delta \varphi - \frac{\partial \alpha}{\partial x} - \frac{\partial \beta}{\partial y} \right) \zeta\, dx\, dy = 0$$

und demnach

$$\Delta \varphi - \frac{\partial \alpha}{\partial x} - \frac{\partial \beta}{\partial y} = 0$$

oder mit Rücksicht auf (1), (2)

$$\Delta \varphi = \gamma = \Delta C$$

und wegen (1)

$$\Delta(\varphi + \Phi) = 0$$

oder

$$\Delta u = 0,$$

d. h. u ist eine innerhalb Ω eindeutige Potentialfunktion.

Nach den Regeln der Variationsrechnung ist auf dem Rande von Ω die normale Ableitung der Funktion φ und daher auch von u gleich Null und mithin ist die zu u konjugierte Potentialfunktion v auf dem Rande konstant, d. h. auch die Forderung 2 des Randwertproblems ist erfüllt.

Zugleich folgt aus dem Verschwinden der ersten Variation, d. h. der Gleichung (3) in bekannter Weise, daß die Funktion φ und mithin auch die Funktion u durch die auferlegten Forderungen bis auf eine additive Konstante *eindeutig* bestimmt sind.

Die Potentialfunktion u ist, wie man leicht sieht, durch die Eigenschaft charakterisiert, daß für dieselbe das Dirichletsche Integral

$$\iint\limits_{(\Omega^*)} \left\{ \left(\frac{\partial u}{\partial x} \right)^2 + \left(\frac{\partial u}{\partial y} \right)^2 \right\} dx\, dy$$

ein Minimum wird, worin Ω^* ein Gebiet bedeutet, welches aus Ω entstanden ist, wenn man die Umgebung des Nullpunktes durch eine analytische Kurve ausschließt und nur solche Funktionen zum Vergleich zuläßt, welche auf dieser analytischen Kurve dieselben Werte wie u annehmen.

Wir betrachten nunmehr die durch die Formel

$$f(z) = u(x, y) + i\,v(x, y)$$

gegebene Funktion der komplexen Variablen $z = x + i\,y$. Es sei

$$c = a + i\,b$$

eine Konstante, deren Imaginärteil b dem reellen Werte, den v am Rande des Gebietes Ω annimmt, nicht gleichkommt: dann ist

$$l\{f(z) - c\} = \frac{1}{2}\,l\{(u - a)^2 + (v - b)^2\} + i\arctg\frac{v - b}{u - a}.$$

Da nun der Quotient $\dfrac{v - b}{u - a}$ bei einem Umlauf des Punktes z auf dem Rande des Gebietes Ω nirgends Null werden kann, so bleibt $\arctg\dfrac{v - b}{u - a}$ und mithin auch $l\{f(z) - c\}$ nach diesem Umlaufe ungeändert, d. h. die analytische Funktion $f(z) - c$ besitzt innerhalb Ω ebensoviel Pole wie Nullstellen: $f(z)$ nimmt also den Wert c innerhalb Ω einmal und nur einmal an. Wir schließen hieraus leicht, daß die komplexe Funktion $f(z)$ eine konforme Abbildung vermittelt, bei der dem Inneren von Ω die ganze uv-Ebene entspricht mit Ausnahme eines endlichen geradlinigen zur u-Achse parallelen Schlitzes.

Das ursprüngliche Randwertproblem und das Minimalproblem erweisen sich demnach als äquivalent mit dem folgenden Problem:

Problem der konformen Abbildung. *Es soll das Innere von Ω auf eine von einem geradlinigen Schlitz begrenzte Ebene konform abgebildet werden.*

Es ist von erheblichem Interesse, daß die sämtlichen bisher dargelegten Beweismethoden und Resultate unmittelbar auf ein beliebiges irgendwie zusammenhängendes Gebiet Ω übertragbar sind; insbesondere folgt die Existenz der Minimalfunktion für ein beliebiges Gebiet Ω ohne weiteres nach der oben dargelegten Methode des modifizierten Dirichletschen Integrals D^*. Ich fasse die sich so ergebenden Resultate, wie folgt, zusammen:

Theorem. *Es sei Ω ein auf der xy-Ebene gelagertes irgendwie zusammenhängendes Gebiet von endlicher oder unendlicher Blätterzahl mit endlichvielen oder unendlichvielen Verzweigungsstellen oder Verzweigungsgebieten und beliebigen Randpunkten oder Randkurven: dann gibt es stets eine Potentialfunktion u, die in einem vorgeschriebenen Punkte von Ω in vorgeschriebener Weise von der ersten Ordnung, etwa wie*

$$\frac{x}{x^2 + y^2} \quad \text{für} \quad x = 0,\; y = 0$$

unendlich wird und für die überdies das Dirichletsche Integral

$$\iint\limits_{(\Omega^*)}\left\{\left(\frac{\partial u}{\partial x}\right)^2 + \left(\frac{\partial u}{\partial y}\right)^2\right\}dx\,dy$$

ein Minimum wird, wobei Ω^* ein Gebiet bedeutet, welches aus Ω entstanden ist,

*wenn man die Umgebung des Nullpunktes durch eine analytische Kurve aus-
schließt und nur solche Funktionen zum Vergleich zuläßt, welche auf dieser
analytischen Kurve dieselben Werte wie u annehmen. Die Potentialfunktion u
ist durch diese Eigenschaft bis auf eine additive Konstante eindeutig bestimmt.*

*Durch Vermittlung derjenigen komplexen Funktion, deren Realteil u ist,
wird das Innere des Gebietes Ω konform auf die einfache uv-Ebene abgebildet,
die von endlichvielen oder unendlichvielen zur u-Achse parallelen Schlitzen begrenzt ist; die Menge dieser Schlitze ist in der uv-Ebene eine abgeschlossene und
dennoch nirgends dichte, d. h. eine diskrete. Die Schlitze können sich zum Teil
oder sämtlich auf Punkte reduzieren; sie sind stets dann von endlicher Länge,
wenn das Gebiet Ω die Eigenschaft besitzt, daß innerhalb desselben jeder in sich
zurückkehrende Schnitt dies Gebiet zerstückelt; andernfalls jedoch gibt es noch
gewisse Paare von Schlitzen, die von der negativen Seite her aus dem Unendlichen
kommen: dabei sind die senkrecht übereinander gelegenen Punkte eines jeden
Schlitzpaares Bildpunkte des nämlichen Punktes innerhalb Ω und die Umgebun-
gen der Schlitzpaare bilden jedesmal — entsprechend dem inneren Zusammenhange von Ω — in der Weise ein zusammenhängendes Blatt, daß ein Weg, der*

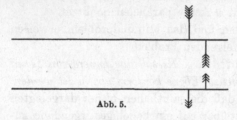

Abb. 5.

*längs eines Pfeiles in der Abbildung
auf einen Schlitz trifft, längs des gleich-
gerichteten Pfeiles vom anderen Schlitz
aus fortgesetzt werden muß.*

Zum Schlusse möchte ich auf
einige spezielle Anwendungen meines
Theorems hinweisen.

Erstes Beispiel. Es sei Ω ein auf der xy-Ebene gelagertes Gebiet mit
beliebigvielen Blättern und Verzweigungspunkten, aber von einfachem Zusammenhange: dann sagt das vorstehende Theorem aus, daß das Innere
dieses Gebietes Ω konform abbildbar ist auf die Vollebene ohne Schlitz, oder
auf die Ebene mit einem Schlitze, der sich auch auf einen Punkt reduzieren
kann. Da die mit einem Schlitze versehene Ebene, wenn dieser Schlitz eine
von Null verschiedene Länge besitzt, sich bekanntermaßen auf die Halbebene
konform abbilden läßt, so folgt, daß Ω entweder auf die Vollebene oder auf
die Ebene mit Ausschluß eines Punktes oder auf die Halbebene konform abgebildet werden kann — ein Satz, der zuerst von H. POINCARÉ und P. KOEBE
bewiesen worden ist und auf Grund dessen diesen Forschern insbesondere der
Nachweis für die Existenz der eine gegebene algebraische Kurve uniformisierenden automorphen Funktionen mit Grenzkreis gelang.

Zweites Beispiel. Es sei Ω eine zu einer algebraischen Funktion vom
Geschlecht p gehörige Riemannsche Fläche. Da dieses Gebiet keinerlei Rand-
punkte oder Randkurven besitzt, so ist die uv-Ebene mit keinerlei Schlitzen
von endlicher Länge versehen. Bestimmt man auf Ω diejenigen 2p Punkte

P_s $(s = 1, 2, \ldots, 2p)$, für die

$$\frac{df}{dz} = 0$$

wird, so zeigt sich, daß unter allen denjenigen Kurvenstücken $v = $ konst., die von dem Nullpunkte in Ω aus nach der nämlichen Richtung hin laufen, immer je zwei auf einen jener $2p$ Punkte $P_1, P_2, \ldots, P_{2p}$ treffen und daß durch diese $4p$ Kurvenstücke $v = $ konst. die Riemannsche Fläche Ω in eine einfachzusammenhängende Fläche zerschnitten wird. Diese Fläche wird dem Theorem entsprechend auf die mit p Schlitzquadrupeln versehene uv-Ebene abgebildet, wobei jedes Quadrupel aus zwei Schlitzpaaren besteht, die in der durch die Figur ($p = 2$) bezeichneten Weise untereinander zusammenhängen. Es sei noch bemerkt, daß jedesmal *einem* Ufer der *beiden* in demselben Punkte P_s auf Ω endigenden Schnitte $c = $ konst. die *beiden* Ufer *eines* Schlitzes des betreffenden Schlitzpaares entsprechen.

Das eben gewonnene Schlitzsystem ist offenbar durch die Endpunkte der Schlitze in der uv-Ebene bestimmt und hängt demnach von $6p$ Konstanten ab. Berücksichtigen wir nun, daß in der ge-

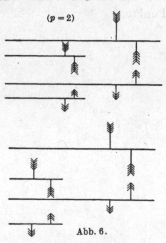

($p = 2$)

gebenen Riemannschen Fläche Ω noch der Nullpunkt des Koordinatensystems x, y und die Richtung der x-Achse zu wählen freisteht und uns demnach noch 3 Konstanten zur Konstruktion der Funktion $f(z)$ zur Verfügung stehen, daß ferner mit $f(z)$ offenbar zugleich auch die Funktion

$$a f(z) + b + c i$$

mit den 3 weiteren reellen Konstanten a, b, c die Abbildung auf die mit einem Schlitzsystem der in Rede stehenden Art versehene uv-Ebene vermittelt, so erkennen wir, daß es für eine Riemannsche Fläche vom Geschlecht p noch

Abb. 6.

eine 6-parametrige Schar von Abbildungen auf Schlitzebenen von obiger Art gibt. Wird nun $p > 1$ vorausgesetzt, so ist eine kontinuierliche Schar konformer Abbildungen der Riemannschen Fläche in sich nicht möglich und daher müssen dann die erhaltenen Schlitzebenen ebenfalls genau eine 6-fache Schar bilden; da aber, wie wir sahen, die Schar aller Schlitzebenen obiger Art eine $6p$-fache ist, so findet sich damit die bekannte Tatsache bestätigt, daß die Zahl der reellen Moduln einer algebraischen Funktion vom Geschlecht p, für $p > 1$ genau $6p - 6$ beträgt.

Drittes Beispiel. Es sei eine Riemannsche Fläche vom Geschlecht p mit p getrennten, die Fläche nicht zerstückelnden Rückkehrschnitten vorgelegt. Über dieser Fläche denken wir uns unendlichviele Exemplare kongruenter Flächen aufgelagert, dann jedes Ufer der p Rückkehrschnitte stets mit dem gegenüberliegenden Ufer des entsprechenden Rückkehrschnittes je eines neuen Exemplares zusammengeheftet und dies Verfahren auch für die sämtlichen Ufer der Rückkehrschnitte der ·neu angehefteten Exemplare unbegrenzt fortgesetzt. Das so entstehende Gebiet Ω besitzt die Eigenschaft, daß innerhalb desselben jeder in sich zurückkehrende Schnitt das Gebiet zerstückelt, und daher ist Ω nach meinem Theorem auf die einfache uv-Ebene abbildbar, deren Schlitze sämtlich von endlicher Länge sind und eine abgeschlossene, aber dennoch nirgends dichte, d. h. eine diskrete Menge bilden. In der Tat hat P. KOEBE — zum Zweck des Beweises eines grundlegenden, zuerst von F. KLEIN aufgestellten Satzes über die Existenz gewisser, die algebraischen Kurven uniformisierenden automorphen Funktionen mit imaginären Transformationen — gezeigt, daß das in Rede stehende Gebiet Ω auf die schlichte Ebene abbildbar ist, wobei als Begrenzung eine Menge von nicht abzählbar unendlich vielen diskreten Punkten auftritt; darnach reduzieren sich die Schlitze meines Theorems im gegenwärtigen Beispiel sämtlich auf Punkte.

8. Über den Begriff der Klasse von Differentialgleichungen[1].

[Mathem. Annalen Bd. 73, S. 95—108 (1912).]

Wir legen unserer Untersuchung eine Differentialgleichung für *zwei* Funktionen y und z der *einen* Variabeln x zugrunde; sie besitze die Gestalt

$$F\left(\frac{d^n y}{dx^n}, \ldots, \frac{dy}{dx}, y, \frac{d^m z}{dx^m}, \ldots, \frac{dz}{dx}, z; x\right) = 0; \qquad (1)$$

und wir wollen annehmen, daß diese Differentialgleichung nicht dadurch gewonnen werden kann, daß man eine Differentialgleichung derselben Gestalt von niederer Ordnung ein- oder mehrmals differenziert und die entstehenden Differentialgleichungen linear kombiniert.

Nunmehr setzen wir

$$\left.\begin{aligned}
\xi &= \varphi\left(x; y, \frac{dy}{dx}, \frac{d^2 y}{dx^2}, \ldots, z, \frac{dz}{dx}, \frac{d^2 z}{dx^2}, \ldots\right), \\
\eta &= \psi\left(x; y, \frac{dy}{dx}, \frac{d^2 y}{dx^2}, \ldots, z, \frac{dz}{dx}, \frac{d^2 z}{dx^2}, \ldots\right), \\
\zeta &= \chi\left(x; y, \frac{dy}{dx}, \frac{d^2 y}{dx^2}, \ldots, z, \frac{dz}{dx}, \frac{d^2 z}{dx^2}, \ldots\right),
\end{aligned}\right\} \qquad (2)$$

wo rechts als Argumente die Variable x und die Funktionen y, z, sowie deren Ableitungen bis zu gewissen Ordnungen hin auftreten, und drücken

$$\frac{d\eta}{d\xi} = \frac{\dfrac{d\psi}{dx}}{\dfrac{d\varphi}{dx}}, \quad \frac{d^2\eta}{d\xi^3} = \frac{\dfrac{l\varphi}{dx}\dfrac{d^2\psi}{dx^2} - \dfrac{d\psi}{dx}\dfrac{d^2\varphi}{dx^2}}{\left(\dfrac{d\varphi}{dx}\right)^3}, \ldots$$

$$\frac{d\zeta}{d\xi} = \frac{\dfrac{d\chi}{dx}}{\dfrac{d\varphi}{dx}}, \quad \frac{d^2\zeta}{d\xi^2} = \frac{\dfrac{l\varphi}{dx}\dfrac{d^2\chi}{dx^2} - \dfrac{d\chi}{dx}\dfrac{d^2\varphi}{dx^2}}{\left(\dfrac{d\varphi}{dx}\right)^3}, \ldots$$

durch x und durch y, z sowie deren Ableitungen nach x aus: dann werden sich im allgemeinen, d. h. wenn die Funktionen φ, ψ, χ nicht besonderen Bedingungsgleichungen genügen, aus (2) unter Benutzung von (1) die Größen

---

[1] Abgedruckt aus der Festschrift Heinrich Weber. Leipzig: Teubner 1912, S. 130—146.

x, y, z durch ξ und durch η, ζ sowie deren Ableitungen nach ξ ausdrücken lassen, wie folgt:

$$x = g\left(\xi;\ \eta,\ \frac{d\eta}{d\xi},\ \frac{d^2\eta}{d\xi^2},\ \ldots,\ \zeta,\ \frac{d\zeta}{d\xi},\ \frac{d^2\zeta}{d\xi^2},\ \ldots\right),$$

$$y = h\left(\xi;\ \eta,\ \frac{d\eta}{d\xi},\ \frac{d^2\eta}{d\xi^2},\ \ldots,\ \zeta,\ \frac{d\zeta}{d\xi},\ \frac{d^2\zeta}{d\xi^2},\ \ldots\right),\tag{3}$$

$$z = k\left(\xi;\ \eta,\ \frac{d\eta}{d\xi},\ \frac{d^2\eta}{d\xi^2},\ \ldots,\ \zeta,\ \frac{d\zeta}{d\xi},\ \frac{d^2\zeta}{d\xi^2},\ \ldots\right);$$

dabei geht (1) in eine Differentialgleichung für η, ζ als Funktionen von ξ von der Gestalt

$$\Phi\left(\frac{d^\nu\eta}{d\xi^\nu},\ \ldots,\ \frac{d\eta}{d\xi},\ \eta,\ \frac{d^\mu\zeta}{d\xi^\mu},\ \ldots,\ \frac{d\zeta}{d\xi},\ \zeta;\ \xi\right) = 0\tag{4}$$

über. Von dieser Transformation (2) bzw. (3) sagen wir, daß sie die Differentialgleichungen (1) und (4) *umkehrbar integrallos* ineinander transformiert; alle Differentialgleichungen, die wie (4) umkehrbar integrallos in (1) übergeführt werden können, rechnen wir zur nämlichen *Klasse von Differentialgleichungen*.

In der Theorie der differentialen Beziehungen zwischen zwei Funktionen $y(x)$ und $z(x)$ ist der eben eingeführte Begriff der umkehrbar integrallosen Transformation und der Begriff der Klasse ein Analogon zu dem in der Theorie der algebraischen Funktionen einer Variablen bekannten Begriffe der für das Riemannsche Gebilde umkehrbar eindeutigen (birationalen) Transformation und zu dem Riemannschen Begriff der Klasse algebraischer Funktionen.

Nunmehr setzen wir andererseits

$$\begin{aligned}
x &= \varphi(t, w, w_1, \ldots, w_r),\\
y &= \psi(t, w, w_1, \ldots, w_r),\\
z &= \chi(t, w, w_1, \ldots, w_r),
\end{aligned}\tag{5}$$

wo die Funktionen φ, ψ, χ nicht gerade von der besonderen Art seien, daß sie sämtlich nur von *einer* Verbindung ihrer Argumente t, w, w_1, ..., w_r abhängen, verstehen ferner darin unter w eine willkürliche Funktion der Variablen t und unter

$$w_1 = \frac{dw}{dt},\ \ldots,\ w_r = \frac{d^r w}{dt^r}$$

deren Ableitungen nach t, und bilden

$$\frac{dy}{dx} = \frac{\psi'}{\varphi'},\ \frac{d^2 y}{dx^2} = \frac{\varphi'\psi'' - \psi'\varphi''}{\varphi'^3},\ \ldots,$$
$$\frac{dz}{dx} = \frac{\chi'}{\varphi'},\ \frac{d^2 z}{dx^2} = \frac{\varphi'\chi'' - \chi'\varphi''}{\varphi'^3},\ \ldots\tag{6}$$

wo

$$\varphi' = \frac{d\varphi}{dt} = \varphi_t + w_1\varphi_w + w_2\varphi_{w_1} + \cdots + w_{r+1}\varphi_{w_r},$$

$$\psi' = \frac{d\psi}{dt} = \psi_t + w_1\psi_w + w_2\psi_{w_1} + \cdots + w_{r+1}\psi_{w_r},$$

. . . .

gesetzt ist, während hier wiederum die unteren Indizes t, w, w_1, ..., w_r partielle Ableitungen nach diesen Größen bedeuten: ist dann die Differentialgleichung (1) nach Eintragung von (5), (6) für jede willkürliche Funktion $w(t)$, d. h. identisch in t, w, w_1, w_2, ... erfüllt, so sagen wir, daß die Differentialgleichung (1) die *integrallose Auflösung* (5) besitze. Es zeigt sich, daß der Satz gilt:

Alle integrallos auflösbaren Differentialgleichungen bilden eine und die nämliche Klasse von Differentialgleichungen.

Nach Monge sind die Differentialgleichungen erster Ordnung von der Gestalt (1) (d. h. $n = 1$, $m = 1$) integrallos auflösbar; unserer allgemeinen Behauptung zufolge müssen demnach sämtliche Differentialgleichungen erster Ordnung umkehrbar integrallos ineinander transformiert werden können.

In der Tat, nach Monge läßt sich zu jeder vorgelegten Differentialgleichung erster Ordnung

$$F\left(x, y, z, \frac{dy}{dx}, \frac{dz}{dx}\right) = 0 \tag{7}$$

eine Funktion $J(x, y, z, \xi)$ der Variabeln x, y, z und eines Parameters ξ finden derart, daß durch Elimination des Parameters ξ aus den Gleichungen

$$\frac{\partial J}{\partial x} + \frac{\partial J}{\partial y}\frac{dy}{dx} + \frac{\partial J}{\partial z}\frac{dz}{dx} = 0, \tag{8}$$

$$\frac{\partial^2 J}{\partial x\,\partial \xi} + \frac{\partial^2 J}{\partial y\,\partial \xi}\frac{dy}{dx} + \frac{\partial^2 J}{\partial z\,\partial \xi}\frac{dz}{dx} = 0 \tag{9}$$

die Differentialgleichung (7) wieder gewonnen wird. Setzen wir nun

$$J(x, y, z, \xi) = \eta, \tag{10}$$

$$\frac{\partial J(x, y, z, \xi)}{\partial \xi} = \zeta \tag{11}$$

und berechnen aus (8), (10), (11) die Größen ξ, η, ζ als Funktionen von x, y, z, $\frac{dy}{dx}$, $\frac{dz}{dx}$, so wird

$$\frac{d\eta}{d\xi} = \frac{dJ}{d\xi} = \left(\frac{\partial J}{\partial x} + \frac{\partial J}{\partial y}\frac{dy}{dx} + \frac{\partial J}{\partial z}\frac{dz}{dx}\right)\frac{dx}{d\xi} + \frac{\partial J}{\partial \xi} = \frac{\partial J}{\partial \xi} = \zeta$$

und wir haben somit eine Transformation der Differentialgleichung (7) in die spezielle Gestalt

$$\frac{d\eta}{d\xi} = \zeta$$

erhalten. Diese Transformation ist überdies eine umkehrbar integrallose; denn durch Differentiation von (11) folgt mit Rücksicht auf (9)

$$\frac{\partial^2 J(x, y, z, \xi)}{\partial \xi^2} = \frac{d\zeta}{d\xi} \tag{12}$$

und aus (10), (11), (12) lassen sich alsdann x, y, z als Funktionen von ξ, η, ζ, $\frac{d\zeta}{d\xi}$ ausdrücken.

Als Beispiel diene die Differentialgleichung

$$\frac{dz}{dx} = \left(\frac{dy}{dx}\right)^2;$$

für diese wird

$$J = \xi^2 x + 2\xi y + z$$

und man erhält daraus zur Bestimmung der obigen integrallosen Transformation und ihrer Umkehrung die Gleichungen:

$$\eta = \xi^2 x + 2\xi y + z,$$
$$\zeta = 2\xi x + 2y,$$
$$\frac{d\zeta}{d\xi} = 2x,$$
$$\xi^2 + 2\xi \frac{dy}{dx} + \frac{dz}{dx} = 0,$$
$$\xi + \frac{dy}{dx} = 0.$$

Den integrallos auflösbaren Differentialgleichungen entspricht in der Theorie der algebraischen Funktionen die Klasse der rational auflösbaren Gleichungen zwischen zwei Variablen, d. h. der algebraischen Gebilde vom Geschlechte Null.

Im folgenden möchte ich nunmehr den Nachweis führen, daß es jedenfalls schon unter den Differentialgleichungen zweiter Ordnung solche gibt, die *nicht* zu der Klasse der integrallos auflösbaren Differentialgleichungen gehören.

Zu dem Zwecke untersuchen wir zunächst die spezielle Differentialgleichung

$$\frac{dz}{dx} = \left(\frac{d^2 y}{dx^2}\right)^2 \tag{13}$$

und nehmen — im Gegensatz zu unserer Behauptung — an, daß dieselbe die integrallose Auflösung

$$\left.\begin{array}{l} x = \varphi(t, w, w_1, \ldots, w_r), \\ y = \psi(t, w, w_1, \ldots, w_r), \\ z = \chi(t, w, w_1, \ldots, w_r) \end{array}\right\} \tag{14}$$

besitze, wo, wie in (5), w die willkürliche Funktion der Variablen t bedeutet und

$$w_1 = \frac{dw}{dt}, \quad \ldots, \quad w_r = \frac{d^r w}{dt^r}$$

gesetzt ist. Ferner bezeichnen wir, wie oben, mit den unteren Indizes t, w, w_1, w_2, ... die partiellen Ableitungen nach diesen Größen und setzen überdies allgemein, wenn $\varkappa$ irgend eine Funktion von t, w, w_1, w_2, ... bedeutet, zur Abkürzung

$$\varkappa' = \frac{d\varkappa}{dt} = \varkappa_t + w_1 \varkappa_w + w_2 \varkappa_{w_1} + \cdots.$$

Da offenbar der Fall, daß eine der Funktionen φ, ψ, χ eine Konstante ist, beiseite bleibt, so ist keiner der Ausdrücke φ', ψ', χ' identisch in allen Argumenten gleich Null.

Nunmehr sei w_r die höchste Ableitung der willkürlichen Funktion w, die in der integrallosen Auflösung (14) rechter Hand wirklich vorkommt, und demgemäß seien die Ausdrücke φ_{w_r}, ψ_{w_r}, χ_{w_r} nicht sämtlich identisch in allen Argumenten Null.

Wir finden aus (14):

$$\frac{dz}{dx} = \frac{\chi'}{\varphi'} = \frac{\chi_t + w_1 \chi_w + \cdots + w_{r+1} \chi_{w_r}}{\varphi_t + w_1 \varphi_w + \cdots + w_{r+1} \varphi_{w_r}}, \tag{15}$$

$$\frac{dy}{dx} = \frac{\psi'}{\varphi'} = \frac{\psi_t + w_1 \psi_w + \cdots + w_{r+1} \psi_{w_r}}{\varphi_t + w_1 \varphi_w + \cdots + w_{r+1} \varphi_{w_r}} \tag{16}$$

und wenn zur Abkürzung

$$\mu = \frac{\psi'}{\varphi'}$$

gesetzt wird:

$$\frac{d^2 y}{dx^2} = \frac{\mu'}{\varphi'} = \frac{\mu_t + w_1 \mu_w + \cdots + w_{r+1} \mu_{w_r} + w_{r+2} \mu_{w_{r+1}}}{\varphi_t + w_1 \varphi_w + \cdots + w_{r+1} \varphi_{w_r}}. \tag{17}$$

Nach Einsetzung von (15) und (17) muß die Gleichung (13) identisch in den Größen t, w, w_1, ..., w_{r+2} erfüllt sein. Da aber linker Hand in $\frac{\chi'}{\varphi'}$ die Größe w_{r+2} nicht vorkommt, so muß auch die rechte Seite, d. h. $\frac{\mu'}{\varphi'}$ von w_{r+2} frei sein; mithin folgt identisch

$$\mu_{w_{r+1}} = 0,$$

d. h. μ ist von w_{r+1} unabhängig. Infolgedessen erscheint wegen (17) die Größe $\frac{\mu'}{\varphi'}$ als eine lineare ganze oder gebrochene Funktion von w_{r+1}, und nach unserer Einsetzung erscheint mithin die rechte Seite von (13) als eine gebrochene quadratische Funktion von w_{r+1}, während linker Hand die in w_{r+1} lineare Funktion (15) zu stehen kommt. Beide Seiten können daher nur dann miteinander identisch ausfallen, wenn jeder der beiden Ausdrücke

$$\frac{\chi'}{\varphi'} \quad \text{und} \quad \frac{\mu'}{\varphi'}$$

von w_{r+1} unabhängig ausfällt. Aus (15), (17) folgt hieraus sofort

$$\varphi_{w_r} \frac{\chi'}{\varphi'} = \chi_{w_r},$$

$$\varphi_{w_r} \frac{\mu'}{\varphi'} = \mu_{w_r},$$

und da nach dem Obigen auch μ von w_{r+1} unabhängig ist, so haben wir wegen (16) auch

$$\varphi_{w_r} \mu = \psi_{w_r}.$$

Wäre nun eine der Größen φ_{w_r}, ψ_{w_r}, χ_{w_r} identisch Null, so müßte diesen Relationen zufolge jede derselben identisch verschwinden, d. h. es müßten φ, ψ, χ sämtlich von w_r unabhängig sein, was unserer ursprünglichen Annahme widerspräche.

Unsere eben gefundenen Relationen schreiben wir in der Gestalt

$$\mu = \frac{\psi'}{\varphi'} = \frac{\psi_{w_r}}{\varphi_{w_r}}, \tag{18}$$

$$\frac{\mu'}{\varphi'} = \frac{\mu_{w_r}}{\varphi_{w_r}}, \tag{19}$$

$$\frac{\chi'}{\varphi'} = \frac{\chi_{w_r}}{\varphi_{w_r}}. \tag{20}$$

Enthielten die Funktionen φ, ψ, χ nur die Argumente t, w, so würden aus (18), (20) die Gleichungen folgen

$$\psi_t \varphi_w - \psi_w \varphi_t = 0,$$
$$\chi_t \varphi_w - \chi_w \varphi_t = 0,$$

und wegen $\varphi_w \neq 0$ wären somit die Funktionen φ, ψ, χ von der besonderen Art, daß sie nur von *einer* Verbindung der Argumente t, w abhingen — ein Fall, der von Anfang an ausgeschlossen worden ist.

Wegen dieser Überlegung dürfen wir in (14) die Ordnung der höchsten vorkommenden Differentialquotienten $r \geq 1$ annehmen.

Wir berechnen nunmehr vermöge

$$x = \varphi(t, w, w_1, \ldots, w_r)$$

die Größe w_r durch t, w, w_1, ..., w_{r-1}, x und führen den gewonnenen Ausdruck für w_r in ψ und χ ein; die so entstehenden Funktionen bezeichnen wir mit

$$f(t, w, w_1, \ldots, w_{r-1}, x) \quad \text{bzw.} \quad g(t, w, w_1, \ldots, w_{r-1}, x).$$

Ferner möge im folgenden das Zeichen $\equiv$ stets bedeuten, daß beide Seiten einander in t, w, w_1, ..., w_r identisch gleich werden, sobald man $x = \varphi$ darin einführt; es ist also gewiß

$$\psi \equiv f \tag{21}$$

und

$$\chi \equiv g. \tag{22}$$

Endlich sei, wenn k irgend eine Funktion von t, w, w_1, ..., w_{r-1}, x ist, zur Abkürzung

$$k' = k_t + w_1 k_w + w_2 k_{w_1} + \cdots + w_r k_{w_{r-1}}$$

gesetzt.

Durch Differentiation von (21) nach t erhalten wir

$$\psi' \equiv f' + f_x \varphi'$$

und durch Differentiation nach w_r

$$\psi_{w_r} \equiv f_x \varphi_{w_r}.$$

Vermöge (18) folgt hieraus

$$\mu \equiv f_x \qquad (23)$$

und

$$f' \equiv 0 . \qquad (24)$$

Ebenso folgt aus (23) vermöge (19)

$$\frac{\mu'}{\varphi'} \equiv f_{xx} \qquad (25)$$

und

$$(f_x)' \equiv 0 \qquad (26)$$

und endlich aus (22) vermöge (20)

$$\frac{\chi'}{\varphi'} \equiv g_x \qquad (27)$$

und

$$g' \equiv 0 . \qquad (28)$$

Nunmehr differenzieren wir (24) nach w_r; alsdann entsteht

$$(f_x)' \varphi_{w_r} + f_{w_{r-1}} \equiv 0$$

und wegen (26) folgt hieraus

$$f_{w_{r-1}} \equiv 0 .$$

Da aber f und folglich auch $f_{w_{r-1}}$ die Größe w_r nicht explizite enthält, so folgt hieraus auch identisch in $t, w, w_1, \ldots, w_{r-1}, x$

$$f_{w_{r-1}} = 0 ,$$

d. h. f enthält auch die Größe w_{r-1} nicht explizite. Infolge des letzteren Umstandes enthält wiederum f' die Größe w_r nicht explizite und daraus folgt wegen (24) notwendig identisch in $t, w, w_1, \ldots, w_{r-1}, x$

$$f' = 0 ,$$

d. h.

$$f_t + w_1 f_w + w_2 f_{w_1} + \cdots + w_{r-1} f_{w_{r-2}} = 0 .$$

Aus dieser Gleichung folgern wir der Reihe nach

$$f_{w_{r-2}} = 0 , \quad f_{w_{r-3}} = 0 , \quad \ldots, \quad f_w = 0 , \quad f_t = 0$$

und erkennen somit schließlich, daß f keine der Größen $t, w, w_1, \ldots, w_{r-1}$ explizite enthalten darf, sondern nur von x abhängt.

Aus (17) und (25) entnehmen wir

$$\frac{d^2 y}{d x^2} = f_{xx}$$

und aus (15) und (27)

$$\frac{dz}{dx} = g_x;$$

folglich geht die vorgelegte Differentialgleichung (13) in

$$g_x = f_{xx}^2$$

über; sie zeigt, daß auch g_x nur eine Funktion von x allein ist und hieraus folgt

$$g = X + W,$$

wo X nur von x und W nur von $t, w, w_1, \ldots, w_{r-1}$ abhängt. Aus (28) folgt

$$W' = 0,$$

d. h. W ist eine Konstante; mithin ist auch g nur von x abhängig.

Damit erkennen wir, daß in jedem Falle φ, ψ, χ nur von *einer* Verbindung der Größen $t, w, w_1, \ldots, w_r$ abhängen — ein Vorkommnis, welches von Anfang an ausgeschlossen worden ist. Unsere ursprüngliche Annahme ist also unmöglich und es ist somit der Satz bewiesen:

Die Differentialgleichung zweiter Ordnung

$$\frac{dz}{dx} = \left(\frac{d^2 y}{dx^2}\right)^2$$

besitzt keine integrallose Auflösung.

Die soeben für die spezielle Differentialgleichung (13) angewandte Schlußweise gilt genau in gleicher Weise für die allgemeinere Differentialgleichung

$$\frac{dz}{dx} = F\left(\frac{d^2 y}{dx^2}, \frac{dy}{dx}, y, z, x\right), \tag{29}$$

wenn F nicht gerade eine ganze oder gebrochene lineare Funktion von $\frac{d^2 y}{dx^2}$ ist.

Ist F eine gebrochene lineare Funktion von $\frac{d^2 y}{dx^2}$, so läßt sich die Differentialgleichung in die Gestalt bringen

$$\frac{dz}{dx} = \frac{\alpha \frac{d^2 y}{dx^2} + \beta}{\frac{d^2 y}{dx^2} + \gamma}, \tag{30}$$

wo α, β, γ Funktionen von $x, y, z, \frac{dy}{dx}$ bedeuten und β nicht identisch gleich $\alpha\gamma$ sei darf. Überdies ist es auch erlaubt, anzunehmen, daß β nicht identisch Null ist, da im Falle $\beta = 0$ gewiß $\alpha \neq 0$ ausfallen muß; und wenn wir dann in

$$\frac{dz}{dx} = \frac{\alpha \frac{d^2 y}{dx^2}}{\frac{d^2 y}{dx^2} + \gamma}$$

die Funktion y durch $y + x^2$ ersetzen, so erhalten wir eine Differentialgleichung von derselben Gestalt (30) mit einem von Null verschiedenen Gliede β.

Nunmehr üben wir auf (30) die spezielle (Legendresche) Transformation

$$\begin{aligned} \xi &= \frac{dy}{dx} & \quad\bigg|\quad x &= \frac{d\eta}{d\xi} \\ \eta &= x\frac{dy}{dx} - y & \quad\bigg|\quad y &= \xi\frac{d\eta}{d\xi} - \eta \\ \zeta &= z & \quad\bigg|\quad z &= \zeta \end{aligned} \tag{31}$$

aus: wir erhalten dann eine Differentialgleichung von der Gestalt

$$\frac{d\zeta}{d\xi} = \frac{d^2\eta}{d\xi^2} \frac{\alpha + \beta \frac{d^2\eta}{d\xi^2}}{1 + \gamma \frac{d^2\eta}{d\xi^2}},$$

wo nun α, β, γ Funktionen von ξ, η, ζ, $\frac{d\eta}{d\xi}$ geworden sind. Wegen $\beta \neq 0$ ist die rechte Seite hier gewiß im Zähler quadratisch in $\frac{d^2\eta}{d\xi^2}$ und daraus schließen wir im Hinblick auf unsere frühere Überlegung, daß auch die Differentialgleichung (30) keine integrallose Auflösung besitzt. *Mithin kann die Differentialgleichung (29) gewiß nur in dem Falle eine integrallose Auflösung besitzen, wenn F eine ganze lineare Funktion von $\frac{d^2y}{dx^2}$ ist.*

Die Formeln (31) bieten das Beispiel einer Transformation, die eine integrallose Umkehrung ohne Rücksicht auf eine bestimmte zugrunde gelegte Differentialgleichung gestattet. Zum Unterschiede von den bis dahin behandelten umkehrbar integrallosen Transformationen mögen solche umkehrbar integrallosen Transformationen, die wie (31) für alle Funktionen $y(x)$, $z(x)$ bzw. $\eta(\xi)$, $\zeta(\xi)$ anwendbar sind, *unbeschränkt umkehrbar integrallose Transformationen* heißen; sie bilden das Analogon zu den in der Algebra bekannten, durchweg umkehrbar rationalen (Cremonaschen) Transformationen zweier Variablen.

Indem wir vorhin die Existenz von Differentialgleichungen bewiesen, die nicht integrallos auflösbar sind, zeigten wir, daß es außer der Klasse der integrallos auflösbaren Differentialgleichungen jedenfalls noch eine davon verschiedene Klasse von Differentialgleichungen gibt. *Daß es überhaupt unendlich viele voneinander verschiedene Klassen von Differentialgleichungen gibt*, läßt sich auf einem Wege erkennen, der dem oben zum Nachweis der Existenz integrallos nicht auflösbarer Differentialgleichungen analog ist und den ich hier kurz charakterisieren möchte.

Wir betrachten die beiden speziellen Differentialgleichungen

$$\frac{d\zeta}{d\xi} = \left(\frac{d^2\eta}{d\xi^2}\right)^2 \tag{32}$$

und
$$\frac{dz}{dx} = \left(\frac{d^3y}{dx^3}\right)^2. \tag{33}$$

Von diesen ist die erstere, wie vorhin gezeigt, nicht integrallos auflösbar, und, wenn man in der zweiten Differentialgleichung $\frac{dy}{dx}$ als unbekannte Funktion ansieht, so folgt, daß auch sie nicht integrallos auflösbar ist. Wir haben dann noch zu zeigen, daß es keine Transformation von der Gestalt

$$x = \varphi(\xi, \eta, \eta_1, \ldots, \eta_r, \zeta),$$
$$y = \psi(\xi, \eta, \eta_1, \ldots, \eta_r, \zeta),$$
$$z = \chi(\xi, \eta, \eta_1, \ldots, \eta_r, \zeta)$$

gibt, vermöge derer aus (32) die Differentialgleichung (33) wird; dabei ist zur Abkürzung

$$\eta_1 = \frac{d\eta}{d\xi}, \ \ldots, \ \eta_r = \frac{d^r\eta}{d\xi^r}$$

gesetzt.

Nunmehr bedeute allgemein

$$\varkappa' = \frac{d\varkappa}{d\xi} = \varkappa_\xi + \eta_1\varkappa_\eta + \eta_2\varkappa_{\eta_1} + \cdots + \eta_{r+1}\varkappa_{\eta_r} + \eta_2^2\varkappa_\zeta;$$

dann erhalten wir

$$\frac{dz}{dx} = \frac{\varkappa'}{\varphi'}, \tag{34}$$

$$\frac{dy}{dx} = \frac{\psi'}{\varphi'} = \mu,$$

$$\frac{d^2y}{dx^2} = \frac{\mu'}{\varphi'} = \nu,$$

$$\frac{d^3y}{dx^3} = \frac{\nu'}{\varphi'}. \tag{35}$$

Nach Einsetzung von (34) und (35) müßte, falls jene Transformation (32) in (33) überführen sollte, die Gleichung (33) identisch in

$$\xi, \eta, \eta_1, \ldots, \eta_{r+3}, \zeta$$

erfüllt sein; daraus schließen wir für $r \geqq 3$ leicht, daß die Ausdrücke

$$\frac{\varkappa'}{\varphi'}, \ \mu, \ \nu, \ \frac{\nu'}{\varphi'}$$

von $\eta_{r+1}, \eta_{r+2}, \eta_{r+3}$ unabhängig sein müssen und demnach die Identitäten

$$\varphi_{\eta_r}\frac{\varkappa'}{\varphi'} = \chi_{\eta_r},$$

$$\varphi_{\eta_r}\mu = \psi_{\eta_r},$$

$$\varphi_{\eta_r}\nu = \mu_{\eta_r},$$

$$\varphi_{\eta_r}\frac{\nu'}{\varphi'} = \nu_{\eta_r}$$

bestehen. Aus diesen Identitäten schließen wir dann ganz analog wie oben die Unmöglichkeit unserer Annahme. In den Fällen $r = 1$, $r = 2$ bedürfen wir, um das nämliche Ziel zu erreichen, einer besonderen sehr einfachen Überlegung. Damit ist die Existenz von drei verschiedenen Klassen sichergestellt und zugleich ersichtlich, wie das Verfahren zum Nachweise von beliebig vielen Klassen von Differentialgleichungen fortgesetzt werden kann.

Zu einem tieferen und systematischeren Studium der Differentialgleichungen von der Gestalt (1) und des Klassenbegriffes bedarf es der Heranziehung der Methoden der Variationsrechnung; und zwar scheinen mir dabei folgende Definitionen und Begriffsbildungen in erster Linie erforderlich zu sein.

Jedes Paar von Funktionen $y(x)$, $z(x)$, die der Differentialgleichung (1) identisch in x genügen, heiße eine Lösung von (1). Wird nun die Differentialgleichung (1) durch eine umkehrbar integrallose Transformation in die Differentialgleichung (4) übergeführt, so entspricht vermöge (3) im allgemeinen einer jeden Lösung der transformierten Differentialgleichung (4) eine solche der ursprünglichen Differentialgleichung (1). Es kann jedoch besondere Lösungen von (1) geben, die auf diese Weise vermöge (3) *nicht* dargestellt, d. h., wie wir sagen wollen, „*ausgelassen*" werden. Andererseits nennen wir diejenigen besonderen Lösungen von (1), für welche die erste Variation verschwindet, die *diskriminierenden Lösungen* von (1). Aus den diskriminierenden Lösungen werden bei einer umkehrbar integrallosen Transformation sämtlich oder zu einem Teil wiederum diskriminierende Lösungen.

Die fundamentale Bedeutung dieser allgemeinen Begriffe erkennen wir bereits an dem Beispiel der (Mongeschen) Differentialgleichung erster Ordnung. Es zeigt sich nämlich, *daß die sämtlichen diskriminierenden Lösungen der Mongeschen Differentialgleichung, und im wesentlichen nur diese, ausgelassene Lösungen sind*[1].

Wir wollen die eben aufgestellte Behauptung über die diskriminierenden Lösungen der Mongeschen Differentialgleichung beweisen, und zwar der Kürze halber an dem Beispiele der speziellen Mongeschen Differentialgleichung

$$\frac{dz}{dx} = \left(\frac{dy}{dx}\right)^2.$$ (36)

Durch Nullsetzen der ersten Variation des Integrals

$$z = \int\left(\frac{dy}{dx}\right)^2 dx$$

erhalten wir die Differentialgleichung

$$\frac{d^2 y}{dx^2} = 0$$

und folglich lauten die diskriminierenden Lösungen von (36)

$$\left.\begin{array}{l} y = a\,x + b, \\ z = a^2 x + c \end{array}\right\}$$ (37)

unter a, b, c Konstante verstanden.

Die integrallose Auflösung von (36) lautet:

$$\left.\begin{array}{l} x = t^2 w_{tt} - 2t w_t + 2w, \\ y = t w_{tt} - w_t, \\ z = w_{tt}. \end{array}\right\}$$ (38)

[1] Vgl. die durch meine Anregung entstandene Arbeit von W. Gross. Math. Ann Bd. 13, S. 109—172 (1912).

Es sei nunmehr

$$y = f(x), \qquad z = g(x)$$

ein System von Lösungen der Differentialgleichung (36). Um dasselbe durch die Formeln (38) darzustellen, ist es notwendig und hinreichend, eine Funktion $w(t)$ zu finden, die den zwei Differentialgleichungen

$$t\, w_{tt} - w_t = f(t^2 w_{tt} - 2t\, w_t + 2w), \qquad (39)$$

$$w_{tt} = g(t^2 w_{tt} - 2t\, w_t + 2w) \qquad (40)$$

genügt und für welche der Ausdruck

$$x = t^2 w_{tt} - 2t\, w_t + 2w$$

nicht konstant ausfällt, mithin

$$\frac{dx}{dt} = t^2 w_{ttt} \neq 0,$$

d. h.

$$w_{ttt} \neq 0 \qquad (41)$$

wird. Durch Differentiation von (39), (40) nach t entsteht:

$$t\, w_{ttt} = t^2 w_{ttt} f', \qquad (42)$$

$$w_{ttt} = t^2 w_{ttt} g' \qquad (43)$$

oder wegen (41)

$$1 = t\, f' \qquad (44)$$

$$1 = t^2 g'. \qquad (45)$$

Ist nun f, g nicht eine der diskriminierenden Lösungen (37), so fällt f' nicht konstant aus und wir können mithin (44) durch Umkehrung in die Gestalt

$$t^2 w_{tt} - 2t\, w_t + 2w = h\left(\frac{1}{t}\right) \qquad (46)$$

bringen, wo h eine Funktion von $\frac{1}{t}$ bedeutet, die nicht konstant ausfällt. Diese Differentialgleichung für w ist gewiß stets lösbar; es sei w^0 eine Partikularlösung derselben.

Aus (44) folgt wegen

$$g' = (f')^2,$$

daß zugleich (45) erfüllt ist, wenn wir darin w^0 für w einsetzen; mithin wird auch (42), (43) für $w = w^0$ erfüllt und da diese Gleichungen durch Differentiation aus (39), (40) entstanden sind, so entnehmen wir hieraus die Existenz zweier Konstanten A, B, so daß

$$t\, w^0_{tt} - w^0_t + A = f(t^2 w^0_{tt} - 2t\, w^0_t + 2w^0), \qquad (47)$$

$$w^0_{tt} + B = g(t^2 w^0_{tt} - 2t\, w^0_t + 2w^0) \qquad (48)$$

wird. Setzen wir nunmehr

$$w = w^0 + \tfrac{1}{2} B\, t^2 - A\, t,$$

so befriedigt diese Funktion wegen (47), (48) die Differentialgleichungen (39), (40) und es fällt überdies wegen (46) der Ausdruck

$$t^2 w_{tt} - 2t w_t + 2w = t^2 w_{tt}^{0} - 2t w_t^0 + 2w^0$$

nicht gleich einer Konstanten aus. Damit ist gezeigt worden, daß unsere Lösung in der Tat durch (38) dargestellt werden kann.

Es sei nun andererseits f, g eine diskriminierende Lösung, wie sie durch (37) geliefert wird. Alsdann geht (39) in

$$t w_{tt} - w_t = a (t^2 w_{tt} - 2t w_t + 2w) + b$$

über. Durch Differentiation nach t erhalten wir hieraus

$$(t - a t^2) w_{ttt} = 0$$

und folglich

$$w_{ttt} = 0,$$

d. h. unsere Lösung ist durch (38) nicht darstellbar und damit ist der von mir aufgestellte Satz, daß die diskriminierenden Lösungen und nur diese ausgelassene Lösungen sind, vollständig bewiesen.

Zum Schlusse sei darauf hingewiesen, daß die Mongesche Differentialgleichung zugleich ein Beispiel dafür bietet, daß die diskriminierenden Lösungen gegenüber den umkehrbar integrallosen Transformationen keinenfalls invarianten Charakter besitzen — erkannten wir doch oben, daß jede Mongesche Differentialgleichung (7) umkehrbar integrallos in die spezielle Gestalt

$$\frac{d\eta}{d\xi} = \zeta$$

transformiert werden kann; und die letztere Differentialgleichung besitzt offenbar überhaupt keine diskriminierende Lösung. Der hier hervorgehobene Umstand steht mit dem vorigen Satze, demzufolge im Falle der Mongeschen Differentialgleichung sämtliche diskriminierenden Lösungen zugleich ausgelassene Lösungen sind, in intimstem Zusammenhang.

Hilberts Arbeiten über Integralgleichungen und unendliche Gleichungssysteme[1].

Von **Ernst Hellinger**.

Hilberts Untersuchungen über Integralgleichungen sind aus dem Bestreben entstanden, mit einem einheitlichen theoretischen Ansatz einen möglichst großen Bereich der linearen Probleme der Analysis, darunter speziell die linearen Randwertaufgaben der gewöhnlichen und partiellen linearen Differentialgleichungen und die aus ihnen entspringenden Reihenentwicklungen, zu umfassen. Er verfolgt hier das gleiche Ziel auf einem weiter ausholenden und weiter führenden Wege, das er unmittelbar zuvor mit Methoden der Variationsrechnung (Dirichletsches Prinzip, s. Abh. 3 und 4) in Angriff genommen hatte. Charakteristisch für diesen neuen Ansatz und entscheidend für die Art seiner Durchführung ist das Bestreben, einheitliche Tatsachenkomplexe der Analysis als naturgemäße Ausdehnung algebraischer Tatsachen zu erkennen und ihre Herleitung in möglichst weitgehender methodischer Analogie zur Algebra zu vollziehen[2]. Solche Beziehungen waren bei einzelnen Problemen schon vielfach mehr oder weniger ausdrücklich zum mindesten als heuristisches Hilfsmittel zur Geltung gekommen; sie sollen in dem folgenden kurzen Überblick über das, was Hilbert an Gedanken und Resultaten als Material für seine Theorie vorfand, besonders hervorgehoben werden[3].

I. Die Entwicklung vor Hilbert.

1. Heuristische Benutzung des Grenzüberganges. Gemäß dem gerade in der ersten Entwicklungsperiode der Infinitesimalrechnung üblichen Vorgehen, das Punktkontinuum der Geraden durch endlichviele diskrete Stellen zu ersetzen und so die Differentialrechnung an den algebraischen Kalkul der Differenzenrechnung anzuschließen, hatte schon D. BERNOULLI[4] die schwingende Saite als Grenzfall eines Systems von n schwingenden Massenpunkten behandelt; auch weiterhin wurden analoge Ansätze für Schwingungsprobleme heuristisch benutzt. Dabei war die Aufmerksamkeit vor allem auch auf die *formale* Analogie zwischen den Sätzen über die Schwingungen eines diskreten Massensystems einerseits und eines Kontinuums andererseits gerichtet. Die erzwungenen Schwingungen eines Systems von n Freiheitsgraden $x_p (p = 1, \ldots n)$

sind nämlich bestimmt durch n lineare inhomogene algebraische Gleichungen

$$\sum_{q=1}^{n} k_{pq} x_q - \lambda x_p = g_p \quad (p = 1, \ldots n), \quad \text{wo} \quad k_{pq} = k_{pq} \tag{1}$$

und wo $\Re(x) = \sum_{p,q=1}^{n} k_{pq} x_p x_q$ die potentielle Energie des Systems ist, die freien Schwingungen (Eigenschwingungen) aber durch das zugehörige homogene System ($g_p = 0$); dieses besitzt genau n linear unabhängige Lösungen $x_p = \varphi_p^{(\nu)}$ (*Eigenlösungen*), die zu n *reellen*, evtl. vielfach auftretenden *Eigenwerten* $\lambda = \lambda_\nu$ gehören ($\nu = 1, \ldots n$), den Nullstellen der Determinante von (1). Die Lösungen von (1) selbst sind rationale Funktion von λ, die bei λ_ν durchweg *einfache* Pole haben mit Residuen, die sich aus $\varphi_p^{(\nu)}$ und g_p aufbauen. Die $\varphi_p^{(\nu)}$ stellen bei geeigneter Normierung n zueinander orthogonale Einheitsvektoren dar:

$$\sum_{p=1}^{n} \varphi_p^{(\nu)} \varphi_p^{(\mu)} = e_{\nu\mu}, \tag{1a} \qquad\qquad \sum_{\nu=1}^{n} \varphi_p^{(\nu)} \varphi_q^{(\nu)} = e_{pq}, \tag{1b}$$

wobei — wie auch stets im folgenden — $e_{\nu\mu} = 0$ für $\nu \neq \mu$, $e_{\nu\nu} = 1$ gesetzt ist, und zwar sind diese die Hauptachsen der quadratischen Fläche $\Re(x) = \text{Const.}$, d. h. sie geben die orthogonale Transformation von $\Re(x)$ auf eine Quadratsumme:

$$\Re(x) = \sum_{p,q=1}^{n} k_{pq} x_p x_q = \sum_{\nu=1}^{n} \lambda_\nu \left(\sum_{p=1}^{n} \varphi_p^{(\nu)} x_p \right)^2. \tag{1c}$$

Andererseits sind die erzwungenen Schwingungen etwa einer beiderseits eingespannten Saite bestimmt durch eine inhomogene lineare Differentialgleichung

$$\frac{d^2 x(s)}{ds^2} + q(s) x(s) + \lambda x(s) = g(s) \quad \text{mit} \quad x(a) = x(b) = 0, \quad a \leq s \leq b, \tag{2}$$

ihre freien Schwingungen durch die zugehörige homogene Gleichung ($g(s)=0$); diese besitzt unendlichviele linear unabhängige Lösungen $\varphi_\nu(s)$ (*Eigenfunktionen*), die für eine Folge *reeller*, gegen ∞ konvergierender Parameterwerte $\lambda = \lambda_\nu$ (*Eigenwerte*) auftreten. Die $\varphi_\nu(s)$ genügen den (1a) analogen Orthogonalitätsbedingungen

$$\int_a^b \varphi_\nu(s) \varphi_\mu(s)\, ds = e_{\nu u}, \tag{2a}$$

während (1b) sich wegen der Divergenz von $\sum \varphi_\nu(s) \varphi_\nu(t)$ nicht unmittelbar analogisieren läßt; faßt man (1b) aber zu einer Identität in $x_1, \ldots x_n$

$$x_p = \sum_{\nu=1}^{n} \varphi_p^{(\nu)} \left(\sum_{q=1}^{n} \varphi_q^{(\nu)} x_q \right)$$

zusammen, so kann man eine analoge Formel

$$x(s) = \sum_{\nu=1}^{\infty} \varphi_\nu(s) \left(\int_a^b \varphi_\nu(t) x(t)\, dt \right) \tag{2b}$$

aufstellen, in der man die Fouriersche Entwicklung einer „willkürlichen"
Funktion nach Eigenfunktionen (Darstellung einer beliebigen Schwingung
als Superposition von Eigenschwingungen) erkennt. Endlich wird die Lösung
von (2) eine *meromorphe* Funktion von λ mit den *einfachen* Polen λ_ν und
Residuen, die sich durch φ_ν (s) und $g(s)$ darstellen.

Das Wesen dieser Analogie und ihre Bedeutung für die Schwingungsprobleme war namentlich seit den Untersuchungen von CH. STURM und
J. LIOUVILLE[5] über Oszillationstheoreme und Reihenentwicklungen bei Differentialgleichungen 2. Ordnung immer genauer erkannt worden, wenn auch
zur strengen Begründung der analytischen Sätze andere und oft bei den
einzelnen Problemen auch verschiedene Wege eingeschlagen wurden, die
besonders durch die aus den Reihenentwicklungen entstehenden Konvergenz-
schwierigkeiten bedingt waren. Am stärksten und für die folgende Entwicklung entscheidend kam die Analogie zum Ausdruck in dem allgemeinen Gedankengang der klassischen Arbeit H. POINCARÉS[6] über die Gleichung der
schwingenden Membran; aus der Darstellung der Lösung der inhomogenen
Gleichung als meromorpher Funktion von λ wird, wesentlich unter Verwendung funktionentheoretischer Methoden, der gesamte Sachverhalt hergeleitet.

2. Liouvilles und Volterras Integralgleichungen. Einen weiteren besonders bedeutungsvollen Ansatzpunkt für die Übertragung algebraischer Methoden auf die Analysis stellen die *Integralgleichungen* dar, wie sie seit dem
Anfange des 19. Jahrhunderts wiederholt teils als selbständige Einzelprobleme
aufgetreten, teils aus Differentialgleichungen durch Umformung gewonnen
worden waren. Die erste Lösungsmethode von allgemeinerer Tragweite ist
in J. LIOUVILLES oben genannten Untersuchungen[5] enthalten und bezieht
sich auf eine durch Umformung einer Differentialgleichung gewonnene Integralgleichung der Gestalt

$$\varphi(s) - \int_0^s K(s,t)\,\varphi(t)\,dt = f(s) \tag{3}$$

für $\varphi(s)$, wo $K(s,t)$ und $f(s)$ besondere aus den Koeffizienten der Differentialgleichung gebildete bekannte Funktionen sind. Die Lösung wird durch
eine angesichts der Gestalt von (3) nahe liegende *sukzessive Approximation*
als unendliche Reihe

$$\varphi(s) = f(s) + \sum_{n=1}^\infty f_n(s), \qquad f_n(s) = \int_0^s K(s,t)\cdot f_{n-1}(t)\,dt, \qquad f_0(s) = f(s) \tag{4}$$

gewonnen, deren Konvergenz leicht gezeigt werden kann. Die Gleichung (3)
mit *beliebig* gegebenem f, K und, was wesentlich ist, der oberen Integrations-
grenze s — jetzt allgemein als *Volterrasche Integralgleichung 2. Art* bezeichnet — haben dann fast gleichzeitig J. LE ROUX und V. VOLTERRA[7] betrachtet
und genau nach der gleichen Methode gelöst. Dabei hat Volterra den Ge-

danken der Ersetzung der kontinuierlichen Veränderlichen s ($0 \leq s \leq 1$) durch endlichviele Werte, etwa $s = \frac{p}{n}, p = 1, \ldots n$ ausdrücklich wieder aufgenommen; (3) geht dann in ein System von n linearen Gleichungen mit n Unbekannten

$$\left.\begin{array}{c} \varphi_p - \sum_{q=1}^{p-1} \frac{1}{n} K_{pq} \varphi_q = f_p \quad (p = 1, \ldots n), \\[2mm] f_p = f\left(\frac{p}{n}\right), \quad \varphi_p = \varphi\left(\frac{p}{n}\right), \quad K_{pq} = K\left(\frac{p}{n}, \frac{q}{n}\right) \end{array}\right\} \quad (3\text{A})$$

von der besonderen Art über, daß es *rekursiv* eindeutig lösbar ist. Diese sehr folgenreiche Bemerkung Volterras macht die ausnahmslose Existenz einer eindeutigen Lösung (4) von (3) verständlich — ein direkter Zusammenhang zwischen dem algebraischen Problem und der analytischen Lösung wird aber bei seiner Ableitung nicht benutzt. Wichtig für die weitere Entwicklung ist ferner die von Volterra gegebene Umsetzung von (4) in die Gestalt

$$\left.\begin{array}{c} \varphi(s) = f(s) + \int\limits_0^s \mathsf{K}(s, t)\, f(t)\, dt, \quad \text{wo} \\[3mm] \mathsf{K}(s, t) = \sum_{n=1}^{\infty} K^{(n)}(s, t), \quad K^{(n)}(s, t) = \int\limits_t^s K(s, r)\, K^{(n-1)}(r, t)\, dr, \quad K^{(1)} = K, \end{array}\right\} \quad (4')$$

die genau der Darstellung der Lösung φ_p von (3 A) als lineare homogene Funktion der f_p, d. h. dem Übergang von einer linearen Transformation zur *reziproken* entspricht. Dabei hängt, um gleich die seit Hilbert üblich gewordenen Bezeichnungen einzuführen, der *lösende Kern* (*Resolvente*) K nur von dem *Kern K* von (3) ab, nicht aber von $f(s)$, und ist durch die Reihe der *iterierten Kerne $K^{(n)}$* dargestellt, während (4) als *Entwicklung von φ nach Iterierten* der in (3) eingehenden Integraloperation aufgefaßt werden kann. Mit (4') verwandte „Reziprozitätsformeln" für die Auflösung spezieller Integralgleichungen, die Volterra zum Teil seiner Theorie einordnen konnte, waren übrigens schon seit J. FOURIERS Doppelintegral und N. H. ABELS Integralumkehrformel[8] mehrfach entdeckt worden.

3. Die Anregungen der Potentialtheorie. Inzwischen war man von anderer Seite her zur Lösung von Integralgleichungen von gleichem Bau wie (3), aber mit *konstanten Grenzen* geführt worden. A. BEER[9] hatte potentialtheoretische Probleme durch Verwendung von Doppelbelegungspotentialen in Angriff genommen, und sein Verfahren kam gerade darauf hinaus, eine Integralgleichung der Form

$$\varphi(s) - \int\limits_0^1 K(s, t)\, \varphi(t)\, dt = f(s) \qquad (0 \leq s \leq 1) \tag{5}$$

mit einem gewissen bekannten Kern $K(s, t)$ durch eine (4) analog gebildete

Reihe (*Entwicklung nach Iterierten*)

$$\varphi(s) = f(s) + \sum_{n=1}^{\infty} f_n(s), \quad f_n(s) = \int_0^1 K(s,t) f_{n-1}(t)\, dt, \quad f_0(s) = f(s) \qquad (6)$$

zu lösen. Freilich konvergiert diese Reihe nicht im gleichen weiten Umfang wie (4). Aber es gelang C. Neumann[10] durch seine außerordentlich bedeutungsvolle „Methode des arithmetischen Mittels", für die erste Randwertaufgabe der Potentialtheorie nach einer gewissen formalen Modifikation unter bestimmten Voraussetzungen den Konvergenzbeweis für die jetzt meist als *Neumannsche Reihe* bezeichnete Entwicklung (6) zu führen. Man kann übrigens unter geeigneten Konvergenzvoraussetzungen auch (6) in eine genau (4′) entsprechende Gestalt überführen, indem man analog einen lösenden Kern K definiert; nur treten dann natürlich 0, 1 statt s, t als Integrationsgrenzen auf.

Einen wesentlichen und für die Folge entscheidenden Fortschritt machte nun H. Poincaré[11], indem er Vorstellungen und Methoden auf dieses Problem anwandte, die er in seinen oben erwähnten Untersuchungen[6] über die schwingende Membran gewonnen hatte, und indem er sich gedanklich durch die Analogie zu den Verhältnissen bei dem algebraischen linearen Gleichungssystem

$$\varphi_p - \sum_{q=1}^n \frac{1}{n} K_{pq} \varphi_q = f_p \qquad (p = 1, \ldots n) \qquad (5\,\mathrm{A})$$

leiten ließ, das aus (5) genau so entsteht wie (3 A) aus (3), das aber nicht mehr rekursiv lösbar sein muß. Dieses System unterscheidet sich von dem für die Entwicklung der Schwingungstheorie maßgebenden System (1) dadurch, daß die Koeffizientenmatrix *nicht symmetrisch* ist, und demgemäß ist es nicht mehr die *Eigenwerttheorie* der quadratischen Form (orthogonale Transformation), die den Ausgangspunkt bildet, sondern die einfache *Auflösungstheorie* der linearen Gleichungen, die Sätze über ihre Lösbarkeit und Lösungsanzahl. Als formales Hilfsmittel führt Poincaré nun hier künstlich den Parameter λ ein, der beim Schwingungsproblem von selbst auftrat, indem er $K(s,t) = \lambda k(s,t)$ setzt. Betrachtet er dann $\varphi(s)$ in seiner Abhängigkeit von λ, so ist die Neumannsche Reihe (6) seine *Potenzreihe* in der Umgebung der regulären Stelle $\lambda = 0$, und ihre Konvergenz ist für kleine Werte von λ evident, während es darauf ankommt, sie für $\lambda = 1$ zu untersuchen. Poincaré erkannte nun, daß auch hier wie bei den Schwingungsproblemen $\varphi(s)$ eine *meromorphe* Funktion von λ wird, selbst für unbestimmte rechte Seite $f(s)$ von (5), und daß ferner für die Pole $\lambda = \lambda_\nu$ dieser Funktion (5) nur lösbar ist, wenn $f(s)$ gewissen linearen Bedingungen genügt, daß aber dann die zu (5) gehörigen homogenen Gleichungen ($f(s) = 0$) nicht triviale Lösungen (Eigenfunktionen) besitzen; alles das ist völlig analog den bekannten Verhältnissen bei (5 A) für

$K_{pq} = \lambda k_{pq}$. Allgemeine Aussagen über die Existenz der Eigenwerte λ_{ν} werden hier im Gegensatz zu 1 nicht gewonnen; wohl aber erkennt Poincaré für sein spezielles Problem in $\lambda = -1$ den absolut kleinsten Pol, womit das von Neumann entdeckte Verhalten der Reihe (6) unter allgemein funktionentheoretischem Gesichtspunkt verständlich wird.

4. Fredholms Auflösungstheorie. Im Anschluß namentlich an diese Poincarésche Untersuchung hat J. Fredholm[12] das allgemeine Problem gestellt und gelöst, *jede* Integralgleichung (5) mit beliebigem stetigem oder nicht zu stark unstetigem Kern $K(s,t)$ zu behandeln. Wesentlich für seine Theorie ist die in dem Auftreten der Unbekannten $\varphi(s)$ außerhalb des Integrals bestehende besondere Form der Gleichung, die *Fredholmsche Integralgleichung* oder *Integralgleichung 2. Art* genannt wird; für die *Integralgleichung 1. Art*, die nur das Integralglied enthält, hat sich eine ähnlich allgemeine Theorie aus inneren Gründen nicht entwickeln lassen[13].

Fredholm stützt sich ganz auf die Analogie mit dem algebraischen Problem (5 A) und überträgt passend gebildete Determinantenformeln von ihm direkt auf (5), ohne wie seine Vorgänger spezielle Hilfsmittel und funktionentheoretische Methoden anwenden zu müssen. Bei der Aufstellung seiner Formeln konnte er sich an den Entwicklungen orientieren, die H. v. Koch im Anschluß an ältere Untersuchungen von G. W. Hill und H. Poincaré für die Theorie der unendlichen Determinanten gegeben hatte[14]. v. Koch hatte *unendliche* lineare Gleichungssysteme

$$x_p - \sum_{q=1}^{\infty} K_{pq} x_q = g_p \qquad (p = 1, 2, \ldots)$$

unter geeigneten Konvergenzeinschränkungen für die Koeffizienten K_{pq} untersucht, indem er die Determinante der unendlichen Matrix $(e_{pq} - K_{pq})$, und ebenso ihre Unterdeterminanten, als Grenzwerte von Abschnittsdeterminanten $(p, q = 1, \ldots n)$ bildete; dabei stützte er sich auf Identitäten der Art

$$\left| e_{pq} - K_{pq} \right|_{(p,\, q = 1, \ldots n)} = 1 - \sum_{p=1}^{n} K_{pp} + \frac{1}{2!} \sum_{p_1,\, p_2 = 1}^{n} \begin{vmatrix} K_{p_1 p_1} & K_{p_1 p_2} \\ K_{p_2 p_1} & K_{p_2 p_2} \end{vmatrix} - + \cdots,$$

die für $n \to \infty$ die unendlichen Determinanten als mehrfach unendliche Reihen liefern. Indem Fredholm diese Bildungen auf das System (5 A) anwandte, erhielt er wegen der Definition der dort auftretenden Koeffizienten (vgl. (3 A)) Reihen mehrfacher Integrale der Art

$$\delta = 1 - \int_0^1 K(s, s)\, ds + \frac{1}{2!} \int_0^1 \int_0^1 \begin{vmatrix} K(s_1, s_1) & K(s_1, s_2) \\ K(s_2, s_1) & K(s_2, s_2) \end{vmatrix} ds_1\, ds_2 - + \cdots. \qquad (7)$$

Er konnte, ohne für den Beweis den Grenzübergang zu gebrauchen, ihre Konvergenz zeigen, den formalen Rechenapparat der Determinantentheorie

auf diese Bildungen übertragen und damit die vollständige Auflösungstheorie
von (5) gewinnen. Es ergeben sich dabei nicht nur hinsichtlich Existenz und
Anzahl der Lösungen die gleichen Sätze wie in der Algebra, sondern auch
formal ganz analoge Auflösungsformeln, wobei an Stelle der gewöhnlichen
Determinanten die „Fredholmschen Determinanten" (7) bzw. ihre „Minoren"
treten. Für $K(s,t) = \lambda\, k(s,t)$ endlich werden sie ganze Transzendente von λ,
und es folgen allgemein die von Poincaré bei seinem speziellen Problem bewiesenen und vermuteten Tatsachen.

II. Hilberts Integralgleichungstheorie.

5. Eigenwerttheorie der orthogonalen Integralgleichung.
Auf der Grund-
lage aller dieser Ergebnisse erschloß sich Hilbert die Erkenntnis, daß sich
für die Integralgleichung 2. Art mit *reellem symmetrischen stetigen Kern* und
mit einem Parameter λ (*orthogonale Integralgleichung*)

$$\varphi(s) - \lambda \int_0^1 k(s,t)\,\varphi(t)\,dt = f(s), \qquad k(s,t) = k(t,s) \tag{8}$$

eine Theorie entwickeln lassen müsse, die genau in demselben Sinne und
genau ebenso weitgehend der Theorie der orthogonalen Transformation einer
quadratischen Form $\mathfrak{K}(x)$ (vgl. 1) entsprechen müsse, wie die Fredholmschen Sätze der Auflösungstheorie der linearen Gleichungssysteme entsprechen,
und die daher die verschiedenen Ansätze der Schwingungslehre und der entsprechenden Randwertaufgaben von Differentialgleichungen zusammenfassen
und einen einheitlichen Zugang zu ihnen erschließen müsse. Er veröffentlichte
die Durchführung dieses Gedankenganges in seinen ersten beiden Mitteilungen
von 1904 (Grundz., 1. u. 2. Abschnitt), nachdem er ihn seit dem W.-S. 1901/02
in Vorlesungen und Seminaren vorgetragen hatte[15].

Hilberts Methode in dieser ersten Arbeit (Grundz. Kap. I bis VI) besteht
darin, daß er den klassischen auf (8) angewandten Grenzübergang zum
exakten Beweisverfahren ausgestaltet. Er geht aus von dem linearen algebraischen, (8) approximierenden Gleichungssystem

$$x_p - \lambda\frac{1}{n}\sum_{q=1}^{n} k_{pq} x_q = y_p \quad (p = 1, \ldots n), \qquad k_{pq} = k\left(\frac{p}{n}, \frac{q}{n}\right) = k_{qp}, \tag{8A}$$

und zeigt, daß seine Determinante $d\left(\dfrac{\lambda}{n}\right) = \left| e_{pq} - \dfrac{\lambda}{n}\, k_{pq} \right|$ als Polynom
in λ betrachtet mit $n \to \infty$ in jedem endlichen Bereich der λ-Ebene gleich-
mäßig gegen eine ganze transzendente Funktion von λ konvergiert, eben die
Fredholmsche Determinante

$$\delta(\lambda) = 1 - \lambda \int_0^1 k(s,s)\,ds + \frac{\lambda^2}{2!}\int_0^1\!\!\int_0^1 \begin{vmatrix} k(s_1,s_1) & k(s_1,s_2) \\ k(s_2,s_1) & k(s_2,s_2) \end{vmatrix} ds_1\,ds_2 - + \cdots . \tag{9}$$

Er bildet ferner durch Ränderung von $d\left(\dfrac{\lambda}{n}\right)$ mit $2\,n$ Variablen x_p, y_q die adjungierte Bilinearform $D\left(\dfrac{\lambda}{n},\dfrac{x}{y}\right)$ zu der Bilinearform $\sum x_p y_p - \dfrac{\lambda}{n}\sum k_{pq} x_p y_q$ und zeigt analog: Sind $x(s)$, $y(s)$ stetige Funktionen und $x_p = x\left(\dfrac{p}{n}\right)$, $y_p = y\left(\dfrac{p}{n}\right)$, so konvergiert $\dfrac{1}{n}\,D\left(\dfrac{\lambda}{n},\dfrac{x}{y}\right)$ gegen eine ganze Transzendente von λ

$$\triangle\left(\lambda,\dfrac{x}{y}\right) = \int\limits_0^1 \begin{vmatrix} 0 & x(s) \\ y(s) & k(s,s) \end{vmatrix} ds - \dfrac{\lambda}{2!}\int\limits_0^1\int\limits_0^1 \begin{vmatrix} 0 & x(s_1) & x(s_2) \\ y(s_1) & k(s_1,s_1) & k(s_1,s_2) \\ y(s_2) & k(s_2,s_1) & k(s_2,s_2) \end{vmatrix} ds_1\, ds_2 + - \cdots, \quad (10')$$

die bilinear von den Funktionen $x(s)$, $y(s)$ abhängt, und die in der Gestalt dargestellt werden kann:

$$\triangle\left(\lambda,\dfrac{x}{y}\right) = -\delta(\lambda)\int\limits_0^1 x(s)\,y(s)\,ds + \lambda\int\limits_0^1\!\!\int\limits_0^1 \varDelta(\lambda;s,t)\,x(s)\,y(t)\,ds\,dt\,, \quad (10')$$

wo $\varDelta(\lambda;s,t)$ ganz transzendent in λ und stetig in s, t ist; $\varDelta(\lambda;s,t)$ ist der erste Fredholmsche Minor von (8). Nach der Definition von $D\left(\dfrac{\lambda}{n},\dfrac{x}{y}\right)$ ist nun die aus ihr und $\sum x_p y_p - \dfrac{\lambda}{n}\sum k_{pq} x_p y_q$ nach den Regeln der Matrizenmultiplikation gebildete Bilinearform gleich $-d\left(\dfrac{\lambda}{n}\right)\sum x_p y_p$; vollzieht man in den diesen Sachverhalt ausdrückenden Identitäten den Grenzübergang $n \to \infty$, so ergibt sich

$$\varDelta(\lambda;s,t) + \delta(\lambda)\,k(s,t) = \lambda\int\limits_0^1 k(s,r)\,\varDelta(\lambda;r,t)\,dr = \lambda\int\limits_0^1 \varDelta(\lambda;s,r)\,k(r,t)\,dr, \quad (11)$$

und das besagt: 1) Für $\delta(\lambda) \neq 0$ ist

$$\varphi(s) = f(s) - \lambda\int\limits_0^1 \dfrac{\varDelta(\lambda;s,t)}{\delta(\lambda)}\,f(t)\,dt \qquad (11)$$

eine und die einzige Lösung von (8), $-\dfrac{\varDelta}{\delta}$ also im Sinne von (4') ihre Resolvente. 2) Für $\delta(\lambda) = 0$ liefert $\varDelta(\lambda;s,t)$ Lösungen der zugehörigen homogenen Gleichungen.

Sind bei diesem neuen Beweis der ersten der Fredholmschen Sätze Symmetrie und Realität von $k(s,t)$ nicht benutzt, so greifen nun diese Voraussetzungen zur Herleitung wesentlich neuer Resultate entscheidend ein. Die mit dem reellen symmetrischen Koeffizientensystem k_{pq} gebildete quadratische Form läßt sich orthogonal auf eine Quadratsumme transformieren (vgl. (1c) mit einer Abweichung in der Bezeichnung):

$$\sum_{p,q=1}^n k_{pq}\,x_p\,x_q = \sum_{\nu=1}^n \dfrac{n}{\lambda_\nu^{(\mu)}}\left(\sum_{p=1}^n \varphi_p^{(\nu)}\,x_p\right)^2; \qquad (12\,\mathrm{A})$$

dabei sind $\lambda_\nu^{(n)}$ die *notwendig reellen* sämtlichen Nullstellen von $d\left(\dfrac{\lambda}{n}\right)$ und die $\varphi_p^{(\nu)}$ die (1a), (1b) genügenden Lösungen der zu (8A) gehörigen homogenen Gleichungen für $\lambda = \lambda_\nu^{(n)}$. Aus der gleichmäßigen Konvergenz von $d\left(\dfrac{\lambda}{n}\right)$ gegen $\delta(\lambda)$ kann nun geschlossen werden, daß $\delta(\lambda)$ gleichfalls, wenn überhaupt, so nur *reelle Nullstellen* λ_ν hat und daß bei passender Numerierung $\lim\limits_{n\to\infty} \lambda_\nu^{(n)} = \lambda_\nu$ ist.

Seien nun zunächst alle λ_ν *einfache Nullstellen* von $\delta(\lambda)$, $\delta'(\lambda_\nu) \neq 0$; $d\left(\dfrac{\lambda}{n}\right)$ hat, eventuell nach einer die Approximation nicht beeinträchtigenden Abänderung der k_{pq}, nur einfache Nullstellen und jeder Summand der rechten Seite von (12A) erweist sich bis auf einen Faktor gleich $D\left(\dfrac{\lambda_\nu^{(n)}}{n}, \dfrac{x}{x}\right)$. Der Grenzübergang läßt daraus die folgende Zerfällung der Fredholmschen Minoren für $\lambda = \lambda_\nu$ erschließen:

$$\Delta(\lambda_\nu; s, t) = \delta'(\lambda_\nu)\,\varphi_\nu(s)\,\varphi_\nu(t), \quad \text{wo} \ \int_0^1 \varphi_\nu(s)\,\varphi_\mu(s)\,ds = e_{\nu\mu} \tag{13}$$

und wo die stetige Funktion $\varphi_\nu(s)$ die zu λ_ν gehörige *Eigenfunktion* von (8) ist. Nunmehr folgt für $n \to \infty$ aus der durch n^2 dividierten Formel (12A) nach einer einfachen Restabschätzung das *Hilbertsche Fundamentaltheorem*

$$\int_0^1 \int_0^1 k(s, t)\,x(s)\,x(t)\,ds\,dt = \sum_{\nu=1}^\infty \frac{1}{\lambda_\nu}\left\{\int_0^1 \varphi_\nu(s)\,x(s)\,ds\right\}^2 \tag{12}$$

als *genaues transzendentes Analogon* jener algebraischen Formel; die Summe ist über alle etwa vorhandenen Eigenwerte zu erstrecken und konvergiert, falls es unendlichviele gibt, für alle der Bedingung

$$\int_0^1 x(s)^2\,ds \leq 1 \tag{12'}$$

genügenden stetigen Funktionen absolut und gleichmäßig.

Hieraus kann Hilbert nun direkt die weiteren Sätze seiner Theorie entnehmen:

a) Jeder nicht identisch verschwindende Kern besitzt mindestens einen Eigenwert; er besitzt endlichviele dann und nur dann, wenn er als Summe endlichvieler Produkte je einer Funktion von s in eine von t darstellbar ist. Eine oft anwendbare hinreichende Bedingung für die Existenz unendlichvieler Eigenwerte ist die *Abgeschlossenheit* des Kernes, d. h. es gibt kein stetiges $g(t)$ außer $g(t) \equiv 0$, für das $\int_0^1 k(s,t)\,g(t)\,dt = 0$ ist.

b) Jede mit Hilfe einer stetigen Funktion $x(s)$ in der Gestalt

$$f(s) = \int_0^1 k(s, t)\,x(t)\,dt \tag{13a}$$

darstellbare Funktion ist auf Fouriersche Weise in eine absolut und gleichmäßig konvergente Reihe nach Eigenfunktionen von $k(s,t)$ entwickelbar:

$$f(s) = \sum_{\nu=1}^{\infty} \varphi_\nu(s) \int_0^1 \varphi_\nu(t)\, f(t)\, dt, \qquad (13\,\mathrm{b})$$

falls $k(s,t)$ einer gewissen Bedingung der „Allgemeinheit" genügt; diese Bedingung hat E. Schmidt[19] als unnötig erkannt.

c) Der absolut größte Wert, den die quadratische Integralform (12) unter der Nebenbedingung (12′) annimmt, ist der reziproke absolut kleinste Eigenwert, und er wird für die zugehörige Eigenfunktion angenommen. Läßt man nur solche $x(s)$ zu, die (12′) genügen und zu einer Anzahl schon bestimmter Eigenfunktionen orthogonal sind, so wird der absolut größte Wert von (12) durch den absolut kleinsten der noch nicht berücksichtigten Eigenwerte geliefert. Eine nicht rekursive Definition des n-ten Eigenwertes durch eine Maximum-Minimumforderung hat später R. Courant gegeben[16].

Daß die Theorie für Kerne mit mehrfachen Eigenwerten [mehrfachen Nullstellen von $\delta(\lambda)$] ungeändert bestehen bleibt, zeigt Hilbert (Grundz. Kap. VI), indem er sie durch eine einparametrige Schar von Kernen mit einfachen Eigenwerten approximiert. Mit dem gleichen Gedanken dehnt er die Theorie auf gewisse wichtige längs endlichvieler analytischer Kurven unstetige Kerne aus: $k(s,t)$ sei etwa längs $s = t$ derart unstetig, daß $|s - t|^\alpha k(s,t)$ für ein $\alpha < \frac{1}{2}$ stetig bleibt, so approximiert er durch abteilungsweise stetige Kerne, die im allgemeinen gleich k sind und nur in der Umgebung von $s = t$ auf 0 absinken, und zeigt, daß deren Fredholmsche Determinanten gegen ganze Transzendente konvergieren, die aus (9), (10) durch Ersetzung der Diagonalglieder $k(s_\nu, s_\nu)$ durch Nullen entstehen, und die sich übrigens, für stetige Kerne gebildet, von (9), (10) durch einen Exponentialfaktor unterscheiden[17]. Auch die schon von Fredholm auf die Auflösungstheorie unstetiger Kerne angewandte wichtige Bemerkung, daß unter Umständen ein hinreichend oft iterierter Kern stetig sein und man dann aus der mit ihm gebildeten Integralgleichung auf die ursprüngliche schließen kann, hat Hilbert auf die Eigenwerttheorie angewendet (Grundz. Kap. IX). Endlich ist es eine fast selbstverständliche, aber außerordentlich wichtige Eigenschaft auch der Eigenwerttheorie, die schon Volterra und Fredholm für ihre Auflösungstheorien betont haben, daß sie unverändert gültig bleibt, wenn der Bereich der Unabhängigen mehrdimensional ist oder wenn Systeme von Integralgleichungen vorliegen; nur die Symmetriebedingung muß richtig formuliert sein (vgl. für Systeme Grundz. Kap. XIV, S. 194, XVI, S. 209). Auch Integrationsbereiche, die aus Gebieten verschiedener Dimension bestehen (gemischte oder belastete Integralgleichungen) sind der Theorie zugänglich[18]. —

E. Schmidt hat in seiner Dissertation[19] eine neue Begründung der Hilbertschen Eigenwerttheorie gegeben, die an Übersichtlichkeit und Kürze nicht übertroffen worden ist und den größten Einfluß auf die weitere Entwicklung gewonnen hat. Er benutzt keine andere mathematische Theorie, auch nicht die Hauptachsentransformation der Algebra, und verwendet auch keine besondere Eigenschaft des Integrals, sondern nur die Linearität der Integraloperation und damit unmittelbar zusammenhängende Eigenschaften; so ist seine Methode unmittelbar auch auf mit anderen Prozessen gleicher Eigenschaften gebildete Gleichungen, z. B. auf Gleichungen mit endlichvielen Veränderlichen wie (1) oder mit unendlichvielen wie in dem Problem von 8 anwendbar. Zum Überblick über die linearen Lösungsscharen der Integralgleichungen werden stets orthogonale Funktionensysteme als Bezugssysteme eingeführt (Schmidtsches Orthogonalisierungsverfahren); als einziges spezifisches Konvergenzhilfsmittel dienen die klassischen quadratischen Integralungleichungen von H. A. Schwarz und F. W. Bessel, alle Abschätzungen erfolgen demnach durch die Integrale von Quadraten. Der Kernpunkt der Methode ist der auf einer Art sukzessiver Approximation beruhende direkte Existenzbeweis eines Eigenwertes und der zugehörigen Eigenfunktion, der dem klassischen Existenzbeweis von H. A. Schwarz[20] für den ersten Eigenwert der schwingenden Membran nachgebildet ist. So erhält Schmidt alle Hilbertschen Resultate nebst der bereits erwähnten Erweiterung des Entwicklungssatzes, wobei ohne wesentliche Schwierigkeit auch unstetige, aber *quadratisch integrierbare* Funktionen berücksichtigt werden können.

Von den zahlreichen anderen Herleitungen, die für die Eigenwerttheorie gegeben worden sind, seien hier nur noch eine Arbeit von E. Holmgren[21] und die Untersuchungen von R. Courant[16] erwähnt, die an die oben genannten Maximumprobleme und damit an die Hilbertschen Gedankengänge des Dirichletschen Prinzips anknüpfen.

Von weiteren Resultaten über die Hilbertschen hinaus sei hier noch genannt der *Satz von* J. Mercer[22] über *definite Kerne*, d. s. solche, für die die Integralform (12) stets positiv ist oder alle Eigenwerte positiv sind: Ist k definit und stetig, so ist es nach seinen Eigenfunktionen in eine absolut und in s, t gleichmäßig konvergente Reihe

$$k(s, t) = \sum_{\nu=1}^{\infty} \frac{\varphi_\nu(s)\,\varphi_\nu(t)}{\lambda_\nu} \tag{14}$$

entwickelbar, während bei einem nichtdefiniten Kern erst die Entwickelbarkeit des Iterierten $k^{(2)}(s, t)$ gilt; aus (14) folgt speziell die Konvergenz von $\sum \lambda_\nu^{-1}$. Weitere wichtige Verschärfungen haben die Entwicklungssätze durch die Untersuchungen über das asymptotische Verhalten der Eigenwerte von Kernen bestimmten Stetigkeitsverhaltens[23] erfahren, die aber hier nur im Rahmen ihrer Anwendungen erwähnt werden können (vgl. 17).

6. Übergang zu unendlichen Gleichungsystemen. Schon vor der Veröffentlichung seiner Eigenwerttheorie hatte Hilbert in Vorlesungen eine
weitere Ausgestaltung seiner Theorie unter noch schärferer Hervorhebung der
formalen Analogie zur Algebra angebahnt, indem er sie in eine Lehre von
den Gleichungssystemen mit abzählbar unendlichvielen Unbekannten über-
führte; er hat diese Untersuchungen in seiner 4. und 5. Mitteilung von 1906
niedergelegt (Grundz., 5. und 6. Abschn.). Grundlegend und entscheidend für
den Fortschritt gegenüber fast allen älteren Untersuchungen über solche Gleichungssysteme wurde dabei die Erkenntnis, daß für die unendlichvielen
Variablen von vornherein eine bestimmte *Konvergenzbedingung* vorgeschrieben werden muß, wenn man eine den Sätzen der Algebra tatsächlich analoge
Theorie erhalten will. Die Rolle, die das der algebraischen Einheitsform $\sum x_p^2$
entsprechende $\int x(s)^2 ds$ in der Eigenwerttheorie spielte, und die Bedeutung,
die es in den Schmidtschen Untersuchungen gewonnen hatte, legten es nahe,
dieses Quadratintegral als „Maß" für Abschätzungen zu verwenden und
analog für die zuzulassenden Wertsysteme unendlichvieler Veränderlicher x_p
die Konvergenz der ihm formal entsprechenden Quadratsumme $\sum x_p^2$ vorzu-
schreiben[24].

Hilbert vollzieht nun (Grundz. Kap. XIII) den Übergang von Integralgleichungen zu unendlichen Gleichungssystemen, indem er jede Funktion statt
durch ihre Werte durch die Koeffizienten ihrer Fourierentwicklung nach
einem geeigneten Funktionensystem bestimmt denkt, wie man das von alters
her als Methode der unbestimmten Koeffizienten gehandhabt hatte. Aber im
Gegensatz zu dieser kommt er ohne Verwendung der Fourierreihen selbst aus,
die sonst mühsame Konvergenzuntersuchungen oder weitere Einschränkungen
der zuzulassenden Funktionen nötig machen[25], sondern bedient sich nur der
einfachsten durch CHR. J. DE LA VALLÉE-POUSSIN und A. HURWITZ[26] bekannt
gewordenen Eigenschaften der Fourierkoeffizienten sowie der besonderen
Form der Integralgleichung 2. Art. Er benutzt nämlich ein sog. *vollständiges
Orthogonalsystem* stetiger Funktionen $\omega_p(s)$ für $0 \leq s \leq 1$, das neben den
Orthogonalitätsbedingungen

$$\int_0^1 \omega_p(s)\,\omega_q(s)\,ds = e_{pq} \tag{15a}$$

für jede stetige Funktion $u(s)$ die sog. Vollständigkeitsbedingung

$$\int_0^1 u(s)^2\,ds = \sum_{(p)} \left\{ \int_0^1 u(s)\,\omega_p(s)\,ds \right\}^2 \tag{15b}$$

erfüllt, und das er beispielsweise durch sukzessive Orthogonalisierung der
Potenzen s^p gemäß dem Schmidtschen Orthogonalisierungsverfahren erhält.
Diese Formeln kann man als Einführung rechtwinkliger Koordinaten, der

Fourierkoeffizienten, in dem mit dem Entfernungsmaß $\{\int_0^1 u(s)^2 ds\}^{\frac{1}{2}}$ gemessenen Raum aller Funktionen $u(s)$ deuten.

Zur Behandlung der Integralgleichung (8) mit stetigem, aber im allgemeinen *unsymmetrischen Kern* werden nun die Fourierkoeffizienten eingeführt

$$x_p = \int_0^1 \varphi(s)\,\omega_p(s)\,ds\,, \qquad f_p = \int_0^1 f(s)\,\omega_p(s)\,ds\,,$$

$$k_q(s) = \int_0^1 k(s,t)\,\omega_q(t)\,dt\,, \qquad k_{pq} = \int_0^1\!\int_0^1 k(s,t)\,\omega_p(s)\,\omega_q(t)\,ds\,dt\,,$$

wobei nach (15b) $\sum x_p^2,\ \sum f_p^2,\ \sum k_q(s)^2,\ \sum k_{pq}^2$ konvergieren. Mit Hilfe von (15b) folgt fast unmittelbar, daß die Fourierkoeffizienten x_p einer Lösung $\varphi(s)$ von (8) eine Lösung von konvergenter Quadratsumme der unendlichvielen Gleichungen

$$x_p - \lambda \sum_{(q)} k_{pq}\,x_q = f_p \qquad (p = 1,\,2,\,\ldots) \tag{16}$$

sind und daß umgekehrt jedes solche Lösungssystem durch die gleichmäßig konvergente Reihe

$$\varphi(s) = f(s) + \lambda \sum_{(q)} k_q(s)\,x_q \tag{16a}$$

eine stetige Lösung von (8) mit den Fourierkoeffizienten x_p liefert. Als einziges Konvergenzhilfsmittel wird dabei die „Schwarzsche Summenungleichung"

$$(\textstyle\sum x_p\,y_p)^2 \leq \sum x_p^2 \sum y_p^2$$

gebraucht, wobei die linke Summe für feste y_p von konvergenter Quadratsumme und für variable x_p von beschränkter Quadratsumme gleichmäßig und absolut konvergiert. Da ferner wegen (15b) $f(s) \equiv 0$ gleichbedeutend mit $f_p = 0$ für alle p ist, ist im gleichen Sinne die *homogene Integralgleichung* (8) $(f(s) \equiv 0)$ zurückgeführt auf das *homogene System* (16) $(f_p = 0)$. Endlich entspricht der *transponierten Integralgleichung* mit dem Kern $k(t,s)$ statt $k(s,t)$ das *transponierte System* (16) mit den Koeffizienten k_{qp} statt k_{pq}. Die Auflösungstheorie von (8) wird also vollständig gewonnen sein, sowie man die Auflösungstheorie des Systems (16) mit Lösungen und rechten Seiten von konvergenter Quadratsumme und mit Koeffizienten k_{pq} von konvergenter Doppelquadratsumme im selben Sinne wie die eines algebraischen Gleichungssystems vollständig beherrscht.

Ist $k(s,t)$ insbesondere *reell und symmetrisch* (Grundz. Kap. XIV), so ist $k_{pq} = k_{qp}$ reell, und (16) entsteht formal genau so aus der *unendlichen quadratischen Form* $\sum k_{pq}x_p x_q$, wie (1) aus der endlichen Form $\mathfrak{K}(x)$. Sind ferner $w_{\nu p}$ die Fourierkoeffizienten der zum Eigenwert λ_ν gehörigen Eigenfunktion $\varphi_\nu(s)$, also die Lösungen der homogenen Gleichungen (16) für $\lambda = \lambda_\nu$, so erweist sich die Hilbertsche Fundamentalformel (12) als gleichbedeutend mit

$$\sum_{(p,\,q)} k_{pq}\,x_p\,x_q = \sum_{(\nu)} \frac{1}{\lambda_\nu}\Big\{\sum_{(p)} w_{\nu p}\,x_p\Big\}^2, \quad \text{während} \quad \sum_{(p)} w_{\nu p}\,w_{\mu p} = e_{\nu\mu}, \tag{17}$$

wobei x_p die Fourierkoeffizienten von $x(s)$ sind; sie gibt also genau die *orthogonale Transformation* einer unendlichen quadratischen Form auf eine *Quadratsumme*.

Von den verschiedenen andern nach Hilbert angegebenen Methoden zur Durchführung dieses Übergangs sei hier nur auf die Anwendung des für die Erkenntnis der Struktur des Funktionenraumes überhaupt bedeutungsvollen Theorems von E. Fischer und F. Riesz[27] verwiesen, das das Bestehen einer umkehrbaren Zuordnung zwischen den samt ihrem Quadrat im Lebesgueschen Sinne integrierbaren Funktionen einerseits und den Systemen von Größen mit konvergenter Quadratsumme andererseits statuiert, wenn diese Größen als Fourierkoeffizienten jener Funktionen aufgefaßt werden.

7. Vollstetige Gleichungssysteme. Die Theorie der unendlichen Gleichungssysteme entwickelt Hilbert nun unter viel umfassenderen Voraussetzungen, als es nach **6** für die Anwendung auf Integralgleichungen mit *stetigem* Kerne nötig ist. Er führt folgende Begriffe ein (Grundz. Kap. XI, S. 147 ff., Kap. XII, S. 164 f., Kap. XIII, S. 174 ff.): Jedes Wertsystem x_p, $p = 1, 2, \ldots$ abzählbar unendlichvieler reeller Veränderlicher mit konvergenter Quadratsumme $\sum x_p^2$ wird als ein Punkt $\mathfrak{x}$ eines unendlichdimensionalen Raumes H, der seither als *Hilbertscher Raum* bezeichnet wird, angesehen[28]. Die unendliche Koeffizientenmatrix $\mathfrak{K} = (k_{pq})$, $p, q = 1, 2, \ldots$ und die aus ihr gebildete *Bilinearform* $\sum k_{pq} x_p y_q$ heißen *vollstetig*, wenn die Folge ihrer *Abschnitte* $\mathfrak{K}_n(x, y) = \sum_{p,q=1}^{n} k_{pq} x_p y_q$ für alle $\mathfrak{x}$, $\mathfrak{y}$ der *Einheitskugel* H$_1$

$$\sum x_p^2 \leq 1, \qquad \sum y_p^2 \leq 1 \qquad (18\,a)$$

gleichmäßig konvergiert:

$$\mathfrak{K}(x, y) = \lim_{n \to \infty} \sum_{p,q=1}^{n} k_{pq} x_p y_q \quad \text{gleichmäßig für } (18\,a); \qquad (18\,b)$$

dieser *Wert der Form* kann auch durch zeilen- oder spaltenweise Summation gewonnen werden:

$$\mathfrak{K}(x, y) = \sum_{(p)} x_p \sum_{(q)} k_{pq} y_q = \sum_{(q)} y_q \sum_{(p)} k_{pq} x_p, \qquad (18\,c)$$

und die hierin auftretenden, einfach unendlichen Reihen konvergieren absolut. $\mathfrak{K}(x, y)$ ist in H$_1$ im Sinne „schwacher Konvergenz" stetig, d. h.

$$\lim_{\nu \to \infty} \mathfrak{K}(x^{(\nu)}, y^{(\nu)}) = \mathfrak{K}(x, y), \quad \text{wenn} \quad \lim_{\nu \to \infty} x_p^{(\nu)} = x_p, \quad \lim y_p^{(\nu)} = y_p, \ (18\,d)$$

und diese Eigenschaft kann in der Definition der Vollstetigkeit an Stelle der Gleichmäßigkeitsforderung treten. Jede Zeile und Spalte von $\mathfrak{K}(x, y)$ ist eine ganz analog zu definierende *vollstetige Linearform* ihrer Variablen; daher erweist sich die Konvergenz der Quadratsumme jeder einzelnen Zeile und Spalte von $\mathfrak{K}$ als *notwendig*, übrigens nicht als hinreichend für die Vollstetigkeit.

Eine *hinreichende*, nicht notwendige Bedingung dafür ist Konvergenz der Doppelsumme $\sum k_{pq}^2$; es gibt auch eine Folge weiterer einfacher, immer weniger fordernder hinreichender Bedingungen (Grundz. Kap. XI, Satz 36).

Hilbert behandelt nun (Grundz. Kap. XII, S. 165 ff.) das Gleichungssystem (16) für jede *vollstetige* Matrix (k_{pq}) und für f_p und x_p von konvergerter Quadratsumme, womit also speziell die nach 6 den Integralgleichungen äquivalenten Systeme mit umfaßt sind. In prinzipiell ähnlicher Weise wie in 5 wird die Lösung durch Grenzübergang von einem algebraischen Systeme aus gewonnen, dem zu $\Re_n$ gehörigen

$$x_p^{(n)} - \lambda \sum_{q=1}^{n} k_{pq}\, x_q^{(n)} = y_p. \qquad\qquad (p = 1, \dots n)$$

Es werden 2 Fälle unterschieden, je nachdem die unter der Bedingung $\sum\limits_{p=1}^{n} x_p^2 = 1$ gebildeten Minima $m_n \geq 0$ der Formen $\sum\limits_{p=1}^{n}\{x_p - \sum\limits_{q=1}^{n} k_{pq} x_q\}^2$ für $n \to \infty$ einen *positiven* Limes superior oder den Grenzwert 0 haben. Nach einem von Hilbert schon in seinen Untersuchungen über das Dirichletsche Prinzip (Abh. 4, § 5) angewandten charakteristischen Verfahren einer diagonalen Auswahl wird dann als Grenzwert von Lösungen algebraischer Systeme im ersten Fall eine Lösung von (16) mit konvergenter Quadratsumme, im zweiten eine ebensolche nicht triviale Lösung der zugehörigen homogenen Gleichungen hergestellt. Weiterhin ergeben sich unter Heranziehung des transponierten Gleichungssystems zu (16), dessen Koeffizienten die Matrix $\Re'$ der *transponierten Form* $\Re'(y, x) = \Re(x, y)$ bilden, die den Sätzen des algebraischen Falles wörtlich entsprechenden *Auflösungstheoreme* unseres Systems: Entweder hat (16) und zugleich das transponierte System für beliebige rechte Seiten von konvergenter Quadratsumme eine eindeutig bestimmte Lösung in H, oder die beiden zugehörigen homogenen Systeme haben mindestens eine, und zwar gleich und endlichviele linear unabhängige Lösungen in H; im zweiten Falle ist die Lösbarkeit von (16) abhängig von dem Bestehen ebenso vieler linearer homogener Bedingungen für die f_p.

Das Übertragungsverfahren von 6 ergibt nun (Grundz. Kap. XIII) genau die gleichen Sätze für die Integralgleichung (8), also *alle Auflösungssätze der Fredholmschen Theorie*, wobei freilich *keine Darstellungsformeln* für die Lösungen gewonnen werden, sondern nur ihre *Existenz* auf Grund eines den Häufungsstellensatz benutzenden Auswahlverfahrens bewiesen ist. Diese Methode gestattet unmittelbar auch die Behandlung *unstetiger Kerne* in dem in 5, S. 103 bezeichneten Umfang, da diese gleichfalls konvergentes $\sum k_{pq}^2$ liefern; sie erlaubt aber, wie Hilbert gelegentlich angedeutet hat (Grundz. S. 204), auch die Behandlung gewisser stärker singulärer, den älteren Theorien nicht mehr zugänglicher Kerne, die auf vollstetige Formen mit divergenter Doppelquadratsumme führen.

Hilbert hat eine *zweite Methode* zur Behandlung von (16) angegeben (Grundz. S. 170ff.), die keinerlei Konvergenzbetrachtungen außer dem Satz von 8 über quadratische Formen benutzt, so daß auf diesen allein mit rein algebraischen Hilfsmitteln die gesamte Theorie der vollstetigen Gleichungen gegründet werden kann. In dem algebraischen Teil des Beweises ist im Grunde eine allgemeine Reduktionsmethode enthalten, mit der bereits A. C. Dixon[25] unter anderen und für die Anwendung auf Integralgleichungen wesentlich weniger weitreichenden Konvergenzbedingungen die Auflösungstheorie eines Systems der Gestalt (16) gewonnen hatte. Dieselbe Idee kommt in anderer Gestalt und mit starker Wirkung in der einfachen und schönen *Lösungsmethode für Integralgleichungen* zur Geltung, die E. Schmidt[29] kurz nach Hilberts 5. Mitteilung veröffentlicht hat: Der stetige oder nicht zu stark unstetige Kern wird durch Subtraktion einer endlichen Produktssumme $\sum u_\nu(s) v_\nu(t)$ in einen hinreichend kleinen Kern übergeführt, für den die Neumannsche Entwicklung nach Iterierten unmittelbar eine Resolvente liefert; mittels dieser werden sämtliche *Lösungssätze und -formeln* aus den entsprechenden für n lineare Gleichungen mit n Unbekannten gewonnen[30].

8. Orthogonale Transformation der vollstetigen quadratischen Form.

Die die Eigenwerttheorie der orthogonalen Integralgleichung enthaltende Formel (17) beweist Hilbert (Grundz. Kap. XI, S. 148ff.) mit der gleichen Erweiterung ihres Geltungsbereiches, die in 7 der Auflösungstheorie gegeben ist, für jede *vollstetige reelle quadratische Form* $\Re(x, x) = \sum k_{pq} x_p x_q$ $(k_{pq} = k_{qp})$. Er benutzt dabei wesentlich die *orthogonalen Transformationen* des Raumes H

$$\xi_\alpha = \sum_{(p)} w_{\alpha p} x_p, \qquad (\alpha = 1, 2, \ldots) \qquad (19)$$

deren Koeffizienten den beiden Serien von Orthogonalitätsbedingungen

$$\sum_{(p)} w_{\alpha p} w_{\beta p} = e_{\alpha \beta}, \qquad (19a) \qquad \sum_{(\alpha)} w_{\alpha p} w_{\alpha q} = e_{pq} \qquad (19b)$$

genügen, und die daher H eineindeutig gemäß

$$\sum x_p^2 = \sum \xi_\alpha^2 \qquad (19c)$$

in sich transformieren. Hat man übrigens endlich- oder unendlichviele Linearformen (19), die nur den Relationen (19a) genügen, d. h. die *orthogonale Linearformen* sind, so erfüllen sie statt (19c) nur die *Besselsche Summenungleichung*

$$\sum \xi_\alpha^2 \leq \sum x_p^2 \qquad (19d)$$

und können durch Hinzufügung höchstens abzählbar unendlichvieler Linearformen zu einer (19a) *und* (19b) genügenden orthogonalen Transformation ergänzt werden. Der Beweis dieser Tatsache der orthogonalen Geometrie von H beruht auf der Reduktion der Form $\sum x_p^2 - \sum \xi_\alpha^2$ auf eine Quadratsumme, die der Sache nach mit dem Schmidtschen Orthogonalisierungsverfahren übereinstimmt, und benutzt an Konvergenzaussagen nur die Schwarzsche Summen-

ungleichung. Als entscheidendes Hilfsmittel zur Begründung der Theorie tritt
nun der *Existenzsatz* hinzu, daß jede vollstetige Form in H_1 und ebenso in
jedem im Sinne schwacher Konvergenz (18 d) abgeschlossenen Teilbereich ein
Maximum besitzt; das kann in genauer Analogie zum Weierstraßschen Satz
für stetige Funktionen endlichvieler Variabler unter Heranziehung des oben
erwähnten diagonalen Auswahlverfahrens gezeigt werden.

Nunmehr wird genau wie bei einer bekannten Beweisanordnung in der
Theorie endlicher quadratischer Formen geschlossen: $\varkappa_1$ sei das absolute Maxi-
mum von $\Re(x, x)$ in H_1, d. h. $|\Re(x, x)| \leq |\varkappa_1|$ in H_1 und $\Re(x, x) = \varkappa_1$ für
$x_p = w_{1p}$ mit $\sum w_{1p}^2 = 1$; im gleichen Sinne sei $\varkappa_2$ das absolute Maximum
unter Hinzufügung der Nebenbedingung $\sum w_{1p} x_p = 0$ und werde für $x_p = w_{2p}$
angenommen, $\varkappa_3$ dasjenige unter Hinzufügung der weiteren Nebenbedingung
$\sum w_{2p} x_p = 0$ und werde bei $x_p = w_{3p}$ angenommen, usw. Tritt $\varkappa_\alpha = 0$ auf,
so wird das Verfahren abgebrochen, andernfalls ergibt sich aus der Vollstetig-
keit $\lim\limits_{\alpha \to \infty} \varkappa_\alpha = 0$. Ergänzt man die so entstehenden Linearformen

$$\xi_\alpha = \sum_{(p)} w_{\alpha p} x_p \quad \text{durch} \quad \xi_\alpha^* = \sum_{(p)} w_{\alpha p}^* x_p$$

falls nötig zu einer orthogonalen Transformation, so ergibt sich unmittelbar
die *Normaldarstellung*

$$\Re(x, x) = \sum_{(\alpha)} \varkappa_\alpha \xi_\alpha^2 = \sum_{(\alpha)} \varkappa_\alpha \Big\{ \sum_{(p)} w_{\alpha p} x_p \Big\}^2, \tag{20a}$$

während

$$\sum_{(p)} x_p^2 = \sum_{(\alpha)} \xi_\alpha^2 + \sum_{(\alpha)} \xi_\alpha^{*\,2} = \sum_{(\alpha)} \Big\{ \sum_{(p)} w_{\alpha p} x_p \Big\}^2 + \sum_{(\alpha)} \Big\{ \sum_{(p)} w_{\alpha p}^* x_p \Big\}^2. \tag{20b}$$

Sie zeigt einmal, daß zwei Formen dann und nur dann orthogonal ineinander
transformierbar sind, wenn sie die gleichen $\varkappa_\alpha$ (einschließlich 0) in der gleichen
Vielfachheit besitzen, ferner daß $\lambda = \varkappa_\alpha^{-1}$ die *Eigenwerte* von $\Re$ sind, für die
die homogenen Gleichungen (16) die Eigenlösungen $x_p = w_{\alpha p}$ besitzen, endlich daß $x_p = w_{\alpha p}^*$ die „zum Eigenwert ∞" gehörigen Eigenlösungen sind,
d. h. die Lösungen von

$$\sum_{(q)} k_{pq} w_{\alpha q}^* = 0. \tag{20c}$$

Ist $\Re(x, x)$ gemäß 6 aus einer orthogonalen Integralgleichung entstanden,
so sind $\lambda = \varkappa_\alpha^{-1}$ deren Eigenwerte, die gemäß (16 a) gebildeten

$$\varphi_\alpha(s) = \varkappa_\alpha^{-1} \sum_{(p)} k_p(s) w_{\alpha p}$$

die zugehörigen Eigenfunktionen, und (20 a) ergibt das Hilbertsche Fundamentaltheorem (12). Aus den $w_{\alpha p}^*$ erhält man jedoch im allgemeinen keine *stetigen*,
zum Eigenwert ∞ ($\varkappa_\alpha = 0$) gehörigen Eigenfunktionen; tatsächlich wird

$$\sum_{(p)} k_p(s) w_{\alpha p}^* \equiv 0$$

wegen (20 c). Setzt man endlich in der aus (20 b) hervorgehenden Entwicklung der zugehörigen Polarform $\sum x_p y_p$ für x_p die Fourierkoeffizienten eines $x(s)$ und ferner $y_p = k_p(s)$, so entsteht genau der *Entwicklungssatz* (13) in dem von E. Schmidt bewiesenen Umfang[31].

9. Verallgemeinerungen, polare Integralgleichungen. Einige Verallgemeinerungen dieser Theorie, die Hilbert gibt, haben prinzipielle Bedeutung oder sind für Anwendungen wichtig. Einmal läßt sie sich (Grundz. Kap. XII, S. 162) auf *vollstetige Hermitesche Formen* $\sum k_{pq} x_p \bar{x}_q$ (x, $\bar{x}$ bedeuten stets konjugiert-komplexe Werte) mit komplexen, $k_{pq} = \bar{k}_{qp}$ genügenden Koeffizienten im Raum von konvergentem $\sum |x_p|^2$ übertragen[28]. An Stelle der orthogonalen Transformationen (19) treten dabei die $\sum |x_p|^2$ in in sich überführenden *unitären Transformationen* mit den Koeffizientenbedingungen

$$\sum_{(p)} w_{\alpha p} \bar{w}_{\beta p} = e_{\alpha\beta}, \qquad \sum_{(\alpha)} w_{\alpha p} \bar{w}_{\alpha q} = e_{pq};$$

sie liefern die Normalform $\sum \varkappa_\alpha \xi_\alpha \bar{\xi}_\alpha$ mit *reellen* gegen 0 konvergierenden $\varkappa_\alpha$. Für rein imaginäre k_{pq} ist hierin ein Satz über *schiefsymmetrische* Formen enthalten. Dies Resultat läßt sich nach O. TOEPLITZ[32] in folgender Weise abschließend verallgemeinern: Jede *normale vollstetige Bilinearform* $\Re(x, y)$, d. h. eine solche, deren Koeffizienten der Bedingung $\sum_{(r)} k_{pr} \bar{k}_{qr} = \sum_{(r)} \bar{k}_{rp} k_{rq}$ (im Matrizenkalkul $\Re \bar{\Re}' = \bar{\Re}' \Re$) genügen, und nur eine solche läßt sich durch konjugierte unitäre Transformationen beider Variablenreihen auf die Diagonalform $\sum \varkappa_\alpha \xi_\alpha \eta_\alpha$ mit $\lim \varkappa_\alpha = 0$ bringen.

Weiterhin handelt es sich um die Übertragung derjenigen Erweiterungen des Hauptachsentheorems, die die *simultane Transformation zweier beliebiger quadratischer Formen* $\Re_n$, $\mathfrak{B}_n$ auf Quadratsummen, also geometrisch die Bestimmung des gemeinsamen *Polartetraeders* von $\Re_n = 1$, $\mathfrak{B}_n = 1$ betreffen; sie sind bekanntlich ohne Änderung möglich, wenn in der linearen Formenschar $\Re_n + \lambda \mathfrak{B}_n$ eine *eigentlich definite* Form enthalten ist, während sonst bereits tiefere Erscheinungen der Elementarteilertheorie zu berücksichtigen sind. Hilbert betrachtet nun (Grundz. Kap. XII, S. 156 ff.) eine *indefinite* von der Einheitsform nur durch willkürliche Vorzeichen abweichende Form $\mathfrak{B}(x, x) = \sum v_p x_p^2$, $v_p = \pm 1$ neben einer *definiten vollstetigen* quadratischen Form $\Re(x, x)$; das ist aber selbst dann jenem einfachen Fall der Algebra nicht mehr völlig analog, wenn $\Re(x, x)$ *abgeschlossen* ist, d. h. nur für $x_p = 0$ verschwindet, da *jede* vollstetige Form unter der Bedingung $\sum x_p^2 = 1$ der 0 beliebig nahe kommt. Trotzdem gelingt es Hilbert, einen für die Anwendungen ausreichenden Teil jenes Transformationssatzes zu beweisen: Es gibt reelle gegen 0 konvergierende Zahlen $\varkappa_\alpha$ und zugehörige bei geeigneter Normierung in bezug auf $\mathfrak{B}$ „polare" vollstetige Linearformen $\sum_{(p)} l_{\alpha p} x_p$:

$$\sum_{(p)} l_{\alpha p} v_p l_{\beta p} = \varkappa_\alpha e_{\alpha\beta}, \tag{21a}$$

für die

$$\Re(x, x) = \sum_{(\alpha)} \{\sum_{(p)} l_{\alpha p} x_p\}^2.$$ (21 b)

Falls $\Re$ außerdem noch abgeschlossen ist, wird dieses Resultat weiter verschärft. Die Beweise beruhen lediglich auf den Theoremen von 8.

Mit Hilfe dieser Resultate entwickelt Hilbert (Grundz. Kap. XV) die Theorie der sog. *polaren Integralgleichung*

$$v(s)\,\varphi(s) - \lambda \int_0^1 k(s,\, t)\,\varphi(t)\,dt = f(s),$$ (22)

wo $v(s)$ in endlichvielen, mindestens aber in zwei, $0 \leq s \leq 1$ erfüllenden Teilstrecken abwechselnd gleich ± 1 gegeben und $k(s, t)$ ein symmetrischer definiter stetiger Kern ist. Der Übergang zu unendlichvielen Veränderlichen geschieht wie in 6 durch ein vollständiges Orthogonalsystem $\pi_p(s)$, das zugleich ein in bezug auf $v(s)$ *polares vollständiges Funktionensystem* ist, d. h. den Relationen genügt

$$\int_0^1 v(s)\, \pi_p(s)\, \pi_q(s)\, ds = (-1)^p\, e_{pq},$$

$$\int_0^1 v(s)\, u(s)^2\, ds = \sum_{(p)} (-1)^p \{\int_0^1 v(s)\, \pi_p(s)\, u(s)\, ds\}^2;$$

es wird durch Ineinanderschiebung zweier je für die Gesamtheit der Intervalle $v(s) = +1$ und $v(s) = -1$ gebildeten vollständigen Orthogonalsysteme hergestellt. Die Anwendung der vorigen Resultate auf die aus $k(s, t)$ entstehende definite vollstetige Form und auf $\mathfrak{B}(x, x) = \sum (-1)^p x_p^2$ zeigt wie in 6 und 8, daß $\varkappa_\alpha^{-1}$ für $\varkappa_\alpha \neq 0$ Eigenwerte von (22) sind, während sich die Eigenfunktionen durch zu (16 a) analoge Übergangsformeln aus den $l_{\alpha p}$ und $\pi_p(s)$ ergeben und bei geeigneter Normierung ein den Relationen

$$\int_0^1 v(s)\, \varphi_\alpha(s)\, \varphi_\beta(s)\, ds = e_{\alpha\beta} \cdot \operatorname{sgn} \varkappa_\alpha$$ (23 a)

genügendes polares System bilden. Die Darstellung (21 b) liefert den *Entwicklungssatz*, daß jede durch ein stetiges $x(s)$ in der Form

$$f(s) = \int_0^1 v(s)\, k\,v\,k(s, t)\, x(t)\, dt, \quad \text{wo} \quad k\,v\,k(s, t) = \int_0^1 k(s, r)\, v(r)\, k(r, t)\, dr,$$ (23 b)

darstellbare Funktion in die absolut und gleichmäßig konvergente Reihe

$$f(s) = \sum_\alpha \varphi_\alpha(s)\, (\operatorname{sgn} \varkappa_\alpha) \int_0^1 v(t)\, f(t)\, \varphi_\alpha(t)\, dt$$ (23)

entwickelbar ist. Mindestens ein Eigenwert existiert dann und nur dann, wenn $k\,v\,k(s, t)$ nicht identisch verschwindet; auch Bedingungen für die Existenz unendlichvieler Eigenwerte überhaupt oder jedes Vorzeichens werden angegeben.

Von zahlreichen Autoren sind in der Folge diese und viele verwandte Typen von Integralgleichungen untersucht worden, die in ihrem Verhalten den orthogonalen ähneln und insbesondere analoge Entwicklungssätze liefern; es sei hier dafür nur auf den Überblick in Ency. II C 13, Nr. 28, 41 verwiesen.

Bei der Übertragung der Eigenwerttheorie auf allgemeine *unsymmetrische Kerne* treten naturgemäß die Schwierigkeiten in sehr viel höherem Grade auf, die aus der Elementarteilertheorie der Algebra bekannt sind. Hilbert selbst hat diese Problemgruppe nicht in Angriff genommen; es muß hier genügen, auf das Referat über die vielen hierzu vorliegenden Einzeluntersuchungen in Ency. II C 13, Nr. 39 hinzuweisen.

10. Spektraltheorie der beschränkten quadratischen Formen. Wesentlich über die bisher dargelegten Resultate hinaus greifen die Untersuchungen, die den Hauptteil der 4. Mitteilung Hilberts bilden (Grundz. Kap. XI) und die sich mit den *beschränkten Formen unendlichvieler Variabler*, insbesondere den *quadratischen*, befassen.

a) Eine unendliche *Matrix* $\mathfrak{A} = (a_{pq})$ $(p, q = 1, 2, \ldots)$ und die aus ihr gebildete *Bilinearform* $\sum a_{pq} x_p y_q$ heißen *beschränkt*, wenn die Werte ihrer *Abschnitte* für alle $\mathfrak{x}, \mathfrak{y}$ der Einheitskugel H_1 (18a) des Hilbertschen Raumes H absolut unterhalb einer festen Schranke M liegen:

$$|\mathfrak{A}_n(x, y)| = \Big| \sum_{p, q=1}^{n} a_{pq} x_p y_q \Big| \leq M \quad \text{für} \quad \sum x_p^2 \leq 1, \quad \sum y_p^2 \leq 1. \quad (24\,\mathrm{a})$$

Die vollstetigen Bilinearformen sind beschränkt; bei Linearformen fällt Beschränktheit und Vollstetigkeit zusammen. Ist $\mathfrak{A}$ beschränkt, so konvergiert die Doppelreihe $\sum a_{pq} x_p y_q$ überall in H bei abschnitts-, zeilen- oder spaltenweiser Summation (aber nicht notwendig bei jeder anderen Anordnung) gegen denselben Wert

$$\mathfrak{A}(x, y) = \lim_{n \to \infty} \mathfrak{A}_n(x, y) = \sum_{(p)} x_p \sum_{(q)} a_{pq} y_q = \sum_{(q)} y_q \sum_{(p)} a_{pq} x_p, \quad (24)$$

den Wert der Bilinearform. $\mathfrak{A}(x, y)$ ist in H im Sinne „starker Konvergenz" stetig, d. h.

$$\lim_{\nu \to \infty} \mathfrak{A}(x^{(\nu)}, y^{(\nu)}) = \mathfrak{A}(x, y), \text{ wenn } \lim_{\nu \to \infty} \sum (x_p - x_p^{(\nu)})^2 = \lim_{\nu \to \infty} \sum (y_p - y_p^{(\nu)})^2 = 0. \quad (24\,\mathrm{b})$$

Diese Tatsachen folgert Hilbert (Grundz. S. 125ff.) aus seinen außerordentlich anwendungsfähigen *Faltungssätzen*, die aussagen, daß auf beschränkte Matrizen der gewöhnliche Matrizenkalkul angewendet werden darf: Es ist nämlich das „Produkt" zweier beschränkter Matrizen $\mathfrak{A}\,\mathfrak{B} = \big(\sum_{(\alpha)} a_{p\alpha} b_{\alpha q}\big)$ wieder eine beschränkte Matrix, und die zugehörige Bilinearform, die *Faltung* der

Formen $\mathfrak{A}$, $\mathfrak{B}$, hat den Wert

$$\mathfrak{A}\,\mathfrak{B}\,(x,\,y) = \sum_{(p,\,q)} \Big\{ \sum_{(\alpha)} a_{p\alpha}\, b_{\alpha q} \Big\}\, x_p\, y_q = \sum_{(\alpha)} \Big\{ \sum_{(p)} a_{p\alpha}\, x_p \Big\} \Big\{ \sum_{(q)} b_{\alpha q}\, y_q \Big\} \tag{25}$$

und hat das Produkt der Schranken von $\mathfrak{A}$ und $\mathfrak{B}$ zur Schranke; ferner gilt für diese Produktbildung das assoziative Gesetz $(\mathfrak{A}\,\mathfrak{B})\,\mathfrak{C} = \mathfrak{A}\,(\mathfrak{B}\,\mathfrak{C})$. Die zur *Einheitsform* $\mathfrak{E}\,(x,\,y) = \sum x_p\,y_p$ gehörige *Einheitsmatrix* $\mathfrak{E}$ ist die Einheit dieser Multiplikation. Die Koeffizienten einer orthogonalen Transformation (19) des H bilden eine beschränkte Matrix, ebenso die solcher linearen Transformationen, die H in einen Teil von sich überführen[33]. $\mathfrak{A}^{-1}$ heißt *Reziproke* von $\mathfrak{A}$, wenn $\mathfrak{A}\,\mathfrak{A}^{-1} = \mathfrak{A}^{-1}\,\mathfrak{A} = \mathfrak{E}$; falls sie existiert, liefert sie die eindeutige Umkehr der zu $\mathfrak{A}$ gehörigen linearen Transformation von H[34].

b) Hilberts bedeutungsvollstes Ergebnis in der gesamten Integralgleichungstheorie ist die Entdeckung (Grundz. S. 113 bis 125, 131 bis 147), daß für *jede beschränkte quadratische Form*

$$\mathfrak{K}(x,\,x) = \sum k_{pq}\, x_p\, x_q, \quad |\,\mathfrak{K}(x,\,x)\,| \leq M \text{ in } \mathsf{H}_1, \quad k_{pq} = k_{qp} \tag{26}$$

ein *wesentlicher Teil der Theorie der orthogonalen Transformation* entwickelt werden kann, wobei eine *prinzipielle Begriffserweiterung* in Erscheinung tritt: man muß im allgemeinen neben abzählbar unendlichvielen Eigenwerten, dem sog. *Punktspektrum*, die bei vollstetigen Formen allein auftreten, noch ein Kontinuum von ausgezeichneten Parameterwerten, das sog. *Streckenspektrum*, berücksichtigen, und demgemäß tritt zu den Quadratsummen der Formeln (20) noch ein gewisser neuer *Integralbestandteil* hinzu. In sehr speziellen Fällen waren hierhin gehörige Phänomene bekannt, vor allem bei gewissen Randwertaufgaben in der Lösung durch Fouriersche Integrale an Stelle derer durch Fouriersche Reihen (vgl. **19**); überdies erkannte Hilbert in der von T. J. STIELTJES[35] gegebenen Integraldarstellung von Kettenbrüchen ein verwandtes Problem besonderer Art. Die Formulierung und zugleich den Beweis des allgemeinen Theorems fand er wiederum (vgl. **5**) durch Grenzübergang vom algebraischen Satz der Hauptachsentransformation aus. Dessen Aussage [vgl. (1a), (1b), (1c)] für den Abschnitt $\mathfrak{K}_n(x,\,x)$ faßt er in folgender Formel für die Reziproke der Formenschar $\mathfrak{K}_n - \lambda\,\mathfrak{E}_n$ zusammen[36]:

$$\left. \begin{aligned} \mathsf{K}_n(\lambda;\,x,\,x) &= (\mathfrak{K}_n - \lambda\,\mathfrak{E}_n)^{-1} = \sum_{\alpha=1}^{n} \frac{\{L_{\alpha}^{(n)}(x)\}^2}{\lambda_{\alpha}^{(n)} - \lambda}\,, \\ -M &\leq \lambda_{\alpha}^{(n)} \leq \lambda_{\beta}^{(n)} \leq M \quad (\alpha < \beta), \end{aligned} \right\} \tag{27}$$

wo $L_{\alpha}^{(n)}(x)$ orthogonale Linearformen von $x_1, \dots x_n$ bedeuten. Zur Untersuchung des Grenzwertes hiervon verwendet Hilbert einen Gedanken, der ähnlich für einen einfacheren Fall in jener Stieltjesschen Theorie auftritt. Er faßt alle $\lambda_{\alpha}^{(n)}$ und $L_{\alpha}^{(n)}(x)$ in einer noch von dem reellen Parameter μ abhängenden definiten quadratischen Form zusammen, die als über alle $\lambda_{\alpha}^{(n)} < \mu$ erstreckte Summe der Produkte $\{L_\alpha^{(n)}(x)\}^2(\mu - \lambda_\alpha^{(n)})$ definiert und deren Ableitung nach μ also eine streckenweis konstante, von 0 bis $\mathfrak{E}_n(x, x)$ monoton wachsende Funktion von μ mit den Sprungstellen $\lambda_\alpha^{(n)}$ ist. Durch sein Verfahren diagonaler Auswahl und unter Heranziehung eines gleichfalls beim Dirichletschen Prinzip wesentlich verwendeten Konvergenzsatzes (s. Abh. 4, § 3, § 5) gewinnt er eine Teilfolge jener Formen, die für $|\mu| \leq M$ gleichmäßig gegen eine stetige monotone Funktion von μ mit monoton wachsender hinterer Ableitung $\mathfrak{T}(\mu; x, x)$ konvergiert; Funktion und Ableitung sind beschränkte, definite quadratische Formen der x_p. Die höchstens abzählbar unendlichvielen Sprungstellen $\mu = \lambda_\alpha$ von $\mathfrak{T}$ bilden das *Punktspektrum* von $\mathfrak{K}$; die zugehörigen Sprünge $\mathsf{E}_\alpha(x, x)$ sowie der stetige Bestandteil von $\mathfrak{T}$, der sich als

$$\mathfrak{S}(\mu; x, x) = \mathfrak{T}(\mu; x, x) - \sum_{\lambda_\alpha < \mu} \mathsf{E}_\alpha(x, x)$$

darstellen läßt, sind wiederum definite beschränkte Formen. Das *Streckenspektrum* ist die reelle Komplementärmenge zur Gesamtheit der Innenpunkte der Intervalle, in denen die *Spektralform* $\mathfrak{S}$ identisch in den x_p konstant ist; sie bildet mit dem Punktspektrum und seinen Häufungsstellen zusammen das *Spektrum* von $\mathfrak{K}$.

Die Durchführung des Grenzüberganges zeigt nun, daß mindestens eine Teilfolge von (27) für alle λ außerhalb des Spektrums gegen eine beschränkte, von λ analytisch abhängende quadratische Form konvergiert, die die Darstellung gestattet

$$\mathsf{K}(\lambda; x, x) = \sum_{(\alpha)} \frac{\mathsf{E}_\alpha(x, x)}{\lambda_\alpha - \lambda} + \int\limits_{-M}^{M} \frac{d\,\mathfrak{S}(\mu; x, x)}{\mu - \lambda}, \tag{28}$$

das Integral im Stieltjesschen Sinne verstanden. Unter Heranziehung der für $|\lambda| > M$ konvergenten, der Neumannschen Entwicklung nach Iterierten (6) analogen Entwicklungen

$$\mathsf{K}_n(\lambda; x, x) = -\sum \lambda^{-\nu} \mathfrak{K}_n^{\nu-1}, \quad (27\,\mathrm{a}) \qquad \mathsf{K}(\lambda; x, x) = -\sum \lambda^{-\nu} \mathfrak{K}^{\nu-1} \quad (28\,\mathrm{a})$$

wird weiter geschlossen, daß K die eindeutig bestimmte Reziproke

$$\mathsf{K}(\lambda; x, x) = (\mathfrak{K} - \lambda \mathfrak{E})^{-1} \quad \text{oder} \quad \mathfrak{K}\mathsf{K} - \lambda\mathsf{K} = \mathsf{K}\mathfrak{K} - \lambda\mathsf{K} = \mathfrak{E} \tag{28\,b}$$

ist, und hieraus ergeben sich für E_α, $\mathfrak{S}$ die charakteristischen Relationen

$$\mathsf{E}_\alpha\mathsf{E}_\beta = e_{\alpha\beta}\mathsf{E}_\alpha, \;\; (28\,\mathrm{c}) \quad \mathsf{E}_\alpha\mathfrak{S} = 0, \;\; (28\,\mathrm{d}) \quad \mathfrak{S}(\mu_1)\,\mathfrak{S}(\mu_2) = \mathfrak{S}(\mu_1), \;\; \mu_1 \leq \mu_2. \;\; (28\,\mathrm{e})$$

Wegen (28 c) läßt sich E_α als Quadratsumme endlich oder abzählbar unendlichvieler, zueinander und zu den bei den andern E_β auftretenden orthogonalen Linearformen darstellen, deren Anzahl die *Vielfachheit* des *Eigenwertes* λ_α gibt und deren Koeffizienten die unabhängigen Lösungen der homogenen Gleichungen mit der Koeffizientenmatrix $\mathfrak{K} - \lambda_\alpha \mathfrak{E}$ (*Eigenformen* von $\mathfrak{K}$ für λ_α) sind. Durch eine orthogonale Transformation kann man nun für die x_p neue

Veränderliche so einführen, daß jedes E_α eine Quadratsumme gewisser ξ' von ihnen ist, $\mathfrak{S}$ aber wegen (28d) nur von den anderen ξ'' abhängt. Nach einer unwesentlichen Abänderung der Bezeichnung ergibt sich schließlich aus (28), (28a) folgende durch orthogonale Transformation zu erreichende *Normalform der beschränkten quadratischen Form*

$$\mathfrak{K}(x,\,x) = \sum_{(\alpha)} \lambda_\alpha\, \xi_\alpha'^2 + \int\limits_{-M}^{M} \mu\, d\,\mathfrak{S}(\mu;\,\xi'',\,\xi''), \quad \text{wobei} \tag{29}$$

$$\mathfrak{E}(x,\,x) = \sum_{(\alpha)} \xi_\alpha'^2 + \sum_{(\beta)} \xi_\beta''^2 = \sum_{(\alpha)} \xi_\alpha'^2 + \int\limits_{-M}^{M} d\,\mathfrak{S}(\mu;\,\xi'',\,\xi'') \tag{29a}$$

ist und $\mathfrak{S}$ überdies wieder (28e) oder, was dasselbe ist, der Identität in der willkürlichen stetigen Funktion $u(\mu)$

$$\int\limits_{-M}^{M} u(\mu)\, d\,\mathfrak{S}(\mu) \int\limits_{-M}^{M} u(\mu)\, d\,\mathfrak{S}(\mu) = \int\limits_{-M}^{M} u(\mu)^2\, d\,\mathfrak{S}(\mu) \tag{29b}$$

genügt. Die λ_α samt ihrer Vielfachheit und ebenso das Streckenspektrum sind eindeutig bestimmt, die Form $\mathfrak{S}$ in (29) aber bis auf eine willkürliche orthogonale Transformation ihrer Variablen. Umgekehrt gibt jede abzählbare Punktmenge $\lambda_\alpha(|\,\lambda_\alpha\,| \leq M)$ und jede (29a), (29b) genügende quadratische Form $\mathfrak{S}$ eine beschränkte quadratische Form in ihrer Normaldarstellung.

c) Während (29) unmittelbar zeigt, daß zwei Formen *ohne* Streckenspektrum dann und nur dann orthogonal ineinander transformierbar sind, wenn sie dieselben Eigenwerte in der gleichen Vielfachheit haben [vgl. (20a) für vollstetige Formen], ist damit für beliebige beschränkte Formen ein solches Resultat noch *nicht* gewonnen. Hilbert hat aber (Grundz. S. 153ff.) eine *Gruppe charakteristischer Beispiele* angegeben, die zeigten, in welcher Richtung es zu finden ist. Bilden nämlich $\omega_p(\mu)$ ein vollständiges Orthogonalsystem (15) für $-M \leq \mu \leq M$, wobei speziell alle $\omega_p(\mu)$ außerhalb beliebiger Teilintervalle δ_ν identisch verschwinden können, so erfüllt

$$\mathfrak{S}(\mu;\,x,\,x) = \sum_{(p,\,q)} x_p\, x_q \int\limits_{-M}^{\mu} \omega_p(\mu)\, \omega_q(\mu)\, d\mu = \lim_{n\to\infty} \int\limits_{-M}^{\mu} \{ \sum_{p=1}^{n} \omega_p(\mu)\, x_p\}^2\, d\mu \tag{30a}$$

ohne Hinzunahme eines Punktspektrums (29a) und (29b), und die quadratische Form

$$\mathfrak{K}(x,\,x) = \int\limits_{-M}^{M} \mu\, d\,\mathfrak{S}(\mu;\,x,\,x) = \lim_{n\to\infty} \int\limits_{-M}^{M} \mu\, \{ \sum_{p=1}^{n} \omega_p(\mu)\, x_p\}^2\, d\mu \tag{30}$$

besitzt ein aus den δ_ν bestehendes Streckenspektrum. Als einfachste Beispiele erwähnt Hilbert die bei Verwendung trigonometrischer bzw. Legendrescher Polynome für die ω_p entstehenden und mit bekannten Kettenbruchformeln zusammenhängenden Formen $\sum x_p x_{p+1}$ bzw. $\sum 2p(4p^2 - 1)^{-\frac{1}{2}} x_p x_{p+1}$; er bemerkt ferner, daß allgemeinere Beispiele, entsprechend mehrfachen Eigenwerten, durch analoge Bildungen mit *mehreren* Quadraten im Integranden entstehen.

Im Anschluß an diese Beispiele hat E. HELLINGER in seiner Dissertation (Diss.-Verz. 39, 1907) eine *Zerlegung der Spektralform* durchgeführt, die die Entscheidung über die *orthogonale Äquivalenz* beschränkter quadratischer Formen ermöglicht. Er erweitert dazu den Stieltjesschen Integralbegriff in einer Richtung, auf die Hilbert in einer Vorlesung hingewiesen hatte; dadurch braucht er die in jenen Beispielen zwar stetigen, im allgemeinen aber stark unstetigen Ableitungen der Koeffizienten von $\mathfrak{S}$ nach μ nicht zu benutzen und kann ferner durchweg mit beschränkten Formen operieren, während der Integrand von (30a) bereits eine nichtbeschränkte Form ist. *Jede* Spektralform kann nämlich als Summe höchstens abzählbar vieler paarweis orthogonaler Bestandteile der (30a) verallgemeinernden Gestalt

$$\int\limits_{-M}^{\mu} \frac{\{d \sum \sigma_p(\mu)\, x_p\}^2}{d\, \sigma_0(\mu)} \tag{31a}$$

dargestellt werden, wobei die *Basisfunktion* $\sigma_0(\mu)$ stetig und monoton ist, die an Stelle der Integrale der $\omega_p(\mu)$ aus (30a) erscheinenden $\sigma_p(\mu)$ den (28e) entsprechenden Relationen

$$\sum \sigma_p(\mu_1)\, \sigma_p(\mu_2) = \sigma_0(\mu_1), \qquad \mu_1 \leq \mu_2 \tag{31b}$$

genügen und das Integral durch den üblichen Integrationsgrenzprozeß aus der Summe entsprechend gebildeter Quotienten von Differenzen entsteht[37]. Jeder solche Bestandteil trägt zum Spektrum die perfekte Menge der Stellen μ bei, in deren Umgebung $\sigma_0(\mu)$ nicht konstant ist, und entsprechend dieser Zerlegung zerfällt $\mathfrak{K}$ in eine Summe höchstens abzählbar unendlichvieler zueinander orthogonaler Formen von einer (30) verallgemeinernden Gestalt mit „einfachem Spektrum". Aber diese einfachen Spektren und die Vielfachheit, in der sie auftreten, sind noch nicht, wie die Punktspektren, orthogonal invariant; es gelingt jedoch Hellinger und später in einfacherer Weise H. HAHN[37], ein *notwendiges und hinreichendes Kriterium* für orthogonale Äquivalenz anzugeben, das. auf der Betrachtung der Wertevorräte sämtlicher Basisfunktionen beruht.

An den Hilbertschen Beispielen ist auch eine am gleichen Ort von Hellinger gegebene, direkt an die mit $\mathfrak{K} - \mu\mathfrak{E}$ gebildeten homogenen Gleichungen anknüpfende *Definition des Streckenspektrums* orientiert: Ein reelles Intervall enthält Teile desselben wenn in ihm die integrierten homogenen Gleichungen

$$\sum_{(q)} k_{pq}\, \sigma_q(\mu) - \int\limits_{-M}^{\mu} \mu\, d\sigma_p(\mu) = 0 \tag{31c}$$

nicht durchweg konstante stetige Lösungen von konvergenter und stetiger

Quadratsumme haben; jede Zeile von $\mathfrak{S}$ liefert solche Lösungen und aus der Zerspaltung von $\mathfrak{S}$ lassen sich alle gewinnen. Von diesem Ansatzpunkt aus hat E. Hellinger[38] eine vom Grenzübergang unabhängige *direkte Begründung* dieser gesamten Theorie entwickelt; sie benutzt als entscheidendes Hilfsmittel die Betrachtung von K als analytischer Funktion von λ und verwendet insbesondere den Cauchyschen Satz zur Herleitung der Integraldarstellung und des Spektrums.

Die gleichen Beispiele haben weiterhin eine eingehendere Behandlung des schon erwähnten Zusammenhanges mit der Kettenbruchtheorie angeregt; sie ist von E. Hellinger und O. Toeplitz[39] durchgeführt worden und stützt sich auf die bekannte Tatsache, daß eine sog. *J-Form (Jacobische Form)*

$$\mathfrak{J}(x, x) = \sum (a_p x_p^2 - 2 b_p x_p x_{p+1}), \qquad b_p \neq 0 \tag{32}$$

in den mit der Koeffizientenmatrix $\mathfrak{J} - \lambda \mathfrak{E}$ gebildeten homogenen Gleichungen die Rekursionsformeln für die Näherungsnenner des Kettenbruches

$$u(\lambda) = \frac{1}{|a_1 - \lambda|} - \frac{b_1^2}{|a_2 - \lambda|} - \frac{b_2^2}{|a_3 - \lambda|} - \cdots \tag{32a}$$

liefert. Eine *beschränkte J-Form* ($|a_p|, |b_p| \leq M_1$) hat stets *einfaches* Streckenspektrum und *einfache* Eigenwerte, die aber im Streckenspektrum liegen können; jede beschränkte quadratische Form mit *solchem* Spektrum kann orthogonal in eine *J*-Form transformiert werden, sogar in unendlichviele verschiedene, und *jede* beschränkte Form daher in eine Summe höchstens abzählbar vieler zueinander orthogonaler *J*-Formen. Der Kettenbruch (32a) erweist sich als erster Koeffizient der Reziproken $(\mathfrak{J} - \lambda \mathfrak{E})^{-1}$, und die Spektraldarstellung (28) liefert für ihn die Stieltjessche Integraldarstellung[40]

$$u(\lambda) = \int\limits_{-M}^{M} \frac{d\sigma(\mu)}{\mu - \lambda}, \tag{32b}$$

wo abweichend von der bisherigen Schreibweise die Beiträge des Punktspektrums in das Integral hineingezogen sind, so daß $\sigma(\mu)$ jetzt Sprungstellen an den Eigenwerten besitzt.

Gibt man die bei $\lambda = \infty$ verschwindende analytische Funktion $u(\lambda)$ durch ihre Potenzentwicklung $\sum c_n \lambda^{-n}$, so ist die monotone Funktion $\sigma(\mu)$ Lösung des Stieltjesschen Momentenproblems[40]

$$-\int\limits_{-M}^{M} \mu^{n-1} d\sigma(\mu) = c_n \qquad (n = 1, 2, \ldots). \tag{32c}$$

Umgekehrt kann man nach F. Riesz[41] aus der Lösung des Momentenproblems die Spektraldarstellung von $\mathfrak{K}(x, x)$ gewinnen, indem man von der Potenzentwicklung (28a) von $K(\lambda; x, x)$ ausgeht und (32c) für deren Koeffizienten, d. s. die von den Parametern x_p abhängenden Werte $c_n = \mathfrak{K}^{n-1}(x, x)$, als rechte Seiten durch eine Funktion $\sigma = \mathfrak{T}(\mu; x, x)$ löst, die sich dann gleichfalls als beschränkte quadratische Form der Parameter x_p erweist.

Weitere Beispiele für die Hilbertsche Theorie liefern die *L-Formen* von O. Toeplitz[55] (vgl. 12).

d) Die Übertragung dieser Theorie auf orthogonale Integralgleichungen mit unstetigem Kern bzw. unendlichem Integrationsintervall (*singuläre Integralgleichungen*) hat Hilbert nur in Vorlesungen für einfache Beispiele angedeutet. Vollständig entwickelt hat sie H. Weyl[42] nach der Methode von **6**; er behandelt die umfassende Klasse der *beschränkten orthogonalen Integralgleichungen* und gewinnt für sie insbesondere die Spektraldarstellungen, die das Fouriersche und verwandte Integraltheoreme in weitgehender Verallgemeinerung enthalten.

11. Spektraltheorie nichtbeschränkter quadratischer Formen und Operatoren. Hilberts Herleitung seiner Theorie liefert auch für *nichtbeschränkte* $\mathfrak{K}$, für die mindestens ein reelles λ nicht Häufungspunkt der Abschnittseigenwerte $\lambda_\alpha^{(n)}$ ist, die Existenz des Grenzwertes einer passenden Teilfolge der Abschnittsreziproken $\mathsf{K}_n(\lambda; x, x)$ bei nichtreellen λ sowie eine Spektraldarstellung (28) für diesen Grenzwert. Hierhin gehören einmal die Formen, die den ursprünglichen Bedingungen der Stieltjesschen Theorie entsprechen[40], andererseits die *halbbeschränkten* Hermiteschen Matrizen ($\mathfrak{K}_n(x, \overline{x}) \leq M$ oder $\geq - M$), die A. Wintner[43] namentlich auch im Hinblick auf die Anwendung in der Quantenmechanik untersucht hat.

Prinzipiell weitertragende Untersuchungen umfassen auch solche Fälle, bei denen *jedes* reelle λ Häufungspunkt der $\lambda_\alpha^{(n)}$, also die *ganze reelle Achse Spektrum* sein kann. Von ihnen ist besonders die Behandlung einer großen Klasse singulärer Integralgleichungen durch T. Carleman[44] hervorzuheben. Auf unendlichviele Veränderliche übertragen beherrscht sie alle quadratischen Formen $\mathfrak{K}$ mit einzeln *konvergenten Zeilenquadratsummen*. Unterschieden werden Formen *zweiter* und *erster Klasse*, je nachdem die mit $\mathfrak{K} - \lambda \mathfrak{E}$ gebildeten homogenen Gleichungen für *ein* nichtreelles λ (und dann auch für *jedes*) eine Lösung mit konvergentem $\sum |x_p|^2 \neq 0$ besitzen oder nicht. In jedem Falle gibt es Spektraldarstellungen (29), wobei das Integral im allgemeinen über $(-\infty, +\infty)$ zu erstrecken ist, und zwar für Formen *zweiter Klasse unendlichviele wesentlich verschiedene*, für solche *erster Klasse*, zu denen die beschränkten gehören, nur eine *eindeutig bestimmte;* für diese bleiben auch weitere Eigenschaften der beschränkten Formen erhalten.

Die besondere Klasse der *beliebigen J-Formen* war vermöge ihrer einfachen formalen Eigenschaften schon früher genauer untersucht worden. Hier hat zuerst J. Grommer[45] mit dem Hilbertschen Grenzübergang Fälle eines die ganze reelle Achse bedeckenden Spektrums behandelt. H. Hamburger[46] hat mit Methoden der Kettenbruchtheorie das Stieltjessche Momentenproblem (32c) für das Intervall $(-\infty, +\infty)$ gelöst und damit auch Aussagen über die Spektraldarstellung der zugehörigen J-Form gewonnen; seine Fälle der Bestimmtheit und Unbestimmtheit entsprechen gerade der Carlemanschen 1. und 2. Klasse. E. HELLINGER[47] hat einen Weg für die Untersuchung jeder J-Form innerhalb der Theorie der unendlichvielen Veränderlichen angegeben, der von den homogenen Gleichungen mit der Matrix $\mathfrak{J} - \lambda\,\mathfrak{E}$ ausgeht und bei dem sich die gleiche Fallunterscheidung wiederfindet.

Ihre weiteste Ausgestaltung hat die Hilbertsche Spektraltheorie in der *Theorie der Hermiteschen Operatoren* von J. v. NEUMANN[48] erhalten. Es sei hier nur von dem Hilbertschen Raum H der Stellen $\mathfrak{x} = (x_p)$ mit *komplexen* Koordinaten und konvergentem $\sum |\,x_p\,|^2 = |\,\mathfrak{x}\,|^2$ die Rede (v. Neumann betrachtet einen axiomatisch definierten abstrakten, aber mit H isomorphen Raum); es sei $c\mathfrak{x} = (c\,x_p)$, $\mathfrak{x} \pm \mathfrak{y} = (x_p \pm y_p)$, $(\mathfrak{x}, \mathfrak{y}) = \sum x_p \bar{y}_p = (\overline{\mathfrak{y}, \mathfrak{x}})$, $(\mathfrak{x}, \mathfrak{x}) = |\,\mathfrak{x}\,|^2$, und ferner seien mit $|\,\mathfrak{x} - \mathfrak{y}\,|$ als „Entfernung" von $\mathfrak{x}, \mathfrak{y}$ die Begriffe Konvergenz, Häufungspunkt u. dgl. in bekannter Weise eingeführt. Ein *linearer Hermitescher Operator* ordnet jedem $\mathfrak{x}$ eines Teilbereiches D von H eine Stelle $\mathfrak{R}\mathfrak{x}$ von H so zu, daß mit $\mathfrak{x}, \mathfrak{y}$ auch $c\mathfrak{x} + d\mathfrak{y}$ zu D gehört und $\mathfrak{R}(c\mathfrak{x} + d\mathfrak{y}) = c\mathfrak{R}\mathfrak{x} + d\mathfrak{R}\mathfrak{y}$ ist, daß ferner die linearen Kombinationen je endlichvieler Stellen von D in H überall dicht liegen und daß endlich für je zwei Stellen aus D

$$(\mathfrak{x}, \mathfrak{R}\,\mathfrak{y}) = (\mathfrak{R}\,\mathfrak{x}, \mathfrak{y})\,. \tag{33}$$

Die wegen (33) in D reelle Zahl $(\mathfrak{x}, \mathfrak{R}\mathfrak{x})$ tritt an Stelle des Wertes der Hermiteschen Form bei Hilbert und erlaubt unmittelbar *beschränkte* und *definite* Operatoren zu definieren. Zur Bestimmung eines Operators gehört wesentlich sein *Definitionsbereich* D; ein Hermitescher Operator $\mathfrak{R}^*$ heißt *Fortsetzung* von $\mathfrak{R}$, wenn sein D* den Bereich D enthält und $\mathfrak{R}^*\mathfrak{x} = \mathfrak{R}\mathfrak{x}$ in D ist; ein *maximaler* Operator $\mathfrak{R}$ hat keine von ihm verschiedene Fortsetzung. Zu noch wichtigeren Operatoren führt folgender Begriff: $\mathfrak{z}$ heißt *Erweiterungselement* von $\mathfrak{R}$, $\mathfrak{z}^*$ ihm zugeordnet, wenn $(\mathfrak{z}, \mathfrak{R}\mathfrak{x}) = (\mathfrak{z}^*, \mathfrak{x})$ für alle $\mathfrak{x}$ aus D ist, ohne daß $\mathfrak{z}$ notwendig dem Definitionsbereich einer Fortsetzung angehört, also $(\mathfrak{z}, \mathfrak{z}^*)$ reell ist; ist für alle Erweiterungselemente eines maximalen Operators $(\mathfrak{z}, \mathfrak{z}^*)$ reell, so heißt er *hypermaximal*. Für solche $\mathfrak{R}$ gibt v. Neumann eine genau (29) entsprechende, eindeutig bestimmte Spektraldarstellung

$$(\mathfrak{R}\,\mathfrak{x}, \mathfrak{y}) = \int\limits_{-\infty}^{\infty} \mu\, d(\mathfrak{T}(\mu)\,\mathfrak{x}, \mathfrak{y}); \tag{33a}$$

$\mathfrak{T}(\mu)$ ist ein der Hilbertschen Form $\mathfrak{T}(\mu; x, x)$ (also ohne Abtrennung der Sprungstellen) entsprechender, vom Parameter μ abhängiger, beschränkter, definiter Hermitescher Operator, der den (28c), (28d), (28e) analogen Zusammensetzungsrelationen

$$\mathfrak{T}(\mu_1)\,(\mathfrak{T}(\mu_2)\,\mathfrak{x}) = \mathfrak{T}(\mu_1)\,\mathfrak{x} \quad \text{für} \quad \mu_1 \leq \mu_2 \tag{33b}$$

genügt, für $\mu \to \mp\infty$ in die Operatoren $\mathfrak{D}$ ($\mathfrak{D}\mathfrak{x} = 0$) bzw. $\mathfrak{E}$ ($\mathfrak{E}\mathfrak{x} = \mathfrak{x}$) übergeht, und für den $\int\limits_{-\infty}^{+\infty} \mu^2 d \mid \mathfrak{T}(\mu)\mathfrak{x} \mid^2$ in D konvergiert. Der Beweis beruht auf einem der *Cayley*schen Darstellung der unitären Matrizen in der Algebra analogen Verfahren: Der durch $\mathfrak{y} = \mathfrak{K}\mathfrak{x} + i\mathfrak{x}$, $\mathfrak{z} = \mathfrak{K}\mathfrak{x} - i\mathfrak{x}$ mit $\mathfrak{x}$ in D definierte Operator $\mathfrak{z} = \mathfrak{U}\mathfrak{y}$ ist längentreu ($\mid \mathfrak{y} \mid = \mid \mathfrak{z} \mid$) und besitzt für hypermaximales $\mathfrak{K}$ den Definitionsbereich H, den er unitär in sich transformiert, ist dann also beschränkt; für ihn kann daher im wesentlichen im Rahmen der Hilbertschen Theorie eine Spektraldarstellung gewonnen werden, deren Integral über den Einheitskreis statt über die reelle Achse erstreckt ist[49]. Die angedeutete Transformation führt dann zu (33a).

Für maximale, aber nicht hypermaximale Operatoren $\mathfrak{K}$ erweist sich eine solche Spektraldarstellung als *unmöglich*, jedoch lassen sie sich aus einem bestimmten, nicht reellen Hermiteschen Operator $\mathfrak{N}$ aufbauen: $\mathfrak{K}$ ist reduzibel auf höchstens abzählbar viele Hermitesche Operatoren, von denen einer hypermaximal oder endlichdimensional, die andern isomorph $\pm \mathfrak{N}$ sind; dabei ist die Reduzibilität von Matrizen sinngemäß unter Benutzung der Zerlegung von H in orthogonale Teilräume auf Operatoren übertragen. Übrigens sind $\pm \mathfrak{N}$ irreduzibel, während jeder hypermaximale Operator, wie schon eine beschränkte Form, entsprechend einer beliebigen Zerlegung des Spektrums reduzibel ist.

Hinsichtlich ihrer unitär orthogonalen Transformierbarkeit weisen die unbeschränkten Operatoren und Matrizen, wie v. Neumann weiter gezeigt hat, ein von den beschränkten Matrizen ganz wesentlich verschiedenes Verhalten auf, was insbesondere für die quantentheoretischen Anwendungen bedeutsam ist.

Für die zahlreichen weiteren Untersuchungen zur Operatorentheorie sei auf die ausführliche systematische Darstellung von M. H. STONE[50] verwiesen.

12. Weitere Untersuchungen über Bilinearformen und lineare Transformationen. a) Von der großen Reihe der an die Hilbertschen Begriffsbildungen anschließenden Untersuchungen über unsymmetrische Matrizen und die mit ihnen gebildeten Bilinearformen können hier nur einige der wichtigsten erwähnt werden[51]. Zunächst hat nach O. TOEPLITZ[52] eine beschränkte Matrix $\mathfrak{A}$ dann und nur dann eine eindeutige beschränkte Reziproke, wenn die symmetrischen definiten Matrizen $\mathfrak{A}\mathfrak{A}'$, $\mathfrak{A}'\mathfrak{A}$ je eine besitzen, und eine beschränkte symmetrische definite Matrix $\mathfrak{K}$ dann und nur dann, wenn der Wertvorrat von $\mathfrak{K}(x, x)$ für $\sum x_p^2 = 1$ eine positive untere Schranke hat. Andere Beweise dafür, daß $\mathfrak{K}^{-1}$ unter dieser Bedingung existiert, haben E. HILB und K. FRIEDRICHS gegeben[53]; die Verfahren von Toeplitz und Friedrichs liefern übrigens auch für nicht beschränkte Formen ein wesentliches Teilresultat.

Viel weiter gehen die Untersuchungen von E. Schmidt[54] über die Lösung des Systemes

$$\sum_{(q)} a_{pq} x_q = y_p \tag{34}$$

unter der einzigen Voraussetzung, daß jede der Quadratsummen $\sum_{(q)} a_{pq}^2$, $\sum x_p^2$, $\sum y_p^2$ konvergiert. Auf Grund eines genauen Studiums der orthogonalen Geometrie von H, an die in der Folge sehr vielfach angeknüpft worden ist, gelingt ihm die Angabe der Bedingungen für die y_p, unter denen (34) lösbar ist, sowie der Lösungen selbst durch *explizite Formeln*, die Grenzwerte von Determinantenquotienten oder Entwicklungen nach geeigneten orthogonalen Vektoren enthalten.

In der *Spektraltheorie* der unsymmetrischen Matrizen sind naturgemäß (vgl. **9**, Ende) nur besondere Fälle behandelt worden. Erwähnt seien zunächst die von O. Toeplitz[55] untersuchten *L-Formen* $\sum\limits_{p,\,q=-\infty}^{+\infty} a_{q-p} x_p y_q$, die bei geeigneten Konvergenzbedingungen den Laurentschen Reihen $f(z) = \sum\limits_{n=-\infty}^{+\infty} a_n z^n$ derart isomorph sind, daß Addition und Multiplikation der Matrizen den gleichen gewöhnlichen Operationen mit den Reihen entsprechen; ihr „Spektrum" besteht aus den Werten $f(z)$ für $|z| = 1$, und die Cauchyschen Integralformeln für die a_n geben ein Analogon der Spektraldarstellung bzw. für symmetrische Formen diese selbst. Dieses Spektrum ist von Bedeutung für die Entscheidung des dem Problem der orthogonalen Äquivalenz quadratischer Formen entsprechenden der Ähnlichkeit beliebiger L-Formen. Neuerdings ist es gelungen, die Spektraltheorie der viel größeren Klasse der *normalen Formen* (vgl. **9**) zu gewinnen, und zwar hat A. Wintner die *beschränkten* normalen Matrizen behandelt und J. v. Neumann die Theorie für *unbeschränkte normale Operatoren* vollständig durchgeführt[56]. — Endlich seien an weiteren Resultaten ein Satz von W. Schmeidler über die durch Transformation im Sinne der Äquivalenz zu erreichenden Normalformen jeder beschränkten Matrix sowie das dem Trägheitsgesetz algebraischer quadratischer Formen entsprechende Kriterium A. Wintners für die Äquivalenz beschränkter Hermitescher Formen erwähnt[57].

b) Während alles bisher Erwähnte sich auf H oder einen zu H oder einem Teil von ihm isomorphen Raum (z. B. den der stetigen Funktionen) bezieht, sind lineare Gleichungen auch vielfach in durch verschiedene andere Konvergenzbedingungen definierten Räumen von unendlichvielen Veränderlichen oder von Funktionen untersucht worden. Es handelt sich dabei neben zahlreichen Einzelresultaten vor allem um die Übertragung der Hilbertschen Auflösungstheorie von **7** oder der Schmidtschen Theorie von **12a**[58]; für die Gesamtheit dieser Arbeiten kann hier nur auf das zusammenfassende Referat in Ency. II C 13, Nr. 20, 22d, 24b verwiesen werden. Seitdem sind diese und weitere Untersuchungen von F. HAUSDORFF und ST. BANACH unter etwas verschiedenen Gesichtspunkten zu einheitlichen Theorien der linearen Räume und der linearen Operationen in ihnen zusammengefaßt worden[59]; sie beruhen auf abstrakt axiomatischer Einführung eines Entfernungsbegriffes und damit einer Metrik im linearen Raume, woraus sich dann die Charakterisierung der zuzulassenden linearen Operationen durch Linearität und Stetigkeit ergibt. Von anderen Gesichtspunkten aus haben neuerdings G. KÖTHE und O. TOEPLITZ[60] lineare Räume R von durch unendlichviele Koordinaten x_p bestimmten Stellen $\mathfrak{x}$ behandelt. Nicht ein Entfernungsbegriff, sondern eine Definition des Limes einer Punktfolge ist das Primäre: Der *duale Raum* R* ist die Menge der Stellen u, für die $\sum u_p x_p$ für alle $\mathfrak{x}$ aus R absolut konvergiert; dann ist $\mathfrak{x} = \lim_{n \to \infty} \mathfrak{x}^{(n)}$, falls für *jede* Stelle u aus R* $\sum u_p x_p = \lim_{n \to \infty} \sum u_p x_p^{(n)}$ ist. Mit der Frage nach dem System der linearen Transformationen von Räumen R und den zugehörigen Matrizensystemen werden ältere Untersuchungen von E. HELLINGER und O. TOEPLITZ[34] wieder aufgenommen und wesentlich ausgedehnt. Das Ziel ist, für weitere Klassen linearer Räume solche vollständigen Auflösungstheorien zu ermöglichen, wie sie O. TOEPLITZ für die zum Raum *aller* $\mathfrak{x}$ gehörige Klasse der „zeilenfiniten" Matrizen und G. KOETHE und O. TOEPLITZ für ihre „halbfiniten" Matrizen entwickelt haben[61].

13. Potenzreihen unendlichvieler Veränderlicher und nichtlineare Gleichungen. Über den Bereich der linearen und quadratischen Funktionen unendlichvieler Variabler ist Hilbert nur gelegentlich hinausgegangen. Einmal hat er (Grundz. Kap. XI, XIII) den Begriff der Vollstetigkeit für *jede* in H_1 definierte Funktion aufgestellt und hat darauf hingewiesen, daß die vollstetigen Funktionen eine Gruppeneigenschaft besitzen und daß sich auf sie der Weierstraßsche Satz über die Existenz des Maximums einer stetigen Funktion übertragen läßt (vgl. 8). Weiter hat er im Rahmen allgemeiner Darlegungen über die Analysis der unendlichvielen Veränderlichen (Abh. 6) die Untersuchung *analytischer Funktionen* unendlichvieler komplexer Veränderlicher angegriffen, das sind Reihen mit komplexen Koeffizienten der Gestalt $c + \sum c_p x_p + \sum c_{pq} x_p x_q + \cdots$, die in einem nicht notwendig in H enthaltenen Bereich $|x_p| \leq \delta_p$ absolut konvergieren; sie haben bei geeigneten Festsetzungen die Gruppeneigenschaft, verhalten sich aber hinsichtlich analytischer Fortsetzbarkeit völlig anders als Funktionen endlichvieler Veränderlicher. Diese Potenzreihen hatte übrigens bereits früher H. v. KOCH[62] bei der Auflösung unendlichvieler nichtlinearer Gleichungen mit unendlichvielen Unbekannten gebildet und angewandt, und andererseits entsprechen ihnen im Raum der stetigen Funktionen genau die *Integralpotenzreihen*, mit denen E. SCHMIDT[63] eine seither sehr viel angewendete Theorie der *nichtlinearen*

Integralgleichungen entwickelt hatte. Wegen dieser und der zahlreichen Arbeiten, die sich in der Folge mit ihnen beschäftigt haben, kann hier nur auf die Darstellung in Ency. II C 13, Nr. 25 verwiesen werden.

III. Anwendungen der Integralgleichungstheorie.

A. Eigenwerttheorie der Randwertaufgaben.

14. Gewöhnliche Differentialgleichungen. Gemäß dem am Anfang seiner 1. Mitteilung aufgestellten Programm (vgl. 5) wandte Hilbert seine Integralgleichungstheorie zuerst auf die die Ansätze der Schwingungslehre zusammenfassenden und verallgemeinernden Randwertaufgaben bei gewöhnlichen Differentialgleichungen 2. Ordnung an. Er betrachtet (Grundz. Kap. VII) den sich selbst adjungierten linearen homogenen Differentialausdruck

$$\mathfrak{L}(u) \equiv \frac{d}{dx}\left(p\frac{du}{dx}\right) + qu \quad \text{in} \quad a \leq x \leq b, \tag{35}$$

wo $p(x) > 0$ stetig differenzierbar, $q(x)$ stetig ist. Für ihn gilt die der klassischen Formel der Potentialtheorie entsprechende *Greensche Formel*

$$\int_a^b \{v\,\mathfrak{L}(u) - u\,\mathfrak{L}(v)\}\,dx = \left[p\left\{v\frac{du}{dx} - u\frac{dv}{dx}\right\}\right]_a^b \tag{35a}$$

mit je zwei in $a \leq x \leq b$ zweimal stetig differenzierbaren Funktionen; für Funktionen, die noch gewissen, die rechte Seite zum Verschwinden bringenden Randbedingungen genügen, bedeutet sie offenbar eine Symmetrieeigenschaft des Differentialoperators $\mathfrak{L}(u)$. Von solchen Randbedingungen berücksichtigt Hilbert verschiedene oft vorkommende Typen, von denen hier nur drei genannt seien:

$$u(a) = u(b) = 0, \tag{36a}$$

$$u'(a) + h_1 u(a) = u'(b) + h_2 u(b) = 0, \tag{36b}$$

$$u(a) = h\,u(b), \qquad h\,p(a)\,u'(a) = p(b)\,u'(b). \tag{36c}$$

Auch Fälle eines in a oder b verschwindenden $p(x)$ können berücksichtigt werden, indem man daselbst eine geeignete Bedingung wählt, die ein Integral von

$$\mathfrak{L}(u) = 0 \tag{37a}$$

bis auf einen konstanten Faktor bestimmt.

Zur Behandlung einer *Randwertaufgabe*, d. h. zur Bestimmung einer zwei solchen Randbedingungen (R) genügenden, zweimal stetig differenzierbaren Lösung von

$$\mathfrak{L}(u) + f(x) = 0, \tag{37}$$

bedient sich Hilbert nach dem Vorbild der Potentialtheorie einer *Greenschen Funktion* $G(x, \xi)$, wie sie in speziellen charakteristischen Fällen bereits H. Burkhardt[64] angewendet hatte. $G(x, \xi)$ ist eine von dem Parameter ξ ($a \leq \xi \leq b$)

abhängige, für $a \leq x \leq b$, $x \neq \xi$ zweimal stetig differenzierbare Lösung von (37a), die bei $x = \xi$ selbst stetig ist, während die Grenzwerte ihrer Ableitung dort existieren und der Sprungrelation

$$\lim_{x \to \xi + 0} \frac{\partial G(x, \xi)}{\partial x} - \lim_{x \to \xi - 0} \frac{\partial G(x, \xi)}{\partial x} = -\frac{1}{p(\xi)}$$

genügen, und die (R) identisch in ξ erfüllt. Sie kann aus partikulären Lösungen von (37a) leicht zusammengesetzt werden, wenn (37a) keine (R) genügende, zweimal stetig differenzierbare Lösung besitzt (so direkt bei A. KNESER[66]); existiert aber eine solche, etwa $\psi(x)$, so können die gleichen Resultate durch Verwendung einer sonst denselben Bedingungen genügenden Lösung einer Gleichung der Art $\mathfrak{L}(u) = \psi(x)\,\psi(\xi)$ (Greensche Funktion *im erweiterten Sinne*) erreicht werden. Durch Anwendung von (35a) wird nun geschlossen, daß $G(x, \xi)$ eine *symmetrische* Funktion ist, sowie daß die (R) genügende Lösung von (37) durch

$$u(x) = \int_a^b G(x, \xi)\, f(\xi)\, d\xi \qquad (37\,\mathrm{b})$$

dargestellt wird und daß umgekehrt, falls $u(x)$ zweimal stetig differenzierbar ist und (R) erfüllt, (37b) als Integralgleichung $f(x) = -\mathfrak{L}(u)$ zur einzigen Lösung hat.

Nunmehr kann Hilbert das die Schwingungstheorie umfassende (vgl. **1**) Eigenwertproblem lösen: λ heißt *Eigenwert* einer Randwertaufgabe für die homogene Differentialgleichung

$$\mathfrak{L}(\varphi) + \lambda \varphi = 0, \qquad (38)$$

wenn diese eine nicht identisch verschwindende Lösung (*Eigenfunktion*) $\varphi(x)$ besitzt. Die Beziehung zwischen (37) und (37b) ergibt, daß dann gleichzeitig

$$\varphi(x) - \lambda \int_a^b G(x, \xi)\, \varphi(\xi)\, d\xi = 0 \qquad (38\,\mathrm{a})$$

ist, d. h. die Eigenwerte und Eigenfunktionen des Randwertproblems sind identisch mit denen des symmetrischen Kernes $G(x, \xi)$. Aus der Theorie von **5** kann daher leicht entnommen werden: Es gibt *unendlichviele, durchweg reelle Eigenwerte* λ_ν, die zugehörigen Eigenfunktionen $\varphi_\nu(x)$ bilden bei geeigneter Normierung ein *Orthogonalsystem*, und *jede zweimal stetig differenzierbare, (R) genügende Funktion kann*, da sie in der mit (13a) übereinstimmenden Gestalt (37b) darstellbar ist, *in eine absolut und gleichmäßig konvergente Reihe* (13b) *nach den* $\varphi_\nu(x)$ *auf Fouriersche Weise entwickelt werden*. Die Theorie kann unmittelbar darauf ausgedehnt werden, daß in (38) statt $\lambda \varphi$ ein Glied $\lambda k(x)\varphi$ mit gegebenem *positivem* $k(x)$ auftritt. Diese Sätze enthalten, wie es Hilbert gewollt hatte, für spezielle p, q, k die grundlegenden Aussagen über die Entwicklungen nach trigonometrischen Funktionen, Legendreschen Polynomen,

Besselschen Funktionen, Sturm-Liouvilleschen Normalfunktionen und weiteren Funktionssystemen der mathematischen Physik.

Von weiteren Eigenschaften hat Hilbert besonders die Beziehung zur Variationsrechnung betont, die den Extremaleigenschaften der Eigenwerte der Integralgleichung (vgl. 5, S. 103) entspricht. Die Eigenwerte erweisen sich jetzt als sukzessive Minima des Integrals

$$\mathfrak{D}(u) = \int_a^b \left\{ p\left(\frac{du}{dx}\right)^2 - qu^2 \right\} dx, \quad \text{falls} \quad \int_a^b u^2\, dx = 1 \tag{39}$$

und falls wiederum der Reihe nach geeignete lineare Nebenbedingungen hinzugefügt werden, und sie werden für die entsprechenden Eigenfunktionen angenommen (vgl. dazu auch 17, S. 131). Übrigens wird $\mathfrak{D}(u)$ gleich der für die Funktion $\mathfrak{L}(u)$ gebildeten quadratischen Integralform (12) von G, und daher sind für $q \leq 0$ alle $\lambda_\nu > 0$, für beliebiges stetiges q aber nur *endlichviele negativ*. Die Minimaleigenschaften von $\mathfrak{D}(u)$ erlauben, wie R. G. D. RICHARDSON[65] auf Veranlassung von Hilbert durchgeführt hat, die wichtigen Sätze über Anzahl und Lage der Nullstellen der $\varphi_\nu(s)$ (*Oszillationseigenschaften*) naturgemäß herzuleiten.

Die Hilbertsche Herleitung der Entwicklungssätze ist in mannigfacher Weise modifiziert worden; das Ziel war namentlich, den Bereich der zugelassenen Funktionen entsprechend dem mit älteren Methoden in speziellen Fällen erreichten größeren Umfang zu erweitern, insbesondere auch auf solche in den Anwendungen wichtige Funktionen, die nicht die gegebenen Randbedingungen erfüllen und einzelne *Unstetigkeiten* besitzen. Große Bedeutung hat hier der *Mercersche Satz* (5, S. 104) gewonnen, der auf $G(x, \xi)$ anwendbar ist und damit die Entwicklung einer Funktion mit unstetiger Ableitung liefert. Vor allem hat A. KNESER[66] in eingehenden Untersuchungen diese Probleme wesentlich gefördert. Die Eigenwerttheorie ist mehrfach auch auf Differentialgleichungen *höherer Ordnung* übertragen worden[67].

Wie man durch *Kombination verschiedener Randbedingungen* sehr viel kompliziertere Eigenwertprobleme analog lösen kann, hat Hilbert in seiner 6. Mitteilung (Grundz. Kap. XX) an einem Beispiel aus der Theorie der *automorphen Funktionen* gezeigt: Es ist in

$$\frac{d}{dx}\left(p\frac{du}{dx}\right) + (x + \lambda)u = 0, \quad \text{wo} \quad p = (x - a)(x - b)(x - c), \quad a < b < c \tag{40}$$

der Parameter λ so zu bestimmen, daß der Integralquotient bei Umläufen des komplexen x um die reellen singulären Stellen a, b, c, ∞ lineare Substitutionen mit *reellen* Koeffizienten erfährt. Dieser Bedingung kann die reelle Form gegeben werden, daß (40) eine für $a \leq x \leq c$, $x \neq b$ reelle stetige, bei $x = b$ durch zwei reelle Potenzreihen $\mathfrak{P} \not\equiv 0$, $\mathfrak{Q}$ in der Gestalt

$$u = \mathfrak{P}(x - b) \log |x - b| + \mathfrak{Q}(x - b) \tag{40'}$$

ausdrückbare Lösung besitzt. Damit liegt eine genau nach der allgemeinen Methode anzugreifende Randwertaufgabe für $a \leq x \leq c$ vor, wobei endliches Verhalten bei a, c vorgeschrieben und jede Lösung über b gemäß (40') fortzusetzen ist; aus der Integralgleichung ergibt sich die Existenz *unendlichvieler Eigenwerte λ* der gewünschten Art[68].

15. Partielle Differentialgleichungen. Es liegt im Wesen der Hilbertschen Methode, daß sie sich genau auf partielle Differentialgleichungen übertragen läßt (Grundz. Kap. VIII). Es wird — für mehr als zwei Veränderliche gilt Analoges — der sich selbst adjungierte homogene lineare elliptische Differentialausdruck

$$\mathfrak{L}(u) \equiv \frac{\partial}{\partial x}\left(p\frac{\partial u}{\partial x}\right) + \frac{\partial}{\partial y}\left(p\frac{\partial u}{\partial y}\right) + q\,u \tag{41}$$

in einem von einer hinreichend stetigen Kurve C begrenzten Gebiet J der x-y-Ebene betrachtet, wobei auf J und C $p(x\,y) > 0$ stetig differenzierbar, $q(x\,y)$ stetig ist. Dann gilt für je zwei auf J und C zweimal stetig differenzierbare Funktionen u, v die *Greensche Formel*

$$\iint\limits_{(J)} \{v\,\mathfrak{L}(u) - u\,\mathfrak{L}(v)\}\,dx\,dy = \int\limits_C p\left\{u\frac{\partial v}{\partial n} - v\frac{\partial u}{\partial n}\right\}ds, \tag{41a}$$

wo s die Bogenlänge auf C, n ihre nach J gerichtete Normale bedeutet. Es werden wiederum solche homogene Randbedingungen betrachtet, die die rechte Seite verschwinden lassen, wie z. B.

$$u = 0 \text{ auf } C \qquad \text{oder} \tag{42a}$$

$$\frac{\partial u}{\partial n} + h\,u = 0 \text{ auf } C, \qquad h = h(s) \text{ gegeben;} \tag{42b}$$

ferner können gewisse lineare Relationen zwischen den Werten $u, \frac{\partial u}{\partial n}$ in einander eineindeutig zugeordneten Randpunkten oder, falls p auf C von gewisser Art verschwindet, die Forderung endlichen Verhaltens von u bei Annäherung an C vorgeschrieben sein; auf verschiedenen Teilen von C können auch verschiedene Randbedingungen vorliegen.

Die *Randwertaufgabe*, eine auf J und C zweimal stetig differenzierbare Lösung von

$$\mathfrak{L}(u) + 2\pi f(x\,y) = 0 \tag{43}$$

zu finden, die einer jener Randbedingungen genügt, wird wieder mit Hilfe ihrer *Greenschen Funktion* $G(x\,y, \xi\eta)$ angegriffen. Dabei ist G eine von dem in J variablen Parameterpunkt $\xi\eta$ abhängige Funktion von $x\,y$, die als solche mit Ausnahme der Stelle $\xi\eta$ eine zweimal stetig differenzierbare Lösung von $\mathfrak{L}(u) = 0$ ist, in der Umgebung von $\xi\eta$ in der Gestalt

$$\left.\begin{array}{l} G(x\,y, \xi\eta) = S_1(x\,y, \xi\eta) \log\{(x - \xi)^2 + (y - \eta)^2\} + S_2(x\,y, \xi\eta), \\ 2\,S_1(\xi\eta, \xi\eta)\,p(\xi\eta) = -1 \end{array}\right\} \tag{44}$$

mit nach $x\,y$ zweimal stetig differenzierbaren S_1, S_2 darstellbar ist, und endlich identisch in $\xi\eta$ die betrachtete Randbedingung erfüllt. Über die Existenz
einer solchen Funktion G vgl. 20; existiert sie nicht, so kann sie wie in 14 durch
eine Greensche Funktion im erweiterten Sinne ersetzt werden. Aus (41a)
folgt nun wieder einerseits die *Symmetrieeigenschaft* $G(x\,y,\,\xi\eta) = G(\xi\eta,\,x\,y)$,
andererseits die Tatsache, daß die Randwertaufgabe (43) und die Integralgleichung

$$u(x\,y) = \iint\limits_{(J)} G(x\,y,\,\xi\,\eta)\,f(\xi\,\eta)\,d\xi\,d\eta \qquad (43\,\mathrm{a})$$

die gleiche Beziehung zwischen $u(x\,y)$ und $f(x\,y)$ darstellen.

Nun werden genau wie in 14 die *Eigenwerte* der Randwertaufgabe, für die

$$\mathfrak{L}(\varphi) + \lambda\,k(x\,y)\,\varphi = 0\,, \qquad \text{wo} \quad k > 0 \quad \text{in} \quad J\,, \qquad (45)$$

eine zweimal stetig differenzierbare, der Randbedingung genügende, nicht
triviale Lösung (*Eigenfunktion*) besitzt, als Eigenwerte einer zweidimensionalen
orthogonalen Integralgleichung im Integrationsgebiet J mit denselben Eigenfunktionen erkannt, und damit folgt die *Existenz der Eigenwerte* und die *Entwickelbarkeit gegebener Funktionen nach Eigenfunktionen* im analogen Umfang
wie dort. Hierin sind speziell die Sätze enthalten, die H. POINCARÉ[6] über
$\varDelta u + k^2 u = 0$ aufgestellt hat.

Liegt J auf einer beliebigen Fläche im Raume, so läßt sich die gleiche
Theorie für einen dem Beltramischen Differentialparameter nachgebildeten
Differentialausdruck an Stelle von (41) entwickeln. Ist die Fläche geschlossen
und singularitätenfrei, so wird als neuer Typus einer Randbedingung die
Forderung möglich, daß sich u überall auf der Fläche regulär verhält (vgl. 21);
als Spezialfall folgen hier die Entwicklungen nach Kugelflächenfunktionen[69].

Hilbert hat (Grundz. Kap. X) noch einen andern Typus von Eigenwert-
problemen behandelt, bei dem der *Parameter in der Randbedingung* auftritt:
Es sind nicht identisch verschwindende Lösungen von $\mathfrak{L}(u) = 0$ zu finden,
für die $\dfrac{\partial u}{\partial n} + \lambda u = 0$ auf C ist; er führt dieses Problem durch eine geeignete
Greensche Funktion auf eine orthogonale Integralgleichung mit dem Inte-
grationsgebiet C zurück.

Auch diese Hilbertschen Untersuchungen haben zahlreiche Fortbildungen
und Verschärfungen erfahren, wofür wiederum besonders Arbeiten von
A. KNESER zu nennen sind[70].

16. Randwertaufgaben im polaren Falle und für Systeme. Durch das
gleiche Verfahren wie in 14 kann Hilbert (Grundz. Kap. XVI) die Randwertaufgaben für die Differentialgleichung

$$\mathfrak{L}(u) + \lambda\,k(x)\,u = 0\,, \qquad \text{wo} \quad q(x) \leq 0\,, \qquad (46)$$

falls $k(x)$ in $(a,\,b)$ endlich oft sein Vorzeichen wechselt — ein Fall, der früheren

Methoden nicht zugänglich war — auf polare Integralgleichungen zurückführen und so vollständig behandeln. Es existieren hier *je unendlichviele positive und negative Eigenwerte*, die Eigenfunktionen bilden bis auf den Faktor $\sqrt{|k|}$ ein *polares System* und jede viermal stetig differenzierbare, die Randbedingungen und gewisse Bedingungen an den Nullstellen von k erfüllende Funktion läßt sich nach ihnen entwickeln. Analoges gilt für partielle Differentialgleichungen; wegen weiterer Resultate vgl. 18.

Im Zusammenhang damit entwickelt Hilbert die Eigenwerttheorie für solche Systeme von zwei Differentialgleichungen 2. Ordn., die aus einem zwei unbekannte Funktionen enthaltenden Variationsproblem der Art (39) entstehen. Mit Hilfe einer der Greenschen Funktion entsprechenden ähnliche Unstetigkeiten aufweisenden symmetrischen *Greenschen Matrix* von vier Funktionen wird die Randwertaufgabe in ein System von zwei Integralgleichungen umgesetzt, die unmittelbar zu einer zusammengefaßt werden können; diese wird orthogonal oder polar, je nachdem der Integrand der Nebenbedingung des Variationsproblemes definit ist oder nicht, und ergibt in beiden Fällen die entsprechenden Existenz- und Entwicklungssätze. Analoges gilt für partielle Differentialgleichungen[71].

Darüber hinaus hat Hilbert gelegentlich darauf hingewiesen[72], daß man auch für gewisse Systeme von Differentialgleichungen *erster* Ordnung in ähnlicher Weise eine Eigenwerttheorie entwickeln kann (vgl. auch 20, S. 134), bei der die Entwicklungssätze dann nur die Existenz *einer* Ableitung voraussetzen.

Von anderer Art ist ein System zweier simultaner, *zwei Parameter* enthaltender Differentialgleichungen, das Hilbert als Beispiel der zum *Kleinschen Oszillationstheorem* führenden Probleme behandelt hat (Grundz. Kap. XXI): λ, μ sind so zu bestimmen, daß

$$\frac{d}{dx}\left(p\,\frac{du}{dx}\right) + (\lambda q + \mu r)\,u = 0, \qquad \frac{d}{dx_1}\left(p_1\,\frac{du_1}{dx_1}\right) - (\lambda q_1 + \mu r_1)\,u_1 = 0 \qquad (47)$$

in $a \leq x \leq b$, $a_1 \leq x_1 \leq b_1$ nicht identisch, aber an den Enden verschwindende Eigenlösungen besitzen; dabei sollen $p, p_1, q, q_1 > 0$ und $qr_1 - rq_1 \not\equiv 0$ sein. Durch Elimination von λ wird für $w = u(x)\cdot u_1(x_1)$ eine sich selbst adjungierte elliptische, orthogonale oder polare Differentialgleichung mit dem Parameter μ hergestellt, die für unendlichviele Eigenwerte μ_n auf dem Rande des Rechtecks $a \leq x \leq b$, $a_1 \leq x_1 \leq b_1$ verschwindende Lösungen $w_n(x, x_1)$ besitzt. Setzt man ein solches μ_n in eine der Gleichungen (47) ein, so hat man zur Bestimmung von λ ein gewöhnliches Eigenwertproblem, und die Sätze über Eigenfunktionen zeigen, daß w_n eine Summe *endlichvieler* Produkte entsprechender Lösungen von (47) wird. Damit ist insbesondere der fundamentale *Entwicklungssatz* gewonnen, daß sich jede in dem genannten

Rechteck gegebene Funktion unter gewissen Bedingungen nach Produkten
der Eigenfunktionspaare von (47) entwickeln läßt. Sind die Gleichungen (47)
dieselbe *Lamé*sche Differentialgleichung für verschiedene Intervalle, so ergibt sich das Kleinsche Oszillationstheorem[73].

**17. Abhängigkeit der Eigenwerte von den Randbedingungen und asym-
ptotisches Verhalten.** Diese Fragen, die in den älteren Eigenschwingungs-
theorien gemäß den dort gebrauchten Methoden eine große Rolle spielten,
traten in der Integralgleichungstheorie zunächst etwas zurück. Hilbert selbst
hat nur für ein besonderes Randwertproblem, aber nach einer allgemein an-
wendbaren Methode die stetige Abhängigkeit der Eigenwerte von einem in der
Differentialgleichung enthaltenen Parameter bewiesen (Grundz. Kap. XVIII,
Satz 47; vgl. 22, S. 136). Erst H. WEYL und R. COURANT haben nach verschiedenen Methoden die hierhin gehörigen, für Theorie und Anwendungen
wichtigen Probleme vollständig behandelt und damit auch die älteren, zum
großen Teil nur auf Grund physikalischer Betrachtungen[74] vermuteten Resultate exakt begründet.

Die Methode von H. WEYL[75] folgt der Hilbertschen Zurückführung der
Randwertaufgaben auf Integralgleichungen und beruht auf folgender, auch
für die Integralgleichungslehre bedeutsamen Ungleichung zwischen den der
Größe und Vielfachheit nach geordneten positiven Eigenwerten λ_n, λ'_n, λ''_n
dreier durch $k(s, t) = k'(s, t) + k''(s, t)$ verknüpften reellen symmetrischen
Kerne: $\lambda_{m+n-1}^{-1} \leq \lambda_m'^{-1} + \lambda_n''^{-1}$; speziell ist hierin, falls k'' *positiv definit* ist,
die Aussage $\lambda_m \leq \lambda'_m$, und falls k'' nur endlichviele (N) Eigenwerte besitzt,
die $\lambda_{m+N} \geq \lambda'_m$ enthalten. Durch Vergleich der Greenschen Funktion eines
beliebigen Randwertproblems mit denen einfacher Gebiete (z. B. Kreise oder
Quadrate) von bekanntem Verhalten oder mit denen einfacherer Differentialgleichungen kann Weyl nunmehr asymptotische Abschätzungen der Eigenwerte und weitere Aussagen über ihr Verhalten gewinnen. Es sei hier nur
ein Resultat erwähnt: Ist λ_n der n-te Eigenwert, der Größe und Vielfachheit
nach gezählt, für (45) und die Randbedingung $u = 0$, so gilt

$$\lim_{n \to \infty} \frac{4\pi n}{\lambda_n} = \iint\limits_{(J)} \frac{k(x\,y)}{p(x\,y)}\,dx\,dy\,.$$

Auch Systeme von Differentialgleichungen (Hohlraumstrahlung und Eigenschwingungen elastischer Körper) werden behandelt.

Demgegenüber vermeidet die Methode von R. COURANT[76] den Umweg über
die Aufstellung einer Integralgleichung, indem sie die in der Integralgleichungstheorie entwickelten Gedankengänge *direkt* auf die Randwertaufgaben anwendet; sie benutzt dabei Begriffsbildungen der Variationsrechnung in eigen-
artiger Fortführung Hilbertscher Ideen aus den Arbeiten zum Dirichletschen
Prinzip. Das Wesentliche ist dabei eine von Courant entdeckte, nicht rekur-

sive Definition jedes Eigenwertes eines Randwertproblems (vgl. damit 5, S. 103 und 14, S. 126), die z. B. für das Problem (45) lautet: Es seien $g_\nu(x, y)$ $(\nu = 1, \ldots n - 1)$ beliebig gegebene stückweise stetige Funktionen in J und d sei die *untere Grenze* der Werte des hier (39) entsprechenden Dirichletschen Integrales

$$\mathfrak{D}(u) = \iint\limits_{(J)} \left\{ p\left(\frac{\partial u}{\partial x}\right)^2 + p\left(\frac{\partial u}{\partial y}\right)^2 - q\,u^2 \right\} dx\,dy \qquad (48)$$

für alle den n Nebenbedingungen

$$\iint\limits_{(J)} k\,u^2\,dx\,dy = 1\,, \qquad \iint\limits_{(J)} k\,u\,g_\nu\,dx\,dy = 0 \qquad (\nu = 1, \ldots n - 1) \qquad (48a)$$

und der Randbedingung genügenden stückweis stetig differenzierbaren Funktionen $u(x\,y)$; dann ist λ_n das *Maximum* von d für alle möglichen Funktionensysteme g_ν, und es wird erreicht für $g_\nu = \varphi_\nu$, $u = \varphi_n$, wo φ_ν die zu λ_ν gehörige Eigenfunktion ist. Die einfache Bemerkung, daß d und damit λ_n nicht abnimmt, wenn man den Bereich der zugelassenen Funktionen u durch zusätzliche Bedingungen einschränkt, erlaubt nun unmittelbar Eigenwerte verschiedener Randwertaufgaben der Größe nach zu vergleichen, und — unter Rückgriff auf spezielle Randwertprobleme bekannten Verhaltens — asymptotische Formeln für mannigfache Randbedingungen in Ebene und Raum sowie scharfe Abschätzungen ihrer Genauigkeit zu gewinnen; die Methode ist auch auf Systeme und auf Differentialgleichungen höherer Ordnung anwendbar[77] und kann übrigens auch zur Aufstellung allgemeiner Oszillationseigenschaften der Eigenfunktionen benutzt werden.

18. Direkte Anwendung der Theorie der unendlichvielen Veränderlichen. Hilbert hat gelegentlich (Abh. 6, S. 62f.) darauf hingewiesen, daß man mit Hilfe eines vollständigen Orthogonalsystems auch direkt, ohne die Zwischenstation der Integralgleichung, von einem Randwertproblem zu unendlichvielen Gleichungen übergehen kann, wenn sich in diesem System die auftretenden Differentiationsoperationen durch leicht übersehbare Transformationen der Fourierkoeffizienten ausdrücken. L. LICHTENSTEIN[78] hat zuerst diese Methode angewandt und durch ihren Ausbau neue Eigenwertprobleme gelöst. Für die einfachste Randwertaufgabe (s. 14)

$$\frac{d^2 u}{dx^2} + \lambda\,k(x)\,u = 0\,, \qquad (49) \qquad\qquad u(0) = u(\pi) = 0 \qquad (49a)$$

ausgesprochen, stellt sich sein Verfahren so dar: (49) wird durch die Integralidentität

$$\int\limits_0^\pi \left\{ \frac{du}{dx}\,\frac{dv}{dx} - \lambda\,k(x)\,u\,v \right\} dx = 0 \qquad (49b)$$

ersetzt, die für jedes zweimal stetig differenzierbare und (49a) genügende $v(x)$ gelten soll; wird nun

$$u(x) = \sum \frac{u_\alpha}{\alpha} \sin \alpha x , \quad v(x) = \sum \frac{v_\alpha}{\alpha} \sin \alpha x \tag{50}$$

gesetzt, d. h. sind u_α, v_α Fourierkoeffizienten von $\frac{du}{dx}, \frac{dv}{dx}$ in bezug auf die $\cos \alpha x$, also Größen von konvergenter Quadratsumme, so geht (49b) über in die Identität in den v_α

$$\mathfrak{E}(u, v) - \lambda \, \mathfrak{K}(u, v) \equiv \sum_{(\alpha)} u_\alpha v_\alpha - \lambda \sum_{(\alpha, \beta)} \frac{u_\alpha v_\beta}{\alpha \beta} \int\limits_0^\pi k(x) \sin \alpha x \sin \beta x \, dx = 0 ,$$

wo $\mathfrak{K}$ eine symmetrische *vollstetige* Bilinearform ist. Daher werden die Eigenwerte λ_ν von (49) identisch mit den Eigenwerten von $\mathfrak{K}$ (in der Bezeichnung von 8), während Eigenfunktionen und Eigenlösungen durch Entwicklungen (50) zusammenhängen, und die Eigenfunktionen sich als orthogonales oder polares System herausstellen, je nachdem $k(x)$ eines Zeichens ($\mathfrak{K}$ definit) ist oder nicht. Die orthogonale Transformation von $\mathfrak{K}$ gibt die Entwickelbarkeit aller *einmal* stetig differenzierbaren, den Randbedingungen genügenden Funktionen. — In analoger Weise behandelt Lichtenstein verschiedene Eigenwertprobleme gewöhnlicher und partieller Differentialgleichungen 2. Ordn.[79], wobei nur an Stelle der bei (49) im Grunde als Eigenfunktionen des Falles $k = 1$ auftretenden $\sin \alpha x$ die schon als bekannt anzunehmenden Eigenfunktionen einfacherer Randwertaufgaben verwendet werden. Wesentlich ist, daß dabei stets auch das *polare* Problem auf die *orthogonale* Transformation einer quadratischen Form zurückgeführt wird, und daß die Entwicklungssätze unter wesentlich weiteren Bedingungen erhalten werden, als mit den Integralgleichungsmethoden.

19. Eigentlich singuläre Randwertaufgaben. Bei Randwertaufgaben für Differentialgleichungen mit stärkeren Singularitäten können statt oder neben der regulären Eigenwertverteilung auch Spektren der in 10, 11 behandelten Art vorkommen, so daß in den Entwicklungssätzen auch *Integralbestandteile* nach Art des Fourierschen Doppelintegrals auftreten; auf allgemeinere Erscheinungen dieser Art hat wohl zuerst W. WIRTINGER[80] hingewiesen. Hilbert hat die Anwendbarkeit seiner Theorie hierauf gelegentlich in Vorlesungen angedeutet (vgl. ein Beispiel einer Greenschen Funktion für ein solches Problem in Grundz. S. 44). Eine größere Anzahl typischer Randwertaufgaben dieser Art hat zuerst E. HILB[81] behandelt, indem er das an einen singulären Punkt der Differentialgleichung heranreichende Intervall durch reguläre Intervalle approximiert, für diese das Randwertproblem durch den Übergang (s. 14, 6) über die Integralgleichung zur vollstetigen Form löst, und in deren orthogonaler Quadratdarstellung endlich den Grenzübergang ausführt; so kommt er ohne explizite Benutzung der Spektraltheorie u. a. bei gewöhnlichen Differentialgleichungen zu den Fourierschen und den zum Wirtingerschen Fall gehörigen Integraldarstellungen, bei der Potentialgleichung zu solchen nach Laméschen Funktionen.

In ganz anderer Weise hat H. WEYL[82] das singuläre Randwertproblem für gewöhnliche Differentialgleichungen (45) gelöst. Durch Anwendung der Approximation mit regulären Intervallen auf den Fall nichtreellen Parameters $\lambda = i$ entdeckt er die Unterscheidung zweier Typen der Singularität (*Grenzkreis-* und *Grenzpunktfall*), die der Sache nach mit der späteren Klassenunterscheidung bei nichtbeschränkten Formen (11, S. 119) übereinstimmt. Im zweiten Fall kann er mit Hilfe einer durch die Approximation gewonnenen Greenschen Funktion das Problem in eine im Sinne seiner Theorie (s. 10d) beschränkte symmetrische Integralgleichung überführen und erhält aus deren Spektraltheorie die zur Randwertaufgabe gehörigen Integraldarstellungen.

B. Auflösungstheorie der Randwertaufgaben.

20. Randwertaufgaben bei elliptischen Differentialgleichungen. Die *Auflösungstheorie* bestimmter Randwertaufgaben der *Potentialtheorie* war für J. FREDHOLM[83] gemäß seinem Ausgangspunkt (s. 3, 4) die erste Anwendung seiner Integralgleichungstheorie. Der Ansatz der Potentialfunktion durch eine Doppelbelegung des Randes ergab für die erste Randwertaufgabe direkt eine Integralgleichung mit dem Rand als Integrationsgebiet, die er durch seine Theorie beherrschen konnte. Die Übertragung dieser Methode auf allgemeine elliptische Differentialgleichungen bedarf in erster Linie der Bestimmung einer dem $\log r$ der Potentialtheorie entsprechenden *Grundlösung*, d. h. einer zunächst an keine Randbedingung gebundenen, bis auf eine Singularität der Art (44) regulären Lösung der homogenen Differentialgleichung; E. E. LEVI[84] hat diese Aufgabe auf die Lösung von Integralgleichungen zurückgeführt.

Hilbert hat diese *elliptischen Randwertprobleme* von einem andern Ansatzpunkt aus auf zweidimensionale Integralgleichungen zurückgeführt (Grundz. Kap. IX). Handelt es sich zunächst um die Bestimmung der auf C verschwindenden Lösung der etwas spezialisierten Gleichung (43)

$$\Delta u + \frac{\partial P}{\partial x}\frac{\partial u}{\partial x} + \frac{\partial P}{\partial y}\frac{\partial u}{\partial y} = F(x, y), \tag{51}$$

so verwendet er die bekannte, zur gleichen Randbedingung gehörige Greensche Funktion von $\Delta u = 0$ und erhält durch Anwendung der Greenschen Formel von Δu eine Integralgleichung für u mit dem Integrationsgebiet J, in der zunächst noch $\frac{\partial u}{\partial x}$, $\frac{\partial u}{\partial y}$ auftreten. Durch Produktintegration entsteht daraus eine gewöhnliche Integralgleichung zweiter Art, deren Kern nur so unendlich wird, daß die Theorie mit geeigneten Modifikationen angewendet werden kann und die Existenz der gesuchten Lösung ergibt. In bekannter Weise folgt hieraus die Existenz der Greenschen Funktion, und der Übergang zur allgemeinen Gleichung (43) kann mit Hilfe der Integralgleichungstheorie vollzogen werden.

Die Randwertaufgabe $\frac{\partial u}{\partial n} = 0$ wird hierauf durch eine Transformation zurückgeführt, die die Relation zwischen konjugierten Potentialen verallgemeinert; dabei ergibt sich eine Gruppe interessanter Integralformeln, die als Spezialfall die oft angewandten *Hilbertschen Reziprozitätsformeln* des ctg-Kernes enthalten[85]: Es ist stets zugleich

$$u(s) = \int_0^1 \operatorname{ctg} \pi(s - t)\, v(t)\, dt, \qquad v(s) = -\int_0^1 \operatorname{ctg} \pi(s - t)\, u(t)\, dt, \qquad (52)$$

wo u, v Funktionen mit verschwindendem Integral sind, für die die Cauchyschen Hauptwerte beider Integrale existieren. Mit diesen Resultaten kann auch die Randwertaufgabe (42b) auf eine Integralgleichung zurückgeführt werden (vgl. **15**, S. 128). Diese Methoden sind in außerordentlich zahlreichen Untersuchungen ausgebaut worden, namentlich auch um die Bedingungen für die zulässigen Koeffizienten der Differentialgleichung und die zulässigen Gebiete und Randkurven zu erweitern; es kann hier nur auf das ausführliche Referat in Encykl. II C 12, L. LICHTENSTEIN, verwiesen werden.

Von *Differentialgleichungen höherer Ordnung* haben A. HAAR und J. HADAMARD $\Delta\Delta u$ nach analogen Methoden behandelt[86]. Hilbert selbst hat seine Theorie auf ein *System partieller Differentialgleichungen erster Ordnung* ausgedehnt (Grundz. Kap. XVII); mit Hilfe einer aus den Greenschen Funktionen von Δu gewonnenen Greenschen Matrix (vgl. **16**, S. 129) wird das Problem wiederum auf simultane Integralgleichungen zurückgeführt und ein vollständiger Auflösungssatz für die Randwertaufgabe gewonnen. Diese Methoden sind auch auf andere Differentialgleichungssysteme, namentlich auch in der mathematischen Physik auftretende, vielfach angewendet worden[87].

21. Die Methode der Parametrix. Hilbert hat in seiner 6. Mitteilung[88] noch eine andere Methode zur Zurückführung von Integralgleichungen auf Randwertaufgaben angegeben (Grundz. Kap. XVIII); sie ist dadurch ausgezeichnet, daß sie *nicht* die Kenntnis von speziellen Lösungen der Differentialgleichung oder von Lösungen einfacherer Differentialgleichungen voraussetzt. Im Grunde nimmt sie eine allgemeine Idee rein algebraischer Art auf, die bereits B. RIEMANN[89] in seiner klassischen Arbeit über Wellenfortpflanzung nachdrücklich formuliert hat: Wie man in der Algebra durch Kombination linearer Gleichungen mit gewissen Faktoren neue einfachere und womöglich nur eine Unbekannte enthaltende herleitet, so multipliziere man die lineare Differentialgleichung mit einem solchen Faktor P, daß nach Integration nur noch der Wert der unbekannten Funktion an einer einzigen Stelle erscheint.

Der Kern der Hilbertschen Methode besteht nun in der Bemerkung, daß dieser Prozeß zwar nicht zu diesem Wert, wohl aber auf eine Integralgleichung 2. Art für ihn führt, wenn jenes von zwei Punkten des Gebietes abhängige P nur die Singularität der Greenschen Funktion besitzt und die Randbedingungen erfüllt.

Hilbert stellt sein Verfahren für einen auf der Vollkugel $\mathfrak{k}$ eindeutig und regulär definierten elliptischen Differentialausdruck $\mathfrak{L}(u)$ und die Randbedingung endlichen eindeutigen Verhaltens auf $\mathfrak{k}$ dar. Dann existiert ein ebensolcher adjungierter Differentialausdruck $\mathfrak{M}(u)$, und es gilt die Greensche Formel

$$\int_{\mathfrak{k}} \{v \, \mathfrak{L}(u) - u \, \mathfrak{M}(v)\} \, d\mathfrak{k} = 0. \tag{53}$$

Als *Parametrix* $P(s, s_1)$ bezeichnet Hilbert eine Funktion zweier Punkte s, s_1 von $\mathfrak{k}$, die überall auf $\mathfrak{k}$ beliebig oft stetig differenzierbar ist, außer wenn s, s_1 zusammenfallen, die dann aber eine geeignet definierte logarithmische Singularität nach Art derjenigen der Greenschen Funktion besitzt, und die endlich in s, s_1 symmetrisch ist; eine solche Parametrix kann durch elementare Betrachtungen gebildet werden. Ist nun $f(s)$ eine gegebene überall auf $\mathfrak{k}$ stetige Funktion, so wird die Bestimmung einer auf $\mathfrak{k}$ stetigen eindeutigen Lösung von $\mathfrak{L}(u) = f$ durch das angedeutete Verfahren unter Benutzung von (53) auf die Integralgleichung zweiter Art

$$u(s_1) - \int_{(\mathfrak{k})} \mathfrak{M}(P) \, u(s) \, d\mathfrak{k} = - \int_{(\mathfrak{k})} P f \, d\mathfrak{k} \tag{53a}$$

zurückgeführt, deren Kern von 1. Ordnung unendlich ist und für die daher die bekannten Auflösungssätze gelten. Durch genaue Untersuchung der Beziehungen zwischen (53a) und der zugehörigen homogenen und der transponierten Gleichung einerseits und den Randwertproblemen für $\mathfrak{L}, \mathfrak{M}$ andererseits ergeben sich für unsere Randwertaufgabe die vollständigen, den bekannten algebraischen Sätzen entsprechenden Auflösungssätze; insbesondere folgt auch die Existenz einer Greenschen Funktion im eigentlichen oder erweiterten Sinne[90]. Ist $\mathfrak{L}$ speziell *sich selbst adjungiert*, so werden diese Greenschen Funktionen *symmetrisch*, und es kann entsprechend zu **15** die Eigenwerttheorie hergeleitet und das zugehörige Variationsproblem aufgestellt und behandelt werden.

Hilbert hat darauf hingewiesen, daß diese Methode auch auf andere Differentialgleichungen, insbesondere solche von hyperbolischem und parabolischem Typus, anwendbar ist[91].

C. Besondere Probleme.

22. Minkowskis Theorie von Volumen und Oberfläche. Eine besonders interessante spezielle Anwendung der Eigenwerttheorie, die Hilbert gemacht hat und bei der zugleich die Begriffe von **21** zur Geltung kommen,

bezieht sich auf H. Minkowskis Theorie der konvexen Körper (Grundz. Kap. XIX). Ein den Nullpunkt im Innern enthaltender konvexer Körper sei gegeben durch seine Tangentialebenen

$$\alpha x + \beta y + \gamma z = H(x,y,z), \quad \text{wo} \quad H(\lambda x, \lambda y, \lambda z) = \lambda H(x,y,z) \quad \text{für } \lambda > 0 \quad (54)$$

eine homogene Funktion 1. Grades ist und α, β, γ die Richtungscosinus der Normalen bedeuten. Der die Theorie liefernde Differentialausdruck wird nun so gewonnen: Es sei Ω eine zweimal stetig differenzierbare Funktion auf der Einheitskugel $\mathfrak{k}$, dann ist $W = \sqrt{x^2 + y^2 + z^2}\,\Omega$ homogen ersten Grades und daraus folgt, daß der Differentialausdruck

$$\mathfrak{L}(\Omega) = (W,H) = \frac{1}{x^2}\left(\frac{\partial^2 W}{\partial y^2}\frac{\partial^2 H}{\partial z^2} - 2\frac{\partial^2 W}{\partial y\,\partial z}\frac{\partial^2 H}{\partial y\,\partial z} + \frac{\partial^2 W}{\partial z^2}\frac{\partial^2 H}{\partial y^2}\right), \quad x \neq 0 \quad (55)$$

bei jeder Vertauschung von x, y, z sich gleich bleibt, daß er also im Sinne von **21** überall auf $\mathfrak{k}$ *eindeutig definiert* ist; ferner ergibt sich, daß er *elliptisch* und *sich selbst adjungiert* ist.

Nunmehr wird das Eigenwertproblem für die Differentialgleichung

$$\mathfrak{L}(\Omega) + \lambda (H,H) R H^{-1} \Omega = 0, \quad R = \sqrt{x^2 + y^2 + z^2} \quad (55a)$$

unter der Bedingung regulären Verhaltens von Ω auf $\mathfrak{k}$ gestellt; es wird gezeigt, daß $\lambda = -1$ ein einfacher, $\lambda = 0$ ein dreifacher Eigenwert ist, daß die zugehörigen Eigenfunktionen bzw. $H(\alpha, \beta, \gamma), \alpha, \beta, \gamma$ sind, und daß alle andern Eigenwerte positiv sind. Der Beweis beruht darauf, daß (55a) durch stetige Variation eines Parameters in die bekannte Differentialgleichung der Kugelfunktionen (für $H = R$) übergeführt und die Änderung der Eigenwerte dabei verfolgt wird (vgl. **17**, Anfang). Die bekannten Extremaleigenschaften der Eigenwerte besagen jetzt (vgl. **5**, S. 103; **14**, S. 126), daß für jede richtig normierte zu den genannten vier Eigenfunktionen in bezug auf (55a) orthogonale Funktion das zugehörige Dirichletsche Integral

$$\mathfrak{D}(\Omega) = -\int\limits_{(\mathfrak{k})} H(W, W)\,d\mathfrak{k}$$

nicht unterhalb des fünften Eigenwertes liegt, also positiv ist. Indem man aus einem beliebigen homogenen $G(x,y,z)$ ersten Grades und den vier Eigenfunktionen eine jenen Bedingungen genügende lineare Kombination bildet, erschließt man hieraus die Ungleichung

$$\left\{\int\limits_{(\mathfrak{k})} G(H,H)\,d\mathfrak{k}\right\}^2 \geq \int\limits_{(\mathfrak{k})} H(H,H)\,d\mathfrak{k} \int\limits_{(\mathfrak{k})} H(G,G)\,d\mathfrak{k},$$

und da diese Integrale nach Minkowski gerade den gemischten Volumina der mit H, G gebildeten Körper (54) bzw. dem Volumen von (54) selbst proportional sind, ist damit die *fundamentale quadratische Ungleichung* der Minkowskischen Theorie gewonnen.

23. Integralgleichungen der mathematischen Physik. Am Schluß seiner
6. Mitteilung (Grundz. Kap. XXII, abgedr. Math. Ann. Bd. 72, S. 562) hat
Hilbert die Theorie der symmetrischen Integralgleichungen *direkt* auf
die *Begründung der kinetischen Gastheorie* angewendet. Es bestimme

$$F = F(xyz, \xi\eta\zeta, t)$$

die Anzahl der gleich groß angenommenen Gasmoleküle, für die zur Zeit t
die Mittelpunktskoordinaten in einem Raumelement $dx\,dy\,dz$ an der Stelle xyz
und die Geschwindigkeitskomponenten in einem Element $d\omega = d\xi\,d\eta\,d\zeta$
bei $\xi\eta\zeta$ liegen. Stoßen zwei Moleküle mit den Geschwindigkeiten $\xi\eta\zeta$, $\xi_1\eta_1\zeta_1$
in der Richtung $\mathfrak{x}\mathfrak{y}\mathfrak{z}$ ($\sum\mathfrak{x}^2 = 1$) zusammen, so erhalten sie die Geschwindigkeiten

$$\xi' = \xi + \mathfrak{x}W, \quad \xi_1' = \xi_1 - \mathfrak{x}W, \quad \text{wo} \quad W = \sum\mathfrak{x}(\xi_1 - \xi); \tag{56}$$

die Gleichungen für die andern Koordinaten lauten analog und $\sum$ ohne Zusatz
bedeutet Summation über die drei Koordinatenrichtungen. Werden dann mit
F_1, F', F_1' (und ebenso für andere Funktionen) die Funktionen bezeichnet,
die aus F durch Ersetzung der $\xi\eta\zeta$ bzw. durch $\xi_1\eta_1\zeta_1, \xi'\eta'\zeta', \xi_1'\eta_1'\zeta_1'$ entstehen, so genügt F der *Maxwell-Boltzmann*schen Fundamentalformel

$$\iint |W| (F'F_1' - FF_1)\,d\omega_1\,d\mathfrak{x} = \sum\left(X\frac{\partial F}{\partial\xi} + \xi\frac{\partial F}{\partial x} + \frac{\partial F}{\partial t}\right); \tag{57}$$

dabei bedeutet XYZ die als Funktion von xyz, t gegebene, auf die Massen-
einheit bezogene äußere Kraft und die Integration ist über den ganzen Raum
$\xi_1\eta_1\zeta_1$ sowie über die Kugelfläche $\sum\mathfrak{x}^2 = 1$ zu erstrecken. Die Aufgabe ist,
eine nirgends negative Lösung der quadratischen Integralgleichung (57) zu
finden, die für alle t endlich und stetig bleibt und die verschwindet, sowie
eines der ξ, η, ζ unendlich wird.

Hilbert setzt F als folgende nach Potenzen des positiven Parameters λ
fortschreitende Reihe an:

$$F = \Phi\lambda^{-1} + \Psi + X\lambda + \cdots; \tag{58}$$

dann genügt zunächst Φ der Gleichung

$$\iint |W| (\Phi'\Phi_1' - \Phi\Phi_1)\,d\omega_1\,d\mathfrak{x} = 0 \tag{58a}$$

und den soeben für F angegebenen Bedingungen und kann daher nach Boltzmann explizit als eine Exponentialfunktion von $\xi\eta\zeta$ ausgedrückt werden, die
noch fünf willkürliche Funktionen von xyz, t (Dichte ϱ, Temperatur T, mittlere Geschwindigkeit uvw) enthält. Alsdann ergibt (57) für das zweite Glied Ψ
die lineare Gleichung

$$\iint |W| (\Phi'\Psi_1' + \Phi_1'\Psi' - \Phi\Psi_1 - \Phi_1\Psi)\,d\omega_1\,d\mathfrak{x}$$
$$= \sum\left(X\frac{\partial\Phi}{\partial\xi} + \xi\frac{\partial\Phi}{\partial x} + \frac{\partial\Phi}{\partial t}\right). \tag{58b}$$

Das wesentliche ist nun, daß (58b) genau in eine *Integralgleichung zweiter Art*
für eine Hilfsfunktion $\varphi = \varphi(\xi\eta\zeta)$, die bis auf eine Variablentransformation
gleich $\Psi : \Phi$ ist, übergeführt werden kann:

$$\varphi - \int K(r, r_1, s)\, \varphi_1\, d\omega_1 = f, \quad \text{wo} \quad r = \sqrt{\Sigma \xi^2}, \quad s = \Sigma \xi\, \xi_1; \qquad (59)$$

dabei ist f durch die rechte Seite von (58b) bekannt, und K ist eine durch
Exponentialfunktionen explizit angebbare Funktion, und zwar *symmetrisch*
in $\xi\eta\zeta$ und $\xi_1\eta_1\zeta_1$. Ferner wird K bei $\xi = \xi_1$, $\eta = \eta_1$, $\zeta = \zeta_1$ von 1. Ordnung
unendlich und ist sonst im Endlichen überall stetig; im Unendlichen aber
verhält es sich so, daß K^2 wohl einmal nach $d\omega_1$ über den ganzen Raum integrierbar ist, nicht aber dann zum zweitenmal nach $d\omega$. E. Hecke[92] konnte
jedoch unter Heranziehung der Entwicklung nach Kugelfunktionen beweisen,
daß der *fünfte iterierte Kern* von K nach $d\omega$ und $d\omega_1$ quadratisch integrierbar
ist und daß also auf ihn und damit auch auf K die reguläre Integralgleichungstheorie anwendbar ist.

Weiterhin ergibt sich, daß die homogene Integralgleichung (59) genau die
fünf linear unabhängigen Lösungen 1, ξ, η, ζ, r^2 besitzt; darüber hinaus hat
E. Hecke[92] gezeigt, daß K *definit* und dieser Eigenwert 1 sein kleinster ist.
(59) selbst ist also dann und nur dann lösbar, wenn f zu diesen fünf Eigenfunktionen orthogonal ist, und darin sprechen sich nach Einsetzen der Lösung Φ
von (58a) gerade die hydrodynamischen und thermodynamischen Grundgleichungen für ein ideales Gas aus, die ϱ, T, uvw durch ihre Werte für $t = 0$
bestimmen. Die Lösung von (59) ist dann bis auf eine lineare Kombination
der fünf Eigenfunktionen mit fünf von xyz, t willkürlich abhängigen Faktoren
bestimmt.

Weiterhin ergibt sich zur Bestimmung des dritten Gliedes X eine Integralgleichung derselben Gestalt (59) mit einer von Ψ abhängenden rechten Seite.
Ihre Lösbarkeitsbedingungen legen die soeben noch unbestimmt gebliebenen
Faktoren durch ihre Werte bei $t = 0$ fest, und ihre Lösung enthält zunächst
wieder fünf willkürliche Funktionen von xyz, t, die beim nächsten Schritt
durch ihre Anfangswerte bestimmt werden. Bei der Fortführung der sukzessiven Konstruktion von F treten alle diese willkürlichen Funktionen so zusammen,
daß nur fünf Funktionen von x, y, z entsprechend den Anfangswerten von
ϱ, T, uvw willkürlich bleiben. Für einen Konvergenzbeweis dieses Approxi-
mationsverfahrens liegen bemerkenswerte Vorarbeiten in dem Resultat von
E. Hecke[92] vor, daß die sämtlichen auftretenden Integralgleichungen sich durchweg auf solche in *einer* Variablen und sogar auf gewöhnliche Differentialgleichungen zurückführen lassen. Weitere Ausführungen zu dieser Methode, insbesondere auch zu ihrer numerischen Durchführung, hat D. Enskoog[93] gegeben.

Es sei noch erwähnt, daß Hilbert auch die *elementare Strahlungstheorie*
auf eine Integralgleichung verwandter Art zurückgeführt hat[94].

24. Riemannsche Probleme der Funktionentheorie.

In seiner 3. Mitteilung (Grundz. Kap. X) hat Hilbert die **Auflösungstheorie der Integralgleichungen** zur Behandlung solcher allgemeiner *Randwertaufgaben der Funktionentheorie* benutzt, bei denen für eine oder mehrere analytische Funktionen lineare Relationen zwischen den Werten der Real- und Imaginärteile in einem oder mehreren Randpunkten vorgeschrieben sind[95]. Probleme dieser Art hat zuerst B. RIEMANN in seiner Dissertation (Abschn. 19) gestellt, und sie gipfeln in seinem klassischen Theorem von der *Existenz einer linearen Differentialgleichung mit vorgegebener Monodromiegruppe* und mit vorgegebenen singulären Punkten; der erste vollständige Beweis dieses Theorems ist das Hauptergebnis Hilberts in dieser Richtung.

Das einfachste Problem, in dem Hilberts Methode zur Geltung kommt, ist die Bestimmung je einer im Innengebiet J bzw. im Außengebiet J^* einer einfachen geschlossenen Kurve C regulär analytischen Funktion $w(z)$ bzw. $w^*(z)$, deren Werte in einem Punkt s von C die Relation

$$w^*(s) = c(s)\,w(s) \tag{60}$$

erfüllen, unter $c(s) \neq 0$ eine auf C gegebene komplexe, zweimal stetig differenzierbare Funktion verstanden. Die Methode beruht auf der Bemerkung, daß Real- und Imaginärteil des Randwertes einer regulär analytischen Funktion durch eine Integraltransformation zusammenhängen, deren Kern die Ableitung einer leicht anzugebenden Greenschen Funktion der Potentialgleichung ist [für den Kreis sind das speziell die Reziprozitätsformeln (52)]. Die Tatsache, daß w und w^* die Randwerte von in J bzw. J^* regulär analytischen Funktionen sind, drückt sich infolgedessen durch je eine Integralgleichung zweiter Art aus, deren Kerne die *gleiche* Unstetigkeit erster Ordnung besitzen; sie können daher mit Hilfe von (60) zu einer eine willkürliche additive Konstante enthaltenden Integralgleichung zweiter Art für w mit *stetigem* Kern kombiniert werden, auf die also die Auflösungstheorie anwendbar ist. Sind für ihre Lösung w und für $w^* = c \cdot w$ zugleich jene beiden andern Bedingungen erfüllt, so sind sie Randwerte und das Problem ist gelöst — wenn nicht, so geben eben die in jene Bedingungen eingehenden Integralausdrücke Anlaß zur Bildung regulär analytischer Funktionen W, W^* in J, J^*, die die konjugiert komplexe Aufgabe

$$W^*(s) = \bar{c}(s) \cdot W(s) \tag{$\overline{60}$}$$

lösen. In jedem Falle aber gibt es Lösungen von (60), die in J bzw. J^* bis auf Pole regulär sind.

Ist $c(s)$ an einer oder mehreren Stellen derart unstetig, daß es beiderseits von ihnen durch verschiedene Potenzreihen darstellbar ist, so kann das Problem durch explizite Angabe zweier in J, J^* regulärer Funktionen mit genau den gleichen Unstetigkeiten in den Randwerten auf den früheren Fall zurückgeführt werden. Weiter aber zeigt Hilbert, daß genau die gleiche Methode zur Bestimmung zweier Systeme von je zwei — und ebenso von je n — in J bzw. J^* bis auf Pole regulären Funktionen führt, deren Randwerte durch eine lineare Substitution

$$w_1^*(s) = c_{11}(s)\, w_1(s) + c_{12}(s)\, w_2(s)\,, \quad w_2^*(s) = c_{21}(s)\, w_1(s) + c_{22}(s)\, w_2(s) \quad (61)$$

mit gegebenen, abteilungsweise analytischen Koeffizienten zusammenhängen. Hierin ist endlich die Lösung des oben genannten Riemannschen Problems enthalten: es sei C eine die gegebenen singulären Punkte der Differentialgleichung verbindende geschlossene Kurve und die Substitutionen (61) haben auf jedem Abschnitt von ihr konstante Koeffizienten gleich denen der betreffenden Umlaufssubstitution der Monodromiegruppe.

Eine wesentlich vereinfachte Darstellung des gleichen methodischen Gedankens zur Lösung dieser Probleme hat J. PLEMELJ[96] gegeben, indem er die Randwertrelationen statt durch Greensche Funktionen durch eine Ausgestaltung des Cauchyschen Integrales darstellt und die Betrachtungen völlig im Gebiet der komplexen Integration durchführt; er gewinnt so auch Aussagen über die Gesamtheit der Lösungen und über Lösungen besonders einfachen Charakters.

Literatur.

1. Das folgende Referat bezieht sich auf die Hilbertschen Abhandlungen „Grundzüge einer allgemeinen Theorie der linearen Integralgleichungen", die in den Göttinger Nachrichten, math.-phys. Klasse, veröffentlicht wurden (1. Mitt. 1904, S. 49—91; 2. Mitt. 1904, S. 213—259; 3. Mitt. 1905, S. 307—338; 4. Mitt. 1906, S. 157—227; 5. Mitt. 1906, S. 439—480; 6. Mitt. 1910, S. 355—417) und unter dem gleichen Titel als Buch (Leipzig: B. G. Teubner 1912 und 1924; im folgenden zitiert als „Grundz.") erschienen sind. Es soll die wichtigsten Resultate dieser Arbeiten, vor allem aber ihren gedanklichen und methodischen Inhalt wiedergeben und ihre Tragweite an einem Teil ihrer umfangreichen Auswirkungen darlegen. Dabei konnten aus der Fülle der Literatur nur solche Untersuchungen erwähnt werden, die Hilbertsche Fragestellungen und Methoden prinzipiell fortbilden oder die direkt an sie anknüpfen, und viele wichtige Arbeiten, die in weniger unmittelbarem Zusammenhange mit ihnen stehen, mußten ungenannt bleiben; zur Ergänzung sei etwa auf den Artikel II C 13, HELLINGER-TOEPLITZ der Encykl. d. math. Wiss. verwiesen.
2. Vgl. die programmatischen Ausführungen in dem für den römischen Kongreß bestimmten Vortrag, Abh. 6 dieses Bandes.
3. Vgl. dazu die ausführliche Darstellung der Entwicklung der Probleme der Integralgleichungstheorie in Encykl. II C 13, Abschn. I.
4. Petropol. Comm. Bd. 6 (1732/33) S. 108.
5. STURM: J. de math. (1) Bd. 1 (1836) S. 106; LIOUVILLE: ibid. Bd. 2 (1837) S. 16.
6. Palermo Rend. Bd. 8 (1894) S. 57.
7. LE ROUX: Ann. Éc. Norm. (3) Bd. 12 (1895) S. 227; VOLTERRA: Rom. Acc. Linc. Rend. (5) Bd. 5₁ (1896) S. 177; Ann. di mat. (2) Bd. 25 (1897) S. 139 und in zahlreichen anderen Veröffentlichungen.

8. FOURIER: Mém. de l'acad. d. sc. Paris Bd. 4 (1819/20) S. 485. ABEL: J. f. Math. Bd. 1 (1826) S. 153.

9. Poggend. Ann. der Physik Bd. 98 (1856) S. 137.

10. Untersuchungen über das logarithmische und Newtonsche Potential. Leipzig 1877, und in zahlreichen Abhandlungen.

11. Acta math. Bd. 20 (1896) S. 59.

12. Acta math. Bd. 27 (1903) S. 365 sowie in einigen vorhergehenden Veröffentlichungen seit 1900.

13. Vgl. dazu Encykl. II C 13, Nr. 2, 20e, 22.

14. HILL: Acta math. Bd. 8 (1886) S. 1. POINCARÉ: Soc. math. Fr. Bull. Bd. 14 (1886) S. 77. v. KOCH: Acta math. Bd. 16 (1892) S. 217 und in zahlreichen anderen Arbeiten seit 1890.

15. Aus diesen sind die ersten Publikationen der Hilbertschen Resultate durch die Dissertationen von O. D. KELLOGG 1902, CH. M. MASON 1903, A. ANDRAE 1903 hervorgegangen (Diss.-Verz. 24, 26, 28).

16. Math. Ann. Bd. 89 (1923) S. 161. Vgl. [76] sowie die Darstellung derselben Definition für Randwertprobleme in 17.

17. Genaueres über diese Grenzübergänge bei E. GARBE: Diss. Tübingen 1914; tiefere Untersuchungen über die genannten und weitere verwandte Modifikationen der Fredholmschen Determinanten bei H. POINCARÉ: Acta math. Bd. 33 (1909) S. 57.

18. Vgl. etwa W. A. HURWITZ: Am. Math. Soc. Trans. Bd. 16 (1915) S. 121 und A. KNESER: Palermo Rend. Bd. 37 (1914) S. 169. — Für die Literatur über die sämtlichen oben genannten Ausdehnungen vgl. Encykl. II C 13, Nr. 36.

19. 1905, Diss.-Verz. 30 = Math. Ann. Bd. 63 (1907) S. 433. — Für die zahlreichen Ausgestaltungen und Modifikationen dieser Theorie s. Encykl. II C 13, Nr. 33, 34. Hier sei nur die prinzipiell bedeutsame Anwendung von H. WEYL (Math. Ann. Bd. 97 (1926) S. 338) auf H. BOHRS Theorie der fastperiodischen Funktionen erwähnt, bei der die Integrale durch Mittelwerte über unendliche Intervalle ersetzt werden (vgl. [50, 55]).

20. Acta soc. fenn. 15 (1885) = Ges. Abh. 1, S. 241.

21. HOLMGREN: Math. Ann. Bd. 69 (1910) S. 498. Wegen weiterer Literatur und der anderen Methoden s. Encykl. II C 13, Nr. 33.

22. Philos. Trans. Roy. Soc., Lond. Bd. 209 A (1909) S. 415.

23. Vgl. Encykl. II C 13, Nr. 34, 35, 36.

24. Summationsindizes, für die nichts anderes angegeben ist, durchlaufen stets alle natürlichen Zahlen 1, 2, ...

25. In dieser Weise hat A. C. DIXON: Cambr. Trans. Bd. 19 (1902) S. 190 offenbar unabhängig von Fredholm die Integralgleichung 2. Art auf ein unendliches Gleichungssystem zurückgeführt und vollständig gelöst, falls alle eingehenden Funktionen in gleichmäßig konvergente Fourierreihen entwickelbar sind.

26. DE LA VALLÉE-POUSSIN: Ann. Soc. sci. Brux. Bd. 17b (1893) S. 18. HURWITZ: Math. Ann. Bd. 57 (1903) S. 425.

27. FISCHER: C. R. Paris Bd. 144 (1907) S. 1022. RIESZ: ibid. S. 615, Gött. Nachr. 1907 S. 116 und in anderen Arbeiten.

28. Analoge Definitionen hierzu und zum folgenden sind mit Hilfe von $\sum |x_\nu|^2$ für komplexe Wertsysteme möglich; vgl. 9, 11.

29. Math. Ann. Bd. 64 (1907) S. 161. Wegen der Methode vgl. Encykl. II C 13, Nr. 10a, 16d, 20a, 20d.

30. Über die zahlreichen anderen mit den dargestellten weniger eng zusammenhängenden Auflösungsmethoden vgl. Encykl. II C 13, Nr. 9, 10b, 17.

31. Diese Methode Hilberts ist auch auf andere Fälle mehrfach direkt angewandt worden, so auf Integralgleichungen von E. Holmgren[21] und R. Courant[16] sowie (mit beliebigen Nebenbedingungen) von W. Cairns, 1907, Diss.-Verz. 39, und auf Funktionaltransformationen von F. Riesz: Math. Ann. Bd. 69 (1910) S. 449.

32. Encykl. II C 13, Nr. 41 a, S. 1562 f. Für Integralgleichungen s. T. Carleman: C. R. Paris Bd. 172 (1921) S. 655.

33. Das ist eine Folge eines Konvergenzsatzes von O. Toeplitz[34], § 10.

34. Den Kalkul mit beschränkten Matrizen und die in ihm geltenden Sätze haben E. Hellinger und O. Toeplitz: Math. Ann. Bd. 69 (1910) S. 289 im Anschluß an Hilbert dargestellt.

35. Mém. sav. étr. Paris Bd. 32, nr. 2 = Ann. fac. sc. Toulouse Bd. 8 (1894) J.; Bd. 9 (1895) A.

36. Hilbert benutzt gemäß der bei Integralgleichungen üblichen Bezeichnung $(\mathfrak{E} - \lambda \mathfrak{K})^{-1}$, während im Text der bequemere und auch hier üblich gewordene Ansatz der Algebra verwendet ist; die Spektren Hilberts bestehen also aus den reziproken Werten der hier eingeführten.

37. H. Hahn: Mh. Math. Phys. Bd. 23 (1912) S. 161 hat diese Integrale durch Lebesguesche ersetzt.

38. J. f. Math. Bd. 136 (1909) S. 210.

39. J. f. Math. Bd. 144 (1914) S. 212; einige Resultate schon bei O. Toeplitz: Gött. Nachr. 1910 S. 489.

40. Stieltjes[35] mit der für den Umfang des Problems nicht wesentlich ins Gewicht fallenden Abweichung, daß das Integrationsintervall von 0 bis ∞ reicht.

41. Gött. Nachr. 1910 S. 190; vgl. auch Équat. lin. à une infin. d'inconn. Chap. V. Paris 1913. Für die weiteren, zum Teil auch durch den Hilbertschen Gedankenkreis beeinflußten Untersuchungen über das Momentenproblem vgl. 11 sowie Encykl. II C 13, Nr. 22 d.

42. Diss.-Verz. 42, 1908 und Math. Ann. Bd. 66 (1908) S. 273. Kurz vorher hatte E. Hilb[81] hierhin gehörige, aus singulären Randwertaufgaben von Differentialgleichungen entstehende Randwertaufgaben behandelt (vgl. 19).

43. Leipz. Ber. Bd. 79 (1927) S. 145 und Spektraltheorie d. unendl. Matr. Leipzig 1929. Halbbeschränkte Operatoren hat neuerdings K. Friedrichs untersucht: Math. Ann. Bd. 109 (1934) S. 465, 685.

44. Uppsala Univ. årskr. 1923. Mat. o. nat. 3. Die Theorie wird durch Grenzübergang von regulären Integralgleichungen aus gewonnen, die quadratischen Formen nachträglich (S. 185 ff.) als Spezialfall gewonnen. — Eine spezielle Differentialgleichung mit dem Spektrum $(-\infty, +\infty)$ hat übrigens bereits H. Weyl: Math. Ann. Bd. 68 (1910) S. 267 erörtert; in dieser Arbeit tritt auch zuerst die gleiche Klasseneinteilung auf (vgl. 19).

45. Diss.-Verz. 57 = J. f. Math. Bd. 144 (1914) S. 114.

46. Math. Ann. Bd. 81 (1920) S. 235; Bd. 82 (1921) S. 120, 168. Wegen der weiteren Literatur zum Momentenproblem s. [41], wegen der Beziehungen zu Differentialgleichungen 19.

47. Math. Ann. Bd. 86 (1922) S. 18. Die hier angewandte Methode entspricht der in [38].

48. Math. Ann. Bd. 102 (1930) S. 49; J. f. Math. Bd. 161 (1929) S. 208. Vgl. auch Mathem. Grundl. d. Quantenmechanik. Berlin 1932. — Die ersten Ansätze dieser Theorie hat v. Neumann im Anschluß an eine Hilbertsche Vorlesung über Quantenmechanik entwickelt, s. Nr. 21 im Verzeichnis c) und v. Neumann: Gött. Nachr. 1927 S. 1.

49. Etwa gleichzeitig hat A. Wintner: Math. Z. Bd. 30 (1929) S. 228 (vgl. auch sein Buch[43]) die Spektraltheorie der unitären Matrizen entwickelt.

50. Amer. Math. Soc. coll. public. Bd. 15. New York 1932. — Neuerdings hat F. Rellich (Math. Ann. Bd. 110 (1935) S. 342) auch Operatoren in nichtseparablen Räumen untersucht, was die Einordnung der Eigenwertprobleme aus der Theorie der fastperiodischen Funktionen gestattet (vgl. [19, 55]).

51. Vgl. im übrigen etwa die Angaben in Encykl. II C 13, Nr. 18, 19.

52. Gött. Nachr. 1907 S. 101; der Beweis benutzt einige einfache und seither oft angewendete Formalsätze des Matrizenkalkuls und die Jakobische Transformation endlicher quadratischer Formen.

53. Hilb: Sitzungsber. phys.-med. Soz. Erlangen Bd. 40 (1908) S. 84 durch eine sehr handliche Umformung der Entwicklung nach Iterierten. Friedrichs: Math. Ann. Bd. 109 (1933) S. 254 durch einen einfachen Minimumschluß.

54. Palermo Rend. Bd. 25 (1908) S. 53.

55. Gött. Nachr. 1907 S. 110; 1910 S. 489; Math. Ann. Bd. 70 (1911) S. 351. Eine Ausdehnung auf zu fastperiodischen Funktionen gehörige Matrizen gibt A. Wintner: Math. Z. 30 (1929) S. 290. Alle diese Begriffe haben vielfache funktionentheoretische Anwendung gefunden.

56. Wintner, a. a. O.[49], Zusatz. v. Neumann: Math. Ann. Bd. 102 (1930) S. 370.

57. Schmeidler: J. f. Math. Bd. 163 (1930) S. 135. Wintner: Math. Z. Bd. 37 (1933) S. 254.

58. In dieser Richtung seien nur erwähnt: F. Riesz: Équat. lin.[41] und Acta math. Bd. 41 (1916) S. 71 sowie E. Helly: Mh. Math. Phys. Bd. 31 (1921) S. 60.

59. Hausdorff: J. f. Math. Bd. 167 (1932) S. 294. Banach: Monogr. matemat. I. Warszawa 1932.

60. J. f. Math. Bd. 171 (1934) S. 193.

61. Toeplitz: Palermo Rend. Bd. 28 (1909) S. 88. Koethe-Toeplitz: J. f. Math. Bd. 165 (1931) S. 116.

62. Stockholm Öfvers. Bd. 56 (1899) S. 395; Soc. math. France Bull. Bd. 27 (1899) S. 215.

63. Math. Ann. Bd. 65 (1908) S. 370.

64. Bull. soc. math. France Bd. 22 (1894) S. 71 unter Benutzung eines Gedankens von E. Picard. — Die erste Veröffentlichung dieser Theorie bei Ch. M. Mason: Diss.-Verz. 26, 1903 = Math. Ann. Bd. 58 (1904) S. 528.

65. Math. Ann. Bd. 68 (1910) S. 279; Bd. 71 (1911) S. 214. Vgl. auch R. König: Diss.-Verz. 40, 1907.

66. Math. Ann. Bd. 63 (1907) S. 477 und in weiteren Arbeiten von ihm und seinen Schülern; zusammenfassende Darstellung in A. Kneser: Integralgleichungen und ihre Anwendung. Braunschweig 1911 und 1922. Ein Haupthilfsmittel bilden die durch genauere Untersuchung des Verhaltens der Eigenfunktionen gewonnenen Entwicklungen der Ableitungen von G. — Auch die Verwendung anderer Kerne mit den gleichen Eigenfunktionen hat sich gelegentlich als zweckmäßig erwiesen; vgl. z. B. W. Lebedeff: Diss.-Verz. 35, 1906.

67. Vgl. z. B. W. D. A. Westfall: Diss.-Verz. 31, 1905. A. Myller: Diss.-Verz. 33, 1906.

68. Vgl. zu diesem Problem F. Klein: Math. Ann. Bd. 64 (1907) S. 175.

69. Potentialtheoretische Anwendungen bei E. Hilb: Math. Ann. Bd. 63 (1906) S. 38. — Vgl. ferner E. Picard: Ann. Ec. Norm. (3) Bd. 26 (1909) S. 9.

70. Palermo Rend. Bd. 27 (1909) S. 117 sowie die in [66] genannten Arbeiten. Für die weitere Literatur sei auf das Referat in Encykl. II C 12, Lichtenstein, Nr. 5 verwiesen, und von neueren Untersuchungen noch die Arbeiten von A. Hammerstein: Sitzungsber. preuß. Akad. 1925 S. 590 und Math. Z. Bd. 27 (1927) S. 269 über Summationsverfahren für die Eigenfunktionsreihen der Greenschen Funktion erwähnt.

71. Solche Probleme in einigen der in [75, 76] genannten Arbeiten von H. WEYL und R. COURANT; vgl. auch J. HADAMARD[86].

72. In Vorlesungen sowie einem Vortrag in der Göttinger Math. Gesellsch.; s. Jber. dtsch. Math.-Ver. Bd. 16 (1907) S. 77.

73. Weiteres über derartige Theoreme, insbesondere auch über die Oszillationseigenschaften der Eigenfunktionen bei R. G. D. RICHARDSON: Math. Ann. Bd. 73 (1912) S. 289; Amer. Math. Soc. Trans. Bd. 13 (1912) S. 22; Amer. Math. Soc. Bull. (2) Bd. 18 (1912) S. 225.

74. Vgl. A. SOMMERFELD: Physik. Z. Bd. 11 (1910) S. 1057. H. A. LORENTZ: ibid. S. 1234.

75. Math. Ann. Bd. 71 (1912) S. 441; J. f. Math. Bd. 141 (1912) S. 1, 163; Bd. 143 (1914) S. 177; Palermo Rend. Bd. 39 (1915) S. 1.

76. Math. Z. Bd. 7 (1920) S. 1; Bd. 15 (1922) S. 195; Gött. Nachr. 1923 S. 81; Acta math. Bd. 49 (1926) S. 1; Gesamtdarstellung in COURANT-HILBERT: Method. d. math. Phys. I. Berlin 1924 und 1931. Für die Anwendung auf Existenzbeweise s. Math. Ann. Bd. 85 (1922) S. 280.

77. Vgl. H. GEPPERT: Math. Ann. Bd. 95 (1926) S. 519; Bd. 98 (1927) S. 264.

78. Palermo Rend. Bd. 38 (1914) S. 113; Math. Z. Bd. 3 (1920) S. 127; Prace mat.-fiz. Bd. 26 (1914) S. 219. Die gleiche Methode hat Lichtenstein auch auf allgemeinere Probleme der Variationsrechnung und andre nichtlineare Probleme angewandt, wobei der allgemeine Begriff der vollstetigen Funktionen (vgl. 13) zur Geltung kommt; s. etwa J. f. Math. Bd. 145 (1914) S. 24; Acta math. Bd. 40 (1915) S. 1.

79. Eine Anwendung auf simultane Differentialgleichungen (vgl. 16) bei H. GEIRINGER: Math. Z. Bd. 12 (1922) S. 1.

80. Math. Ann. Bd. 48 (1897) S. 365.

81. Math. Ann. Bd. 66 (1908) S. 1; vgl. auch [42].

82. Math. Ann. Bd. 68 (1910) S. 220; Gött. Nachr. 1910 S. 442; vgl. auch [44]. Eine Herleitung der gleichen Resultate ohne Integralgleichungstheorie durch komplexe Integration bei E. HILB: Math. Ann. Bd. 76 (1915) S. 333; vgl. dazu die Methode von HELLINGER[38]. Ausdehnung auf Differentialgleichungen 4. Ordnung bei W. WINDAU: Diss.-Verz. 62 = Math. Ann. Bd. 83 (1921) S. 256. — Die analoge Theorie für partielle Differentialgleichungen gibt T. CARLEMAN: Ark. f. mat. 24 B (1934) Nr. 11. Anwendungen der Operatorentheorie auf Differentialgleichungen entwickeln M. H. STONE[50] und K. FRIEDRICHS[43].

83. Stockholm Öfvers. Bd. 57 (1900) S. 39; ähnlich für Randwertaufgaben der Elastizitätstheorie: Ark. f. mat. Bd. 2 (1905) Nr. 28. Von den zahlreichen, die Ausdehnung der Methode auf verschiedene Typen von Randbedingungen und Randkurven behandelnden Arbeiten sei hier nur J. PLEMELJ: Mh. Math. Bd. 15 (1904) S. 337; Bd. 18 (1907) S. 180 und J. RADON: Wien. Ber. Bd. 128 IIa (1919) S. 1123 hervorgehoben; vgl. im übrigen Encykl. II C 3, LICHTENSTEIN, bes. Nr. 17d.

84. Palermo Rend. Bd. 24 (1907) S. 275.

85. Vgl. dazu O. D. KELLOGG: Diss.-Verz. 24 und Math. Ann. Bd. 58 (1904) S. 441.

86. HAAR: Gött. Nachr. 1907 S. 280. HADAMARD: Mém. sav. étrang. Paris (2) Bd. 33 (1908) Nr. 4; dieser behandelt auch die Eigenwerttheorie des Problems.

87. Vgl. z. B. W. A. HURWITZ: Diss.-Verz. 50, 1910. H. WEYL und R. COURANT[71]. L. LICHTENSTEIN: Math. Z. Bd. 20 (1924) S. 21.

88. Vgl. auch die Ankündigung am Ende der 5. Mitteilung (Grundz. S. 212) und in einem Vortrag in der Gött. Math. Ges. [Jber. dtsch. Math.-Ver. Bd. 16 (1907) S. 78]. Verwandte Überlegungen finden sich in den Methoden von E. E. LEVI: Soc. Ital. Mem. (3) Bd. 16 (1909) S. 3 und L. LICHTENSTEIN: Abh. Akad. Berlin 1911, Anh., VI.

89. Gött. Nachr. 1860 = Werke 2. Aufl., S. 170f.

90. Auf andere Fälle angewandt und näher untersucht worden ist die Parametrix-Methode von O. HAUPT: Sitzungsber. Heidelberg 1920 A, 16; Math. Ann. Bd. 88 (1922) S. 136.

91. Grundz. S. 212; vgl. dazu M. MATHISSON: Math. Ann. Bd. 107 (1933) S. 400. — Daß Randwertaufgaben hyperbolischer und parabolischer Differentialgleichungen von vielen Autoren unter Benutzung ihrer Grundlösungen oder Greenschen Funktionen auf Integralgleichungen zurückgeführt worden sind, kann hier nur erwähnt werden; vgl. etwa die Darstellung von W. STERNBERG in Pascals Repert. 2. Aufl. Bd. I 3, Kap. XXII.

92. Math. Z. Bd. 12 (1922) S. 274. Vgl. auch seine Untersuchungen über den diese Integralgleichungen umfassenden allgemeinen Typus orthogonal-invarianter Integralgleichungen in Math. Ann. Bd. 78 (1918) S. 398.

93. Diss. Upsala 1917; Ark. f. mat. Bd. 16 (1921) Nr. 16. Für weitere Anwendungen vgl. die Dissertationen von H. BOLZA 1913, B. BAULE 1914, K. SCHELLENBERG 1915 (Diss.-Verz. 56, 58, 59) sowie H. BOLZA-M. BORN-TH. v. KÁRMÁN: Gött. Nachr. 1913, S. 221.

94. Gött. Nachr. 1912 S. 773 (Abh. 13 dieses Bandes). Wegen der bei der Aufstellung zugrunde zu legenden Axiome s. auch Abh. 14 und 15.

95. S. auch Hilberts Heidelberger Vortrag, Verh. d. 3. Math.-Kongr. (Leipzig 1905) S. 233, sowie CH. HASEMAN: Diss.-Verz. 38, 1907. Zum folgenden vgl. ferner E. E. LEVI: Gött. Nachr. 1908 S. 249, sowie F. NOETHER: Math. Ann. Bd. 82 (1920) S. 42.

96. Mh. Math. Bd. 19 (1908) S. 205, 211. Vgl. auch die Anwendung der Methode auf weitere Differentialgleichungsprobleme bei G. D. BIRKHOFF: Math. Ann. Bd. 74 (1913) S. 122.

9. Axiomatisches Denken[1].

[Mathem. Annalen Bd. 78, S. 405—415 (1918).]

Wie im Leben der Völker das einzelne Volk nur dann gedeihen kann, wenn es auch allen Nachbarvölkern gut geht, und wie das Interesse der Staaten es erheischt, daß nicht nur innerhalb jedes einzelnen Staates Ordnung herrsche, sondern auch die Beziehungen der Staaten unter sich gut geordnet werden müssen, so ist es auch im Leben der Wissenschaften. In richtiger Erkenntnis dessen haben die bedeutendsten Träger des mathematischen Gedankens stets großes Interesse an den Gesetzen und der Ordnung in den Nachbarwissenschaften bewiesen und vor allem zugunsten der Mathematik selbst von jeher die Beziehungen zu den Nachbarwissenschaften, insbesondere zu den großen Reichen der Physik und der Erkenntnistheorie gepflegt. Das Wesen dieser Beziehungen und der Grund ihrer Fruchtbarkeit, glaube ich, wird am besten deutlich, wenn ich Ihnen diejenige allgemeine Forschungsmethode schildere, die in der neueren Mathematik mehr und mehr zur Geltung zu kommen scheint: ich meine die *axiomatische Methode*.

Wenn wir die Tatsachen eines bestimmten mehr oder minder umfassenden Wissensgebietes zusammenstellen, so bemerken wir bald, daß diese Tatsachen einer Ordnung fähig sind. Diese Ordnung erfolgt jedesmal mit Hilfe eines gewissen *Fachwerkes von Begriffen* in der Weise, daß dem einzelnen Gegenstande des Wissensgebietes ein Begriff dieses Fachwerkes und jeder Tatsache innerhalb des Wissensgebietes eine logische Beziehung zwischen den Begriffen entspricht. Das Fachwerk der Begriffe ist nichts anderes als die *Theorie* des Wissensgebietes.

So ordnen sich die geometrischen Tatsachen zu einer Geometrie, die arithmetischen Tatsachen zu einer Zahlentheorie, die statischen, mechanischen, elektrodynamischen Tatsachen zu einer Theorie der Statik, Mechanik, Elektrodynamik oder die Tatsachen aus der Physik der Gase zu einer Gastheorie. Ebenso ist es mit den Wissensgebieten der Thermodynamik, der geometrischen Optik, der elementaren Strahlungstheorie, der Wärmeleitung oder auch mit der Wahrscheinlichkeitsrechnung und der Mengenlehre. Ja es gilt von speziellen rein mathematischen Wissensgebieten, wie

---

[1] Dieser Vortrag ist in der Schweizerischen mathematischen Gesellschaft am 11. September 1917 in Zürich gehalten worden.

Flächentheorie, Galoisscher Gleichungstheorie, Theorie der Primzahlen nicht weniger als für manche der Mathematik fern liegende Wissensgebiete wie gewisse Abschnitte der Psychophysik oder die Theorie des Geldes.

Wenn wir eine bestimmte Theorie näher betrachten, so erkennen wir allemal, daß der Konstruktion des Fachwerkes von Begriffen einige wenige ausgezeichnete Sätze des Wissensgebietes zugrunde liegen und diese dann allein ausreichen, um aus ihnen nach logischen Prinzipien das ganze Fachwerk aufzubauen.

So genügt in der Geometrie der Satz von der Linearität der Gleichung der Ebene und von der orthogonalen Transformation der Punktkoordinaten vollständig, um die ganze ausgedehnte Wissenschaft der Euklidischen Raumgeometrie allein durch die Mittel der Analysis zu gewinnen. Zum Aufbau der Zahlentheorie ferner reichen die Rechnungsgesetze und Regeln für ganze Zahlen aus. In der Statik übernimmt die gleiche Rolle der Satz vom Parallelogramm der Kräfte, in der Mechanik etwa die Lagrangeschen Differentialgleichungen der Bewegung und in der Elektrodynamik die Maxwellschen Gleichungen mit Hinzunahme der Forderung der Starrheit und Ladung des Elektrons. Die Thermodynamik läßt sich vollständig auf den Begriff der Energiefunktion und die Definition von Temperatur und Druck als Ableitungen nach ihren Variabeln, Entropie und Volumen, aufbauen. Im Mittelpunkt der elementaren Strahlungstheorie steht der Kirchhoffsche Satz über die Beziehungen zwischen Emission und Absorption; in der Wahrscheinlichkeitsrechnung ist das Gaußsche Fehlergesetz, in der Gastheorie der Satz von der Entropie als negativem Logarithmus der Wahrscheinlichkeit des Zustandes, in der Flächentheorie die Darstellung des Bogenelementes durch die quadratische Differentialform, in der Gleichungstheorie der Satz von der Wurzelexistenz, in der Theorie der Primzahlen der Satz von der Realität und Häufigkeit der Nullstellen der Riemannschen Funktion $\zeta(s)$ der grundlegende Satz.

Diese grundlegenden Sätze können von einem ersten Standpunkte aus als die *Axiome der einzelnen Wissensgebiete* angesehen werden: die fortschreitende Entwicklung des einzelnen Wissensgebietes beruht dann lediglich in dem weiteren logischen Ausbau des schon aufgeführten Fachwerkes der Begriffe. Zumal in der reinen Mathematik ist dieser Standpunkt der vorherrschende, und der entsprechenden Arbeitsweise verdanken wir die mächtige Entwicklung der Geometrie, der Arithmetik, der Funktionentheorie und der gesamten Analysis.

Somit hatte dann in den genannten Fällen das Problem der Begründung der einzelnen Wissensgebiete eine Lösung gefunden; diese Lösung war aber nur eine vorläufige. In der Tat machte sich in den einzelnen Wissensgebieten das Bedürfnis geltend, die genannten, als Axiome angesehenen und zugrunde gelegten Sätze selbst zu begründen. So gelangte man zu „Beweisen" für die Linearität der Gleichung der Ebene und die Orthogonalität der eine Bewegung ausdrückenden Transformation, ferner für die arithmetischen Rechnungsgesetze, für, das Parallelogramm der Kräfte, für die Lagrangeschen Bewegungsgleichungen und das Kirchhoffsche Gesetz über Emission und Absorption, für den Entropiesatz und den Satz von der Existenz der Wurzeln einer Gleichung.

Aber die kritische Prüfung dieser „Beweise" läßt erkennen, daß sie nicht an sich Beweise sind, sondern im Grunde nur die Zurückführung auf gewisse tiefer liegende Sätze ermöglichen, die nunmehr ihrerseits an Stelle der zu beweisenden Sätze als neue Axiome anzusehen sind. So entstanden die eigentlichen heute sogenannten *Axiome* der Geometrie, der Arithmetik, der Statik, der Mechanik, der Strahlungstheorie oder der Thermodynamik. Diese Axiome bilden eine tiefer liegende Schicht von Axiomen gegenüber derjenigen Axiomschicht, wie sie durch die vorhin genannten zuerst zugrunde gelegten Sätze in den einzelnen Wissensgebieten charakterisiert worden ist. Das Verfahren der axiomatischen Methode, wie es hierin ausgesprochen liegt, kommt also einer *Tieferlegung der Fundamente* der einzelnen Wissensgebiete gleich, wie eine solche ja bei jedem Gebäude nötig wird in dem Maße, als man dasselbe ausbaut, höher führt und dennoch für seine Sicherheit bürgen will.

Soll die Theorie eines Wissensgebietes, d. h. das sie darstellende Fachwerk der Begriffe, ihrem Zwecke, nämlich der Orientierung und Ordnung dienen, so muß es vornehmlich gewissen zwei Anforderungen genügen: *erstens* soll es einen Überblick über die *Abhängigkeit* bzw. *Unabhängigkeit* der Sätze der Theorie und *zweitens* eine Gewähr der *Widerspruchslosigkeit* aller Sätze der Theorie bieten. Insbesondere sind die Axiome einer jeden Theorie nach diesen beiden Gesichtspunkten zu prüfen.

Beschäftigen wir uns zunächst mit der Abhängigkeit bzw. Unabhängigkeit der Axiome.

Das klassische Beispiel für die Prüfung der Unabhängigkeit eines Axioms bietet das *Parallelenaxiom* in der Geometrie. Die Frage, ob der Parallelensatz durch die anderen Axiome schon bedingt ist, verneinte Euklid, indem er ihn unter die Axiome setzte. Die Untersuchungsmethode Euklids wurde vorbildlich für die axiomatische Forschung, und seit Euklid ist zugleich die Geometrie das Musterbeispiel für eine axiomatisierte Wissenschaft überhaupt.

Ein anderes Beispiel für eine Untersuchung über die Abhängigkeit der Axiome bietet die klassische Mechanik. Vorläufigerweise konnten, wie vorhin bemerkt, die Lagrangeschen Gleichungen der Bewegung als Axiome der Mechanik gelten — läßt sich doch auf diese in ihrer allgemeinen Formulierung für beliebige Kräfte und beliebige Nebenbedingungen die Mechanik gewiß vollständig gründen. Bei näherer Untersuchung zeigt sich aber, daß beim Aufbau der Mechanik sowohl beliebige Kräfte wie beliebige Nebenbedingungen vorauszusetzen unnötig ist und somit das System von Voraussetzungen vermindert werden kann. Diese Erkenntnis führt einerseits zu dem Axiomensystem von BOLTZMANN, der nur Kräfte, und zwar speziell Zentralkräfte, aber keine Nebenbedingungen annimmt und dem Axiomensystem von HERTZ, der die Kräfte verwirft und mit Nebenbedingungen, und zwar speziell mit festen Verbindungen auskommt. Diese beiden Axiomensysteme bilden somit eine tiefere Schicht in der fortschreitenden Axiomatisierung der Mechanik.

Nehmen wir bei Begründung der Galoisschen Gleichungstheorie die Existenz der Wurzeln einer Gleichung als Axiom an, so ist dieses sicher ein abhängiges Axiom; denn jener Existenzsatz ist aus den arithmetischen Axiomen beweisbar, wie zuerst GAUSS gezeigt hat.

Ähnlich verhält es sich damit, wenn wir etwa den Satz von der Realität der Nullstellen der Riemannschen Funktion $\zeta(s)$ in der Primzahlentheorie als Axiom annehmen wollten: beim Fortschreiten zur tieferen Schicht der reinen arithmetischen Axiome würde der Beweis dieses Realitätssatzes notwendig sein und dieser erst uns die Sicherheit der wichtigen Folgerungen gewähren, die wir durch seine Postulierung schon jetzt für die Theorie der Primzahlen aufgestellt haben.

Besonderes Interesse für die axiomatische Behandlung bietet die Frage der Abhängigkeit der Sätze eines Wissensgebietes von dem Axiom der *Stetigkeit.*

In der Theorie der reellen Zahlen wird gezeigt, daß das Axiom des Messens, das sogenannte Archimedische Axiom, von allen übrigen arithmetischen Axiomen unabhängig ist. Diese Erkenntnis ist bekanntlich für die Geometrie von wesentlicher Bedeutung, scheint mir aber auch für die Physik von prinzipiellem Interesse; denn sie führt uns zu folgendem Ergebnis: die Tatsache, daß wir durch Aneinanderfügen irdischer Entfernungen die Dimensionen und Entfernungen der Körper im Weltenraume erreichen, d. h. durch irdisches Maß die himmlischen Längen messen können, ebenso die Tatsache, daß sich die Distanzen im Atominneren durch das Metermaß ausdrücken lassen, sind keineswegs bloß eine logische Folge der Sätze über Dreieckskongruenzen und der geometrischen Konfiguration, sondern erst ein Forschungsresultat der Empirie. Die Gültigkeit des Archimedischen Axioms in der Natur bedarf eben im bezeichneten Sinne gerade so der Bestätigung durch das Experiment wie etwa der Satz von der Winkelsumme im Dreieck im bekannten Sinne.

Allgemein möchte ich das Stetigkeitsaxiom in der Physik wie folgt formulieren: „Wird für die Gültigkeit einer physikalischen Aussage irgend ein beliebiger Genauigkeitsgrad vorgeschrieben, so lassen sich kleine Bereiche angeben, innerhalb derer die für die Aussage gemachten Voraussetzungen frei variieren dürfen, ohne daß die Abweichung von der Aussage den vorgeschriebenen Genauigkeitsgrad überschreitet." Dies Axiom bringt im Grunde nur zum Ausdruck, was unmittelbar im Wesen des Experimentes liegt; es ist stets von den Physikern angenommen worden, ohne daß es bisher besonders formuliert worden ist.

Wenn man z. B. nach PLANCK aus dem Axiom der Unmöglichkeit des *Perpetuum mobile zweiter Art* den zweiten Wärmesatz ableitet, so wird dabei dieses Stetigkeitsaxiom notwendigerweise benutzt.

Daß in der Begründung der Statik beim Beweise des Satzes vom *Parallelogramm der Kräfte* das Stetigkeitsaxiom notwendig ist — wenigstens bei einer gewissen nächstliegenden Auswahl der übrigen Axiome — hat HAMEL auf eine sehr interessante Weise durch Heranziehung des Satzes von der Wohlordnungsfähigkeit des Kontinuums gezeigt.

Die Axiome der klassischen Mechanik können eine Tieferlegung erfahren, wenn man sich vermöge des Stetigkeitsaxioms die kontinuierliche Bewegung in kurz aufeinanderfolgende, geradlinig gleichförmige stückweise durch Impulse hervorgerufene Bewegungen zerlegt denkt und dann als wesentliches mechanisches Axiom das *Bertrandsche Maximalprinzip* verwendet, demzufolge nach jedem Stoß die wirklich eintretende Bewegung stets diejenige ist, bei welcher die kinetische Energie des Systems ein Maximum wird gegenüber allen mit dem Satz von der Erhaltung der Energie verträglichen Bewegungen.

Auf die neuesten Begründungsarten der Physik, insbesondere der Elektrodynamik, die ganz und gar Kontinuumstheorien sind und dem gemäß die Stetigkeitsforderung in weitestem Maße erheben, möchte ich hier nicht eingehen, weil diese Forschungen noch nicht genügend abgeschlossen sind.

Wir wollen nun den zweiten der vorhin genannten Gesichtspunkte, nämlich die Frage nach der *Widerspruchslosigkeit* der Axiome prüfen; diese ist offenbar von höchster Wichtigkeit, weil das Vorhandensein eines Widerspruches in einer Theorie offenbar den Bestand der ganzen Theorie gefährdet.

Die Erkenntnis der inneren Widerspruchslosigkeit ist selbst bei längst anerkannten und erfolgreichen Theorien mit Schwierigkeit verbunden: ich erinnere an den *Umkehr- und Wiederkehreinwand* in der kinetischen Gastheorie.

Oftmals passiert es, daß die innere Widerspruchslosigkeit einer Theorie als selbstverständlich angesehen wird, während in Wahrheit tiefe mathematische Entwicklungen zu dem Nachweise nötig sind. Als Beispiel betrachten wir ein Problem aus der elementaren Theorie der *Wärmeleitung*, nämlich die Temperaturverteilung innerhalb eines homogenen Körpers, dessen Oberfläche auf einer bestimmten von Ort zu Ort variierenden Temperatur gehalten wird: alsdann enthält in der Tat die Forderung des Bestehens von Temperaturgleichgewicht keinen inneren Widerspruch der Theorie. Zur Erkenntnis dessen ist aber der Nachweis nötig, daß die bekannte Randwertaufgabe der Potentialtheorie stets lösbar ist; denn erst die Lösung dieser Randwertaufgabe zeigt, daß eine der Wärmeleitungsgleichung genügende Temperaturverteilung überhaupt möglich ist.

Aber zumal in der Physik genügt es nicht, wenn die Sätze einer Theorie unter sich in Einklang stehen; vielmehr ist noch die Forderung zu erheben, daß sie auch den Sätzen eines benachbarten Wissensgebietes niemals widersprechen.

So liefern, wie ich kürzlich zeigte, die Axiome der elementaren Strahlungstheorie außer der Begründung des *Kirchhoffschen Satzes* über Emission und Absorption noch einen speziellen Satz über Reflexion und Brechung einzelner Lichtstrahlen, nämlich den Satz: Wenn zwei Strahlen natürlichen Lichtes und gleicher Energie von je einer Seite her auf die Trennungsfläche zweier Medien in solchen Richtungen auffallen, daß der eine Strahl nach seinem Durchtritt, der andere nach seiner Reflexion dieselbe Richtung aufweist, so ist der durch die Vereinigung entstehende Strahl wieder von natürlichem Licht und gleicher Energie. Dieser Satz ist — wie sich in der Tat zeigt — mit der Optik keineswegs in Widerspruch, sondern kann als Folgerung aus der elektromagnetischen Lichttheorie abgeleitet werden.

Die Resultate der *kinetischen Gastheorie* stehen bekanntlich mit der *Thermodynamik* in bestem Einklang.

Ebenso sind *elektromagnetische Trägheit* und *Einsteinsche Gravitation* mit den entsprechenden Begriffen der klassischen Theorien verträglich, insofern diese letzteren als Grenzfälle der allgemeineren Begriffe in den neuen Theorien aufzufassen sind.

Dagegen hat die *moderne Quantentheorie* und die fortschreitende Erkenntnis der inneren Atomstruktur zu Gesetzen geführt, die der bisherigen wesentlich auf den Maxwellschen Gleichungen aufgebauten Elektrodynamik geradezu widersprechen; die heutige Elektrodynamik bedarf daher — wie jedermann anerkennt — notwendig einer neuen Grundlegung und wesentlichen Umgestaltung.

Wie man aus dem bisher Gesagten ersieht, wird in den physikalischen Theorien die Beseitigung sich einstellender Widersprüche stets durch veränderte Wahl der Axiome erfolgen müssen, und die Schwierigkeit besteht darin, die Auswahl so zu treffen, daß alle beobachteten physikalischen Gesetze logische Folgen der ausgewählten Axiome sind.

Anders verhält es sich, wenn in rein theoretischen Wissensgebieten

Widersprüche auftreten. Das klassische Beispiel für ein solches Vorkommnis bietet die Mengentheorie, und zwar insbesondere das schon auf CANTOR zurückgehende *Paradoxon der Menge aller Mengen*. Dieses Paradoxon ist so schwerwiegend, daß sehr angesehene Mathematiker, z. B. KRONECKER und POINCARÉ, sich durch dasselbe veranlaßt fühlten, der gesamten Mengentheorie — einem der fruchtreichsten und kräftigsten Wissenszweige der Mathematik überhaupt — die Existenzberechtigung abzusprechen.

Auch bei dieser prekären Sachlage brachte die axiomatische Methode Abhilfe. Es gelang ZERMELO, indem er durch Aufstellung geeigneter Axiome einerseits die Willkür der Definitionen von Mengen und andererseits die Zulässigkeit von Aussagen über ihre Elemente in bestimmter Weise beschränkte, die Mengentheorie derart zu entwickeln, daß die in Rede stehenden Widersprüche wegfallen, daß aber trotz der auferlegten Beschränkungen die Tragweite und Anwendungsfähigkeit der Mengentheorie die gleiche bleibt.

In allen bisherigen Fällen handelte es sich um Widersprüche, die sich im Verlauf der Entwicklung einer Theorie herausgestellt hatten und zu deren Beseitigung durch Umgestaltung des Axiomensystems die Not drängte. Aber es genügt nicht, vorhandene Widersprüche zu vermeiden, wenn der durch sie gefährdete Ruf der Mathematik als Muster strengster Wissenschaft wiederhergestellt werden soll: die prinzipielle Forderung der Axiomenlehre muß vielmehr weitergehen, nämlich dahin, zu erkennen, daß jedesmal innerhalb eines Wissensgebietes auf Grund des aufgestellten Axiomensystems Widersprüche *überhaupt unmöglich* sind.

Dieser Forderung entsprechend habe ich in den *Grundlagen der Geometrie* die Widerspruchslosigkeit der aufgestellten Axiome nachgewiesen, indem ich zeigte, daß jeder Widerspruch in den Folgerungen aus den geometrischen Axiomen notwendig auch in der Arithmetik des Systems der reellen Zahlen erkennbar sein müßte.

Auch für die physikalischen Wissensgebiete genügt es offenbar stets, die Frage der *inneren Widerspruchslosigkeit* auf die Widerspruchslosigkeit der arithmetischen Axiome zurückzuführen. So zeigte ich die Widerspruchslosigkeit der Axiome *der elementaren Strahlungstheorie*, indem ich für dieselbe das Axiomensystem aus analytisch unabhängigen Stücken aufbaute — die Widerspruchslosigkeit der Analysis dabei voraussetzend.

Ähnlich darf und soll man unter Umständen beim Aufbau einer mathematischen Theorie verfahren. Haben wir beispielsweise bei Entwicklung der Galoisschen Gruppentheorie den Satz von der *Wurzelexistenz* oder in der Theorie der Primzahlen den Satz von der *Realität der Nullstellen* der Riemannschen Funktion $\zeta(s)$ als Axiom betrachtet, so läuft jedesmal der Nachweis der Widerspruchslosigkeit des Axiomensystems eben darauf hinaus, den Satz von der Wurzelexistenz bzw. den Riemannschen Satz über die

Funktion $\zeta(s)$ mit den Mitteln der Analysis zu beweisen — und damit erst ist die Vollendung der Theorie gesichert.

Auch die Frage der Widerspruchslosigkeit des Axiomensystems für die *reellen Zahlen* läßt sich, durch Benutzung mengentheoretischer Begriffe, auf die nämliche Frage für die ganzen Zahlen zurückführen: dies ist das Verdienst der Theorien der Irrationalzahlen von WEIERSTRASS und DEDEKIND.

Nur in zwei Fällen nämlich, wenn es sich um die Axiome der *ganzen Zahlen* selbst und wenn es sich um die Begründung der *Mengenlehre* handelt, ist dieser Weg der Zurückführung auf ein anderes spezielleres Wissensgebiet offenbar nicht gangbar, weil es außer der Logik überhaupt keine Disziplin mehr gibt, auf die alsdann eine Berufung möglich wäre.

Da aber die Prüfung der Widerspruchslosigkeit eine unabweisbare Aufgabe ist, so scheint es nötig, die Logik selbst zu axiomatisieren und nachzuweisen, daß Zahlentheorie sowie Mengenlehre nur Teile der Logik sind.

Dieser Weg, seit langem vorbereitet — nicht zum mindesten durch die tiefgehenden Untersuchungen von FREGE — ist schließlich am erfolgreichsten durch den scharfsinnigen Mathematiker und Logiker RUSSELL eingeschlagen worden. In der Vollendung dieses großzügigen Russellschen Unternehmens der *Axiomatisierung der Logik* könnte man die Krönung des Werkes der Axiomatisierung überhaupt erblicken.

Diese Vollendung wird indessen noch neuer und vielseitiger Arbeit bedürfen. Bei näherer Überlegung erkennen wir nämlich bald, daß die Frage der Widerspruchslosigkeit bei den ganzen Zahlen und Mengen nicht eine für sich alleinstehende ist, sondern einem großen Bereiche schwierigster erkenntnistheoretischer Fragen von spezifisch mathematischer Färbung angehört: ich nenne, um diesen Bereich von Fragen kurz zu charakterisieren, das Problem der prinzipiellen *Lösbarkeit einer jeden mathematischen Frage*, das Problem der nachträglichen *Kontrollierbarkeit* des Resultates einer mathematischen Untersuchung, ferner die Frage nach einem *Kriterium für die Einfachheit* von mathematischen Beweisen, die Frage nach dem Verhältnis zwischen *Inhaltlichkeit und Formalismus* in Mathematik und Logik und endlich das Problem der *Entscheidbarkeit* einer mathematischen Frage durch eine endliche Anzahl von Operationen.

Wir können uns nun nicht eher mit der Axiomatisierung der Logik zufrieden geben, als bis alle Fragen dieser Art in ihrem Zusammenhange verstanden und aufgeklärt sind.

Unter den genannten Fragen ist die letzte, nämlich die Frage nach der Entscheidbarkeit durch eine endliche Anzahl von Operationen, die bekannteste und die am häufigsten diskutierte, weil sie das Wesen des mathematischen Denkens tief berührt.

Ich möchte das Interesse für sie zu vermehren suchen, indem ich auf einige speziellere mathematische Probleme hinweise, in denen sie eine Rolle spielt.

In der Theorie der *algebraischen Invarianten* gilt bekanntlich der Fundamentalsatz, daß es stets eine endliche Anzahl von ganzen rationalen Invarianten gibt, durch die sich alle übrigen solchen Invarianten in ganzer rationaler Weise darstellen lassen. Der erste von mir angegebene allgemeine Beweis für diesen Satz befriedigt, wie ich glaube, unsere Ansprüche, was Einfachheit und Durchsichtigkeit anlangt, vollauf; es ist aber unmöglich, diesen Beweis so umzugestalten, daß wir durch ihn eine angebbare Grenze für die Anzahl der endlich vielen Invarianten des vollen Systems erhalten oder gar zur wirklichen Aufstellung derselben gelangen. Es sind vielmehr ganz anders geartete Überlegungen und neue Prinzipien notwendig gewesen, um zu erkennen, daß die Aufstellung des vollen Invariantensystems lediglich Operationen erfordert, deren Anzahl endlich ist und unterhalb einer vor der Rechnung angebbaren Grenze liegt.

Das gleiche Vorkommnis bemerken wir an einem Beispiel aus der *Flächentheorie*. In der Geometrie der Flächen vierter Ordnung ist es eine fundamentale Frage, aus wie vielen von einander getrennten Mänteln eine solche Fläche höchstens bestehen kann.

Das erste bei der Beantwortung dieser Frage ist der Nachweis, daß die Anzahl der Flächenmäntel endlich sein muß; dieser kann leicht auf funktionentheoretischem Wege, wie folgt, geschehen. Man nehme das Vorhandensein unendlich vieler Mäntel an und wähle dann innerhalb eines jeden durch einen Mantel begrenzten Raumteiles je einen Punkt aus. Eine Verdichtungsstelle dieser unendlich vielen ausgewählten Punkte würde dann ein Punkt von solcher Singularität sein, wie sie für eine algebraische Fläche ausgeschlossen ist.

Dieser funktionentheoretische Weg führt auf keine Weise zu einer oberen Grenze für die Anzahl der Flächenmäntel; dazu bedarf es vielmehr gewisser Überlegungen über Schnittpunktsanzahlen, die dann schließlich lehren, daß die Anzahl der Mäntel gewiß nicht größer als 12 sein kann.

Die zweite von der ersten gänzlich verschiedene Methode läßt sich ihrerseits nicht dazu anwenden und auch nicht so umgestalten, daß sie die Entscheidung ermöglicht, ob eine Fläche 4. Ordnung mit 12 Mänteln wirklich existiert.

Da eine quaternäre Form 4. Ordnung 35 homogene Koeffizienten besitzt, so können wir uns eine bestimmte Fläche 4. Ordnung durch einen Punkt im 34-dimensionalen Raume veranschaulichen. Die Diskriminante der quaternären Form 4. Ordnung ist vom Grade 108 in den Koeffizienten derselben; gleich Null gesetzt, stellt sie demnach im 34-dimensionalen Raume eine Fläche 108. Ordnung dar. Da die Koeffizienten der Diskriminante selbst bestimmte ganze Zahlen sind, so läßt sich der topologische Charakter der Diskriminantenfläche nach den Regeln, die uns für den 2- und 3-dimensionalen Raum geläufig sind, genau feststellen, so daß wir über die Natur und Bedeutung der einzelnen Teilgebiete, in die die Diskriminantenfläche den 34-dimensionalen Raum zerlegt, genaue Auskunft erhalten können. Nun besitzen die durch Punkte des nämlichen Teilgebietes dargestellten Flächen 4. Ordnung gewiß alle die gleiche Mäntelzahl, und es ist daher möglich, durch eine endliche, wenn auch sehr mühsame und langwierige Rechnung, festzustellen, ob eine Fläche 4. Ordnung mit $n \leq 12$ Mänteln vorhanden ist oder nicht.

Die eben angestellte geometrische Betrachtung ist also ein dritter Weg zur Behandlung unserer Frage nach der Höchstzahl der Mäntel einer Fläche 4. Ordnung. Sie beweist die Entscheidbarkeit dieser Frage durch eine endliche Anzahl von Operationen. Prinzipiell ist damit eine bedeutende Förderung unseres Problems erreicht: dasselbe ist zurückgeführt auf ein Problem von dem Range etwa der Aufgabe, die $10^{(10^{10})}$-te Ziffer der Dezimalbruchentwicklung von π zu ermitteln — einer Aufgabe, deren Lösbarkeit offenbar ist, deren Lösung aber unbekannt bleibt.

Vielmehr bedurfte es einer von ROHN ausgeführten tiefgehenden schwierigen algebraisch-geometrischen Untersuchung, um einzusehen, daß bei einer Fläche 4. Ordnung 11 Mäntel nicht möglich sind; 10 Mäntel dagegen kommen wirklich vor. Erst diese vierte Methode bringt somit die völlige Lösung des Problems.

Diese speziellen Ausführungen zeigen, wie verschiedenartige Beweismethoden auf dasselbe Problem anwendbar sind, und sollen nahelegen, wie notwendig es ist, das Wesen des mathematischen Beweises an sich zu studieren, wenn man solche Fragen, wie die nach der Entscheidbarkeit durch endlich viele Operationen, mit Erfolg aufklären will.

Alle solchen prinzipiellen Fragen, wie ich sie vorhin charakterisierte und unter denen die eben behandelte Frage nach der Entscheidbarkeit durch endlich viele Operationen nur die letztgenannte war, scheinen mir ein wichtiges, neu zu erschließendes Forschungsfeld zu bilden, und zur Eroberung dieses Feldes müssen wir — das ist meine Überzeugung — den Begriff des spezifisch mathematischen Beweises selbst zum Gegenstand einer Untersuchung machen, gerade wie ja auch der Astronom die Bewegung seines Standortes berücksichtigen, der Physiker sich um die Theorie seines Apparates kümmern muß und der Philosoph die Vernunft selbst kritisiert.

Die Durchführung dieses Programms ist freilich gegenwärtig noch eine ungelöste Aufgabe.

Zum Schlusse möchte ich in einigen Sätzen meine allgemeine Auffassung vom Wesen der axiomatischen Methode zusammenfassen.

Ich glaube: Alles, was Gegenstand des wissenschaftlichen Denkens überhaupt sein kann, verfällt, sobald es zur Bildung einer Theorie reif ist, der axiomatischen Methode und damit mittelbar der Mathematik. Durch Vordringen zu immer tieferliegender Schichten von Axiomen im vorhin dargelegten Sinne gewinnen wir auch in das Wesen des wissenschaftlichen Denkens selbst immer tiefere Einblicke und werden uns der Einheit unseres Wissens immer mehr bewußt. In dem Zeichen der axiomatischen Methode erscheint die Mathematik berufen zu einer führenden Rolle in der Wissenschaft überhaupt.

10. Neubegründung der Mathematik.
Erste Mitteilung[1].

[Abhandl. aus dem Math. Seminar d. Hamb. Univ. Bd. 1, S. 157—177 (1922).]

Die Grundlagen der Mathematik sind seit langem von den verschiedensten Autoren auf die mannigfaltigste Art untersucht worden: dabei wurden glänzende Gedankenreihen entwickelt und bedeutsame bleibende Ergebnisse erzielt. Wenn ich jetzt eine neue tiefergehende Behandlung des Problems für erforderlich halte und in Angriff nehme, so geschieht dies weniger, um einzelne mathematische Theorien zu befestigen, als deshalb, weil meiner Meinung nach alle bisherigen Untersuchungen über die Grundlagen der Mathematik noch keinen Weg erkennen lassen, der es ermöglicht, jede die Grundlagen betreffende Frage so zu formulieren, daß eine eindeutige Antwort darauf erfolgen muß. Das ist es aber, was ich verlange: es soll in mathematischen Angelegenheiten prinzipiell keine Zweifel, es soll keine Halbwahrheiten und auch nicht Wahrheiten von prinzipiell verschiedener Art geben können. So muß es — um gleich einen fernen schwierigen Programmpunkt als Beispiel zu nehmen — möglich sein, ZERMELOS Auswahlpostulat derart zu formulieren, daß es im selben Sinne und ebenso zuverlässig gültig ist wie die arithmetische Behauptung $2 + 2 = 4$. Ich bin der Meinung, daß die Grundlagen der Mathematik der vollen Klarheit und Erkenntnis fähig sind und daß das Problem der Begründung unserer Wissenschaft ein schwieriges, aber ein in endgültiger Weise lösbares ist. In welchem Sinne und mit welchen Mitteln ich die Lösung zu erreichen glaube, kurz zu kennzeichnen, soll der Zweck dieser vorläufigen Mitteilungen sein.

Gegenwärtig liegt noch ein besonders aktuelles Interesse für diesen Gegenstand vor. Angesehene und hochverdiente Mathematiker, WEYL und BROUWER, suchen die Lösung des Problems auf einem meiner Meinung nach falschen Wege.

WEYL behauptet in seiner Kritik der bisherigen Begründung des Zahlbegriffs, daß in dem üblichen Verfahren ein Zirkel (circulus vitiosus) vorliege.

---

[1] Diese Mitteilung ist der wesentliche Inhalt der Vorträge, die ich im Frühjahr dieses Jahres in Kopenhagen auf Einladung der dortigen Mathematischen Gesellschaft und im Sommer in Hamburg auf Einladung des Mathematischen Seminars der Universität daselbst gehalten habe.

Diesen Zirkel findet er darin, daß zur Definition reeller Zahlen Einteilungen
benutzt werden, welche sich danach bestimmen, ob es reelle Zahlen von einer
vorgeschriebenen Beschaffenheit gibt. Meiner Meinung nach verhält sich
aber die Sache so: Wenn man die üblichen Definitionen der reellen Zahl durch
Dedekindschen Schnitt, Zahlfolge oder Fundamentalreihe zugrunde legt,
so zeigt es sich, daß in der Auffassung der Mathematiker dabei verschiedene
methodische Standpunkte nebeneinander bestehen. Der Standpunkt, den
WEYL wählt und von dem aus er seinen Zirkel aufweist, ist keineswegs einer
von diesen, sondern scheint mir vielmehr künstlich zurechtgemacht. WEYL
begründet die Berechtigung seines ihm eigentümlichen Standpunktes damit,
daß dabei das konstruktive Prinzip gewahrt bleibe; meiner Meinung nach
hätte er eben, weil er zu einem Zirkel gelangte, daraus erkennen müssen, daß
sein Standpunkt und damit das konstruktive Prinzip in seiner Fassung und
Anwendung unbrauchbar und von ihm aus der Weg in die Analysis ungangbar ist.

Die üblichen von den Mathematikern eingenommenen Standpunkte beruhen keineswegs auf dem konstruktiven Prinzip und weisen auch den Weyl-
schen Zirkel nicht auf; es sind wesentlich zwei Standpunkte, die in Frage
kommen:

Erstens sagt man etwa: eine reelle Zahl ist eine Einteilung der rationalen
Zahlen, die die Dedekindsche Schnitteigenschaft besitzt; dabei ist der Begriff
der Einteilungen der rationalen Zahlen seinem Inhalte nach scharf und
seinem Umfange nach genau begrenzt. Der bekannte Einwand gegen diesen
Standpunkt besteht darin, daß der Begriff einer Einteilung der rationalen
Zahlen auf eins hinausläuft mit dem Begriff der Menge; der allgemeine Begriff der Menge aber hat in der Tat zu Paradoxien Anlaß gegeben. Wenn WEYL
sich diesen Einwand in welcher Form auch immer zu eigen macht, so ist
zunächst zu erwidern, daß er nicht zwingend ist. Der Umstand, daß der Begriff
der Menge im allgemeinsten Sinne nicht ohne weiteres zulässig ist, schließt
keineswegs aus, daß der Begriff einer Menge von ganzen Zahlen korrekt ist.
Und die Paradoxien der Mengenlehre können nicht als Beweis dafür angesehen werden, daß der Begriff der Menge von ganzen Zahlen zu Widersprüchen
führt. Im Gegenteil: alle unsere mathematischen Erfahrungen sprechen für
die Korrektheit und Widerspruchsfreiheit dieses Begriffs.

Wenn man aber geltend macht, es entspräche nicht den Anforderungen
der mathematischen Strenge, daß beim Aufbau der mathematischen Wissenschaft eine solche Voraussetzung stillschweigend gemacht werde, so verweise
ich auf den zweiten Standpunkt zur Begründung des Zahlbegriffs, der diesem
Vorwurf nicht ausgesetzt ist, nämlich auf die axiomatische Begründungs-
methode; diese charakterisiert sich etwa folgendermaßen. Das Kontinuum
der reellen Zahlen ist ein System von Dingen, die durch bestimmte Bezie-

hungen, sogenannte Axiome, miteinander verknüpft sind. Insbesondere treten an Stelle der Definition der reellen Zahl durch den Dekekindschen Schnitt die zwei Stetigkeitsaxiome, nämlich das Archimedische Axiom und das sogenannte Vollständigkeitsaxiom. Die Dedekindschen Schnitte können dann zwar auch zur Festlegung der einzelnen reellen Zahlen dienen, aber sie dienen nicht zur Definition des Begriffs der reellen Zahl. Vielmehr ist begrifflich eine reelle Zahl eben ein Ding unseres Systems.

Diese Begründung der Theorie des Kontinuums ist keineswegs im Gegensatz zur Anschauung. Der Begriff der extensiven Größe, wie wir ihn aus der Anschauung entnehmen, ist ein selbständiger gegenüber dem Begriff der Anzahl, und es ist daher durchaus der Anschauung entsprechend, wenn wir Anzahl und Maßzahl oder Größe grundsätzlich unterscheiden.

Der geschilderte Standpunkt ist vollends logisch vollkommen einwandfrei, und es bleibt nur dabei unentschieden, ob ein System der verlangten Art denkbar ist, d. h. ob die Axiome nicht etwa auf einen Widerspruch führen. Nun gibt es wohl kaum ein Gebiet innerhalb oder außerhalb der mathematischen Wissenschaft, das gründlicher erforscht ist als die reelle Analysis. Die Verfolgung der Schlußweisen, die auf dem Begriff der Zahlenmengen beruhen, hat man bis zum äußersten getrieben und nicht der Schatten einer Unstimmigkeit hat sich irgendwo ergeben: wenn WEYL dabei eine „innere Haltlosigkeit der Grundlagen, auf denen der Aufbau des Reiches ruht", bemerkt und sich wegen „der drohenden Auflösung des Staatswesens der Analysis" Sorge macht, so sieht er Gespenster. Vielmehr herrscht in der Analysis trotz der kühnsten und mannigfaltigsten Kombinationen unter Anwendung der raffiniertesten Mittel eine vollkommene Sicherheit des Schließens und eine offenkundige Einhelligkeit aller Ergebnisse. Jene Axiome, auf Grund deren diese Sicherheit und Einhelligkeit da ist, anzunehmen, ist daher berechtigt; diese Berechtigung streitig machen hieße von vornherein aller Wissenschaft die Möglichkeit ihres Betriebes nehmen: wenn irgendwo sonst, ist hier die Axiomatik angebracht.

Freilich entsteht das Problem, die Widerspruchsfreiheit der Axiome nachzuweisen; es ist dies ein bekanntes, auch von mir seit Jahrzehnten niemals außer Augen gelassenes Problem. Die vorliegende Mitteilung handelt von der Lösung dieses Problems.

Was WEYL und BROUWER tun, kommt im Prinzip darauf hinaus, daß sie die einstigen Pfade von KRONECKER wandeln: sie suchen die Mathematik dadurch zu begründen, daß sie alles ihnen unbequem Erscheinende über Bord werfen und eine Verbotsdiktatur à la KRONECKER errichten. Dies heißt aber, unsere Wissenschaft zerstückeln und verstümmeln, und wir laufen Gefahr, einen großen Teil unserer wertvollsten Schätze zu verlieren, wenn wir solchen Reformatoren folgen. WEYL und BROUWER verfehmen die allge-

meinen Begriffe der Irrationalzahl, der Funktion, ja schon der zahlentheoretischen Funktion, die Cantorschen Zahlen höherer Zahlklassen usw.; der Satz,
daß es unter unendlichvielen ganzen Zahlen stets eine kleinste gibt, und sogar das logische „Tertium non datur" z. B. in der Behauptung: entweder
gibt es nur eine endliche Anzahl von Primzahlen oder unendlichviele, sind
Beispiele verbotener Sätze und Schlußweisen. Ich glaube, daß, so wenig es
Kronecker damals gelang, die Irrationalzahl abzuschaffen — Weyl und
Brouwer gestatten übrigens noch die Konservierung eines Torso —, ebensowenig werden Weyl und Brouwer heute durchdringen; nein: Brouwer
ist nicht, wie Weyl meint, die Revolution, sondern nur die Wiederholung
eines Putschversuches mit alten Mitteln, der seinerzeit, viel schneidiger
unternommen, doch gänzlich mißlang und jetzt zumal, wo die Staatsmacht
durch Frege, Dedekind und Cantor so wohl gerüstet und befestigt ist, von
vornherein zur Erfolglosigkeit verurteilt ist.

Zusammenfassend möchte ich sagen: Wenn man von einer mathematischen Krise spricht, so darf man jedenfalls nicht, wie es Weyl tut, von
einer neuen Krise sprechen. Der Circulus vitiosus ist von Weyl künstlich
in die Analysis hineingetragen. Seine Darstellung der Unsicherheit der Resultate der heutigen Analysis entspricht nicht dem wirklichen Sachverhalt.
Und was die von ihm und Brouwer so stark betonten konstruktiven Tendenzen angeht, so hat eben Weyl meiner Meinung nach den richtigen Weg
zur Realisierung dieser Tendenzen verfehlt. Erst der hier in Verfolgung der
Axiomatik eingeschlagene Weg wird, wie ich glaube, den konstruktiven Tendenzen, soweit sie natürlich sind, völlig gerecht.

Das Ziel, die Mathematik sicher zu begründen, ist auch das meinige;
ich möchte der Mathematik den alten Ruf der unanfechtbaren Wahrheit,
der ihr durch die Paradoxien der Mengenlehre verloren zu gehen scheint,
wiederherstellen; aber ich glaube, daß dies bei voller Erhaltung ihres Be-
sitzstandes möglich ist. Die Methode, die ich dazu einschlage, ist keine andere
als die axiomatische; ihr Wesen ist dieses.

Um ein Teilgebiet einer Wissenschaft zu erforschen, basiert man es auf
eine möglichst geringe Anzahl von möglichst einfachen, anschaulichen und
faßlichen Prinzipien, die man als Axiome aufstellt und sammelt. Dabei hin-
dert nichts, auch beweisbare oder unserer Überzeugung nach beweisbare
Sätze als Axiome aufzunehmen. Ja, wie die Geschichte zeigt, ist dies Verfahren bisweilen sogar sehr am Platze: Beispiele dafür sind Legendres Prim-
zahlpostulat in der Theorie der quadratischen Reste, Riemanns Vermutung
über die Nullstellen von $\zeta(s)$, der Wurzelexistenzsatz in der Algebra, endlich
die sogenannte Ergodenhypothese, ein mathematischer Satz, von dessen Beweis wir noch heute weit entfernt sind und der trotzdem Grundlage für die
statistische Mechanik geworden ist.

Die axiomatische Methode ist tatsächlich und bleibt das unserem Geiste angemessene unentbehrliche Hilfsmittel einer jeden exakten Forschung, auf welchem Gebiete es auch sei: sie ist logisch unanfechtbar und zugleich fruchtbar; sie gewährleistet dabei der Forschung die vollste Bewegungsfreiheit. Axiomatisch verfahren heißt in diesem Sinne nichts anderes als mit Bewußtsein denken: während es früher ohne die axiomatische Methode naiv geschah, daß man an gewisse Zusammenhänge wie an Dogmen glaubte, so hebt die Axiomenlehre diese Naivität auf, läßt uns jedoch die Vorteile des Glaubens.

Aber es handelt sich jetzt um noch Wichtigeres: Gerade durch die Ausbildung, die ich der axiomatischen Methode glaube geben zu können, werden wir einsehen, wie sie uns dazu führt, über· die Prinzipien des Schließens in der Mathematik volle Klarheit zu erlangen. Wie schon erwähnt, können wir nämlich von vornherein niemals der Widerspruchsfreiheit unserer Axiome sicher sein, sofern wir nicht den Nachweis dafür besonders führen. Die Axiomatik zwingt uns daher, zu diesem schwierigen erkenntnistheoretischen Problem Stellung zu nehmen. Der Nachweis der Widerspruchsfreiheit der Axiome gelingt in vielen Fällen, z. B. in der Geometrie, der Thermodynamik, der Strahlungstheorie und anderen physikalischen Disziplinen, dadurch, daß man den Nachweis auf die Frage der Widerspruchsfreiheit der Axiome der Analysis zurückführt; diese Frage ihrerseits aber ist ein bisher ungelöstes Problem.

Es gab bisher kaum einen ernsten Versuch, die Widerspruchsfreiheit der Axiome, sei es in der Zahlentheorie, der Analysis oder in der Mengenlehre, darzutun[1].

KRONECKER prägte den Wahlspruch: Die ganze Zahl schuf der liebe Gott, alles andere ist Menschenwerk. Demgemäß verpönte er — der klassische Verbotsdiktator —, was ihm nicht ganze Zahl war; andererseits lag es ihm und seiner Schule deshalb auch fern, über die ganze Zahl selbst weiter nachzudenken.

POINCARÉ war von vornherein von der Unmöglichkeit eines Nachweises der Widerspruchsfreiheit der arithmetischen Axiome überzeugt. Nach ihm ist das Prinzip der vollständigen Induktion eine Eigenschaft unseres Geistes, d. h. in der Sprache KRONECKERS: vom lieben Gott geschaffen. Sein Einwand, dieses Prinzip könnte nicht anders als selbst durch vollständige Induktion bewiesen werden, ist unberechtigt und wird durch meine Theorie widerlegt.

Von philosophischer Seite ist wohl die Wichtigkeit unserer Frage nach der Widerspruchsfreiheit der Axiome erkannt; ich finde aber auch in dieser Literatur nirgends eine offensichtliche Förderung der Lösung des Problems im mathematischen Sinne.

---

[1] Betreffs des früheren Ansatzes von HILBERT selbst und desjenigen von J. KÖNIG vgl. S. 199f. — Zur Stellungnahme Hilberts zu KRONECKER und POINCARÉ vgl. S. 203, 1. Absatz. Anm. d. H.

Dagegen wird unsere Frage in ihrem Wesen berührt durch die älteren Bestrebungen, Zahlentheorie und Analysis auf Mengenlehre sowie diese auf reine Logik zu gründen.

FREGE hat die Begründung der Zahlenlehre auf reine Logik, DEDEKIND auf Mengenlehre als ein Kapitel der reinen Logik versucht: beide haben ihr Ziel nicht erreicht. FREGE hatte die gewohnten Begriffsbildungen der Logik in ihrer Anwendung auf Mathematik nicht vorsichtig genug gehandhabt: so hielt er den Umfang eines Begriffs für etwas ohne weiteres Gegebenes, derart, daß er dann diese Umfänge uneingeschränkt wieder als Dinge selbst nehmen zu dürfen glaubte. Er verfiel so gewissermaßen einem extremen Begriffsrealismus. Ähnlich erging es DEDEKIND; sein klassischer Irrtum bestand darin, daß er das System aller Dinge als Ausgang nahm. So glänzend und bestechend DEDEKINDS Idee, die endliche Zahl auf das Unendliche zu begründen, erschien, heute wird die Ungangbarkeit dieses Weges — nicht zum mindesten auch durch meine nachfolgenden Ausführungen — außer Zweifel gesetzt.

Die scharfsinnigen Untersuchungen von FREGE und DEDEKIND haben trotzdem die wertvollsten Früchte gezeitigt; FREGE und DEDEKIND haben die moderne Kritik der Analysis inauguriert, und diese, getragen von Männern wie CANTOR, ZERMELO und RUSSELL, „mündet" nicht, wie WEYL behauptet, „in Chaos und Leersinn": vielmehr verdanken wir ihr einmal tiefgehende auf axiomatischer Grundlage ruhende Theorien — insbesondere die von ZERMELO und die von RUSSELL — und andererseits die sachgemäße Entwicklung des sogenannten Logikkalkuls, dessen Grundideen sich immer mehr und mehr als unentbehrliches Hilfsmittel bei logisch-mathematischen Untersuchungen herausstellen.

Dies ist in meiner Auffassung ungefähr der heutige Stand der Frage hinsichtlich der Grundlagen der Mathematik. Hiernach kann ein befriedigender Abschluß der Untersuchungen über diese Grundlagen nur durch die Lösung des Problems von der Widerspruchsfreiheit der Axiome der Analysis erzielt werden. Gelingt uns dieser Nachweis, so stellen wir damit fest, daß die mathematischen Aussagen in der Tat unanfechtbare und endgültige Wahrheiten sind — eine Erkenntnis, die auch wegen ihres allgemeinen philosophischen Charakters von größter Bedeutung für uns ist.

Wir wenden uns der Lösung dieses Problems zu.

Wie wir sahen, hat sich das abstrakte Operieren mit allgemeinen Begriffsumfängen und Inhalten als unzulänglich und unsicher herausgestellt. Als Vorbedingung für die Anwendung logischer Schlüsse und die Betätigung logischer Operationen muß vielmehr schon etwas in der Vorstellung gegeben sein: gewisse außerlogische diskrete Objekte, die anschaulich als unmittelbares Erlebnis vor allem Denken da sind. Soll das logische Schließen sicher sein, so müssen sich diese Objekte vollkommen in allen Teilen überblicken lassen und ihre Aufweisung, ihre Unterscheidung, ihr Aufeinanderfolgen ist mit den Objekten zugleich unmittelbar anschaulich für uns da als etwas, das sich nicht noch auf etwas anderes reduzieren läßt. Indem ich diesen Standpunkt einnehme, sind mir — im genauen Gegensatz zu FREGE und DEDEKIND — die Gegenstände der Zahlentheorie die Zeichen selbst, deren Gestalt unabhängig von Ort und Zeit und von den besonderen Bedingungen der Herstellung des Zeichens sowie von geringfügigen Unterschieden in der Ausführung sich von uns allgemein und sicher wiedererkennen läßt[1]. Hierin liegt die feste philosophische Einstellung, die ich zur Begründung der reinen Mathematik — wie überhaupt zu allem wissenschaftlichen Denken, Verstehen und Mitteilen — für erforderlich halte: *am Anfang* — so heißt es hier — *ist das Zeichen.*

Wir wenden uns zunächst mit dieser philosophischen Einstellung der elementaren Zahlenlehre zu und überlegen, ob und bis wieweit auf dieser rein anschaulichen Basis der konkreten Zeichen die Wissenschaft der Zahlentheorie zustande kommen würde. Wir beginnen also mit folgenden Erklärungen der Zahlen.

Das Zeichen 1 ist eine Zahl.

Ein Zeichen, das mit 1 beginnt und mit 1 endigt, so daß dazwischen auf 1 immer + und auf + immer 1 folgt, ist ebenfalls eine Zahl, z. B. die Zeichen

$$1 + 1,$$
$$1 + 1 + 1.$$

Diese Zahlzeichen, die Zahlen sind und die Zahlen vollständig ausmachen, sind selbst Gegenstand unserer Betrachtung, haben aber sonst keinerlei *Bedeutung*[2]. Außer diesen Zeichen wenden wir noch andere Zeichen an, die etwas *bedeuten* und zur Mitteilung dienen, z. B. das Zeichen 2 zur Abkürzung für das Zahlzeichen $1 + 1$ oder das Zeichen 3 zur Abkürzung für das Zahlzeichen $1 + 1 + 1$; ferner wenden wir die Zeichen $=$, $>$ an, die zur Mitteilung von Behauptungen dienen. So soll denn $2 + 3 = 3 + 2$ keine Formel sein[3], sondern nur zur Mitteilung der Tatsache dienen, daß $2 + 3$ und $3 + 2$

---

[1] In diesem Sinne nenne ich Zeichen von derselben Gestalt auch kurz „dasselbe Zeichen".

[2] Die Ausdrucksweise, von „Zeichen ohne Bedeutung" zu sprechen, hat bei den Philosophen Anstoß erregt. [Vgl. z. B. die Note von ALOYS MÜLLER: „Über Zahlen als Zeichen" und die Erwiderung darauf von P. BERNAYS, beide Math. Ann. Bd. 90 (1923.)] In den späteren Hilbertschen Abhandlungen über die Grundlagen der Mathematik ist der Terminus „Zahlzeichen" durch „Ziffer" ersetzt worden. Anm. d. H.

[3] Hilbert braucht hier das Wort „Formel" im engeren Sinne, nämlich für die Formeln der formalisierten Mathematik. Man könnte hier aber natürlich ebenso wie von Zeichen mit Bedeutung auch von Formeln mit Bedeutung sprechen. Anm. d. H.

mit Rücksicht auf die benutzten Abkürzungen dasselbe Zahlzeichen, nämlich das Zahlzeichen $1 + 1 + 1 + 1 + 1$ sind. Ebensowenig ist alsdann $3 > 2$
eine Formel, sondern dient vielmehr nur zur Mitteilung der Tatsache, daß
das Zeichen 3, d. h. $1 + 1 + 1$, über das Zeichen 2, d. h. $1 + 1$, hinausragt
oder daß das letztere Zeichen ein Teilstück des ersteren ist.

Wir verwenden zur Mitteilung auch Buchstaben $\mathfrak{a}$, $\mathfrak{b}$, $\mathfrak{c}$ für Zahlzeichen.
Dann ist auch $\mathfrak{b} > \mathfrak{a}$ nicht etwa eine Formel, sondern nur die Mitteilung,
daß das Zahlzeichen $\mathfrak{b}$ über das Zahlzeichen $\mathfrak{a}$ hinausragt. Und ebenso wäre
vom gegenwärtigen Standpunkte aus $\mathfrak{a} + \mathfrak{b} = \mathfrak{b} + \mathfrak{a}$ nur die Mitteilung der
Tatsache, daß das Zahlzeichen $\mathfrak{a} + \mathfrak{b}$ dasselbe ist wie $\mathfrak{b} + \mathfrak{a}$. Und dabei
kann dann das inhaltliche Zutreffen dieser Mitteilung folgendermaßen ein-
gesehen werden. Es sei — wie wir annehmen dürfen — $\mathfrak{b} > \mathfrak{a}$, d. h. das Zahl-
zeichen $\mathfrak{b}$ rage über $\mathfrak{a}$ hinaus: dann läßt sich $\mathfrak{b}$ zerlegen in der Gestalt $\mathfrak{a} + \mathfrak{c}$,
wo $\mathfrak{c}$ zur Mitteilung einer Zahl diene; man hat dann nur $\mathfrak{a} + \mathfrak{a} + \mathfrak{c} = \mathfrak{a} + \mathfrak{c} + \mathfrak{a}$
zu beweisen, d. h., daß $\mathfrak{a} + \mathfrak{a} + \mathfrak{c}$ dasselbe Zahlzeichen ist, wie $\mathfrak{a} + \mathfrak{c} + \mathfrak{a}$.
Dies ist aber der Fall, sobald $\mathfrak{a} + \mathfrak{c}$ dasselbe Zeichen wie $\mathfrak{c} + \mathfrak{a}$, d. h. $\mathfrak{a} + \mathfrak{c}$
$= \mathfrak{c} + \mathfrak{a}$ ist. Hierin ist aber gegenüber der ursprünglichen Mitteilung min-
destens eine 1 durch das Abspalten von $\mathfrak{a}$ fortgeschafft worden und dies Verfahren des Abspaltens kann so lange fortgesetzt werden, bis die zu vertauschen-
den Summanden miteinander übereinstimmen. Denn ein jedes Zahlzeichen $\mathfrak{a}$
ist ja aus den Zeichen 1 und $+$ in der vorhin erklärten Weise aufgebaut; es
kann daher durch Abspalten und Auslöschen der einzelnen Zeichen auch
wieder abgebaut werden.

Bei der solcherart betriebenen Zahlentheorie gibt es keine Axiome, und
also sind auch keinerlei Widersprüche möglich. Wir haben eben konkrete
Zeichen als Objekte, operieren mit diesen und machen über sie inhaltliche
Aussagen. Und was insbesondere den soeben ausgeführten Beweis für $\mathfrak{a} + \mathfrak{b}$
$= \mathfrak{b} + \mathfrak{a}$ betrifft, so ist dieser Beweis. wie ich noch besonders hervorheben
möchte, ebenso lediglich ein auf dem Auf- und Abbau der Zahlzeichen be-
ruhendes Verfahren und seinem Wesen nach verschieden von demjenigen
Prinzip, welches als Prinzip der vollständigen Induktion oder Schluß von
n auf n $+ 1$ in der höheren Arithmetik eine so hervorragende Rolle spielt.
Letzteres Prinzip ist vielmehr, wie wir später erkennen werden, ein weiter-
tragendes formales, einer höheren Stufe angehöriges Prinzip, das seinerseits
eines Beweises bedürftig und fähig ist.

Sicherlich können wir durch diese anschauliche inhaltliche Art der Behandlung, wie wir sie geschildert und angewandt haben, in der Zahlentheorie
noch erheblich weiter vorwärtskommen. Aber freilich läßt sich nicht die ganze
Mathematik auf solche Art erfassen. Schon beim Übertritt zum Standpunkt
der höheren Arithmetik und Algebra, z. B. wenn wir Behauptungen über unendlichviele Zahlen oder Funktionen gewinnen wollen, versagt jenes inhalt-

liche Verfahren. Denn für unendlichviele Zahlen können wir nicht Zahlzeichen
hinschreiben oder Abkürzungen einführen; wir würden, sobald wir diese
Schwierigkeit nicht bedenken, zu denjenigen Ungereimtheiten gelangen, die
FREGE in seinen kritischen Ausführungen über die hergebrachten Definitionen
der Irrationalzahl mit Recht rügt. Und die Analysis läßt sich durch ein solches konkretes Verfahren, wie es eben für die elementare Zahlenlehre angewandt wurde, schon deshalb nicht aufbauen, weil wir bloß durch derartige
inhaltliche Mitteilungen das Wesen der Analysis gar nicht erschöpfen, sondern vielmehr eigentliche, wirkliche Formeln zu ihrem Aufbau brauchen.

Wir können aber einen entsprechenden Standpunkt gewinnen, indem
wir uns auf eine höhere Stufe der Betrachtung begeben, von der aus die
Axiome, Formeln und Beweise der mathematischen Theorie selbst Gegenstand
einer inhaltlichen Untersuchung sind. Dazu müssen aber zunächst die üblichen
inhaltlichen Überlegungen der mathematischen Theorie durch Formeln und
Regeln ersetzt bzw. durch Formalismen nachgebildet werden, d. h. es muß
eine strenge Formalisierung der ganzen mathematischen Theorien einschließlich ihrer Beweise durchgeführt werden, so daß die mathematischen Schlüsse
und Begriffsbildungen — nach dem Muster des Logikkalkuls — in das Gebäude
der Mathematik als formale Bestandteile einbezogen sind. Die Axiome, Formeln und Beweise, aus denen dieses formale Gebäude besteht, sind genau
das, was bei dem vorhin geschilderten Aufbau der elementaren Zahlenlehre
die Zahlzeichen waren, und mit jenen erst werden, wie mit den Zahlzeichen
in der Zahlenlehre, inhaltliche Überlegungen angestellt, d. h. das eigentliche
Denken ausgeübt: dadurch werden die inhaltlichen Überlegungen, die selbstverständlich niemals völlig entbehrt oder ausgeschaltet werden können, an
eine andere Stelle, gewissermaßen auf ein höheres Niveau verlegt, und zugleich wird in der Mathematik eine strenge und systematische Trennung
zwischen den Formeln und formalen Beweisen einerseits und den inhaltlichen
Überlegungen andererseits möglich.

In der gegenwärtigen Mitteilung ist es meine Aufgabe, zu zeigen, wie
dieser Grundgedanke in vollkommen strenger und einwandfreier Weise durchgeführt werden kann und daß damit zugleich unser Problem des Nachweises
der Widerspruchsfreiheit der Axiome der Arithmetik und Analysis gelöst wird.

Für die konkret-inhaltliche Zahlentheorie kamen wir, wie eben gezeigt,
mit den Zeichen 1, $+$ aus. Zum Aufbau der Gesamtmathematik werden wir
weitere verschiedene Arten von Zeichen einführen und deren Handhabung
erklären. Wir unterscheiden:

I. *Individualzeichen* (meist griechische Buchstaben):

1. 1, $+$ (Bestandteile der Zahlzeichen),

2. $\varphi(*)$, $\psi(*)$, $\sigma(*,*)$ $\delta(*,*)$ $\mu(*,*)$ (individuelle Funktionen mit Leerstellen, individuelle Funktionenfunktionen),

3. = (gleich), ⧧ (ungleich), > (größer) (mathematische Zeichen),

4. Z (Zahl sein), $\varPhi$ (Funktion sein),

5. → („folgt“, ein logisches Zeichen),

6. ( ) (Allzeichen).

II. *Variable* (lateinische Buchstaben):

1. $a, b, c, d, p, q, r, s, t$ (Grundvariable),

2. $f(*), g(*)$ (variable Funktionen, variable Funktionenfunktionen),

3. $A, B, C, D, S, T, U, V, W$ (variable Formeln).

III. *Zeichen zur Mitteilung* (deutsche Buchstaben):

1. 𝔞, 𝔟, 𝔠, 𝔨 (Funktionale),

2. 𝔄, 𝔅, ℭ, 𝔎, 𝔖, 𝔗 (Formeln).

Zunächst sind zur Handhabung dieser Zeichen einige Erklärungen erforderlich.

Nebeneinander stehende Zeichen heißen eine Zeile, untereinander stehende Zeilen heißen eine Figur.

Individualzeichen (I) und Variable (II) sind allein diejenigen Zeichen, die im Kalkul vorkommen und das formale Gebäude ausmachen, während die letzte Gattung von Zeichen (III) nur zur Mitteilung bei den inhaltlichen Überlegungen dienen. Wir wollen im allgemeinen als Individualzeichen (I) griechische, als Variable (II) lateinische und als Zeichen zur Mitteilung (III) stets deutsche Buchstaben wählen. Letztere Zeichen (III) sollen auch gelegentlich und provisorisch als *Kurzzeichen* dienen; dabei ist Kurzzeichen ein Zeichen, welches lediglich zur kürzeren Schreibweise da ist und ein bestimmtes anderes Zeichen *bedeutet*. Es sei jedoch ausdrücklich bemerkt, daß die Einführung von Kurzzeichen zum Aufbau der Mathematik nicht nötig ist, sondern daß wir der Zeichen III nur zur Mitteilung im eigentlichen Sinne, d. h. bei dem inhaltlichen Operieren an den formalen Beweisen bedürfen.

Ein Zahlzeichen, eine Grundvariable, eine individuelle oder eine variable Funktion, deren Leerstellen mit Zahlzeichen, Grundvariablen oder Funktionen[1] ausgefüllt sind, desgleichen eine individuelle oder variable Funktionenfunktion, deren Leerstellen ausgefüllt sind, heißt ein *Funktional*. Ein Funktional kann stets selbst in eine entsprechende Leerstelle eingesetzt werden; sind dadurch die Leerstellen einer Funktion oder einer Funktionenfunktion sämtlich ausgefüllt, so heißt die entstehende Zeile wiederum ein Funktional. Ein Funktional ist also ein zusammengesetztes Zeichen, das aus den Zeichen I 1., 2., II 1., 2. besteht, dagegen nicht die Zeichen I 3., 4., 5., 6., II 3. enthält.

Stellt man zu beiden Seiten des Zeichens = oder des Zeichens ⧧ ein

---

[1] Diese Angaben lassen sich mit Hilfe des Begriffs der *Gattung* eines Funktionals präzisieren. Man muß dabei jede Leerstelle auf eine bestimmte Gattung beziehen. Anm. d. H.

Funktional, so heißt die entstehende Zeile eine *Primformel*; desgleichen entsteht eine Primformel, wenn man die Leerstelle des logischen Zeichens Z durch ein Funktional ausfüllt. Wenn also $\mathfrak{a}$, $\mathfrak{b}$ Funktionale bedeuten, so sind

$$\mathfrak{a} = \mathfrak{b},$$
$$\mathfrak{a} \neq \mathfrak{b},$$
$$Z(\mathfrak{a})$$

Primformeln.

Wenn man zu beiden Seiten eines Folgezeichens eine Primformel oder eine variable Formel (II 3.)[1] stellt, so entsteht eine *Folgeformel*. Stellt man an beide Seiten eines Folgezeichens eine Primformel, eine variable Formel oder eine Folgeformel, so heißt die entstehende Zeile wiederum eine *Formel*. Und allgemein soll

$$\mathfrak{A} \rightarrow \mathfrak{B}$$

eine Formel sein, wenn $\mathfrak{A}$ und $\mathfrak{B}$ variable oder bereits vorher aufgestellte Formeln sind.

Gewisse Formeln, die als die Bausteine des formalen Gebäudes der Mathematik dienen, werden *Axiome* genannt.

Bei der Behandlung der Axiome und beim Operieren mit ihnen sind zunächst folgende allgemeine Regeln zu beachten:

Individualzeichen bleiben unersetzbar; für Grundvariable dürfen Funktionale beliebig eingesetzt werden[2].

Klammern werden in üblicher Weise gebraucht, um Bestandteile von Zeichen abzusondern; sie dienen zur Kennzeichnung von Leerstellen und beim Einsetzen von Zeilen zur Sicherheit und Eindeutigkeit.

Das Allzeichen I 6. ist ein logisches Zeichen: eine Klammer mit einer Variablen darin; der dahinter stehende Formelabschnitt, der diese Variable im allgemeinen enthält, wird durch eine besondere Klammer abgegrenzt und dadurch als der Wirkungsbereich jenes Allzeichens kenntlich gemacht. Für das Allzeichen gelten noch folgende besondere Regeln:

Eine Variable in einer Formel heiße „frei", wenn sie nicht in einem Allzeichen dieser Formel steht; vor eine Formel darf stets ein Allzeichen mit einer freien Variablen darin vorgesetzt werden, so daß die ganze Formel der Wirkungsbereich dieses Allzeichens wird. Umgekehrt darf ein Allzeichen, dessen Wirkungsbereich die ganze übrige Formel ist, stets fortgelassen werden.

Eine in einem Allzeichen stehende Variable darf darin und zugleich in dem zugehörigen Wirkungsbereich durch irgend eine andere daselbst nicht vorkommende Variable ersetzt werden.

---

[1] Die betreffende Variable kann noch ein oder mehrere Funktionale als Argumente bei sich haben. So ist z. B. $C(1, a)$ eine variable Formel.

[2] Hier wäre noch die Einsetzungsregel für die Formelvariablen einzuschalten (vgl. Hilbert-Bernays: Grundlagen d. Math. I, § 4, S. 89f. und 98). Anm. d. H.

Zwei unmittelbar aufeinanderfolgende Allzeichen, deren Wirkungsbereiche sich gleich weit erstrecken, dürfen miteinander vertauscht werden.

Wenn ein Bestandteil einer Formel

$$(b)\,(\mathfrak{A} \to \mathfrak{B}\,(b))$$

lautet, wo $\mathfrak{A}$ die Variable b nicht enthält, so darf (b) hinter das Zeichen $\to$ gesetzt werden, so daß die Formel

$$\mathfrak{A} \to (b)\,\mathfrak{B}\,(b)$$

entsteht[1].

Wir wollen nun zunächst zeigen[2], wie wir zu den Sätzen des elementaren Rechnens von unserem neuen formalen Standpunkte aus gelangen. Dazu haben wir eine Tabelle von Axiomen nötig, die folgendermaßen beginnt:

1. $a = a$,
2. $1 + (a + 1) = (1 + a) + 1$,
3. $a = b \to a + 1 = b + 1$,
4. $a + 1 = b + 1 \to a = b$,
5. $a = c \to (b = c \to a = b)$.

Ferner bedienen wir uns beim Schließen des Schlußschemas

$$\frac{\mathfrak{S} \quad \mathfrak{S} \to \mathfrak{T}}{\mathfrak{T}}.$$

Alsdann lassen sich die formalen Beweise für die Zahlengleichungen, wie folgendes spezielle Beispiel zeigt, führen:

Aus Axiom 1. gewinnen wir durch Einsetzen

$$1 = 1,$$

ferner mit Benutzung des Kurzzeichens 2 für $1 + 1$ und des Kurzzeichens 3 für $2 + 1$

$$2 = 2 \tag{1}$$

und

$$3 = 3. \tag{2}$$

---

[1] Auch der umgekehrte Prozeß darf, wenn $\mathfrak{A}$ die Variable b nicht enthält, ausgeführt werden. — Das Operieren mit dem Zeichen $\to$ geschieht mittels des „Schlußschemas" (s. S. 169) und der „Axiome des logischen Schließens" (S. 175). Anm. d. H.

[2] Die hier folgenden Betrachtungen greifen auf ein früheres Stadium der Beweistheorie zurück, in welchem die Untersuchung sich zunächst auf einen ganz engen Formalismus beschränkte, der dann schrittweise verschiedene Erweiterungen erfuhr. Dieser Gedankengang wird im folgenden dargestellt und hernach — auf S. 174ff. — der Übergang von jenem provisorischen Ansatz zu dem in der vorliegenden Abhandlung intendierten Formalismus vollzogen. Anm. d. H.

Aus Axiom 2. ergibt sich ferner durch Einsetzen

$$1 + (1 + 1) = (1 + 1) + 1$$

oder

$$1 + 2 = 2 + 1$$

oder

$$1 + 2 = 3. \tag{3}$$

Aus Axiom 5. bekommen wir durch Einsetzen

$$3 = 3 \to (1 + 2 = 3 \to 3 = 1 + 2),$$

wegen (2) folgt hieraus mittels des Schlußschemas die Formel

$$1 + 2 = 3 \to 3 = 1 + 2$$

und endlich wegen (3) mittels des Schlußschemas die Formel

$$3 = 1 + 2.$$

Dies ist somit eine aus unseren bisherigen Axiomen beweisbare Formel.

Da wir aus den bisherigen Axiomen noch nicht alle Formeln, die wir brauchen, bekommen, so steht uns der Weg offen, noch weitere Axiome hinzuzufügen. Zuvor ist jedoch eine Festsetzung, was ein Beweis ist, und eine genaue Anweisung über den Gebrauch der Axiome nötig.

Ein *Beweis* ist eine Figur, die uns als solche anschaulich vorliegen muß; er besteht aus Schlüssen vermöge des Schlußschemas

$$\frac{\mathfrak{S} \qquad \mathfrak{S} \to \mathfrak{T}}{\mathfrak{T}},$$

wobei jedesmal jede der Prämissen, d. h. der betreffenden Formeln $\mathfrak{S}$ und $\mathfrak{S} \to \mathfrak{T}$, entweder ein Axiom ist bzw. direkt durch Einsetzung aus einem Axiom entsteht oder mit der *Endformel* $\mathfrak{T}$ eines Schlusses übereinstimmt, der vorher im Beweise vorkommt bzw. durch Einsetzung aus einer solchen Endformel entsteht.

Eine Formel soll *beweisbar* heißen, wenn sie entweder ein Axiom ist bzw. durch Einsetzen aus einem Axiom entsteht oder die Endformel eines Beweises ist bzw. durch Einsetzung aus einer solchen Endformel entsteht. Somit ist der Begriff „beweisbar" relativ bezüglich des zugrunde liegenden Axiomensystems zu verstehen. Dieser Relativismus ist naturgemäß und notwendig; aus ihm entspringt auch keinerlei Schaden, da das Axiomensystem beständig erweitert und der formale Aufbau, unserer konstruktiven Tendenz entsprechend, immer vollständiger wird.

Um unsere Ziele zu erreichen, müssen wir die Beweise als solche zum Gegenstande unserer Untersuchung machen; wir werden so zu einer Art *Beweistheorie* gedrängt, die von dem Operieren mit den Beweisen selbst handelt. Für die konkret-anschauliche Zahlentheorie, die wir zuerst betrieben, waren die Zahlen das Gegenständliche und Aufweisbare, und die Beweise der Sätze über die Zahlen fielen schon in das gedankliche Gebiet. Bei unserer jetzigen Untersuchung ist der Beweis selbst etwas Konkretes und Aufweisbares; die inhaltlichen Überlegungen erfolgen erst an dem Beweise. Wie der Physiker seinen Apparat, der Astronom seinen Standort untersucht, wie der Philosoph Vernunftkritik übt, so hat meiner Meinung nach der Mathematiker seine Sätze erst durch eine Beweiskritik sicherzustellen, und dazu bedarf er dieser Beweistheorie.

Vergegenwärtigen wir uns nun insbesondere unsere Absicht, die Widerspruchsfreiheit der Axiome nachzuweisen. Von dem gegenwärtigen Standpunkte aus scheint dieses Problem zunächst sinnlos, da ja nur „beweisbare‟ Formeln entstehen, die gewissermaßen Äquivalente für lauter positive Behauptungen sind und demnach keinerlei Widerspruch erzeugen: wir könnten neben $1 = 1$ auch $1 = 1 + 1$ als Formel gelten lassen, falls sie sich durch unsere Schlußregeln als eine beweisbare Formel ergäbe. Soll aber unser Formalismus den vollen Ersatz bieten für die frühere wirkliche, aus Schlüssen und Behauptungen bestehende Theorie, so muß auch der inhaltliche Widerspruch sein formales Äquivalent finden. Damit dies der Fall ist, müssen wir neben der Gleichheit die Ungleichheit wie jene gewissermaßen als positive Aussage nehmen und durch ein neues Zeichen $\neq$ mittels neuer Axiome einführen, mit denen dann nach unseren Regeln wie früher operiert wird. Und dann erklären wir ein Axiomensystem als *widerspruchsfrei*, wenn vermöge desselben

$$a = b \quad \text{und} \quad a \neq b$$

niemals zugleich beweisbare Formeln sind, wo a, b Funktionale bedeuten.

Diesen allgemeinen Ausführungen entsprechend stellen wir das neue Axiom auf

6. $\qquad\qquad\qquad a + 1 \neq 1;$

dagegen schalten wir zunächst der Einfachheit halber das Axiom 2. aus: sodann besteht die erste Probe eines wirklichen Nachweises der Widerspruchsfreiheit in unserer neuen Beweistheorie darin, daß wir nunmehr folgenden Satz beweisen:

Das Axiomensystem, das aus den fünf Axiomen

1. $a = a$,
3. $a = b \to a + 1 = b + 1$,
4. $a + 1 = b + 1 \to a = b$,
5. $a = c \to (b = c \to a = b)$,
6. $a + 1 \neq 1$

besteht, ist widerspruchsfrei.

Der Beweis dieses Satzes geschieht in mehreren Schritten; zunächst beweisen wir folgendes:

Hilfssatz. Eine beweisbare Formel kann höchstens zweimal das Zeichen $\to$ enthalten.

In der Tat: es sei uns im Gegensatz zu dieser Behauptung ein Beweis für eine Formel mit mehr als zwei Zeichen $\to$ vorgelegt; dann gehen wir diesen Beweis durch bis zu einer Formel, die zum ersten Male diese Eigenschaft besitzt, d. h. derart, daß keine im Beweise dieser Formel vorausgehende Formel mehr als zweimal $\to$ aufweist. Diese Formel kann aus einem Axiom direkt durch Einsetzung nicht entstanden sein; denn für die in den Axiomen auftretenden Substituenden a, b, c dürfen nur Funktionale eingesetzt werden und diese bringen keine neuen Zeichen $\to$ mit sich. Jene Formel kann aber auch nicht als Endformel $\mathfrak{T}$ eines Schlusses erscheinen; denn dann wäre die zweite Prämisse dieses Schlusses $\mathfrak{S} \to \mathfrak{T}$ eine frühere Formel mit mehr als zwei Zeichen $\to$ und folglich die in Rede stehende Formel $\mathfrak{T}$ nicht eine erste mit dieser Eigenschaft.

Ferner beweisen wir:

Hilfssatz. Eine Formel $\mathfrak{a} = \mathfrak{b}$ ist nur dann beweisbar, wenn $\mathfrak{a}$ und $\mathfrak{b}$ dasselbe Zeichen sind.

Zum Beweise unterscheiden wir wieder die beiden Fälle. Erstens die Formel entstehe direkt durch Einsetzen aus einem Axiom; dann käme dafür nur Axiom 1. selbst in Betracht und die Behauptung unseres Satzes ist in diesem Falle offenbar zutreffend. Zweitens nehmen wir einen Beweis als vorliegend an mit der Endformel $\mathfrak{a} = \mathfrak{b}$, wo $\mathfrak{a}$ und $\mathfrak{b}$ nicht dasselbe Zeichen sind und wo überdies nicht schon an früherer Stelle im Beweise eine solche Formel vorkommt. In unserem Schlußschema müßte alsdann $\mathfrak{T}$ mit $\mathfrak{a} = \mathfrak{b}$ übereinstimmen und $\mathfrak{S}$ eine beweisbare Formel sein; die zweite Prämisse hätte also die Gestalt

$$\mathfrak{S} \to \mathfrak{a} = \mathfrak{b}. \tag{4}$$

Diese Formel müßte nun ihrerseits entweder durch Einsetzung aus einem Axiom oder als Endformel eines Beweises hervorgehen. Im ersteren Falle kämen nur die Axiome 3. und 4. in Betracht: handelte es sich um Axiom 3., so müßte $\mathfrak{a}$ von der Gestalt $\mathfrak{a}' + 1$ und $\mathfrak{b}$ von der Gestalt $\mathfrak{b}' + 1$ und $\mathfrak{S}$ müßte die Formel $\mathfrak{a}' = \mathfrak{b}'$ sein. Wären nun $\mathfrak{a}'$ und $\mathfrak{b}'$ dieselben Zeichen, so müßten auch $\mathfrak{a}$ und $\mathfrak{b}$ dieselben Zeichen sein — gegen unsere Annahme. Wären aber andererseits $\mathfrak{a}'$ und $\mathfrak{b}'$ nicht dieselben Zeichen, so wäre ja $\mathfrak{S}$, d. h. $\mathfrak{a}' = \mathfrak{b}'$, eine im Beweise vor $\mathfrak{T}$ vorkommende Formel von der in Rede stehenden verlangten Art — was wiederum nicht sein darf; handelte es sich aber um Axiom 4., so müßte $\mathfrak{S}$ die Formel $\mathfrak{a} + 1 = \mathfrak{b} + 1$ sein, in der dann zu beiden Seiten des Gleichheitszeichens sicher nicht dasselbe Zeichen stände; dies ist wiederum unmöglich, da $\mathfrak{S}$ im Beweise voransteht. Es bleibt demnach nur

die Möglichkeit übrig, daß (4) die Endformel eines Beweises ist, dessen
letzter Schluß die Gestalt

$$\frac{\mathfrak{U} \to (\mathfrak{S} \to \mathfrak{a} = \mathfrak{b})}{\mathfrak{S} \to \mathfrak{a} = \mathfrak{b}}$$

haben müßte. Hierin untersuchen wir wiederum das Zustandekommen der
zweiten Prämisse

$$\mathfrak{U} \to (\mathfrak{S} \to \mathfrak{a} = \mathfrak{b}) . \tag{5}$$

Wäre dieselbe direkt durch Einsetzen aus einem Axiom erhalten, so käme
dafür nur Axiom 5. in Betracht und $\mathfrak{S}$ müßte alsdann von der Gestalt $\mathfrak{b} = \mathfrak{c}$
und $\mathfrak{U}$ von der Gestalt $\mathfrak{a} = \mathfrak{c}$ sein. Wäre nun $\mathfrak{c}$ dasselbe wie $\mathfrak{b}$, so wäre $\mathfrak{U}$ nichts
anderes als $\mathfrak{a} = \mathfrak{b}$ und diese Formel wäre also im Beweise schon an früherer
Stelle da, als angenommen worden ist. Wäre aber $\mathfrak{c}$ nicht dasselbe wie $\mathfrak{b}$, so
ist ja die Formel $\mathfrak{b} = \mathfrak{c}$ eine im Beweise frühere Formel von der für $\mathfrak{T}$ ursprünglich verlangten Eigenschaft. Es bleibt demnach nur die Möglichkeit offen,.
daß (5) Endformel eines Schlusses ist; dann müßte aber die zweite Prämisse
dieses Schlusses eine Formel mit mindestens drei Zeichen $\to$ sein, und dies
wäre nach dem vorhin bewiesenen Satze keinenfalls eine beweisbare Formel.

Damit ist unser zweiter Hilfssatz ebenfalls als zutreffend erkannt.

Wir haben vorhin ein Axiomensystem als widerspruchsfrei erklärt, wenn
vermöge desselben

$$\mathfrak{a} = \mathfrak{b} \quad \text{und} \quad \mathfrak{a} \neq \mathfrak{b}$$

niemals zugleich beweisbare Formeln sind. Da nun nach dem eben bewiese-
nen Satze $\mathfrak{a} = \mathfrak{b}$ nur dann eine beweisbare Formel ist, wenn $\mathfrak{a}$ und $\mathfrak{b}$ dasselbe
Zeichen sind, so läuft jetzt der Nachweis für die Widerspruchsfreiheit unserer
Axiome darauf hinaus, zu zeigen, daß auf Grund unseres Axiomensystems
niemals eine beweisbare Formel von der Gestalt

$$\mathfrak{a} \neq \mathfrak{a} \tag{6}$$

zustande kommen kann. Wir zeigen dies wie folgt.

Um eine das Zeichen $\neq$ enthaltende Formel von der Gestalt (6) durch
Einsetzung direkt aus einem Axiom zu gewinnen, wäre notwendig, Axiom 6.
heranzuziehen; eine aus Axiom 6. durch Einsetzung entstehende Formel hat
aber stets die Gestalt

$$\mathfrak{a}' + 1 \neq 1$$

und hierin ist $\mathfrak{a}' + 1$ gewiß nicht dasselbe Zeichen wie 1. Sollte andererseits (6) als Endformel eines Schlusses zustande kommen, so müßte die zweite
Prämisse dieses Schlusses die Gestalt

$$\mathfrak{S} \to \mathfrak{a} \neq \mathfrak{a} \tag{7}$$

haben und, da eine solche Formel sicher nicht direkt durch Einsetzung aus

einem Axiom entstehen kann, so müßte auch diese Formel (7) durch einen
Schluß entstanden sein. Die zweite Prämisse dieses Schlusses wäre alsdann

$$\mathfrak{T} \rightarrow (\mathfrak{S} \rightarrow \mathfrak{a} \neq \mathfrak{a})$$

und auch diese Formel müßte aus gleichem Grunde durch einen Schluß hervorgehen, dessen zweite Prämisse notwendig die Gestalt

$$\mathfrak{U} \rightarrow (\mathfrak{T} \rightarrow (\mathfrak{S} \rightarrow \mathfrak{a} \neq \mathfrak{a}))$$

haben würde. Eine solche Formel kann aber, da sie sicher mehr als drei Zeichen → enthält, nach dem ersten vorhin bewiesenen Hilfssatze sicher keine
beweisbare Formel sein. Damit entfällt auch die Möglichkeit, daß (6) eine beweisbare Formel ist, und der Nachweis für die Widerspruchsfreiheit unseres
Axiomensystems ist völlig gelungen.

Ein nächstes Ziel wäre es, die entsprechende Untersuchung zu führen,
nachdem wir das vorhin ausgeschaltete Axiom 2. wieder aufgenommen haben.
Es gelingt auch in der Tat, wie ich hier nur mitteilen möchte, auf diesem Wege
die Widerspruchsfreiheit des Axiomensystems nachzuweisen, das aus den
Axiomen

1. $a = a$,
2. $1 + (a + 1) = (1 + a) + 1$,
3. $a = b \rightarrow a + 1 = b + 1$,
4. $a + 1 = b + 1 \rightarrow a = b$,
5. $a = c \rightarrow (b = c \rightarrow a = b)$,
6. $a + 1 \neq 1$

besteht.

Wir haben bisher außer dem Zeichen → und dem Allzeichen kein anderes
logisches Zeichen eingeführt und insbesondere für die logische Operation
„*nicht*" die Formalisierung vermieden. Dieses Verhalten gegenüber der Negation ist für unsere Beweistheorie charakteristisch: ein formales Äquivalent für
die fehlende Negation liegt lediglich in dem Zeichen $\neq$, durch dessen Einführung die Ungleichheit gewissermaßen ebenso positiv ausgedrückt und behandelt wird, wie die Gleichheit, deren Gegenstück sie ist. Inhaltlich kommt
die Negation nur im Nachweise der Widerspruchsfreiheit zur Anwendung,
und zwar nur, insoweit es unserer Grundeinstellung entspricht. Mit Rücksicht auf diesen Umstand bringt uns, wie ich glaube, unsere Beweistheorie
zugleich auch eine erkenntnistheoretische wichtige Einsicht in die Bedeutung
und das Wesen der Negation.

Der logische Begriff „*alle*" kommt in unserer Theorie durch die darin
auftretenden Variablen und diejenigen Regeln zur Geltung, die wir über
das Operieren mit ihnen und mit dem Allzeichen festgesetzt haben.

Derjenige logische Begriff, der dann schließlich noch der Formalisierung bedarf, ist der Begriff „*es gibt*", ein Begriff, der bekanntlich in der formalen Logik bereits durch die Negation und den Begriff „alle" ausdrückbar ist. Da aber in unserer Beweistheorie die Negation keine direkte Darstellung haben darf, so wird hier die Formalisierung von „es gibt" dadurch erreicht, daß man individuelle Funktionszeichen mittels einer Art impliziten Definition einführt, indem gewissermaßen das, „was es gibt", durch eine Funktion wirklich hergestellt wird. Das einfachste Beispiel dafür ist folgendes:

Um auszudrücken: wenn a nicht 1 ist, so „gibt es" eine Zahl, die a vorausgeht, führen wir das Funktionszeichen δ(*) mit einer Leerstelle als Individuaizeichen ein und stellen als Axiom die Formel auf

7. $$a \neq 1 \;\rightarrow\; a = \delta(a) + 1.$$

Es gelingt dann wiederum, wie ich hier nur erwähne, durch inhaltliche Überlegungen nachzuweisen, daß das aus den Axiomen 1.—7. bestehende Axiomensystem widerspruchsfrei ist.

Obwohl diese Darlegungen nur die ersten Anfänge meiner Beweistheorie enthalten, läßt sich aus ihnen doch die allgemeine Tendenz und Richtung erkennen, in der die Neubegründung der Mathematik geschehen soll. Zwei Gesichtspunkte treten besonders dabei hervor.

Erstens: Alles, was bisher die eigentliche Mathematik ausmacht, wird nunmehr streng formalisiert, so daß *die eigentliche Mathematik* oder die Mathematik in engerem Sinne zu einem Bestande an beweisbaren Formeln wird. Die Formeln dieses Bestandes unterscheiden sich von den gewöhnlichen Formeln der Mathematik nur dadurch, daß außer den mathematischen Zeichen noch das Zeichen →, das Allzeichen und die Zeichen für Aussagen darin vorkommen. Dieser Umstand entspricht einer seit langem[1] von mir vertretenen Überzeugung, daß wegen der engen Verknüpfung und Untrennbarkeit arithmetischer und logischer Wahrheiten ein simultaner Aufbau der Arithmetik und formalen Logik notwendig ist.

Zweitens: Zu dieser eigentlichen Mathematik kommt eine gewissermaßen neue Mathematik, eine *Metamathematik*, hinzu, die zur Sicherung jener dient, indem sie sie vor dem Terror der unnötigen Verbote sowie der Not der Paradoxien schützt. In dieser Metamathematik kommt — im Gegensatz zu den rein formalen Schlußweisen der eigentlichen Mathematik — das inhaltliche Schließen zur Anwendung, und zwar zum Nachweis der Widerspruchsfreiheit der Axiome.

Die Entwicklung der mathematischen Wissenschaft geschieht hiernach beständig wechselnd auf zweierlei Art: durch Gewinnung neuer „beweis-

---

[1] Vgl. meinen Vortrag „Über den Zahlbegriff", Jber. dtsch. Math.-Ver. Bd. 8, 1900, S. 180—184, abgedruckt als Anhang VI meiner „Grundlagen der Geometrie".

barer" Formeln aus den Axiomen mittels formalen Schließens und durch Hinzufügung neuer Axiome nebst dem Nachweis ihrer Widerspruchsfreiheit mittels inhaltlichen Schließens.

Den gewonnenen Prinzipien und soeben gekennzeichneten Tendenzen folgend, gehen wir nun an die Aufgabe heran, die Neubegründung der Mathematik durchzuführen.

Unser bisheriger Bestand an Axiomen sind lediglich die vorhin genannten Axiome 1.—7. Diese Axiome sind rein arithmetischen Charakters; die beweisbaren Formeln, die sich aus ihnen ergeben, bieten noch keinerlei Grundlage für die Theorie der reellen Zahl und machen sogar nur einen kleinen Teil der Arithmetik aus. Ein Blick auf diese bisherigen Axiome 1.—7. zeigt uns, daß darin nur solche Variable (kleine lateinische Buchstaben ohne Leerstellen) vorkommen, die Grundvariable sind. Aber bereits zur Begründung der Arithmetik reichen Axiome von solcher Art keineswegs aus. Vielmehr sind eine Reihe von Axiomen notwendig, die variable Formeln (große lateinische Buchstaben) enthalten, und zwar stellen wir zunächst folgende zwei arithmetische Axiome mit je einer variablen Formel auf:

Axiom der mathematischen Gleichheit.

8. $a = b \rightarrow (A(a) \rightarrow A(b))$.

Axiom der vollständigen Induktion.

9. $(a)(A(a) \rightarrow A(a + 1)) \rightarrow \{A(1) \rightarrow (Z(b) \rightarrow A(b))\}$.

Außerdem bedürfen wir noch eines Bestandes solcher Axiome, die den gewöhnlichen logischen Schlußweisen entsprechen; es sind dies folgende vier Axiome mit variablen Formeln:

Axiome des logischen Schließens.

10. $A \rightarrow (B \rightarrow A)$,
11. $\{A \rightarrow (A \rightarrow B)\} \rightarrow (A \rightarrow B)$,
12. $\{A \rightarrow (B \rightarrow C)\} \rightarrow \{B \rightarrow (A \rightarrow C)\}$,
13. $(B \rightarrow C) \rightarrow \{(A \rightarrow B) \rightarrow (A \rightarrow C)\}$.

Ferner brauchen wir noch zwei Axiome für die mathematische Ungleichheit, die uns als Äquivalent für gewisse bei inhaltlichen Überlegungen unentbehrliche Schlußweisen dienen, nämlich die folgenden Axiome:

Axiome der mathematischen Ungleichheit.

14. $a \neq a \rightarrow A$,
15. $(a = b \rightarrow A) \rightarrow \{(a \neq b \rightarrow A) \rightarrow A\}$.

Wie schon erwähnt, bilden die Axiome 1.—7. nur einen Teil der zum Aufbau notwendigen arithmetischen Axiome. Zu ihrer Vervollständigung bedarf es vor allem der Einführung des logischen Funktionszeichens Z (ganze rationale positive Zahl sein). Andererseits ist eine einschränkende Abänderung des Axioms 6. nötig. Indem wir zugleich — um mit der üblichen Schreibweise in Einklang zu kommen — statt des Funktionszeichens δ (*) das Zeichen * — 1 gebrauchen, ferner die Axiome 2., 7. generalisieren bzw. ergänzen, dagegen die Axiome 3., 4., 5. ausschalten, weil sie nunmehr beweisbare Formeln werden, gelangen wir schließlich dazu, an Stelle der früheren Axiome 2.—7. die folgenden zu nehmen:

Arithmetische Axiome.

16. $Z(1)$,
17. $Z(a) \rightarrow Z(a + 1)$,
18. $Z(a) \rightarrow (a \neq 1 \rightarrow Z(a - 1))$,
19. $Z(a) \rightarrow (a + 1 \neq 1)$,
20. $(a + 1) - 1 = a$,
21. $(a - 1) + 1 = a$,
22. $a + (b + 1) = (a + b) + 1$,
23. $a - (b + 1) = (a - b) - 1$.

Wenn wir dieses Axiomensystem 1., 8.—23. zugrunde legen[1], so gelingt es lediglich durch Anwendung unserer Regeln, d. h. auf dem formalen Wege, den gesamten Bestand an Formeln und Sätzen der Arithmetik zu gewinnen.

Das erste nunmehr zu erstrebende wichtige Ziel ist es, für dieses Axiomensystem 1., 8.—23. die Widerspruchsfreiheit zu beweisen. Dieser Beweis gelingt in der Tat, und damit ist insbesondere die Schlußweise der vollständigen Induktion (Axiom 9.), wie sie der Arithmetik charakteristisch ist, gesichert[2].

Aber der wesentlichste Schritt bleibt noch zu tun übrig, nämlich der Nachweis der Anwendbarkeit des logischen Prinzips „*tertium non datur*" in dem Sinne der Erlaubnis, auch bei unendlichvielen Zahlen, Funktionen oder Funktionenfunktionen schließen zu dürfen, daß eine Aussage entweder für alle diese Zahlen, Funktionen bzw. Funktionenfunktionen gilt oder daß notwendig unter ihnen eine Zahl, Funktion bzw. Funktionenfunktion vorkommt, für die die Aussage nicht gilt. Erst durch den Nachweis der Anwendbarkeit dieses Prinzips ist die Begründung der Theorie der reellen Zahlen geleistet und die Brücke zur Analysis und Mengenlehre geschlagen.

Dieser Nachweis gelingt nun im Sinne und auf Grund der dargelegten Grundgedanken, indem ich gewisse Funktionenfunktionen τ und α durch

---

[1] Es muß noch ein Schema der Einführung von Funktionen durch *Rekursionsgleichungen* hinzugenommen werden. Anm. d. H.

[2] Wie sich herausgestellt hat, ist der erwähnte Beweis nur bei Ausschluß des Allzeichens und Ersetzung des Axioms 9. durch das Induktions*schema* bündig. Anm. d. H.

Aufstellung von Axiomensystemen einführe und die Widerspruchsfreiheit dieser Axiomensysteme nachweise[1].

Das einfachste Beispiel einer dem dargelegten Zwecke dienenden Funktionenfunktion ist die Funktionenfunktion $\varkappa\,(f)$, wo das Argument f eine variable zahlentheoretische Funktion der Grundvariablen a ist, so daß

$$Z(a) \to \{f(a) + 1 - 1 \;\to\; Z(f(a))\}$$

gilt, und wo dann $\varkappa\,(f) = 1 - 1$ sein soll, falls f für alle a den Wert 1 hat, während sonst $\varkappa\,(f)$ das kleinste ganzzahlige Argument bedeuten soll, für welches f nicht 1 ist. Das Axiomensystem für dieses $\varkappa\,(f)$ lautet:

24. $(\varkappa(f) = 1 - 1) \to (Z(a) \to f(a) = 1),$
25. $(\varkappa(f) + 1 - 1) \to Z\,\varkappa(f),$
26. $(\varkappa(f) + 1 - 1) \to (f(\varkappa(f)) + 1),$
27. $Z\,a \to \{Z(\varkappa(f) - a) \to f(\varkappa(f) - a) = 1\}.$

In ähnlicher Weise läßt sich ein gewisses Paar zusammengehöriger Funktionenfunktionen τ und α einführen, durch die die vollständige Begründung der Theorie der reellen Zahlen und insbesondere der Nachweis der Existenz der oberen Grenze für jede beliebige Menge reeller Zahlen möglich wird.

Zum Schluß dieser ersten Mitteilung möchte ich noch bemerken, daß mich bei der Durchführung und Ausarbeitung der hier dargelegten Ideen P. BERNAYS aufs wesentlichste unterstützt hat.

---

[1] Hilbert nimmt hier Bezug auf seinen Ansatz zur Behandlung der transfiniten Funktionen im Widerspruchsfreiheitsbeweis. Es steht jedoch noch dahin, ob man auf diesem Wege zu dem gewünschten Ziel gelangen kann; vgl. hierzu S. 210—213. Anm. d. H.

11. Die logischen Grundlagen der Mathematik[1].

[Mathem. Annalen Bd. 88, S. 151—165 (1923).]

Meine Untersuchungen zur Neubegründung der Mathematik[2] bezwecken nichts Geringeres, als die allgemeinen Zweifel an der Sicherheit des mathematischen Schließens definitiv aus der Welt zu schaffen. Wie nötig eine solche Untersuchung ist, gewahren wir, wenn wir bedenken, wie wechselnd und unpräzise die diesbezüglichen Anschauungen oft selbst der hervorragendsten Mathematiker waren, oder wenn wir uns erinnern, daß von einigen der namhaftesten Mathematiker der neuesten Zeit die bisher für die sichersten gehaltenen Schlüsse in der Mathematik verworfen werden.

Zur vollständigen Lösung der in Rede stehenden prinzipiellen Schwierigkeiten ist, wie ich glaube, eine Theorie des mathematischen Beweises selbst nötig. Diese Beweistheorie habe ich nunmehr unter der wirksamsten Hilfe und Mitarbeit von PAUL BERNAYS so weit fortgeführt, daß in der Tat durch sie die einwandfreie Begründung der Analysis und Mengenlehre gelingt; ja ich glaube nunmehr so weit zu sein, daß man auch an die großen klassischen Probleme der Mengenlehre von der Art des Kontinuumsproblems und an die nicht minder wichtigen noch offenen Probleme der mathematischen Logik erfolgreich wird herantreten können.

Diese ganze Theorie mit ihren langen und schwierigen Entwicklungen hier darzulegen, ist unmöglich. Es haben sich aber im Laufe der Untersuchung eine Reihe von neuen Einsichten und Zusammenhängen herausgestellt, die auch einzeln für sich und von den übrigen losgelöst Interesse verdienen. Ich möchte eine solche, wie ich glaube, neue Einsicht hier zur Sprache bringen, die außerdem gerade von der Art ist, daß sie den Kern meiner Beweistheorie sehr tief berührt.

Erinnern wir uns an das Auswahlaxiom, welches ZERMELO zuerst für die Mengenlehre aufgestellt und formuliert und auf welches er seinen genialen Beweis für die Wohlordnung des Kontinuums gegründet hat. Die Einwendungen, die gegen diesen Beweis und die damit verknüpften Fortschritte

---

[1] Vortrag, gehalten in der Deutschen Naturforscher-Gesellschaft. September 1922.

[2] Vgl. meine in Kopenhagen und Hamburg gehaltenen Vorträge. Abhandlungen aus dem mathematischen Seminar der Hamburgischen Universität 1922. Dieser Bd. Abh. Nr. 10.

der Mengenlehre gemacht worden sind, richteten sich wesentlich gegen das
Auswahlprinzip; und auch heute wird wohl meist die Auffassung vertreten,
daß die Zulässigkeit des Auswahlprinzips zweifelhaft sei, während die sonsti-
gen Schlußweisen, wie sie in der Mengenlehre im allgemeinen und in dem
Zermeloschen Beweise im besonderen zur Anwendung kommen, der Bean-
standung nicht in gleicher Weise ausgesetzt sind. Diese Auffassung halte ich
für irrig; vielmehr stellt sich in der logischen Analyse, wie sie sich in meiner
Beweistheorie vollzieht, heraus, daß der wesentliche dem Auswahlprinzip
zugrunde liegende Gedanke ein allgemein logisches Prinzip ist, das schon für
die ersten Anfangsgründe des mathematischen Schließens notwendig und
unentbehrlich ist. Wenn wir diese Anfangsgründe sichern, gewinnen wir zugleich den Boden für das Auswahlprinzip: beides geschieht durch meine
Beweistheorie.

Der Grundgedanke meiner Beweistheorie ist folgender:

Alles, was im bisherigen Sinne die Mathematik ausmacht, wird streng
formalisiert, so daß die eigentliche Mathematik oder die Mathematik in
engerem Sinne zu einem Bestande an Formeln wird. Diese unterscheiden
sich von den gewöhnlichen Formeln der Mathematik nur dadurch, daß
außer den gewöhnlichen Zeichen noch die logischen Zeichen, insbesondere
die für „folgt" ($\rightarrow$) und für „nicht" ($\overline{}$)[1] darin vorkommen. Gewisse Formeln, die als Bausteine des formalen Gebäudes der Mathematik dienen,
werden Axiome genannt. Ein Beweis ist eine Figur, die uns als solche anschaulich vorliegen muß; er besteht aus Schlüssen vermöge des Schlußschemas

$$\frac{\begin{array}{c}\mathfrak{S}\\ \mathfrak{S} \rightarrow \mathfrak{T}\end{array}}{\mathfrak{T}},$$

wo jedesmal jede der Prämissen, d. h. der betreffenden Formeln $\mathfrak{S}$ und $\mathfrak{S} \rightarrow \mathfrak{T}$,
entweder ein Axiom ist bzw. direkt durch Einsetzung aus einem Axiom
entsteht oder mit der Endformel $\mathfrak{T}$ eines Schlusses übereinstimmt, der vorher im Beweise vorkommt bzw. durch Einsetzung aus einer solchen Endformel entsteht. Eine Formel soll beweisbar heißen, wenn sie entweder ein
Axiom ist bzw. durch Einsetzen aus einem Axiom entsteht oder die Endformel eines Beweises ist.

Zu der eigentlichen so formalisierten Mathematik kommt eine gewissermaßen neue Mathematik, eine Metamathematik, die zur Sicherung jener
notwendig ist, in der — im Gegensatz zu den rein formalen Schlußweisen
der eigentlichen Mathematik — das inhaltliche Schließen zur Anwendung

---

[1] In meiner vorhin zitierten Abhandlung hatte ich dieses Zeichen noch vermieden;
es hat sich herausgestellt, daß bei der gegenwärtigen, ein wenig veränderten Darstellung
meiner Theorie der Gebrauch des Zeichens für „nicht" ohne Gefahr geschehen kann.

kommt, aber lediglich zum Nachweis der Widerspruchsfreiheit der Axiome. In dieser Metamathematik wird mit den Beweisen der eigentlichen Mathematik operiert und diese letzteren bilden selbst den Gegenstand der inhaltlichen Untersuchung. Auf diese Weise vollzieht sich die Entwicklung der mathematischen Gesamtwissenschaft in beständigem Wechsel auf zweierlei Art: durch Gewinnung neuer beweisbarer Formeln aus den Axiomen mittels formalen Schließens und andererseits durch Hinzufügung neuer Axiome nebst dem Nachweis der Widerspruchsfreiheit mittels inhaltlichen Schließens.

Die Axiome und beweisbaren Sätze, d. h. die Formeln, die in diesem Wechselspiel entstehen, sind die Abbilder der Gedanken, die das übliche Verfahren der bisherigen Mathematik ausmachen, aber sie sind nicht selbst die Wahrheiten im absoluten Sinne. Als die absoluten Wahrheiten sind vielmehr die Einsichten anzusehen, die durch meine Beweistheorie hinsichtlich der Beweisbarkeit und der Widerspruchsfreiheit jener Formelsysteme geliefert werden.

Durch dieses Programm ist die Wahl der Axiome für unsere Beweistheorie schon vorgezeichnet. Wir beginnen die Reihe der Axiome folgendermaßen:

I. *Axiome der Folge.*

1.
$$A \to (B \to A)$$
(Zufügen einer Voraussetzung).

2.
$$\{A \to (A \to B)\} \to (A \to B)$$
(Weglassen einer Voraussetzung).

3.
$$\{A \to (B \to C)\} \to \{B \to (A \to C)\}$$
(Vertauschen der Voraussetzungen).

4.
$$(B \to C) \to \{(A \to B) \to (A \to C)\}$$
(Elimination einer Aussage).

II. *Axiome der Negation.*

5.
$$A \to (\overline{A} \to B)$$
(Satz vom Widerspruch).

6.
$$(A \to B) \to \{(\overline{A} \to B) \to B\}$$
(Prinzip des tertium non datur).

III. *Axiome der Gleichheit.*

7.
$$a = a.$$

8.
$$a = b \to (A(a) \to A(b)).$$

IV. *Axiome der Zahl.*

9.
$$a + 1 \neq 0.$$

10.
$$\delta(a + 1) = a.$$

Zu 9. sei bemerkt, daß die formale Negation von $a = b$, d.h. $\overline{a = b}$ auch $a \neq b$ geschrieben wird und mithin $a + 1 \neq 0$ die formale Negation von $a + 1 = 0$ ist.

Auf Grund dieser Axiome 1. bis 10. erhalten wir leicht die ganzen positiven Zahlen und die für diese geltenden Zahlengleichungen. Auch läßt sich aus diesen Anfängen mittels „finiter" Logik durch rein anschauliche Überlegungen, wozu die Rekursion und die anschauliche Induktion für vorliegende endliche Gesamtheiten gehört, die elementare Zahlentheorie[1] gewinnen, ohne daß dabei eine bedenkliche oder problematische Schlußweise zur Anwendung gelangt.

Die beweisbaren Formeln, die auf diesem Standpunkt gewonnen werden, haben sämtlich den Charakter des Finiten, d. h. die Gedanken, deren Abbilder sie sind, können auch ohne irgendwelche Axiome inhaltlich und unmittelbar mittels Betrachtung endlicher Gesamtheiten erhalten werden.

In unserer Beweistheorie wollen wir indes über diesen Bereich der finiten Logik hinausgehen und solche beweisbaren Formeln gewinnen, die die Abbilder transfiniter Sätze der gewöhnlichen Mathematik sind. Und die eigentliche Kraft und Bewährung unserer Beweistheorie werden wir gerade darin erblicken, wenn uns nach Hinzunahme gewisser weiterer transfiniter Axiome der Nachweis der Widerspruchsfreiheit gelingt. Wo geschieht nun zum erstenmal das Hinausgehen über das konkret Anschauliche und Finite? Offenbar schon bei Anwendung der Begriffe „alle" und „es gibt." Mit diesen Begriffen hat es folgende Bewandtnis. Die Behauptung, daß alle Gegenstände einer endlichen vorliegenden überblickbaren Gesamtheit eine gewisse Eigenschaft besitzen, ist logisch gleichwertig mit einer Zusammenfassung mehrerer Einzelaussagen durch „und"; z. B. alle Bänke in diesem Auditorium sind hölzern heißt soviel als: diese Bank ist hölzern und jene Bank ist hölzern und ... und die Bank dort ist hölzern. Ebenso ist die Behauptung, daß es in einer endlichen Gesamtheit einen Gegenstand mit einer Eigenschaft gibt, gleichwertig mit einer Verknüpfung von Einzelaussagen durch „oder"; z. B. es gibt unter diesen Kreidestücken ein rotes Kreidestück heißt soviel als: dieses Kreidestück ist rot oder jenes Kreidestück ist rot oder ... oder das Kreidestück dort ist rot.

Auf Grund hiervon erschließen wir das tertium non datur für endliche Gesamtheiten in folgender Fassung: entweder haben alle Gegenstände eine bestimmte Eigenschaft oder es gibt einen Gegenstand, der diese Eigenschaft nicht hat; und zugleich erhalten wir unter Gebrauch des üblichen All- und Seinzeichens — „für alle a": (a); „nicht für alle a": $\overline{(a)}$; „es gibt ein a": $(E\,a)$;

---

[1] In der definitiven Darstellung meiner Theorie geschieht die Begründung der elementaren Zahlentheorie ebenfalls mittels Axiomen; ich berufe mich hier nur der Kürze halber auf die direkte anschauliche Begründung.

„es gibt kein a": $\overline{(\mathsf{E}\,a)}$ — die strenge Gültigkeit der Äquivalenzen

$$\overline{(a)}\,A(a) \quad\text{äq.}\quad (\mathsf{E}\,a)\,\overline{A}(a)$$

und
$$\overline{(\mathsf{E}\,a)}\,A(a) \quad\text{äq.}\quad (a)\,\overline{A}(a);$$

hierin bedeutet $A(a)$ eine Aussage mit einer Variablen a, d. h. ein Prädikat.

Diese Äquivalenzen werden aber gewöhnlich in der Mathematik auch bei unendlich vielen Individuen ohne weiteres als gültig vorausgesetzt; damit aber verlassen wir den Boden des Finiten und betreten das Gebiet der transfiniten Schlußweise. Wenn wir ein Verfahren, das im Finiten zulässig ist, ohne Bedenken stets auf unendliche Gesamtheiten anwenden würden, so öffneten wir damit Irrtümern Tor und Tür. Es ist dies die gleiche Fehlerquelle, wie wir sie aus der Analysis genugsam kennen: wie dort die Übertragung der für endliche Summen und Produkte gültigen Sätze auf unendliche Summen und Produkte nur erlaubt ist, wenn eine besondere Konvergenzuntersuchung die Schlußweise sichert, so dürfen wir auch die unendlichen logischen Summen und Produkte

$$A_1 \,\&\, A_2 \,\&\, A_3 \,\&\, \ldots,$$
$$A_1 \lor A_2 \lor A_3 \lor \ldots$$

nicht wie endliche behandeln; es sei denn, daß die jetzt zu erörternde Beweistheorie eine solche Behandlung gestattet.

Betrachten wir die eben aufgestellten Äquivalenzen. Bei unendlich vielen Dingen hat die Negation des allgemeinen Urteils $(a)\,A\,a$ zunächst gar keinen präzisen Inhalt, ebensowenig wie die Negation des Existentialurteils $(\mathsf{E}\,a)\,A\,a$. Allerdings können gelegentlich diese Negationen einen Sinn erhalten, nämlich, wenn die Behauptung $(a)\,A\,a$ durch ein Gegenbeispiel widerlegt wird oder wenn aus der Annahme $(a)\,A\,a$ bzw. $(\mathsf{E}\,a)\,A\,a$ ein Widerspruch abgeleitet wird. Diese Fälle sind aber nicht kontradiktorisch entgegengesetzt; denn wenn $A(a)$ nicht für alle a gilt, wissen wir noch nicht, daß ein Gegenstand mit der Eigenschaft Nicht-A wirklich vorliegt; ebensowenig dürfen wir ohne weiteres sagen: entweder gilt $(a)\,A\,a$ bzw. $(\mathsf{E}\,a)\,A\,a$ oder diese Behauptungen weisen einen Widerspruch wirklich auf. Bei endlichen Gesamtheiten sind „*es gibt*" und „*es liegt vor*" einander gleichbedeutend; bei unendlichen Gesamtheiten ist nur der letztere Begriff ohne weiteres deutlich.

Wir sehen also, daß für den Zweck einer strengen Begründung der Mathematik die üblichen Schlußweisen der Analysis in der Tat nicht als logisch selbstverständlich übernommen werden dürfen. Vielmehr ist es gerade unsere Aufgabe, zu erkennen, warum und inwieweit die Anwendung der transfiniten Schlußweisen, so wie sie in der Analysis und in der Mengenlehre geschieht, doch stets richtige Resultate liefert. Auf dem Boden des Finiten soll also die freie Handhabung und volle Beherrschung des Transfiniten erreicht werden! Wie ist die Lösung dieser Aufgabe möglich?

Unserem Plane gemäß werden wir zu jenen vier bisherigen finiten Axiomgruppen solche hinzufügen, die der Ausdruck transfiniter Schlußweisen sind. Ich benutze den dem Auswahlprinzip zugrunde liegenden Gedanken, indem ich eine logische Funktion

$$\tau(A) \quad \text{oder} \quad \tau_a(A(a))$$

einführe, die jedem Prädikat $A(a)$, d. h. jeder Aussage mit einer Variablen a einen bestimmten Gegenstand $\tau(A)$ zuordnet. Diese Funktion τ soll noch das folgende Axiom erfüllen:

V. Transfinites Axiom.

11. $$A(\tau A) \to A(a).$$

Dieses Axiom heißt in gewöhnlicher Sprache soviel wie: Wenn ein Prädikat A auf den Gegenstand τA zutrifft, so trifft dasselbe für alle Gegenstände a zu. Die Funktion τ ist eine bestimmte individuelle Funktion von einer Variablen A, die Prädikatencharakter hat; sie möge die *transfinite Funktion* und das Axiom 11. das *transfinite Axiom* heißen. Um uns seinen Inhalt zu veranschaulichen, nehmen wir etwa für A das Prädikat „bestechlich sein"; dann hätten wir unter τA einen bestimmten Mann von so unverbrüchlichem Gerechtigkeitssinn zu verstehen, daß, wenn er sich als bestechlich herausstellen sollte, tatsächlich alle Menschen überhaupt bestechlich sind.

Das transfinite Axiom V. ist als der Urquell aller transfiniten Begriffe, Prinzipien und Axiome anzusehen. Fügen wir nämlich die folgenden Axiome hinzu:

VI. Definitionsaxiome des All- und des Sein-Zeichens

$$A(\tau A) \to (a) A(a),$$

$$(a) A(a) \to A(\tau A),$$

$$A(\tau \overline{A}) \to (E a) A(a);$$

$$(E a) A(a) \to A(\tau \overline{A}),$$

so ergeben sich die sämtlichen rein logischen, transfiniten Prinzipien als beweisbare Formeln, nämlich:

$$(a) A(a) \to A a$$
(Aristotelisches Prinzip).

$$A(a) \to (E a) A a$$
(Existential-Prinzip).

$$\overline{(a)} A a \to (E a) \overline{A} a,$$

$$(E a) \overline{A} a \to \overline{(a)} A a,$$

$$\overline{(E a)} A a \to (a) \overline{A} a,$$

$$(a) \overline{A} a \to \overline{(E a)} A a.$$

Durch diese letzten vier Formeln sind die vorhin für endliche Gesamtheiten aufgestellten Äquivalenzen und desgleichen auch das tertium non datui für unendliche Gesamtheiten als gültig erkannt worden[1].

Nach diesen Ausführungen sehen wir, daß alles auf den Nachweis der Widerspruchsfreiheit der Axiome I. bis V. (1. bis 11.) ankommt.

Der allgemeine Grundgedanke, wie ein solcher Nachweis geschieht, ist stets der folgende: Wir nehmen an, es liege ein Beweis konkret als Figur mit der Endformel $0 \neq 0$ vor; auf diesen Fall läßt sich in der Tat das Vorhandensein eines Widerspruchs zurückführen. Sodann zeigen wir durch eine inhaltliche finite Betrachtungsweise, daß dies kein unseren Anforderungen genügender Beweis sein kann.

Wir müssen zunächst den Nachweis der Widerspruchsfreiheit der Axiome I. bis IV. (1. bis 10.) führen. Das Verfahren besteht darin, daß wir den als vorliegend angenommenen Beweis sukzessive abändern, und zwar nach folgenden Gesichtspunkten:

1. Der Beweis kann durch Wiederholen und Weglassen von Formeln zu einem solchen Beweise gemacht werden, daß jede Formel eine und nur eine Formel des Beweises als „Kömmling" hat, zu deren Motivierung sie dient. Der Beweis wird auf diese Weise in Fäden zerfällt, die von den Axiomen ausgehend auf die Endformel münden.

2. Die im Beweise auftretenden Variablen lassen sich ausschalten.

3. Es kann erreicht werden, daß jede Formel außer logischen Zeichen nur Zahlzeichen

$$0, 0+1, 0+1+1, \ldots$$

enthält, wodurch jede Formel des Beweises zu einer „numerischen" Formel wird.

4. Jede Formel wird auf eine gewisse logische „Normalform" gebracht.

Nach Ausführung dieser Operationen ist für jede Formel des Beweises gewissermaßen direkt eine Kontrolle möglich, d. h. die Feststellung, ob sie in gewissem, genau anzugebendem Sinne „richtig" oder „falsch" ist. Soll nun der vorgelegte Beweis allen unseren Anforderungen genügen, so müßte, wie sich zeigt, der Reihe nach jede Formel des Beweises diese Kontrolle bestehen und also auch die Endformel $0 \neq 0$ richtig sein, was nicht zutrifft.

Damit wäre die Widerspruchsfreiheit der Axiomgruppen I. bis IV. (1. bis 10.) nachgewiesen, wenn auch die genaue Ausführung dieses soeben nur skizzierten Nachweises mehr Zeit beanspruchen würde, als mir in diesem Vortrage zur Verfügung steht.

---

[1] Die Erkenntnis, daß die *eine* Formel 11. zur Herleitung dieser sämtlichen Formeln genügt, verdanke ich P. Bernays.

Nun ist aber gegenwärtig für uns gerade die Widerspruchsfreiheit des Axioms V. (11.) von dringendem Interesse, weil durch dieses Axiom erst die transfiniten Schlußweisen in der Mathematik ihre Rechtfertigung finden sollen.

Ich möchte den eigentlichen Kern dieses Beweises an dem ersten und einfachsten Falle etwas ausführlicher entwickeln. Dieser erste Fall stellt sich sofort ein, sobald wir unsere bisher streng finit gebliebene Zahlentheorie weiterführen. Dies geschieht, indem wir in Axiom V. (11.) für die Gegenstände a die Zahlzeichen, d. h. die ganzen positiven Zahlen inklusive 0, und als Prädikate $A(a)$ die Gleichungen $f(a) = 0$, wo f eine gewöhnliche ganzzahlige Funktion ist, nehmen. Die logische Funktion τ ordnet jedem Prädikat einen Gegenstand, d. h. jeder mathematischen Funktion f eine Zahl zu. Aus τ wird also eine gewöhnliche ganzzahlige Funktionenfunktion — so daß, wenn f eine bestimmte Funktion ist, τ eine bestimmte Zahl wird; wir nennen dieselbe $\tau(f)$, so daß

$$\tau(f) = \tau_a(f(a) = 0)$$

ist; das Axiom V. (11.) verwandelt sich in das Axiom

12. $$f(\tau(f)) = 0 \rightarrow f(a) = 0.$$

Die Eigenschaft der Funktionenfunktion $\tau(f)$, die sich in dieser Formel abbildet, verwirklichen wir am einfachsten, indem wir unter $\tau(f)$ die Zahl 0 verstehen, sobald für jedes a die Gleichung $f(a) = 0$ erfüllt ist, sonst jedoch $\tau(f)$ gleich der ersten Zahl a nehmen, für die $f(a) \neq 0$ ausfällt[1]. Die Funktion $\tau(f)$ ist eine transfinite Funktion und gehört zu denen, die von Brouwer und Weyl verboten worden sind. Es kommt alles darauf an, nachzuweisen, daß das Axiom 12., zu den Axiomen 1. bis 10. hinzugefügt, keinen Widerspruch ergibt.

Zu dem Zwecke knüpfen wir an den Nachweis für die Widerspruchsfreiheit der Axiome 1. bis 10. an und versuchen denselben auf den gegenwärtigen Fall zu übertragen. Wir haben jetzt eine neue Schwierigkeit zu berücksichtigen, die darin liegt, daß in dem vorgelegten Beweise das Zeichen $\tau(f)$ vorkommen wird, wo für die Funktionsvariable f beliebige spezielle Funktionen $\varphi, \varphi', \ldots$ eingesetzt sein können. Wir machen jedoch für den Augenblick die erleichternde und vereinfachende Annahme, daß nur eine einzige solche spezielle Funktion φ als Einsatz für f vorkomme, so daß der vorgelegte Beweis schließlich in einen Beweis verwandelt werden kann, der außer logischen Zeichen und Zahlzeichen nur $\tau(\varphi)$ enthält, wo φ eine spezielle Funktion bedeutet, bei deren Definition τ nicht angewandt worden ist.

Mit diesem Beweise nehmen wir nun der Reihe nach folgende Operationen vor:

---

[1] Bei späterer Einführung dieser Spezialisierung in den Formalismus (S. 188) wird das Symbol $\mu(f)$ an Stelle von $\tau(f)$ verwandt. Anm. d. H.

1. Wir setzen gewissermaßen vorläufig und versuchsweise überall für $\tau(\varphi)$ das Zahlzeichen 0 ein. Unser Beweis wird dann zu einer Aufeinanderfolge von „numerischen" Formeln; alle diese Formeln sind im früheren Sinne „richtig", eventuell mit Ausnahme derjenigen, die aus Axiom 12. fließen. Nun fließen aber aus 12., wenn wir für f darin φ nehmen, sowie für a die betreffende Einsetzung machen und dann an Stelle von $\tau(\varphi)$ das Zahlzeichen 0 einsetzen, nur Formeln von der Gestalt

$$\varphi(0) = 0 \rightarrow \varphi(\mathfrak{z}) = 0.$$

Da hierin $\mathfrak{z}$ ein Zahlzeichen bedeutet und φ eine durch Rekursion definierte Funktion ist — die Definition durch Rekursion wird leicht in unseren Formalismus aufgenommen —, so reduziert sich $\varphi(\mathfrak{z})$ ebenfalls auf ein Zahlzeichen. Es wird sich wesentlich darum handeln, ob in diesen Formeln überall aus $\varphi(\mathfrak{z})$ nach dieser Reduktion auf ein Zahlzeichen das Zahlzeichen 0 wird oder ob einmal aus $\varphi(\mathfrak{z})$ dabei ein von 0 verschiedenes Zahlzeichen entsteht. Im ersteren Falle sind wir mit dem Nachweis der Widerspruchsfreiheit schon am Ziel. Denn alle jene aus Axiom 12. fließenden Formeln sind dann für sich schon richtig. Jene Aufeinanderfolge von Formeln, die wir aus dem Beweise erhielten, wird wiederum zu einem Beweise, bei dem sich durch die schrittweise Kontrollierung alle Formeln als richtig erweisen, so daß die falsche Formel $0 \neq 0$ nicht als Endformel entstehen kann.

2. Tritt nun die zweite Alternative ein, so haben wir damit ein $\mathfrak{z}$ gewonnen, so daß

$$\varphi(\mathfrak{z}) = 0$$

eine falsche Formel ist. Wir nehmen dann mit dem vorgelegten Beweise eine andere Operation vor: wir setzen für $\tau(\varphi)$ nicht 0, sondern überall im Beweise das Zahlzeichen $\mathfrak{z}$ ein. Die aus Axiom 12. fließenden Formeln haben dann sämtlich die Gestalt

$$\varphi(\mathfrak{z}) = 0 \rightarrow \varphi(\mathfrak{\hat{z}}) = 0,$$

und diese Formeln sind für sich schon jedenfalls richtig, da ja die vor dem Folgezeichen stehende Formel falsch ist. Der Beweis wird wiederum ein Beweis mit lauter numerischen Formeln, die richtig sind, so daß auch die Endformel nicht $0 \neq 0$ lauten kann.

Hiermit ist der Nachweis für die Widerspruchsfreiheit der transfiniten Funktion $\tau(f)$ vollständig geführt; damit wird auch das tertium non datur für den Begriff der unendlichen Zahlenreihe, wie sie die ganzzahlige Variable in f repräsentiert, sichergestellt: nämlich auf Grund der Axiome der Negation II. (5. bis 6.) kommt die formale Negation dem kontradiktorischen Gegenteil gleich; es ist aber $f\tau(f) \neq 0$ die formale Negation von $f\tau(f) = 0$ und andererseits nach VI. $f\tau(f) \neq 0$ mit $(\mathsf{E}\,a)\,(f(a) \neq 0)$ und $f\tau(f) = 0$ mit $(a)\,(f(a) = 0)$ äquivalent.

Man kann die Lösung der Schwierigkeit, wie sie meine Beweistheorie gibt, sich so begreiflich machen. Unser Denken ist finit; indem wir denken, geschieht ein finiter Prozeß. Diese sich von selbst betätigende Wahrheit wird in meiner Beweistheorie gewissermaßen mit benutzt in der Weise, daß, wenn irgendwo sich ein Widerspruch herausstellen würde, mit der Erkenntnis dieses Widerspruches auch zugleich die betreffende Auswahl aus den unendlich vielen Dingen verwirklicht sein müßte. In meiner Beweistheorie wird demnach nicht behauptet, daß die Auffindung eines Gegenstandes unter den unendlich vielen Gegenständen stets bewirkt werden kann, wohl aber, daß man ohne Risiko eines Irrtums stets so tun kann, als wäre die Auswahl getroffen. Wir könnten WEYL wohl das Vorhandensein eines circulus zugeben, aber dieser circulus ist nicht vitiosus. Vielmehr ist die Anwendung des tertium non datur stets ohne Gefahr.

In meiner Beweistheorie werden zu den finiten Axiomen die transfiniten Axiome und Formeln hinzugefügt, ähnlich wie in der Theorie der komplexen Zahlen zu den reellen die imaginären Elemente und wie in der Geometrie zu den wirklichen die idealen Gebilde. Und auch der Beweggrund dafür und der Erfolg des Verfahrens ist in meiner Beweistheorie der gleiche wie dort: nämlich die Hinzufügung der transfiniten Axiome geschieht im Sinne der Vereinfachung und des Abschlusses der Theorie.

Nach den bisherigen Ausführungen darf die transfinite Funktion $\tau(f)$ überall in der Mathematik angewandt werden, sowohl, wenn es sich um die Definition von Funktionen und die Bildung neuer Begriffe handelt, als auch bei der Führung der mathematischen Beweise.

Als Beispiel für die Definition einer Funktion diene die Funktion

$$\varphi(a) = [a^{\sqrt{a}}],$$

wo die rechts stehende Klammer 0 bzw. 1 bedeuten soll, je nachdem $a^{\sqrt{a}}$ eine rationale oder irrationale Zahl wird.

Was die Verwendung in Beweisen anlangt, so kann man in den in der Literatur vorliegenden Beweisen meist leicht erkennen, ob eine transfinite Funktion darin wesentlich benutzt wird oder nicht. Geeignete Beispiele dafür liefern die beiden von mir gegebenen, unter sich völlig verschiedenen Beweise für die Endlichkeit des vollen Invariantensystems. In dem ersten findet eine transfinite Schlußweise Anwendung, in dem zweiten nicht. Mein erster Beweis für die Endlichkeit des vollen Invariantensystems ist von der Art, daß darin die transfinite Schlußweise wesentlich ist und nicht herausgeschafft werden kann. Freilich kann vermutlich ein finiter Satz stets auch ohne Anwendung einer transfiniten Schlußweise bewiesen werden — wie ja im Falle des Satzes von der Endlichkeit des vollen Invariantensystems mein zweiter Beweis zeigt —, aber diese Behauptung ist von der Art der Behauptung, daß jeder mathematische Satz überhaupt entweder sich als richtig nachweisen oder widerlegen lassen muß. P. GORDAN hatte ein gewisses unklares Gefühl für die transfinite Schlußweise in meinem ersten Invarianten-Beweise: er brachte dasselbe zum Ausdruck, indem er den Beweis als „theologisch" bezeichnete. Er modifizierte dann die Darstellung meines Beweises durch Einbeziehung seiner Symbolik und glaubte damit den Beweis seines „theologischen" Charakters entkleidet zu haben. In Wahrheit war die transfinite Schlußweise nur hinter dem Formalismus der Symbolik versteckt worden.

Nach derselben Methode, wie wir vorhin die Widerspruchsfreiheit der transfiniten Funktionenfunktion $\tau(f)$ nachwiesen, können wir auch die Widerspruchsfreiheit der Funktionenfunktion $\mu(f)$ nachweisen, die die Eigenschaft hat — ebenso wie $\tau(f)$ — 0 zu sein, wenn $f(a)$ für alle Werte der Variablen a verschwindet, aber andererseits, wenn dies nicht der Fall ist, gleich dem kleinsten Wert wird, für den $f(a)$ von 0 verschieden ist[1]. Mittels dieser Funktion $\mu(f)$ ergibt sich dann[2] das Prinzip der vollständigen Induktion

$$A(0) \to (a)(A(a) \to A(a+1)) \to A(a)$$

als beweisbare Formel.

Um die Analysis zu begründen, definieren wir die reelle, zwischen 0 und 1 gelegene Zahl z durch einen Dualbruch und diesen durch eine Funktion $\varphi(n)$, den Stellenwert, die nur der Werte 0 oder 1 fähig ist:

$$z = 0, a_1 a_2 a_3 \ldots \qquad (a_n = f(n)).$$

Ein Beispiel für einen auf transfinite Weise definierten Dualbruch ist:

$$0, [2^{\sqrt{2}}][3^{\sqrt{3}}][4^{\sqrt{4}}] \ldots;$$

derselbe stellt eine wohldefinierte reelle Zahl dar, obwohl beim heutigen Stande der Wissenschaft sich nicht einmal die erste Dualstelle berechnen läßt.

Das Fundament der Analysis ist der Satz von der oberen Grenze. Die transfinite Funktion τ ermöglicht nun in der Tat den Beweis des Satzes, daß die obere Grenze einer Folge von reellen Zahlen stets existiert.

Um dies zu erkennen, ist es zunächst ratsam, die logischen Zeichen & für „und" und $\vee$ für „oder" einzuführen. Wir tun es durch Zurückführung auf die bisher von uns allein benutzten logischen Zeichen $\to$ und $^-$ in folgender Weise:

$$\mathfrak{A} \,\&\, \mathfrak{B} \quad \text{bzw.} \quad \mathfrak{A} \vee \mathfrak{B}$$

---

[1] Die Axiome für $\mu(f)$ sind:

$$f(\mu(f)) = 0 \to f(a) = 0, \qquad (a)(f(a) = 0) \to \mu(f) = 0,$$
$$f(a) \neq 0 \to \mu(f) \leq a. \qquad \text{Anm. d. H.}$$

[2] Sofern zu den Axiomen IV noch das Axiom

$$a \neq 0 \to a = \delta(a) + 1$$

hinzugenommen wird. Anm. d. H.

sollen dasselbe sein wie

$$\overline{\mathfrak{A} \to \overline{\mathfrak{B}}} \quad \text{bzw.} \quad \overline{\mathfrak{A}} \to \mathfrak{B}.$$

Sodann schreiben wir noch für die Formel

$$(a)\,(f a = 0 \lor f a = 1)\, \&\, (a)\,(\mathsf{E}\, b)\,(f(a + b) = 1)$$

zur Abkürzung $\mathfrak{R} f$, d. h. $\mathfrak{R} f$ bedeutet, daß die Funktion $f a$ vermöge des stets unendlichen Dualbruches

$$0.\, f(1)\, f(2)\, f(3) \ldots$$

eine reelle, zwischen 0 exklusive und 1 inklusive gelegene Zahl darstellt. Eine Folge $\zeta_1, \zeta_2, \zeta_3, \ldots$ reeller Zahlen wird dann durch eine Funktion $\varphi(a, n)$ dargestellt, für welche die Formel $\mathfrak{R}\, \varphi(a, n)$ bei beliebigem ganzzahligen n beweisbar ist. Der weitere Gang des Beweises geschieht auf Grund folgenden Gedankens. Wir betrachten in dem Schema

$$\zeta_1 = 0,\, \varphi(1, 1)\, \varphi(2, 1)\, \varphi(3, 1) \ldots$$
$$\zeta_2 = 0,\, \varphi(1, 2)\, \varphi(2, 2)\, \varphi(3, 2) \ldots$$
$$\zeta_3 = 0,\, \varphi(1, 3)\, \varphi(2, 3)\, \varphi(3, 3) \ldots$$
$$\cdot\quad\cdot\quad\cdot\quad\cdot\quad\cdot\quad\cdot\quad\cdot\quad\cdot\quad\cdot\quad\cdot$$

zunächst die Ziffern in der ersten Vertikalreihe hinter dem Komma. Sind diese alle 0, d. h. ist $\varphi(1, n) = 0$ für alle n, so nehme man $\psi(1) = 0$, sonst aber $\psi(1) = 1$. Wenn nun in der zweiten Vertikalreihe alle diejenigen Ziffern 0 sind, für die je die zur selben Horizontalreihe gehörige Ziffer der ersten Vertikalreihe $\psi(1)$ wird, so nehme man $\psi(2) = 0$, sonst aber $\psi(2) = 1$. Sind in der dritten Vertikalreihe alle diejenigen Ziffern 0, für die je die zur selben Horizontalreihe gehörigen Ziffern der ersten und zweiten Vertikalreihe $\psi(1)$ bzw. $\psi(2)$ werden, so nehme man $\psi(3) = 0$, sonst aber $\psi(3) = 1$; usw. Auf Grund dieser Betrachtung gelangen wir dazu, die obere Grenze $\psi(a)$ der Folge $\varphi(a, n)$ reeller Zahlen durch folgende simultane Rekursion zu definieren:

$$\chi(0, n) \qquad = 0$$
$$\psi(a + 1) \qquad = \pi_n\{\chi(a, n) = 0 \to \varphi(a + 1, n) = 0\}$$
$$\chi(a + 1, n) = \chi(a, n) + \iota(\psi(a + 1), \varphi(a + 1, n));$$

dabei ist $\iota(a, b)$ die Funktion von a, b, die 0 oder 1 darstellt, je nachdem $a = b$ oder $a \neq b$ wird, und π_n ist die durch folgende Axiome definierte transfinite Funktion:

$$(n)\, \mathfrak{A}(n) \to \pi_n(\mathfrak{A}\, n) = 0,$$
$$\overline{(n)\, \mathfrak{A}(n)} \to \pi_n(\mathfrak{A}\, n) = 1;$$

in Worten: $\pi_n(\mathfrak{A}\, n)$ ist 0 oder 1, je nachdem die bezügliche Aussage $\mathfrak{A}$ für alle n gilt oder nicht.

Man kann nun im Sinne meiner Beweistheorie streng beweisen, daß $\mathfrak{R}\,\psi$ gilt und daß überdies die reelle Zahl $\psi(n)$ die Eigenschaft der oberen Grenze hat, wobei der Begriff „kleiner" für irgend zwei reelle Zahlen f, g durch die Formel

$$(E\,a)\,\{(b)\,(b < a \rightarrow f\,b = g\,b) \;\&\; f\,a = 0 \;\&\; g\,a = 1\}$$

zu definieren ist.

Nunmehr sei statt einer Folge von reellen Zahlen eine beliebige Menge von reellen Zahlen vorgelegt, etwa dadurch, daß für die Funktionsvariable f eine bestimmte Aussage $\Re(f)$ gegeben sei, die einerseits sowohl f als eine eine reelle Zahl darstellende Funktion charakterisiert, wie außerdem gerade die reellen Zahlen der Menge auszeichnet. Die obere Grenze $\psi(a)$ dieser Menge $\Re(f)$ von reellen Zahlen wird dann durch folgende simultane Rekursion erhalten:

$$\chi(0, f) \quad = 0$$
$$\psi(a + 1) \quad = \pi_f\{\Re f \rightarrow (\chi(a, f) = 0 \rightarrow f(a + 1) = 0)\}$$
$$\chi(a + 1, f) = \chi(a, f) + \iota(\psi(a + 1), f(a + 1));$$

dabei bedeutet π_f die transfinite Funktion, die durch die Axiome definiert ist:

$$(f)\,\mathfrak{A}(f) \rightarrow \pi_f\,(\mathfrak{A}\,f) = 0,$$
$$(\overline{f})\,\mathfrak{A}(f) \rightarrow \pi_f\,(\mathfrak{A}\,f) = 1\,.$$

Zum Schluß möchte ich noch eine Anwendung auf das Zermelosche Auswahlprinzip für Mengen von Mengen reeller Zahlen machen. Vorhin war eine Menge reeller Zahlen f durch eine bestimmte Aussage $\Re(f)$ mit f als Funktionsvariable gegeben worden; wir fügen jetzt die Axiome

$$\Re f \rightarrow \nu(f) = 1$$
$$\overline{\Re f} \rightarrow \nu(f) = 0$$

hinzu, deren Widerspruchsfreiheit leicht erkannt wird. Auf diese Weise ist die Menge durch die Funktionenfunktion $\nu(f)$ definiert, die für die reellen Zahlen f der Menge den Wert 1 und für alle anderen reellen Zahlen f den Wert 0 hat. Aus der für $\Re$ geltenden Formel

$$\Re f \rightarrow \Re f$$

ergibt sich

$$\nu(f) = 1 \rightarrow \Re f\,.$$

ν ist eine spezielle Funktionenfunktion, r sei die zugehörige Variable, d. h. eine Variable für Funktionenfunktionen, deren Argument eine gewöhnliche Funktion eines Argumentes ist.

Eine spezielle Menge von Mengen von reellen Zahlen wird dann durch eine spezielle, r enthaltende Aussage $\mathfrak{M}(r)$ dargestellt, für welche die Formel

$$\mathfrak{M}(r) \;\&\; (r\,f = 1) \rightarrow \Re f$$

gilt. Wir nehmen an, diese Mengenmenge habe die Eigenschaft, daß jede

Menge von reellen Zahlen, die Element von ihr ist, mindestens eine reelle Zahl enthält, oder in Formeln:

$$\mathfrak{M}(r) \rightarrow (\mathsf{E}\,f)\,(r(f) = 1).$$

Nunmehr definieren wir eine transfinite Funktion τ_f wie vorhin τ_a, nur mit dem Unterschiede, daß an Stelle der Zahlenvariablen a von vornherein eine Funktionsvariable f genommen wird, d. h. τ_f wird durch das Axiom

$$r(\tau_f(r)) = 0 \rightarrow r(f) = 0 \qquad (12^*)$$

definiert, das unserem Axiom 12. für τ_a entspricht und auch gerade so aus dem logischen Axiom V. (11.) erhalten wird, wenn man darin als Gegenstände die Funktionen f und als Prädikate die Gleichungen $r(f) = 0$ nimmt; dabei hat dann τ_f den Charakter, stets selbst eine Funktion darzustellen, während das Argument eine Funktionenfunktion r ist.

Wir haben jetzt folgende beweisbaren Formeln:

$$(\mathsf{E}\,f)\,(r(f) = 1) \rightarrow \overline{(f)}\,(r\,f\, = 0),$$

$$\overline{(f)}\,(r\,f = 0) \rightarrow r(\tau_f(r)) \,\pm\, 0,$$

$$r(\tau_f(r)) \,\pm\, 0 \rightarrow r(\tau_f(r)) = 1,$$

und hieraus folgt

$$\mathfrak{M}(r) \rightarrow r(\tau_f(r)) = 1;$$

d. h. jedem Element r der Menge $\mathfrak{M}(r)$ ist eine ganzzahlige Funktion, nämlich $\tau_f(r)$ zugeordnet. Diese stellt eine reelle Zahl dar; denn aus einer früheren Formel folgt sofort $\mathfrak{R}(\tau_f(r))$. Die Funktionen $\tau_f(r)$ bilden eine Menge; denn um für diese Funktionen — wir wollen sie $g(a)$ nennen — eine ihre Gesamtheit definierende Aussage zu erhalten, brauchen wir nur zu formulieren, daß jede von ihnen mit dem Repräsentanten $\tau_f r$ einer zu $\mathfrak{M}$ gehörigen Menge r übereinstimmt, wie es durch die Formel

$$(\mathsf{E}\,r)\,\{\mathfrak{M}(r) \,\&\, (a)\,(g(a) = \tau_f\,r(a))\}$$

geschieht, so daß eine Menge nach der ursprünglichen Darstellungsmethode wirklich vorliegt.

Damit ist der Beweis des Zermeloschen Auswahlprinzips für Mengen von Mengen reeller Zahlen erbracht.

Wegen des Auftretens des Sein-Zeichens $(\mathsf{E}\,r)$ ist es noch nötig, die Widerspruchsfreiheit der zu der neuen Variablensorte r gehörigen transfiniten Funktion $\tau_f(r)$ nachzuweisen. Dieser Nachweis hat, ebenso wie derjenige für π_n und π_f, nach dem Muster desjenigen für die transfinite Funktion τ_a zu geschehen.

Es bleibt nun noch die Aufgabe einer genauen Ausführung der soeben skizzierten Grundgedanken; mit ihrer Lösung wird die Begründung der Analysis vollendet und die der Mengenlehre angebahnt sein.

12. Die Grundlegung der elementaren Zahlenlehre[1].

[Mathem. Annalen Bd. 104, S. 485—494 (1931)[2].]

Der Grundgedanke meiner Beweistheorie ist folgender:

Alles, was im bisherigen Sinne die Mathematik ausmacht, wird streng formalisiert, so daß die eigentliche Mathematik oder die Mathematik in engerem Sinne zu einem Bestande an Formeln wird. Diese unterscheiden sich von den gewöhnlichen Formeln der Mathematik nur dadurch, daß außer den gewöhnlichen Zeichen noch die logischen Zeichen, insbesondere die für „folgt" (→) und für „nicht" (⌐), darin vorkommen. Gewisse Formeln, die als Fundament des formalen Gebäudes der Mathematik dienen, werden Axiome genannt. Ein Beweis ist eine Figur, die uns als solche anschaulich vorliegen muß; er besteht aus Schlüssen[3], wo jede der Prämissen entweder Axiom ist oder mit der Endformel eines Schlusses übereinstimmt, der vorher im Beweise vorkommt bzw. durch Einsetzung aus einer solchen Endformel oder einem Axiom entsteht. An Stelle des inhaltlichen Schließens tritt in der Beweistheorie ein äußeres Handeln nach Regeln, nämlich der Gebrauch des Schlußschemas und der Einsetzung. Eine Formel soll beweisbar heißen, wenn sie entweder ein Axiom oder die Endformel eines Beweises ist.

Zu der eigentlichen so formalisierten Mathematik kommt eine gewissermaßen neue Mathematik, eine Metamathematik, die zur Sicherung jener notwendig ist, in der — im Gegensatz zu den rein formalen Schlußweisen der eigentlichen Mathematik — das inhaltliche Schließen zur Anwendung kommt, aber lediglich zum Nachweis der Widerspruchsfreiheit der Axiome.

Die Axiome und beweisbaren Sätze, d. h. die Formeln, die in diesem Wechselspiel entstehen, sind die Abbilder der Gedanken, die das übliche Verfahren der bisherigen Mathematik ausmachen.

Durch dieses Programm ist die Wahl der Axiome für unsere Beweistheorie schon vorgezeichnet. Was die Auswahl der Axiome betrifft, so unterscheiden wir analog wie in der Geometrie qualitativ einzelne getrennte Gruppen.

---

[1] Vortrag, gehalten im Dezember 1930 auf Einladung der Philosophischen Gesellschaft in Hamburg.

[2] Im folgenden kommt nur ein Auszug — S. 489—494 — zum Abdruck.

[3] Die Formen der Schlüsse sind: das gewöhnliche Schlußschema (vgl. S. 179) und die nachfolgend unter IV angegebenen Schemata für das All- und das Seinszeichen. Anm. d. H.

I. Axiome der Folge:

$$A \to (B \to A)$$

(Zufügen einer Voraussetzung);

$$(A \to B) \to \{(B \to C) \to (A \to C)\}$$

(Elimination einer Aussage);

$$\{A \to (A \to B)\} \to (A \to B).$$

II. Axiome über „und" (&) sowie „oder" ($\vee$).

III. Axiome der Negation:

$$\{A \to (B \,\&\, \overline{B})\} \to \overline{A}$$

(Satz vom Widerspruch);

$$\overline{\overline{A}} \to A$$

(Satz von der doppelten Verneinung).

Diese Axiome der Gruppen I, II, III sind keine anderen als die Axiome des Aussagenkalküls.

IV. Transfinite Axiome:

$$(x)\, A(x) \to A(b)$$

(Schluß vom Allgemeinen aufs Besondere, Aristotelisches Axiom);

Umkehrung durch das Schema[1]:

$$\frac{\mathfrak{A} \to \mathfrak{B}(a)}{\mathfrak{A} \to (x)\,\mathfrak{B}(x)};$$

$$A(a) \to (E\,x)\, A(x)$$

Umkehrung wiederum durch Schema. Weitere Formeln sind ableitbar, z. B.

$$(\overline{x})\, A(x) \rightleftarrows (E\,x)\, \overline{A}(x)$$

(wenn ein Prädikat nicht für alle Argumente gilt, so gibt es ein Gegenbeispiel, und umgekehrt);

$$(\overline{E\,x})\, A(x) \rightleftarrows (x)\, \overline{A}(x)$$

(wenn es kein Beispiel für eine Aussage gibt, so ist die Aussage für alle Argumente falsch, und umgekehrt).

Die Axiome dieser Gruppe IV sind die des Prädikatenkalküls.

Dazu kommen die speziell mathematischen Axiome:

V. Axiome der Gleichheit:

$$a = a;$$

$$a = b \to (A(a) \to A(b))$$

und

VI. Axiome der Zahl:

$$a + 1 \neq 0;$$

sowie das Axiom der vollständigen Induktion und das Schema der Rekursion.

---

[1] Hier möge a nicht in $\mathfrak{A}$ auftreten.

Der Beweis der Widerspruchsfreiheit ist zuletzt von ACKERMANN und v. NEUMANN so weit durchgeführt worden, daß in der elementaren Zahlenlehre die Widerspruchsfreiheit für die eben aufgezählten Axiome folgt[1] und mithin für den Bereich der elementaren Zahlenlehre die transfiniten Schlußweisen, insbesondere die Schlußweise des Tertium non datur, als zulässig erkannt worden sind. Unsere wichtigste weitere Aufgabe besteht darin, folgendes zu zeigen (vgl. Math. Ann. Bd. 102 S. 6):

1. Wenn eine Aussage als widerspruchsfrei erwiesen werden kann, so ist sie auch beweisbar; und ferner

2. Wenn für einen Satz $\mathfrak{S}$ die Widerspruchsfreiheit mit den Axiomen der Zahlentheorie nachgewiesen werden kann, so kann nicht auch für $\overline{\mathfrak{S}}$ die Widerspruchsfreiheit mit jenen Axiomen nachgewiesen werden.

Es ist mir nun gelungen, diese Sätze wenigstens für gewisse einfache Fälle zu beweisen. Dieser Fortschritt wird erreicht, indem ich zu den bereits zugelassenen Schlußregeln (Einsetzung und Schlußfigur) noch folgende ebenfalls finite neue Schlußregel hinzufüge:

Falls nachgewiesen ist, daß die Formel

$$\mathfrak{A}(\mathfrak{z})$$

allemal, wenn $\mathfrak{z}$ eine vorgelegte Ziffer ist, eine richtige numerische Formel wird, so darf die Formel

$$(x)\,\mathfrak{A}(x)$$

als Ausgangsformel angesetzt werden.

Es sei hier daran erinnert, daß die Aussage $(x)\,\mathfrak{A}(x)$ viel weiter reicht als die Formel $\mathfrak{A}(\mathfrak{z})$, wo $\mathfrak{z}$ eine beliebig vorgelegte Ziffer ist. Denn im ersteren Falle darf in $\mathfrak{A}(x)$ für x nicht bloß eine Ziffer, sondern auch ein jeder in unserem Formalismus gebildete Ausdruck vom Zahlcharakter eingesetzt werden, und außerdem ist die Bildung der Negation nach dem Logikkalkül ausführbar.

Zunächst erkennen wir, daß das Axiomensystem auch bei Hinzunahme der neuen Regel widerspruchsfrei bleibt.

Es sei nämlich eine Beweisfigur vorgelegt, die in einen Widerspruch mündet.

Der bisherige Beweis der Widerspruchsfreiheit besteht nun darin, daß man nach einem bestimmten Verfahren alle Formeln des vorgelegten Beweises in numerische verwandelt; alsdann kómmt es darauf an, festzustellen, daß alle Ausgangsformeln richtig sind. Nun werden bei unserem Verfahren auch aus denjenigen Formeln, die gemäß der neuen Regel hingeschrieben worden sind, numerische Formeln, und zwar wird aus $(x)\,\mathfrak{A}(x)$ eine Formel $\mathfrak{A}(\mathfrak{z})$, wo $\mathfrak{z}$ eine bestimmte Ziffer ist. Diese Formel ist aber nach der Voraus-

---

[1] Zur Einschränkung dieser Angabe vgl. S. 211—213. Anm. d. H.

setzung der neuen Regel ebenfalls richtig. Unser Verfahren führt also nach wie vor alle Ausgangsformeln der Beweisfigur in richtige Formeln über. Der Beweis der Widerspruchsfreiheit ist damit geführt.

Sei nun eine Formel $\mathfrak{S}$ der Gestalt

$$(x)\,\mathfrak{A}(x)\,,$$

die außer x keine weiteren Variablen enthält, zu den Axiomen widerspruchsfrei. Dann ist $\mathfrak{A}(\mathfrak{z})$ sicher richtig, sobald für $\mathfrak{z}$ eine Ziffer eingesetzt wird; denn sonst wäre $\overline{\mathfrak{A}}(\mathfrak{z})$ richtig und daher beweisbar und würde somit einen Widerspruch zu $(x)\,\mathfrak{A}(x)$ geben, entgegen unserer Voraussetzung.

Also ist nach der neuen Schlußregel unsere Formel $\mathfrak{S}$ bewiesen. Satz 1 gilt also für jede Aussage $\mathfrak{S}$ von der Gestalt $(x)\,\mathfrak{A}(x)$, die außer x keine weitere Variable enthält. Für eben diese Aussagen von der Art $\mathfrak{S}$ folgt aus dem eben bewiesenen Satz 1 auch die Gültigkeit von Satz 2.

Gehen wir nun von einer Aussage $\mathfrak{T}$ der Gestalt

$$\mathfrak{T}:(E\,x)\,\mathfrak{A}(x)$$

aus, so ist offenbar die Negation dieser Aussage

$$\overline{\mathfrak{T}}:(x)\,\overline{\mathfrak{A}}(x)$$

von der vorhin betrachteten Gestalt $\mathfrak{S}$. Nach Satz 2 ist es daher nicht möglich, für jede der beiden Aussagen $\mathfrak{T}$ und $\overline{\mathfrak{T}}$ den Beweis der Widerspruchsfreiheit zu führen. Setzen wir also voraus, daß für $\mathfrak{T}$ der Beweis der Widerspruchsfreiheit geführt sei, so folgt, daß für $\overline{\mathfrak{T}}$ nicht auch der Beweis der Widerspruchsfreiheit geführt werden kann, und damit ist Satz 2 auch noch für jede Aussage von der Gestalt $\mathfrak{T}$ bewiesen. Freilich darf daraus noch nicht geschlossen werden, daß $\mathfrak{T}$ beweisbar ist.

Hilberts Untersuchungen über die Grundlagen der Arithmetik.

Von Paul Bernays.

Die ersten Untersuchungen Hilberts über die Grundlagen der Arithmetik schließen sich zeitlich und auch gedanklich an seine Untersuchungen der Grundlagen der Geometrie an. Hilbert beginnt in der Abhandlung „über den Zahlbegriff"[1] damit, daß er für die Arithmetik, entsprechend wie für die Geometrie, die axiomatische Methode zur Geltung bringt, die er der sonst gewöhnlich angewandten „genetischen" Methode gegenüberstellt.

„Vergegenwärtigen wir uns zunächst die Art und Weise der Einführung des Zahlbegriffes. Ausgehend von dem Begriff der Zahl 1, denkt man sich gewöhnlich durch den Prozeß des Zählens zunächst die weiteren ganzen rationalen positiven Zahlen 2, 3, 4, ... entstanden und ihre Rechnungsgesetze entwickelt; sodann gelangt man durch die Forderung der allgemeinen Ausführung der Subtraktion zur negativen Zahl; man definiert ferner die gebrochene Zahl, etwa als ein Zahlenpaar — dann besitzt jede lineare Funktion eine Nullstelle —, und schließlich die reelle Zahl als einen Schnitt oder eine Fundamentalreihe — dadurch erreicht man, daß jede ganze rationale indefinite, und überhaupt jede stetige indefinite Funktion eine Nullstelle besitzt. Wir können diese Methode der Einführung des Zahlbegriffs die *genetische Methode* nennen, weil der allgemeinste Begriff der reellen Zahl durch sukzessive Erweiterung des einfachen Zahlbegriffes *erzeugt* wird.

Wesentlich anders verfährt man beim Aufbau der Geometrie. Hier pflegt man mit der Annahme der Existenz der sämtlichen Elemente zu beginnen, d. h. man setzt von vornherein drei Systeme von Dingen, nämlich die Punkte, die Geraden und die Ebenen, voraus und bringt dann diese Elemente — wesentlich nach dem Vorbilde von Euklid — durch gewisse Axiome, nämlich die Axiome der Verknüpfung, der Anordnung, der Kongruenz und der Stetigkeit, miteinander in Beziehung. Es entsteht dann die notwendige Aufgabe, die *Widerspruchslosigkeit* und *Vollständigkeit* dieser Axiome zu zeigen, d. h. es muß bewiesen werden, daß die Anwendung der aufgestellten Axiome nie

---

[1] Jber. dtsch. Math.-Ver. Bd. 8 (1900); abgedruckt in Hilberts „Grundlagen der Geometrie", 3.—7. Aufl., als Anhang VI.

zu Widersprüchen führen kann, und ferner, daß das System der Axiome zum Nachweis aller geometrischen Sätze ausreicht. Wir wollen das hier eingeschlagene Untersuchungsverfahren die *axiomatische Methode* nennen.

Wir werfen die Frage auf, ob wirklich die genetische Methode gerade für das Studium des Zahlbegriffes, und die axiomatische Methode für die Grundlagen der Geometrie die allein angemessene ist. Auch scheint es von Interesse, beide Methoden gegenüberzustellen und zu untersuchen, welche Methode die vorteilhaftere ist, wenn es sich um die logische Untersuchung der Grundlagen der Mechanik oder anderer physikalischer Disziplinen handelt.

Meine Meinung ist diese: *Trotz des hohen pädagogischen und heuristischen Wertes der genetischen Methode verdient doch zur endgültigen Darstellung und völligen logischen Sicherung des Inhaltes unserer Erkenntnis die axiomatische Methode den Vorzug.*"

Die Zahlentheorie hatte bereits Peano axiomatisch entwickelt[1]. Hilbert stellt nun ein Axiomensystem der Analysis auf, durch welches das System der reellen Zahl charakterisiert wird als ein reeller archimedischer Körper, der keiner Erweiterung zu einem umfassenderen Körper der gleichen Art mehr fähig ist.

An die Aufzählung der Axiome schließen sich einige beispielsweise angeführten Bemerkungen über Abhängigkeiten. Insbesondere wird erwähnt, daß das kommutative Gesetz der Multiplikation aus den übrigen Körpereigenschaften und den Ordnungseigenschaften mit Hilfe des Archimedischen Axioms, aber nicht ohne dieses abgeleitet werden kann.

Die Forderung der Nichterweiterbarkeit wird formuliert durch das „Axiom der Vollständigkeit". Dieses Axiom hat den Vorzug der Prägnanz; jedoch ist seine logische Struktur kompliziert. Außerdem ist an ihm nicht unmittelbar ersichtlich, daß es eine Stetigkeitsforderung zum Ausdruck bringt. Will

---

[1] Peano, G.: „Arithmetices principia nova methodo exposita". (Torino 1889.) Die Einführung der rekursiven Definition ist hier nicht einwandfrei; es fehlt der Nachweis der Lösbarkeit der Rekursionsgleichungen. Ein solcher Nachweis war bereits von Dedekind in seiner Schrift „Was sind und was sollen die Zahlen" (Braunschweig 1887) erbracht worden. Beim Ausgehen von Peanos Axiomen verfährt man zur Einführung der rekursiven Definition am besten so, daß man zunächst die Lösbarkeit der Rekursionsgleichungen für die Summe nach L. Kalmár, durch einen Induktionsschluß nach dem Parameterargument, beweist, sodann mit Hilfe der Summe den Begriff „kleiner" definiert und hernach für die allgemeine rekursive Definition die Dedekindsche Überlegung verwendet. Man findet dieses Verfahren dargestellt in dem Lehrbuch von Landau: „Grundlagen der Analysis" (Leipzig 1930). Hierbei wird allerdings der Funktionsbegriff benutzt. Will man diesen vermeiden, so muß man die Rekursionsgleichungen der Summe und des Produktes als Axiome einführen. Der Nachweis der allgemeinen Lösbarkeit von Rekursionsgleichungen ergibt sich dann nach einem Verfahren von K. Gödel (vgl. „Über formal unentscheidbare Sätze . . ." [Mh. Math. Physik Bd. 38 Heft 1 (1931)], sowie auch Hilbert-Bernays Grundlagen der Mathematik Bd. 1 (Berlin 1934) S. 412 u. folg.

man statt dieses Axioms ein solches haben, das deutlich den Charakter einer Stetigkeitsforderung besitzt und das andererseits nicht schon die Forderung des Archimedischen Axioms in sich schließt, so empfiehlt es sich, das Cantorsche Stetigkeitsaxiom zu nehmen, welches besagt, daß es zu jeder Folge von Intervallen, in der jedes Intervall das folgende umschließt, einen Punkt gibt, der allen Intervallen angehört. (Die Aufstellung dieses Axioms erfordert die vorherige Einführung des Begriffs einer Zahlenfolge)[1].

Am Schluß der Abhandlung tritt die Absicht, die HILBERT mit der axiomatischen Fassung der Analysis verfolgt, besonders deutlich in folgenden Worten zutage:

„Die Bedenken, welche gegen die Existenz des Inbegriffs aller reellen Zahlen und unendlicher Mengen überhaupt geltend gemacht worden sind, verlieren bei der oben gekennzeichneten Auffassung jede Berechtigung: unter der Menge der reellen Zahlen haben wir uns hiernach nicht etwa die Gesamtheit aller möglichen Gesetze zu denken, nach denen die Elemente einer Fundamentalreihe fortschreiten können, sondern vielmehr — wie eben dargelegt ist — ein System von Dingen, deren gegenseitige Beziehungen durch das obige *endliche und abgeschlossene* System von Axiomen I—IV gegeben sind, und über welche neue Aussagen nur Gültigkeit haben, falls man sie mittels einer endlichen Anzahl von logischen Schlüssen aus jenen Axiomen ableiten kann.“

Dem methodischen Gewinn, den diese Auffassung bringt, steht allerdings eine erhöhte Anforderung gegenüber; denn die axiomatische Fassung der Theorie der reellen Zahlen zieht mit Notwendigkeit die Aufgabe eines Nachweises der Widerspruchsfreiheit für das aufgestellte Axiomensystem nach sich.

So wurde auch von HILBERT in seinem Pariser Vortrag „Mathematische Probleme“[2] die Aufgabe des Nachweises der Widerspruchsfreiheit für die arithmetischen Axiome in der Reihe der von ihm aufgestellten Probleme genannt.

Zur Durchführung des Nachweises gedachte HILBERT mit einer geeigneten

---

[1] Betreffs der Unabhängigkeit des Archimedischen Axioms von dem genannten Cantorschen Axiom vgl. P. HERTZ: „Sur les axiomes d'Archimède et de Cantor“. C. r. soc. de phys. et d'hist. natur. de Genève Bd. 51 Nr. 2 (1934).

Auf das Cantorsche Axiom hat neuerdings besonders R. BALDUS hingewiesen. Siehe dessen Abhandlungen „Zur Axiomatik der Geometrie“: „I. Über Hilberts Vollständigkeitsaxiom.“ Math. Ann. Bd. 100 (1928), „II. Vereinfachungen des Archimedischen und des Cantorschen Axioms.“ Atti Congr. Int. Math. Bologna Bd. 4 (1928), „III. Über das Archimedische und das Cantorsche Axiom.“ S.-B. Heidelberg. Akad. Wiss. Math.-nat. Kl. 1930 Heft 5, sowie die daran anknüpfende Abhandlung von A. SCHMIDT: „Die Stetigkeit in der absoluten Geometrie.“ S.-B. Heidelberg. Akad. Wiss. Math.-nat. Kl. 1931 Heft 5.

[2] Gehalten auf dem Internationalen Mathematikerkongreß 1900 zu Paris, veröffentlicht in den Nachr. Ges. Wiss. Göttingen, Math.-phys. Kl. 1900, siehe auch diesen Band Abh. Nr. 17.

Modifikation der in der Theorie der reellen Zahlen angewandten Methoden auszukommen.

Doch in der genaueren Auseinandersetzung mit dem Problem traten ihm sogleich die erheblichen Schwierigkeiten entgegen, die für diese Aufgabe bestehen. Es kam hinzu, daß die inzwischen von RUSSELL und ZERMELO entdeckte mengentheoretische Paradoxie zu erhöhter Vorsicht in den Schlußweisen veranlaßte. Sahen sich doch FREGE und DEDEKIND genötigt, ihre Untersuchungen, durch welche sie glaubten, die Zahlentheorie in einwandfreier Weise begründet zu haben — DEDEKIND mittels der allgemeinen Begriffe der Mengenlehre, FREGE im Rahmen der reinen Logik[1] —, zurückzuziehen, da sich an Hand jener Paradoxie erwies, daß in ihren Überlegungen unzulässige Schlußweisen enthalten waren.

So zeigt uns der 1904 gehaltene Vortrag[2] „Über die Grundlagen der Logik und der Arithmetik" einen völlig neuen Aspekt. Hier wird zunächst auf den grundsätzlichen Unterschied hingewiesen, der für das Problem des Nachweises der Widerspruchsfreiheit zwischen der Arithmetik und der Geometrie besteht. Für die Axiome der Geometrie erfolgt der Nachweis der Widerspruchsfreiheit durch eine arithmetische Interpretation des geometrischen Axiomensystems. Für den Nachweis der Widerspruchsfreiheit der Arithmetik dagegen „erscheint die Berufung auf eine andere Grunddisziplin unerlaubt".

Man könnte allerdings an eine Zurückführung auf die Logik denken. „Allein bei aufmerksamer Betrachtung werden wir gewahr, daß bei der hergebrachten Darstellung der Gesetze der Logik gewisse arithmetische Grundbegriffe, z. B. der Begriff der Menge, zum Teil auch der Begriff der Zahl, insbesondere als Anzahl, bereits zur Verwendung kommen. Wir geraten so in eine Zwickmühle, und zur Vermeidung von Paradoxien ist daher eine teilweise gleichzeitige Entwicklung der Gesetze der Logik und der Arithmetik erforderlich."

HILBERT legt nun den Plan eines solchen gemeinsamen Aufbaues von Logik und Arithmetik dar. Dieser Plan enthält bereits zum großen Teil die leitenden Gesichtspunkte für die Beweistheorie, insbesondere den Gedanken, durch die Übersetzung der mathematischen Beweise in die Formelsprache der symbolischen Logik den Nachweis der Widerspruchsfreiheit in ein Problem von elementar-arithmetischem Charakter zu transformieren. Auch finden sich hier schon die Ansätze zu den Beweisen der Widerspruchsfreiheit vor.

Allerdings bleibt die Ausführung noch ganz in den Anfängen. So wird

---

[1] R. DEDEKIND: „Was sind und was sollen die Zahlen?" Braunschweig 1887. G. FREGE: „Grundgesetze der Arithmetik" (Jena 1893).

[2] Auf dem Internationalen Mathematikerkongreß in Heidelberg 1904, abgedruckt in den „Grundlagen der Geometrie", 3.—7. Aufl., als Anhang VII.

insbesondere der Nachweis für die „Existenz des Unendlichen" nur im Rahmen eines ganz engen Formalismus geführt.

Außerdem ist auch der methodische Standpunkt der Hilbertschen Beweistheorie in dem Heidelberger Vortrag noch nicht zur vollen Deutlichkeit entwickelt. Einige Stellen deuten darauf hin, daß HILBERT die anschauliche Zahlvorstellung vermeiden und durch die axiomatische Einführung des Zahlbegriffes ersetzen will. Ein solches Verfahren würde in den beweistheoretischen Überlegungen einen Zirkel ergeben. Auch wird der Gesichtspunkt der Beschränkung in der inhaltlichen Anwendung der Formen des existentialen und des allgemeinen Urteils noch nicht ausdrücklich und restlos zur Geltung gebracht.

In diesem vorläufigen Stadium hat HILBERT seine Untersuchungen über die Grundlagen der Arithmetik für lange Zeit unterbrochen[1]. Ihre Wiederaufnahme finden wir angekündigt in dem 1917 gehaltenen Vortrage[2] „Axiomatisches Denken".

Dieser Vortrag steht unter dem Zeichen der mannigfachen erfolgreichen axiomatischen Untersuchungen, die von HILBERT selbst und anderen Forschern in verschiedenen Gebieten der Mathematik und Physik angestellt worden waren. Insbesondere im Gebiete der Grundlagen der Mathematik hatte die axiomatische Methode auf zwei Wegen zu einer umfassenden Systematik der Arithmetik und Mengenlehre geführt. ZERMELO stellte 1907 sein Axiomensystem der Mengenlehre auf[3], durch welches die Prozesse der Mengen-

---

[1] Eine Weiterführung der durch HILBERTS Heidelberger Vortrag angeregten Forschungsrichtung erfolgte durch J. KÖNIG, der in seinem Buche „Neue Grundlagen der Logik, Arithmetik und Mengenlehre" (Leipzig 1914), sowohl durch eine genauere Fassung und eingehendere Darlegung des methodischen Standpunktes, wie auch hinsichtlich seiner Durchführung über den Heidelberger Vortrag hinausgeht. JULIUS KÖNIG starb noch vor der Beendigung des Buches; es wurde von seinem Sohn als Fragment herausgegeben. Von diesem Werk, welches einen Vorläufer der späteren Hilbertschen Beweistheorie bildet, ist jedoch keine Einwirkung auf HILBERT ausgegangen. Dagegen hat später J. v. NEUMANN in seiner Untersuchung „Zur Hilbertschen Beweistheorie" [Math. Z. Bd. 26 Heft 1 (1927)] an die Ansätze von KÖNIG angeknüpft.

[2] Auf der Naturforscherversammlung in Zürich, veröffentlicht in den Math. Ann. Bd. 78 Heft 3/4; siehe auch diesen Band Abh. Nr. 9.

[3] ZERMELO, E. „Untersuchungen über die Grundlagen der Mengenlehre I." Math. Ann. Bd. 65. An dieses Axiomensystem haben sich in neuerer Zeit verschiedene Untersuchungen geknüpft. A. FRAENKEL fügte das Ersetzungsaxiom hinzu, eine im Sinne der Cantorschen Mengenlehre liegende Erweiterung des Bereiches der zulässigen Mengenbildung; J. v. NEUMANN führte ein Axiom ein, durch welches ausgeschlossen wird, daß der Prozeß des Überganges von einer Menge zu einem ihrer Elemente sich von irgend einer Menge aus ins Unbegrenzte fortsetzen läßt. Ferner haben TH. SKOLEM, FRAENKEL und J. v. NEUMANN, jeder auf eine andere Art, den von ZERMELO in unbestimmter Allgemeinheit benutzten Begriff der „definiten Aussage" im Sinne einer schärferen impliziten Charakterisierung des Mengenbegriffes präzisiert. Das Ergebnis dieser Präzisie-

bildung derart abgegrenzt werden, daß einerseits die mengentheoretischen Paradoxien vermieden werden und andererseits die in der Mathematik gebräuchlichen mengentheoretischen Schlußweisen erhalten bleiben. Und von Russell und Whitehead wurde in ihrem Werke „Principia Mathematica"[1] das Fregesche Unternehmen einer logischen Begründung der Arithmetik — für welches ja die von Frege selbst angewandte Methode der Durchführung als ungangbar erwiesen war — auf axiomatischem Wege restituiert[2].

Hilbert sagt von dieser Axiomatisierung der Logik, man könne in der Vollendung dieses Unternehmens „die Krönung des Werkes der Axiomatisierung überhaupt erblicken". An diese rühmende Anerkennung schließt sich allerdings sogleich die Bemerkung, daß die Vollendung des Unternehmens „noch neuer und vielseitiger Arbeit bedürfen" wird.

In der Tat enthält der Standpunkt der Principia Mathematica eine ungelöste Problematik. Was durch dieses Werk geliefert wird, ist die Ausarbeitung eines übersichtlichen Systems von Voraussetzungen für einen gemeinsamen deduktiven Aufbau von Logik und Mathematik sowie der Nachweis, daß dieser Aufbau tatsächlich gelingt. Für die Zulässigkeit der Voraussetzungen wird aber außer der inhaltlichen Plausibilität (welche auch nach der Ansicht von Russell und Whitehead keine Gewähr der Widerspruchsfreiheit bietet) nur die Erprobung im deduktiven Gebrauch geltend gemacht. Aber auch diese Erprobung verschafft uns ja inbetreff der Widerspruchsfreiheit nur ein erfahrungsmäßiges Vertrauen, keine völlige Sicherheit. Die völlige

---

rung stellt sich am prägnantesten in der Axiomatik v. Neumanns dar; hier nämlich wird erreicht, daß alle Axiome solche der „ersten Stufe" (im Sinne der Terminologie der symbolischen Logik) sind. Von Zermelo wird eine derartige Präzisierung des Mengenbegriffes abgelehnt, insbes. im Hinblick auf die zuerst von Skolem festgestellte Konsequenz, daß das so verschärfte Axiomensystem der Mengenlehre sich im Individuenbereich der ganzen Zahlen realisieren läßt. — Eine Darstellung dieser Untersuchungen bis zum Jahre 1928, mit eingehenden Literaturangaben, enthält das Lehrbuch von A. Fraenkel: „Einleitung in die Mengenlehre", dritte Auflage (Berlin 1928). Siehe ferner: J. v. Neumann „Über eine Widerspruchsfreiheitsfrage in der axiomatischen Mengenlehre." J. reine angew. Math. Bd. 160 (1929), Th. Skolem: „Über einige Grundlagenfragen der Mathematik." Skr. norske Vid.-Akad., Oslo. I. Mat. Nat. Kl. 1929 Nr. 4, E. Zermelo: „Über Grenzzahlen und Mengenbereiche." Fund. math. Bd. XVI, 1930.

[1] Russell, B., und Whitehead, A. N.: Principia Mathematica. Cambridge, Vol. I 1910, Vol. II 1912, Vol. III 1913.

[2] Die axiomatische Form der Anlage ist auch schon in Freges System vorhanden. Die Aufhebung des in dem Fregeschen System vorgefundenen Widerspruchs beruht bei dem Verfahren von Russell und Whitehead darauf, daß die Begriffsumfänge (Klassen) nicht als Individuen (Gegenstände) betrachtet werden, vielmehr eine Aussage über den Umfang eines Begriffs nur als eine Umschreibung für eine Aussage über den Begriff selbst angesehen wird. Dadurch überträgt sich die Unterscheidung der Stufen von den Begriffen auf die Klassen. Für diese Art der Behebung des Widerspruches genügt übrigens die einfachere, bereits bei Frege vorliegende Stufenunterscheidung.

Gewißheit der Widerspruchsfreiheit erachtet aber HILBERT als ein Erfordernis der mathematischen Strenge.

Somit bleibt für HILBERT die Aufgabe eines Nachweises der Widerspruchsfreiheit für jene Voraussetzungen bestehen. Zur Behandlung dieser Aufgabe, sowie auch verschiedener weitergehender grundsätzlicher Fragen, wie z. B. „das Problem der prinzipiellen Lösbarkeit einer jeden mathematischen Frage" oder „die Frage nach dem Verhältnis zwischen Inhaltlichkeit und Formalismus in Mathematik und Logik" hält HILBERT es für erforderlich, „den Begriff des spezifisch mathematischen Beweises selbst zum Gegenstand einer Untersuchung" zu machen.

Dem hiermit von neuem gefaßten Plan einer Beweistheorie[1] hat sich HILBERT in den nachfolgenden Jahren, insbesondere seit 1920, vornehmlich gewidmet. Ein verstärkter Antrieb hierzu erwuchs ihm aus der Opposition, welche WEYL und BROUWER gegen das übliche Verfahren der Analysis und Mengenlehre richteten[2].

So beginnt auch HILBERT die erste Mitteilung über seine „Neubegründung der Mathematik"[3] damit, daß er sich mit den Einwänden WEYLS und BROUWERS auseinandersetzt. An dieser Auseinandersetzung ist bemerkenswert, daß HILBERT trotz der energischen Zurückweisung der gegen die Analysis erhobenen Einwendungen und trotz seines Eintretens für die Berechtigung der üblichen Schlußweisen doch darin mit dem oppositionellen Standpunkt einig ist, daß er das übliche Verfahren der Analysis nicht als ohne weiteres einsichtig und der Anforderung der mathematischen Strenge genügend befindet. Die „Berechtigung", die HILBERT dem üblichen Verfahren zuerkennt, besteht nach seiner Auffassung nicht auf Grund von Evidenz, sondern auf Grund der Zulässigkeit der axiomatischen Methode, von der HILBERT erklärt, daß sie, wenn irgendwo sonst, so hier angebracht sei. Diese Auffassung ist es, aus der das Problem eines Nachweises der Widerspruchsfreiheit für die Voraussetzungen der Analysis erwächst.

---

[1] Zur Mitarbeit an diesem Unternehmen forderte HILBERT damals P. BERNAYS auf, mit dem er von da an seine Untersuchungen ständig besprochen hat.

[2] H. WEYL: „Das Kontinuum. Kritische Untersuchungen über die Grundlagen der Analysis" (Leipzig 1918). — „Der circulus vitiosus in der heutigen Begründung der Analysis." Jber. dtsch. Math.-Ver. Bd. 28 (1919). — „Über die neue Grundlagenkrise der Mathematik." Math. Z. Bd. 10 (1921). L. E. J. BROUWER: „Intuitionisme en formalisme." Antrittsrede. Groningen 1912. — „Begründung der Mengenlehre unabhängig vom logischen Satz vom ausgeschlossenen Dritten." I u. II. Verh. d. Kgl. Akad. d. Wiss. Amsterdam, 1. Sekt., Teil XII Nr. 5 u. 7 (1918/1919). — „Intuitionistische Mengenlehre." Jber. dtsch. Math.-Ver. Bd. 28 (1919). — „Besitzt jede reelle Zahl eine Dezimalbruchentwicklung?" Math. Ann. Bd. 83 (1921).

[3] Vortrag, gehalten in Hamburg 1922, veröffentlicht in den Abh. math. Semin. Hamburg. Univ. Bd. 1 Heft 2, siehe auch diesen Band Abh. Nr. 10.

Was ferner die methodische Einstellung betrifft, welche HILBERT seiner Beweistheorie zugrunde legt und welche er an Hand der anschaulichen Behandlung der Zahlentheorie erläutert, so liegt hierin — ungeachtet der Stellungnahme HILBERTS gegen KRONECKER — eine weitgehende Annäherung an den Standpunkt KRONECKERS vor[1]. Eine solche besteht insbesondere in der Anwendung des anschaulichen Begriffes der Ziffer und ferner darin, daß die anschauliche Form der vollständigen Induktion, d. h. die Schlußweise, welche sich auf die anschauliche Vorstellung von dem „Aufbau" der Ziffern gründet, als einsichtig und keiner weiteren Zurückführung bedürftig anerkannt wird. Indem HILBERT sich zur Annahme dieser methodischen Voraussetzung entschloß, wurde auch der Grund der Einwendungen behoben, welche seinerzeit POINCARÉ gegen HILBERTS Unternehmen der Begründung der Arithmetik auf Grund der Darlegung in dem Heidelberger Vortrag gerichtet hatte[2].

Der Ansatz der Beweistheorie, wie er in der ersten Mitteilung niedergelegt ist, enthält bereits die genauere Ausgestaltung des Formalismus. Gegenüber dem Heidelberger Vortrag tritt dabei die scharfe Sonderung des logisch-mathematischen Formalismus von der inhaltlichen, „metamathematischen" Überlegung hervor, welche sich insbesondere durch die Unterscheidung der Zeichen „zur Mitteilung" von den Symbolen und Variablen des Formalismus ausprägt.

Allerdings erscheint als ein Überbleibsel aus dem Stadium, in dem diese Sonderung noch nicht vollzogen war, die formale Beschränkung der Negation auf die Ungleichungen, während ja nur eine Beschränkung in der metamathematischen Anwendung der Negation erforderlich ist.

Als ein Charakteristikum des Hilbertschen Ansatzes tritt schon in der ersten Mitteilung die Formalisierung des „tertium non datur" mittels transfiniter Funktionen auf. Insbesondere wird für die ganzen Zahlen das „tertium non datur" formalisiert durch die Funktionenfunktion $\varkappa\,(f)$, deren Argument eine zahlentheoretische Funktion ist und die den Wert 0 hat, falls $f\,(a)$ für alle Zahlwerte a den Wert 1 hat, sonst aber den kleinsten Zahlwert a darstellt, für den $f\,(a)$ einen von 1 verschiedenen Wert hat.

Der Leitgedanke zum Nachweis für die Widerspruchsfreiheit der transfiniten Funktionen (d. h. der für sie aufgestellten Axiome), den HILBERT schon da-

---

[1] In dem späteren Vortrage „Die Grundlegung der elementaren Zahlenlehre" (gehalten in Hamburg 1930. Math. Ann. Bd. 104 Heft 4, ein Auszug davon in diesem Band Abh. Nr. 12) hat sich HILBERT hierüber deutlicher ausgesprochen. Nach der Erwähnung der Dedekindschen Untersuchung „Was sind und was sollen die Zahlen?" erklärt er: „Etwa zu gleicher Zeit, also schon vor mehr als einem Menschenalter hat KRONECKER eine Auffassung klar ausgesprochen und durch zahlreiche Beispiele erläutert, die heute im wesentlichen mit unserer finiten Einstellung zusammenfällt."

[2] H. POINCARÉ: „Les mathématiques et la logique." Rev. de métaph. et de morale Bd. 14 (1906).

mals bereit hatte, wird in dieser Mitteilung noch nicht dargelegt. Ein Nachweis der Widerspruchsfreiheit wird hier vielmehr nur für einen gewissen Teilformalismus erbracht; dieser Nachweis hat aber nur die Bedeutung eines Beispiels für eine metamathematische Beweisführung[1].

In dem bald auf die erste Mitteilung folgenden Leipziger Vortrag „Die logischen Grundlagen der Mathematik"[2] finden wir den Ansatz und die Darstellung der Beweistheorie in verschiedener Hinsicht weiter entwickelt. Es seien kurz die Hauptpunkte genannt, in denen die Ausführungen des Leipziger Vortrages über die der ersten Mitteilung hinausgehen:

1. Der Grund der Überschreitung der anschaulichen Betrachtungsweise durch die übliche Mathematik, bestehend in der unbeschränkten Anwendung der Begriffe „alle", „es gibt" auf unendliche Gesamtheiten, wird aufgezeigt und der Begriff der „finiten Logik" herausgearbeitet. Auch wird der Vergleich der Rolle der „transfiniten" Formeln mit derjenigen der idealen Elemente hier zum ersten Male angestellt.

2. Der Formalismus wird von unnötigen Beschränkungen (insbesondere der Vermeidung der Negation) befreit.

3. Die Formalisierung des „tertium non datur" und zugleich des Auswahlprinzips mittels transfiniter Funktionen wird vereinfacht.

4. Der Formalismus der Analysis wird in den Grundzügen entwickelt.

5. Für den elementaren zahlentheoretischen Formalismus, welcher sich bei der Ausschließung der gebundenen Variablen ergibt, ist der Nachweis der Widerspruchsfreiheit geliefert. Die Aufgabe des Nachweises für die Widerspruchsfreiheit der Zahlentheorie und Analysis konzentriert sich damit auf die Behandlung des „transfiniten Axioms"

$$A(\tau(A)) \rightarrow A(a),$$

welches in zweifacher Weise zur Anwendung kommt, da das Argument von A einerseits auf den Bereich der gewöhnlichen Zahlen, andrerseits auf den der Zahlenfolgen (Funktionen) bezogen wird.

6. Zur Behandlung des „transfiniten Axioms" im Nachweis der Widerspruchsfreiheit wird ein Verfahren angegeben, welches jedenfalls in den einfachsten Fällen zum Ziel führt.

Mit der Gestaltung der Beweistheorie, die uns in dem Leipziger Vortrag entgegentritt, war die grundsätzliche Form ihrer Anlage erreicht.

---

[1] Die Beweismethode beruht hier wesentlich darauf, daß diejenigen elementaren Schlußregeln für die Implikation, welche durch die (mit 10. bis 13. numerierten) „Axiome des logischen Schließens" formalisiert werden, nicht in den betrachteten Teilformalismus aufgenommen sind.

[2] Gehalten auf dem Deutschen Naturforscher-Kongreß 1922. Math. Ann. Bd. 88 Heft 1/2, dieser Band Abh. Nr. 11.

Die beiden nächstfolgenden Publikationen HILBERTS über die Beweistheorie, der Münsterer Vortrag „Über das Unendliche"[1] und der (zweite)
Hamburger Vortrag „die Grundlagen der Mathematik"[2], in denen von neuem
und ausführlicher als zuvor das Problem, die Grundidee und der formale
Ansatz der Beweistheorie dargelegt wird, zeigen allerdings im Formalismus
verschiedene Veränderungen und Erweiterungen. Diese dienen jedoch nur
zum kleineren Teil dem ursprünglichen Ziel der Beweistheorie; hauptsächlich
sind sie im Hinblick auf den Plan einer Lösung des Cantorschen Kontinuumsproblems angebracht, d. h. eines Beweises für den Satz, daß das Kontinuum
(die Menge der reellen Zahlen) die gleiche Mächtigkeit hat wie die Menge der
Zahlen der zweiten Zahlenklasse.

HILBERT hatte den Gedanken, die zahlentheoretischen Funktionen, d. h.
die Funktionen, welche jeder natürlichen Zahl wieder eine solche zuordnen —
(die Elemente des Kontinuums können ja durch solche Funktionen dargestellt
werden) — nach den Gattungen der Variablen, die zu ihrer Definition erfordert
werden, zu ordnen und auf Grund des Aufstiegs der Variablen-Gattungen,
welcher analog dem der transfiniten Ordnungszahlen ist, eine Abbildung des
Kontinuums auf die Menge der Zahlen der zweiten Zahlenklasse zu bewirken.
Die Verfolgung dieses Zieles ist aber nicht über einen Entwurf hinausgekommen, und HILBERT hat daher später beim Abdruck der beiden genannten
Vorträge in den „Grundlagen der Geometrie"[3] die Teile, welche sich auf das
Kontinuumsproblem beziehen, weggelassen.

Gleichwohl haben die Betrachtungen, die HILBERT zur Behandlung des
Kontinuumsproblems anstellte, verschiedene fruchtbare Anregungen und
Gesichtspunkte geliefert.

So wurde durch die Überlegungen betreffend die rekursiven Definitionen
W. ACKERMANN zu seiner Untersuchung „Zum Hilbertschen Aufbau der
reellen Zahlen"[4] angeregt. HILBERT referiert in seinem Münsterer Vortrag
über die Fragestellung und das Ergebnis dieser (damals noch nicht erschienenen) Abhandlung:

„Betrachten wir die Funktion

$$a + b;$$

---

[1] Gehalten 1925 anläßlich einer zu Ehren des Andenkens an WEIERSTRASS veran-
stalteten Zusammenkunft, veröffentlicht in den Math. Ann. Bd. 95.

[2] Gehalten 1927, veröffentlicht in den Abh. math. Semin. Hamburg. Univ. Bd. VI
Heft 1/2.

[3] Die beiden Vorträge sind in die 7. Auflage der „Grundlagen der Geometrie" als
Anhang VIII u. IX aufgenommen worden. Dabei wurden, abgesehen von den Auslassungen,
auch kleine redaktionelle Änderungen, insbesondere hinsichtlich der Schreibweise der
Formeln, vorgenommen.

[4] Math. Ann. Bd. 29 Heft 1/2 (1928).

daraus entsteht durch n-fache Iteration und Gleichsetzung

$$a + a + \cdots + a = a \cdot n \, .$$

Ebenso gelangt man von

$$a \cdot b \quad \text{zu} \quad a \cdot a \cdots a = a^n \, ,$$

weiter von

$$a^b \quad \text{zu} \quad a^{(a^a)}, \ a^{(a^{(a^a)})}, \ \ldots \, .$$

Wir bekommen so sukzessive die Funktionen

$$a + b = \varphi_1(a, b) \, ,$$
$$a \cdot b \ = \varphi_2(a, b) \, ,$$
$$a^b \ = \varphi_3(a, b) \, .$$

$\varphi_4(a, b)$ ist der b-te Wert in der Folge:

$$a, \ a^a, \ a^{(a^a)}, \ a^{(a^{(a^a)})}, \ \ldots \, .$$

In entsprechender Weise gelangt man zu $\varphi_5(a, b)$, $\varphi_6(a, b)$ usw.

Man könnte nun zwar $\varphi_n(a, b)$ für variables n durch Einsetzungen und Rekursionen definieren; diese Rekursionen aber wären nicht gewöhnliche sukzessive, sondern vielmehr würde man auf eine verschränkte, nach verschiedenen Variablen zugleich genommene (simultane) Rekursion geführt werden und eine Auflösung dieser in gewöhnliche sukzessive Rekursionen gelingt erst, wenn man den Begriff der Funktionsvariablen benutzt: die Funktion $\varphi_a(a, a)$ ist ein Beispiel einer Funktion der Zahlenvariablen a, die nicht durch Einsetzungen und gewöhnliche sukzessive Rekursionen allein definiert werden kann, wenn man lediglich Zahlenvariable zuläßt[1]. Wie man unter Benutzung der Funktionsvariablen die Funktion $\varphi_n(a, b)$ definieren kann, zeigen die folgenden Formeln:

$$\iota(f, a, 1) = a \, ,$$
$$\iota(f, a, n + 1) = f(a, \iota(f, a, n)) \, ;$$
$$\varphi_1(a, b) = a + b \, ,$$
$$\varphi_{n+1}(a, b) = \iota(\varphi_n, a, b) \, .$$

Hierbei bedeutet ι eine individuelle Funktion mit drei Argumenten, von denen das erste selbst eine Funktion zweier gewöhnlicher Zahlenvariablen ist."

Die Untersuchung der rekursiven Definitionen ist neuerdings von Rozsa Péter fortgeführt worden. Sie bewies, daß alle die rekursiven Definitionen, welche nur nach den Werten *einer* Variablen fortschreiten und keine andere Variablenart als die freie Zahlenvariable erfordern, auf das einfachste Rekursionsschema zurückgeführt werden können. Unter Benutzung dieses Resul-

---

[1] Für diese Behauptung hat W. Ackermann den Beweis erbracht. (Anmerkung des Hilbertschen Textes.)

tates hat sie ferner die Beweisführung der eben genannten Ackermannschen Abhandlung wesentlich vereinfacht[1].

Diese Ergebnisse betreffen die Verwendung rekursiver Definitionen zur Gewinnung zahlentheoretischer Funktionen. In dem Hilbertschen Beweisplan tritt die rekursive Definition noch in anderer Weise auf, nämlich als Verfahren zur Bildung von Zahlen der zweiten Zahlenklasse und auch von Variablengattungen. Hierbei werden von Hilbert gewisse allgemeine Begriffsbildungen betreffend die Variablenarten zugrunde gelegt, über die Hilbert in dem Vortrag „Die Grundlagen der Mathematik" folgenden kurz zusammenfassenden Bericht gibt:

„Die *mathematischen Variablen* sind von zweierlei Art:

1. die *Grundvariablen*,
2. die *Variablengattungen*.

1. Während man in der gesamten Arithmetik und Analysis mit der gewöhnlichen ganzen Zahl als einziger Grundvariablen auskommt, gehört jetzt einer jeden Cantorschen transfiniten Zahlklasse eine Grundvariable zu, die eben die Ordinalzahlen dieser Klasse anzunehmen fähig ist. Einer jeden Grundvariablen entspricht demgemäß eine Aussage, die sie als solche charakterisiert; diese ist implizite durch Axiome charakterisiert.

Zu jeder Grundvariablen gehört eine Art von Rekursion, mit deren Hilfe man Funktionen definiert, deren Argument eine solche Grundvariable ist. Die zu der Zahlenvariablen gehörige Rekursion ist die „gewöhnliche Rekursion", gemäß welcher eine Funktion einer Zahlenvariablen n definiert wird, indem man angibt, welchen Wert sie für $n = 0$ hat und wie man den Wert für n' aus dem für n erhält[2]. Die Verallgemeinerung der gewöhnlichen Rekursion ist die transfinite Rekursion, deren allgemeines Prinzip darin besteht, den Wert der Funktion für einen Wert der Variablen durch die vorhergehenden Funktionswerte zu bestimmen.

2. Aus den Grundvariablen leiten wir noch weitere Arten von Variablen ab, indem wir auf die Aussagen für die Grundvariablen, z. B. auf Z[3], logische Verknüpfungen anwenden. Die so definierten Variablen heißen Variablengattungen, die sie definierenden Aussagen heißen Gattungsaussagen; für diese werden wieder jedesmal neue Individualzeichen eingeführt. So liefert die Formel

$$\Phi(f) \sim (x)\,(Z(x) \to Z(f(x)))$$

das einfachste Beispiel für eine Variablengattung; diese Formel definiert die

---

[1] Siehe R. Péter: „Über den Zusammenhang der verschiedenen Begriffe der rekursiven Funktion." Math. Ann. Bd. 110 Heft 4 (1934) und „Konstruktion nichtrekursiver Funktionen." Math. Ann. Bd. 111 Heft 1 (1935).

[2] Hier ist n' der formale Ausdruck für „die auf n folgende Zahl".

[3] Die Formel $Z(a)$ entspricht der Aussage „a ist eine gewöhnliche ganze Zahl".

Gattung der Funktionsvariablen (Funktion-sein). Ein weiteres Beispiel ist die Formel

$$\Psi(g) \sim (f)(\Phi(f) \to Z(g(f)));$$

sie definiert das „Funktionenfunktion-sein"; das Argument g ist die neue Funktionenfunktionsvariable.

Für die Herstellung der höheren Variablengattungen muß man die Gattungsaussagen selbst mit Indizes versehen, wodurch ein Rekursionsverfahren ermöglicht wird."

Diese Begriffsbildungen kommen insbesondere zur Anwendung in der Theorie der Zahlen der zweiten Zahlenklasse. Hier ging eine neue Anregung aus von der Hilbertschen Vermutung, daß jede Zahl der zweiten Zahlenklasse, — bei Zugrundelegung des Ausgangselementes 0, der Operation des Fortschreitens um Eins („Strichfunktion") und des Limesprozesses, ferner der Zahlenvariablen und der Grundvariablen der zweiten Zahlenklasse —, ohne Benutzung transfiniter Rekursionen, allein mittels gewöhnlicher Rekursionen definiert werden kann.

Die ersten über die elementaren Fälle hinausgehenden Beispiele solcher Definitionen, nämlich die Definition der ersten ε-Zahl (nach CANTORS Terminologie) und der ersten kritischen ε-Zahl[1] sind von P. BERNAYS und J. v. NEUMANN angegeben worden. Dabei werden bereits rekursiv definierte Variablengattungen benutzt[2].

Jedoch diese verschiedenen Betrachtungen, welche sich auf die rekursiven Definitionen beziehen, gehen schon über den engeren Bereich der beweistheoretischen Fragestellung hinaus. Für dieses engere Problemgebiet der Beweistheorie bestand ja seit HILBERTS Leipziger Vortrag die Aufgabe, den Nachweis der Widerspruchsfreiheit, mit Einbeziehung des transfiniten Axioms, gemäß dem Hilbertschen Ansatz durchzuführen. Das transfinite Axiom war übrigens bald nach dem Leipziger Vortrag durch die Einführung der Auswahlfunktion $\varepsilon(A)$ (ausführlich: $\varepsilon_x A(x)$) an Stelle der vorherigen Funktion $\tau(A)$ in die Gestalt des logischen „ε-Axioms"

$$A(a) \to A(\varepsilon_x A(x))$$

---

[1] Unter einer ε-Zahl versteht man eine transfinite Ordnungszahl α von der Eigenschaft, daß $\alpha = \omega^\alpha$ ist. Die erste ε-Zahl ist der Limes der Folge

$$\alpha_0, \alpha_1, \alpha_2, \ldots,$$

worin $\alpha_0 = 1$, $\alpha_{n+1} = \omega^{\alpha_n}$ ist; die erste kritische ε-Zahl ist der Limes der Folge

$$\beta_0, \beta_1, \beta_2, \ldots,$$

worin $\beta_0 = 1$ und β_{n+1} die β_n-te ε-Zahl ist.

[2] Vgl. die Angabe in Hilberts Vortrag „Die Grundlagen der Mathematik" („Grundlagen d. Geometrie" 7. Aufl. Anhang IX, S. 308). — Die genannten Beispiele sind bisher nicht publiziert worden.

gebracht worden. Die Rolle dieses ε-Axioms wird von HILBERT in dem Hamburger Vortrag mit folgenden Worten erläutert:

„Die ε-Funktion kommt im Formalismus in dreifacher Weise zur Anwendung.

a) Es läßt sich mit Hilfe des ε das „alle" und „es gibt" definieren, nämlich folgendermaßen[1]:

$$(x)\, A(x) \sim A(\varepsilon_x \overline{A(x)}),$$
$$(E\,x)\, A(x) \sim A(\varepsilon_x A(x)).$$

Auf Grund dieser Definition liefert das ε-Axiom die für das All- und das Seinszeichen gültigen logischen Beziehungen, wie

$$(x)\, A(x) \rightarrow A(a) \quad \text{(Aristotelisches Axiom)},$$
$$\overline{(x)}\, A(x) \rightarrow (E\,x)\, \overline{A(x)} \quad \text{(Tertium non datur)}.$$

b) Trifft eine Aussage $\mathfrak{A}$ auf ein und nur ein Ding zu, so ist $\varepsilon\,(\mathfrak{A})$ *dasjenige Ding*, für welches $\mathfrak{A}$ gilt.

Die ε-Funktion ermöglicht es also, eine solche Aussage $\mathfrak{A}$, die nur auf ein Ding zutrifft, in der Form

$$a = \varepsilon\,(\mathfrak{A})$$

aufzulösen.

c) Darüber hinaus hat das ε die Rolle der Auswahlfunktion, d. h. im Falle, wo $\mathfrak{A}$ auf mehrere Dinge zutreffen kann, ist $\varepsilon\,(\mathfrak{A})$ *irgend eines* von den Dingen a, auf welche $\mathfrak{A}$ zutrifft."

Das ε-Axiom kann auf verschiedene Gattungen von Variablen angewandt werden. Zur Formalisierung der Zahlentheorie genügt die Anwendung auf die Zahlenvariable, d. h. auf die Gattung der natürlichen Zahlen. Man hat dann zu dem logischen Formalismus und den Axiomen der Gleichheit noch die zahlentheoretischen Axiome

$$a' \neq 0,$$
$$a' = b' \rightarrow a = b,$$

ferner die Rekursionsgleichungen für die Addition und Multiplikation[2] und das Schlußprinzip der vollständigen Induktion hinzuzunehmen. Dieses Schlußprinzip kann mittels des ε-Symbols durch die Formel

$$\varepsilon_x A(x) = b' \rightarrow \overline{A(b)}$$

in Verbindung mit der elementaren Formel

$$a \neq 0 \rightarrow a = (\delta(a))'$$

---

[1] In den beiden folgenden Formeln ist das Zeichen $\sim$ der Äquivalenz an Stelle des bei Hilbert stehenden Doppelpfeiles angewandt; dadurch wird die im Hilbertschen Text sich anschließende Bemerkung zur Einführung des Zeichens $\sim$ entbehrlich.

[2] Vgl. hierzu die Anmerkung 1 auf S. 197 in diesem Referat.

formalisiert werden. Die zusätzliche Formel für das ε-Symbol entspricht einer Teilaussage des Prinzips der kleinsten Zahl[1], und die hinzugefügte elementare Formel stellt den Satz dar, daß es zu jeder von 0 verschiedenen Zahl eine vorhergehende gibt.

Zur Formalisierung der Analysis muß man das ε-Axiom außer auf die Zahlenvariable noch auf eine höhere Gattung von Variablen anwenden. Man hat hier verschiedene Möglichkeiten, je nachdem man den Allgemeinbegriff des Prädikates, der Menge oder der Funktion bevorzugt. HILBERT wählt die Gattung der Funktionsvariablen, d. h. genauer der variablen zahlentheoretischen Funktion eines Arguments.

Die Einführung der höheren Variablengattung ermöglicht es, das Schlußprinzip der vollständigen Induktion, nach dem Verfahren DEDEKINDS, durch eine Definition des Begriffes der natürlichen Zahl zu ersetzen.

Das wesentliche Moment der Erweiterung bei diesem Formalismus beruht auf der Verbindung des ε-Axioms mit der Einsetzungsregel für die Funktionsvariable, wodurch insbesondere die „imprädikativen Definitionen" von Funktionen, d. h. die Definitionen von Funktionen unter Bezugnahme auf die Gesamtheit der Funktionen, in den Formalismus aufgenommen sind.

Die Aufgabe des Nachweises der Widerspruchsfreiheit für den zahlentheoretischen Formalismus und für die Analysis ist hiernach eine mathematisch scharf umgrenzte. Zu ihrer Behandlung hatte man den Hilbertschen Ansatz zur Verfügung, und es schien anfangs, daß es nur einer verständnisvollen und eingehenden Bemühung bedürfe, um diesen Ansatz zu einem vollständigen Beweis auszugestalten.

Diese Vorstellung hat sich jedoch als irrig erwiesen. Trotz intensiver Bemühungen und mannigfaltiger beigetragener Beweisgedanken ist man nicht zu dem gewünschten Ziel gelangt. Schrittweise wurden die gehegten Erwartungen enttäuscht, wobei sich auch geltend machte, daß im Gebiete der metamathematischen Überlegungen die Gefahr eines Versehens besonders groß ist.

Erst schien der Widerspruchsfreiheitsbeweis für die Analysis zu gelingen, doch dieser Anschein erwies sich bald als Täuschung. Hernach glaubte man, wenigstens für den zahlentheoretischen Formalismus zur Lösung des Problems gelangt zu sein. In dieses Stadium fällt insbesondere HILBERTS Hamburger Vortrag „Die Grundlagen der Mathematik", der in seinem Schlußteil ein Referat über einen Widerspruchsfreiheitsbeweis von ACKERMANN bringt, sowie der 1928 in Bologna gehaltene Vortrag „Probleme der Grundlegung der Mathematik"[2], in welchem HILBERT einen Überblick über den damaligen Problemstand der Beweistheorie gab und teils Probleme der Widerspruchsfreiheit, teils Probleme der Vollständigkeit aufstellte.

---

[1] D. h. des Prinzips der Existenz einer kleinsten Zahl in jeder nicht leeren Zahlenmenge.
[2] Math. Ann. Bd. 102 Heft 1.

Die Probleme der Widerspruchsfreiheit knüpft HILBERT hier alle an das ε-Axiom, wobei er für die verschiedenen Formalismen die durch sie umfaßten Bereiche der Mathematik angibt.

In dieser Darlegung spricht sich die damals von allen Beteiligten vertretene Auffassung aus, daß für den Formalismus der Zahlentheorie durch die Untersuchungen ACKERMANNS und v. NEUMANNS der Nachweis der Widerspruchsfreiheit bereits geliefert sei.

Daß tatsächlich auch dieses Ziel noch nicht erreicht war, erkannte man erst, als man auf Grund eines allgemeinen Theorems von K. GÖDEL zweifelhaft geworden war, ob sich überhaupt der Nachweis der Widerspruchsfreiheit für den zahlentheoretischen Formalismus mit elementaren kombinatorischen Methoden im Sinne des „finiten Standpunktes" erbringen lasse.

Das erwähnte Theorem bildet eines der verschiedenen bedeutsamen Ergebnisse der Gödelschen Abhandlung „Über formal unentscheidbare Sätze der Principia Mathematica und verwandter Systeme I"[1], welche in betreff des Verhältnisses zwischen Inhaltlichkeit und Formalismus — dessen Untersuchung HILBERT in seinem Vortrag „Axiomatisches Denken" als einen der Zwecke der Beweistheorie genannt hatte — wesentliche Aufklärung gebracht hat.

Die Aussage des Theorems besteht darin, daß für einen widerspruchsfreien Formalismus, welcher den üblichen Logikkalkul und die Zahlentheorie in sich schließt, ein Nachweis seiner Widerspruchsfreiheit nicht innerhalb dieses Formalismus selbst dargestellt werden kann, genauer gesagt: daß der elementar-arithmetische Satz, in den sich die Behauptung der Widerspruchsfreiheit des Formalismus — auf Grund einer bestimmten Art der Numerierung der Symbole und Variablen und einer daraus abgeleiteten Numerierung der Formeln sowie auch einer solchen der endlichen Formelfolgen — übersetzen läßt, nicht durch den Formalismus ableitbar ist.

Hiermit ist zwar unmittelbar nichts über die Möglichkeit finiter Widerspruchsfreiheitsbeweise gesagt; doch ergibt sich ein Kriterium, dem jeder Nachweis der Widerspruchsfreiheit für den Formalismus der Zahlentheorie oder für einen umfassenderen Formalismus genügen muß: es muß in dem Nachweis eine Überlegung vorkommen, die sich nicht — auf Grund der arithmetischen Übersetzung — in dem betreffenden Formalismus darstellen läßt.

An Hand dieses Kriteriums wurde man gewahr, daß die vorhandenen Widerspruchsfreiheitsbeweise noch nicht für den vollen Formalismus der Zahlentheorie ausreichten[2].

Darüber hinaus wurde sogar die Vermutung erweckt, daß überhaupt im

---

[1] Mh. Math. Physik Bd. 38 Heft 1 (1931).

[2] Der Beweis v. NEUMANNS bezog sich von vornherein auf einen engeren Formalismus; doch schien es, daß die Ausdehnung auf den ganzen Formalismus der Zahlentheorie keine Schwierigkeit mache.

Rahmen der elementaren anschaulichen Betrachtungen, wie sie dem von HILBERT der Beweistheorie zugrunde gelegten „finiten Standpunkt" entsprechen, ein Nachweis für die Widerspruchsfreiheit des zahlentheoretischen Formalismus nicht erbracht werden könne.

Diese Vermutung ist bisher noch nicht widerlegt worden[1]. Jedoch haben K. GÖDEL und G. GENTZEN bemerkt[2], daß unter der Voraussetzung der Widerspruchsfreiheit der von A. HEYTING formalisierten intuitionistischen Arithmetik[3] die Widerspruchsfreiheit des üblichen Formalismus der Zahlentheorie ziemlich einfach nachzuweisen ist[4].

Vom Standpunkt des Brouwerschen Intuitionismus ist hiermit der Nachweis für die Widerspruchsfreiheit des Formalismus der Zahlentheorie geliefert. Eine Widerlegung der genannten Vermutung liegt aber insofern nicht vor, als die intuitionistische Arithmetik über den Bereich der anschaulichen, finiten Betrachtung hinausgeht, indem sie neben den eigentlichen mathematischen Objekten auch das inhaltliche Beweisen zum Gegenstand macht und dazu des abstrakten Allgemeinbegriffs der einsichtigen Folgerung bedarf. —

Es sei hier eine kurze Zusammenstellung gegeben von verschiedenen finiten Widerspruchsfreiheitsbeweisen, welche für Teilformalismen der Zahlentheorie erbracht worden sind. Dabei werde mit F_1 der Formalismus bezeichnet, der aus dem Logikkalkul (der ersten Stufe) durch Hinzufügung der Gleichheitsaxiome und der zahlentheoretischen Axiome, jedoch unter Beschränkung der Anwendung der vollständigen Induktion auf Formeln ohne gebundene Variablen, erhalten wird; und mit F_2 werde der Formalismus bezeichnet, der aus F_1 durch Hinzunahme des ε-Symbols nebst dem ε-Axiom hervorgeht, — wobei dann die Formeln und Schemata für die Allzeichen und Seinszeichen durch explizite Definitionen für das Allzeichen und das Seinszeichen vertreten werden können[5]. Ein Nachweis der Widerspruchsfreiheit von F_2 ergibt zugleich die Widerspruchsfreiheit von F_1.

---

[1] Siehe aber den Nachtrag S. 216.

[2] K. GÖDEL: „Zur intuitionistischen Arithmetik und Zahlentheorie." Erg. math. Kolloqu. Wien 1933 Heft 4. G. GENTZEN hat seine bereits im Druck befindliche Abhandlung über den Gegenstand auf Grund des Erscheinens der Gödelschen Note ähnlichen Inhaltes zurückgezogen.

[3] A. HEYTING: „Die formalen Regeln der intuitionistischen Logik" und „Die formalen Regeln der intuitionistischen Mathematik." S.-B. preuß. Akad. Wiss., Phys.-math. Klasse 1930 II.

[4] Es kann nämlich gezeigt werden, daß eine jede in dem gewöhnlichen Formalismus der Zahlentheorie ableitbare Formel, welche keine Formelvariable, keine Disjunktion und kein Seinszeichen enthält, auch in dem Heytingschen Formalismus ableitbar ist.

[5] Siehe in diesem Referat S. 209. — Betreffs der Gleichheitsaxiome ist zu bemerken, daß diese beim Formalismus F_2 in der allgemeinen Form

$$a = a, \quad a = b \rightarrow (A(a) \rightarrow A(b))$$

Die Widerspruchsfreiheit von F_2 wird erwiesen:

1. durch einen Beweis von W. Ackermann, welcher von dem in Hilberts Leipziger Vortrag „Die logischen Grundlagen der Mathematik" dargelegten Hilbertschen Ansatz ausgeht[1];

2. durch einen Beweis von J. v. Neumann, der von dem gleichen Ansatz ausgeht[2];

3. mittels eines zweiten bisher nicht publizierten Hilbertschen Ansatzes, der von Ackermann durchgeführt wurde; der Gedanke dieses Ansatzes besteht darin, daß an Stelle der Ersetzung der ε-Symbole durch Zahlwerte ein disjunktives Schlußverfahren zur Elimination der ε-Symbole angewandt wird[3].

Die Widerspruchsfreiheit von F_1 wird erwiesen

1. durch einen Beweis von J. Herbrand, der sich auf ein allgemeines, von Herbrand in seiner Thèse „Recherches sur la théorie de la démonstration"[4] zum ersten Male aufgestelltes und bewiesenes Theorem über den Logikkalkul stützt[5];

anzusetzen sind, wodurch insbesondere die Formel

$$a = b \;\rightarrow\; \varepsilon_x A(x, a) = \varepsilon_x A(x, b)$$

ableitbar wird. Beim Formalismus F_1 kann die Formel

$$a = b \rightarrow (A(a) \rightarrow A(b))$$

durch die beiden spezielleren Axiome

$$a = b \rightarrow (a = c \rightarrow b = c), \quad a = b \rightarrow a' = b'$$

vertreten werden.

[1] In der Ackermannschen Dissertation „Begründung des ‚tertium non datur' mittels der Hilbertschen Theorie der Widerspruchsfreiheit" [Math. Ann. Bd. 93 (1924)] ist der Beweis in seinem Schlußteil noch nicht genau ausgeführt. Ackermann hat hernach aber eine vollständige und zugleich vereinfachte Beweisführung geliefert. Von dieser definitiven Fassung des Ackermannschen Beweises liegt bisher keine Veröffentlichung vor, sondern nur der bereits erwähnte Bericht Hilberts in seinem zweiten Hamburger Vortrag „Die Grundlagen der Mathematik" sowie der etwas ausführlichere „Zusatz" von P. Bernays, der zugleich mit dem Vortrag in den Abh. math. Semin. Hamburg Univ. Bd. 6 (1928) erschienen ist. (Die hierin am Schluß stehende Bemerkung betreffend die Einbeziehung der vollständigen Induktion muß fallen gelassen werden.)

[2] J. v. Neumann: „Zur Hilbertschen Beweistheorie." Math. Z. Bd. 26 (1927).

[3] Vgl. die Angabe in dem Vortrag von P. Bernays „Methoden des Nachweises von Widerspruchsfreiheit und ihre Grenzen." Verh. d. int. Math.-Kongr. Zürich 1932, zweiter Band.

[4] Thèse de l'Univ. de Paris 1930, veröffentlicht unter den Travaux de la Soc. Sci Varsovie 1930.

[5] J. Herbrand: „Sur la non-contradiction de l'arithmétique." J. reine angew. Math. Bd. 166 (1931).

2. durch einen Beweis von G. Gentzen, der sich aus einer von Gentzen gefundenen Verschärfung und Erweiterung des eben erwähnten Herbrandschen Theorems ergibt[1].

Über diese Ergebnisse, welche hauptsächlich für die theoretische Logik und die elementare Axiomatik von Bedeutung sind, und die erwähnte Aufdeckung der Beziehung zwischen dem üblichen zahlentheoretischen Formalismus und demjenigen der intuitionistischen Arithmetik ist man einstweilen in der Behandlung der Probleme der Widerspruchsfreiheit nicht hinausgekommen.

Doch haben die Probleme der Vollständigkeit, welche Hilbert in seinem Vortrag „Probleme der Grundlegung der Mathematik" stellte, nach verschiedener Richtung eine Behandlung erfahren.

Bei dem einen dieser Probleme handelt es sich um den Nachweis für die Vollständigkeit des Systems der logischen Regeln, die in dem Logikkalkul (der ersten Stufe) formalisiert sind. Dieser Nachweis wurde von K. Gödel in dem Sinne erbracht, daß er zeigte[2]: Wenn eine Formel des Logikkalkuls der ersten Stufe als unableitbar nachgewiesen werden kann, so kann auf Grund dieser Feststellung im Rahmen der Zahlentheorie (mit Benutzung des „tertium non datur", insbesondere in der Form des Prinzips der kleinsten Zahl) ein Beispiel gegen die Allgemeingültigkeit jener Formel aufgestellt werden.

Das andere Vollständigkeitsproblem betrifft die Axiome der Zahlentheorie; es soll gezeigt werden: Wenn (bei Zugrundelegung der Axiome der Zahlentheorie) eine zahlentheoretische Aussage als widerspruchsfrei erwiesen werden kann, so ist sie auch beweisbar. Diese Behauptung schließt zugleich die folgende in sich: „Wenn für einen Satz[3] $\mathfrak{S}$ die Widerspruchsfreiheit mit den Axiomen der Zahlentheorie nachgewiesen werden kann, so kann nicht auch für $\overline{\mathfrak{S}}$ (das Gegenteil von $\mathfrak{S}$) die Widerspruchsfreiheit mit jenen Axiomen nachgewiesen werden."

Diese Aufgabestellung enthält insofern eine Unbestimmtheit, als nicht angegeben ist, welcher Formalismus des logischen Schließens zugrunde gelegt werden soll. Es zeigte sich jedoch, daß in keinem Falle, wie man sich auch betreffs des logischen Formalismus entscheiden mag, sofern man nur an der Forderung einer strengen Formalisierung der Beweise festhält, die angegebene Vollständigkeitsbehauptung zu Recht besteht.

Dieses Ergebnis stammt wiederum von K. Gödel, der in der bereits ge-

---

[1] G. Gentzen: „Untersuchungen über das logische Schließen." Math. Z. Bd. 39 Heft 2 u. 3 (1934).

[2] K. Gödel: „Die Vollständigkeit der Axiome des logischen Funktionenkalküls." Mh. Math. Physik Bd. 37 Heft 2 (1930).

[3] Gemeint ist ein solcher Satz, der sich im Formalismus der Zahlentheorie ohne Benutzung von freien Variablen darstellen läßt.

nannten Abhandlung „Über formal unentscheidbare Sätze der Principia Mathematica und verwandter Systeme I" folgendes allgemeine Theorem bewies: Wenn ein Formalismus $\mathfrak{F}$ widerspruchsfrei in dem verschärften Sinne ist, daß die Negation einer Formel $(x)\,\mathfrak{A}(x)$ jedenfalls dann unableitbar ist, wenn für jede Ziffer $\mathfrak{z}$ die Formel $\mathfrak{A}(\mathfrak{z})$ in $\mathfrak{F}$ ableitbar ist, und wenn der Formalismus hinlänglich umfassend ist, so daß er den Formalismus der Zahlentheorie (oder einen diesem gleichwertigen Formalismus) in sich schließt, dann läßt sich eine Formel angeben von der Eigenschaft, daß weder sie selbst noch auch ihre Negation in $\mathfrak{F}$ ableitbar ist[1]. Der Formalismus $\mathfrak{F}$ besitzt also unter den genannten Bedingungen nicht die Eigenschaft der deduktiven Vollständigkeit (im Sinne der von HILBERT für den Fall der Zahlentheorie formulierten Behauptung)[2].

Noch ehe dieses Gödelsche Resultat bekannt war, hatte HILBERT die ursprüngliche Form seines Vollständigkeitsproblems bereits aufgegeben. In seinem Vortrag „Die Grundlegung der elementaren Zahlenlehre"[3] behandelte er dieses Problem für den Spezialfall von Formeln der Gestalt $(x)\,\mathfrak{A}(x)$, welche außer x keine gebundene Variable enthalten. Dabei modifizierte er jedoch die Aufgabestellung durch die Hinzufügung einer Schlußregel, welche besagt, daß eine Formel $(x)\,\mathfrak{A}(x)$ von der betrachteten Art stets dann als Ausgangsformel genommen werden darf, wenn sich zeigen läßt, daß für jede Ziffer $\mathfrak{z}$ die Formel $\mathfrak{A}(\mathfrak{z})$ eine wahre Aussage (gemäß der elementar-arithmetischen Deutung) darstellt.

---

[1] Diese Formel hat überdies die spezielle Gestalt
$$(x)\,(\varphi\,(x) \neq 0),$$
wobei $\varphi\,(x)$ eine durch elementare Rekursionen definierte Funktion ist, und die Unableitbarkeit dieser Formel sowie andrerseits die Richtigkeit und die Ableitbarkeit der Formel $\varphi\,(\mathfrak{z}) \neq 0$ für jede vorgelegte Ziffer $\mathfrak{z}$ folgt, ohne die genannte Verschärfung der Forderung der Widerspruchsfreiheit, schon aus der Widerspruchsfreiheit im gewöhnlichen Sinne.

[2] Eine andere Art von Unvollständigkeit hat kürzlich TH. SKOLEM für den Formalismus der Zahlentheorie nachgewiesen („Über die Unmöglichkeit einer vollständigen Charakterisierung der Zahlenreihe mittels eines endlichen Axiomensystems." Nordk. Mat. Forenings Skrifter, Ser. II Nr. 1—12 1933). Der Formalismus ist insofern nicht „kategorisch" (das Wort in Analogie zu der Bezeichnung von O. VEBLEN gebraucht), als man — unter inhaltlicher Benutzung des „tertium non datur" für die ganzen Zahlen — eine Interpretation der Beziehungen $=$, $<$ und der Funktionen a', $a + b$, $a \cdot b$ mit Bezug auf ein System von Dingen (es sind zahlentheoretische Funktionen) angeben kann, derart, daß einerseits jeder im Formalismus der Zahlentheorie ableitbare zahlentheoretische Satz auch für die genannte Interpretation gültig bleibt, daß aber andererseits das System keineswegs der Zahlenreihe (in bezug auf die betrachteten Beziehungen) isomorph ist, daß es vielmehr außer einer der Zahlenreihe isomorphen Teilmenge auch Elemente enthält, die (im Sinne der Interpretation) *größer* sind als alle Elemente jener Teilmenge.

[3] Gehalten 1930 in Hamburg, veröffentlicht in den Math. Ann. Bd. 104 Heft 4, dieser Band Abh. Nr. 12.

Bei der Hinzunahme dieser Regel ergibt sich das gewünschte Resultat sehr einfach aus der Tatsache, daß eine Formel von der betrachteten speziellen Gestalt, sofern sie widerspruchsfrei ist, auch im Sinne der inhaltlichen Deutung zutreffend ist[1].

Das Verfahren, durch welches hier HILBERT die positive Lösung des Vollständigkeitsproblems (für den von ihm betrachteten Spezialfall) sozusagen erzwingt, bedeutet ein Abgehen von dem vorherigen Programm der Beweistheorie. In der Tat wird ja durch die Einführung der zusätzlichen Schlußregel die Forderung einer restlosen Formalisierung der Schlüsse fallen gelassen.

Man braucht diesen Schritt nicht als endgültig zu betrachten. Wohl aber wird man angesichts der Schwierigkeiten, die sich bei dem Problem der Widerspruchsfreiheit gezeigt haben, die Möglichkeit einer Erweiterung des bisherigen methodischen Rahmens der metamathematischen Überlegungen ins Auge fassen.

Dieser bisherige Rahmen ist auch durch die Grundgedanken der Hilbertschen Beweistheorie nicht eindeutig gefordert. Für die Weiterentwicklung der Beweistheorie wird es darauf ankommen, ob es gelingt, den finiten Standpunkt in sachgemäßer Weise so auszugestalten, daß — ungeachtet der Beschränkungen, welche der beweistheoretischen Zielsetzung durch die Gödelschen Ergebnisse auferlegt werden — doch das hauptsächliche Ziel, der Nachweis der Widerspruchsfreiheit für die übliche Analysis, erreichbar wird.

Während der Drucklegung dieses Referates ist von G. GENTZEN der Nachweis für die Widerspruchsfreiheit des vollen zahlentheoretischen Formalismus erbracht worden[2], durch eine Methode, die den grundsätzlichen Anforderungen des finiten Standpunktes durchaus entspricht. Damit findet zugleich die erwähnte Vermutung betreffs der Reichweite der finiten Methoden (S. 212) ihre Widerlegung.

---

[1] Auf diese Tatsache hatte HILBERT schon früher einmal, in dem zweiten Hamburger Vortrag „Die Grundlagen der Mathematik" hingewiesen. Dort benutzte er sie, um zu zeigen, daß der finite Nachweis der Widerspruchsfreiheit für einen Formalismus zugleich ein allgemeines Verfahren liefert, um aus einem in dem Formalismus geführten Beweis für einen elementaren arithmetischen Satz, etwa vom Charakter des Fermatschen Satzes, einen finiten Beweis zu gewinnen.

[2] Dieser Beweis wird demnächst in den Math. Ann. veröffentlicht werden.

13. Begründung der elementaren Strahlungstheorie.

[Göttinger Nachrichten 1912, S. 773—789; Physik. Zeitschrift Bd. 13, S. 1056—1064 (1912); Jahresber. d. deutsch. Mathem.-Vereinigung Bd. 22, S. 1—16 (1913).]

Die Theorie der linearen Integralgleichungen hat, wie bekannt, in der Analysis, der Geometrie und in der Mechanik die mannigfaltigste Anwendung gefunden und zu einer Reihe neuer und tiefliegender Ergebnisse auf diesen mathematischen Wissensgebieten geführt[1]. In dieser Mitteilung beabsichtige ich, die Bedeutung dieses wichtigen mathematischen Hilfsmittels für die theoretische Physik zu erörtern.

In einer Abhandlung „Begründung der kinetischen Gastheorie"[2] habe ich mittels der Theorie der linearen Integralgleichungen gezeigt, wie auf Grund der Maxwell-Boltzmannschen Fundamentalformel — der sogenannten Stoßformel — ein systematischer Aufbau der kinetischen Gastheorie möglich wird, derart, daß es nur einer konsequenten Durchführung der durch die Methode vorgeschriebenen mathematischen Operationen bedarf, um den Beweis des zweiten Wärmesatzes, den Boltzmannschen Ausdruck für die Entropie des Gases, die Bewegungsgleichungen mit Berücksichtigung der inneren Reibung und der Wärmeleitung, sowie die Theorie der Diffusion mehrerer Gase zu erhalten. Zugleich gewinnen wir bei der weiteren Entwicklung der Theorie die genauen Bedingungen, unter denen der Satz von der Gleichverteilung der Energie auf die intramolekularen Parameter gültig ist, sowie einen neuen Satz über die Bewegung der Gase mit zusammengesetzten Molekülen, welcher aussagt, daß die Kontinuitätsgleichung der Hydrodynamik allemal in einem weit allgemeineren Sinne wie gewöhnlich besteht, nämlich auch dann noch, wenn wir die Kontinuitätsgleichung so ansetzen, als ob im Gase in jedem Augenblick nur diejenigen Moleküle vorhanden wären, deren intramolekulare Parameter sämtlich die nämlichen bestimmten Werte haben bzw. in bestimmten Wertintervallen liegen.

Indessen gibt es ein anderes physikalisches Wissensgebiet, dessen Prinzipien von mathematischer Seite noch gar nicht untersucht worden sind und zu dessen Begründung, wie ich neuerdings gefunden habe, eben jenes mathe-

---

[1] Vgl. D. Hilbert: Grundzüge einer allgemeinen Theorie der linearen Integralgleichungen. Leipzig und Berlin 1912 und 1924.

[2] l. c. Kap. XXII, sowie Math. Ann. Bd. 72 S. 562—577.

matische Hilfsmittel der Integralgleichungen notwendig ist — ich meine die *elementare Strahlungstheorie* und verstehe hierunter denjenigen phänomenologischen Teil der Strahlungstheorie, der unmittelbar auf den Begriffen der Emission und Absorption beruht und in den Kirchhoffschen Sätzen über das Verhältnis zwischen Emission und Absorption gipfelt.

Die folgenden Ausführungen haben zunächst das Ziel, aus den elementaren wohldefinierten Begriffen der Emission und der Absorption die Kirchhoffschen Sätze theoretisch zu beweisen; dieses Ziel kann ohne Heranziehung der Integralgleichungen nicht erreicht werden: in der Tat stellen sich die bisher vorliegenden Beweisversuche für die Kirchhoffschen Sätze als ungenügend heraus.

Der xyz-Raum sei kontinuierlich mit Materie erfüllt, die überall ruhe und die gleiche konstante Temperatur besitze, so daß auch die Wärme sich nirgends bewege. Der Austausch von Energie finde lediglich durch Strahlung statt, die wir uns überall von gleicher konstanter Schwingungszahl denken wollen. Die physikalische Beschaffenheit der Materie ist dann an jeder Stelle xyz in strahlungstheoretischer Hinsicht durch folgende drei Koeffizienten charakterisiert:

1. Geschwindigkeit des Lichtes als Funktion des Ortes xyz:

$$q = q(x\,y\,z).$$

Durch diese Funktion allein sind bereits die möglichen Lichtwege oder Strahlen, längs deren der Energietransport stattfindet, mathematisch vollständig bestimmt: nämlich als die Minimalkurven des Variationsproblems

$$\int_{x_1 y_1 z_1}^{x y z} \frac{d s}{q} = \text{Min.},$$

wo

$$ds = \sqrt{d x^2 + d y^2 + d z^2}$$

das Bogenelement des Strahles und $x_1\,y_1\,z_1$, $x\,y\,z$ irgend zwei Punkte im Raume bedeuten. Denken wir uns nun durch den Punkt $x_1 y_1 z_1$ sämtliche Strahlen konstruiert und auf jedem derselben vom Punkte $x_1 y_1 z_1$ aus derart eine Strecke abgemessen, daß das Integral

$$\int_{x_1 y_1 z_1}^{x y z} \frac{d s}{q}$$

allemal den gleichen Wert erhält, so ist einem Satze von Gauss zufolge der Ort der Endpunkte eine Fläche, die sämtliche von $x_1 y_1 z_1$ ausgehenden Strahlen orthogonal schneidet. Nunmehr konstruieren wir längs eines jener Strahlen, etwa des von $x_1 y_1 z_1$ nach $x y z$ gehenden Strahles, einen Kegel mit der Spitze in $x_1 y_1 z_1$ und der kleinen räumlichen Winkelöffnung $d\chi$; derselbe möge aus jener Orthogonalfläche ein Flächenstück von dem Inhalte $d\sigma$ ausschneiden: der Wert, dem sich der Quotient $d\sigma : d\chi$ in der Grenze nähert, wenn jener Kegel sich auf den Verbindungsstrahl von $x_1 y_1 z_1$ und xyz selbst zusammenzieht, möge kurz mit $\dfrac{d\sigma}{d\chi}$ bezeichnet werden; $\dfrac{d\sigma}{d\chi}$ ist offenbar eine Funktion von x_1, y_1, z_1; x, y, z. Es werde noch

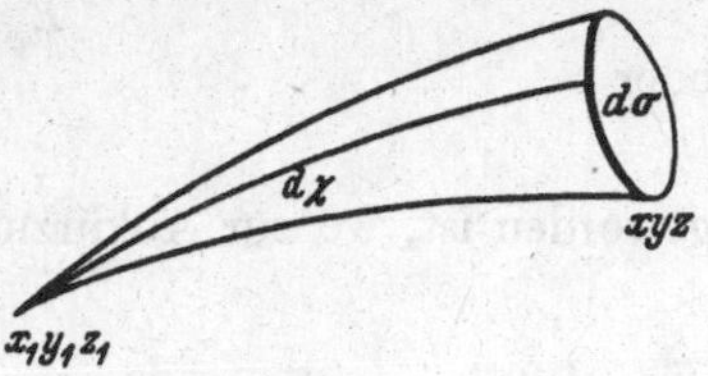

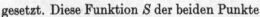

$$\frac{1}{q^2(xyz)}\,\frac{d\sigma}{d\chi} = S(x_1 y_1 z_1,\, xyz) \qquad (1)$$

Abb. 7.

gesetzt. Diese Funktion S der beiden Punkte $x_1 y_1 z_1$ und xyz besitzt eine unter besonderen Voraussetzungen aus der Optik her bekannte, aber auch allgemein bereits erörterte Eigenschaft[1], die ich kurz folgendermaßen ausspreche:

Symmetriesatz. Die Funktion S ist symmetrisch in bezug auf die beiden Punkte $x_1 y_1 z_1$ und xyz.

Ist q überall konstant, etwa $= 1$, so sind die Strahlen sämtlich gerade Linien und die Funktion S wird nichts anderes als das Quadrat der Entfernung der beiden Punkte $x_1 y_1 z_1$ und xyz.

2. Der Emissionskoeffizient als Funktion des Ortes

$$\eta = \eta(xyz).$$

Durch denselben drückt sich die Energie aus, welche an irgend einer Stelle xyz erzeugt und von dort aus gleichmäßig nach allen Richtungen hin und fortdauernd ausgestrahlt wird, und zwar ist die während der Zeit dt im Volumenelement

$$dv = dx\,dy\,dz$$

erzeugte und von dort in den räumlichen Winkel $d\chi$ ausgestrahlte Energie gleich

$$\frac{1}{4\pi}\,\eta\,dt\,dv\,d\chi. \qquad (2)$$

3. Absorptionskoeffizient α als Funktion des Ortes xyz

$$\alpha = \alpha(xyz).$$

Durch denselben drückt sich die Schwächung aus, welche die Energie beim Transport längs des Strahles erfährt, und zwar erleidet die Energiemenge E während des Transportes längs des Kurvenelementes ds die Abnahme

$$dE = \alpha\,E\,ds; \qquad (3)$$

so daß aus der Energiemenge E_1, wenn sie von dem Punkte $x_1 y_1 z_1$ längs des

---

[1] Vgl. STRAUBEL: Physik. Z. Bd. 4 (1903) S. 114.

Strahles nach dem Punkte xyz wandert, bei Ankunft in xyz stets die kleinere Energiemenge

$$E = E_1 e^{-\left|\int\limits_{x_1 y_1 z_1}^{x y z} \alpha\, ds\right|}$$

oder

$$E = E_1 e^{-A} \qquad (4)$$

geworden ist, wo zur Abkürzung

$$A = \left|\int\limits_{x_1 y_1 z_1}^{x y z} \alpha\, ds\right|$$

bedeutet.

Die Koeffizienten q, η, α seien durchweg positiv.

Die wichtigste Frage, die nun entsteht, ist die nach der Möglichkeit des thermischen Gleichgewichtes bzw. nach den Bedingungen, die etwa zwischen den drei Koeffizienten q, η, α nötig sind, damit thermisches Gleichgewicht statthat.

Um diese Frage zu entscheiden, berechnen wir zunächst die gesamte Energiedichte, die bei unseren Annahmen infolge der Emission und Absorption der Materie an irgend einer Stelle xyz besteht. Die während der Zeit dt bei $x_1 y_1 z_1$ aus dem Volumenelement

$$dv_1 = dx_1\, dy_1\, dz_1$$

im räumlichen Winkel $d\chi$ emittierte Energiemenge ist nach (2)

$$\frac{1}{4\pi} \eta (x_1\, y_1\, z_1)\, dt\, dv_1\, d\chi;$$

mit Rücksicht auf die Absorption kommt hiervon wegen (4) nur die Energiemenge

$$\frac{1}{4\pi} \eta (x_1\, y_1\, z_1)\, dt\, dv_1\, d\chi\, e^{-A}$$

in der Umgebung des Punktes xyz an. Diese Energiemenge, da sie während dt den Weg $ds = g\,dt$ zurücklegt, wo g die Energie = Gruppengeschwindigkeit ist[1], erfüllt hier am Punkte xyz einen geraden Zylinder vom Inhalte

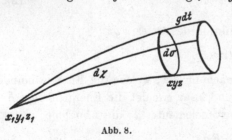

Abb. 8.

$$d\sigma \cdot g\, dt;$$

daher ergibt sich für die Dichte der vom Volumenelement dv_1 emittierten Energie im Punkte xyz

$$\frac{\dfrac{1}{4\pi} \eta (x_1\, y_1\, z_1)\, dt\, dv_1\, d\chi\, e^{-A}}{d\sigma \cdot g\, dt}$$

---

[1] Anm. d. H.: Hier und in den folgenden Formeln ist im Einklang mit einer Bemerkung in der nachstehenden 3. Mitteilung die in der Originalarbeit irrtümlich verwandte Phasengeschwindigkeit q durch die Gruppengeschwindigkeit g ersetzt worden.

und dies ist ein Ausdruck von der Form

$$\Delta\, dv_1,$$

wo Δ die Bedeutung hat:

$$\Delta = \frac{1}{4\pi g}\frac{d\chi}{d\sigma}\,\eta\,(x_1\,y_1\,z_1)\,e^{-A}$$

oder bei Einführung der Funktion S nach (1)

$$\Delta = \frac{\eta\,(x_1\,y_1\,z_1)}{4\,\pi\,q^2\,g}\,\frac{e^{-A}}{S}$$

gesetzt ist. Die gesuchte Gesamtdichte u der Strahlungsenergie im Punkte xyz ergibt sich hiernach durch Integration über $x_1,\,y_1,\,z_1$, wie folgt:

$$u = \int \Delta\, dv_1, \tag{5}$$

d. h.

$$u = \frac{1}{4\,\pi\,q^2\,g}\iiint \frac{e^{-A}}{S}\,\eta\,(x_1\,y_1\,z_1)\,dx_1\,dy_1\,dz_1; \tag{6}$$

das dreifache Integral rechter Hand ist hier über den ganzen mit Materie erfüllten Raum zu erstrecken, der überdies teilweise noch mehrfach überdeckt zu nehmen ist — entsprechend dem Umstande, daß die von dem Punkte xyz ausgehenden Strahlen sich im allgemeinen jenseits ihrer zu xyz konjugierten Punkte, d. h. der ihnen gemeinsamen Enveloppe schneiden und mithin die Energie vom Punkte $x_1 y_1 z_1$ auf mehreren verschiedenen Wegen nach xyz hin gelangt: in dem einfachen Raume sind eben S und A im allgemeinen nicht als eindeutige Funktionen von xyz und $x_1 y_1 z_1$ anzusehen.

Die fundamentale Bedeutung der Formel (6) wird erhellen, wenn wir nunmehr die Bedingung des thermischen Gleichgewichtes einführen. Zu dem Zwecke bedenken wir, daß die während der Zeit dt aus dem Volumenelement dv emittierte Energie

$$\eta\, dt\, dv \tag{7}$$

einen Wärmeverlust für das Volumenelement dv ausmacht, der, wenn thermisches Gleichgewicht bestehen soll, gerade durch denjenigen Wärmegewinn ausgeglichen werden muß, der durch die während dt in dv absorbierte Energie insgesamt hervorgerufen wird. Um letztere Energie zu finden, benutzen wir das vorhin erhaltene Resultat, wonach derjenige Teil der Energiedichte im Punkte xyz, der von der Emission des Volumenelementes dv_1 herrührt, den Wert $\Delta\, dv_1$ besitzt; diese von dv_1 herrührende Energie durchströmt das Volumenelement dv in der durch den Verbindungsstrahl zwischen xyz und $x_1 y_1 z_1$ bezeichneten Richtung. Wäre nun das Volumenelement dv von der Gestalt eines rechtwinkligen Parallelepipeds, dessen eine Kante parallel jener Richtung liege, so daß die Energie durch die eine rechteckige Seitenfläche des Parallelepipeds eintritt und durch die gegenüberliegende Seitenfläche austritt, so könnten wir diesen stationären Energiefluß innerhalb des Parallelepipeds auch als Kreislauf für ein und dieselbe Energiemenge auffassen, indem wir uns denken, daß jedes Energieteilchen bei seiner Ankunft an der Austrittsstelle momentan wieder an seine Eintrittsstelle versetzt wird. Da Δdv_1 die Dichte der strömenden Energie ist, so zirkuliert auf diese Weise innerhalb des Parallelepipeds die Energiemenge $\Delta dv_1 dv$ und da sie während der Zeit dt den Weg

$$ds = g\, dt$$

zurücklegt, so wird nach der Definition (3) des Absorptionskoeffizienten während dt innerhalb dv die Energiemenge

$$\alpha \cdot \Delta dv_1\, dv \cdot g\, dt$$

absorbiert. Hat das Volumenelement dv nicht die vorhin angenommene Gestalt, so können wir dennoch dv in lauter solche Parallelepipede zerlegen, deren eine Kante parallel der Strahlrichtung läuft; die Anwendung des eben gefundenen Ausdruckes auf jedes dieser Parallelepipede und ihre Summation läßt dann erkennen, daß der erhaltene Ausdruck für die absorbierte Energie allgemein gültig ist. Aus diesem Ergebnis finden wir die gesuchte während dt in dv absorbierte Gesamtenergie durch Integration und mit Rücksicht auf (5), wie folgt:

$$\alpha g\, dv\, dt \int \Delta\, dv_1 = \alpha\, g\, u\, dv\, dt .$$

Die Vergleichung mit (7) liefert

$$\eta = g\, \alpha\, u$$

oder

$$u = \frac{\eta}{g\, \alpha},$$

und mithin erhalten wir aus (6) die gesuchte Bedingung für das thermische Gleichgewicht in der Gestalt:

$$\eta - \frac{\alpha}{4\,\pi\, q^2} \iiint \frac{e^{-A}}{S}\, \eta(x_1\, y_1\, z_1)\, dx_1\, dy_1\, dz_1 = 0 . \tag{8}$$

Diese in x, y, z identisch zu erfüllende Gleichung fordert eine Beziehung zwischen den drei physikalischen Koeffizienten q, η, α und stellt, falls wir q und α als Funktion des Ortes gegeben ansehen, *für η eine homogene lineare Integralgleichung zweiter Art* dar, deren Kern

$$K(xyz,\, x_1\, y_1\, z_1) = \frac{e^{-A}}{S} = \frac{e^{-\left|\int\limits_{xyz}^{x_1 y_1 z_1} \alpha\, ds\right|}}{S(x_1 y_1 z_1,\, xyz)} \tag{9}$$

eine stets *positive* Funktion der beiden Variablentripel x, y, z und $x_1\, y_1\, z_1$ ist, die überdies in bezug auf letztere wegen des anfangs ausgesprochenen Symmetriesatzes *symmetrisch* ausfällt. Da ferner die Funktion S beim Zusammenrücken der beiden Punkte $x_1\, y_1\, z_1$ und xyz wie das Quadrat ihrer Entfernung zu Null wird, so wird der Kern K alsdann nur von der zweiten

Ordnung unendlich und dieser Umstand bewirkt — da es sich um eine Integralgleichung im dreidimensionalen Raume handelt —, daß die allgemeine Theorie der Integralgleichungen anwendbar ist. Weiterhin wird K nur dann unendlich. wenn $x_1 y_1 z_1$ und $x y z$ zwei konjugierte Punkte eines Strahles sind, da in diesem Fall S verschwindet. Auch diese Singularität des Kernes — derselbe wird hier von der $\frac{1}{2}$-ten Ordnung unendlich — bildet kein Hindernis für die Anwendung der allgemeinen Theorie der Integralgleichungen, wie späterhin durch eine genauere mathematische Untersuchung erhärtet werden soll.

Wenn insbesondere unser System derart ist, daß nirgends auf einem Strahle zwei konjugierte Punkte vorkommen, so möge dasselbe als *brennfrei* bezeichnet werden.

Nunmehr kommt alles darauf an, festzustellen, ob die soeben gefundene homogene orthogonale Integralgleichung (8) für η eine von Null verschiedene Lösung besitzt.

Wir nehmen an, daß unser System ganz im Endlichen liege und von Wänden eingeschlossen ist, die entweder schwarz sind oder spiegeln. Dabei ist eine Wand als schwarz definiert, wenn der Absorptionskoeffizient α bei der Annäherung an einen Punkt $(x y z)^*$ über alle Grenzen wächst, und zwar derart, daß das Integral

$$\int\limits^{(x y z)^*} \alpha\, ds$$

auf jedem nach $(x y z)^*$ laufenden Strahle unendlich wird. Die Eigenschaft des Spiegelns kann analytisch dadurch zum Ausdruck gebracht werden, daß q an der Wand unendlich wird. Doch soll im folgenden einfach q bis an die Wand heran endlich und für den Strahl die Gültigkeit des Reflexionsgesetzes angenommen werden.

Setzen wir in der Integralgleichung (8)

$$\eta = \frac{\alpha\,\varphi}{q^2}$$

ein, so erhält dieselbe die Gestalt:

$$\varphi(x y z) - \frac{1}{4\pi} \iiint \frac{\alpha(x_1 y_1 z_1)}{q^2(x_1 y_1 z_1)}\, K\, \varphi(x_1 y_1 z_1)\, dx_1\, dy_1\, dz_1 = 0$$

oder, wenn wir — wie es fortan der Kürze halber stets geschehen soll — die Argumente $x_1 y_1 z_1$ durch den unteren an den betreffenden Ausdruck zu setzenden Index 1 bezeichnen:

$$\varphi - \frac{1}{4\pi} \int \frac{\alpha_1}{q_1^2}\, K\, \varphi_1\, dv_1 = 0 . \tag{10}$$

Diese Integralgleichung besitzt nun die Lösung $\varphi = 1$. In der Tat wegen

$$dv_1 = ds_1\, d\sigma_1 = ds_1 \frac{d\sigma_1}{d\chi_1}\, d\chi_1 = q_1^2 S\, ds_1\, d\chi_1 \tag{11}$$

wird:

$$\int \frac{\alpha_1}{q_1^2}\, K\, dv_1 = \iint\limits_{0} \alpha_1 e^{-\int\limits_0^{s_1} \alpha_1\, ds_1}\, ds_1\, d\chi_1,$$

wo das Integral für $d\chi_1$ über die Oberfläche der Einheitskugel und das Integral für ds_1 von $s_1 = 0$ längs des ganzen Strahles zu erstrecken ist. Wenn nun

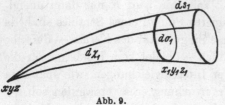

Abb. 9.

ein Strahl auf der schwarzen Wand endigt, so wird unserer Festsetzung zufolge

$$\int_0^{\infty} \alpha_1\, ds_1 = \infty;$$

in jedem anderen Falle — wegen der Reflexion an der spiegelnden Wand — wird der Strahl unendlich lang; da aber α wegen unserer Annahme als stetige überall positive Ortsfunktion gewiß nicht unter einen gewissen positiven Minimalwert herabsinken kann, so ist auch in diesem Falle das Integral

$$\int_0^{\infty} \alpha_1\, ds_1 = \infty.$$

Wegen

$$\alpha_1 e^{-\int_0^{s_1} \alpha_1\, ds_1} = -\frac{d}{ds_1} e^{-\int_0^{s_1} \alpha_1\, ds_1}$$

folgt mithin

$$\int_0^{\infty} \alpha_1 e^{-\int_0^{s_1} \alpha_1\, ds_1}\, ds_1 = 1;$$

demnach erhält das obige Integral den Wert 4π und mithin ist in der Tat

$$1 - \frac{1}{4\pi} \int \frac{\alpha_1}{q_1^2} K\, dv_1 = 0. \tag{12}$$

Da somit $\varphi = $ konst. eine Lösung von (10) ist, so befriedigt die Funktion

$$\eta = \frac{\alpha}{q^2} \text{ konst.}$$

die Integralgleichung (8); hierdurch haben wir erkannt, daß *in unserem Systeme ein thermischer Gleichgewichtszustand möglich ist*, nämlich für

$$\frac{q^2 \eta}{\alpha} = \text{konst.} \tag{13}$$

oder bei Einführung der Energiedichte u, wenn

$$q^2 g u = \text{konst.} \tag{14}$$

ist.

Nachdem wir somit die Möglichkeit eines thermischen Gleichgewichtszustandes erkannt haben, fragt es sich, ob das Bestehen dieser Gleichung (13) auch umgekehrt für das thermische Gleichgewicht notwendig ist, d. h. ob die Integralgleichung (8) keine andere Lösung außer

$$\eta = \frac{\alpha}{q^2} \text{ konst.}$$

oder daß die Integralgleichung (10) nur die eine Lösung $\varphi = $ konst. zuläßt.

Dieser Nachweis gelingt nun in der Tat; zu dem Zwecke machen wir zunächst die Annahme, daß unser System brennfrei und die sämtlichen umschließenden Wände schwarz seien. Vermöge (12) läßt sich die Integralgleichung (10) in die Form bringen[1]:

$$\int \frac{\alpha_1}{q_1^2} K(\varphi_1 - \varphi)\, dv_1 = 0; \tag{15}$$

hieraus erhalten wir durch Multiplikation mit $\frac{\alpha}{q^2}\,\varphi$ und Integration über x, y, z die Gleichung

$$\iint \frac{\alpha\,\alpha_1}{q^2 q_1^2} K\,\varphi(\varphi_1 - \varphi)\, dv\, dv_1 = 0$$

und, indem wir x, y, z bzw. mit $x_1 y_1 z_1$ gegenseitig vertauschen:

$$- \iint \frac{\alpha\,\alpha_1}{q^2 q_1^2} K\,\varphi_1(\varphi_1 - \varphi)\, dv\, dv_1 = 0 \,.$$

Durch Addition beider Gleichungen ergibt sich

$$\iint \frac{\alpha\,\alpha_1}{q^2 q_1^2} K(\varphi_1 - \varphi)^2\, dv\, dv_1 = 0$$

und folglich ist notwendigerweise

$$\varphi_1 - \varphi = 0,$$

d. h.

$$\varphi = \text{konst.}; \tag{16}$$

damit ist der Kirchhoffsche Satz, wie er in den Formeln (13) und (14) seinen Ausdruck findet, bewiesen.

Wenn die Materie nicht von schwarzen, sondern von lauter spiegelnden Wänden eingeschlossen ist, so läßt sich selbst, wenn das System nicht brennfrei ist, der Nachweis für die Notwendigkeit von (16) sehr einfach auf folgende Art führen. Es nehme die Funktion φ im Punkte xyz ihren kleinsten Wert μ an; da die Konstante eine Lösung von (10) ist, so wird auch die nirgends negative Funktion

$$\psi = \varphi - \mu$$

eine Lösung dieser Integralgleichung (10); dieselbe sagt für den Punkt xyz aus, daß

$$\int \frac{\alpha_1}{q_1^2} K\,\psi_1\, dv_1 = 0$$

sein muß; daher ist durchweg:

$$\psi = 0, \quad \text{d. h.} \quad \varphi = \mu.$$

Diese Schlußweise behält ihre Kraft, auch wenn der Punkt xyz auf die spiegelnde Wand fällt, da für einen solchen Punkt die Integralgleichung (10) gültig bleibt, wenn man rechts zum Integral den Faktor 2 hinzusetzt.

---

[1] Die folgende Schlußweise ist derjenigen nachgebildet, die zur Untersuchung der analogen Frage für die Integralgleichung der Gastheorie dient; sie ist, wie letztere, mir zuerst von Herrn Dr. E. Hecke angegeben worden.

Im allgemeinen Fall, wenn das System nicht brennfrei ist und teils von schwarzen, teils von spiegelnden Wänden umschlossen wird, liegt, wie schon vorhin angedeutet worden ist, eine mathematische Schwierigkeit in der Bedeutung der vorkommenden Integrale, da dann der von der Materie ausgefüllte Raum R durch die von xyz ausgehenden sich mehrfach treffenden Strahlen mehrfach überdeckt wird und die Integration für x_1, y_1, z_1 über den so entstehenden mehrfach überdeckten Raum $\overline{R}$ zu erstrecken ist.

Es bezeichne f irgend eine stetige Funktion von xyz und $x_1y_1z_1$, die schon im einfachen Raume R eindeutig ist; dann wollen wir zeigen, daß das Integral

$$\int \frac{\alpha_1}{q_1^2} K f \, d\bar{v}_1 \tag{17}$$

einen Sinn hat und daß dasselbe als Grenzwert eines über den einfach bedeckten Raum R zu erstreckenden Integrales dargestellt werden kann; dabei ist durch die — fortan stets zu benutzende — Bezeichnung $d\bar{v}_1$ angedeutet worden, daß die Integration für x_1, y_1, z_1 über den mehrfach bedeckten Raum $\overline{R}$ zu erstrecken ist.

Vermöge (11) erhalten wir für (17) die Darstellung

$$\int \frac{\alpha_1}{q_1^2} K f \, d\bar{v}_1 = \iint_0 \alpha_1 \, e^{-\int_0^{s_1} \alpha_1 \, ds_1} f \, ds_1 \, d\chi_1, \tag{18}$$

die wir zugleich als die Definition des Integrales (17) aufzufassen haben; sie zeigt, daß dieses Integral einen endlichen bestimmten Wert besitzt. Andererseits: wenn l eine positive endliche Zahl bedeutet, dann gilt wiederum vermöge (11) die Formel

$$\int^{(l)} \frac{\alpha_1}{q_1^2} K f \, d\bar{v}_1 = \iint_0^{(l)} \alpha_1 \, e^{-\int_0^{s_1} \alpha_1 \, ds_1} f \, ds_1 \, d\chi_1, \tag{19}$$

wobei durch das Zeichen (l) links über dem Integral angedeutet wird, daß die Integration für $x_1y_1z_1$ nunmehr nur über denjenigen Teil des mehrfach überdeckten Raumes $\overline{R}$ erstreckt werden soll, dessen Punkte $x_1y_1z_1$ mit dem festen Punkte xyz durch Strahlen von einer Länge $\leqq l$ verbunden sind. Unter der Voraussetzung, daß q eine analytische Ortsfunktion ist, und die spiegelnden Wände ebenfalls durch analytische Funktionen dargestellt werden, läßt sich zeigen, daß es auf einem Strahle durch xyz der endlichen Länge l nur eine endliche Anzahl zu jenem Punkte konjugierter Punkte gibt — entsprechend der bekannten Tatsache, daß die Eigenwerte eines Systems von linearen Differentialgleichungen ohne singuläre Stellen sich im Endlichen nicht häufen. Demnach gibt es auch nur eine endliche Anzahl analytischer Flächenstücke, auf denen S verschwindet und die für den Integrationsbereich des Integrals linker Hand in (19) in Betracht kommen. Infolgedessen läßt sich dieses Integral auch in der Gestalt

$$\int \frac{\alpha_1}{q_1^2} (\overset{(l)}{\Sigma} K) \, f \, dv_1$$

darstellen, wo das Integral lediglich über den einfachen Raum R zu erstrecken ist und der Ausdruck

$$\overset{(l)}{\Sigma} K$$

die endliche Summe derjenigen Werte des Kerns K bedeutet, die den sämtlichen von xyz nach $x_1 y_1 z_1$ hinführenden Strahlen von einer Länge $\leqq l$ entsprechen.

Diese Summe erweist sich als eine Funktion von $x, y, z; x_1, y_1, z_1$, die bei festgehaltenen Werten von xyz auch im einfachen Raume R der Variablen x_1, y_1, z_1 eindeutig ist und nur auf einer endlichen Anzahl analytischer Flächen unendlich wird; sie ist überdies in bezug auf x, y, z und x_1, y_1, z_1 symmetrisch. Aus (18) und (19) folgt

$$\int \frac{\alpha_1}{q_1^2} K \, f \, d\bar{v}_1 = \lim_{(l=\infty)} \int \frac{\alpha_1}{q_1^2} (\overset{(l)}{\Sigma} K) \, f \, dv_1.$$

Multiplizieren wir diese Formel mit $\frac{\alpha}{q^2}$ und integrieren dann nach xyz, und zwar lediglich über den einfachen Raum R, so entsteht die Gleichung

$$\iint \frac{\alpha \alpha_1}{q^2 q_1^2} K \, f \, dv \, d\bar{v}_1 = \lim_{(l=\infty)} \iint \frac{\alpha \alpha_1}{q^2 q_1^2} (\overset{(l)}{\Sigma} K) \, f \, dv \, dv_1,$$

hierbei ist die Integration rechter Hand für die Variablen $x, y, z; x_1, y_1, z_1$ über den einfachen sechsdimensionalen Raum (R, R_1) zu erstrecken und die unter dem Integral rechter Hand stehende Summe ist für jeden endlichen Wert von l nach den obigen Ausführungen eine eindeutige Funktion in diesem Raume, die nur auf einer endlichen Anzahl fünfdimensionaler analytischer Räume unendlich wird.

Die gleiche Schlußweise führt uns andererseits zu der Formel

$$\iint \frac{\alpha \alpha_1}{q^2 q_1^2} K \, f \, d\bar{v} \, dv_1 = \lim_{(l=\infty)} \iint \frac{\alpha \alpha_1}{q^2 q_1^2} (\overset{(l)}{\Sigma} K) \, f \, dv \, dv_1,$$

wo $d\bar{v}$ linker Hand anzeigt, daß die Integration für xyz über den mehrfach überdeckten Raum $\bar{R}$ zu erstrecken ist. Der Vergleich der beiden zuletzt erhaltenen Formeln führt uns schließlich zu der Gleichung:

$$\iint \frac{\alpha \alpha_1}{q^2 q_1^2} K \, f \, dv \, d\bar{v}_1 = \iint \frac{\alpha \alpha_1}{q^2 q_1^2} K \, f \, d\bar{v} \, dv_1.$$

Nehmen wir insbesondere

$$f = \varphi(\varphi_1 - \varphi),$$

so haben wir

$$\iint \frac{\alpha \alpha_1}{q^2 q_1^2} K \varphi(\varphi_1 - \varphi) \, dv \, d\bar{v}_1 = \iint \frac{\alpha \alpha_1}{q^2 q_1^2} K \varphi(\varphi_1 - \varphi) \, d\bar{v} \, dv_1. \tag{20}$$

15*

Nunmehr sind wir imstande, den gewünschten Nachweis rasch zu Ende zu führen. Ist φ eine der Gleichung

$$\varphi - \frac{1}{4\pi} \int \frac{\alpha_1}{q_1^2} K \varphi_1 \, d\bar{v}_1 = 0$$

genügende Funktion, so ziehen wir hieraus und aus

$$1 - \frac{1}{4\pi} \int \frac{\alpha_1}{q_1^2} K \, d\bar{v}_1 = 0$$

wie vorhin in dem einfachsten Falle die Folgerung

$$\iint \frac{\alpha \, \alpha_1}{q^2 q_1^2} K \varphi(\varphi_1 - \varphi) \, dv \, d\bar{v}_1 = 0 \tag{21}$$

und wegen (20) ist mithin auch

$$\iint \frac{\alpha \, \alpha_1}{q^2 q_1^2} K \varphi(\varphi_1 - \varphi) \, d\bar{v} \, dv_1 = 0.$$

Vertauschen wir hierin gegenseitig $x\,y\,z$ bzw. mit $x_1 y_1 z_1$, so entsteht die Gleichung

$$- \iint \frac{\alpha \, \alpha_1}{q^2 q_1^2} K \varphi_1(\varphi_1 - \varphi) \, dv \, d\bar{v}_1 = 0. \tag{22}$$

Durch Addition der beiden Gleichungen (21) und (22) ergibt sich

$$\iint \frac{\alpha \, \alpha_1}{q^2 q_1^2} K (\varphi_1 - \varphi)^2 \, dv \, d\bar{v}_1 = 0$$

und folglich ist

$$\varphi_1 = \varphi,$$

d. h.

$$\varphi = \text{konst.}$$

Damit haben wir den Beweis für den folgenden Satz vollständig erbracht:

Wenn irgend ein Raum durch Wände, die teils schwarz, teils spiegelnd sein sollen, abgeschlossen ist und die darin befindliche Materie sich in ruhendem Zustande und thermischem Gleichgewicht befindet, so ist an jeder Stelle

$$q^2 g \, u = \frac{q^2 \eta}{\alpha},$$

und diese Größe hat notwendigerweise einen vom Orte, d. h. von der physikalischen Beschaffenheit der Materie und von der Umgebung der Stelle unabhängigen Wert; derselbe ist also eine universelle Funktion der Temperatur und der Schwingungszahl.

Dieser Satz erscheint hier als eine tiefliegende mathematische Wahrheit, deren Inhalt durch das physikalische Experiment gefunden und auf Grund physikalischer Kombinationen vorausgesagt worden ist, dessen Beweis aber erst mittels der Theorie der Integralgleichungen möglich wird. Er ist der wichtigste der Kirchhoffschen Sätze; die übrigen Kirchhoffschen Sätze sind unmittelbare Folgerungen.

Wir wollen zunächst die Energie berechnen, die während der Zeit dt durch das Flächenelement df innerhalb des räumlichen Elementarkegels $d\chi_1$ hindurchströmt, wenn dessen Mittellinie L mit der Normale von df den Winkel ϑ einschließt. Zu dem Zwecke konstruieren wir denjenigen Elementarzylinder, der df und ein zu df paralleles Flächenelement zu Grundflächen hat und durch gerade Linien von der Länge $g\,dt$ und von der Richtung der Mittellinie L erzeugt wird; das Volumen dieses Elementarzylinders ist

$$dv = df \cdot \cos\vartheta\, g\,dt. \tag{23}$$

Die gesuchte Energie erhalten wir dann gleich derjenigen Energie, die sich in diesem Elementarzylinder befindet und denselben innerhalb des räumlichen Winkels $d\chi_1$ durchströmt. Letztere Energie ist aber zufolge unserer früheren Darlegungen gleich dem Ausdrucke

$$\int_0^\infty (\varDelta\, d\sigma_1)\, ds_1 \cdot dv, \tag{24}$$

worin

$$\varDelta = \frac{1}{4\,\pi\,g}\, \frac{d\chi}{d\sigma}\, \eta_1\, e^{-\varDelta}$$

zu nehmen ist. Da nach dem Symmetriesatze

$$\frac{1}{q^2}\, \frac{d\sigma}{d\chi} = \frac{1}{q_1^2}\, \frac{d\sigma_1}{d\chi_1}$$

ist, so haben wir auch

$$\varDelta = \frac{1}{4\,\pi\,q^2 g}\, \frac{d\chi_1}{d\sigma_1}\, q_1^2\, \eta_1\, e^{-\varDelta}$$

und da nach dem Kirchhoffschen Satze

$$\frac{q_1^2\, \eta_1}{\alpha_1} = \frac{q^2\, \eta}{\alpha}$$

ist, so wird auch

$$\varDelta = \frac{\eta}{4\,\pi\,g\,\alpha}\, \frac{d\chi_1}{d\sigma_1}\, \alpha_1\, e^{-\varDelta}.$$

Unter Benutzung dieses Wertes für $\varDelta$ wird der Ausdruck (24) gleich

$$\frac{\eta}{4\,\pi\,g\,\alpha}\, d\chi_1 \int_0^\infty \alpha_1\, e^{-\varDelta}\, ds_1 \cdot dv = \frac{\eta}{4\,\pi\,g\,\alpha}\, d\chi_1\, dv$$

oder wegen (23) gleich

$$\frac{\eta}{4\,\pi\,\alpha}\, \cos\vartheta\, dt\, df\, d\chi_1,$$

d. h. die Helligkeit H der Strahlung ist

$$H = \frac{\eta}{4\,\pi\,\alpha} = \frac{g\,u}{4\,\pi};$$

damit ist auch *der bekannte Zusammenhang zwischen der Helligkeit und der Energiedichte der Strahlung* bewiesen worden.

Ebenso folgt nunmehr leicht der von M. Planck formulierte Satz, wonach derjenige Teil der von einem Volumenelement emittierten Energie, welcher in einem andern Volumenelement absorbiert wird, stets gleich demjenigen Teil der von letzterem emittierten Energie ist, der im ersteren Volumenelement absorbiert wird.

Wir haben bisher stets die Koeffizienten q, η, α als stetig veränderlich mit dem Orte angenommen, während gerade in den Experimenten am häufigsten die sprungweise Änderung dieser Koeffizienten beim Durchgang durch die Grenzflächen von Körpern mit physikalisch verschiedener Beschaffenheit vorkommt: doch läßt sich diese sprungweise Unstetigkeit der Koeffizienten nachtäglich leicht durch eine Limesbetrachtung erledigen, so daß die aufgestellten Sätze sämtlich ihre Gültigkeit bewahren.

Unsere Theorie bezog sich auf den Ruhezustand der Materie und das thermische Gleichgewicht. Lassen wir Bewegung der Materie oder der Wärme zu, so tritt im allgemeinen auch eine Bewegung der Strahlung ein und die gewonnenen Kirchhoffschen Sätze bedürfen dann einer Modifikation. Im vorstehenden sind die Prinzipien einer solchen „*Kinetik der Strahlung*" bereits mit enthalten: die Bewegung von Materie bzw. die Wärmeleitung kommt nämlich im wesentlichen in der Art zur Geltung, als ob im Raume noch besonders Wärmequellen und Wärmesenken angebracht seien und an Stelle der homogenen linearen Integralgleichung (8) für η tritt alsdann die inhomogene lineare Integralgleichung

$$\eta - \frac{\alpha}{4\pi q^2} \int K \eta_1 \, dv_1 = w \,, \qquad (25)$$

wobei w die Dichte der örtlichen Wärmezu- und -abfuhr bezeichnet — in dem Sinne, daß $w \, dt \, dv$ die während dt dem Volumenelement dv zugeführte Wärme ausdrückt. Da die homogene Integralgleichung die einzige Lösung

$$\eta = \frac{\alpha}{q^2} \text{ konst.}$$

zuläßt, und wegen der oben festgestellten Eigenschaften des Kernes die allgemeine Theorie der Integralgleichungen anwendbar ist, so besitzt die inhomogene Integralgleichung (25) dann und nur dann eine Lösung, wenn die sogenannte Orthogonalitätsbedingung

$$\int w \, dv = 0$$

erfüllt ist, d. h. wenn die Gesamtzufuhr der Wärme Null beträgt. Hierin liegt die grundlegende Bedeutung des Kirchhoffschen Satzes für die Theorie der Bewegung der Strahlung und analog, wie in der Gastheorie die Theorie der Bewegung des Gases sich auf die inhomogene Integralgleichung, wie sie aus der Maxwell-Boltzmannschen Stoßformel entspringt, in konsequenter Weise aufbauen läßt, *bildet die inhomogene Integralgleichung* (25) *das Fundament für die Kinetik der Strahlung.*

14. Bemerkungen zur Begründung der elementaren Strahlungstheorie.

[Göttinger Nachrichten 1913, S. 409—416. Physik. Zeitschrift Bd. 14, S. 592—595 (1913).]

In meinem auf der Naturforscherversammlung zu Münster 1912 gehaltenen Vortrage[1] habe ich die Grundlagen der elementaren (phänomenologischen) Strahlungstheorie behandelt. Aus meinen Betrachtungen läßt sich — und dies zu ermöglichen war ihr Hauptziel — unmittelbar eine Darstellung jener Disziplin entnehmen, die den neueren Anforderungen einer axiomatischen Behandlungsweise nach dem Muster der Geometrie genügt. Inzwischen habe ich mich davon überzeugt, daß außer denjenigen Axiomen, die meiner Beweisführung zugrunde liegen, auch noch andere wesentlich verschiedene Axiome oder Axiomensysteme zu einer strengen Begründung der Kirchhoffschen Sätze dienen können. Da ich gerade in der klaren Auffassung der verschiedenen möglichen Axiome einer Disziplin und in der Aufdeckung ihrer Gleichwertigkeit bzw. ihrer Zusammenhänge eine Hauptaufgabe der axiomatischen Behandlungsweise erblicke, so stelle ich im folgenden so kurz als möglich die wichtigsten Gesichtspunkte zusammen, die mir nunmehr für die Begründung der elementaren Strahlungstheorie nach der axiomatischen Methode erforderlich erscheinen[2].

Zu Anfang meines Vortrags werden die drei Koeffizienten: die Lichtgeschwindigkeit q, der Emissionskoeffizient η und der Absorptionskoeffizient α

---

[1] Begründung der elementaren Strahlungstheorie. Abgedruckt in den Göttinger Nachrichten 1912, in der Physik. Zeitschrift Bd. 13 (1912), im Jber. dtsch. Math.-Ver. Bd. 22 (1913) und in diesem Band, Abh. Nr. 13.

[2] Einen Teil der nachfolgenden Entwicklungen habe ich bereits im Jahresbericht der Deutschen Math.-Vereinigung l. c. als Zusatz veröffentlicht. Zusatz d. H.: Diese Veröffentlichung l. c. S. 16—20 unterscheidet sich von der hier abgedruckten, abgesehen von geringfügigen Abweichungen in der Einleitung und der Bezifferung der Axiome nur dadurch, daß dort das Axiom 4 und das darüber Gesagte fehlt. Statt dessen wird ein Einwand gegen die Darstellung bei M. PLANCK erhoben, der hier (vgl. Anm. 1, S. 234) zurückgenommen wird. Sie beginnt mit der Anmerkung: Die nachfolgenden Ausführungen füge ich hinzu, nachdem ich auf die interessante und inhaltreiche Abhandlung von E. PRINGSHEIM: Herleitung des Kirchhoffschen Gesetzes, Z. wiss. Photogr. 1903, aufmerksam gemacht worden bin.

eingeführt. In diesen Definitionen sind eine Reihe von Axiomen mitenthalten; ich begnüge mich, auf folgende Punkte hinzuweisen.

Zu der Annahme, daß die Energie ausschließlich längs der Kurven raschester Ankunft transportiert werde, ist zugleich die axiomatische Forderung hinzuzudenken, daß bei Betrachtung des thermischen Gleichgewichts so verfahren werden darf, *als wenn* Zerstreuung und Reflexion des Lichtes nicht vorhanden wären[1].

Die drei Koeffizienten q, η, α sind außer von der Stelle xyz noch von der Wellenlänge λ und der Temperatur abhängig. Da die Temperatur für die ganze Betrachtung stets einen konstanten Wert besitzt, so haben wir die Koeffizienten q, η, α lediglich als Funktion von xyz und λ anzusehen.

Die weiteren Axiome formuliere ich nunmehr wie folgt:

Axiom 1. (Axiom vom Ausgleich der Gesamtenergie.) *Im Zustande des thermischen Gleichgewichts der Strahlung ist die gesamte, aus irgend einem Volumenelement emittierte Energie aller Farben gleich der gesamten in demselben absorbierten Energie.*

Axiom 2. (Axiom vom Ausgleich der Energien jeder einzelnen Farbe.) *Im Zustande des thermischen Gleichgewichts der Strahlung findet an irgend einer Stelle der Materie ein Austausch von Strahlungsenergien verschiedener Farbe nicht statt; vielmehr steht die Strahlung jeder Farbe für sich allein im Gleichgewicht.*

Aus meinem Vortrage geht hervor, daß das eben aufgestellte Axiom 2 vom Ausgleich der Energien jeder einzelnen Farbe zur Herleitung der Kirchhoffschen Sätze und mithin zur Begründung der elementaren Strahlungstheorie vollkommen ausreichend ist: die Integralgleichung (8) in meinem Vortrage bringt den Inhalt des Axioms 2 unmittelbar zum Ausdruck.

Im folgenden möchte ich zunächst zeigen, daß ohne das Axiom 2, allein auf Grund des Axioms 1 vom Ausgleich der Gesamtenergie ein Beweis der Kirchhoffschen Sätze unmöglich ist. In der Tat bei Benutzung des Axioms 1 erhalten wir an Stelle der Integralgleichung (8) als Gleichgewichtsbedingung die folgende durch Integration von (8) nach λ entstehende Gleichung

$$\int\limits_0^\infty \left\{ \eta - \frac{\alpha}{4\pi q^2} \int K \eta_1 \, dv_1 \right\} d\lambda = 0, \tag{26}$$

worin, wie schon erwähnt, q, η, α außer von der Stelle xyz noch von der Wellenlänge λ abhängig sind.

---

[1] Die Aussage dieses Axioms kann durch eine ähnliche Betrachtung physikalisch plausibel gemacht werden, wie sie M. PLANCK: Theorie der Wärmestrahlung, S. 29—30. Leipzig 1913, hinsichtlich der Zerstreuung anwendet; vgl. hierzu auch W. BEHRENS: Über die Lichtfortpflanzung in parallel-geschichteten Medien. Math. Ann. Bd. 76 (1915) S. 380—430.

Nunmehr wählen wir insbesondere q und α von xyz unabhängig, etwa $q = 1$ und $\alpha = 1$; dann wird K eine von λ unabhängige Funktion von xyz, $x_1 y_1 z_1$. Setzen wir endlich

$$H = \int\limits_0^\infty \eta \, d\lambda,$$

so geht die Gleichung (26) über in

$$H - \frac{1}{4\pi} \int K H_1 \, dv_1 = 0,$$

und diese Gleichung ist erfüllt, wenn H von xyz unabhängig ist; wir nehmen etwa $H = 1$.

Wählen wir jetzt — was auf mannigfache Weise möglich ist — η als Funktion von xyz und λ derart, daß für alle Werte von xyz stets

$$\int\limits_0^\infty \eta \, d\lambda = 1$$

wird, so erkennen wir, daß bei den so getroffenen Festsetzungen über q, η, α die Kirchhoffschen Sätze in der Tat *nicht* gelten, während alle unsere Annahmen mit Ausnahme des Axioms 2 erfüllt sind. *Damit ist der gewünschte Unmöglichkeitsbeweis vollkommen erbracht* — analog dem bekannten Verfahren, wie es in der Theorie der arithmetischen und geometrischen Axiome seit langem angewandt wird.

Bei dem in meinem Vortrage dargelegten Beweise für die Kirchhoffschen Sätze ist nirgends davon Gebrauch gemacht worden, daß der Emissionskoeffizient η, ebenso wie die Größen α und q bereits durch die physikalische Beschaffenheit der Materie eindeutig als Funktion von λ bestimmt sind; vielmehr könnten die Werte für η, α, q noch durch die Umgebung der Stelle xyz und durch die begrenzenden Wände mitbedingt sein, so daß sie sich im allgemeinen änderten, sobald man die Materie von der Stelle xyz an eine andere Stelle desselben Systems oder in ein anderes System versetzt: *die Kirchhoffschen Sätze, insbesondere der Satz, daß der Quotient $\frac{q^2 \eta}{\alpha}$ stets eine vom Ort unabhängige Größe ist, bleiben also meinem Beweise zufolge auf Grund des Axioms 2 dennoch stets gültig, auch wenn wir davon absehen, daß die Größen η, α, q bereits durch die physikalische Beschaffenheit der Materie allein eindeutig bestimmt sind.*

Um jedoch die in Rede stehende physikalisch sehr einfache und für reine Temperaturstrahlung gewiß gültige Annahme ebenfalls axiomatisch zu untersuchen, formulieren wir dieselbe wie folgt:

Axiom 3. (Axiom von der physikalischen Natur der Koeffizienten q, η, α.) *Die für die Strahlung von irgend einer Wellenlänge charakteristischen Größen: die Lichtgeschwindigkeit q, der Emissionskoeffizient η und der Absorptions-*

koeffizient α *sind allein durch die physikalische Beschaffenheit der Materie an der Stelle eindeutig bestimmt, an welcher sich die Materie gerade befindet.*

Bezeichnen wir mit p irgendwelche unendlichviele Parameter, die die physikalische Beschaffenheit der Materie eindeutig festlegen, so können wir das Axiom 3 mathematisch auch folgendermaßen ausdrücken: die Größen q, η, α hängen bei konstanter Temperatur außer von der Wellenlänge λ nur von den Parametern p, nicht aber noch von der Beschaffenheit der Materie an anderen Stellen im Raume ab. Wählen wir daher wie oben

$$q = 1, \qquad \alpha = 1$$

und η irgendwie als Funktion von λ und den Parametern p, so daß für alle Werte von p stets

$$\int_0^\infty \eta(p)\, d\lambda = 1$$

wird, so erkennen wir wie vorhin, daß die Kirchhoffschen Sätze *nicht* gelten, während Axiom 1 und 3, aber nicht Axiom 2 erfüllt ist. *Damit ist gezeigt, daß ein Beweis der Kirchhoffschen Sätze auch auf Grund der Axiome 1 und 3 vom Ausgleich der Gesamtenergie und von der physikalischen Natur der Koeffizienten q, η, α — ohne Hilfe des Axioms 2 vom Ausgleich der Energien jeder einzelnen Farbe — nicht möglich ist.*

Als Ersatz für Axiom 2 kann jedoch ein Axiom dienen, welches im wesentlichen die Formulierung einer Tatsache ist, die M. PLANCK in seinen Vorlesungen über die Theorie der Wärmestrahlung[1] mittels des zweiten Wärmesatzes beweist und sodann ebenfalls zur Begründung der Kirchhoffschen Sätze verwendet. Dieses Axiom lautet:

Axiom 4. (Axiom von der physikalischen Natur der Strahlungsdichte.) *Im Zustande des thermischen Gleichgewichts ist die Dichte der Strahlungsenergie einer jeden Wellenlänge, für welche die Materie nicht diatherman ist, allein durch die physikalische Beschaffenheit der Materie an der Stelle eindeutig bestimmt, an welcher sich die Materie gerade befindet.*

---

[1] Vgl. Ende § 34, S. 34 der 2. und 3. Auflage. Hiernach nehme ich meine gegen den Planckschen Beweis der Kirchhoffschen Sätze erhobenen Einwendungen (l. c.) zurück. Das Verfahren von M. PLANCK befindet sich keineswegs — wie ich früher geglaubt hatte — im Widerspruch mit meinen Ausführungen, da eben in den physikalischen, auf der Heranziehung des zweiten Wärmesatzes beruhenden Überlegungen von M. PLANCK die meinem Axiom 2 äquivalenten Annahmen zu erblicken sind. — Zusatz d. H.: Der Einwand lautete: In seinem Lehrbuche über die Theorie der Wärmestrahlung, dem ich die Anregung zu dieser ganzen Untersuchung verdanke, unternimmt es M. PLANCK, die Kirchhoffschen Sätze ohne das Axiom 2 bzw. ohne weitere demselben äquivalente Axiome zu beweisen; nach meinen obigen Ausführungen muß dieser Beweis eine Lücke enthalten; ich erblicke dieselbe in den Ausführungen in § 26 auf S. 27; die dort vorgenommene spektrale Zerlegung der Gleichgewichtsbedingung erscheint mir nicht hinreichend motiviert und jedenfalls nicht in der später für den Beweis der Kirchhoffschen Sätze erforderlichen Allgemeinheit erlaubt.

Wir denken uns nunmehr irgend einen Raum, etwa das Innere einer spiegelnden Kugelfläche, homogen mit einem Stoffe erfüllt, dessen physikalische Natur durch das Parametersystem p charakterisiert wird. Nach Axiom 3 werden die Koeffizienten q, η, α bestimmte Funktionen von λ, p und sind mithin von der Stelle $x y z$ im Kugelinnern unabhängig. Wegen Formel (6) wird die Energiedichte im Mittelpunkt der Kugel

$$u = \frac{1}{4 \pi q^2 g} \int \frac{e^{-A}}{S} \eta_1 \, dv_1$$

oder wegen (11)

$$u = \frac{1}{4 \pi q^2 g} \int \int_0^\infty e^{-\int_0^{s_1} \alpha_1 \, ds_1} \eta_1 \, q_1^2 \, ds_1 \, d\chi_1 ,$$

$$u = \frac{\eta}{g \alpha} .$$

Wenden wir nunmehr Axiom 4 an, so stellt die eben erhaltene Gleichung

$$u = \frac{\eta}{g \alpha}$$

die Strahlungsdichte allgemein in jedem beliebigen Systeme dar. Aus ihr folgt in Verbindung mit (6) die Integralgleichung (8) und auf Grund der letzteren läßt sich dann, wie in meinem Vortrage gezeigt worden ist, der Beweis der Kirchhoffschen Sätze und mithin die elementare Strahlungstheorie überhaupt begründen.

Endlich möge noch das folgende Axiom hinzugezogen werden:

Axiom 5. (Axiom vom Vorhandensein gewisser Verschiedenartigkeiten der Stoffe.) *Es gibt Stoffe mit solchem Absorptionskoeffizienten α und Brechungsvermögen, daß der Quotient $\frac{\alpha}{q^2}$ gleich einer willkürlich vorgeschriebenen Funktion der Wellenlänge λ ausfällt*[1].

Dieses Axiom läßt sich in zweierlei Weisen auffassen. Die engere Auffassung verlangt nur: es sollen sich stets materielle Systeme von der Art herstellen lassen, daß darin der Quotient $\frac{\alpha}{q^2}$ eine willkürlich vorgeschriebene Funktion der Wellenlänge λ und der Stelle $x y z$ ist. Die Integralgleichung (26) drückt dann, wie vorhin, das Erfülltsein des Axioms 1 vom Ausgleich der Gesamtenergie aus, und da jene Integralgleichung außer der Lösung

$$\eta = \frac{\alpha}{q^2} f(\lambda)$$

---

[1] Ein ähnliches Axiom hat zuerst Herr E. Pringsheim in der Abhandlung „Herleitung des Kirchhoffschen Gesetzes" [Z. wiss. Photogr. Bd. 1 (1903) S. 360] aufgestellt und zum Beweis der Kirchhoffschen Sätze zu benutzen gesucht. — Die obigen Ausführungen über das Axiom 5 habe ich bereits in dem Jahresbericht der Deutschen Math.-Vereinigung l. c. veröffentlicht; die gegen dieselben von Herrn E. Pringsheim in der Physik. Z. Bd. 14 (1913) S. 589 erhobenen Einwendungen erscheinen mir in keinem Punkte als berechtigt.

gewiß noch andere Lösungen zuläßt, so folgt wiederum, daß die Herleitung der Kirchhoffschen Sätze auf Grund der Axiome 1 und 5 in dieser engeren Auffassung ohne Hilfe des Axioms 2 oder des Axioms 3 unmöglich ist.

Zu einer allgemeineren Auffassung des Axioms 5 gelangen wir, wenn wir dasselbe in Verbindung mit Axiom 3 bringen. Wir können alsdann Axiom 3 und 5 zusammengenommen folgendermaßen mathematisch formulieren.

Es sei irgend ein endlicher von Wänden begrenzter Raum gegeben: alsdann ist es stets möglich, die Parameter p, welche die physikalische Natur der Materie bestimmen, derart als Funktionen der Stelle xyz des Raumes zu wählen, daß der Quotient $\dfrac{\alpha(\lambda, p)}{q^2(\lambda, p)}$ dadurch innerhalb jenes Raumes eine willkürlich vorgeschriebene Funktion der Veränderlichen λ und xyz wird. *Bei dieser Auffassung gelingt es, aus den Axiomen 1, 3 und 5 die Kirchhoffschen Sätze ohne Heranziehung der Axiome 2 oder 4 zu beweisen.*

Um dies zu erkennen, denken wir uns irgend einen Raum, etwa das Innere einer spiegelnden Kugelfläche auf folgende Art mit Materie erfüllt. Es seien p_0 bzw. p_* Parametersysteme, die die physikalische Natur zweier bestimmter Stoffe charakterisieren; wir bezeichnen ferner mit r die Entfernung des Mittelpunkts 000 der Kugel von einem Punkte xyz im Kugelinneren; endlich bedeute ε eine Konstante; dann ist durch

$$p(r, \varepsilon) = \frac{p_0\,\varepsilon^2 + p_*\,r^2}{\varepsilon^2 + r^2} \tag{27}$$

für jeden positiven Wert ε an jeder Stelle xyz im Kugelinneren ein Parametersystem p festgelegt. Wir wollen uns nun das Kugelinnere derart mit Materie erfüllt denken, daß ihre physikalische Natur an jeder Stelle durch das Parametersystem (27) charakterisiert ist. Durch Einsetzen von (27) werden auch die Größen $q(\lambda, p)$, $\eta(\lambda, p)$, $\alpha(\lambda, p)$ bestimmte Funktionen von λ und xyz.

Die Gleichgewichtsbedingung (26) nimmt, wenn wir darin an Stelle von η die Funktion

$$\varphi = \frac{\eta\,q^2}{\alpha}$$

einführen, die Gestalt an

$$\int\limits_0^\infty \frac{\alpha}{q^2}\left\{\varphi - \frac{1}{4\pi}\int K\,\frac{\alpha_1\,\varphi_1}{q_1^2}\,dv_1\right\}d\lambda = 0,$$

oder, wenn wir für xyz den Mittelpunkt 000 der Kugel wählen, wegen (11)

$$\int\limits_0^\infty \frac{\alpha(\lambda, p_0)}{q^2(\lambda, p_0)}\left\{\varphi(\lambda, p_0) - \frac{1}{4\pi}\int\int\limits_0^\infty \alpha(\lambda, p)\,e^{-\int\limits_0^s \alpha(\lambda,\,p)\,ds}\,\varphi(\lambda, p)\,ds\,d\chi\right\}d\lambda = 0. \tag{28}$$

Nunmehr nehmen wir in dieser Gleichung den Grenzwert $\varepsilon = 0$. Da für $r > 0$ wegen (27)

$$\lim_{\varepsilon = 0} p(r, \varepsilon) = p_*$$

ist und mithin

$$\lim_{\varepsilon = 0} \varphi(\lambda, p) = \varphi(\lambda, p_*)$$

von $x y z$ unabhängig wird, so erhalten wir aus (28)

$$\int\limits_0^\infty \frac{\alpha(\lambda, p_0)}{q^2(\lambda, p_0)} \{\varphi(\lambda, p_0) - \varphi(\lambda, p_*)\}\, d\lambda = 0 .$$

Ersetzen wir hierin p_* durch irgend ein anderes Parametersystem p_{**} und subtrahieren, so entsteht die Gleichung

$$\int\limits_0^\infty \frac{\alpha(\lambda, p_0)}{q^2(\lambda, p_0)} \{\varphi(\lambda, p_*) - \varphi(\lambda, p_{**})\}\, d\lambda = 0 ,$$

und aus dieser folgt nach Axiom 5 wegen der Willkür der Funktion

$$\frac{\alpha(\lambda, p_0)}{q^2(\lambda, p_0)}$$

notwendig

$$\varphi(\lambda, p_*) - \varphi(\lambda, p_{**}) = 0 ,$$

d. h. die Funktion $\varphi(\lambda, p)$ ist von der Wahl der Parameter unabhängig und daher gleich einer *universellen* Funktion der Wellenlänge λ.

Zusammenfassend gewinnen wir nunmehr das Resultat, *daß für sich allein das Axiom 2 vom Ausgleich der Energien jeder einzelnen Farbe und ebenso für sich allein die Axiome 3 und 4 von der physikalischen Natur der Koeffizienten q, η, α und der Strahlungsdichte u, sowie endlich auch für sich allein die Axiome 1, 3 und 5 vom Ausgleich der Gesamtenergie, von der physikalischen Natur der Koeffizienten q, η, α und vom Vorhandensein gewisser Verschiedenartigkeiten der Stoffe zur Begründung der Kirchhoffschen Sätze hinreichend sind, während diese Begründung allein mit Hilfe der Axiome 1 und 3, oder allein mittels 1 und 5 nicht möglich ist.*

15. Zur Begründung der elementaren Strahlungstheorie.
Dritte Mitteilung.

[Göttinger Nachrichten 1914, S. 275—298; Physik. Zeitschrift Bd. 15, S. 878—889 (1914).]

Einleitung.

In zwei früheren Mitteilungen[1] habe ich die elementare Strahlungstheorie nach der axiomatischen Methode behandelt; dies schien mir nötig, da jene Theorie die einzige unter den älteren physikalischen Theorien war, die eine solche Behandlung bis dahin nicht erfahren hatte und innerhalb derer daher sowohl die Begriffsbildungen wie die Beweisführungen an Unklarheiten litten.

Die Ergebnisse meiner bisherigen Untersuchungen habe ich am Schluß meiner zweiten Mitteilung zusammengefaßt: sie bestehen hauptsächlich in der Aufstellung und Diskussion von Axiomen, wie sie für die Beweisbarkeit des Kirchhoffschen Satzes über Emission und Absorption hinreichend bzw. notwendig sind — dabei wurden die optischen Koeffizienten: Fortpflanzungsgeschwindigkeit des Lichtes q, Emissionskoeffizient η und Absorptionskoeffizient α im Raume kontinuierlich variabel angenommen und bei den Definitionen so verfahren, daß der der inneren Reflexion entsprechende Vorgang ausgeschlossen blieb. Daß das letztere Verfahren eine Annäherung an die strengen Folgerungen der elektromagnetischen Lichttheorie darstellt und schon insofern — wie überhaupt das Begriffssystem der elementaren Strahlungstheorie — berechtigt ist, geht insbesondere aus den neuen Untersuchungen von W. Behrens[2] hervor: es zeigt sich nämlich, daß die in einem kontinuierlich veränderlichen Medium als reflektiert anzusehende Energie von zweiter Ordnung verschwindet, wenn man die Änderungen der optischen Koeffizienten q, η, α von erster Ordnung ansetzt[3].

---

[1] Vgl. Abh. Nr. 13 und 14, oder Gött. Nachr. 1912, S. 773 und 1913, S. 409, sowie Physik. Z. 1912 S. 1056, und 1913, S. 592.

[2] Math. Ann. Bd. 76 (1915) S. 380.

[3] Zu der inzwischen (vgl. Physik. Z. 1913 S. 847—850) erschienenen gegen mich gerichteten Publikation des Herrn E. Pringsheim bemerke ich kurz folgendes: Herr E. Pringsheim sagt darin, ich wäre in meiner zweiten Mitteilung „zu der Absicht einer axiomatischen Darstellung erst nachträglich und weniger aus inneren als aus taktischen Gründen gelangt". Mit dieser Mutmaßung dürfte er allein stehen — wenigstens unter den Gelehrten, die je von meinen wissenschaftlichen Bestrebungen Notiz genommen haben; für diese brauche ich kaum zu bemerken, daß ich lediglich aus Rücksicht auf das physika-

Die vorliegende Mitteilung hat den Zweck, im Anschluß an meine in den beiden früheren Mitteilungen enthaltenen Entwicklungen und zugleich unter strenger Berücksichtigung der Reflexion *neue und elementare Beweise des Kirchhoffschen Satzes* zu entwickeln und dann vor allem die ebenso wichtige und nötige Frage nach dem Zusammenhange und *der Widerspruchslosigkeit der aufgestellten Axiome* zur Entscheidung zu bringen.

§ 1. Die Axiome der Strahlungstheorie.

Zunächst möchte ich die in meinen beiden vorigen Mitteilungen formulierten Axiome mit einigen geringfügigen Modifikationen hier zusammenstellen.

---

lische Publikum bei meinem Vortrage und dessen erster Veröffentlichung die Hervorkehrung des axiomatischen Standpunktes wegen seines abstrakten Charakters noch nicht für angebracht gehalten habe. — Aber auch die sachlichen Einwendungen des Herrn E. Pringsheim erscheinen mir in keinem Punkte stichhaltig. So hatte ich selbst darauf hingewiesen, daß in meinen Definitionen und Formeln eine Reihe von Axiomen mitenthalten ist, die ich in den Beweisen benutze: Herr E. Pringsheim verlangt die Formulierung aller dieser Axiome im einzelnen. Wie aber jeder Kenner axiomatischer Darstellungen weiß, würde die Erfüllung dieser Forderung in dem Rahmen einer kurzen Mitteilung nicht möglich sein. Einer solchen mit allen Kautelen umgebenen axiomatischen Darstellung bedarf es aber auch keineswegs — zumal wenn es sich um die erste derartige Begründung einer physikalischen Disziplin handelt; es genügt vielmehr in diesem Falle vollkommen, wenn die Darstellung so beschaffen ist, daß durch dieselbe jeder Leser bei gründlicher Vertiefung in den Stand gesetzt wird, an einer nicht wesentlichen Stelle die logische Schlußkette selbst zu ergänzen. — Ferner bemängelt Herr E. Pringsheim, daß meine Unmöglichkeitsbeweise seiner Meinung nach des *physikalischen* Sinnes entbehren; er übersieht, daß es sich an der betreffenden Stelle lediglich um den Nachweis der *logischen* Unabhängigkeit gewisser Axiomensysteme handelt, und dieser Nachweis wird von mir nach einer bewährten Schlußweise völlig streng erbracht. — Eines der merkwürdigsten Ergebnisse meiner ersten Mitteilung besteht darin, daß die Aussage: der Quotient $\frac{q^2 \eta}{\alpha}$ hat für jede Stelle eines im thermischen Gleichgewicht befindlichen Systems denselben Wert, auf Grund einer Integralgleichung geschlossen werden kann, ohne daß irgend ein *Transport* der Materie oder eine *Veränderung* ihrer physikalischen Beschaffenheit zum Beweise vorgenommen wird, was sonst beim Beweise des Kirchhoffschen Satzes stets geschieht. Dieses Ergebnis, das Herr E. Pringsheim völlig mißversteht, habe ich in meiner zweiten Mitteilung noch einmal besonders hervorgehoben mit den Worten: Der Satz, daß der Quotient $\frac{q^2 \eta}{\alpha}$ stets eine vom Orte unabhängige Größe ist, bleibt meinem Beweis zufolge dennoch stets gültig, auch wenn wir davon absehen, daß die Größen η, α, q bereits durch die physikalische Beschaffenheit der Materie allein eindeutig bestimmt sind. Meine Behauptung ist zutreffend; aber auch ihre Formulierung ist völlig einwandfrei: denn bei meiner Entwicklung der Begriffe könnten die Größen q, η, α zunächst auch von der Umgebung der Stelle abhängen und diese Abhängigkeit wird erst durch ein besonderes Axiom 3 ausgeschlossen. — Das Unzutreffende in den übrigen kritischen Bemerkungen des Herrn E. Pringsheim erhellt aus den Ausführungen des Textes, vgl. insbesondere S. 256 und Anmerkung 2 daselbst.

Für diese ganze vorliegende Untersuchung werde der Kürze halber von vornherein angenommen, daß die drei optischen Koeffizienten: die Größe q, der Absorptionskoeffizient α und der Emissionskoeffizient η allein durch die physikalische Natur der Materie bestimmt und von der Umgebung und der Gruppierung der Körper unabhängig sind[1]. Da die Temperatur überall ein und dieselbe ist, so sind die drei optischen Koeffizienten q, α, η lediglich Funktionen der reduzierten Wellenlänge[2] λ und der Parameter p desjenigen Parametersystems, durch das wir die physikalische Natur der Materie festgelegt denken.

Hinsichtlich der in meinen beiden früheren Mitteilungen als Fortpflanzungsgeschwindigkeit bezeichneten Größe q ist zu bemerken, daß dieselbe streng genommen nur im Falle wenig absorbierender und emittierender Medien die Bedeutung einer Geschwindigkeit (Phasengeschwindigkeit) besitzt. Vielmehr ist im Gebiete der Strahlungstheorie unter q stets derjenige optische Koeffizient zu verstehen, der etwa im Sinne des bekannten Fermatschen Minimalprinzips[3] den Lichtweg bzw. im Falle zweier homogener Medien die Richtung des gebrochenen Strahles charakterisiert. Nach M. Laue[4] würde im Falle des Durchtritts eines Strahles von einem homogenen absorbierenden Medium in ein anderes

$$q = \frac{c}{|\mathfrak{n}|}, \qquad \mathfrak{n} = n\left(1 - i\,\frac{\alpha\,\lambda}{4\,\pi}\right)$$

zu nehmen sein; doch kann für die gegenwärtige Untersuchung diese Frage nach der Abhängigkeit der Größe q vom Brechungs- und Absorptionskoeffizienten dahingestellt bleiben.

Neben die Größe q tritt der Begriff der Energiegeschwindigkeit g, die ebenfalls nur von der physikalischen Natur der Materie abhängt und im allgemeinen von q verschieden ausfällt — ein Umstand, der bei der Berechnung der Energiedichte und der absorbierten Energie zu berücksichtigen ist[5].

---

[1] Diese Aussage ist in meiner zweiten Abhandlung besonders als Axiom 3 formuliert worden.

[2] Unter λ ist hier, wie in den beiden früheren Mitteilungen, der Quotient von Lichtgeschwindigkeit im freien Äther und Schwingungszahl zu verstehen.

[3] Vgl. meine erste Mitteilung.

[4] Ann. Physik (4) Bd. 32 (1910) S. 1085.

[5] Diese Unterscheidung zwischen q (Fortpflanzungs- = Phasengeschwindigkeit) und g (Energie- = Gruppengeschwindigkeit) ist in meinen beiden früheren Mitteilungen nicht gemacht worden; die erforderlichen Modifikationen in den Rechnungen sind jedoch geringfügig und werden später im Text dieser Mitteilung angegeben werden. Zusatz d. H.: Im vorliegenden Abdruck sind die Änderungen bereits berücksichtigt. Vgl. Anm. 1 S. 220.

Die Axiome[1] lauten nun:

Axiom A. (Axiom vom Ausgleich der Gesamtenergie.) *Für jedes optische System ist ein Zustand des Gleichgewichts der Strahlung möglich. In diesem Zustande ist die gesamte, aus irgend einem Volumenelement emittierte Energie aller Farben gleich der gesamten in demselben absorbierten Energie.*

Axiom B. (Axiom vom Ausgleich der Energien jeder einzelnen Farbe.) *Für jedes optische System ist ein Zustand des Gleichgewichts der Strahlung möglich. In diesem Zustande findet an irgend einer Stelle der Materie ein Austausch von Strahlungsenergien verschiedener Farbe nicht statt; vielmehr steht die Strahlung jeder Farbe für sich allein im Gleichgewicht.*

Axiom C. (Axiom von der physikalischen Natur der Strahlungsdichte.) *Im Zustande des — immer möglichen — Gleichgewichts ist die Dichte der Strahlungsenergie einer jeden Wellenlänge allein durch die physikalische Beschaffenheit der Materie an der Stelle eindeutig bestimmt, an welcher sich die Materie gerade befindet.*

Axiom D. (Axiom vom Vorhandensein gewisser Verschiedenartigkeiten der Stoffe.) *Es gibt Stoffe mit solchem Absorptionskoeffizienten α und solcher Fortpflanzungsgeschwindigkeit q, daß der Quotient $\frac{\alpha}{q^2}$ gleich einer willkürlich vorgeschriebenen Funktion der Wellenlänge λ ausfällt.*

Das Axiom A ist im wesentlichen der Energiesatz; die Axiome B, C, D enthalten wesentlich die Tatsachen, die bzw. von mir[2], M. Planck[3] und E. Pringsheim[4] zur Begründung der Strahlungstheorie herangezogen worden sind.

Wir haben zunächst die Aufgabe, den Inhalt der aufgestellten Axiome zu formulieren.

Zu dem Zwecke betrachten wir den für unsere Untersuchung hinreichend allgemeinen Fall, daß der Raum von lauter optisch homogenen Körpern erfüllt ist; d. h. daß die optischen Koeffizienten q, (g), α, η sich nur auf gewissen diskret liegenden Flächen sprungweise ändern, sonst aber konstant sind.

Nach Formel (6) meiner ersten Mitteilung ergibt sich, wenn von der Reflexion abgesehen und überdies berücksichtigt wird, daß die Energiegeschwindigkeit nicht q, sondern g ist, für die Energiedichte in irgend einem Punkte O der Wert

$$u = \frac{1}{4\pi q^2 g} \iiint \frac{e^{-A}}{S} \eta(xyz)\, dx\, dy\, dz$$

---

[1] Die hier mit A, B, C, D bezeichneten Axiome sind im wesentlichen die Axiome bzw. 1, 2, 4, 5 meiner zweiten Mitteilung.

[2] Vgl. meine erste Mitteilung.

[3] Vorlesung über die Theorie der Wärmestrahlung, 1. Abschnitt.

[4] Z. wiss. Photogr. Bd. 1 (1903) S. 360.

oder wegen Formel (11) meiner ersten Mitteilung

$$u = \frac{1}{4\pi q^2 g} \int \left[\int\limits_0^\infty e^{-\int_0^s \alpha(s)ds} \eta(s) q^2(s) ds \right] d\chi,\tag{1}$$

wo $d\chi$ das Differential der Kegelöffnung von O aus bezeichnet und die Integration nach s über denjenigen geradlinig gebrochenen Strahlenweg zu erstrecken ist, der von O in der durch $d\chi$ festgelegten Richtung ausgeht.

Um die Formel (1) für die Energiedichte in O auf den Fall zu übertragen, daß Reflexion stattfindet, haben wir nur nötig, das Integral rechter Hand durch die Summe von Integralen über alle diejenigen möglichen Strahlenwege zu ersetzen, die infolge von Reflexion oder von Brechung und Reflexion an den Trennungsflächen zum Punkte O führen; dabei ist zugleich zu berücksichtigen, daß jedesmal bei der Reflexion des Strahles an einer Trennungsfläche die Energie desselben mit einem gewissen Faktor R und jedesmal bei dem Durchtritt desselben durch die Trennungsfläche mit einem gewissen Faktor D multipliziert werden muß. Alsdann stellt sich die Energiedichte im Punkte O in der Form dar:

$$u = \frac{1}{4\pi q^2 g} \int \left[\sum \int\limits_0^\infty P e^{-\int_0^s \alpha(s)ds} \eta(s) q^2(s) ds \right] d\chi;\tag{2}$$

dabei bezeichnet $d\chi$ das Differential der Kegelöffnung von O aus; die Integration nach s ist über den von O in der durch $d\chi$ festgelegten Richtung ausgehenden, durch Reflexion oder Brechung bestimmten geradlinig gebrochenen Strahlenweg zu erstrecken; P bezeichnet jedesmal das Produkt der dem Durchgang oder der Reflexion entsprechenden Werte von D, R und das Zeichen $\sum$ endlich soll andeuten, daß die Summe über alle möglichen von O in der durch $d\chi$ festgelegten Richtung ausgehenden, durch Reflexion und Brechung bestimmten Strahlenwege zu nehmen ist.

Nach Axiom C (Axiom von der physikalischen Natur der Strahlungsdichte) behält der in (2) rechter Hand stehende Ausdruck seinen Wert unverändert, wenn der Punkt O innerhalb desselben Körpers variiert oder die Gruppierung und Natur der den Punkt O nicht enthaltenden Körper beliebig geändert wird.

Ferner lehren die in meiner ersten Mitteilung angestellten Überlegungen, daß aus Axiom B (Axiom vom Ausgleich der Energien jeder einzelnen Farbe) die Gleichung

$$\eta = g \alpha u\tag{3}$$

folgt; setzt man hierin für u den Ausdruck (2) ein, so entsteht eine in η lineare Integralgleichung, die der vollkommene Ausdruck des Axioms B ist.

In demselben Sinne endlich erscheint die Gleichung

$$\int_0^\infty \{\eta - g\,\alpha\,u\}\,d\lambda = 0 \tag{4}$$

als der Ausdruck des Axioms A (Axiom vom Ausgleich der Gesamtenergie).

§ 2. Beweise des Kirchhoffschen Satzes.

Im folgenden sollen auf Grund der aufgestellten Axiome A, B, C, D unter strenger Berücksichtigung der Reflexion elementare Beweise des Kirchhoffschen Satzes entwickelt werden.

Wir verstehen — ähnlich wie gegen Schluß meiner zweiten Mitteilung — unter p einen Parameter des Parametersystems, das die physikalische Natur der Materie festlegt, und betrachten die optischen Koeffizienten q, (g), η, α als Funktionen des Parameters p. Sodann nehmen wir an, es sei eine Kugel mit dem Mittelpunkte O und dem Radius r homogen mit Materie erfüllt, deren optische Koeffizienten

$$q = q(p), \qquad \eta = \eta(p), \qquad \alpha = \alpha(p)$$

seien, während die den Raum außerhalb der Kugel homogen erfüllende Materie durch die Parameterwerte p_* und die optischen Koeffizienten

$$q_* = q(p_*), \qquad \eta_* = \eta(p_*), \qquad \alpha_* = \alpha(p_*)$$

charakterisiert sein möge.

Die elementare Optik lehrt, daß an der Grenze zweier nicht absorbierender Medien mit dem Brechungsexponent n bei senkrechter Inzidenz für die einfallende Energie E_e und die reflektierte Energie E_r die Relation

$$E_r = \left(\frac{1-n}{1+n}\right)^2 E_e$$

gilt. Für absorbierende Medien wird eine allgemeinere Formel

$$E_r = M E_e \tag{5}$$

gelten, wo M von q und α abhängt; der genaue Ausdruck für M ist aus den Formeln von M. Born und R. Ladenburg[1] zu entnehmen: diese Formeln lassen erkennen, daß M folgende zwei Eigenschaften besitzt

a) M ist das Quadrat einer in q und α rationalen Funktion.

b) M ist in den optischen Koeffizienten q, α und q_*, α_* der beiden homogenen Medien symmetrisch gebaut.

Wir setzen nunmehr

$$p_* = p + \varepsilon\,p_1,$$

wo ε eine Variable, dagegen p_1 eine von Null verschiedene Konstante bedeuten

---

[1] Physik. Z. Bd. 12 (1911) S. 198. Vgl. auch S. Boguslawski: Physik. Z. Bd. 13 (1912), S. 393.

soll, und drücken allgemein durch das Zeichen ≡ (kongruent) aus, daß Gleichheit bis auf solche Glieder stattfindet, die in ε von höherer als erster Ordnung sind. Da M wegen seiner Bedeutung (5) für $p = p_*$, d. h. für $\varepsilon = 0$ verschwindet und andererseits wegen der Eigenschaft a) das Quadrat einer in ε rationalen Funktion wird, so muß $M(p, p_*)$ durch ε^2 teilbar sein, d. h. es ist $M(p, p_*) \equiv 0$ und folglich wegen (5) auch

$$E_r \equiv 0 . \tag{6}$$

Die letztere Formel bringt im vorliegenden besonderen Falle die oben bereits erwähnte allgemeine Tatsache zum Ausdruck, daß die reflektierte Energie von zweiter Ordnung verschwindet, wenn man die Differenz der optischen Koeffizienten als erste Ordnung ansieht.

Wenn von der Reflexion abgesehen wird, so finden wir die Energiedichte im Mittelpunkt O der Kugel nach Formel (1), und dieser Ausdruck wird im vorliegenden Falle nach Ausführung der Integration über die Kegelöffnung gleich

$$u = \frac{1}{q^2 g} \int\limits_0^\infty e^{-\int\limits_0^s \alpha(s)\,ds}\, \eta(s)\, q^2(s)\, ds . \tag{7}$$

Da nach den obigen Entwicklungen die an der Kugeloberfläche reflektierte Energie der Kongruenz (6) genügt, so verwandelt sich die Gleichung (7) bei Berücksichtigung der Reflexion in die Kongruenz:

$$u \equiv \frac{1}{q^2 g} \int\limits_0^\infty e^{-\int\limits_0^s \alpha(s)\,ds}\, \eta(s)\, q^2(s)\, ds . \tag{8}$$

Nun sind offenbar die von O ausgehenden Strahlen die unendlichen Geraden; wir erhalten daher mit Rücksicht auf die Werte, die q, η, α innerhalb bzw. außerhalb der Kugel annehmen:

$$\int\limits_0^\infty e^{-\int\limits_0^s \alpha(s)\,ds}\, \eta(s)\, q^2(s)\, ds = \int\limits_0^r e^{-\int\limits_0^s \alpha\,ds}\, \eta\, q^2\, ds + \int\limits_r^\infty e^{-\int\limits_0^r \alpha\,ds - \int\limits_r^s \alpha_*\,ds}\, \eta_*\, q_*^2\, ds$$

$$= \int\limits_0^r e^{-\alpha s}\, \eta\, q^2\, ds + \int\limits_r^\infty e^{-\alpha r - \alpha_*(s-r)}\, \eta_*\, q_*^2\, ds$$

$$= (1 - e^{-\alpha r})\, \frac{\eta\, q^2}{\alpha} + e^{-\alpha r}\, \frac{\eta_*\, q_*^2}{\alpha_*}$$

$$= \frac{\eta\, q^2}{\alpha} + e^{-\alpha r}\left(\frac{\eta_*\, q_*^2}{\alpha_*} - \frac{\eta\, q^2}{\alpha}\right) .$$

Wegen

$$\frac{\eta_*\, q_*^2}{\alpha_*} - \frac{\eta\, q^2}{\alpha} \equiv \varepsilon\, p_1\, \frac{d\,\dfrac{\eta\, q^2}{\alpha}}{d p}$$

ergibt sich schließlich aus (8) für den Wert der Strahlungsdichte im Mittelpunkte O

$$u \equiv \frac{\eta}{\alpha\,g} + \varepsilon\,p_1\,\frac{e^{-\alpha r}}{q^2 g}\,\frac{d\,\frac{\eta\,q^2}{\alpha}}{dp}. \tag{9}$$

Andererseits geht offenbar die aus Axiom B folgende Gleichung (3) zufolge meiner obigen Ausführungen unter Berücksichtigung der Reflexion in die Kongruenz

$$u \equiv \frac{\eta}{\alpha\,g}$$

über, und aus dieser folgt wegen (9)

$$\varepsilon\,p_1\,\frac{e^{-\alpha r}}{q^2 g}\,\frac{d\,\frac{\eta\,q^2}{\alpha}}{dp} \equiv 0\,,$$

d. h. wegen $p_1 \neq 0$

$$\frac{d\,\frac{\eta\,q^2}{\alpha}}{dp} = 0. \tag{10}$$

Da p ein beliebiger Parameter des Parametersystems ist, das die physikalische Natur der Materie festlegt, so lehrt die Gleichung (10), daß der Quotient $\frac{\eta\,q^2}{\alpha}$ von den sämtlichen Parametern unabhängig ist und mithin eine von der physikalischen Natur der Materie unabhängige Konstante darstellt. Damit ist der Kirchhoffsche Satz unter Rücksichtnahme auf die Reflexion wesentlich auf Grund des Axioms B (Axiom vom Ausgleich der Energien jeder einzelnen Farbe) bewiesen worden.

Noch einfacher gestaltet sich der Beweis des Kirchhoffschen Satzes auf Grund des Axioms C (Axiom von der physikalischen Natur der Strahlungsdichte). Denn wenn die Energiedichte u im Zustande des thermischen Gleichgewichtes lediglich durch die physikalische Beschaffenheit der Materie an der betreffenden Stelle bestimmt sein soll, so muß der für dieselbe im Sinne der Kongruenz erhaltene Ausdruck (9) rechter Hand vom Kugelradius r unabhängig sein, und dazu ist offenbar notwendig, daß die Gleichung (10) besteht; damit ist der Beweis des Kirchhoffschen Satzes in der gewünschten Weise erbracht.

Die eben dargelegten Beweise des Kirchhoffschen Satzes beruhten auf der Eigenschaft der Reflexion, wie sie in der Formel (6) zum Ausdruck gebracht ist. Der Beweis läßt sich jedoch auch auf Grund einer andern aus (5) unmittelbar folgenden elementaren Eigenschaft der Reflexion führen, nämlich auf Grund des Satzes, daß derjenige Bruchteil der Energie eines Strahles, welcher bei senkrechtem Einfall auf der einen Seite der Trennungsfläche reflektiert wird, genau gleich dem Bruchteil der auf der anderen Seite reflektierten

Energie ist, diese Eigenschaft der Reflexion folgt aus (5) vermöge der Eigenschaft b) des Ausdruckes M.

Um diesen Beweis zu führen, benutzen wir die Formel (2) zur Berechnung der Energiedichte im Mittelpunkt O unserer Kugel; dabei ist zu berücksichtigen, daß jedesmal bei der Reflexion des Strahls an der inneren Kugelfläche die Energie desselben mit dem Faktor R und jedesmal bei dem Durchtritt desselben durch die Kugeloberfläche von außen nach innen seine Energie mit dem Faktor D multipliziert werden muß.

Da die Summe der durchgehenden und der reflektierten Energie eines Strahles gleich seiner ursprünglichen Energie sein muß, so folgt unter Benutzung des eben genannten elementaren Satzes über die reflektierten Energien zu beiden Seiten einer Trennungsfläche, die Gleichung

$$D + R = 1. \tag{11}$$

Nach der Formel (2) stellt sich alsdann, wenn noch die Integration über die Kegelöffnung ausgeführt wird, die Energiedichte in der Form dar

$$u = \frac{1}{q^2 g} \sum \int\limits_0^\infty P e^{-\int\limits_0^s \alpha(s)\,ds} \eta(s)\, q^2(s)\, ds, \tag{12}$$

wo die Summe über alle möglichen von O ausgehenden Strahlenwege zu erstrecken ist und P jedesmal das Produkt der dem Durchgang oder der Reflexion entsprechenden Werte von D, R bedeutet. Die Berechnung dieser Integralsumme gestaltet sich folgendermaßen:

$$\sum \int\limits_0^\infty = \int\limits_0^r + D \int\limits_r^\infty + R \int\limits_r^{3r} + RD \int\limits_{3r}^\infty + R^2 \int\limits_{3r}^{5r} + R^2 D \int\limits_{5r}^\infty + R^3 \int\limits_{5r}^{7r} + R^3 D \int\limits_{7r}^\infty + \cdots ;$$

$$\int\limits_0^r = \int\limits_0^r e^{-\alpha s} \eta\, q^2\, ds = -\frac{\eta q^2}{\alpha} [e^{-\alpha s}]_0^r = \frac{\eta q^2}{\alpha}(1 - e^{-\alpha r}),$$

$$\int\limits_{mr}^{(m+2)r} = \int\limits_{mr}^{(m+2)r} e^{-\alpha s} \eta\, q^2\, ds = -\frac{\eta q^2}{\alpha} [e^{-\alpha s}]_{mr}^{(m+2)r} = \frac{\eta q^2}{\alpha}(1 - e^{-2\alpha r})\, e^{-\alpha m r},$$

$$\int\limits_{mr}^\infty = \int\limits_{mr}^\infty e^{-\alpha m r - \alpha_*(s - mr)} \eta_* q_*^2\, ds = \frac{\eta_* q_*^2}{\alpha_*}\, e^{-\alpha m r}.$$

$$\sum \int\limits_0^\infty = \frac{\eta q^2}{\alpha}(1 - e^{-\alpha r})$$

$$+ \frac{\eta q^2}{\alpha} R e^{-\alpha r}(1 - e^{-2\alpha r})(1 + R e^{-2\alpha r} + R^2 e^{-4\alpha r} + \cdots)$$

$$+ \frac{\eta_* q_*^2}{\alpha_*} D e^{-\alpha r}(1 + R e^{-2\alpha r} + R^2 e^{-4\alpha r} + \cdots)$$

$$= \frac{\eta q^2}{\alpha} \frac{(1 - x)(1 + R x)}{1 - R x^2} + \frac{\eta_* q_*^2}{\alpha_*} \frac{D x}{1 - R x^2},$$

und folglich

$$u \, q^2 \, g = \frac{\eta \, q^2}{\alpha} \frac{(1-x)(1+Rx)}{1-Rx^2} + \frac{\eta_* \, q_*^2}{\alpha_*} \frac{Dx}{1-Rx^2};$$ (13)

dabei ist zur Abkürzung

$$x = e^{-\alpha r}$$

gesetzt worden.

Wollen wir nunmehr das Axiom B (Axiom vom Ausgleich der Energien jeder einzelnen Farbe) anwenden, so ist wegen (3)

$$u = \frac{\eta}{g \, \alpha}$$

und dadurch geht (13) in

$$\frac{\eta \, q^2}{\alpha} \left\{ \frac{(1-x)(1+Rx)}{1-Rx^2} - 1 \right\} + \frac{\eta_* \, q_*^2}{\alpha_*} \frac{Dx}{1-Rx^2} = 0$$

über. Wegen (11) folgt hieraus die zu beweisende Gleichung

$$\frac{\eta \, q^2}{\alpha} = \frac{\eta_* \, q_*^2}{\alpha_*}.$$ (14)

Andererseits soll nach Axiom C (Axiom von der physikalischen Natur der Strahlungsdichte) im Zustande des thermischen Gleichgewichts die Dichte der Strahlungsenergie allein durch die physikalische Beschaffenheit der Materie an der betreffenden Stelle bestimmt sein; es muß daher der Ausdruck (13) rechter Hand von dem Radius r der Kugel, d. h. von x unabhängig ausfallen. Dazu ist es offenbar notwendig und hinreichend, daß

$$\frac{\eta_* \, q_*^2}{\alpha_*} D = \frac{\eta \, q^2}{\alpha} (1 - R)$$

wird und wegen (11) folgt hieraus wiederum die zu beweisende Gleichung (14).

Endlich ergibt sich dieselbe Gleichung auch auf Grund der Axiome A (Axiom vom Ausgleich der Gesamtenergie) und D (Axiom vom Vorhandensein gewisser Verschiedenartigkeiten der Stoffe).

Die aus Axiom A folgende Gleichung (4) nimmt unter Benutzung von (13) die Gestalt an

$$\int_0^\infty \left\{ \eta - \eta \, \frac{(1-x)(1+Rx)}{1-Rx^2} - \frac{\alpha}{q^2} \frac{\eta_* \, q_*^2}{\alpha_*} \frac{Dx}{1-Rx^2} \right\} d\lambda = 0;$$

für $r = 0$ wird hieraus wegen (11)

$$\int_0^\infty \left\{ \eta - \frac{\alpha}{q^2} \frac{\eta_* \, q_*^2}{\alpha_*} \right\} d\lambda = 0.$$

Ersetzen wir nunmehr den Stoff mit den optischen Koeffizienten q_*, α_*, η_* durch einen solchen Stoff mit den Koeffizienten $q_{**}, \alpha_{**}, \eta_{**}$ und subtrahieren die entsprechende Gleichung, so entsteht die Gleichung

$$\int\limits_0^\infty \frac{\alpha}{q^2}\left\{\frac{\eta_* \, q_*^2}{\alpha_*} - \frac{\eta_{**} \, q_{**}^2}{\alpha_{**}}\right\} d\lambda = 0$$

und aus dieser folgt nach Axiom D wegen der Willkür der Funktion $\frac{\alpha}{q^2}$ notwendig (14)[1].

§ 3. Strahlungstheorie und elementare Optik.

Wenn auch die eben mitgeteilten einfachen und elementaren Beweise des Kirchhoffschen Satzes an sich allen Anforderungen der Strenge genügen, so bedarf doch noch eine Frage prinzipieller Natur der Behandlung. Solange nämlich nicht feststeht, daß die sämtlichen Axiome eines Axiomensystems untereinander widerspruchslos sind, ist offenbar den Gesetzen der Logik zufolge die Möglichkeit vorhanden, daß auf Grund der Axiome des Systems jede beliebige Behauptung, so z. B. auch eine Behauptung und ihr Gegenteil bewiesen werden könnte. Die auf Grund des Axiomensystems geführten Beweise sind dann zwar richtig, die gefundenen Resultate aber bedeutungslos.

Überblicken wir nun die mannigfaltigen von mir benutzten Axiome A, B, C, D und bedenken, daß einerseits die Möglichkeit des thermischen Gleichgewichts für ein beliebiges materielles System in jedem Falle gefordert worden ist, und andererseits für Brechung und Reflexion auch die elementaren optischen Gesetze gelten sollen, so ist von vornherein keineswegs ersichtlich, warum nicht eine gewisse Gruppierung optisch verschiedenartiger Stoffe im Raume sich finden lassen sollte, bei der die gleichzeitige Befriedigung aller dieser Forderungen unmöglich ist. In diesem Falle wäre ein Teil der angenommenen und abgeleiteten Sätze jedenfalls nicht mathematisch genau formuliert. Die Frage nach der Widerspruchslosigkeit unserer Axiome läuft sonach zugleich darauf hinaus, zu entscheiden, ob und in welchem Sinne die Kirchhoffschen Sätze mathematisch genaue Sätze sind.

Um diese Entscheidung herbeizuführen, untersuchen wir zunächst, ob gewisse Sätze über die Energieverteilung auf die einzelnen Strahlen bei Brechung und Reflexion als notwendige Folgerungen unserer Axiome erscheinen. Bei dieser Untersuchung wollen wir aus der elementaren Optik lediglich die in Formel (5) ausgedrückte Tatsache über die reflektierte Energie eines Strahles bei senkrechter Inzidenz annehmen; ferner werde von unseren Axiomen nur Axiom A (Axiom vom Ausgleich der Gesamtenergie) und Axiom D

---

[1] Wie man sieht, ist hierbei die Heranziehung der Gleichung (11) ein notwendiges Erfordernis für die Durchführbarkeit des Beweises und es wird so offenbar, daß der von Herrn PRINGSHEIM l. c. [Z. wiss. Photogr. Bd. 1 (1903) S. 360] versuchte Beweis des Kirchhoffschen Satzes unzureichend ist.

(Axiom vom Vorhandensein gewisser Verschiedenartigkeiten der Stoffe), und zwar letzteres in der folgenden erweiterten Fassung zugrunde gelegt:

Axiom D* (Axiom vom Vorhandensein optisch beliebig verschiedener Stoffe). *Es gibt Stoffe derart, daß für dieselben die Größe q und der Absorptionskoeffizient α gleich willkürlich vorgeschriebenen Funktionen der Wellenlänge λ ausfallen.*

Nach § 2 (S. 247) folgt aus (5) und den Axiomen A und D der Kirchhoffsche Satz.

Wir denken uns nun um einen Punkt O als Mittelpunkt eine Kugel, deren Oberfläche um die Stelle M herum ein kleines kreisförmiges Loch mit der Winkelöffnung ω und ebenso um den zu M vis-à-vis gelegenen Punkt N herum ein gleich großes kreisfömiges Loch besitzen möge; an allen übrigen Stellen soll die Kugeloberfläche von innen und außen spiegeln. Ferner sei e eine die Kugel nicht treffende Ebene: der durch dieselbe begrenzte und die Kugel enthaltende Halbraum sei von einem Stoffe mit den Koeffizienten q, α, η erfüllt und der den

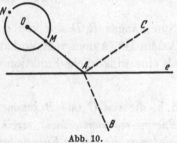

Abb. 10.

anderen Halbraum erfüllende Stoff habe die Koeffizienten q_*, α_*, η_*. Der Strahl OM treffe die Ebene e in A und werde dort nach B gebrochen und nach C reflektiert. Die Strahlungsdichte u einer bestimmten Wellenlänge in O ist, wie wir gefunden haben, durch Formel (2) bestimmt. Um für einen Strahl durch O, der die spiegelnde Kugelfäche trifft, die innere Integralsumme in (2) zu berechnen, haben wir nur

$$q(s) = q, \qquad \eta(s) = \eta, \qquad \alpha(s) = \alpha$$

zu nehmen und zu bedenken, daß wegen der totalen Reflexion an der inneren Kugelfläche P stets gleich 1 und der Strahl von unendlicher Länge ist. Für die spiegelnden Teile der Kugeloberfläche ist mithin

$$[\quad] = \int_0^\infty e^{-\alpha s} \eta q^2 \, ds = \frac{\eta q^2}{\alpha}. \tag{15}$$

Den gleichen Wert erhalten wir für diejenige Winkelöffnung, innerhalb deren die durch das Loch der Kugel um N herum laufenden Strahlen liegen. Für die Richtung OM endlich erhalten wir, wenn $OA = l$ gesetzt wird:

$$[\quad] = \int_0^l e^{-\alpha s} \eta q^2 \, ds + R \int_0^\infty e^{-\alpha l - \alpha s} \eta q^2 \, ds + D \int_0^\infty e^{-\alpha l - \alpha_* s} \eta_* q_*^2 \, ds$$

und mit Benutzung des Kirchhoffschen Satzes (14)

$$[\quad] = \frac{\eta q^2}{\alpha} \{1 + e^{-\alpha l}(R + D - 1)\}. \tag{16}$$

Tragen wir die Werte (15) und (16) in (4) ein, so ergibt sich, wenn wir durch die Winkelöffnung ω des Loches in der Kugelfläche dividieren und zur Grenze $\omega = 0$ übergehen

$$\int_0^\infty \eta\, e^{-\alpha l}(R + D - 1)\, d\lambda = 0$$

oder, wenn wir

$$\eta = \frac{\alpha}{q^2}\, k(\lambda)$$

setzen — unter $k(\lambda)$ die universelle Funktion des Kirchhoffschen Satzes verstanden —

$$\int_0^\infty \alpha\, e^{-\alpha l}(R + D - 1)\frac{k(\lambda)}{q^2}\, d\lambda = 0. \tag{17}$$

Nun hängen R, D nur von q, q_*, nicht aber von α ab[1]; ferner ist α nach Axiom D* (Axiom vom Vorhandensein optisch beliebig verschiedener Stoffe) als eine willkürliche Funktion von λ anzusehen: daher folgt aus (17)

$$R + D = 1, \tag{18}$$

d. h. *die von C und B kommenden, nach A gerichteten Strahlen, auf gleiche Energie reduziert gedacht, vereinigen sich zu einem Strahle in Richtung AO, der wiederum die gleiche Energie besitzt.*

Wir wollen nunmehr mit Hilfe derselben Axiome A und D*, d. h. wiederum wesentlich aus der Energiegleichung (4) beweisen, daß der Strahl AO

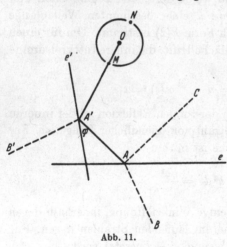

Abb. 11.

ein Strahl natürlichen (unpolarisierten) Lichtes ist. Zu dem Zwecke denken wir uns, wie vorhin um den Punkt O als Mittelpunkt eine Kugel, deren Oberfläche um die Stelle M herum ein kleines kreisförmiges Loch mit der Winkelöffnung ω und ebenso um den zu M vis-à-vis gelegenen Punkt N herum ein gleich großes kreisförmiges Loch besitzen möge; an allen übrigen Stellen soll die Kugeloberfläche von innen und außen spiegeln. Ferner seien e' und e zwei die Kugel nicht treffende Ebenen: der durch dieselben begrenzte und die Kugel enthaltende Raumteil sei von einem Stoffe mit den Koeffizienten q, α, η erfüllt und der den übrigen Raum erfüllende Stoff habe die Koeffizien-

---

[1] Diese Voraussetzung trifft sicher für schwach absorbierende Medien zu und in der Tat wird zum Schluß dieses Paragraphen die nachstehende Betrachtung nur auf den Grenzfall eines unendlich wenig emittierenden und absorbierenden Mediums angewandt.

ten q_*, α_*, η_*. Der Strahl OM treffe zunächst die Ebene e' in A', werde dort
nach B' gebrochen, während der reflektierte Strahl die Ebene e in A treffen
möge und von dort nach B gebrochen und nach C reflektiert werde. Nach
Axiom A gilt im Punkt O die Gleichung (4), wobei wir wiederum bei der
Summierung, wie sie das Zeichen $\sum$ in (2) andeutet, berücksichtigen müssen,
daß bei dem Durchtritt des Strahles in A', der in der Richtung $B'A'O$ erfolgt,
der Faktor D' und bei der Reflexion in A' der Faktor R', ferner bei dem
Durchtritt in A, der in Richtung $BAA'O$ erfolgt, der Faktor DR' und bei
der Reflexion in A der Faktor RR' hinzuzufügen ist. Behandeln wir dann
die Energiegleichung (4) wie vorhin, indem wir ihre linke Seite durch ω dividieren und zur Grenze $\omega = 0$ übergehen, so ergibt sich für $OA' = l', A'A = l$
mit Rücksicht auf (18) die Gleichung

$$\int_0^\infty \eta e^{-\alpha l'} (R' + D' - 1) \, d\lambda = 0$$

und hieraus, wie vorhin:

$$R' + D' = 1 . \tag{19}$$

Jetzt denken wir uns die Ebene e und die Punkte A, A' festgehalten, ferner
die Ebene e' mit der Kugel um O starr verbunden und drehen das aus der
Ebene e' und der Kugel bestehende System um AA' als Achse derart, daß der
Einfallswinkel φ unverändert bleibt. Bei der neuen Lage der Ebene e' ist der
entsprechende Faktor D' derselbe, wie früher, da ja bezüglich des durchgehenden Strahles $B'A'O$ keinerlei Änderung gegen früher eingetreten ist;
daher hat wegen (19) auch R' denselben Wert wie früher, d. h. die Energie
des reflektierten Strahles $A'O$ ist unabhängig von der Orientierung des ein-
fallenden Strahles AA' und damit ist meine Behauptung, *daß der letztere
keinerlei Polarisation aufweist, d. h. natürlichen Lichtes ist*, als richtig erkannt.

Wir denken uns nun den Raum auf der einen Seite der Ebene e von einem
Stoffe mit den optischen Koeffizienten q, α, η und auf der anderen Seite von
einem Stoffe mit den optischen Koeffizienten q_*, α_*, η_* erfüllt; ferner treffe
ein von O ausgehender Strahl die Ebene e im Punkte A und werde dort nach
B gebrochen und nach C reflektiert. Halten wir jetzt q, q_* fest und lassen
α, α_* und dem Kirchhoffschen Satze entsprechend auch η, η_* gegen Null abnehmen, so verschwindet überall im Endlichen die Energie emittierende und
absorbierende Materie, während die von irgend einem Punkte des gebrochenen
bzw. reflektierten Strahles ins Unendliche erstreckten Integrale

$$\int_0^\infty e^{-\alpha s} \eta \, q^2 \, ds , \qquad \int_0^\infty e^{-\alpha_* s} \eta_* \, q_*^2 \, ds$$

stets denselben Wert k beibehalten.

Durch diese Überlegung gewinnen wir aus dem vorhin Bewiesenen den
folgenden Satz:

Satz. Wenn der Raum von zwei durch eine Ebene von einander getrennten durchsichtigen Medien erfüllt ist und zwei Strahlen natürlichen Lichtes und gleicher Energie von irgend einer Wellenlänge von beiden Seiten her auf die gemeinsame Trennungsfläche in solchen Richtungen auffallen, daß der eine Strahl nach seinem Durchtritt und der andere nach seiner Reflexion dieselbe Richtung weisen, *so ist der durch die Vereinigung entstehende Strahl wiederum von natürlichem Lichte und der gleichen Energie.*

Dieser Satz, den wir als eine Folgerung aus unseren Axiomen der Strahlungstheorie (Axiom A und D*) gefunden haben, gehört dem Gebiet der elementaren Optik an: er ist ein richtiger Satz dieser Wissenschaft, der aus den Fresnelschen Formeln über Reflexion und Brechung in der Tat abgeleitet werden kann. *Unsere Überlegungen haben mithin auf keinerlei Widerspruch gegen die Gesetze der elementaren Optik geführt.*

§ 4. Die Widerspruchlosigkeit der Axiome.

Wir wenden uns nunmehr der Hauptaufgabe dieser Untersuchung zu, nämlich dem Nachweise, daß unsere Axiome weder mit sich selbst noch mit den Gesetzen der Optik in Widerspruch sind.

Zu dem Zwecke führen wir fortan der Kürze halber eine besondere Ausdrucksweise ein. Es sei AB ein aus geradlinigen Stücken zusammengesetzter Linienzug, der ein Strahlenweg ist: wir wollen dann das unter dem Summenzeichen $\sum$ in (2) vorkommende Teilintegral

$$\int_A^B P e^{-\int_A^s \alpha(s)\,ds} \eta(s)\,q^2(s)\,ds$$

als die *Linearenergie des Strahles AB im Punkte A* bezeichnen; ist AB' ein anderer von A ausgehender Strahlenweg, so werde die Summe der Linearenergien der Strahlen AB und AB' als die *Linearenergie des aus AB und AB' zusammengesetzten Strahlensystems im Punkte A* bezeichnet. Insbesondere hat darnach die Linearenergie eines geradlinigen im homogenen Medium verlaufenden Strahles AB von der Länge l den Wert

$$\int_A^B e^{-\int_A^s \alpha\,ds} \eta\,q^2\,ds = (1 - e^{-\alpha l})\,k \tag{20}$$

und für $l = \infty$ ergibt sich hieraus der Wert k, wie er vorhin (S. 251) bereits benutzt worden ist.

Nunmehr werde zunächst von den bisherigen Axiomen abgesehen; wir legen vielmehr der weiteren Untersuchung lediglich folgende drei Annahmen zugrunde, die im Zustande des optischen Gleichgewichtes für ein beliebiges System von Medien gelten sollen:

Annahme 1: Es gelte Axiom D* (Axiom vom Vorhandensein optisch beliebig verschiedener Stoffe).

Annahme 2: Es gelte der Kirchhoffsche Satz

$$\frac{\eta(\lambda)\, q^2(\lambda)}{\alpha(\lambda)} = k(\lambda),$$

wo $k(\lambda)$ eine von der Natur des Mediums unabhängige Funktion der Wellenlänge λ ist.

Annahme 3: Das durch Emission erzeugte Licht ist natürliches Licht; wenn zwei Strahlen natürlichen Lichtes und gleicher Linearenergie aus zwei verschiedenen Medien an der Grenze derselben zusammentreffen, so daß der reflektierte Strahl des einen und der gebrochene des anderen einen neuen Strahl bilden, so ist dieser Strahl wiederum von natürlichem Licht und gleicher Linearenergie.

Die Annahme 1 ordnet jedem Funktionenpaar $q(\lambda)$, $\alpha(\lambda)$ einen Stoff zu, der seinerseits dadurch optisch eindeutig charakterisiert ist. Die Annahme 2 bestimmt die zugehörige Funktion $\eta(\lambda)$. Die Annahme 3 entspricht den oben aus unseren Axiomen bewiesenen Folgerungen; sie ist nichts anderes als eine Festsetzung über die bei Reflexion und Brechung stattfindende Energieverteilung: wonach unter gewissen Umständen die Gleichung

$$R + D = 1 \tag{21}$$

statthat.

Die Annahmen 1 und 2 sind offenbar voneinander unabhängig. Auch die Annahme 3 könnte mit den Annahmen 1 und 2 selbst dann nicht in Widerspruch treten, wenn sie die bedingungslose Gültigkeit der Gleichung (21) aussagen würde. In der formulierten Aussage ist die Annahme 3 auch nach dem oben Gesagten verträglich mit den Gesetzen der Optik, und somit erkennen wir, daß die drei Annahmen gewiß weder untereinander noch mit den Gesetzen der Optik in Widerspruch sind.

Es gelingt nunmehr, die sämtlichen Aussagen, die in den Axiomem A, B, C enthalten sind, einschließlich des Bestehens eines optischen Gleichgewichtszustandes als strenge Folgerungen der Annahmen 1, 2 und 3 nachzuweisen.

Um dies einzusehen, fassen wir einen innerhalb des Körpersystems liegenden Punkt O und eine Richtung durch O ins Auge: der von O ausgehende, in der bestimmten Richtung verlaufende Strahl spaltet sich, wenn er eine Trennungsfläche zweier Medien trifft, in zwei Strahlen, einen gebrochenen und einen reflektierten, diese wiederum erfahren beim Auftreten auf eine Trennungsfläche das nämliche Schicksal, usw. Jeder dieser von O in der bestimmten Richtung verlaufenden Strahlenwege s_i ist ein gebrochener, von O aus in der bestimmten Richtung beginnender Linienzug; die geraden Stücke dieses Linienzuges s_i mögen von O aus anfangend bzw. mit

$$s_{i1},\ s_{i2},\ s_{i3},\ \ldots$$

bezeichnet werden, und die zugehörigen optischen Koeffizienten auf s_{ik} seien allgemein $q_{ik}, \alpha_{ik}, \eta_{ik}$.

Alsdann verstehen wir unter A irgend eine große Zahl und suchen auf jedem der Strahlenwege s_i je einen Punkt A_i derart, daß die Größe

$$\alpha_{i1} s_{i1} + \alpha_{i2} s_{i2} + \cdots + \alpha_{i n_i} s_{i n_i} \tag{22}$$

den Wert A erhält. Die Anzahl der in Betracht kommenden Strahlenwege s_i ist, wie wir annehmen können, endlich und wächst mit wachsendem A über alle Grenzen.

Wir wollen die gesamte auf den Wegen OA_i im Punkte O erzeugte Linearenergie, d. h. den Wert der Integralsumme

$$\sum_{i=1,2,\ldots} \int_O^{A_i} P e^{-\int_0^s \alpha(s)\,ds} \eta(s)\, q^2(s)\, ds$$

berechnen.

Zu dem Zweck fassen wir zunächst den Weg OA_1 ins Auge (vgl. Abb. 12). Der dem Endpunkte A_1 dieses Weges vorangegangene Knickpunkt sei B_1 und der zweite Weg OA_2 sei ein solcher, der bis B_1 mit OA_1 gemeinsam verläuft und dann in dem geradlinigen Wegstück $B_1 A_2$ endet. Da die Summen (22) für die beiden Wege OA_1 und OA_2 sich in diesem Falle nur durch das letzte Glied voneinander unterscheiden, so müssen, da ja beide Summen den gleichen Wert A haben sollen, auch diese letzten Glieder miteinander übereinstimmen, d. h. es ist

$$\alpha_{1 n_1} s_{1 n_1} = \alpha_{2 n_2} s_{2 n_2};$$

wegen (20) ist daher auch die Linearenergie der beiden Strahlenwege $B_1 A_1$ und $B_1 A_2$ die gleiche. Da überdies in beiden Wegstücken $B_1 A_1$ und $B_1 A_2$ das Licht unmittelbar aus der Emission stammt, ohne Brechung oder Reflexion erlitten zu haben, so ist es natürliches Licht. Nach Annahme 3 vereinigen sich daher diese beiden längs $B_1 A_1$ und $B_1 A_2$ erzeugten Strahlen in B_1 zu einem Strahl natürlichen Lichtes von der gleichen Linearenergie

$$\left(1 - e^{-\alpha_{1 n_1} s_{1 n_1}}\right) k.$$

Ferner sei C_1 der B_1 vorangegangene Knickpunkt des Weges OA_1; dann herrscht in C_1 vermöge der beiden Strahlenwege $C_1 B_1 A_1$ und $C_1 B_1 A_2$ die Linearenergie

$$\int_{C_1}^{B_1} e^{-\int_{\sigma_1}^s \alpha_{1 n_1 - 1}\,ds} \eta_{1 n_1 - 1}\, q^2_{1 n_1 - 1}\, ds + e^{-\alpha_{1 n_1 - 1}\, s_{1 n_1 - 1}} \left(1 - e^{-\alpha_{1 n_1} s_{1 n_1}}\right) k$$

$$= \left(1 - e^{-\alpha_{1 n_1 - 1}\, s_{1 n_1 - 1} - \alpha_{1 n_1}\, s_{1 n_1}}\right) k. \tag{23}$$

Alsdann sei der dritte Weg OA_3 ein solcher, der bis C_1 mit OA_1 und OA_2 gemeinsam verläuft; besteht derselbe von C_1 an aus einem einzigen geradlinigen Wegstücke bis A_3, so ist nach (20) die Linearenergie dieses Wegstückes $C_1 A_3$ in C_1

$$(1 - e^{-\alpha_{3n_3} s_{3n_3}})\, k \tag{24}$$

und da andererseits wegen der für (22) gemachten Festsetzung

$$\alpha_{1n_1-1}\, s_{1n_1-1} + \alpha_{1n_1}\, s_{1n_1} = \alpha_{3n_3}\, s_{3n_3}$$

ausfällt, so wird diese Linearenergie (24) genau die gleiche wie (23). Da außerdem beide Strahlen nach Annahme 3 von natürlichem Lichte sind, so vereinigen sie sich in C_1 zu einem Strahle, der wiederum nach Annahme 3 natürlichen Lichtes und von der Linearenergie (23) ist. Sollte jedoch der dritte Weg OA_3 von C_1 an noch einen weiteren Knickpunkt B_3 aufweisen, so daß etwa der vierte Weg OA_4 bis B_3 mit OA_3 gemeinsam verliefe, so wenden wir auf diesen letzten Teil des Strahlenweges OA_4 die nämliche Betrachtung wie vorhin auf OA_1 an und erhalten dann, daß die beiden letzten Stücke $B_3 A_3$ und $B_3 A_4$ sich wegen

$$\alpha_{3n_3}\, s_{3n_3} = \alpha_{4n_4}\, s_{4n_4}$$

in B_3 zu einem natürlichen Strahl von der Linearenergie (24) vereinigen und

Abb. 12.

demnach in C_1 einen natürlichen Lichtstrahl von der Linearenergie

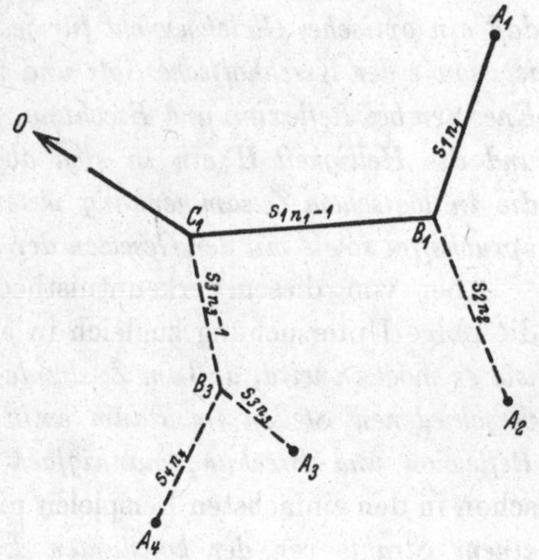

$$(1 - e^{-\alpha_{3n_3-1}\, s_{3n_3-1} - \alpha_{3n_3}\, s_{3n_3}})\, k \tag{25}$$

erzeugen. Da wegen der für (22) gemachten Festsetzung nunmehr

$$\alpha_{1n_1-1}\, s_{1n_1-1} + \alpha_{1n_1}\, s_{1n_1} = \alpha_{3n_3-1}\, s_{3n_3-1} + \alpha_{3n_3}\, s_{3n_3}$$

ausfällt, so besitzt jene Linearenergie (25) in C_1 den gleichen Wert (23), wie er im vorigen Falle gefunden worden ist.

Durch Fortsetzung des eingeschlagenen Verfahrens gelangen wir schließlich zu dem Resultat, daß der auf unseren Wegen OA_1 insgesamt erzeugte Strahl in O natürlichen Lichtes ist und dort die Linearenergie

$$(1 - e^{-\alpha_{11}\, s_{11} - \alpha_{12}\, s_{12} - \cdots - \alpha_{1n_1}\, s_{1n_1}})\, k = (1 - e^{-A})\, k$$

besitzt. Dieser Ausdruck wird im Limes $A = \infty$ gleich k und somit erhalten wir nach (2) für die Energiedichte

$$u = \frac{k}{q^2 g} = \frac{\eta}{\alpha g}.$$

Damit sind die Aussagen der Axiome C und B, mithin auch die des Axioms A als notwendige Folgerungen aus unseren Annahmen 1, 2, 3 erkannt.

Zugleich ergibt sich der Ausdruck für die Helligkeit eines Strahles, wie er in meiner ersten Mitteilung[1] abgeleitet wurde, wiederum als gültig, womit insbesondere auch unter voller Berücksichtigung der Reflexion die Tatsache erwiesen ist, daß im Zustande des optischen Gleichgewichts die *Helligkeit an jeder Stelle von der Richtung des Strahles unabhängig ausfällt.* Darüber hinaus zeigt noch unsere Untersuchung, daß im Zustande des optischen Gleichgewichtes *an jeder Stelle jeder Strahl ein Strahl natürlichen Lichtes sein muß.*

Im vorstehenden haben wir zugleich erkannt, *daß die sämtlichen in unseren Axiomen A, B, C, D, D* enthaltenen Aussagen, einschließlich der Aussage, daß ein optisches Gleichgewicht für jede Gruppierung der Medien stets möglich ist, sowie der Kirchhoffsche Satz und unser Satz von der Zusammensetzung der Energien bei Reflexion und Brechung, ferner die Formeln für die Energiedichte u und die Helligkeit H ein in sich abgeschlossenes System von Sätzen bilden, die in logischem Zusammenhang miteinander stehen und untereinander widerspruchsfrei sowie mit den Gesetzen der elementaren Optik verträglich sind.*

Aber von diesem erkenntnistheoretischen Gewinn abgesehen hat uns die obige Untersuchung zugleich in anschaulicher Weise vor Augen geführt, *wie es möglich wird, daß im Zustande des optischen Gleichgewichts die von den verschiedenen Stellen im Raum emittierten, teilweise absorbierten, und durch Reflexion und Brechung mannigfach polarisierten Strahlen* — deren Menge schon in den einfachsten Beispielen nicht mehr abzählbar ist — *sich gerade zu einem Strahle von der konstanten Linearenergie k (λ) und von natürlichem Lichte vereinigen und daß so schließlich die Unabhängigkeit der Linearenergie eines Strahles von Ort und Richtung zustande kommt;* auf Grund der in Annahme 3 ausgedrückten Tatsache zeigt sich eben, daß im Zustande des optischen Gleichgewichtes ein Strahl beim Übertritt von einem Körper in einen anderen gerade so viel an Linearenergie durch Reflexion auf der einen Seite verliert als ihm durch Reflexion von der anderen Seite zugute kommt und daß zugleich der Austausch dieser beiden Linearenergien unter solchen Polarisationsverhältnissen stattfindet, daß der durchgetretene Strahl wiederum als natürliches Licht erscheint[2].

---

[1] Vgl. Abh. Nr. 13. Neuerdings hat LEVI-CIVITA die Formel für die Helligkeit auf neuem Wege abgeleitet. Rend. d. R. Accademia dei Lincei 1914, S. 12.

[2] Eine vollkommenere Bestätigung konnte die von mir in meiner zweiten Mitteilung S. 232 und Anmerkung 1 ausgesprochene und axiomatisch formulierte Auffassung von der Rolle, die die Reflexion im Zustande des optischen Gleichgewichts spielt, kaum erfahren; ist doch der Fall des kontinuierlich veränderlichen Mediums nichts anderes als ein Grenzfall des von mir hier betrachteten Systems homogener Körper. Die an meiner Bemerkung geübte Kritik von Herrn E. PRINGSHEIM (l. c., Physik. Z. 1913, S. 849) ist daher sachlich ebenso verfehlt, wie sie der Form nach unangebracht war.

Das Axiom D ist eine spezielle Fassung des Axioms D*. Es liegt andrerseits nahe, auch die folgenden von Axiom D verschiedenen speziellen Fassungen des Axioms D* in Betracht zu ziehen.

Axiom D′ (Axiom vom Vorhandensein beliebig brechbarer Stoffe.) *Es gibt Stoffe derart, daß die Größe q gleich einer willkürlich vorgeschriebenen Funktion der Wellenlänge λ ausfällt.*

Axiom D″. (Axiom vom Vorhandensein optisch beliebig durchlässiger Stoffe.) *Es gibt Stoffe, welche Strahlen von irgend einer beliebigen Wellenlänge ungebrochen durchlassen, die Strahlen aller anderen Wellenlängen dagegen total reflektieren.*

Das Axiom D″ läßt sich auch als Korollar zu Axiom D′ ansehen.

Aus Axiom D″ kann mittels des Axioms A das Axiom B (Axiom vom Ausgleich der Energien jeder einzelnen Farbe) abgeleitet werden.

Um dies zu erkennen, denken wir uns einen Punkt O von einer Kugelschale umgeben und diese Kugelschale von einem Stoffe verfertigt, der für die Strahlen von der Wellenlänge λ_0 die in Axiom D″ ausgedrückte Eigenschaft hat. Für die von λ_0 verschiedenen Werte der Wellenlänge λ ergibt sich dann wegen der totalen Reflexion an der inneren Fläche der Kugelschale sofort

$$\sum \int_0^\infty P e^{-\int_0^s \alpha(s)\,ds}\,\eta(s)\,q^2(s)\,ds = \frac{\eta q^2}{\alpha} = k(\lambda)$$

und infolgedessen wird nach (2) für alle diese Werte λ die Strahlungsdichte u gleich $\frac{\eta}{\alpha g}$. Daher erhält für dieselben Werte λ der Integrand in (4) den Wert Null und die Gleichung (4) verlangt mithin, daß der Integrand auch für $\lambda = \lambda_0$ verschwindet, d. h. es gilt für $\lambda = \lambda_0$ notwendig

$$\eta = g\,\alpha\,u,$$

und da λ_0 ein beliebiger Wert von λ ist, so enthält diese Gleichung die vollständige Aussage des Axioms B für das ursprünglich zugrunde gelegte beliebige optische System.

Wie aus Axiom B der Kirchhoffsche Satz folgt, ist oben (S. 245 und S. 247) gezeigt worden.

16. Die Grundlagen der Physik.

[Mathem. Annalen Bd. 92, S. 1—32 (1924).]

Das Nachfolgende ist im wesentlichen ein Abdruck der beiden älteren Mitteilungen[1] von mir über die „Grundlagen der Physik" und meiner Bemerkungen dazu, die F. KLEIN in seiner Mitteilung[2] „Zu Hilberts erster Note über die Grundlagen der Physik" veröffentlicht hat — mit nur geringfügigen redaktionellen Abweichungen und Umstellungen, die das Verständnis erleichtern sollen.

Das mechanistische Einheitsideal in der Physik, wie es von den großen Forschern der vorangegangenen Generation geschaffen und noch während der Herrschaft der klassischen Elektrodynamik festgehalten worden war, muß heute endgültig aufgegeben werden. Durch die Aufstellung und Entwicklung des Feldbegriffes bildete sich allmählich eine neue Möglichkeit für die Auffassung der physikalischen Welt aus. MIE zeigte als der erste einen Weg, auf dem dieses neuentstandene „feldtheoretische Einheitsideal", wie ich es nennen möchte, der allgemeinen mathematischen Behandlung zugänglich gemacht werden kann. Während die alte mechanistische Auffassung unmittelbar die Materie selbst als Ausgang nimmt und diese als durch eine endliche Auswahl diskreter Parameter bestimmt ansetzt, dient vielmehr dem neuen feldtheoretischen Ideal das physikalische Kontinuum, die sogenannte Raum-Zeit-Mannigfaltigkeit, als Fundament. Waren früher Differentialgleichungen mit einer unabhängigen Variablen die Form der Weltgesetze, so sind jetzt notwendig partielle Differentialgleichungen ihre Ausdrucksform.

Die gewaltigen Problemstellungen und Gedankenbildungen der allgemeinen Relativitätstheorie von EINSTEIN finden nun, wie ich in meiner ersten Mitteilung ausgeführt habe, auf dem von MIE betretenen Wege ihren einfachsten und natürlichsten Ausdruck und zugleich in formaler Hinsicht eine systematische Ergänzung und Abrundung.

Seit der Veröffentlichung meiner ersten Mitteilung sind bedeutsame Abhandlungen über diesen Gegenstand erschienen: ich erwähne nur die

---

[1] Gött. Nachr.: Erste Mitteilung, vorgelegt am 20. Nov. 1915, zweite Mitteilung, vorgelegt am 23. Dez. 1916.

[2] Gött. Nachr.: vorgelegt am 25. Jan. 1918.

glänzenden und tiefsinnigen Untersuchungen von WEYL und die an immer neuen Ansätzen und Gedanken reichen Mitteilungen von EINSTEIN. Indes sowohl WEYL gibt späterhin seinem Entwicklungsgange eine solche Wendung, daß er auf die von mir aufgestellten Gleichungen ebenfalls gelangt, und andererseits auch EINSTEIN, obwohl wiederholt von abweichenden und unter sich verschiedenen Ansätzen ausgehend, kehrt schließlich in seinen letzten Publikationen geradenwegs zu den Gleichungen meiner Theorie zurück.

Ich glaube sicher, daß die hier von mir entwickelte Theorie einen bleibenden Kern enthält und einen Rahmen schafft, innerhalb dessen für den künftigen Aufbau der Physik im Sinne eines feldtheoretischen Einheitsideals genügender Spielraum da ist. Auch ist es auf jeden Fall von erkenntnistheoretischem Interesse, zu sehen, wie die wenigen einfachen in den Axiomen I, II, III, IV von mir ausgesprochenen Annahmen zum Aufbau der ganzen Theorie genügend sind.

Ob freilich das reine feldtheoretische Einheitsideal ein definitives ist, evtl. welche Ergänzungen und Modifikationen desselben nötig sind, um insbesondere die theoretische Begründung für die Existenz des Elektrons und des Protons, sowie den widerspruchsfreien Aufbau der im Atominneren geltenden Gesetze zu ermöglichen, — dies zu beantworten, ist die Aufgabe der Zukunft.

Teil I.

Es seien x_s ($s = 1, 2, 3, 4$) irgendwelche, die Weltpunkte wesentlich eindeutig benennende Koordinaten, die sogenannten Weltparameter (allgemeinste Raum-Zeit-Koordinaten). Die das Geschehen in x_s charakterisierenden Größen seien:

1. die zuerst von EINSTEIN eingeführten Gravitationspotentiale $g_{\mu\nu}$ ($\mu, \nu = 1, 2, 3, 4$) mit symmetrischem Tensorcharakter gegenüber einer beliebigen Transformation der Weltparameter x_s; sie bilden die Koeffizienten der invarianten Differentialform

$$\sum_{\mu\nu} g_{\mu\nu} \, dx_\mu \, dx_\nu \, ;$$

2. die vier elektrodynamischen Potentiale q_s mit Vektorcharakter im selben Sinne, welche die Koeffizienten der invarianten Linearform

$$\sum_s q_s \, dx_s$$

bilden.

Das physikalische Geschehen ist nicht willkürlich, es gelten vielmehr folgende Axiome:

Axiom I (Mies Axiom von der Weltfunktion[1]). *Das Gesetz des physika-lischen Geschehens bestimmt sich durch eine Weltfunktion H, die folgende Ar-gumente enthält:*

$$g_{\mu\nu}, \quad g_{\mu\nu l} = \frac{\partial g_{\mu\nu}}{\partial x_l}, \quad g_{\mu\nu l k} = \frac{\partial^2 g_{\mu\nu}}{\partial x_l \partial x_k}, \tag{1}$$

$$q_s, \quad q_{sl} = \frac{\partial q_s}{\partial x_l}, \qquad (s, l = 1, 2, 3, 4) \tag{2}$$

und zwar muß die Variation des Integrals

$$\int H \sqrt{g}\, d\omega$$

$$(g = -\,|g_{\mu\nu}|, \quad d\omega = dx_1\, dx_2\, dx_3\, dx_4)$$

für jedes der 14 Potentiale $g_{\mu\nu}$, q_s verschwinden[2].

An Stelle der Argumente (1) können offenbar auch die Argumente

$$g^{\mu\nu}, \quad g_l^{\mu\nu} = \frac{\partial g^{\mu\nu}}{\partial x_l}, \quad g_{lk}^{\mu\nu} = \frac{\partial^2 g^{\mu\nu}}{\partial x_l \partial x_k} \tag{3}$$

treten, wobei $g^{\mu\nu}$ die durch $(-g)$ dividierte Unterdeterminante der Deter-minante $(-g)$ in bezug auf ihr Element $g_{\mu\nu}$ bedeutet.

Aus Axiom I folgen zunächst bezüglich der zehn Gravitationspoten-tiale $g^{\mu\nu}$ die zehn Lagrangeschen Differentialgleichungen

$$\frac{\partial \sqrt{g} H}{\partial g^{\mu\nu}} - \sum_k \frac{\partial}{\partial x_k} \frac{\partial \sqrt{g} H}{\partial g_k^{\mu\nu}} + \sum_{k,l} \frac{\partial^2}{\partial x_k \partial x_l} \frac{\partial \sqrt{g} H}{\partial g_{kl}^{\mu\nu}} = 0 \quad (\mu, \nu = 1, 2, 3, 4,), \tag{4}$$

und sodann bezüglich der vier elektrodynamischen Potentiale q_s die vier Lagrangeschen Differentialgleichungen

$$\frac{\partial \sqrt{g} H}{\partial q_h} - \sum_k \frac{\partial}{\partial x_k} \frac{\partial \sqrt{g} H}{\partial q_{hk}} = 0, \quad (h = 1, 2, 3, 4). \tag{5}$$

Bezüglich der Differentialquotienten nach $g^{\mu\nu}$, $g_k^{\mu\nu}$, $g_{kl}^{\mu\nu}$, wie sie in (4) und nachfolgenden Formeln auftreten, sei ein für allemal bemerkt, daß wegen der Symmetrie in μ, ν einerseits und k, l andererseits die Differen-tialquotienten nach $g^{\mu\nu}$, $g_k^{\mu\nu}$ so zu verstehen sind, daß man ihnen den Fak-tor 1 bzw. $\frac{1}{2}$ hinzusetzt, je nachdem $\mu = \nu$ bzw. $\mu \neq \nu$ ausfällt, ferner die Differentialquotienten nach $g_{kl}^{\mu\nu}$ mit 1 bzw. $\frac{1}{2}$ bzw. $\frac{1}{4}$ multipliziert zu nehmen sind, je nachdem $\mu = \nu$ und $k = l$ bzw. $\mu = \nu$ und $k \neq l$ oder $\mu \neq \nu$ und $k = l$ bzw. $\mu \neq \nu$ und $k \neq l$ ausfällt.

Der Kürze halber bezeichnen wir die linken Seiten der Gleichungen (4), (5) bzw. mit

$$[\sqrt{g} H]_{\mu\nu}, \quad [\sqrt{g} H]_h.$$

---

[1] Mies Weltfunktionen enthalten nicht genau diese Argumente; insbesondere geht der Gebrauch der Argumente (2) auf Born zurück; es ist jedoch gerade die Einführung und Verwendung einer solchen Weltfunktion im Hamiltonschen Prinzip das Charakte-ristische der Mieschen Elektrodynamik.

[2] $|g_{\mu\nu}|$ bedeutet die aus den $g_{\mu\nu}$ gebildete Determinate. Anm. d. H.

Die Gleichungen (4) mögen die Grundgleichungen der Gravitation, die Gleichungen (5) die elektrodynamischen Grundgleichungen heißen.

Axiom II (Axiom von der allgemeinen Invarianz[1]). *Die Weltfunktion H ist eine Invariante gegenüber einer beliebigen Transformation der Weltparameter x_s.*

Axiom II ist der einfachste mathematische Ausdruck für die Forderung, daß die Koordinaten an sich keinerlei physikalische Bedeutung haben, sondern nur eine Numerierung der Weltpunkte darstellen, von deren Art die Verkettung der Potentiale $g_{\mu\nu}$, q_s völlig unabhängig ist.

Im folgenden benutzen wir die leicht beweisbare Tatsache, daß, wenn $p^j\,(j=1,2,3,4)$ einen *willkürlichen* kontravarianten Vektor bedeutet, der Ausdruck

$$p^{\mu\nu} = \sum_s (g_s^{\mu\nu}\, p^s - g^{\mu s}\, p_s^\nu - g^{\nu s}\, p_s^\mu), \qquad \left(p_s^j = \frac{\partial p^j}{\partial x_s}\right)$$

einen symmetrischen kontravarianten Tensor und der Ausdruck

$$p_l = \sum_s (q_{ls}\, p^s + q_s\, p_l^s)\,{}^*$$

einen kovarianten Vektor darstellt.

Des weiteren stellen wir zwei mathematische Theoreme auf, die wie folgt lauten:

Theorem 1. Wenn J eine von $g^{\mu\nu}, g_l^{\mu\nu}, g_{lk}^{\mu\nu}, q_s, q_{sk}$ abhängige Invariante ist, so gilt stets identisch in allen Argumenten und für jeden willkürlichen kontravarianten Vektor p^s

$$\sum_{\mu,\nu,l,k} \left(\frac{\partial J}{\partial g^{\mu\nu}}\, \Delta g^{\mu\nu} + \frac{\partial J}{\partial g_l^{\mu\nu}}\, \Delta g_l^{\mu\nu} + \frac{\partial J}{\partial g_{lk}^{\mu\nu}}\, \Delta g_{lk}^{\mu\nu}\right) + \sum_{s,k} \left(\frac{\partial J}{\partial q_s}\, \Delta q_s + \frac{\partial J}{\partial q_{sk}}\, \Delta q_{sk}\right) = 0;$$

dabei ist

$$\Delta g^{\mu\nu} = \sum_m (g^{\mu m}\, p_m^\nu + g^{\nu m}\, p_m^\mu),$$

$$\Delta g_l^{\mu\nu} = -\sum_m g_m^{\mu\nu}\, p_l^m + \frac{\partial \Delta g^{\mu\nu}}{\partial x_l},$$

$$\Delta g_{lk}^{\mu\nu} = -\sum_m (g_m^{\mu\nu}\, p_{lk}^m + g_{lm}^{\mu\nu}\, p_k^m + g_{km}^{\mu\nu}\, p_l^m) + \frac{\partial^2 \Delta g^{\mu\nu}}{\partial x_l\, \partial x_k},$$

$$\Delta q_s = -\sum_m q_m\, p_s^m,$$

$$\Delta q_{sk} = -\sum_m q_{sm}\, p_k^m + \frac{\partial \Delta q_s}{\partial x_k}.$$

---

[1] Die Forderung der orthogonalen Invarianz hat bereits MIE gestellt. In dem oben aufgestellten Axiom II findet der Einsteinsche fundamentale Grundgedanke der allgemeinen Invarianz den einfachsten Ausdruck, wenn schon bei EINSTEIN das Hamiltonsche Prinzip nur eine Nebenrolle spielt und seine Funktionen H keineswegs allgemeine Invarianten sind, auch die elektrischen Potentiale nicht enthalten.

* p_l ist nicht zu verwechseln mit dem zu p^s gehörigen kovarianten Vektor $\sum\limits_s g_{ls}\, p^s$.

Dieses Theorem 1 läßt sich auch folgendermaßen aussprechen:

Wenn J eine Invariante und p^s ein willkürlicher Vektor wie vorhin ist, so gilt die Identität

$$\sum_s \frac{\partial J}{\partial x_s} p^s = P(J); \tag{6}$$

daher ist

$$P = P_g + P_q,$$

$$P_g = \sum_{\mu,\nu,l,k} \left(p^{\mu\nu} \frac{\partial}{\partial g^{\mu\nu}} + p_l^{\mu\nu} \frac{\partial}{\partial g_l^{\mu\nu}} + p_{lk}^{\mu\nu} \frac{\partial}{\partial g_{lk}^{\mu\nu}} \right),$$

$$P_q = \sum_{l,k} \left(p_l \frac{\partial}{\partial q_l} + p_{lk} \frac{\partial}{\partial q_{lk}} \right)$$

gesetzt und es gelten die Abkürzungen:

$$p_k^{\mu\nu} = \frac{\partial p^{\mu\nu}}{\partial x_k}, \qquad p_{kl}^{\mu\nu} = \frac{\partial^2 p^{\mu\nu}}{\partial x_k \partial x_l}, \qquad p_{lk} = \frac{\partial p_l}{\partial x_k}.$$

Der Beweis von (6) ergibt sich leicht; denn diese Identität ist offenbar richtig, wenn p^s ein konstanter Vektor ist, und daraus folgt sie wegen ihrer Invarianz allgemein[1].

Theorem 2. Wenn J, wie im Theorem 1, eine von $g^{\mu\nu}$, $g_l^{\mu\nu}$, $g_{lk}^{\mu\nu}$, q_s, q_{sk} abhängige Invariante ist, und, wie oben, die Variationsableitungen von $\sqrt{g}\,J$ bzw. $g^{\mu\nu}$ mit $[\sqrt{g}\,J]_{\mu\nu}$, bzw. q_μ mit $[\sqrt{g}\,J]_\mu$ bezeichnet werden, und wenn ferner zur Abkürzung:

$$i_s = \sum_{\mu,\nu} ([\sqrt{g}\,J]_{\mu\nu} g_s^{\mu\nu} + [\sqrt{g}\,J]_\mu q_{\mu s}),$$

$$i_s^l = -2 \sum_\mu [\sqrt{g}\,J]_{\mu s} g^{\mu l} + [\sqrt{g}\,J]_l q_s,$$

gesetzt wird, so gelten die Identitäten

$$i_s = \sum_l \frac{\partial i_s^l}{\partial x_l} \qquad (s = 1, 2, 3, 4). \tag{7}$$

Dieses Theorem 2 enthält als wesentlichen Kern einen allgemeinen mathematischen Satz[2], der mir das Leitmotiv für den Aufbau der Theorie gewesen ist und der sich folgendermaßen ausspricht:

---

[1] Ein anderer einfacher Beweis für das Theorem 1 besteht darin, zu zeigen, daß die behauptete Identität, in ihrer ersten Fassung, die Bedingung dafür darstellt, daß bei einer Koordinatentransformation

$$x_\alpha' = x_\alpha + \varepsilon\, p^\alpha (x_1, x_2, x_3, x_4) \qquad (\alpha = 1, 2, 3, 4)$$

die „infinitesimale Änderung" der Invariante J, d. h. $\left(\frac{dJ}{d\varepsilon}\right)_{\varepsilon=0}$ den Wert Null hat. Anm. d. H.

[2] Den Beweis dieses Satzes hat allgemein EMMY NOETHER geliefert (Gött. Nachr. 1918 S. 235: „Invariante Variationsprobleme"). Die in Theorem 2 angegebenen Identi-

Ist F eine Funktion von n Größen (Funktionen von x_1, x_2, x_3, x_4) und ihren Ableitungen, und ist das Integral

$$\int F\,d\omega$$

invariant bei beliebigen Transformationen der vier Weltparameter $x_1, x_2,$ x_3, x_4, so sind in dem System der n Lagrangeschen Differentialgleichungen, welche zu dem Variationsproblem

$$\delta \int F\,d\omega = 0$$

gehören, stets vier eine Folge der $n-4$ übrigen in dem Sinne, daß zwischen den n Lagrangeschen Ableitungen von F in bezug auf jene n Größen und deren totalen Differentialquotienten nach x_1, x_2, x_3, x_4 stets vier linear unabhängige Relationen identisch erfüllt sind.

Zum Beweise von Theorem 2 betrachten wir ein endliches Stück der vierdimensionalen Welt; ferner sei p^s ein Vektor, der nebst seinen ersten und zweiten Ableitungen auf der dreidimensionalen Oberfläche jenes Weltstückes verschwindet. Man hat gemäß der Definition von P:

$$P(\sqrt{g}\,J) = \sqrt{g}\,P(J) + J\sum_{\mu,\nu}\frac{\partial\sqrt{g}}{\partial g^{\mu\nu}}\,p^{\mu\nu} = \sqrt{g}\,P(J) + J\sum_{s}\left(\frac{\partial\sqrt{g}}{\partial x_s}\,p^s + \sqrt{g}\,p_s^s\right),$$

und nach Theorem 1 daher:

$$P(\sqrt{g}\,J) = \sqrt{g}\sum_{s}\frac{\partial J}{\partial x_s}\,p^s + J\sum_{s}\left(\frac{\partial\sqrt{g}}{\partial x_s}\,p^s + \sqrt{g}\,p_s^s\right) = \sum_{s}\frac{\partial\sqrt{g}\,J\,p^s}{\partial x_s}.$$

Integrieren wir diese Gleichung über das betrachtete Weltstück, so ergibt sich wegen der Divergenzform der rechten Seite und wegen der Annahme über p^s:

$$\int P(\sqrt{g}\,J)\,d\omega = 0.$$

Wegen der Bildungsweise der Lagrangeschen Ableitung ist demnach[1] auch

$$\int\left\{\sum_{\mu,\nu}[\sqrt{g}\,J]_{\mu\nu}\,p^{\mu\nu} + \sum_{\mu}[\sqrt{g}\,J]_{\mu}\,p_{\mu}\right\}d\omega = 0.$$

Der Integrand hier läßt sich in der Form

$$\sum_{s,l}(i_s\,p^s + i_s^l\,p_l^s)$$

schreiben. Aus der so entstehenden Formel

$$\int\sum_{s,l}(i_s\,p^s + i_s^l\,p_l^s)\,d\omega = 0$$

täten sind in meiner ersten Mitteilung zwar nur für den Fall behauptet worden, daß die Invariante von den $g^{\mu\nu}$ und deren Ableitungen abhängt; aber das dort eingeschlagene und im Text reproduzierte Beweisverfahren gilt ebenso auch für unsere allgemeine Invariante J. In der allgemeinen Form sind die angegebenen Identitäten zuerst von F. KLEIN auf Grund der Methode der infinitesimalen Transformation abgeleitet worden (Gött. Nachr. 1917 S. 469: „Zu Hilberts erster Note über die Grundlagen der Physik").

[1] Hier kommt wiederum die Annahme über den Vektor p^s zur Anwendung.

erhalten wir[1]

$$\sum_s \int \left(i_s - \sum_l \frac{\partial i_s^l}{\partial x_l} \right) p^s \, d\omega = 0$$

und damit auch die Behauptung unseres Theorems 2.

Zur Bestimmung der Weltfunktion H sind noch weitere Axiome erforderlich. Sollen die Grundgleichungen (4), (5) der Gravitation und der Elektrodynamik nur zweite Ableitungen der $g^{\mu\nu}$ enthalten, so muß H sich additiv zusammensetzen aus einer linearen Funktion mit konstanten Koeffizienten von der Invariante

$$K = \sum_{\mu,\nu} g^{\mu\nu} K_{\mu\nu},$$

wo $K_{\mu\nu}$ den Riemannschen Krümmungstensor

$$K_{\mu\nu} = \sum_{\varkappa} \left(\frac{\partial}{\partial x_\nu} \left\{ \begin{matrix} \mu\,\varkappa \\ \varkappa \end{matrix} \right\} - \frac{\partial}{\partial x_\varkappa} \left\{ \begin{matrix} \mu\,\nu \\ \varkappa \end{matrix} \right\} \right) + \sum_{\varkappa,\lambda} \left(\left\{ \begin{matrix} \mu\,\varkappa \\ \lambda \end{matrix} \right\} \left\{ \begin{matrix} \lambda\,\nu \\ \varkappa \end{matrix} \right\} - \left\{ \begin{matrix} \mu\,\nu \\ \lambda \end{matrix} \right\} \left\{ \begin{matrix} \lambda\,\varkappa \\ \varkappa \end{matrix} \right\} \right)$$

bedeutet, und einer Invariante L, die nur von $g^{\mu\nu}$, $g_l^{\mu\nu}$, q_s, q_{sk} abhängt. Wir machen folgende spezielle Annahme:

Axiom III (Axiom von der Gravitation und der Elektrizität). *Die Weltfunktion H hat die Gestalt*

$$H = K + L,$$

wo K die aus dem Riemannschen Tensor entspringende Invariante, die Krümmung, ist und L nur von den $g^{\mu\nu}$, q_s, q_{sk} abhängt.

Hiernach nehmen die Gravitationsgleichungen die Form

$$[\sqrt{g}\, K]_{\mu\nu} = - \frac{\partial \sqrt{g}\, L}{\partial g^{\mu\nu}} \quad (\mu, \nu = 1, 2, 3, 4) \qquad (8)$$

und die elektrodynamischen Gleichungen die Form

$$\frac{1}{\sqrt{g}} \sum_k \frac{\partial}{\partial x_k} \frac{\partial \sqrt{g}\, L}{\partial q_{hk}} = \frac{\partial L}{\partial q_h} \quad (h = 1, 2, 3, 4) \qquad (9)$$

an.

Um den Ausdruck von $[\sqrt{g}\, K]_{\mu\nu}$ zu bestimmen, spezialisiere man zunächst das Koordinatensystem so, daß für den betrachteten Weltpunkt die $g_s^{\mu\nu}$ sämtlich verschwinden. Man findet auf diese Weise:

$$[\sqrt{g}\, K]_{\mu\nu} = \sqrt{g} \left(K_{\mu\nu} - \frac{1}{2} g_{\mu\nu} K \right).$$

Führen wir noch für den Tensor

$$- \frac{1}{\sqrt{g}} \frac{\partial \sqrt{g}\, L}{\partial g^{\mu\nu}}$$

die Bezeichnung $T_{\mu\nu}$ ein, so lauten die Gravitationsgleichungen

$$K_{\mu\nu} - \tfrac{1}{2} g_{\mu\nu} K = T_{\mu\nu}.$$

---

[1] Hier kommt wiederum die Annahme über den Vektor p^s zur Anwendung.

Andererseits wenden wir auf die Invariante L das Theorem 1 an und erhalten dadurch

$$\sum_{\mu,\nu,m} \frac{\partial L}{\partial g^{\mu\nu}} (g^{\mu m} p_m^\nu + g^{\nu m} p_m^\mu) - \sum_{s,m} \frac{\partial L}{\partial q_s} q_m p_s^m$$

$$- \sum_{s,k,m} \frac{\partial L}{\partial q_{sk}} (q_{sm} p_k^m + q_{mk} p_s^m + q_m p_{sk}^m) = 0. \quad (10)$$

Das Nullsetzen des Koeffizienten von p_{sk}^m linker Hand liefert die Gleichung

$$\left(\frac{\partial L}{\partial q_{sk}} + \frac{\partial L}{\partial q_{ks}} \right) q_m = 0$$

oder

$$\frac{\partial L}{\partial q_{sk}} + \frac{\partial L}{\partial q_{ks}} = 0, \quad (11)$$

d. h. die Ableitungen der elektrodynamischen Potentiale q_s treten nur in den Verbindungen

$$M_{ks} = q_{sk} - q_{ks}$$

auf. Damit erkennen wir, daß bei unseren Annahmen die Invariante L außer von den Potentialen $g^{\mu\nu}$, q_s lediglich von den Komponenten des schiefsymmetrischen invarianten Tensors

$$M = (M_{ks}) = \mathrm{Rot}(q_s),$$

d. h. des sogenannten elektromagnetischen Sechservektors abhängt. Und hieraus folgt weiter, daß

$$\frac{\partial L}{\partial q_{sk}} = \frac{\partial L}{\partial M_{ks}} = H^{ks}$$

ein schiefsymmetrischer kontravarianter Tensor, sowie daß

$$\frac{\partial L}{\partial q_k} = r^k$$

ein kontravarianter Vektor ist.

Mit Anwendung der eingeführten Bezeichnungen erhalten die elektrodynamischen Gleichungen die Form:

$$\frac{1}{\sqrt{g}} \sum_k \frac{\partial \sqrt{g} H^{kh}}{\partial x_k} = r^h. \qquad (h = 1, 2, 3, 4) \quad (12)$$

Man erkennt in diesen Gleichungen eine Verallgemeinerung des einen Systems der Maxwellschen Gleichungen; das andere System erhält man aus den Gleichungen:

$$M_{ks} = q_{sk} - q_{ks}$$

durch Differentiation und Addition:

$$\frac{\partial M_{ks}}{\partial x_t} + \frac{\partial M_{st}}{\partial x_k} + \frac{\partial M_{tk}}{\partial x_s} = 0 \quad (t, k, s = 1, 2, 3, 4). \quad (13)$$

Wir sehen also, daß die Form dieser „verallgemeinerten Maxwellschen Gleichungen" (12), (13) im wesentlichen schon durch die Forderung der allgemeinen Invarianz, also auf Grund von Axiom II, bestimmt ist. Setzen wir in der Identität (10) den Koeffizienten von p_m^ν linker Hand gleich Null, so erhalten wir mit Benutzung von (11)

$$2\sum_\mu \frac{\partial L}{\partial g^{\mu\nu}}\, g^{\mu m} - \frac{\partial L}{\partial q_m}\, q_\nu - \sum_s \frac{\partial L}{\partial M_{ms}}\, M_{\nu s} = 0 \quad (\mu = 1, 2, 3, 4), \quad (14)$$

also

$$2\sum_\mu \frac{\partial L}{\partial g^{\mu\nu}}\, g^{\mu m} = \sum_s H^{ms}\, M_{\nu s} + r^m\, q_\nu,$$

oder

$$-\frac{2}{\sqrt{g}}\sum_\mu \frac{\partial \sqrt{g}\, L}{\partial g^{\mu\nu}}\, g^{\mu m} = L\,\delta_\nu^m - \sum_s H^{ms}\, M_{\nu s} - r^m\, q_\nu,$$

$$\delta_\nu^m = 0 \quad (m \neq \nu),$$

$$\delta_\nu^\nu = 1.$$

Demnach ergibt sich für $T_{\mu\nu}$ die Darstellung:

$$T_{\mu\nu} = \sum_m g_{\mu m}\, T_\nu^m,$$

$$T_\nu^m = \tfrac{1}{2}\left\{ L\,\delta_\nu^m - \sum_s H^{ms}\, M_{\nu s} - r^m\, q_\nu \right\}.$$

Der Ausdruck rechts stimmt überein mit dem Mieschen elektromagnetischen Energietensor, und wir finden also, daß der *Miesche Energietensor nichts anderes ist als der durch Differentiation der Invariante L nach den Gravitationspotentialen $g^{\mu\nu}$ entstehende allgemein invariante Tensor* — ein Umstand, der mich zum erstenmal auf den notwendigen engen Zusammenhang zwischen der Einsteinschen allgemeinen Relativitätstheorie und der Mieschen Elektrodynamik hingewiesen und mir die Überzeugung von der Richtigkeit der hier entwickelten Theorie gegeben hat.

Die Anwendung des Theorems 2 auf die Invariante K liefert:

$$\sum_{\mu,\nu} [\sqrt{g}\,K]_{\mu\nu}\, g_s^{\mu\nu} + 2\sum_m \frac{\partial}{\partial x_m}\left(\sum_\mu [\sqrt{g}\,K]_{\mu s}\, g^{\mu m}\right) = 0. \quad (15\mathrm{a})$$

Die Anwendung auf L ergibt

$$\sum_{\mu,\nu}(-\sqrt{g}\,T_{\mu\nu})\, g_s^{\mu\nu} + 2\sum_m \frac{\partial}{\partial x_m}(-\sqrt{g}\,T_s^m)$$
$$+ \sum_\mu [\sqrt{g}\,L]_\mu\, q_{\mu s} - \sum_\mu \frac{\partial}{\partial x_\mu}([\sqrt{g}\,L]_\mu\, q_s) = 0 \quad (s = 1, 2, 3, 4). \quad (15\mathrm{b})$$

Als Folge der elektrodynamischen Grundgleichungen erhalten wir hieraus:

$$\sum_{\mu,\nu} \sqrt{g}\,T_{\mu\nu}\, g_s^{\mu\nu} + 2\sum_m \frac{\partial \sqrt{g}\,T_s^m}{\partial x_m} = 0. \quad (16)$$

Diese Gleichungen (16) ergeben sich auch als Folge der Gravitationsgleichungen auf Grund von (15a). Sie haben die Bedeutung der mechanischen Grundgleichungen. Im Falle der speziellen Relativität, wenn die $g_{\mu\nu}$ Konstante sind, gehen sie über in die Gleichungen

$$\sum \frac{\partial T_s^m}{\partial x_m} = 0,$$

welche die Erhaltung von Energie und Impuls ausdrücken.

Aus den Gleichungen (16) folgt auf Grund der Identitäten (15b):

$$\sum_\mu \left[\sqrt{g}\,L\right]_\mu q_{\mu s} - \sum_\mu \frac{\partial}{\partial x_\mu}\left(\left[\sqrt{g}\,L\right]_\mu q_s\right) = 0$$

oder

$$\sum_\mu \left\{ M_{\mu s}\left[\sqrt{g}\,L\right]_\mu + q_s \frac{\partial}{\partial x_\mu}\left(\left[\sqrt{g}\,L\right]_\mu\right)\right\} = 0, \qquad (17)$$

d. h. aus den Gravitationsgleichungen (4) folgen vier voneinander unabhängige lineare Relationen zwischen den elektrodynamischen Grundgleichungen (5) und ihren ersten Ableitungen. Dies ist der genaue mathematische Ausdruck für den Zusammenhang zwischen Gravitation und Elektrodynamik, der die ganze Theorie beherrscht.

Da L unserer Annahme zufolge nicht von den Ableitungen der $g^{\mu\nu}$ abhängen soll, so muß L eine Funktion von gewissen vier allgemeinen Invarianten sein, die den von Mie angegebenen speziellen orthogonalen Invarianten entsprechen und von denen die beiden einfachsten diese sind:

$$Q = \sum_{k,l,m,n} M_{mn} M_{kl} g^{mk} g^{nl}$$

und

$$q = \sum_{k,l} q_k q_l g^{kl}.$$

Der einfachste und im Hinblick auf den Bau von K nächstliegende Ansatz für L ist zugleich derjenige, der der Mieschen Elektrodynamik entspricht, nämlich

$$L = \alpha\,Q + f(q) \qquad\qquad (\alpha = \text{konst.}).$$

Gemäß diesem Ansatz erhält man zwischen den Größen, die in den verallgemeinerten Maxwellschen Gleichungen auftreten, die Beziehungen

$$H^{ks} = 4\,\alpha\,M^{ks},$$

$$r^k = 2\,f'(q)\,q^k,$$

wo

$$M^{ks} = \sum_{\mu,\nu} g^{k\mu} g^{s\nu} M_{\mu\nu},$$

$$q^k = \sum_l g^{kl} q_l$$

zu setzen ist. Für den ganz speziellen Fall

$$f(q) = \beta q \qquad\qquad (\beta = \text{konst.})$$

folgt, daß der „Stromvektor" r^k proportional dem kontravarianten Vektor q^k wird.

Teil II.

Es soll nun der Zusammenhang der Theorie mit der Erfahrung näher erörtert werden. Dazu ist noch ein weiteres Axiom erforderlich.

Axiom IV (Raum-Zeit-Axiom). *Es soll die quadratische Form*

$$G(X_1, X_2, X_3, X_4) = \sum_{\mu\nu} g_{\mu\nu} X_\mu X_\nu \qquad\qquad (18)$$

von der Art sein, daß bei ihrer Darstellung als Summe von vier Quadraten linearer Formen der X_s stets drei Quadrate mit positivem und ein Quadrat mit negativem Vorzeichen auftritt.

Die quadratische Form (18) liefert für unsere vierdimensionale Welt der x_s *die Maßbestimmung einer Pseudogeometrie.* Die Determinante $(-g)$ der $g_{\mu\nu}$ fällt negativ aus.

Ist in dieser Geometrie eine Kurve

$$x_s = x_s(p) \qquad\qquad (s = 1, 2, 3, 4)$$

gegeben, wo $x_s(p)$ irgendwelche reelle Funktionen des Parameters p bedeuten, so kann diese in Teilstücke zerlegt werden, auf denen einzeln der Ausdruck

$$G\left(\frac{dx_1}{dp}, \frac{dx_2}{dp}, \frac{dx_3}{dp}, \frac{dx_4}{dp}\right)$$

nicht sein Vorzeichen ändert: ein Kurvenstück, für welches

$$G\left(\frac{dx_s}{dp}\right) > 0$$

ausfällt, heiße eine *Strecke* und das längs dieses Kurvenstücks genommene Integral

$$\lambda = \int \sqrt{G\left(\frac{dx_s}{dp}\right)}\, dp$$

heiße die *Länge der Strecke;* ein Kurvenstück, für welches

$$G\left(\frac{dx_s}{dp}\right) < 0$$

ausfällt, heiße eine *Zeitlinie* und das längs dieses Kurvenstückes genommene Integral

$$\tau = \int \sqrt{- G\left(\frac{dx_s}{dp}\right)}\, dp$$

heiße die *Eigenzeit der Zeitlinie;* endlich heiße ein Kurvenstück, längs dessen

$$G\left(\frac{dx_s}{dp}\right) = 0$$

wird, eine *Nullinie.*

Um diese Begriffe unserer Pseudogeometrie anschaulich zu machen, denken wir uns ein ideales Maßinstrument: die *Lichtuhr*, mittels derer wir die Eigenzeit längs einer jeden Zeitlinie bestimmen können.

Zunächst zeigen wir, daß dieses Instrument ausreicht, um mit seiner Hilfe die Werte der $g_{\mu\nu}$ als Funktionen von x_s zu berechnen, sobald nur ein bestimmtes Raum-Zeit-Koordinatensystem x_s eingeführt worden ist. In der Tat wählen wir irgend zehn Zeitlinien aus, die sämtlich längs verschiedenen Richtungen in den nämlichen Weltpunkt x_s einlaufen, so daß diesem Endpunkt jedesmal der Parameterwert p zukommt, so ergibt sich für jede der zehn Zeitlinien im Endpunkt die Gleichung

$$\left(\frac{d\tau^{(h)}}{dp}\right)^2 = G\left(\frac{dx_s^{(h)}}{dp}\right), \qquad (h = 1, 2, \ldots, 10);$$

hier sind die linken Seiten bekannt, sobald wir die Eigenzeiten $\tau^{(h)}$ mittels der Lichtuhr bestimmt haben. Setzen wir nun zur Abkürzung

$$D(u) = \begin{vmatrix} \left(\dfrac{dx_1^{(1)}}{dp}\right)^2, & \dfrac{dx_1^{(1)}}{dp}\dfrac{dx_2^{(1)}}{dp}, & \ldots, & \left(\dfrac{dx_4^{(1)}}{dp}\right)^2, & \left(\dfrac{d\tau^{(1)}}{dp}\right)^2 \\ \cdot \cdot \cdot & \cdot \cdot \cdot & \cdot & \cdot \cdot \cdot & \cdot \cdot \cdot \\ \left(\dfrac{dx_1^{(10)}}{dp}\right)^2, & \dfrac{dx_1^{(10)}}{dp}\dfrac{dx_2^{(10)}}{dp}, & \ldots, & \left(\dfrac{dx_4^{(10)}}{dp}\right)^2, & \left(\dfrac{d\tau^{(10)}}{dp}\right)^2 \\ X_1^2, & X_1 X_2, & \ldots, & X_4^2, & u \end{vmatrix},$$

so wird offenbar

$$G(X_s) = -\frac{D(0)}{\dfrac{\partial D}{\partial u}}, \qquad (19)$$

wodurch sich zugleich für die Richtungen der ausgewählten zehn Zeitlinien im Punkte $x_s(p)$ die Bedingung

$$\frac{\partial D}{\partial u} \neq 0$$

als notwendig herausstellt.

Ist G nach (19) berechnet, so würde die Anwendung des Verfahrens auf irgend eine 11-te Zeitlinie, die in $x_s(p)$ endigt, die Gleichung

$$\left(\frac{d\lambda^{(11)}}{dp}\right)^2 = G\left(\frac{dx^{(11)}}{dp}\right)$$

liefern und diese Gleichung wäre dann sowohl eine Kontrolle für die Richtigkeit des Instrumentes als auch eine experimentelle Bestätigung dafür, daß die Voraussetzungen der Theorie für die wirkliche Welt zutreffen.

Der axiomatische Aufbau unserer Pseudogeometrie ließe sich ohne Schwierigkeit durchführen: erstens ist ein Axiom aufzustellen, auf Grund dessen folgt, daß Länge bzw. Eigenzeit Integrale sein müssen, deren Integrand lediglich eine Funktion der x_s und ihrer ersten Ableitungen nach dem Parameter ist; als ein solches Axiom wäre etwa der bekannte Enveloppensatz für geodätische Linien verwendbar. Zweitens ist ein Axiom erforderlich, wonach die Sätze der pseudo-Euklidischen Geometrie, d. h. das alte Relativitätsprinzip im Unendlichkleinen gelten soll; hierzu wäre das von W. BLASCHKE[1] aufgestellte Axiom besonders geeignet, welches aussagt, daß die Bedingung der Orthogonalität für irgend zwei Richtungen — sei es bei Strecken oder Zeitlinien — stets eine gegenseitige sein soll.

Es seien noch kurz die hauptsächlichsten Tatsachen zusammengestellt, die uns die Monge-Hamiltonsche Theorie der Differentialgleichungen für unsere Pseudogeometrie lehrt.

Jedem Weltpunkte x_s gehört ein Kegel zweiter Ordnung zu, der in x_s seine Spitze hat und in den laufenden Punktkoordinaten X_s durch die Gleichung

$$G(X_1 - x_1, X_2 - x_2, X_3 - x_3, X_4 - x_4) = 0$$

bestimmt ist; derselbe heiße der zum Punkte x_s zugehörige *Nullkegel*. Die sämtlichen Nullkegel bilden ein vierdimensionales Kegelfeld, zu dem einerseits die „Mongesche" Differentialgleichung

$$G\left(\frac{dx_1}{dp}, \frac{dx_2}{dp}, \frac{dx_3}{dp}, \frac{dx_4}{dp}\right) = 0$$

und andererseits die „Hamiltonsche" partielle Differentialgleichung

$$H\left(\frac{\partial f}{\partial x_1}, \frac{\partial f}{\partial x_2}, \frac{\partial f}{\partial x_3}, \frac{\partial f}{\partial x_4}\right) = 0 \tag{20}$$

gehört, wo H die zu G reziproke quadratische Form

$$H(U_1, U_2, U_3, U_4) = \sum_{\mu\nu} g^{\mu\nu} U_\mu U_\nu$$

bedeutet. Die Charakteristiken der Mongeschen und zugleich die der Hamiltonschen partiellen Differentialgleichung (20) sind die geodätischen Nulllinien. Die sämtlichen von einem bestimmten Weltpunkt a_s ($s = 1, 2, 3, 4$) ausgehenden geodätischen Nullinien erzeugen eine dreidimensionale Punktmannigfaltigkeit, die die zum Weltpunkt a_s gehörige *Zeitscheide* heißen möge. Die Zeitscheide besitzt in a_s einen Knotenpunkt, dessen Tangentialkegel gerade der zu a_s gehörige Nullkegel ist. Bringen wir die Gleichung der Zeitscheide auf die Gestalt

$$x_4 = \varphi(x_1, x_2, x_3),$$

so ist

$$f = x_4 - \varphi(x_1, x_2, x_3)$$

ein Integral der Hamiltonschen Differentialgleichung (20). Die sämtlichen vom Punkte a_s ausgehenden Zeitlinien verlaufen gänzlich innerhalb des-

---

[1] Räumliche Variationsprobleme mit symmetrischer Transversalitätsbedingung. Leipziger Berichte, Math.-phys. Kl. Bd. 68, (1916) S. 50.

jenigen vierdimensionalen Weltteiles, der die zu a_s gehörige Zeitscheide als Begrenzung hat.

Nach diesen Vorbereitungen wenden wir uns dem Problem der **Kausalität** in der neuen Physik zu.

Bisher haben wir alle Koordinatensysteme x_s, die aus irgend einem durch eine willkürliche Transformation hervorgehen, als gleichberechtigt angesehen. Diese Willkür muß eingeschränkt werden, sobald wir die Auffassung zur Geltung bringen wollen, daß zwei auf der nämlichen Zeitlinie gelegene Weltpunkte im Verhältnis von Ursache und Wirkung zueinander stehen können und daß es daher nicht möglich sein soll, solche Weltpunkte auf gleichzeitig zu transformieren. Indem wir x_4 als die *eigentliche* Zeitkoordinate auszeichnen, stellen wir folgende Definitionen auf:

Ein *eigentliches* Raum-Zeit-Koordinatensystem ist ein solches, für welches außer $g < 0$ stets noch die folgenden vier Ungleichungen

$$g_{11} > 0, \qquad \begin{vmatrix} g_{11} & g_{12} \\ g_{21} & g_{22} \end{vmatrix} > 0, \qquad \begin{vmatrix} g_{11} & g_{12} & g_{13} \\ g_{21} & g_{22} & g_{23} \\ g_{31} & g_{32} & g_{33} \end{vmatrix} > 0, \qquad g_{44} < 0 \qquad (21)$$

erfüllt sind. Eine Transformation, die ein solches Raum-Zeit-Koordinatensystem in ein anderes eigentliches Raum-Zeit-Koordinatensystem überführt, heiße eine *eigentliche* Raum-Zeit-Koordinatentransformation.

Die vier Ungleichungen drücken aus, daß in irgend einem Weltpunkte a_s der zugehörige Nullkegel den linearen Raum

$$x_4 = a_4$$

ganz außerhalb läßt, die Gerade

$$x_1 = a_1, \qquad x_2 = a_2, \qquad x_3 = a_3$$

dagegen im Inneren enthält; die letztere Gerade ist daher stets eine Zeitlinie.

Es sei nunmehr irgend eine Zeitlinie $x_s = x(p)$ gegeben; wegen

$$G\left(\frac{dx}{dp}\right) < 0$$

folgt dann, daß in einem eigentlichen Raum-Zeit-Koordinatensystem stets

$$\frac{dx_4}{dp} \neq 0$$

sein und folglich längs einer Zeitlinie die eigentliche Zeitkoordinate x_4 stets wachsen bzw. abnehmen muß. Da eine Zeitlinie bei jeder Koordinatentransformation Zeitlinie bleibt, so können zwei Weltpunkte einer Zeitlinie durch eine eigentliche Raum-Zeit-Koordinatentransformation niemals den gleichen Wert der Zeitkoordinate x_4 erhalten, d. h. unmöglich auf gleichzeitig transformiert werden.

Andererseits wenn die Punkte einer Kurve eigentlich auf gleichzeitig transformiert werden können, so gilt nach der Transformation für diese Kurve

$$x_4 = \text{konst.}, \quad \text{d. h.} \quad \frac{dx_4}{dp} = 0,$$

mithin

$$G\left(\frac{dx_s}{dp}\right) = \sum_{\mu\nu} g_{\mu\nu} \frac{dx_\mu}{dp} \frac{dx_\nu}{dp} \qquad (\mu, \nu = 1, 2, 3),$$

und hier ist wegen der ersten drei unserer Ungleichungen (21) die rechte Seite positiv; die Kurve charakterisiert sich demnach als eine Strecke.

So sehen wir, daß die dem Kausalitätsprinzip zugrunde liegenden Begriffe von Ursache und Wirkung auch in der neuen Physik zu keinerlei inneren Widersprüchen führen, sobald wir nur stets die Ungleichungen (21) zu unseren Grundgleichungen hinzunehmen, d. h. uns auf den Gebrauch eigentlicher Raum-Zeit-Koordinaten beschränken.

An dieser Stelle sei auf ein späterhin nützliches besonderes Raum-Zeit-Koordinatensystem hingewiesen, welches ich das *Gaußische Koordinatensystem* nennen möchte, weil es die Verallgemeinerung desjenigen geodätischen Polarkoordinatensystems ist, das Gauss in die Flächentheorie eingeführt hat. Es sei in unserer vierdimensionalen Welt irgend ein dreidimensionaler Raum gegeben von der Art, daß jede in diesem Raum verlaufende Kurve eine Strecke ist: *ein Streckenraum*, wie ich einen solchen nennen möchte; x_1, x_2, x_3 seien irgendwelche Punktkoordinaten dieses Raumes. Wir konstruieren nun in einem jeden Punkte x_1, x_2, x_3 desselben die zu ihm orthogonale geodätische Linie, die eine Zeitlinie sein wird, und tragen auf derselben x_4 als Eigenzeit auf; dem so erhaltenen Punkte der vierdimensionalen Welt weisen wir die Koordinatenwerte $x_1 x_2 x_3 x_4$ zu. Für diese Koordinaten wird, wie leicht zu sehen ist,

$$G(X_s) = \sum_{\mu\nu}^{1,2,3} g_{\mu\nu} X_\mu X_\nu - X_4^2, \qquad (22)$$

d. h. das Gaußische Koordinatensystem ist analytisch durch die Gleichungen

$$g_{14} = 0, \quad g_{24} = 0, \quad g_{34} = 0, \quad g_{44} = -1 \qquad (23)$$

charakterisiert. Wegen der vorausgesetzten Beschaffenheit des dreidimensionalen Raumes $x_4 = 0$ fällt die rechter Hand in (22) stehende quadratische Form der Variablen X_1, X_2, X_3 notwendig positiv definit aus, d. h. die drei ersten der Ungleichungen (21) sind erfüllt, und da dies auch für die vierte gilt, so erweist sich das Gaußische Koordinatensystem stets als ein *eigentliches* Raum-Zeit-Koordinatensystem.

Wir kehren nun zur Erforschung des Kausalitätsprinzips in der Physik zurück. Als den hauptsächlichen Inhalt desselben sehen wir die Tatsache an, die bisher in jeder physikalischen Theorie galt, daß aus der Kenntnis der physikalischen Größen und ihrer zeitlichen Ableitungen in der Gegenwart allemal die Werte dieser Größen für die Zukunft eindeutig bestimmt werden können: die Gesetze der bisherigen Physik fanden nämlich ausnahmslos ihren Ausdruck in einem System von Differentialgleichungen solcher Art, daß die Anzahl der darin auftretenden Funktionen wesentlich mit der Anzahl der unabhängigen Differentialgleichungen übereinstimmte, und somit bot dann der bekannte Cauchysche Satz über die Existenz von Integralen von Differentialgleichungen unmittelbar den Beweisgrund für jene Tatsache.

Unsere Grundgleichungen (4) und (5) der Physik sind nun keineswegs von der oben charakterisierten Art; vielmehr sind, wie ich gezeigt habe, vier von ihnen eine Folge der übrigen: wir können die elektrodynamischen Gleichungen (5) als Folge der zehn Gravitationsgleichungen (4) ansehen und haben somit für die 14 Potentiale $g_{\mu\nu}$, q_s nur die zehn voneinander wesentlich unabhängigen Gleichungen (4).

Sobald wir an der Forderung der allgemeinen Invarianz für die Grundgleichungen der Physik festhalten, ist der eben genannte Umstand auch wesentlich und notwendig. Gäbe es nämlich für die 14 Potentiale noch weitere von (4) unabhängige invariante Gleichungen, so würde die Einführung eines Gaußischen Koordinatensystems vermöge (23) für die zehn physikalischen Größen

$$g_{\mu\nu} \quad (\mu, \nu = 1, 2, 3), \qquad q_s \quad (s = 1, 2, 3, 4)$$

ein System von Gleichungen liefern, die wiederum voneinander unabhängig wären und, da sie mehr als zehn sind, ein überbestimmtes System bilden würden.

Unter solchen Umständen also, wie sie in der neuen Physik der allgemeinen Relativität zutreffen, ist es keineswegs mehr möglich, aus der Kenntnis der physikalischen Größen in Gegenwart und Vergangenheit eindeutig ihre Werte in der Zukunft zu folgern. Um dies anschaulich an einem Beispiel zu zeigen, seien unsere Grundgleichungen (4) und (5) in dem besonderen Falle integriert, der dem Vorhandensein eines einzigen dauernd ruhenden Elektrons entspricht, so daß sich die 14 Potentiale

$$g_{\mu\nu} = g_{\mu\nu}(x_1, x_2, x_3)$$
$$q_s = q_s \, (x_1, x_2, x_3)$$

als bestimmte Funktionen von x_1, x_2, x_3 ergeben, die von der Zeit x_4 sämtlich unabhängig sind, und überdies so, daß noch die drei ersten Komponenten r^1, r^2, r^3 der Viererdichte verschwinden mögen. Wir wenden sodann auf die Potentiale die folgende Koordinatentransformation[1] an:

$$
\begin{cases}
x_1 = x_1' & \text{für } x_4' \leqq 0 \\
x_1 = x_1' + e^{-\frac{1}{x_4'^2}} & \text{für } x_4' > 0
\end{cases}
$$

$$x_2 = x_2'$$
$$x_3 = x_3'$$
$$x_4 = x_4';$$

die transformierten Potentiale $g'_{\mu\nu}$, q'_s sind für $x_4' \leqq 0$ die gleichen Funktionen von x_1', x_2', x_3' wie die $g_{\mu\nu}$, q_s in den ursprünglichen Variablen x_1, x_2, x_3, während die $g'_{\mu\nu}$, q'_s für $x_4' > 0$ wesentlich auch von der Zeitkoordinate x_4' abhängen, d. h. die Potentiale $g'_{\mu\nu}$, q'_s stellen ein Elektron dar, das bis zur Zeit $x_4' = 0$ ruht, dann aber sich in seinen Teilen in Bewegung setzt.

Dennoch glaube ich, daß es nur einer schärferen Erfassung der dem Prinzip der allgemeinen Relativität[2] zugrunde liegenden Idee bedarf, um das Kausalitätsprinzip auch in der neuen Physik aufrechtzuhalten. Dem Wesen des neuen Relativitätsprinzipes entsprechend müssen wir nämlich die Invarianz nicht nur für die allgemeinen Gesetze der Physik verlangen, sondern auch jeder Einzelaussage in der Physik den invarianten Charakter zusprechen, falls sie einen physikalischen Sinn haben soll — im Einklang damit, daß jede physikalische Tatsache letzten Endes durch Lichtuhren, d. h. durch Instrumente von *invariantem* Charakter feststellbar sein muß. Gerade so wie in der Kurven- und Flächentheorie eine Aussage, für die die Parameterdarstellung der Kurve oder Fläche gewählt ist, für die Kurve oder Fläche selbst keinen geometrischen Sinn hat, wenn nicht die Aussage gegenüber einer beliebigen Transformation der Parameter invariant bleibt oder sich in eine invariante Form bringen läßt, so müssen wir auch in der Physik eine Aussage, die nicht gegenüber jeder beliebigen Transformation des Koordinatensystems invariant bleibt, als *physikalisch sinnlos* bezeichnen. Beispielsweise hat im oben betrachteten Falle des ruhenden Elektrons die Aussage, daß dasselbe etwa zur Zeit $x_4 = 1$ ruhe, physikalisch keinen Sinn, weil diese Aussage nicht invariant ist.

Was nun das Kausalitätsprinzip betrifft, so mögen für die Gegenwart in irgend einem gegebenen Koordinatensystem die physikalischen Größen und ihre zeitlichen Ableitungen bekannt sein: dann wird eine Aussage nur

---

[1] Für nicht zu große Werte von x_4 ist diese Transformation eine *eigentliche* Raum-Zeit-Koordinatentransformation. Anm. d. H.

[2] In seiner ursprünglichen, nunmehr verlassenen Theorie hatte A. EINSTEIN (Sitzungsberichte der Akad. zu Berlin 1914, S. 1067) in der Tat, um das Kausalitätsprinzip in der alten Fassung zu retten, gewisse 4 nicht invariante Gleichungen für die $g_{\mu\nu}$ besonders postuliert.

physikalischen Sinn haben, wenn sie gegenüber allen denjenigen Transformationen invariant ist, bei denen jene als bekannt vorausgesetzten Werte
für die Gegenwart unverändert bleiben; ich behaupte, daß die Aussagen
dieser Art für die Zukunft sämtlich eindeutig bestimmt sind, d. h. *das Kausalitätsprinzip gilt in dieser Fassung:*

*Aus der Kenntnis der physikalischen Zustandsgrößen in der Gegenwart
folgen alle Aussagen über dieselben für die Zukunft notwendig und eindeutig,
sofern sie physikalischen Sinn haben.*

Um diese Behauptung zu beweisen, benutzen wir das Gaußische Raum-
Zeit-Koordinatensystem. Die Einführung von (23) in die Grundgleichungen (4),
(5) liefert uns, nach Weglassung von 4 überzähligen Gleichungen, für die
10 Potentiale

$$g_{\mu\nu} \quad (\mu, \nu = 1, 2, 3), \qquad q_s \quad (s = 1, 2, 3, 4) \qquad (24)$$

ein System von ebenso vielen partiellen Differentialgleichungen; wenn wir
diese auf Grund der gegebenen Anfangswerte für $x_4 = 0$ integrieren, so
finden wir[1] auf eindeutige Weise die Werte von (24) für $x_4 > 0$.

---

[1] Die genauere Diskussion gestaltet sich in folgender Weise: Allgemein liefern die
10 Gleichungen (4), für

$$H = K + L, \qquad \text{(Axiom III)}$$

durch lineare Kombination die Gleichungen

$$K_{\mu\nu} = T_{\mu\nu} - \frac{1}{2} g_{\mu\nu} T; \qquad (T = \sum_{\mu\nu} g^{\mu\nu} T_{\mu\nu})$$

von denen die 6 für $\mu, \nu = 1, 2, 3$ sich ergebenden auf Grund der Bedingungen (23) die
Gestalt

$$\frac{\partial^2 g_{\mu\nu}}{\partial x_4^2} = \frac{F_{\mu\nu}}{g^2} \qquad (\mu, \nu = 1, 2, 3) \qquad ((1))$$

haben, wobei die $F_{\mu\nu}$ ganze rationale Funktionen der $g_{\alpha\beta}$ ($\alpha, \beta = 1, 2, 3$), $q_s (s = 1, 2, 3, 4)$,
ferner der ersten Ableitungen dieser Funktionen sowie der räumlichen und der gemischt
raumzeitlichen zweiten Ableitungen der $g_{\alpha\beta}$ sind.

Für die weiteren Gleichungen ist die Gestalt der Invariante L wesentlich.

Im Falle $L = aQ + bq$, $a \neq 0$, $b \neq 0$ (a, b Konstanten) haben die Gleichungen (5)
die Form

$$\sum_k \frac{\partial (\sqrt{g} \cdot M^{kh})}{\partial x_k} = \frac{\sqrt{g}}{4\alpha} \cdot r^h, \qquad (h = 1, 2, 3, 4)$$

wobei

$$M^{kh} = \sum_{\alpha\beta} g^{h\alpha} g^{h\beta} \cdot \left(\frac{\partial q_\beta}{\partial x_\alpha} - \frac{\partial q_\alpha}{\partial x_\beta} \right),$$

$$r^h = 2b \sum_l g^{hl} q_l$$

zu setzen ist.

Die drei ersten von diesen lassen sich auf Grund der Bedingungen (23) nach den

Die Formen, in denen physikalisch sinnvolle, d. h. invariante Aussagen mathematisch zum Ausdruck gebracht werden können, sind sehr mannigfaltig:

Erstens. Dies kann mittels eines invarianten Koordinatensystems geschehen. Ebenso wie das vorhin benutzte Gaußische ist zu solchem Zwecke auch das bekannte Riemannsche und desgleichen dasjenige Raum-Zeit-Koordinatensystem verwendbar, in welchem die Elektrizität auf Ruhe und Einheitsdichte transformiert erscheint. Ein solches Koordinatensystem ist in der Tat unter sehr allgemeinen Bedingungen vorhanden; bezeichnet $f(q)$, wie am Schluß von Teil I, die im Hamiltonschen Prinzip auftretende Funktion der Invariante

$$q = \sum_{kl} q_k \, q_l \, g^{kl},$$

so ist

$$r^s = 2 f'(q) \cdot q^s = 2 f'(q) \sum_l g^{sl} \, q_l$$

die Viererdichte der Elektrizität; sie stellt einen kontravarianten Vektor dar und ist für ein Weltgebiet, in dem $f'(q) \neq 0$ und das Vorzeichen von q

_____

zweiten zeitlichen Ableitungen von q_1, q_2, q_3 auflösen in der Form

$$\frac{\partial^2 q_l}{\partial x_4^2} = \frac{F_l}{g^2}, \qquad\qquad (l = 1, 2, 3) \quad ((2))$$

wobei die F_1 ganze rationale Funktionen der $g_{\alpha\beta}$ $(\alpha, \beta = 1, 2, 3)$, q_s $(s = 1, 2, 3, 4)$ ihrer räumlichen und der gemischt raumzeitlichen zweiten Ableitungen der q_s sind.

Die vierte der Gleichungen (5) ergibt zusammen mit den ersten drei durch Differentiation und Addition die Gleichung

$$\sum_h \frac{\partial}{\partial x_h} (\sqrt{g}\, r^h) = 0,$$

welche auf Grund der Bedingungen (23), (nebst $b \neq 0$), die Form hat

$$\frac{\partial q_4}{\partial x_4} = \frac{F}{g^2}, \qquad\qquad ((3))$$

wobei F eine ganze rationale Funktion der $g_{\alpha\beta}$ $(\alpha, \beta = 1, 2, 3)$ und ihrer ersten Ableitungen sowie der q_s $(s = 1, 2, 3, 4)$ und ihrer räumlichen ersten Ableitungen ist.

Mittels der Gleichungen $((1))$, $((2))$, $((3))$ bestimmen sich die Funktionen

$$g_{\alpha\beta}, \qquad \frac{\partial g_{\alpha\beta}}{\partial x_4} \qquad (\alpha, \beta = 1, 2, 3), \qquad q_l, \qquad \frac{\partial q_l}{\partial x_4} \qquad (l = 1, 2, 3), \qquad q_4$$

eindeutig durch ihre Anfangswerte.

In dem allgemeineren Falle

$$L = aQ + f(q)$$

gelangt man zu dem entsprechenden Ergebnis unter der Bedingung, daß

$$a \neq 0, \qquad f'(q) - 2 q_4^2 \cdot f''(q) \neq 0$$

ist. Für

$$L = aQ \qquad\qquad (a \neq 0)$$

negativ ist, durch eine eigentliche Raum-Zeit-Koordinatentransformation auf (0, 0, 0, 1) transformierbar[1].

Für Partikularlösungen der Grundgleichungen kann es besondere invariante Koordinatensysteme geben; so bilden z. B. im unten behandelten Falle des zentrisch-symmetrischen Gravitationsfeldes r, ϑ, φ, t ein bis auf Drehungen invariantes Koordinatensystem.

Zweitens. Die Aussage, *wonach sich ein Koordinatensystem finden läßt*, in welchem die 14 Potentiale $g_{\mu\nu}$, q_s für die Zukunft gewisse bestimmte Werte haben oder gewisse bestimmte Beziehungen erfüllen, ist stets eine in-

---

ist die Bestimmung des Vektors q_s ($s = 1, 2, 3, 4$) aus den Anfangswerten (und denen der zeitlichen ersten Ableitungen) mittels der Grundgleichungen (4), (5) nicht möglich, da diese Gleichungen den Vektor q_s nur in den Verbindungen M_{ks} enthalten und daher ungeändert bleiben, wenn

$$q_s \quad \text{durch} \quad q_s + \frac{\partial p(x_1, x_2, x_3, x_4)}{\partial x_s} \qquad (s = 1, 2, 3, 4)$$

ersetzt wird, (unter $p(x_1, x_2, x_3, x_4)$ eine beliebige Funktion der Koordinaten verstanden). In diesem Falle muß man daher, um die kausale Form der Gesetzlichkeit zu erhalten, an Stelle der 4 Komponenten q_s die 6 Komponenten M_{ks} des elektromagnetischen Sechservektors als zu bestimmende Funktionen einführen. Für diese liefern die Gleichungen (12), mit $h = 1, 2, 3$, und (13), mit $t = 4$, $k, s = 1, 2, 3$, sechs partielle Differentialgleichungen erster Ordnung, die nach den zeitlichen Ableitungen der 6 Komponenten M_{ks} aufgelöst sind. (Diese Gleichungen sind die verallgemeinerten Maxwellschen Gleichungen für das ladungsfreie Feld ($\mathfrak{E}$, $\mathfrak{H}$), unter Auslassung der beiden Gleichungen div $\mathfrak{E} = 0$, div $\mathfrak{H} = 0$.)

Allgemein ist zu beachten, daß die für die kausale Gesetzlichkeit unbenutzt gebliebenen „überzähligen" Gleichungen zwar gemäß (15a), (15b) in Abhängigkeit von den übrigen Grundgleichungen stehen, jedoch nur so, daß sie in zeitlich *differenzierter Form* aus diesen folgen. Auch von den benutzten Grundgleichungen wird (in dem betrachteten Hauptfall) die eine nur in zeitlich differenzierter Form angewandt. Somit bringt die kausale Gesetzlichkeit nicht den vollen Inhalt der Grundgleichungen zum Ausdruck, diese liefern vielmehr außer jener Gesetzlichkeit noch *einschränkende Bedingungen für den jeweiligen Anfangszustand*.

Dieser Umstand bildete für verschiedene neuere feldtheoretische Ansätze EINSTEINS einen leitenden Gesichtspunkt. Anm. d. H.

[1] Bei den drei hier genannten Arten von ausgezeichneten Koordinatensystemen handelt es sich jedesmal nur um eine partielle Festlegung der Koordinaten. Die Eigenschaft des Gaußischen Koordinatensystems bleibt erhalten bei beliebigen Transformationen der Raumkoordinaten und bei Lorentztransformationen, die Riemannschen Normalkoordinaten gestatten beliebige lineare Koordinatentransformationen, und ein Koordinatensystem, in welchem der Vektor r^k die Komponenten (0, 0, 0, 1) hat, geht wieder in ein solches über bei einer beliebigen Transformation der Raumkoordinaten nebst einer örtlich variablen Verlegung des zeitlichen Nullpunktes.

Die Charakterisierung des Gaußischen Koordinatensystems durch die Bedingungen (23) und ebenso die des drittgenannten ausgezeichneten Koordinatensystems durch die Bedingung für r^k ist übrigens insofern nicht völlig invariant, als darin die Auszeichnung der vierten Koordinate zur Geltung kommt, die mit der Aufstellung der Bedingungen (21) eingeführt wurde. Anm. d. H.

variante und daher physikalisch sinnvoll. Der mathematische invariante
Ausdruck für eine solche Aussage wird durch Elimination der Koordinaten
aus jenen Beziehungen erhalten. Ein Beispiel bietet der oben betrachtete Fall
des ruhenden Elektrons: der wesentliche und physikalisch sinnvolle Inhalt
des Kausalitätsprinzips drückt sich hier in der Aussage aus, daß das für die
Zeit $x_4 \leqq 0$ ruhende Elektron *bei geeigneter Wahl des Raum-Zeit-Koordinaten-
systems* auch für die Zukunft $x_4 > 0$ beständig in allen seinen Teilen ruht.

Drittens. Auch ist eine Aussage invariant und hat daher stets physikalischen Sinn, wenn sie für jedes beliebige Koordinatensystem gültig ist, ohne
daß dabei die auftretenden Ausdrücke formal invarianten Charakter zu besitzen brauchen.

Nach meinen Ausführungen ist die Physik eine vierdimensionale Pseudogeometrie, deren Maßbestimmung $g_{\mu\nu}$ durch die Grundgleichungen (4) und (5)
an die elektromagnetischen Größen, d. h. an die Materie gebunden ist. Mit
dieser Erkenntnis wird nun eine alte geometrische Frage zur Lösung reif,
die Frage nämlich, ob und in welchem Sinne die Euklidische Geometrie
— von der wir aus der Mathematik nur wissen, daß sie ein logisch wider-
spruchsfreier Bau ist — auch in der Wirklichkeit Gültigkeit besitzt.

Die alte Physik mit dem absoluten Zeitbegriff übernahm die Sätze der
Euklidischen Geometrie und legte sie vorweg einer jeden speziellen physikalischen Theorie zugrunde. Auch Gauss verfuhr nur wenig anders: er kon-
struierte hypothetisch eine nicht-Euklidische Physik, indem er unter Bei-
behaltung der absoluten Zeit von den Sätzen der Euklidischen Geometrie
nur das Parallelenaxiom fallen ließ; die Messung der Winkel eines Dreieckes
mit großen Dimensionen zeigte ihm dann die Ungültigkeit dieser nicht-
Euklidischen Physik.

Die neue Physik des Einsteinschen allgemeinen Relativitätsprinzips
nimmt gegenüber der Geometrie eine völlig andere Stellung ein. Sie legt
weder die Euklidische noch irgend eine andere bestimmte Geometrie vorweg
zugrunde, um daraus die eigentlichen physikalischen Gesetze zu deduzieren,
sondern die neue Theorie der Physik liefert mit einem Schlage durch ein
und dasselbe Hamiltonsche Prinzip die geometrischen und die physikalischen Gesetze, nämlich die Grundgleichungen (4) und (5), welche lehren,
wie die Maßbestimmung $g_{\mu\nu}$ — zugleich der mathematische Ausdruck der
physikalischen Erscheinung der Gravitation — mit den Werten q_s der elektrodynamischen Potentiale verkettet ist.

Die Euklidische Geometrie ist *ein der modernen Physik fremdartiges Fern-
gesetz:* indem die Relativitätstheorie die Euklidische Geometrie als allgemeine
Voraussetzung für die Physik ablehnt, lehrt sie vielmehr, daß Geometrie
und Physik gleichartigen Charakters sind und als *eine* Wissenschaft auf gemeinsamer Grundlage ruhen.

Die oben genannte geometrische Frage läuft darauf hinaus, zu untersuchen, ob und unter welchen Voraussetzungen die vierdimensionale Euklidische Pseudogeometrie

$$g_{11} = 1, \quad g_{22} = 1, \quad g_{33} = 1, \quad g_{44} = -1 \atop g_{\mu\nu} = 0, \quad (\mu \neq \nu) \Bigg\} \tag{25}$$

eine Lösung der Gravitationsgleichungen bzw. die einzige reguläre Lösung
derselben ist.

Die Gravitationsgleichungen (8) lauten:

$$[\sqrt{g}\,K]_{\mu\nu} + \frac{\partial \sqrt{g}\,L}{\partial g^{\mu\nu}} = 0,$$

wo

$$[\sqrt{g}\,K]_{\mu\nu} = \sqrt{g}\left(K_{\mu\nu} - \frac{1}{2}\,K g_{\mu\nu}\right)$$

ist. Bei der Einsetzung der Werte (25) wird

$$[\sqrt{g}\,K]_{\mu\nu} = 0 \tag{26}$$

und für

$$q_s = 0 \qquad (s = 1, 2, 3, 4)$$

wird

$$\frac{\partial \sqrt{g}\,L}{\partial g^{\mu\nu}} = 0;$$

d. h. wenn alle Elektrizität entfernt wird, so ist die pseudo-Euklidische Geometrie möglich. Die Frage, ob sie in diesem Falle auch notwendig ist, d. h.
ob — bzw. unter gewissen Zusatzbedingungen — die Werte (25) und die
durch Transformation der Koordinaten daraus hervorgehenden Werte der
$g_{\mu\nu}$ die einzigen regulären Lösungen der Gleichungen (26) sind, ist eine mathematische, hier nicht allgemein zu erörternde Aufgabe. Ich beschränke mich
vielmehr darauf, einige besondere diese Aufgabe betreffenden Überlegungen
anzustellen.

Im Falle der pseudo-Euklidischen Geometrie haben wir

$$g_{\mu\nu} = \gamma_{\mu\nu},$$

worin

$$\gamma_{11} = 1, \quad \gamma_{22} = 1, \quad \gamma_{33} = 1, \quad \gamma_{44} = -1,$$
$$\gamma_{\mu\nu} = 0 \quad (\mu \neq \nu)$$

bedeutet. Für jede dieser pseudo-Euklidischen Geometrie benachbarte Maßbestimmung gilt der Ansatz

$$g_{\mu\nu} = \gamma_{\mu\nu} + \varepsilon h_{\mu\nu} + \cdots, \tag{27}$$

wo ε eine gegen Null konvergierende Größe und $h_{\mu\nu}$ Funktionen der x_s sind.
Über die Maßbestimmung (27) mache ich die folgenden zwei Annahmen:

I. Die $h_{\mu\nu}$ mögen von der Variabeln x_4 unabhängig sein.

II. Die $h_{\mu\nu}$ mögen im Unendlichen ein gewisses reguläres Verhalten zeigen.

Soll nun die Maßbestimmung (27) für alle ε die Differentialgleichungen (26) erfüllen, so folgt, daß die $h_{\mu\nu}$ notwendig gewisse lineare homogene partielle Differentialgleichungen zweiter Ordnung erfüllen müssen. Diese Differentialgleichungen lauten, wenn man nach EINSTEIN[1]

$$h_{\mu\nu} = k_{\mu\nu} - \frac{1}{2}\delta_{\mu\nu}\sum_s k_{ss}, \qquad (k_{\mu\nu} = k_{\nu\mu}) \qquad (28)$$

$$\delta_{\mu\nu} = 0, \qquad (\mu \neq \nu),$$

$$\delta_{\nu\nu} = 1$$

setzt und zwischen den zehn Funktionen $k_{\mu\nu}$ die vier Relationen

$$\sum_s \frac{\partial k_{\mu s}}{\partial x_s} = 0, \qquad (\mu = 1, 2, 3, 4) \qquad (29)$$

annimmt, wie folgt:

$$\square\, k_{\mu\nu} = 0, \qquad\qquad (30)$$

wo zur Abkürzung

$$\square = \frac{\partial^2}{\partial x_1^2} + \frac{\partial^2}{\partial x_2^2} + \frac{\partial^2}{\partial x_3^2} - \frac{\partial^2}{\partial x_4^2}$$

gesetzt ist.

Die Relationen (29) sind wegen des Ansatzes (28) einschränkende Voraussetzungen für die Funktionen $h_{\mu\nu}$; ich will jedoch zeigen, wie es durch eine geeignete infinitesimale Transformation der Variablen x_1, x_2, x_3, x_4 stets erreicht werden kann, daß für die entsprechenden Funktionen $h_{\mu\nu}$ nach der Transformation jene einschränkenden Voraussetzungen erfüllt sind.

Zu dem Zwecke bestimme man vier Funktionen $\varphi_1, \varphi_2, \varphi_3, \varphi_4$ der Variablen, die bzw. den Differentialgleichungen

$$\square\,\varphi_\mu = \frac{1}{2}\frac{\partial}{\partial x_\mu}\sum_\nu h_{\nu\nu} - \sum_\nu \frac{\partial h_{\mu\nu}}{\partial x_\nu} \qquad (31)$$

genügen. Vermöge der infinitesimalen Transformation

$$x_s = x_s' + \varepsilon\,\varphi_s$$

geht $g_{\mu\nu}$ über in

$$g_{\mu\nu}' = g_{\mu\nu} + \varepsilon\sum_\alpha g_{\alpha\nu}\frac{\partial\varphi_\alpha}{\partial x_\mu} + \varepsilon\sum_\alpha g_{\alpha\mu}\frac{\partial\varphi_\alpha}{\partial x_\nu} + \cdots$$

oder wegen (27) in

$$g_{\mu\nu}' = \gamma_{\mu\nu} + \varepsilon\,h_{\mu\nu}' + \cdots,$$

wo

$$h_{\mu\nu}' = h_{\mu\nu} + \frac{\partial\varphi_\nu}{\partial x_\mu} + \frac{\partial\varphi_\mu}{\partial x_\nu}$$

---

[1] Näherungsweise Integration der Feldgleichungen der Gravitation. Ber. d. Akad. zu Berlin 1916, S. 688.

gesetzt ist. Wählen wir nun

$$k_{\mu\nu} = h'_{\mu\nu} - \frac{1}{2} \delta_{\mu\nu} \sum_s h'_{ss},$$

so erfüllen diese Funktionen wegen (31) die Einsteinschen Bedingungen (29) und es wird

$$h'_{\mu\nu} = k_{\mu\nu} - \frac{1}{2} \delta_{\mu\nu} \sum_s k_{ss} \qquad\qquad (k_{\mu\nu} = k_{\nu\mu}).$$

Die Differentialgleichungen (30), die nach den obigen Ausführungen für die gefundenen $k_{\mu\nu}$ gelten müssen, gehen wegen der Annahme I in

$$\frac{\partial^2 k_{\mu\nu}}{\partial x_1^2} + \frac{\partial^2 k_{\mu\nu}}{\partial x_2^2} + \frac{\partial^2 k_{\mu\nu}}{\partial x_3^2} = 0$$

über und, da die Annahme II — demgemäß verstanden — zu schließen gestattet, daß die $k_{\mu\nu}$ im Unendlichen sich Konstanten nähern, so folgt, daß dieselben überhaupt Konstante sein müssen, d. h.: *Durch Variation der Maßbestimmung der pseudo-Euklidischen Geometrie unter den Annahmen I und II ist es nicht möglich, eine reguläre Maßbestimmung zu erlangen, die nicht ebenfalls pseudo-Euklidisch ist und die doch zugleich einer elektrizitätsfreien Welt entspricht.*

Die Integration der partiellen Differentialgleichungen (26) gelingt noch in einem andern Falle, der von EINSTEIN[1] und SCHWARZSCHILD[2] zuerst behandelt worden ist. Ich gebe im folgenden für diesen Fall einen Weg an, der über die Gravitationspotentiale $g_{\mu\nu}$ im Unendlichen keinerlei Voraussetzungen macht und außerdem auch für meine späteren Untersuchungen Vorteile bietet. Die Annahmen über die $g_{\mu\nu}$ sind folgende:

1. Die Maßbestimmung ist auf ein Gaußisches Koordinatensystem bezogen — nur daß g_{44} noch willkürlich gelassen wird; d. h. es ist

$$g_{14} = 0, \quad g_{24} = 0, \quad g_{34} = 0.$$

2. Die $g_{\mu\nu}$ sind von der Zeitkoordinate x_4 unabhängig.

3. Die Gravitation $g_{\mu\nu}$ ist zentrisch symmetrisch in bezug auf den Koordinatenanfangspunkt.

Nach SCHWARZSCHILD ist die allgemeinste diesen Annahmen entsprechende Maßbestimmung in räumlichen Polarkoordinaten, wenn

$$x_1 = r \cos\vartheta,$$
$$x_2 = r \sin\vartheta \cos\varphi,$$
$$x_3 = r \sin\vartheta \sin\varphi,$$
$$x_4 = t$$

---

[1] Perihelbewegung des Merkur. Sitzungsber. d. Akad. zu Berlin 1915, S. 831.

[2] Über das Gravitationsfeld eines Massenpunktes. Sitzungsber. d. Akad. zu Berlin 1916, S. 189.

gesetzt wird, durch den Ausdruck

$$F(r)\, dr^2 + G(r)\, (d\vartheta^2 + \sin^2\vartheta\, d\varphi^2) - H(r)\, dt^2 \tag{32}$$

dargestellt, wo $F(r)$, $G(r)$, $H(r)$ noch willkürliche Funktionen von r sind. Setzen wir

$$r^* = \sqrt{G(r)},$$

so sind wir in gleicher Weise berechtigt, r^*, ϑ, φ als räumliche Polarkoordinaten zu deuten. Führen wir in (32) r^* anstatt r ein und lassen dann wieder das Zeichen * weg, so entsteht der Ausdruck

$$M(r)\, dr^2 + r^2\, d\vartheta^2 + r^2 \sin^2\vartheta\, d\varphi^2 - W(r)\, dt^2, \tag{33}$$

wo $M(r)$, $W(r)$ die zwei wesentlichen willkürlichen Funktionen von r bedeuten. Die Frage ist, ob und wie diese auf die allgemeinste Weise zu bestimmen sind, damit den Differentialgleichungen (26) Genüge geschieht.

Zu dem Zwecke müssen die bekannten in Teil I angegebenen Ausdrücke $K_{\mu\nu}$, K berechnet werden. Der erste Schritt hierzu ist die Aufstellung der Differentialgleichungen der geodätischen Linien durch Variation des Integrals

$$\int \left(M \left(\frac{dr}{dp}\right)^2 + r^2 \left(\frac{d\vartheta}{dp}\right)^2 + r^2 \sin^2\vartheta \left(\frac{d\varphi}{dp}\right)^2 - W \left(\frac{dt}{dp}\right)^2 \right) dp.$$

Wir erhalten als Lagrangesche Gleichungen diese:

$$\frac{d^2 r}{dp^2} + \frac{1}{2}\frac{M'}{M}\left(\frac{dr}{dp}\right)^2 - \frac{r}{M}\left(\frac{d\vartheta}{dp}\right)^2 - \frac{r}{M}\sin^2\vartheta \left(\frac{d\varphi}{dp}\right)^2 + \frac{1}{2}\frac{W'}{M}\left(\frac{dt}{dp}\right)^2 = 0,$$

$$\frac{d^2\vartheta}{dp^2} + \frac{2}{r}\frac{dr}{dp}\frac{d\vartheta}{dp} - \sin\vartheta\cos\vartheta \left(\frac{d\varphi}{dp}\right)^2 = 0,$$

$$\frac{d^2\varphi}{dp^2} + \frac{2}{r}\frac{dr}{dp}\frac{d\varphi}{dp} + 2\cotg\vartheta \frac{d\vartheta}{dp}\frac{d\varphi}{dp} = 0,$$

$$\frac{d^2 t}{dp^2} + \frac{W'}{W}\frac{dr}{dp}\frac{dt}{dp} = 0;$$

hier und in der folgenden Rechnung bedeutet das Zeichen ' die Ableitung nach r. Durch Vergleich mit den allgemeinen Differentialgleichungen der geodätischen Linien:

$$\frac{d^2 x_s}{dp^2} + \sum_{\mu\nu} \left\{\begin{matrix}\mu\,\nu\\s\end{matrix}\right\} \frac{dx_\mu}{dp}\frac{dx_\nu}{dp} = 0$$

entnehmen wir für die Klammersymbole $\left\{\begin{matrix}\mu\,\nu\\s\end{matrix}\right\}$ die folgenden Werte — wobei die verschwindenden nicht angegeben sind:

$$\left\{\begin{matrix}11\\1\end{matrix}\right\} = \frac{1}{2}\frac{M'}{M}, \quad \left\{\begin{matrix}22\\1\end{matrix}\right\} = -\frac{r}{M}, \quad \left\{\begin{matrix}33\\1\end{matrix}\right\} = -\frac{r}{M}\sin^2\vartheta,$$

$$\left\{\begin{matrix}44\\1\end{matrix}\right\} = \frac{1}{2}\frac{W'}{M}, \quad \left\{\begin{matrix}12\\2\end{matrix}\right\} = \frac{1}{r}, \quad \left\{\begin{matrix}33\\2\end{matrix}\right\} = -\sin\vartheta\cos\vartheta,$$

$$\left\{\begin{matrix}13\\3\end{matrix}\right\} = \frac{1}{r}, \quad \left\{\begin{matrix}23\\3\end{matrix}\right\} = \cotg\vartheta, \quad \left\{\begin{matrix}14\\4\end{matrix}\right\} = \frac{1}{2}\frac{W'}{W}.$$

Hiermit bilden wir:

$$K_{11} = \frac{\partial}{\partial r}\left(\begin{Bmatrix}11\\1\end{Bmatrix} + \begin{Bmatrix}12\\2\end{Bmatrix} + \begin{Bmatrix}13\\3\end{Bmatrix} + \begin{Bmatrix}14\\4\end{Bmatrix}\right) - \frac{\partial}{\partial r}\begin{Bmatrix}11\\1\end{Bmatrix}$$

$$+ \begin{Bmatrix}11\\1\end{Bmatrix}\begin{Bmatrix}11\\1\end{Bmatrix} + \begin{Bmatrix}12\\2\end{Bmatrix}\begin{Bmatrix}21\\2\end{Bmatrix} + \begin{Bmatrix}13\\3\end{Bmatrix}\begin{Bmatrix}31\\3\end{Bmatrix} + \begin{Bmatrix}14\\4\end{Bmatrix}\begin{Bmatrix}41\\4\end{Bmatrix}$$

$$- \begin{Bmatrix}11\\1\end{Bmatrix}\left(\begin{Bmatrix}11\\1\end{Bmatrix} + \begin{Bmatrix}12\\2\end{Bmatrix} + \begin{Bmatrix}13\\3\end{Bmatrix} + \begin{Bmatrix}14\\4\end{Bmatrix}\right)$$

$$= \frac{1}{2}\frac{W''}{W} - \frac{1}{4}\frac{W'^2}{W^2} - \frac{M'}{rM} - \frac{1}{4}\frac{M'W'}{MW}$$

$$K_{22} = \frac{\partial}{\partial \vartheta}\begin{Bmatrix}23\\3\end{Bmatrix} - \frac{\partial}{\partial r}\begin{Bmatrix}22\\1\end{Bmatrix}$$

$$+ \begin{Bmatrix}21\\2\end{Bmatrix}\begin{Bmatrix}22\\1\end{Bmatrix} + \begin{Bmatrix}22\\1\end{Bmatrix}\begin{Bmatrix}12\\2\end{Bmatrix} + \begin{Bmatrix}23\\3\end{Bmatrix}\begin{Bmatrix}32\\3\end{Bmatrix}$$

$$- \begin{Bmatrix}22\\1\end{Bmatrix}\left(\begin{Bmatrix}11\\1\end{Bmatrix} + \begin{Bmatrix}12\\2\end{Bmatrix} + \begin{Bmatrix}13\\3\end{Bmatrix} + \begin{Bmatrix}14\\4\end{Bmatrix}\right)$$

$$= -1 - \frac{1}{2}\frac{rM'}{M^2} + \frac{1}{M} + \frac{1}{2}\frac{rW'}{MW}$$

$$K_{33} = -\frac{\partial}{\partial r}\begin{Bmatrix}33\\1\end{Bmatrix} - \frac{\partial}{\partial \vartheta}\begin{Bmatrix}33\\2\end{Bmatrix}$$

$$+ \begin{Bmatrix}31\\3\end{Bmatrix}\begin{Bmatrix}33\\1\end{Bmatrix} + \begin{Bmatrix}32\\3\end{Bmatrix}\begin{Bmatrix}33\\2\end{Bmatrix} + \begin{Bmatrix}33\\1\end{Bmatrix}\begin{Bmatrix}13\\3\end{Bmatrix} + \begin{Bmatrix}33\\2\end{Bmatrix}\begin{Bmatrix}23\\2\end{Bmatrix}$$

$$- \begin{Bmatrix}33\\1\end{Bmatrix}\left(\begin{Bmatrix}11\\1\end{Bmatrix} + \begin{Bmatrix}12\\2\end{Bmatrix} + \begin{Bmatrix}13\\3\end{Bmatrix} + \begin{Bmatrix}14\\4\end{Bmatrix}\right) - \begin{Bmatrix}33\\2\end{Bmatrix}\begin{Bmatrix}23\\3\end{Bmatrix}$$

$$= \sin^2\vartheta\left(-1 - \frac{1}{2}\frac{rM'}{M^2} + \frac{1}{M} + \frac{1}{2}\frac{rW'}{MW}\right)$$

$$K_{44} = -\frac{\partial}{\partial r}\begin{Bmatrix}44\\1\end{Bmatrix} + \begin{Bmatrix}41\\4\end{Bmatrix}\begin{Bmatrix}44\\1\end{Bmatrix} + \begin{Bmatrix}44\\1\end{Bmatrix}\begin{Bmatrix}41\\4\end{Bmatrix}$$

$$- \begin{Bmatrix}44\\1\end{Bmatrix}\left(\begin{Bmatrix}11\\1\end{Bmatrix} + \begin{Bmatrix}12\\2\end{Bmatrix} + \begin{Bmatrix}13\\3\end{Bmatrix} + \begin{Bmatrix}14\\4\end{Bmatrix}\right)$$

$$= -\frac{1}{2}\frac{W''}{M} + \frac{1}{4}\frac{M'W'}{M^2} + \frac{1}{4}\frac{W'^2}{MW} - \frac{W'}{rM}$$

$$K = \sum_s g^{ss}K_{ss} = \frac{W''}{MW} - \frac{1}{2}\frac{W'^2}{MW^2} - 2\frac{M'}{rM^2} - \frac{1}{2}\frac{M'W'}{M^2W}$$

$$- \frac{2}{r^2} + \frac{2}{r^2M} + 2\frac{W'}{rMW}.$$

Wegen

$$\sqrt{g} = \sqrt{MW}\, r^2 \sin\vartheta$$

wird

$$K\sqrt{g} = \left\{\left(\frac{r^2W'}{\sqrt{MW}}\right)' - 2\frac{rM'\sqrt{W}}{M^{\frac{3}{2}}} - 2\sqrt{MW} + 2\sqrt{\frac{W}{M}}\right\}\sin\vartheta$$

und, wenn wir

$$M = \frac{r}{r-m}, \qquad W = w^2\frac{r-m}{r}$$

setzen, wo nunmehr m und w die unbekannten Funktionen von r werden, so erhalten wir schließlich

$$K \sqrt{g} = \left\{ \left(\frac{r^2 W'}{\sqrt{MW}} \right)' - 2\, w\, m' \right\} \sin \vartheta,$$

so daß die Variation des vierfachen Integrals

$$\iiiint K \sqrt{g}\; dr\, d\vartheta\, d\varphi\, dt$$

mit der Variation des einfachen Integrals

$$\int w\, m'\, dr$$

äquivalent ist und zu den Lagrangeschen Gleichungen

$$\left. \begin{array}{l} m' = 0 \\ w' = 0 \end{array} \right\} \qquad (34)$$

führt. Man überzeugt sich leicht, daß diese Gleichungen in der Tat das Verschwinden sämtlicher $K_{\mu\nu}$ bedingen; sie stellen demnach wesentlich die allgemeinste Lösung der Gleichungen (26) unter den gemachten Annahmen 1., 2., 3., dar. Nehmen wir als Integrale von (34) $m = \alpha$, wo α eine Konstante ist und $w = 1$, was offenbar keine wesentliche Einschränkung bedeutet, so ergibt sich aus (33) die gesuchte Maßbestimmung in der von SCHWARZSCHILD zuerst gefundenen Gestalt

$$G(dr, d\vartheta, d\varphi, dt) = \frac{r}{r - \alpha}\, dr^2 + r^2\, d\vartheta^2 + r^2 \sin^2 \vartheta\, d\varphi^2 - \frac{r - \alpha}{r}\, dt^2. \quad (35)$$

Die Singularität dieser Maßbestimmung bei $r = 0$ fällt nur dann fort, wenn $\alpha = 0$ genommen wird, d. h. *die Maßbestimmung der pseudo-Euklidischen Geometrie ist bei den Annahmen 1., 2., 3. die einzige reguläre Maßbestimmung, die einer elektrizitätsfreien Welt entspricht.*

Für $\alpha \neq 0$ erweisen sich $r = 0$ und bei positivem α auch $r = \alpha$ als solche Stellen, an denen die Maßbestimmung nicht regulär ist. Dabei nenne ich eine Maßbestimmung oder ein Gravitationsfeld $g_{\mu\nu}$ an einer Stelle *regulär*, wenn es möglich ist, durch umkehrbar eindeutige Transformation ein solches Koordinatensystem einzuführen, daß für dieses die entsprechenden Funktionen $g'_{\mu\nu}$ an jener Stelle regulär, d. h. in ihr und in ihrer Umgebung stetig und beliebig oft differenzierbar sind und eine von Null verschiedene Determinante g' haben.

Obwohl nach meiner Auffassung nur reguläre Lösungen der physikalischen Grundgleichungen die Wirklichkeit unmittelbar darstellen, so sind doch gerade die Lösungen mit nicht regulären Stellen ein wichtiges mathematisches Mittel zur Annäherung an charakteristische reguläre Lösungen — und in diesem Sinne ist nach dem Vorgange von EINSTEIN und SCHWARZSCHILD die für $r = 0$ und $r = \alpha$ nicht reguläre Maßbestimmung (35) als Ausdruck der Gravitation einer in der Umgebung des Nullpunktes zentrisch-symmetrisch verteilten Masse anzusehen[1]. Im gleichen Sinne ist auch der Massenpunkt als der Grenzfall einer gewissen Verteilung der Elektrizität um einen Punkt herum aufzufassen, doch sehe ich an dieser Stelle davon ab, die Bewegungsgleichungen desselben aus meinen physikalischen Grundgleichungen abzuleiten. Ähnlich verhält es sich mit der Frage nach den Differentialgleichungen für die Lichtbewegung.

Als Ersatz für die Ableitung aus den Grundgleichungen mögen nach EINSTEIN *die folgenden zwei Axiome* dienen:

Die Bewegung eines Massenpunktes im Gravitationsfeld wird durch eine geodätische Linie dargestellt, welche Zeitlinie ist.

Die Lichtbewegung im Gravitationsfeld wird durch eine geodätische Nullinie dargestellt[2].

Da die Weltlinie, die die Bewegung des Massenpunktes darstellt, eine Zeitlinie sein soll, so ist es, wie wir leicht einsehen können, stets möglich, den Massenpunkt durch *eigentliche* Raum-Zeit-Transformationen auf Ruhe zu bringen, d. h. es gibt *eigentliche* Raum-Zeit-Koordinatensysteme, in bezug auf die der Massenpunkt beständig ruht.

Die Differentialgleichungen der geodätischen Linien für das zentrische Gravitationsfeld (35) entspringen aus dem Variationsproblem

$$\delta \int \left(\frac{r}{r-\alpha} \left(\frac{dr}{dp} \right)^2 + r^2 \left(\frac{d\vartheta}{dp} \right)^2 + r^2 \sin^2 \vartheta \left(\frac{d\varphi}{dp} \right)^2 - \frac{r-\alpha}{r} \left(\frac{dt}{dp} \right)^2 \right) dp = 0,$$

sie lauten nach bekanntem Verfahren:

$$\frac{r}{r-\alpha} \left(\frac{dr}{dp} \right)^2 + r^2 \left(\frac{d\vartheta}{dp} \right)^2 + r^2 \sin^2 \vartheta \left(\frac{d\varphi}{dp} \right)^2 - \frac{r-\alpha}{r} \left(\frac{dt}{dp} \right)^2 = A, \qquad (36)$$

$$\frac{d}{dp} \left(r^2 \frac{d\vartheta}{dp} \right) - r^2 \sin \vartheta \cos \vartheta \left(\frac{d\varphi}{dp} \right)^2 = 0, \qquad (37)$$

$$r^2 \sin^2 \vartheta \, \frac{d\varphi}{dp} = B, \qquad (38)$$

$$\frac{r-\alpha}{r} \, \frac{dt}{dp} = C, \qquad (39)$$

wo A, B, C Integrationskonstante bedeuten.

Ich beweise zunächst, *daß die Bahnkurven des $r \vartheta \varphi$-Raumes stets in Ebenen liegen, die durch das Gravitationszentrum* gehen.

Zu dem Zwecke eliminieren wir den Parameter p aus den Differentialgleichungen (37) und (38), um so eine Differentialgleichung für ϑ als Funk-

---

[1] Die Stellen $r = \alpha$ nach dem Nullpunkt zu transformieren, wie es SCHWARZSCHILD tut, ist meiner Meinung nach nicht zu empfehlen; die Schwarzschildsche Transformation ist überdies nicht die einfachste, die diesen Zweck erreicht.

[2] LAUE hat für den Spezialfall $L = \alpha Q$ gezeigt, wie man diesen Satz aus den elektrodynamischen Gleichungen durch Grenzübergang zur Wellenlänge Null ableiten kann. Physik. Z. Bd. 21, (1920).

tion von φ zu erhalten. Es ist identisch

$$\frac{d}{dp}\left(r^2\frac{d\vartheta}{dp}\right) = \frac{d}{dp}\left(r^2\frac{d\vartheta}{d\varphi}\cdot\frac{d\varphi}{dp}\right) = \left(2\,r\,\frac{dr}{d\varphi}\frac{d\vartheta}{d\varphi} + r^2\frac{d^2\vartheta}{d\varphi^2}\right)\left(\frac{d\varphi}{dp}\right)^2 + r^2\frac{d\vartheta}{d\varphi}\frac{d^2\varphi}{dp^2}\,. \quad (40)$$

Andererseits liefert (38) durch Differentiation nach p:

$$\left(2\,r\,\frac{dr}{d\varphi}\sin^2\vartheta + 2\,r^2\sin\vartheta\cos\vartheta\,\frac{d\vartheta}{d\varphi}\right)\left(\frac{d\varphi}{dp}\right)^2 + r^2\sin^2\vartheta\,\frac{d^2\varphi}{dp^2} = 0$$

und wenn wir hieraus den Wert von $\frac{d^2\varphi}{dp^2}$ entnehmen und rechter Hand von (40) eintragen, so wird

$$\frac{d}{dp}\left(r^2\frac{d\vartheta}{dp}\right) = \left(\frac{d^2\vartheta}{d\varphi^2} - 2\,\mathrm{ctg}\,\vartheta\left(\frac{d\vartheta}{d\varphi}\right)^2\right)r^2\left(\frac{d\varphi}{dp}\right)^2.$$

Die Gleichung (37) nimmt damit die Gestalt an:

$$\frac{d^2\vartheta}{d\varphi^2} - 2\,\mathrm{ctg}\,\vartheta\left(\frac{d\vartheta}{d\varphi}\right)^2 = \sin\vartheta\cos\vartheta\,,$$

eine Differentialgleichung, deren allgemeines Integral

$$\sin\vartheta\cos(\varphi + a) + b\cos\vartheta = 0$$

lautet, wo a, b Integrationskonstante bedeuten.

Hiermit ist der gewünschte Nachweis geführt und es genügt daher zur weiteren Diskussion der geodätischen Linien, allein den Wert $\vartheta = \frac{\pi}{2}$ in Betracht zu ziehen. Alsdann vereinfacht sich das Variationsproblem wie folgt

$$\delta\int\left\{\frac{r}{r-\alpha}\left(\frac{dr}{dp}\right)^2 + r^2\left(\frac{d\varphi}{dp}\right)^2 - \frac{r-\alpha}{r}\left(\frac{dt}{dp}\right)^2\right\}dp = 0\,,$$

und die drei aus demselben entspringenden Differentialgleichungen erster Ordnung lauten

$$\frac{r}{r-\alpha}\left(\frac{dr}{dp}\right)^2 + r^2\left(\frac{d\varphi}{dp}\right)^2 - \frac{r-\alpha}{r}\left(\frac{dt}{dp}\right)^2 = A\,, \quad (41)$$

$$r^2\frac{d\varphi}{dp} \quad\quad = B\,, \quad (42)$$

$$\frac{r-\alpha}{r}\frac{dt}{dp} \quad = C\,. \quad (43)$$

Die Lagrangesche Differentialgleichung für r

$$\frac{d}{dp}\left(\frac{2\,r}{r-\alpha}\frac{dr}{dp}\right) + \frac{\alpha}{(r-\alpha)^2}\left(\frac{dr}{dp}\right)^2 - 2\,r\left(\frac{d\varphi}{dp}\right)^2 + \frac{\alpha}{r^2}\left(\frac{dt}{dp}\right)^2 = 0 \quad (44)$$

ist notwendig mit den vorigen Gleichungen verkettet, und zwar haben wir, wenn die linken Seiten von (41), (42), (43), (44) bzw. mit [1], [2], [3], [4] bezeichnet werden, identisch

$$\frac{d[1]}{dp} - 2\frac{d\varphi}{dp}\frac{d[2]}{dp} + 2\frac{dt}{dp}\frac{d[3]}{dp} = \frac{dr}{dp}\,[4]\,. \quad (45)$$

Indem wir $C = 1$ nehmen, was auf eine Multiplikation des Parameters p mit einer Konstanten hinausläuft, und dann aus (41), (42), (43) p und t eliminieren, gelangen wir zu derjenigen Differentialgleichung für $\varrho = \frac{1}{r}$ als Funktion von φ, welche EINSTEIN und SCHWARZSCHILD gefunden haben, nämlich:

$$\left(\frac{d\varrho}{d\varphi}\right)^2 = \frac{1+A}{B^2} - \frac{A\alpha}{B^2}\varrho - \varrho^2 + \alpha\varrho^3. \tag{46}$$

Diese Gleichung stellt die Bahnkurve des Massenpunktes in Polarkoordinaten dar; aus ihr folgt in erster Annäherung für $\alpha = 0$ bei $B = \sqrt{\alpha}\,b$, $A = -1 + \alpha a$ die Keplersche Bewegung und die zweite Annäherung führt sodann zu einer der glänzendsten Entdeckungen der Gegenwart: der Berechnung des Vorrückens des Merkurperihels.

Nach dem obigen Axiom soll die Weltlinie für die Bewegung eines Massenpunktes Zeitlinie sein; aus der Definition der Zeitlinie folgt mithin stets $A < 0$.

Wir fragen nun insbesondere, ob der Kreis, d. h. $r = $ konst. die Bahnkurve einer Bewegung sein kann. Die Identität (45) zeigt, daß in diesem Falle — wegen $\frac{dr}{dp} = 0$ — die Gleichung (44) keineswegs eine Folge von (41), (42), (43) ist; letztere drei Gleichungen sind daher zur Bestimmung der Bewegung nicht ausreichend; vielmehr sind (42), (43), (44) die notwendig zu erfüllenden Gleichungen. Aus (44) folgt

$$-2r\left(\frac{d\varphi}{dp}\right)^2 + \frac{\alpha}{r^2}\left(\frac{dt}{dp}\right)^2 = 0 \tag{47}$$

oder für die Geschwindigkeit v in der Kreisbahn

$$v^2 = \left(r\,\frac{d\varphi}{dt}\right)^2 = \frac{\alpha}{2\,r}. \tag{48}$$

Andererseits ergibt (41) wegen $A < 0$ die Ungleichung

$$r^2\left(\frac{d\varphi}{dp}\right)^2 - \frac{r-\alpha}{r}\left(\frac{dt}{dp}\right)^2 < 0 \tag{49}$$

oder mit Benutzung von (47)

$$r > \frac{3\alpha}{2}. \tag{50}$$

Wegen (48) folgt hieraus für die Geschwindigkeit des im Kreise sich bewegenden Massenpunktes die Ungleichung[1]

$$v < \frac{1}{\sqrt{3}}. \tag{51}$$

Die Ungleichung (50) gestattet folgende Deutung. Nach (48) ist die Winkelgeschwindigkeit des kreisenden Massenpunktes für $r = r_0$

$$\frac{d\varphi}{dt} = \sqrt{\frac{\alpha}{2\,r_0^3}}.$$

---

[1] Die Angabe von SCHWARZSCHILD l. c., wonach sich die Geschwindigkeit des Massenpunktes auf der Kreisbahn bei Verkleinerung des Bahnradius der Grenze $\frac{1}{\sqrt{2}}$ nähert, entspricht der Ungleichung $r \gtreqqless \alpha$ und dürfte nach Obigem nicht zutreffend sein.

Wollen wir also statt r, φ die Polarkoordinaten eines um den Nullpunkt mitrotierenden Koordinatensystems einführen, so haben wir nur nötig,

$$\varphi \text{ durch } \varphi + \sqrt{\frac{\alpha}{2\,r_0^3}}\,t$$

zu ersetzen. Die Maßbestimmung

$$\frac{r}{r-\alpha}\,dr^2 + r^2\,d\varphi^2 - \frac{r-\alpha}{r}\,dt^2$$

geht durch die betreffende Raum-Zeit-Transformation über in

$$\frac{r}{r-\alpha}\,dr^2 + r^2\,d\varphi^2 + \sqrt{\frac{2\,\alpha}{r_0^3}}\,r^2\,d\varphi\,dt + \left(\frac{\alpha}{2\,r_0^3}\,r^2 - \frac{r-\alpha}{r}\right)dt^2\,.$$

Für $r = r_0$ erhält man hieraus

$$\frac{r_0}{r_0-\alpha}\,dr^2 + r_0^2\,d\varphi^2 + \sqrt{2\,\alpha\,r_0}\,d\varphi\,dt + \left(\frac{3\,\alpha}{2\,r_0} - 1\right)dt^2$$

und da hier, wegen $r_0 > \frac{3\,\alpha}{2}$, die Ungleichungen (21) erfüllt sind, so ist für die Umgebung der Bahn des kreisenden Massenpunktes *die betrachtete Transformation des Massenpunktes auf Ruhe eine eigentliche Raum-Zeit-Transformation.*

Andererseits hat auch die in (51) gefundene obere Grenze $\frac{1}{\sqrt{3}}$ für die Geschwindigkeit eines kreisenden Massenpunktes eine einfache Bedeutung. Nach dem Axiom für die Lichtbewegung wird nämlich diese durch eine geodätische Nullinie dargestellt. Setzen wir demnach in (41) $A = 0$, so ergibt sich für die kreisende Lichtbewegung anstatt der Ungleichung (49) die Gleichung

$$r^2\left(\frac{d\varphi}{dp}\right)^2 - \frac{r-\alpha}{r}\left(\frac{dt}{dp}\right)^2 = 0;$$

zusammen mit (47) folgt hieraus für den Radius der Lichtbahn:

$$r = \frac{3\,\alpha}{2}$$

und für die Geschwindigkeit des kreisenden Lichtes der als obere Grenze in (51) auftretende Wert:

$$v = \frac{1}{\sqrt{3}}\,.$$

Allgemein erhalten wir für die Lichtbahn aus (46) wegen $A = 0$ die Differentialgleichung

$$\left(\frac{d\varrho}{d\varphi}\right)^2 = \frac{1}{B^2} - \varrho^2 + \alpha\,\varrho^3; \tag{52}$$

dieselbe besitzt für $B = \frac{3\sqrt{3}}{2}\,\alpha$ den Kreis $r = \frac{3\,\alpha}{2}$ als Poincaréschen „Zykel“

— entsprechend dem Umstande, daß alsdann $\varrho = \dfrac{2}{3\,\alpha}$ rechts als Doppel-
faktor auftritt. In der Tat besitzt in diesem Falle die Differentialgleichung
(52) — für die allgemeinere Gleichung (46) gilt Entsprechendes — unendlich
viele Integralkurven, die sich jenem Kreise in Spiralen unbegrenzt nähern,
wie es die allgemeine Zykeltheorie von POINCARÉ verlangt.

Betrachten wir einen vom Unendlichen herkommenden Lichtstrahl und
nehmen α klein gegenüber seiner kürzesten Entfernung vom Gravitationszentrum, so hat der Lichtstrahl angenähert die Gestalt einer Hyperbel mit
Brennpunkt im Zentrum. Daraus ergibt sich auch die Ablenkung, die ein
Lichtstrahl durch ein Gravitationszentrum erfährt; dieselbe wird nämlich
gleich $\dfrac{2\,\alpha}{B}$.

Ein Gegenstück zu der Bewegung im Kreise ist die Bewegung in einer
Geraden, die durch das Gravitationszentrum geht. Wir erhalten die Differentialgleichung für diese Bewegung, wenn wir in (44) $\varphi = 0$ setzen und
dann aus (43) und (44) p eliminieren; die so entstehende Differentialgleichung
für r als Funktion von t lautet:

$$\frac{d^2 r}{dt^2} - \frac{3\,\alpha}{2\,r\,(r - \alpha)}\left(\frac{dr}{dt}\right)^2 + \frac{\alpha\,(r - \alpha)}{2\,r^3} = 0 \tag{53}$$

mit dem aus (41) folgenden Integral

$$\left(\frac{dr}{dt}\right)^2 = \left(\frac{r - \alpha}{r}\right)^2 + A\left(\frac{r - \alpha}{r}\right)^3. \tag{54}$$

Nach (53) fällt die Beschleunigung negativ oder positiv aus, d. h. die Gravitation wirkt anziehend oder abstoßend, je nachdem der Absolutwert der
Geschwindigkeit

$$\left|\frac{dr}{dt}\right| < \frac{1}{\sqrt{3}}\,\frac{r - \alpha}{r}$$

oder

$$> \frac{1}{\sqrt{3}}\,\frac{r - \alpha}{r}$$

ausfällt.

Für das Licht ist wegen (54)

$$\left|\frac{dr}{dt}\right| = \frac{r - \alpha}{r};$$

das geradlinig zum Zentrum gerichtete Licht wird in Übereinstimmung
mit der letzten Ungleichung stets abgestoßen; seine Geschwindigkeit wächst
von 0 bei $r = \alpha$ bis 1 bei $r = \infty$.

Wenn sowohl α wie $\dfrac{dr}{dt}$ klein sind, geht (53) angenähert in die Newtonsche
Gleichung

$$\frac{d^2 r}{dt^2} = -\frac{\alpha}{2}\,\frac{1}{r^2}$$

über.

17. Mathematische Probleme.

[Archiv f. Math. u. Phys. 3. Reihe, Bd. 1, S. 44—63; S. 213—237 (1901)[1].]

Wer von uns würde nicht gern den Schleier lüften, unter dem die Zukunft verborgen liegt, um einen Blick zu werfen auf die bevorstehenden Fortschritte unserer Wissenschaft und in die Geheimnisse ihrer Entwicklung während der künftigen Jahrhunderte! Welche besonderen Ziele werden es sein, denen die führenden mathematischen Geister der kommenden Geschlechter nachstreben? Welche neuen Methoden und neuen Tatsachen werden die neuen Jahrhunderte entdecken — auf dem weiten und reichen Felde mathematischen Denkens?

Die Geschichte lehrt die Stetigkeit der Entwicklung der Wissenschaft. Wir wissen, daß jedes Zeitalter eigene Probleme hat, die das kommende Zeitalter löst oder als unfruchtbar zur Seite schiebt und durch neue Probleme ersetzt. Wollen wir eine Vorstellung gewinnen von der mutmaßlichen Entwicklung mathematischen Wissens in der nächsten Zukunft, so müssen wir die offenen Fragen vor unserem Geiste passieren lassen und die Probleme überschauen, welche die gegenwärtige Wissenschaft stellt, und deren Lösung wir von der Zukunft erwarten. Zu einer solchen Musterung der Probleme scheint mir der heutige Tag, der an der Jahrhundertwende liegt, wohl geeignet; denn die großen Zeitabschnitte fordern uns nicht bloß auf zu Rückblicken in die Vergangenheit, sondern sie lenken unsere Gedanken auch auf das unbekannte Bevorstehende.

Die hohe Bedeutung bestimmter Probleme für den Fortschritt der mathematischen Wissenschaft im allgemeinen und die wichtige Rolle, die sie bei der Arbeit des einzelnen Forschers spielen, ist unleugbar. Solange ein Wissenszweig Überfluß an Problemen bietet, ist er lebenskräftig; Mangel an Problemen bedeutet Absterben oder Aufhören der selbständigen Entwicklung. Wie überhaupt jedes menschliche Unternehmen Ziele verfolgt, so braucht die mathematische Forschung Probleme. Durch die Lösung von Problemen stählt sich die Kraft des Forschers; er findet neue Methoden und Ausblicke, er gewinnt einen weiteren und freieren Horizont.

---

[1] Vortrag, gehalten auf dem Internationalen Mathematikerkongreß zu Paris 1900. Abdruck aus den Göttinger Nachrichten 1900, S. 253 bis 297 mit Zusätzen des Verfassers.

Es ist schwierig und oft unmöglich, den Wert eines Problems im voraus richtig zu beurteilen; denn schließlich entscheidet der Gewinn, den die Wissenschaft dem Problem verdankt. Dennoch können wir fragen, ob es allgemeine Merkmale gibt, die ein gutes mathematisches Problem kennzeichnen.

Ein alter französischer Mathematiker hat gesagt: Eine mathematische Theorie ist nicht eher als vollkommen anzusehen, als bis du sie so klar gemacht hast, daß du sie dem ersten Manne erklären könntest, den du auf der Straße triffst. Diese Klarheit und leichte Faßlichkeit, wie sie hier so drastisch für eine mathematische Theorie verlangt wird, möchte ich viel mehr von einem mathematischen Problem fordern, wenn dasselbe vollkommen sein soll; denn das Klare und leicht Faßliche zieht uns an, das Verwickelte schreckt uns ab.

Ein mathematisches Problem sei ferner schwierig, damit es uns reizt, und dennoch nicht völlig unzugänglich, damit es unserer Anstrengung nicht spotte; es sei uns ein Wahrzeichen auf den verschlungenen Pfaden zu verborgenen Wahrheiten — uns hernach lohnend mit der Freude über die gelungene Lösung.

Die Mathematiker früherer Jahrhunderte pflegten sich mit leidenschaftlichem Eifer der Lösung einzelner schwieriger Probleme hinzugeben; sie kannten den Wert schwieriger Probleme. Ich erinnere nur an das von JOHANN BERNOULLI gestellte *Problem der Linie des schnellsten Falles*. Die Erfahrung zeige, so führt BERNOULLI in der öffentlichen Ankündigung dieses Problems aus, daß edle Geister zur Arbeit an der Vermehrung des Wissens durch nichts mehr angetrieben werden, als wenn man ihnen schwierige und zugleich nützliche Aufgaben vorlege, und so hoffe er, sich den Dank der mathematischen Welt zu verdienen, wenn er nach dem Beispiele von Männern, wie MERSENNE, PASCAL, FERMAT, VIVIANI und anderen, welche vor ihm dasselbe taten, den ausgezeichneten Analysten seiner Zeit eine Aufgabe vorlege, damit sie daran wie an einem Prüfsteine die Güte ihrer Methoden beurteilen und ihre Kräfte messen könnten. Dem genannten Problem von BERNOULLI und ähnlichen Problemen verdankt die Variationsrechnung ihren Ursprung.

FERMAT hatte bekanntlich behauptet, daß die Diophantische Gleichung

$$x^n + y^n = z^n$$

— außer in gewissen selbstverständlichen Fällen — in ganzen Zahlen x, y, z unlösbar sei; *das Problem, diese Unmöglichkeit nachzuweisen*, bietet ein schlagendes Beispiel dafür, wie fördernd ein sehr spezielles und scheinbar unbedeutendes Problem auf die Wissenschaft einwirken kann. Denn durch die Fermatsche Aufgabe angeregt, gelangte KUMMER zu der Einführung der idealen Zahlen und zur Entdeckung des Satzes von der eindeutigen Zerlegung der Zahlen eines Kreiskörpers in ideale Primfaktoren — eines Satzes, der

19*

heute in der ihm durch DEDEKIND und KRONECKER erteilten Verallgemeinerung auf beliebige algebraische Zahlbereiche im Mittelpunkte der modernen
Zahlentheorie steht, und dessen Bedeutung weit über die Grenzen der Zahlentheorie hinaus in das Gebiet der Algebra und der Funktionentheorie reicht.

Um von einem ganz anderen Forschungsgebiete zu reden, so erinnere ich
an das *Dreikörperproblem*. Dem Umstande, daß POINCARÉ es unternahm,
dieses schwierige Problem erneut zu behandeln und der Lösung näher zu führen, verdanken wir die fruchtbaren Methoden und die weittragenden Prinzipien, die dieser Gelehrte der himmlischen Mechanik erschlossen hat und die
heute auch der praktische Astronom anerkennt und anwendet.

Die beiden vorhingenannten Probleme, das Fermatsche Problem und
das Dreikörperproblem, erscheinen uns im Vorrat der Probleme fast wie
entgegengesetzte Pole, das erstere eine freie Erfindung des reinen Verstandes,
der Region der abstrakten Zahlentheorie angehörig; das andere uns von der
Astronomie aufgezwungen und notwendig zur Erkenntnis einfachster fundamentaler Naturphänomene.

Aber oftmals trifft es sich auch, daß das nämliche spezielle Problem in
die verschiedenartigsten Disziplinen mathematischen Wissens eingreift. So
spielt das *Problem der kürzesten Linie* zugleich in den Grundlagen der Geometrie, in der Theorie der krummen Linien und Flächen, in der Mechanik und
in der Variationsrechnung eine wichtige historische und prinzipielle Rolle.
Und wie überzeugend hat F. KLEIN in seinem Buche über das Ikosaeder die
Bedeutung geschildert, die dem *Problem der regulären Polyeder* in der Elemen-
targeometrie, in der Gruppen- und Gleichungstheorie und in der Theorie
der linearen Differentialgleichungen zukommt!

Um die Wichtigkeit bestimmter Probleme ins Licht zu setzen, darf ich
auch auf WEIERSTRASS hinweisen, der es als eine glückliche Fügung bezeichnete, daß er zu Beginn seiner wissenschaftlichen Laufbahn ein so bedeuten-
des Problem vorfand, wie es das *Jacobische Umkehrproblem* war, an dessen
Bearbeitung er sich machen konnte.

Nachdem wir uns die allgemeine Bedeutung der Probleme in der Mathematik vor Augen geführt haben, wenden wir uns zu der Frage, aus welchen
Quellen die Mathematik ihre Probleme schöpft. Sicherlich stammen die ersten
und ältesten Probleme in jedem mathematischen Wissenszweige aus der Erfahrung und sind durch die Welt der äußeren Erscheinungen angeregt worden.
Selbst die Regeln des *Rechnens mit ganzen Zahlen* sind auf einer niederen
Kulturstufe der Menschheit wohl in dieser Weise entdeckt worden, wie ja
auch heute noch das Kind die Anwendung dieser Gesetze nach der empirischen
Methode erlernt. Das gleiche gilt von den *ersten Problemen der Geometrie*: den
aus dem Altertum überlieferten Problemen der Kubusverdopplung, der
Quadratur des Kreises und den ältesten Problemen aus der Theorie der

Auflösung numerischer Gleichungen, aus der Kurvenlehre und der Differen-
tial- und Integralrechnung, aus der Variationsrechnung, der Theorie der
Fourierschen Reihen und der Potentialtheorie — gar nicht zu reden von der
weiteren reichen Fülle der eigentlichen Probleme aus der Mechanik, Astronomie
und Physik.

Bei der Weiterentwicklung einer mathematischen Disziplin wird sich
jedoch der menschliche Geist, ermutigt durch das Gelingen der Lösungen,
seiner Selbständigkeit bewußt; er schafft aus sich selbst heraus oft ohne erkennbare äußere Anregung allein durch logisches Kombinieren, durch Verallgemeinern, Spezialisieren, durch Trennen und Sammeln der Begriffe in glück-
lichster Weise neue und fruchtbare Probleme und tritt dann selbst als der
eigentliche Frager in den Vordergrund. So entstanden das *Primzahlproblem*
und die übrigen Probleme der Arithmetik, die Galoissche Gleichungstheorie,
die Theorie der algebraischen Invarianten, die Theorie der Abelschen und
automorphen Funktionen, und so entstehen überhaupt fast *alle feineren
Fragen der modernen Zahlen- und Funktionentheorie.*

Inzwischen, während die Schaffenskraft des reinen Denkens wirkt, kommt
auch wieder von neuem die Außenwelt zur Geltung, zwingt uns durch die
wirklichen Erscheinungen neue Fragen auf, erschließt neue mathematische
Wissensgebiete und, indem wir diese neuen Wissensgebiete für das Reich
des reinen Denkens zu erwerben suchen, finden wir häufig die Antworten auf
alte ungelöste Probleme und fördern so zugleich am besten die alten Theorien.
Auf diesem stets sich wiederholenden und wechselnden Spiel zwischen Denken und Erfahrung beruhen, wie mir scheint, die zahlreichen und überraschen-
den Analogien und jene scheinbar prästabilierte Harmonie, welche der Mathematiker so oft in den Fragestellungen, Methoden und Begriffen verschiedener
Wissensgebiete wahrnimmt.

Wir erörtern noch kurz, welche berechtigten allgemeinen Forderungen
an die Lösung eines mathematischen Problems zu stellen sind: ich meine vor
allem die, daß es gelingt, die Richtigkeit der Antwort durch eine endliche
Anzahl von Schlüssen darzutun, und zwar auf Grund einer endlichen Anzahl
von Voraussetzungen, welche in der Problemstellung liegen, und die jedesmal
genau zu formulieren sind. Diese Forderung der logischen Deduktion mittels
einer endlichen Anzahl von Schlüssen ist nichts anderes als die Forderung
der Strenge in der Beweisführung. In der Tat, die Forderung der Strenge, die
in der Mathematik bekanntlich von sprichwörtlicher Bedeutung geworden
ist, entspricht einem allgemeinen philosophischen Bedürfnis unseres Verstandes, und andererseits kommt durch ihre Erfüllung allein erst der gedankliche Inhalt und die Fruchtbarkeit des Problems zur vollen Geltung.
Ein neues Problem, zumal wenn es aus der äußeren Erscheinungswelt stammt,
ist wie ein junges Reis, welches nur gedeiht und Früchte trägt, wenn es auf

den alten Stamm, den sicheren Besitzstand unseres mathematischen Wissens, sorgfältig und nach den strengen Kunstregeln des Gärtners aufgepfropft wird.

Zudem ist es ein Irrtum zu glauben, daß die Strenge in der Beweisführung die Feindin der Einfachheit sei. An zahlreichen Beispielen finden wir im Gegenteil bestätigt, daß die strenge Methode auch zugleich die einfachere und leichter faßliche ist. Das Streben nach Strenge zwingt uns eben zur Auffindung einfacherer Schlußweisen; auch bahnt es uns häufig den Weg zu Methoden, die entwicklungsfähiger sind als die alten Methoden von geringerer Strenge. So erfuhr die Theorie der algebraischen Kurven durch die strengere funktionentheoretische Methode und die folgerichtige Einführung transzendenter Hilfsmittel eine erhebliche Vereinfachung und größere Einheitlichkeit. Der Nachweis ferner, daß die Potenzreihe die Anwendung der vier elementaren Rechnungsarten sowie das gliedweise Differentiieren und Integrieren gestattet, und die darauf beruhende Erkenntnis der Bedeutung der Potenzreihe trug erheblich zur Vereinfachung der gesamten Analysis, insbesondere der Theorie der Elimination und der Theorie der Differentialgleichungen sowie der in derselben zu führenden Existenzbeweise bei. Das schlagendste Beispiel aber für meine Behauptung ist die Variationsrechnung. Die Behandlung der ersten und zweiten Variation bestimmter Integrale brachte zum Teil äußerst komplizierte Rechnungen mit sich, und die betreffenden Entwicklungen der alten Mathematiker entbehrten der erforderlichen Strenge. WEIERSTRASS zeigte uns den Weg zu einer neuen und sicheren Begründung der Variationsrechnung. An dem Beispiel des einfachen Integrals und des Doppelintegrals werde ich zum Schluß meines Vortrages kurz andeuten, wie die Verfolgung dieses Weges zugleich eine überraschende Vereinfachung der Variationsrechnung mit sich bringt, indem zum Nachweis der notwendigen und hinreichenden Kriterien für das Eintreten eines Maximums und Minimums die Berechnung der zweiten Variation und zum Teil sogar die mühsamen an die erste Variation anknüpfenden Schlüsse völlig entbehrlich werden — gar nicht zu reden von dem Fortschritte, der in der Aufhebung der Beschränkung auf solche Variationen liegt, für die die Differentialquotienten der Funktionen nur wenig variieren.

Wenn ich die Strenge in den Beweisen als Erfordernis für eine vollkommene Lösung eines Problems hinstelle, so möchte ich andererseits zugleich die Meinung widerlegen, als seien etwa nur die Begriffe der Analysis oder gar nur diejenigen der Arithmetik der völlig strengen Behandlung fähig. Eine solche bisweilen von hervorragenden Seiten vertretene Meinung halte ich für durchaus irrig; eine so einseitige Auslegung der Forderung der Strenge führt bald zu einer Ignorierung aller aus der Geometrie, Mechanik und Physik stammenden Begriffe, zu einer Unterbindung des Zuflusses von neuem Material aus der Außenwelt und schließlich sogar in letzter Konsequenz zu einer Verwerfung der Begriffe des Kontinuums und der Irrationalzahl. Welch' wichtiger Lebensnerv aber würde der Mathematik abgeschnitten durch eine Exstirpation der Geometrie und der mathematischen Physik? Ich meine im Gegenteil, wo immer von erkenntnistheoretischer Seite oder in der Geometrie oder aus den Theorien der Naturwissenschaft mathematische Begriffe auftauchen, erwächst der Mathematik die Aufgabe, die diesen Begriffen zugrunde liegenden Prinzipien zu erforschen und dieselben durch ein einfaches und vollständiges System von Axiomen derart festzulegen, daß die Schärfe der neuen Begriffe und ihre Verwendbarkeit zur Deduktion den alten arithmetischen Begriffen in keiner Hinsicht nachsteht.

Zu den neuen Begriffen gehören notwendig auch neue Zeichen; diese wählen wir derart, daß sie uns an die Erscheinungen erinnern, die der Anlaß waren zur Bildung der neuen Begriffe. So sind die geometrischen Figuren Zeichen für die Erinnerungsbilder der räumlichen Anschauung und finden als solche bei allen Mathematikern Verwendung. Wer benutzt nicht stets zugleich mit der Doppelungleichung $a > b > c$ für drei Größen a, b, c das Bild dreier hinter einander auf einer Geraden liegenden Punkte als das geometrische Zeichen des Begriffes „zwischen"? Wer bedient sich nicht der Zeichnung in einander gelagerter Strecken und Rechtecke, wenn es gilt, einen schwierigen Satz über die Stetigkeit von Funktionen oder die Existenz von Verdichtungsstellen in voller Strenge zu beweisen? Wer könnte ohne die Figur des Dreiecks, des Kreises mit seinem Mittelpunkt, wer ohne das Kreuz dreier zu einander senkrechter Achsen auskommen? Oder wer wollte auf die Vorstellung des Vektorfeldes oder das Bild einer Kurven- oder Flächenschar mit ihrer Enveloppe verzichten, das in der Differentialgeometrie, in der Theorie der Differentialgleichungen, in der Begründung der Variationsrechnung und anderer rein mathematischer Wissenszweige eine so wichtige Rolle spielt?

Die arithmetischen Zeichen sind geschriebene Figuren, und die geometrischen Figuren sind gezeichnete Formeln, und kein Mathematiker könnte diese gezeichneten Formeln entbehren, so wenig wie ihm beim Rechnen etwa das Formieren und Auflösen der Klammern oder die Verwendung anderer analytischer Zeichen entbehrlich sind.

Die Anwendung der geometrischen Zeichen als strenges Beweismittel setzt die genaue Kenntnis und völlige Beherrschung der Axiome voraus, die jenen Figuren zugrunde liegen, und damit diese geometrischen Figuren dem allgemeinen Schatze mathematischer Zeichen einverleibt werden dürfen, ist daher eine strenge axiomatische Untersuchung ihres anschauungsmäßigen Inhaltes notwendig. Wie man beim Addieren zweier Zahlen die Ziffern nicht unrichtig unter einander setzen darf, sondern vielmehr erst die Rechnungsregeln, d. h. die Axiome der Arithmetik, das richtige Operieren mit den

Ziffern bestimmen, so wird das Operieren mit den geometrischen Zeichen durch die Axiome der geometrischen Begriffe und deren Verknüpfung bestimmt.

Die Übereinstimmung zwischen geometrischem und arithmetischem Denken zeigt sich auch darin, daß wir bei arithmetischen Forschungen ebensowenig wie bei geometrischen Betrachtungen in jedem Augenblicke die Kette der Denkoperationen bis auf die Axiome hin verfolgen; vielmehr wenden wir, zumal bei der ersten Inangriffnahme eines Problems, in der Arithmetik genau wie in der Geometrie zunächst ein rasches, unbewußtes, nicht definitiv sicheres Kombinieren an im Vertrauen auf ein gewisses arithmetisches Gefühl für die Wirkungsweise der arithmetischen Zeichen, ohne welches wir in der Arithmetik ebensowenig vorwärts kommen würden, wie in der Geometrie ohne die geometrische Einbildungskraft. Als Muster einer mit geometrischen Begriffen und Zeichen in strenger Weise operierenden arithmetischen Theorie nenne ich das Werk von MINKOWSKI[1] „Geometrie der Zahlen".

Es mögen noch einige Bemerkungen über die Schwierigkeiten, die mathematische Probleme bieten können, und die Überwindung solcher Schwierigkeiten Platz finden.

Wenn uns die Beantwortung eines mathematischen Problems nicht gelingen will, so liegt häufig der Grund darin, daß wir noch nicht den allgemeineren Gesichtspunkt erkannt haben, von dem aus das vorgelegte Problem nur als einzelnes Glied einer Kette verwandter Probleme erscheint. Nach Auffindung dieses Gesichtspunktes wird häufig nicht nur das vorgelegte Problem unserer Erforschung zugänglicher, sondern wir gelangen so zugleich in den Besitz einer Methode, die auf die verwandten Probleme anwendbar ist. Als Beispiel diene die Einführung komplexer Integrationswege in der Theorie der bestimmten Integrale durch CAUCHY und die Aufstellung des Idealbegriffes in der Zahlentheorie durch KUMMER. Dieser Weg zur Auffindung allgemeiner Methoden ist gewiß der gangbarste und sicherste; denn wer, ohne ein bestimmtes Problem vor Augen zu haben, nach Methoden sucht, dessen Suchen ist meist vergeblich.

Eine noch wichtigere Rolle als das Verallgemeinern spielt — wie ich glaube — bei der Beschäftigung mit mathematischen Problemen das Spezialisieren. Vielleicht in den meisten Fällen, wo wir die Antwort auf eine Frage vergeblich suchen, liegt die Ursache des Mißlingens darin, daß wir einfachere und leichtere Probleme als das vorgelegte noch nicht oder noch unvollkommen erledigt haben. Es kommt dann alles darauf an, diese leichteren Probleme aufzufinden und ihre Lösung mit möglichst vollkommenen Hilfsmitteln und durch verallgemeinerungsfähige Begriffe zu bewerkstelligen. Diese Vorschrift

---

[1] Leipzig 1896.

ist einer der wichtigsten Hebel zur Überwindung mathematischer Schwierigkeiten, und es scheint mir, daß man sich dieses Hebels meistens — wenn auch
unbewußt — bedient.

Mitunter kommt es vor, daß wir die Beantwortung unter ungenügenden
Voraussetzungen oder in unrichtigem Sinne erstreben und infolgedessen
nicht zum Ziele gelangen. Es entsteht dann die Aufgabe, die Unmöglichkeit
der Lösung des Problems unter den gegebenen Voraussetzungen und in dem
verlangten Sinne nachzuweisen. Solche Unmöglichkeitsbeweise wurden schon
von den Alten geführt, indem sie z. B. zeigten, daß die Hypotenuse eines
gleichschenkligen rechtwinkligen Dreiecks zur Kathete in einem irrationalen
Verhältnisse steht. In der neueren Mathematik spielt die Frage nach der
Unmöglichkeit gewisser Lösungen eine hervorragende Rolle, und wir nehmen
so gewahr, daß alte schwierige Probleme wie der Beweis des Parallelenaxioms,
die Quadratur des Kreises oder die Auflösung der Gleichungen 5. Grades
durch Wurzelziehen, wenn auch in anderem als dem ursprünglich gemeinten
Sinne, dennoch eine völlig befriedigende und strenge Lösung gefunden
haben.

Diese merkwürdige Tatsache neben anderen philosophischen Gründen
ist es wohl, welche in uns eine Überzeugung entstehen läßt, die jeder Mathematiker gewiß teilt, die aber bis jetzt wenigstens niemand durch Beweise
gestützt hat — ich meine die Überzeugung, daß ein jedes bestimmte mathematische Problem einer strengen Erledigung notwendig fähig sein müsse,
sei es, daß es gelingt, die Beantwortung der gestellten Frage zu geben, sei es,
daß die Unmöglichkeit seiner Lösung und damit die Notwendigkeit des Mißlingens aller Versuche dargetan wird. Man lege sich irgend ein bestimmtes
ungelöstes Problem vor, etwa die Frage nach der Irrationalität der Euler-
Mascheronischen Konstanten C oder die Frage, ob es unendlich viele Primzahlen von der Form $2^n + 1$ gibt. So unzugänglich diese Probleme uns erscheinen und so ratlos wir zur Zeit ihnen gegenüberstehen — wir haben dennoch die sichere Überzeugung, daß ihre Lösung durch eine endliche Anzahl
rein logischer Schlüsse gelingen muß.

Ist dieses Axiom von der Lösbarkeit eines jeden Problems eine dem mathematischen Denken allein charakteristische Eigentümlichkeit, oder ist es vielleicht ein allgemeines dem inneren Wesen unseres Verstandes anhaftendes
Gesetz, daß alle Fragen, die er stellt, auch durch ihn einer Beantwortung
fähig sind? Trifft man doch auch in anderen Wissenschaften alte Probleme
an, die durch den Beweis der Unmöglichkeit in der befriedigendsten Weise
und zum höchsten Nutzen der Wissenschaft erledigt worden sind. Ich erinnere
an das Problem des Perpetuum mobile. Nach den vergeblichen Versuchen
der Konstruktion eines Perpetuum mobile forschte man vielmehr nach den
Beziehungen, die zwischen den Naturkräften bestehen müssen, wenn ein

Perpetuum mobile unmöglich sein soll[1], und diese umgekehrte Fragestellung führte auf die Entdeckung des Gesetzes von der Erhaltung der Energie, das seinerseits die Unmöglichkeit des Perpetuum mobile in dem ursprünglich verlangten Sinne erklärt.

Diese Überzeugung von der Lösbarkeit eines jeden mathematischen Problems ist uns ein kräftiger Ansporn während der Arbeit; wir hören in uns den steten Zuruf: *Da ist das Problem, suche die Lösung. Du kannst sie durch reines Denken finden; denn in der Mathematik gibt es kein Ignorabimus!*

Unermeßlich ist die Fülle von Problemen in der Mathematik, und sobald ein Problem gelöst ist, tauchen an dessen Stelle zahllose neue Probleme auf. Gestatten Sie mir im folgenden, gleichsam zur Probe, aus verschiedenen mathematischen Disziplinen einzelne bestimmte Probleme zu nennen, von deren Behandlung eine Förderung der Wissenschaft sich erwarten läßt.

Überblicken wir die Prinzipien der Analysis und der Geometrie. Die anregendsten und bedeutendsten Ereignisse des letzten Jahrhunderts sind auf diesem Gebiete, wie mir scheint, die arithmetische Erfassung des Begriffs des Kontinuums in den Arbeiten von CAUCHY, BOLZANO, CANTOR und die Entdeckung der Nicht-*Euklidischen* Geometrie durch GAUSS, BOLYAI, LOBATSCHEFSKY. Ich lenke daher zunächst Ihre Aufmerksamkeit auf einige diesen Gebieten angehörende Probleme.

1. Cantors Problem von der Mächtigkeit des Kontinuums.

Zwei Systeme, d. h. zwei Mengen von gewöhnlichen reellen Zahlen (oder Punkten) heißen nach CANTOR äquivalent oder von gleicher Mächtigkeit, wenn sie zu einander in eine derartige Beziehung gebracht werden können, daß einer jeden Zahl der einen Menge eine und nur eine bestimmte Zahl der anderen Menge entspricht. Die Untersuchungen von CANTOR über solche Punktmengen machen einen Satz sehr wahrscheinlich, dessen Beweis jedoch trotz eifrigster Bemühungen bisher noch niemandem gelungen ist; dieser Satz lautet:

Jedes System von unendlich vielen reellen Zahlen, d. h. jede unendliche Zahlen- (oder Punkt)menge, ist entweder der Menge der ganzen natürlichen Zahlen 1, 2, 3, . . . oder der Menge sämtlicher reellen Zahlen und mithin dem Kontinuum, d. h. etwa den Punkten einer Strecke, äquivalent; *im Sinne der Äquivalenz gibt es hiernach nur zwei Zahlenmengen, die abzählbare Menge und das Kontinuum.*

Aus diesem Satz würde zugleich folgen, daß das Kontinuum die nächste Mächtigkeit über die Mächtigkeit der abzählbaren Mengen hinaus bildet;

---

[1] Vgl. HELMHOLTZ: Über die Wechselwirkung der Naturkräfte und die darauf bezüglichen neuesten Ermittlungen der Physik. Vortrag, gehalten in Königsberg 1854.

der Beweis dieses Satzes würde mithin eine neue Brücke schlagen zwischen der abzählbaren Menge und dem Kontinuum.

Es sei noch eine andere sehr merkwürdige Behauptung CANTORS erwähnt, die mit dem genannten Satze in engstem Zusammenhange steht und die vielleicht den Schlüssel zum Beweise dieses Satzes liefert. Irgend ein System von reellen Zahlen heißt *geordnet*, wenn von irgend zwei Zahlen des Systems festgesetzt ist, welches die frühere und welches die spätere sein soll, und dabei diese Festsetzung eine derartige ist, daß, wenn eine Zahl a früher als die Zahl b und b früher als c ist, so auch stets a früher als c erscheint. Die natürliche Anordnung der Zahlen eines Systems heiße diejenige, bei der die kleinere als die frühere, die größere als die spätere festgesetzt wird. Es gibt aber, wie leicht zu sehen ist, noch unendlich viele andere Arten, wie man die Zahlen eines Systems ordnen kann.

Wenn wir eine bestimmte Ordnung der Zahlen ins Auge fassen und aus denselben irgend ein besonderes System dieser Zahlen, ein sogenanntes Teilsystem oder eine Teilmenge herausgreifen, so erscheint diese Teilmenge ebenfalls geordnet. CANTOR betrachtet nun eine besondere Art von geordneten Mengen, die er als *wohlgeordnete* Mengen bezeichnet und die dadurch charakterisiert sind, daß nicht nur in der Menge selbst, sondern auch in jeder Teilmenge eine früheste Zahl existiert. Das System der ganzen Zahlen 1, 2, 3, . . . in dieser seiner natürlichen Ordnung ist offenbar eine wohlgeordnete Menge. Dagegen ist das System aller reellen Zahlen, d. h. das Kontinuum in seiner natürlichen Ordnung, offenbar nicht wohlgeordnet. Denn, wenn wir als Teilmenge die Punkte einer endlichen Strecke mit Ausnahme des Anfangspunktes der Strecke ins Auge fassen, so besitzt diese Teilmenge jedenfalls kein frühestes Element. Es erhebt sich nun die Frage, ob sich die Gesamtheit aller Zahlen nicht in anderer Weise so ordnen läßt, daß jede Teilmenge ein frühestes Element hat, d. h. ob das Kontinuum auch als wohlgeordnete Menge aufgefaßt werden kann, was CANTOR bejahen zu müssen glaubt. Es erscheint mir höchst wünschenswert, *einen direkten Beweis dieser merkwürdigen Behauptung von* CANTOR *zu gewinnen*, etwa durch wirkliche Angabe einer solchen Ordnung der Zahlen, bei welcher in jedem Teilsystem eine früheste Zahl aufgewiesen werden kann.

2. Die Widerspruchslosigkeit der arithmetischen Axiome.

Wenn es sich darum handelt, die Grundlagen einer Wissenschaft zu untersuchen, so hat man ein System von Axiomen aufzustellen, welche eine genaue und vollständige Beschreibung derjenigen Beziehungen enthalten, die zwischen den elementaren Begriffen jener Wissenschaft stattfinden. Die aufgestellten Axiome sind zugleich die Definitionen jener elementaren Begriffe, und jede Aussage innerhalb des Bereiches der Wissenschaft, deren Grundlage wir prüfen, gilt uns nur dann als richtig, falls sie sich mittels einer endlichen Anzahl logischer Schlüsse aus den aufgestellten Axiomen ableiten läßt. Bei näherer Betrachtung entsteht die Frage, *ob etwa gewisse Aussagen einzelner Axiome sich unter einander bedingen und ob nicht somit die Axiome noch gemeinsame Bestandteile enthalten, die man beseitigen muß, wenn man zu einem System von Axiomen gelangen will, die völlig von einander unabhängig sind.*

Vor allem aber möchte ich unter den zahlreichen Fragen, welche hinsichtlich der Axiome gestellt werden können, dies als das wichtigste Problem bezeichnen, *zu beweisen, daß dieselben unter einander widerspruchslos sind, d..h. daß man auf Grund derselben mittels einer endlichen Anzahl von logischen Schlüssen niemals zu Resultaten gelangen kann, die mit einander in Widerspruch stehen.*

In der Geometrie gelingt der Nachweis der Widerspruchslosigkeit der Axiome dadurch, daß man einen geeigneten Bereich von Zahlen konstruiert, derart, daß den geometrischen Axiomen analoge Beziehungen zwischen den Zahlen dieses Bereiches entsprechen, und daß demnach jeder Widerspruch in den Folgerungen aus den geometrischen Axiomen auch in der Arithmetik jenes Zahlenbereiches erkennbar sein müßte. Auf diese Weise wird also der gewünschte Nachweis für die Widerspruchslosigkeit der geometrischen Axiome auf den Satz von der Widerspruchslosigkeit der arithmetischen Axiome zurückgeführt.

Zum Nachweis für die Widerspruchslosigkeit der arithmetischen Axiome bedarf es dagegen eines direkten Weges.

Die Axiome der Arithmetik sind im wesentlichen nichts anderes als die bekannten Rechnungsgesetze mit Hinzunahme des Axioms der Stetigkeit. Ich habe sie kürzlich zusammengestellt[1] und dabei das Axiom der Stetigkeit durch zwei einfachere Axiome ersetzt, nämlich das bekannte *Archimedische* Axiom und ein neues Axiom des Inhaltes, daß die Zahlen ein System von Dingen bilden, welches bei Aufrechterhaltung der sämtlichen übrigen Axiome keiner Erweiterung mehr fähig ist. (Axiom der Vollständigkeit.) Ich bin nun überzeugt, daß es gelingen muß, einen direkten Beweis für die Widerspruchslosigkeit der arithmetischen Axiome zu finden, wenn man die bekannten Schlußmethoden in der Theorie der Irrationalzahlen im Hinblick auf das bezeichnete Ziel genau durcharbeitet und in geeigneter Weise modifiziert.

Um die Bedeutung des Problems noch nach einer anderen Rücksicht hin zu charakterisieren, möchte ich folgende Bemerkung hinzufügen. Wenn man einem Begriffe Merkmale erteilt, die einander widersprechen, so sage ich: der Begriff existiert mathematisch nicht. So existiert z. B. mathematisch nicht

---

[1] Jber. dtsch. Math.-Ver. Bd. 8 (1900) S. 180. Abgedruckt als Anhang VI des Buches „Grundlagen der Geometrie", 7. Aufl. 1930.

eine reelle Zahl, deren Quadrat gleich — 1 ist. Gelingt es jedoch zu beweisen, daß die dem Begriffe erteilten Merkmale bei Anwendung einer endlichen Anzahl von logischen Schlüssen niemals zu einem Widerspruche führen können, so sage ich, daß damit die mathematische Existenz des Begriffes, z. B. einer Zahl oder einer Funktion, die gewisse Forderungen erfüllt, bewiesen worden ist. In dem vorliegenden Falle, wo es sich um die Axiome der reellen Zahlen in der Arithmetik handelt, ist der Nachweis für die Widerspruchslosigkeit der Axiome zugleich der Beweis für die mathematische Existenz des Inbegriffs der reellen Zahlen oder des Kontinuums. In der Tat, wenn der Nachweis für die Widerspruchslosigkeit der Axiome völlig gelungen sein wird, so verlieren die Bedenken, welche bisweilen gegen die Existenz des Inbegriffs der reellen Zahlen gemacht worden sind, jede Berechtigung. Freilich der Inbegriff der reellen Zahlen, d. h. das Kontinuum ist bei der eben gekennzeichneten Auffassung nicht etwa die Gesamtheit aller möglichen Dezimalbruchentwicklungen oder die Gesamtheit aller möglichen Gesetze, nach denen die Elemente einer Fundamentalreihe fortschreiten können, sondern ein System von Dingen, deren gegenseitige Beziehungen durch die aufgestellten Axiome geregelt werden, und für welche alle und nur diejenigen Tatsachen wahr sind, die durch eine endliche Anzahl logischer Schlüsse aus den Axiomen gefolgert werden können. Nur in diesem Sinne ist meiner Meinung nach der Begriff des Kontinuums streng logisch faßbar. Tatsächlich entspricht er auch, wie mir scheint, so am besten dem, was die Erfahrung und Anschauung uns gibt. Der Begriff des Kontinuums oder auch der Begriff des Systems aller Funktionen existiert dann in genau demselben Sinne, wie etwa das System der ganzen rationalen Zahlen oder auch wie die höheren Cantorschen Zahlklassen und Mächtigkeiten. Denn ich bin überzeugt, daß auch die Existenz der letzteren in dem von mir bezeichneten Sinne ebenso wie die des Kontinuums wird erwiesen werden können — im Gegensatz zu dem System aller Mächtigkeiten überhaupt oder auch aller Cantorschen Alephs, für welches, wie sich zeigen läßt, ein widerspruchsloses System von Axiomen in meinem Sinne nicht aufgestellt werden kann, und welches daher nach meiner Bezeichnungsweise ein mathematisch nicht existierender Begriff ist.

Aus dem Gebiete der Grundlagen der Geometrie möchte ich zunächst das folgende Problem nennen.

3. Die Volumengleichheit zweier Tetraeder von gleicher Grundfläche und Höhe.

Gauss[1] spricht in zwei Briefen an Gerling sein Bedauern darüber aus, daß gewisse Sätze der Stereometrie von der Exhaustionsmethode, d. h. in der

---

[1] Werke Bd. 8 S. 241 und 244.

modernen Ausdrucksweise von dem Stetigkeitsaxiom (oder von dem Archimedischen Axiome) abhängig sind. Gauss nennt besonders den Satz von Euklid,
daß dreiseitige Pyramiden von gleicher Höhe sich wie ihre Grundflächen verhalten. Nun ist die analoge Aufgabe in der Ebene vollkommen erledigt worden[1]; auch ist es Gerling[2] gelungen, die Volumengleichheit symmetrischer
Polyeder durch Zerlegung in kongruente Teile zu beweisen. Dennoch erscheint
mir der Beweis des eben genannten Satzes von Euklid auf diese Weise im
allgemeinen wohl nicht als möglich, und es würde sich also um den strengen
Unmöglichkeitsbeweis handeln. Ein solcher wäre erbracht, sobald es gelingt,
*zwei Tetraeder mit gleicher Grundfläche und von gleicher Höhe anzugeben, die
sich auf keine Weise in kongruente Tetraeder zerlegen lassen, und die sich auch
durch Hinzufügung kongruenter Tetraeder nicht zu solchen Polyedern ergänzen
lassen, für die ihrerseits eine Zerlegung in kongruente Tetraeder möglich ist*[3].

4. Problem von der Geraden als kürzester Verbindung zweier Punkte.

Eine andere Problemstellung, betreffend die Grundlagen der Geometrie,
ist diese. Wenn wir von den Axiomen, die zum Aufbau der gewöhnlichen
Euklidischen Geometrie nötig sind, das Parallelenaxiom unterdrücken, be-
züglich als nicht erfüllt annehmen, dagegen alle übrigen Axiome beibehalten,
so gelangen wir bekanntlich zu der Lobatschefskyschen (hyperbolischen)
Geometrie; wir dürfen daher sagen, daß diese Geometrie insofern eine der
Euklidischen nächststehende Geometrie ist. Fordern wie weiter, daß dasjenige
Axiom nicht erfüllt sein soll, wonach von drei Punkten einer Geraden stets
einer und nur einer zwischen den beiden anderen liegt, so erhalten wir die
Riemannsche (elliptische) Geometrie, so daß diese Geometrie als eine der
Lobatschefskyschen nächststehende erscheint. Wollen wir eine ähnliche
prinzipielle Untersuchung über das Archimedische Axiom ausführen, so haben
wir dieses als nicht erfüllt anzusehen und gelangen somit zu den *Nicht*-Archi-
medischen Geometrien, die von Veronese und mir untersucht worden sind.
Die allgemeinere Frage, die sich nun erhebt, ist die, ob sich noch nach anderen
fruchtbaren Gesichtspunkten Geometrien aufstellen lassen, die mit gleichem
Recht der gewöhnlichen Euklidischen Geometrie nächststehend sind, und
da möchte ich Ihre Aufmerksamkeit auf einen Satz lenken, der von manchen
Autoren sogar als Definition der geraden Linie hingestellt worden ist, und der
aussagt, daß die Gerade die kürzeste Verbindung zwischen zwei Punkten ist.

---

[1] Vgl. außer der früheren Literatur Hilbert: Grundlagen der Geometrie, Kapitel IV.
Leipzig 1899.

[2] Gauss' Werke Bd. 8 S. 242.

[3] Inzwischen ist es Herrn Dehn gelungen, diesen Nachweis zu führen. Vgl. dessen
Note „Über raumgleiche Polyeder" Nachr. Ges. Wiss. Göttingen 1900, S. 345—354,
sowie „Raumteilungen" Math. Ann. Bd. 55 (1900) S. 465—478.

Der wesentliche Inhalt dieser Aussage reduziert sich auf den Satz von EUKLID, daß im Dreiecke die Summe zweier Seiten stets größer als die dritte Seite ist, einen Satz, welcher, wie man sieht, lediglich von elementaren, d. h. aus den Axiomen unmittelbar entnommenen Begriffen handelt, und daher der logischen Untersuchung zugänglicher ist. EUKLID hat den genannten Satz vom Dreieck mit Hilfe des Satzes vom Außenwinkel auf Grund der Kongruenzsätze bewiesen. Man überzeugt sich nun leicht, daß der Beweis jenes Euklidischen Satzes allein auf Grund derjenigen Kongruenzsätze, die sich auf das Abtragen von Strecken und Winkeln beziehen, *nicht* gelingt, sondern daß man zum Beweise eines Dreieckskongruenzsatzes bedarf. So entsteht die Frage nach einer Geometrie, in welcher alle Axiome der gewöhnlichen Euklidischen Geometrie und insbesondere alle Kongruenzaxiome mit Ausnahme des einen Axioms von der Dreieckskongruenz (oder auch mit Ausnahme des Satzes von der Gleichheit der Basiswinkel im gleichschenkligen Dreieck) gelten, und in welcher überdies noch der Satz, daß in jedem Dreieck die Summe zweier Seiten größer als die dritte ist, als besonderes Axiom aufgestellt wird.

Man findet, daß eine solche Geometrie tatsächlich existiert und keine andere ist als diejenige, welche MINKOWSKI[1] in seinem Buche „Geometrie der Zahlen" aufgestellt und zur Grundlage seiner arithmetischen Untersuchungen gemacht hat. Die Minkowskische Geometrie ist also ebenfalls eine der gewöhnlichen Euklidischen Geometrie nächststehende; sie ist im wesentlichen durch folgende Festsetzungen charakterisiert: Erstens: Die Punkte, die von einem festen Punkt O gleichen Abstand haben, werden durch eine konvexe geschlossene Fläche des gewöhnlichen Euklidischen Raumes mit O als Mittelpunkt repräsentiert. Zweitens: Zwei Strecken heißen auch dann einander gleich, wenn man sie durch Parallelverschiebung des Euklidischen Raumes in einander überführen kann.

In der Minkowskischen Geometrie gilt das Parallelenaxiom; ich gelangte bei einer Betrachtung[2], die ich über den Satz von der geraden Linie als kürzester Verbindung zweier Punkte anstellte, zu einer Geometrie, in welcher *nicht* das Parallelenaxiom gilt, während alle übrigen Axiome der Minkowskischen Geometrie erfüllt sind. Wegen der wichtigen Rolle, die der Satz von der Geraden als kürzester Verbindung zweier Punkte und der im wesentlichen äquivalente Satz von EUKLID über die Seiten eines Dreiecks nicht nur in der Zahlentheorie, sondern auch in der Theorie der Flächen und in der Variationsrechnung spielt, und da ich glaube, daß die eingehendere Untersuchung der Bedingungen für die Gültigkeit dieses Satzes ebenso auf den Begriff der Entfernung wie auch noch auf andere elementare Begriffe, z. B. den Begriff der

---

[1] Leipzig 1896.
[2] Math. Ann. Bd. 46 (1895) S. 91. Siehe auch Grundlagen der Geometrie 7. Aufl. 1930 Anhang I.

Ebene und die Möglichkeit ihrer Definition mittels des Begriffes der Geraden, ein neues Licht werfen wird, so erscheint mir die *Aufstellung und systematische Behandlung der hier möglichen Geometrien* wünschenswert.

Im Fall der Ebene und unter Zugrundelegung des Stetigkeitsaxioms führt das genannte Problem auf die von DARBOUX[1] behandelte Frage, alle Variationsprobleme in der Ebene zu finden, für welche sämtliche Geraden der Ebene die Lösungen sind — eine Fragestellung, die mir weitgehender Verallgemeinerungen[2] fähig und würdig erscheint.

5. Lies Begriff der kontinuierlichen Transformationsgruppe ohne die Annahme der Differenzierbarkeit der die Gruppe definierenden Funktionen.

LIE hat bekanntlich mit Hinzuziehung des Begriffs der kontinuierlichen Transformationsgruppe ein System von Axiomen für die Geometrie aufgestellt und auf Grund seiner Theorie der Transformationsgruppen bewiesen, daß dieses System von Axiomen zum Aufbau der Geometrie hinreicht. Da LIE jedoch bei Begründung seiner Theorie stets annimmt, daß die die Gruppe definierenden Funktionen *differenziert* werden können, so bleibt in den Lieschen Entwicklungen unerörtert, ob die Annahme der Differenzierbarkeit bei der Frage nach den Axiomen der Geometrie tatsächlich unvermeidlich ist oder nicht vielmehr als eine Folge des Gruppenbegriffs und der übrigen geometrischen Axiome erscheint. Diese Überlegung sowie auch gewisse Probleme hinsichtlich der arithmetischen Axiome legen uns die allgemeinere Frage nahe, *inwieweit der Liesche Begriff der kontinuierlichen Transformationsgruppe auch ohne Annahme der Differenzierbarkeit der Funktionen unserer Untersuchung zugänglich ist.*

Bekanntlich definiert LIE die endliche kontinuierliche Transformationsgruppe als ein System von Transformationen

$$x_i' = f_i(x_1, \ldots, x_n; a_1, \ldots, a_r) \qquad (i = 1, \ldots, n)$$

von der Beschaffenheit, daß zwei beliebige Transformationen

$$x_i' = f_i(x_1, \ldots, x_n; a_1, \ldots, a_r),$$
$$x_i'' = f_i(x_1', \ldots, x_n'; b_1, \ldots, b_r)$$

des Systems, nach einander ausgeführt, eine Transformation ergeben, welche wiederum dem System angehört und sich mithin in der Form

$$x_i'' = f_i(f_1(x, a), \ldots, f_n(x, a); b_1, \ldots, b_r) = f_i(x_1, \ldots, x_n; c_1, \ldots, c_r)$$

darstellen läßt, wo $c_1, \ldots, c_r$ gewisse Funktionen von $a_1, \ldots, a_r; b_1, \ldots, b_r$ sind. Die Gruppeneigenschaft findet mithin ihren Ausdruck in einem System

---

[1] Leçons sur la théorie générale des surfaces Bd. 3, S. 54. Paris 1894.
[2] Vgl. die interessanten Untersuchungen von A. HIRSCH: Math. Ann. Bd. 49 (1897) S. 49 und Bd. 50 (1898) S. 429.

von Funktionalgleichungen und erfordert an sich für die Funktionen $f_1, \ldots,$ $f_n, c_1, \ldots, c_r$ keinerlei nähere Beschränkung. Doch die weitere Behandlungsweise jener Funktionalgleichungen nach LIE, nämlich die Ableitung der bekannten grundlegenden Differentialgleichungen, setzt notwendig die Stetigkeit und Differenzierbarkeit der die Gruppe definierenden Funktionen voraus.

Was zunächst die Stetigkeit betrifft, so wird man gewiß an dieser Forderung zunächst festhalten — schon im Hinblick auf die geometrischen und arithmetischen Anwendungen, bei denen die Stetigkeit der in Frage kommenden Funktionen als eine Folge des Stetigkeitsaxioms erscheint. Dagegen enthält die Differenzierbarkeit der die Gruppe definierenden Funktionen eine Forderung, die sich in den geometrischen Axiomen nur auf recht gezwungene und komplizierte Weise zum Ausdruck bringen läßt, und es entsteht mithin die Frage, ob nicht etwa durch Einführung geeigneter neuer Veränderlicher und Parameter die Gruppe stets in eine solche übergeführt werden kann, für welche die definierenden Funktionen differenzierbar sind, oder ob wenigstens unter Hinzufügung gewisser einfacher Annahmen eine Überführung in die der Lieschen Methode zugänglichen Gruppen möglich ist. Die Zurückführung auf *analytische* Gruppen ist nach einem von LIE[1] aufgestellten und von SCHUR[2] zuerst bewiesenen Satze stets dann möglich, sobald die Gruppe transitiv ist und die Existenz der ersten und gewisser zweiter Ableitungen der die Gruppe definierenden Funktionen vorausgesetzt wird.

Auch für unendliche Gruppen ist, wie ich glaube, die Untersuchung der entsprechenden Frage von Interesse. Überhaupt werden wir auf das weite und nicht uninteressante Feld der Funktionalgleichungen geführt, die bisher meist nur unter der Voraussetzung der Differenzierbarkeit der auftretenden Funktionen untersucht worden sind. Insbesondere die von ABEL[3] mit so vielem Scharfsinn behandelten Funktionalgleichungen, die Differenzengleichungen und andere in der Literatur vorkommende Gleichungen weisen an sich nichts auf, was zur Forderung der Differenzierbarkeit der auftretenden Funktionen zwingt, und bei gewissen Existenzbeweisen in der Variationsrechnung fiel mir direkt die Aufgabe zu, aus dem Bestehen einer Differenzengleichung die Differenzierbarkeit der betrachteten Funktion beweisen zu müssen. In allen diesen Fällen erhebt sich daher die Frage, *inwieweit etwa die Aussagen, die wir im Falle der Annahme differenzierbarer Funktionen machen können, unter geeigneten Modifikationen ohne diese Voraussetzung gültig sind.*

Bemerkt sei noch, das H. MINKOWSKI in seiner vorhin genannten „Geome-

[1] LIE-ENGEL: Theorie der Transformationsgruppen Bd. 3, § 82 und § 144. Leipzig 1893.

[2] Über den analytischen Charakter der eine endliche kontinuierliche Transformationsgruppe darstellenden Funktionen. Math. Ann. Bd. 41 (1893) S. 509—538.

[3] Werke Bd. 1, S. 1, 61, 389.

trie der Zahlen" von der Funktionalungleichung

$$f(x_1 + y_1, \ldots, x_n + y_n) \leqq f(x_1, \ldots, x_n) + f(y_1, \ldots, y_n)$$

ausgeht und aus dieser in der Tat die Existenz gewisser Differentialquotienten für die in Betracht kommenden Funktionen zu beweisen vermag.

Andererseits hebe ich hervor, daß es sehr wohl analytische Funktionalgleichungen gibt, deren einzige Lösungen *nicht* differenzierbare Funktionen sind. Beispielsweise kann man eine eindeutige, stetige, nicht differenzierbare Funktion $\varphi(x)$ konstruieren, die die einzige Lösung zweier Funktionalgleichungen

$$\varphi(x + \alpha) - \varphi(x) = f(x),$$
$$\varphi(x + \beta) - \varphi(x) = 0$$

darstellt, wo α, β zwei reelle Zahlen und $f(x)$ eine für alle reellen Werte von x reguläre, analytische, eindeutige Funktion bedeutet. Man gelangt am einfachsten zu solchen Funktionen mit Hilfe trigonometrischer Reihen durch einen ähnlichen Gedanken, wie ihn BOREL nach einer jüngsten Mitteilung von PICARD[1] zur Konstruktion einer doppeltperiodischen nichtanalytischen Lösung einer gewissen analytischen partiellen Differentialgleichung benutzt hat.

6. Mathematische Behandlung der Axiome der Physik.

Durch die Untersuchungen über die Grundlagen der Geometrie wird uns die Aufgabe nahe gelegt, *nach diesem Vorbilde diejenigen physikalischen Disziplinen axiomatisch zu behandeln, in denen schon heute die Mathematik eine hervorragende Rolle spielt: dies sind in erster Linie die Wahrscheinlichkeitsrechnung und die Mechanik.*

Was die Axiome der Wahrscheinlichkeitsrechnung[2] angeht, so scheint es mir wünschenswert, daß mit der logischen Untersuchung derselben zugleich eine strenge und befriedigende Entwicklung der Methode der mittleren Werte in der mathematischen Physik, speziell in der kinetischen Gastheorie Hand in Hand gehe.

Über die Grundlagen der Mechanik liegen von physikalischer Seite bedeutende Untersuchungen vor; ich weise hin auf die Schriften von MACH[3], HERTZ[4], BOLTZMANN[5] und VOLKMANN[6]; es ist daher sehr wünschenswert, wenn auch von den Mathematikern die Erörterung der Grundlagen der Mecha-

---

[1] Quelques théories fondamentales dans l'analyse mathématique. Conférences faites à Clark-University. Rev. gén. des Sciences 1900, S. 22.

[2] Vgl. BOHLMANN: Über Versicherungsmathematik. 2. Vorlesung aus KLEIN und RIECKE: Über angewandte Mathematik und Physik. Leipzig und Berlin 1900.

[3] Die Mechanik in ihrer Entwicklung, 2. Auflage. Leipzig 1889.

[4] Die Prinzipien der Mechanik. Leipzig 1894.

[5] Vorlesungen über die Prinzipe der Mechanik. Leipzig 1897.

[6] Einführung in das Studium der theoretischen Physik. Leipzig 1900.

nik aufgenommen würde. So regt uns beispielsweise das Boltzmannsche Buch über die Prinzipe der Mechanik an, die dort angedeuteten Grenzprozesse, die von der atomistischen Auffassung zu den Gesetzen über die Bewegung der Kontinua führen, streng mathematisch zu begründen und durchzuführen. Umgekehrt könnte man die Gesetze über die Bewegung starrer Körper durch Grenzprozesse aus einem System von Axiomen abzuleiten suchen, die auf der Vorstellung von stetig veränderlichen, durch Parameter zu definierenden Zuständen eines den ganzen Raum stetig erfüllenden Stoffes beruhen — ist doch die Frage nach der Gleichberechtigung verschiedener Axiomensysteme stets von hohem prinzipiellen Interesse.

Soll das Vorbild der Geometrie für die Behandlung der physikalischen Axiome maßgebend sein, so werden wir versuchen, zunächst durch eine geringe Anzahl von Axiomen eine möglichst allgemeine Klasse physikalischer Vorgänge zu umfassen und dann durch Adjunktion neuer Axiome der Reihe nach zu den spezielleren Theorien zu gelangen — wobei vielleicht ein Einteilungsprinzip aus der so tiefsinnigen Theorie der unendlichen Transformationsgruppen von LIE entnommen werden kann. Auch wird der Mathematiker, wie er es in der Geometrie getan hat, nicht bloß die der Wirklichkeit nahe kommenden, sondern überhaupt alle logisch möglichen Theorien zu berücksichtigen haben und stets darauf bedacht sein, einen vollständigen Überblick über die Gesamtheit der Folgerungen zu gewinnen, die das gerade angenommene Axiomensystem nach sich zieht.

Ferner fällt dem Mathematiker in Ergänzung der physikalischen Betrachtungsweise die Aufgabe zu, jedesmal genau zu prüfen, ob das neu adjungierte Axiom mit den früheren Axiomen nicht in Widerspruch steht. Der Physiker sieht sich oftmals durch die Ergebnisse seiner Experimente gezwungen, zwischendurch und *während* der Entwicklung seiner Theorie neue Annahmen zu machen, indem er sich betreffs der Widerspruchslosigkeit der neuen Annahmen mit den früheren Axiomen lediglich auf eben jene Experimente oder auf ein gewisses physikalisches Gefühl beruft — ein Verfahren, welches beim streng logischen Aufbau einer Theorie nicht statthaft ist. Der gewünschte Nachweis der Widerspruchslosigkeit aller gerade gemachten Annahmen erscheint mir auch deshalb von Wichtigkeit, weil das Bestreben, einen solchen Nachweis zu führen, uns stets am wirksamsten zu einer exakten Formulierung der Axiome selbst zwingt.

Wir haben bisher lediglich Fragen über die *Grundlagen* mathematischer Wissenszweige berücksichtigt. In der Tat ist die Beschäftigung mit den Grundlagen einer Wissenschaft von besonderem Reiz, und es wird die Prüfung dieser Grundlagen stets zu den vornehmsten Aufgaben des Forschers gehören. „Das Endziel", so hat WEIERSTRASS einmal gesagt, „welches man stets im Auge behalten muß, besteht darin, daß man über die Fundamente der Wissenschaft ein sicheres Urteil zu erlangen suche" . . . „Um überhaupt in die Wissenschaften einzudringen, ist freilich die Beschäftigung mit einzelnen Problemen unerläßlich." In der Tat bedarf es zur erfolgreichen Behandlung der Grundlagen einer Wissenschaft des eindringenden Verständnisses ihrer speziellen Theorien; nur der Baumeister ist imstande, die Fundamente für ein Gebäude sicher anzulegen, der die Bestimmung des Gebäudes selbst im einzelnen gründlich kennt. So wenden wir uns nunmehr zu speziellen Problemen einzelner Wissenszweige der Mathematik und berücksichtigen dabei zunächst die Arithmetik und die Algebra.

7. Irrationalität und Transzendenz bestimmter Zahlen.

HERMITES arithmetische Sätze über die Exponentialfunktion und ihre Weiterführung durch LINDEMANN sind der Bewunderung aller mathematischer Generationen sicher. Aber zugleich erwächst uns die Aufgabe, auf dem betretenen Wege fortzuschreiten, wie dies bereits A. HURWITZ in zwei interessanten Abhandlungen „Über arithmetische Eigenschaften gewisser transzendenter Funktionen"[1] getan hat. Ich möchte daher eine Klasse von Problemen kennzeichnen, die meiner Meinung nach als die nächstliegenden hier in Angriff zu nehmen sind. Wenn wir von speziellen, in der Analysis wichtigen transzendenten Funktionen erkennen, daß sie für gewisse algebraische Argumente algebraische Werte annehmen, so erscheint uns diese Tatsache stets als besonders merkwürdig und der eingehenden Untersuchung würdig. Wir erwarten eben von transzendenten Funktionen, daß sie für algebraische Argumente im allgemeinen auch transzendente Werte annehmen, und obgleich uns wohl bekannt ist, daß es tatsächlich ganze transzendente Funktionen gibt, die für alle algebraischen Argumente sogar rationale Werte besitzen, so werden wir es doch für höchst wahrscheinlich halten, daß z. B. die Exponentialfunktion $e^{i\pi z}$, die offenbar für alle rationalen Argumente z stets algebraische Werte hat, andererseits für alle irrationalen algebraischen Argumente z stets transzendente Zahlenwerte annimmt. Wir können dieser Aussage auch eine geometrische Einkleidung geben, wie folgt. *Wenn in einem gleichschenkligen Dreieck das Verhältnis vom Basiswinkel zum Winkel an der Spitze algebraisch aber nicht rational ist, so ist das Verhältnis zwischen Basis und Schenkel stets transzendent.* Trotz der Einfachheit dieser Aussage und der Ähnlichkeit mit den von HERMITE und LINDEMANN gelösten Problemen halte ich doch den Beweis dieses Satzes für äußerst schwierig, ebenso wie etwa den Nachweis dafür, *daß die Potenz α^β für eine algebraische Basis α und einen algebraisch irrationalen Exponenten β, z. B. die Zahl $2^{\sqrt 2}$ oder $e^\pi = i^{-2i}$, stets eine transzendente oder auch nur eine irrationale Zahl darstellt.* Es ist gewiß,

---

[1] Math. Ann. Bd. 22, (1883) S. 211—229 und Bd. 32, (1888) S. 583—588.

daß die Lösung dieser und ähnlicher Probleme uns zu ganz neuen Methoden und zu neuen Einblicken in das Wesen spezieller irrationaler und transzendenter Zahlen führen muß.

8. Primzahlprobleme.

In der Theorie der Verteilung der Primzahlen sind in neuerer Zeit durch HADAMARD, DE LA VALLÉE-POUSSIN, V. MANGOLDT und andere wesentliche Fortschritte gemacht worden. Zur vollständigen Lösung der Probleme, die uns die Riemannsche Abhandlung „Über die Anzahl der Primzahlen unter einer gegebenen Größe" gestellt hat, ist es jedoch noch nötig, die Richtigkeit der äußerst wichtigen Behauptung von RIEMANN *nachzuweisen, daß die Nullstellen der Funktion* $\zeta(s)$, die durch die Reihe

$$\zeta(s) = 1 + \frac{1}{2^s} + \frac{1}{3^s} + \frac{1}{4^s} + \cdots$$

dargestellt wird, *sämtlich den reellen Bestandteil* $\frac{1}{2}$ *haben* — wenn man von den bekannten negativ ganzzahligen Nullstellen absieht. Sobald dieser Nachweis gelungen ist, so würde die weitere Aufgabe darin bestehen, die Riemannsche unendliche Reihe für die Anzahl der Primzahlen genauer zu prüfen und insbesondere *zu entscheiden, ob die Differenz zwischen der Anzahl der Primzahlen unterhalb einer Größe x und dem Integrallogarithmus von x in der Tat von nicht höherer als der $\frac{1}{2}$-ten Ordnung in x unendlich wird*[1], und ferner, ob dann die von den ersten komplexen Nullstellen der Funktion $\zeta(s)$ abhängenden Glieder der Riemannschen Formel wirklich die stellenweise Verdichtung der Primzahlen bedingen, welche man bei den Zählungen der Primzahlen bemerkt hat.

Nach einer erschöpfenden Diskussion der Riemannschen Primzahlformel wird man vielleicht dereinst in die Lage kommen, an die strenge Beantwortung des Problems von GOLDBACH[2] zu gehen, ob jede gerade Zahl als Summe zweier Primzahlen darstellbar ist, ferner an die bekannte Frage, ob es unendlich viele Primzahlpaare mit der Differenz 2 gibt oder gar an das allgemeinere Problem, ob die lineare diophantische Gleichung

$$a\,x + b\,y + c = 0$$

mit gegebenen ganzzahligen paarweise teilerfremden Koeffizienten a, b, c stets in Primzahlen x, y lösbar ist.

Aber von nicht geringerem Interesse und vielleicht von noch größerer Tragweite erscheint mir die Aufgabe, *die für die Verteilung der rationalen Primzahlen gewonnenen Resultate auf die Theorie der Verteilung der Primideale*

---

[1] Vgl. H. v. KOCH: Math. Ann. Bd. 55, (1902) S. 441—464.

[2] Vgl. P. STÄCKEL: Über Goldbachs empirisches Theorem. Nachr. Ges. Wiss. Göttingen 1896, S. 292—299 und LANDAU: Über die zahlentheoretische Funktion $\varphi(n)$ und ihre Beziehung zum Goldbachschen Satze. Ebenda 1900, S. 177—186.

in einem gegebenen Zahlkörper k zu übertragen — eine Aufgabe, die auf das
Studium der dem Zahlkörper zugehörigen Funktion

$$\zeta_k(s) = \sum \frac{1}{n\,(\mathfrak{j})^s}$$

hinausläuft, wo die Summe über alle Ideale $\mathfrak{j}$ des gegebenen Zahlkörpers k
zu erstrecken ist und $n\,(\mathfrak{j})$ die Norm des Ideals $\mathfrak{j}$ bedeutet.

Ich nenne noch drei speziellere Probleme aus der Zahlentheorie, nämlich
eines über die Reziprozitätsgesetze, eines über diophantische Gleichungen
und ein drittes aus dem Gebiete der quadratischen Formen.

9. Beweis des allgemeinsten Reziprozitätsgesetzes im beliebigen Zahlkörper.

*Für einen beliebigen Zahlkörper soll das Reziprozitätsgesetz der l-ten Potenz-
reste bewiesen werden,* wenn l eine ungerade Primzahl bedeutet, und ferner,
wenn l eine Potenz von 2 oder eine Potenz einer ungeraden Primzahl ist.
Die Aufstellung des Gesetzes, sowie die wesentlichen Hilfsmittel zum Beweise
desselben werden sich, wie ich glaube, ergeben, wenn man die von mir entwickelte Theorie des Körpers der l-ten Einheitswurzeln[1] und meine Theorie[2]
des relativ-quadratischen Körpers in gehöriger Weise verallgemeinert.

10. Entscheidung der Lösbarkeit einer diophantischen Gleichung.

Eine diophantische Gleichung mit irgendwelchen Unbekannten und mit
ganzen rationalen Zahlkoeffizienten sei vorgelegt: *man soll ein Verfahren
angeben, nach welchem sich mittels einer endlichen Anzahl von Operationen
entscheiden läßt, ob die Gleichung in ganzen rationalen Zahlen lösbar ist.*

11. Quadratische Formen mit beliebigen algebraischen Zahlkoeffizienten.

Unsere jetzige Kenntnis der Theorie der quadratischen Zahlkörper[3] setzt
uns in den Stand, *die Theorie der quadratischen Formen mit beliebig vielen*

---

[1] Bericht der Deutschen Mathematiker-Vereinigung über die Theorie der algebraischen Zahlkörper Bd. 4, (1897) S. 175—546. Fünfter Teil. Abgedruckt diese Abhandlungen
Bd. I Nr. 7.

[2] Math. Ann. Bd. 51, (1899) S. 1—127 und Nachr. Ges. Wiss. Göttingen 1898, S. 370
bis 399, oder diese Abhandlungen Bd. I Nr. 9 und 10. Vgl. ferner die demnächst erscheinende Inauguraldissertation von G. RÜCKLE. Göttingen 1901. D. V. Nr. 13.

[3] HILBERT: Über den Dirichletschen biquadratischen Zahlkörper. Math. Ann. Bd. 45
(1894) S. 309—340. Über die Theorie der relativ-quadratischen Zahlkörper. Ber. der
Deutschen Mathematiker-Vereinigung 1899 S. 88—94 und Math. Ann. Bd. 51. Über die
Theorie der relativ Abelschen Körper. Nachr. Ges. Wiss. Göttingen 1898. Oder diese
Abhandlungen Bd. I bzw. Nr. 5, 8, 9, 10.

Variablen und beliebigen algebraischen Zahlkoeffizienten erfolgreich in Angriff zu nehmen. Damit gelangen wir insbesondere zu der interessanten Aufgabe, eine vorgelegte quadratische Gleichung beliebig vieler Variablen mit algebraischen Zahlkoeffizienten in solchen ganzen oder gebrochenen Zahlen zu lösen, die in dem durch die Koeffizienten bestimmten algebraischen Rationalitätsbereiche gelegen sind.

Den Übergang zur Algebra und Funktionentheorie möge das folgende wichtige Problem bilden.

12. Ausdehnung des Kroneckerschen Satzes über Abelsche Körper auf einen beliebigen algebraischen Rationalitätsbereich.

Von KRONECKER rührt der Satz her, daß jeder Abelsche Zahlkörper im Bereich der rationalen Zahlen durch Zusammensetzung aus Körpern von Einheitswurzeln entsteht. Dieser fundamentale Satz aus der Theorie der ganzzahligen Gleichungen enthält zwei Aussagen, nämlich

erstens wird durch denselben die Frage nach der Anzahl und Existenz derjenigen Gleichungen beantwortet, die einen vorgeschriebenen Grad, eine vorgeschriebene Abelsche Gruppe und eine vorgeschriebene Diskriminante in bezug auf den Bereich der rationalen Zahlen besitzen, und

zweitens wird behauptet, daß die Wurzeln solcher Gleichungen einen Bereich algebraischer Zahlen bilden, der genau mit demjenigen Bereiche übereinstimmt, den man erhält, wenn man in der Exponentialfunktion $e^{i\pi z}$ für das Argument z der Reihe nach alle rationalen Zahlwerte einträgt.

Die *erste* Aussage betrifft die Frage der Bestimmung gewisser algebraischer Zahlen durch ihre Gruppe und ihre Verzweigung; diese Frage entspricht also dem bekannten Problem der Bestimmung algebraischer Funktionen zu gegebener Riemannscher Fläche. Die *zweite* Aussage liefert die verlangten Zahlen durch ein transzendentes Mittel, nämlich durch die Exponentialfunktion $e^{i\pi z}$.

Da nächst dem Bereiche der rationalen Zahlen der Bereich der imaginären quadratischen Zahlkörper der einfachste ist, so entsteht die Aufgabe, den Kroneckerschen Satz auf diesen Fall auszudehnen. KRONECKER selbst hat die Behauptung ausgesprochen, daß die Abelschen Gleichungen im Bereiche eines imaginären quadratischen Körpers durch die Transformationsgleichungen der elliptischen Funktionen mit singulären Moduln gegeben werden, so daß hiernach die elliptische Funktion die Rolle der Exponentialfunktion im vorigen Falle übernimmt. Der Beweis der Kroneckerschen Vermutung ist bisher nicht erbracht worden; doch glaube ich, daß derselbe auf Grund der von H. WEBER[1] entwickelten Theorie der komplexen Multiplikation

---

[1] Elliptische Funktionen und algebraische Zahlen. Braunschweig 1891.

unter Hinzuziehung der von mir aufgestellten rein arithmetischen Sätze
über Klassenkörper ohne erhebliche Schwierigkeit gelingen muß.

Von der höchsten Bedeutung endlich erscheint mir die Ausdehnung des
Kroneckerschen Satzes auf den Fall, *daß an Stelle des Bereiches der rationalen
Zahlen oder des imaginären quadratischen Zahlbereiches ein beliebiger alge-
braischer Zahlkörper als Rationalitätsbereich zugrunde gelegt wird;* ich halte
dies Problem für eines der tiefgehendsten und weittragendsten Probleme der
Zahlen- und Funktionentheorie.

Das Problem erweist sich von mannigfachen Seiten aus als zugänglich.
Den wichtigsten Schlüssel zur Lösung des arithmetischen Teiles dieses Pro-
blemes erblicke ich in dem allgemeinen Reziprozitätsgesetze der l-ten Potenzreste innerhalb eines beliebig vorgelegten Zahlkörpers.

Was den funktionentheoretischen Teil des Problems betrifft, so wird
sich der Forscher auf diesem so anziehenden Gebiete durch die merkwürdigen
Analogien leiten lassen, die zwischen der Theorie der algebraischen Funktionen einer Veränderlichen und der Theorie der algebraischen Zahlen bemerk-
bar sind. Das Analogon zur Potenzreihenentwicklung einer algebraischen
Funktion in der Theorie der algebraischen Zahlen hat HENSEL[1] aufgestellt
und untersucht und das Analogon für den Riemann-Rochschen Satz hat
LANDSBERG[2] behandelt. Auch die Analogie zwischen dem Begriff des Ge-
schlechts einer Riemannschen Fläche und dem Begriff der Klassenanzahl
eines Zahlkörpers fällt ins Auge. Betrachten wir, um nur den einfachsten
Fall zu berühren, eine Riemannsche Fläche vom Geschlecht $p = 1$ und andererseits einen Zahlkörper von der Klassenanzahl $h = 2$, so entspricht dem Nachweise der Existenz eines überall endlichen Integrals auf der Riemannschen
Fläche der Nachweis der Existenz einer ganzen Zahl α im Zahlkörper, die
von solcher Art ist, daß die Zahl $\sqrt{\alpha}$ einen relativ unverzweigten quadratischen
Körper in bezug auf den Grundkörper darstellt. In der Theorie der algebraischen
Funktionen dient bekanntlich zum Nachweise jenes Riemannschen Existenz-
satzes die Methode der Randwertaufgabe; auch in der Theorie der Zahlkörper
bietet der Nachweis der Existenz jener Zahl α gerade die meiste Schwierigkeit.
Dieser Nachweis gelingt mit wesentlicher Hilfe des Satzes, daß es im Zahlkörper stets Primideale mit vorgeschriebenen Restcharakteren gibt; die
letztere Tatsache ist also das zahlentheoretische Analogon zum Randwertproblem.

Die Gleichung des Abelschen Theorems in der Theorie der algebraischen
Funktionen sagt bekanntlich die notwendige und hinreichende Bedingung

---

[1] „Über eine neue Begründung der Theorie der algebraischen Zahlen." Jber. dtsch.
Math.-Ver. Bd. 6, (1899) S. 83—88, sowie „Über die Entwicklung der algebraischen Zahlen
in Potenzreihen." Math. Ann. Bd. 55, (1902) S. 301—336.

[2] Math. Ann. Bd. 50, (1898) S. 333—380 und S. 577—582.

dafür aus, daß die betreffenden Punkte der Riemannschen Fläche die Null-
stellen einer algebraischen zur Fläche gehörigen Funktion sind; das genaue
Analogon des Abelschen Theorems ist in der Theorie des Zahlkörpers von der
Klassenanzahl $h = 2$ die Gleichung des quadratischen Reziprozitätsgesetzes[1]

$$\left(\frac{\alpha}{\mathfrak{j}}\right) = +1,$$

welche aussagt, daß das Ideal $\mathfrak{j}$ dann und nur dann ein Hauptideal des Zahlkörpers ist, wenn jene Zahl α in bezug auf das Ideal $\mathfrak{j}$ einen *positiven* quadratischen Restcharakter besitzt.

Wie wir sehen, treten in dem eben gekennzeichneten Problem die drei
grundlegenden Disziplinen der Mathematik, nämlich Zahlentheorie, Algebra
und Funktionentheorie, in die innigste gegenseitige Berührung, und ich bin
sicher, daß insbesondere die Theorie der analytischen Funktionen mehrerer
Variablen eine wesentliche Bereicherung erfahren würde, wenn es gelänge,
*diejenigen Funktionen aufzufinden und zu diskutieren, die für einen beliebigen
algebraischen Zahlkörper die entsprechende Rolle spielen, wie die Exponentialfunktion für den Körper der rationalen Zahlen und die elliptische Modulfunktion
für den imaginären quadratischen Zahlkörper.*

Wir kommen nun zur Algebra; ich nenne im folgenden ein Problem aus
der Gleichungstheorie und eines, auf welches mich die Theorie der algebraischen
Invarianten geführt hat.

13. Unmöglichkeit der Lösung der allgemeinen Gleichung 7. Grades mittels Funktionen von nur 2 Argumenten.

Die Nomographie[2] hat die Aufgabe, Gleichungen mittels gezeichneter
Kurvenscharen zu lösen, die von *einem* willkürlichen Parameter abhängen.
Man sieht sofort, daß jede Wurzel einer Gleichung, deren Koeffizienten nur
von zwei Parametern abhängen, d. h. jede Funktion von zwei unabhängigen
Veränderlichen auf mannigfache Weise durch dieses der Nomographie zugrunde liegende Prinzip darstellbar ist. Ferner sind durch dieses Prinzip allein
ohne Hinzunahme beweglicher Elemente offenbar auch eine große Klasse
von Funktionen von drei und mehr Veränderlichen darstellbar, nämlich alle
diejenigen Funktionen, die man dadurch erzeugen kann, daß man zunächst
eine Funktion von zwei Argumenten bildet, dann jedes dieser Argumente
wieder gleich Funktionen von zwei Argumenten setzt, an deren Stellen
wiederum Funktionen von zwei Argumenten treten usw., wobei eine beliebige endliche Anzahl von Einschachtelungen der Funktionen zweier Argu-

---

[1] Vgl. HILBERT: Über die Theorie der relativ Abelschen Zahlkörper. Nachr. Ges.
Wiss. Göttingen 1898. Diese Abhandlungen Bd. I Nr. 10.

[2] M. D'OCAGNE: Traité de Nomographie. Paris 1899.

mente gestattet ist. So gehört beispielsweise jede rationale Funktion von beliebig vielen Argumenten zur Klasse dieser durch nomographische Tafeln konstruierbaren Funktionen; denn sie kann durch die Prozesse der Addition, Subtraktion, Multiplikation und Division erzeugt werden, und jeder dieser Prozesse repräsentiert eine Funktion von nur zwei Argumenten. Man sieht leicht ein, daß auch die Wurzeln aller Gleichungen, die in einem natürlichen Rationalitätsbereiche durch Wurzelziehen auflösbar sind, zu der genannten Klasse von Funktionen gehören; denn hier kommt zu den vier elementaren Rechnungsoperationen nur noch der Prozeß des Wurzelziehens hinzu, der ja lediglich eine Funktion *eines* Argumentes repräsentiert. Desgleichen sind die allgemeinen Gleichungen 5. und 6. Grades durch geeignete nomographische Tafeln auflösbar; denn diese können durch solche *Tschirnhausen*transformationen, die ihrerseits nur Ausziehen von Wurzeln verlangen, in eine Form gebracht werden, deren Koeffizienten nur von zwei Parametern abhängig sind.

Wahrscheinlich ist nun die Wurzel der Gleichung 7. Grades eine solche Funktion ihrer Koeffizienten, die nicht zu der genannten Klasse von Funktionen gehört, d. h. die sich nicht durch eine endliche Anzahl von Einschachtelungen von Funktionen zweier Argumente erzeugen läßt. Um dieses einzusehen, wäre der Nachweis dafür nötig, *daß die Gleichung 7. Grades*

$$f^7 + x f^3 + y f^2 + z f + 1 = 0$$

nicht mit Hilfe beliebiger stetiger Funktionen von nur zwei Argumenten lösbar ist. Daß es überhaupt analytische Funktionen von drei Argumenten x, y, z gibt, die *nicht* durch endlich-malige Verkettung von Funktionen von nur zwei Argumenten erhalten werden können, davon habe ich mich, wie ich noch bemerken möchte, durch eine strenge Überlegung überzeugt.

Durch Hinzunahme beweglicher Elemente gestattet die Nomographie auch die Konstruktion von Funktionen mit mehr als zwei Argumenten — wie dies kürzlich M. D'OCAGNE[1] hinsichtlich der Gleichung 7. Grades gezeigt hat.

14. Nachweis der Endlichkeit gewisser voller Funktionensysteme.

In der Theorie der algebraischen Invarianten verdienen, wie mir scheint, die Fragen nach der Endlichkeit voller Formensysteme ein besonderes Interesse. Es ist neuerdings L. MAURER[2] gelungen, die von P. GORDAN und mir bewiesenen Endlichkeitssätze der Invariantentheorie auf den Fall auszudehnen, daß nicht, wie in der gewöhnlichen Invariantentheorie, die allgemeine projektive Gruppe, sondern eine beliebige Untergruppe der Definition der

---

[1] Sur la résolution nomographique de l'équation du septième degré. Comptes rendus Bd. 131, (1900) S. 522—524.

[2] Vgl. Sitzungsberichte der K. Akademie der Wiss. zu München 1899, S. 147—175 und Math. Ann. Bd. 57, (1903) S. 265—313.

Invarianten zugrunde gelegt wird. Einen wesentlichen Schritt in dieser Richtung hatte bereits vorher A. HURWITZ[1] getan, indem es ihm durch ein sinnreiches Verfahren gelang, den Nachweis der Endlichkeit der orthogonalen Invarianten einer beliebigen Grundform allgemein zu führen.

Die Beschäftigung mit der Frage nach der Endlichkeit der Invarianten hat mich auf ein einfaches Problem geführt, welches jene Frage nach der Endlichkeit der Invarianten als besonderen Fall in sich enthält, und zu dessen Lösung wahrscheinlich eine erheblich feinere Ausbildung der Theorie der Elimination und der Kroneckerschen algebraischen Modulsysteme nötig ist, als sie bisher gelungen ist.

Es sei eine Anzahl m von ganzen rationalen Funktionen $X_1, X_2, \ldots,$ X_m der n Variabeln $x_1, x_2, \ldots, x_n$ vorgelegt:

$$\left.\begin{aligned}
X_1 &= f_1\,(x_1, \ldots, x_n),\\
X_2 &= f_2\,(x_1, \ldots, x_n),\\
&\cdots\cdots\cdots\cdots\\
X_m &= f_m\,(x_1, \ldots, x_n).
\end{aligned}\right\} \qquad (S)$$

Jede ganze rationale Verbindung von $X_1, \ldots, X_m$ wird offenbar durch Eintragung dieser Ausdrücke notwendig stets eine ganze rationale Funktion von $x_1, \ldots, x_n$. Es kann jedoch sehr wohl gebrochene rationale Funktionen von $X_1, \ldots, X_m$ geben, die nach Ausführung jener Substitution (S) zu *ganzen* Funktionen in $x_1, \ldots, x_n$ werden. Eine jede solche rationale Funktion von $X_1, \ldots, X_m$, die nach Ausführung der Substitution (S) ganz in $x_1, \ldots, x_n$ wird, möchte ich eine *relativ-ganze* Funktion von $X_1, \ldots, X_m$ nennen. Jede ganze Funktion von $X_1, \ldots, X_m$ ist offenbar auch relativganz; ferner ist die Summe, die Differenz und das Produkt relativganzer Funktionen stets wiederum relativganz.

Das entstehende Problem ist nun: zu entscheiden, ob es stets möglich ist, *ein endliches System von relativganzen Funktionen von* $X_1, \ldots, X_m$ *aufzufinden, durch die sich jede andere relativganze Funktion von* $X_1, \ldots, X_m$ *in ganzer rationaler Weise zusammensetzen läßt.* Wir können das Problem noch einfacher formulieren, wenn wir den Begriff *des endlichen Integritätsbereiches* einführen. Unter einem endlichen Integritätsbereiche möchte ich ein solches System von Funktionen verstehen, aus welchem sich eine endliche Anzahl von Funktionen auswählen läßt, mit deren Hilfe alle übrigen Funktionen des Systems in ganzer rationaler Weise ausdrückbar sind. Unser Problem läuft dann darauf hinaus, zu zeigen, daß die sämtlichen relativganzen Funktionen eines beliebigen Rationalitätsbereiches stets einen endlichen Integritätsbereich bilden.

---

[1] Über die Erzeugung der Invarianten durch Integration. Nachr. Ges. Wiss. Göttingen 1897, S. 71—90.

Es liegt auch nahe, das Problem *zahlentheoretisch zu verfeinern*, indem man
die Koeffizienten der gegebenen Funktionen $f_1, \ldots, f_m$ als ganze rationale
Zahlen annimmt und unter den relativganzen Funktionen von $X_1, \ldots, X_m$
nur solche rationale Funktionen dieser Argumente versteht, die nach Ausführung jener Substitution (S) ganze rationale Funktionen von $x_1, \ldots, x_n$
mit ganzen rationalen Koeffizienten werden.

Ein besonderer einfacher Fall dieses verfeinerten Problems ist der folgende:
Gegeben seien m ganze rationale Funktionen $X_1, \ldots, X_m$ der einen Veränderlichen x mit ganzen rationalen Koeffizienten und ferner eine Primzahl p.
Man betrachte das System derjenigen ganzen rationalen Funktionen von x,
welche sich in der Gestalt

$$\frac{G(X_1, \ldots, X_m)}{p^h}$$

darstellen lassen, wo G eine ganze rationale Funktion der Argumente $X_1, \ldots,$
X_m und p^h irgend eine Potenz der Primzahl p ist. Frühere Untersuchungen
von mir[1] zeigen dann unmittelbar, daß alle solchen Ausdrücke bei bestimmten
Exponenten h einen endlichen Integritätsbereich bilden; die Frage ist aber
hier, ob das gleiche auch für alle Exponenten h zugleich gilt, d. h. ob sich eine
endliche Anzahl von solchen Ausdrücken auswählen läßt, durch die jeder
andere Ausdruck von jener Gestalt für irgend einen Exponenten h ganz und
rational darstellbar ist.

Aus den Grenzgebieten zwischen Algebra und Geometrie möchte ich zwei
Probleme nennen: das eine betrifft den geometrischen Abzählungskalkül und
das zweite die Topologie algebraischer Kurven und Flächen.

15. Strenge Begründung von Schuberts Abzählungskalkül.

Das Problem besteht darin, *diejenigen geometrischen Anzahlen streng
und unter genauer Feststellung der Grenzen ihrer Gültigkeit zu beweisen, die insbesondere* SCHUBERT[2] *auf Grund des sogenannten Prinzips der speziellen Lage
oder der Erhaltung der Anzahl mittels des von ihm ausgebildeten Abzählungs-
kalküls bestimmt hat.* Wenn auch die heutige Algebra die Durchführbarkeit der
Eliminationsprozesse im Prinzip gewährleistet, so ist zum Beweise der Sätze
der abzählenden Geometrie erheblich mehr erforderlich, nämlich die Durchführung der Elimination bei besonders geformten Gleichungen in der Weise,
daß der Grad der Endgleichungen und die Vielfachheit ihrer Lösungen sich
voraussehen läßt.

---

[1] Math. Ann. Bd. 36, (1890) S. 485. Diese Abhandlungen Bd. II Nr. 16.
[2] Kalkül der abzählenden Geometrie. Leipzig 1879.

16. Problem der Topologie algebraischer Kurven und Flächen.

Die Maximalzahl der geschlossenen und getrennt liegenden Züge, welche eine ebene algebraische Kurve n-ter Ordnung haben kann, ist von HARNACK[1] bestimmt worden; es entsteht die weitere Frage nach der gegenseitigen Lage der Kurvenzüge in der Ebene. Was die Kurven 6. Ordnung angeht, so habe ich mich — freilich auf einem recht umständlichen Wege — davon überzeugt, daß die 11 Züge, die sie nach HARNACK haben kann, keinesfalls sämtlich außerhalb von einander verlaufen dürfen, sondern daß ein Zug existieren muß, in dessen Innerem *ein* Zug und in dessen Äußerem *neun* Züge verlaufen oder umgekehrt. *Eine gründliche Untersuchung der gegenseitigen Lage bei der Maximalzahl von getrennten Zügen scheint mir ebenso sehr von Interesse zu sein, wie die entsprechende Untersuchung über die Anzahl, Gestalt und Lage der Mäntel einer algebraischen Fläche im Raume* — ist doch bisher noch nicht einmal bekannt, wieviel Mäntel eine Fläche 4. Ordnung des dreidimensionalen Raumes im Maximum wirklich besitzt[2].

Im Anschluß an dieses rein algebraische Problem möchte ich eine Frage aufwerfen, die sich, wie mir scheint, mittels der nämlichen Methode der kontinuierlichen Koeffizientenänderung in Angriff nehmen läßt, und deren Beantwortung für die Topologie der durch Differentialgleichungen definierten Kurvenscharen von entsprechender Bedeutung ist — nämlich die Frage nach *der Maximalzahl und Lage der Poincaréschen Grenzzyklen (cycles limites) für eine Differentialgleichung erster Ordnung und ersten Grades* von der Form:

$$\frac{dy}{dx} = \frac{Y}{X},$$

wo X, Y ganze rationale Funktionen n-ten Grades in x, y sind, oder in homogener Schreibweise

$$X\left(y\,\frac{dz}{dt} - z\,\frac{dy}{dt}\right) + Y\left(z\,\frac{dx}{dt} - x\,\frac{dz}{dt}\right) + Z\left(x\,\frac{dy}{dt} - y\,\frac{dx}{dt}\right) = 0,$$

wo X, Y, Z ganze rationale homogene Funktionen n-ten Grades von x, y, z bedeuten und diese als Funktionen des Parameters t zu bestimmen sind.

17. Darstellung definiter Formen durch Quadrate.

Definit heißt eine solche ganze rationale Funktion oder Form beliebig vieler Veränderlicher mit reellen Koeffizienten, die für keine reellen Werte dieser Veränderlichen negativ ausfällt. Das System aller definiten Funktionen verhält sich invariant gegenüber den Operationen der Addition und der Multiplikation; aber auch der Quotient zweier definiten Funktionen ist — sofern er eine ganze Funktion der Veränderlichen wird — eine definite

---

[1] Math. Ann. Bd. 10, (1876) S. 189—199.
[2] Vgl. ROHN: Flächen vierter Ordnung. Preisschriften der Fürstlich Jablonowskischen Gesellschaft. Leipzig 1886.

Form. Das Quadrat einer jeden beliebigen Form ist offenbar stets eine definite Form; da aber, wie ich gezeigt habe[1], nicht jede definite Form durch
Addition aus Formenquadraten zusammengesetzt werden kann, so entsteht
die Frage — die ich für den Fall ternärer Formen in bejahendem Sinne ent-
schieden habe[2] —, *ob nicht jede definite Form als Quotient von Summen von
Formenquadraten dargestellt werden kann.* Zugleich ist es für gewisse Fragen
hinsichtlich der Möglichkeit gewisser geometrischer Konstruktionen wünschenswert zu wissen, ob die Koeffizienten der bei der Darstellung zu verwendenden
Formen stets in demjenigen Rationalitätsbereiche angenommen werden dürfen, der durch die Koeffizienten der dargestellten Form gegeben ist[3].

Ich nenne noch eine geometrische Aufgabe.

18. Aufbau des Raumes aus kongruenten Polyedern.

Wenn man nach denjenigen Gruppen von Bewegungen in der Ebene
fragt, für die ein Fundamentalbereich existiert, so fällt bekanntlich die Antwort sehr verschieden aus, je nachdem die betrachtete Ebene die Riemannsche (elliptische), Euklidische oder Lobatschefskysche (hyperbolische) ist.
Im Falle der elliptischen Ebene gibt es eine *endliche* Anzahl wesentlich verschiedener Arten von Fundamentalbereichen, und es reicht eine *endliche* Anzahl von Exemplaren kongruenter Bereiche zur lückenlosen Überdeckung
der ganzen Ebene aus: die Gruppe besteht eben nur aus einer endlichen Anzahl von Bewegungen. Im Falle der hyperbolischen Ebene gibt es eine *unendliche* Anzahl wesentlich verschiedener Arten von Fundamentalbereichen,
nämlich die bekannten Poincaréschen Polygone; zur lückenlosen Überdeckung
der Ebene ist eine *unendliche* Anzahl von Exemplaren kongruenter Bereiche
notwendig. Der Fall der Euklidischen Ebene steht in der Mitte; denn in diesem Falle gibt es nur eine *endliche* Anzahl von wesentlich verschiedenen Arten
von Bewegungsgruppen mit Fundamentalbereich; aber zur lückenlosen Überdeckung der ganzen Ebene ist eine *unendliche* Anzahl von Exemplaren kongruenter Bereiche notwendig.

Genau die entsprechenden Tatsachen gelten auch im dreidimensionalen
Raume. Die Tatsache der Endlichkeit der Bewegungsgruppen im elliptischen
Raume ist eine unmittelbare Folge eines fundamentalen Satzes von C. Jor-
dan[4], wonach die Anzahl der wesentlich verschiedenen Arten von *endlichen*
Gruppen linearer Substitutionen mit n Veränderlichen eine gewisse endliche,
von n abhängige Grenze nicht überschreitet. Die Bewegungsgruppen mit

---

[1] Math. Ann. Bd. 32, (1888) S. 342—350 oder diese Abhandlungen Bd. II Abh. Nr. 10.

[2] Acta mathematica Bd. 17, (1893) S. 169—197 oder diese Abhandlungen Bd. II
Nr. 20.

[3] Vgl. Hilbert: Grundlagen der Geometrie, Kap. VII, insbesondere § 38. Leipzig 1899.

[4] J. de Math. Bd. 84, (1878) und Atti della Reale Accademia di Napoli 1880.

Fundamentalbereich im hyperbolischen Raume sind von FRICKE und KLEIN in den Vorlesungen über die Theorie der automorphen Funktionen[1] untersucht worden, und endlich haben FEDOROW[2], SCHOENFLIES[3] und neuerdings ROHN[4] den Beweis dafür erbracht, daß es im Euklidischen Raume nur eine endliche Zahl wesentlich verschiedener Arten von Bewegungsgruppen mit Fundamentalbereich gibt. Während nun die den elliptischen und hyperbolischen Raum betreffenden Resultate und Beweismethoden unmittelbar auch für den *n*-dimensionalen Raum Geltung haben, so scheint die Verallgemeinerung des den Euklidischen Raum betreffenden Satzes erhebliche Schwierigkeiten zu bieten, und es ist daher die Untersuchung der Frage wünschenswert, *ob es auch im n-dimensionalen Euklidischen Raume nur eine endliche Anzahl wesentlich verschiedener Arten von Bewegungsgruppen mit Fundamentalbereich gibt.*

Ein Fundamentalbereich einer jeden Bewegungsgruppe zusammen mit den kongruenten, aus der Gruppe entspringenden Bereichen liefert offenbar eine lückenlose Überdeckung des Raumes. Es erhebt sich die Frage, ob ferner auch *solche Polyeder existieren, die nicht als Fundamentalbereiche von Bewegungsgruppen auftreten, und mittels derer dennoch durch geeignete Aneinanderlagerung kongruenter Exemplare eine lückenlose Erfüllung des ganzen Raumes möglich ist.* Ich weise auf die hiermit in Zusammenhang stehende, für die Zahlentheorie wichtige und vielleicht auch der Physik und Chemie einmal Nutzen bringende Frage hin, wie man unendlich viele Körper von der gleichen vorgeschriebenen Gestalt, etwa Kugeln mit gegebenem Radius oder reguläre Tetraeder mit gegebener Kante (bzw. in vorgeschriebener Stellung), im Raume am dichtesten einbetten, d. h. so lagern kann, daß das Verhältnis des erfüllten Raumes zum nicht erfüllten Raume möglichst groß ausfällt.

Überblicken wir die Entwicklung der Theorie der Funktionen im letzten Jahrhundert, so bemerken wir vor allem die fundamentale Rolle derjenigen Klasse von Funktionen, die wir heute als analytische Funktionen bezeichnen — eine Klasse von Funktionen, die wohl dauernd im Mittelpunkt des mathematischen Interesses stehen wird.

Wir können nach sehr verschiedenen Gesichtspunkten aus der Fülle aller denkbaren Funktionen umfassende Klassen herausheben, die einer besonders eingehenden Untersuchung würdig sind. Betrachten wir beispielsweise die Klasse derjenigen Funktionen, *die sich durch gewöhnliche oder partielle algebraische Differentialgleichungen charakterisieren lassen.* In dieser Klasse von

---

[1] Leipzig 1897. Vgl. insbesondere Abschnitt I, Kap. 2—3.
[2] Symmetrie der regelmäßigen Systeme von Figuren 1890.
[3] Krystallsysteme und Krystallstruktur. Leipzig 1891.
[4] Math. Ann. Bd. 53, (1900) S. 440—449.

Funktionen kommen, wie wir sofort bemerken, gerade solche Funktionen *nicht* vor, die aus der Zahlentheorie stammen und deren Erforschung für uns von höchster Wichtigkeit ist. Beispielsweise genügt die schon früher erwähnte Funktion $\zeta(s)$ keiner algebraischen Differentialgleichung, wie man leicht mit Hilfe der bekannten Relation zwischen $\zeta(s)$ und $\zeta(1-s)$ erkennen kann, wenn man den von HÖLDER[1] bewiesenen Satz benutzt, daß die Funktion $\Gamma(x)$ keine algebraische Differentialgleichung befriedigt. Ferner genügt die durch die unendliche Reihe

$$\zeta(s,x) = x + \frac{x^2}{2^s} + \frac{x^3}{3^s} + \frac{x^4}{4^s} + \cdots$$

definierte Funktion der beiden Veränderlichen s und x, die zu jener Funktion $\zeta(s)$ in enger Beziehung steht, wahrscheinlich keiner partiellen algebraischen Differentialgleichung; bei der Untersuchung dieser Frage wird man die Funktionalgleichung zu benutzen haben:

$$x\,\frac{\partial \zeta(s,x)}{\partial x} = \zeta(s-1,x).$$

Wenn wir andererseits, was aus arithmetischen und geometrischen Gründen nahe liegt, die Klasse aller derjenigen Funktionen betrachten, *welche stetig und unbegrenzt differenzierbar sind,* so würden wir bei deren Untersuchung auf das gefügige Werkzeug der Potenzreihe und auf den Umstand verzichten müssen, daß die Funktion durch die Wertezuordnung in jedem beliebig kleinen Gebiet völlig bestimmt ist. Während also die vorige Abgrenzung des Funktionsgebietes zu eng war, erscheint uns diese als zu weit.

Der Begriff der *analytischen* Funktion dagegen nimmt in sich den ganzen Reichtum der für die Wissenschaft wichtigsten Funktionen auf, mögen sie aus der Zahlentheorie, aus der Theorie der Differentialgleichungen oder der algebraischen Funktionalgleichungen, mögen sie aus der Geometrie oder der mathematischen Physik stammen; und so führt mit Recht die analytische Funktion im Reiche der Funktionen die unbedingte Herrschaft.

19. Sind die Lösungen regulärer Variationsprobleme stets notwendig analytisch?

Eine der begrifflich merkwürdigsten Tatsachen in den Elementen der Theorie der analytischen Funktionen erblicke ich darin, daß es partielle Differentialgleichungen gibt, deren Integrale sämtlich notwendig analytische Funktionen der unabhängigen Variablen sind, die also, kurz gesagt, nur analytischer Lösungen fähig sind. Die bekanntesten partiellen Differentialgleichungen dieser Art sind die Potentialgleichung

$$\frac{\partial^2 f}{\partial x^2} + \frac{\partial^2 f}{\partial y^2} = 0$$

---

[1] Math. Ann. Bd. 28, (1886) S. 1—13.

und gewisse von PICARD[1] untersuchte lineare Differentialgleichungen, ferner die Differentialgleichung

$$\frac{\partial^2 f}{\partial x^2} + \frac{\partial^2 f}{\partial y^2} = e^f,$$

die partielle Differentialgleichung der Minimalfläche und andere. Die Mehrzahl dieser partiellen Differentialgleichungen haben als Merkmal miteinander gemein, daß sie die Lagrangeschen Differentialgleichungen gewisser Variationsprobleme sind, und zwar solcher Variationsprobleme:

$$\iint F(p, q, z; x, y)\, dx\, dy = \text{Minimum} \qquad \left[p = \frac{\partial z}{\partial x}, \quad q = \frac{\partial z}{\partial y} \right],$$

bei denen für alle in Frage kommenden Argumente die Ungleichung

$$\frac{\partial^2 F}{\partial p^2} \frac{\partial^2 F}{\partial q^2} - \left(\frac{\partial^2 F}{\partial p\, \partial q} \right)^2 > 0$$

gilt, während F selbst eine analytische Funktion ist. Wir wollen ein solches Variationsproblem ein *reguläres* Variationsproblem nennen. Die regulären Variationsprobleme sind es vornehmlich, die in der Geometrie, Mechanik und mathematischen Physik eine Rolle spielen, und es liegt die Frage nahe, ob alle Lösungen regulärer Variationsprobleme stets notwendig *analytische* Funktionen sein müssen, *d. h. ob jede Lagrangesche partielle Differentialgleichung eines regulären Variationsproblems die Eigenschaft hat, daß sie nur analytische Integrale zuläßt* — selbst, wenn man, wie bei dem Dirichletschen Potentialprobleme, der Funktion irgendwelche stetige, aber nicht analytische Randwerte aufzwingt.

Ich bemerke noch, daß es beispielsweise Flächen von *negativer* konstanter Gaußscher Krümmung gibt, die durch stetige und fortgesetzt differenzierbare, aber nicht analytische Funktionen dargestellt werden, während wahrscheinlich jede Fläche von *positiver* konstanter Gaußscher Krümmung stets notwendig eine analytische Fläche sein muß. Bekanntlich stehen ja auch die Flächen positiver konstanter Krümmung in engster Verbindung mit dem regulären Variationsproblem, durch eine geschlossene Raumkurve eine Fläche kleinsten Flächeninhaltes zu legen, die mit einer festen Fläche durch die nämliche Raumkurve ein gegebenes Volumen abschließt.

20. Allgemeines Randwertproblem.

Ein wichtiges Problem, welches mit dem eben genannten in engem Zusammenhange steht, ist die Frage nach der Existenz von Lösungen von partiellen Differentialgleichungen mit vorgeschriebenen Randwerten. Die scharfsinnigen Methoden von H. A. SCHWARZ, C. NEUMANN und POINCARÉ haben

---

[1] J. de l'École Polytechnique Bd. 60, (1890) S. 89—105.

dieses Problem für die Differentialgleichung des Potentials im wesentlichen
gelöst; doch erscheinen diese Methoden im allgemeinen nicht unmittelbar der
Ausdehnung fähig auf den Fall, in dem am Rande die Differentialquotienten
oder Beziehungen zwischen diesen und den Werten der Funktion vorgeschrieben sind, oder wenn es sich nicht um Potentialflächen handelt, sondern etwa
nach Flächen kleinsten Flächeninhalts oder nach Flächen mit konstanter
positiver Gaußscher Krümmung gefragt wird, die durch eine vorgelegte Raumkurve hindurch laufen oder über eine gegebene Ringfläche zu spannen sind.
Ich bin überzeugt, daß es möglich sein wird, diese Existenzbeweise durch
einen allgemeinen Grundgedanken zu führen, auf den das Dirichletsche Prinzip hinweist, und der uns dann vielleicht in den Stand setzen wird, der Frage
näherzutreten, *ob nicht jedes reguläre Variationsproblem eine Lösung besitzt,
sobald hinsichtlich der gegebenen Grenzbedingungen gewisse Annahmen* — etwa
die Stetigkeit und stückweise öftere Differenzierbarkeit der für die Randbedingungen maßgebenden Funktionen — *erfüllt sind und nötigenfalls der
Begriff der Lösung eine sinngemäße Erweiterung erfährt*[1].

21. Beweis der Existenz linearer Differentialgleichungen mit vorgeschriebener Monodromiegruppe.

Aus der Theorie der linearen Differentialgleichungen mit einer unabhängigen
Veränderlichen z möchte ich auf ein wichtiges Problem hinweisen, welches
wohl bereits RIEMANN im Sinne gehabt hat, und welches darin besteht zu
zeigen, daß es stets *eine lineare Differentialgleichung der Fuchsschen Klasse
mit gegebenen singulären Stellen und einer gegebenen Monodromiegruppe gibt.* Die
Aufgabe verlangt also die Auffindung von n Funktionen der Variablen z, die sich
überall in der komplexen z-Ebene regulär verhalten, außer etwa in den gegebenen singulären Stellen: in diesen dürfen sie nur von endlich hoher Ordnung
unendlich werden, und beim Umlauf der Variablen z um dieselben erfahren
sie die gegebenen linearen Substitutionen. Die Existenz solcher Differentialgleichungen ist durch Konstantenzählung wahrscheinlich gemacht worden,
doch gelang der strenge Beweis bisher nur in dem besonderen Falle, wo die
Wurzeln der Fundamentalgleichungen der gegebenen Substitutionen sämtlich
vom absoluten Betrage 1 sind. Diesen Beweis hat L. SCHLESINGER[2] auf Grund
der Poincaréschen Theorie der Fuchsschen ζ-Funktionen erbracht. Es würde
offenbar die Theorie der linearen Differentialgleichungen ein wesentlich abgeschlosseneres Bild zeigen, wenn die allgemeine Erledigung des bezeichneten
Problems gelänge.

---

[1] Vgl. meinen Vortrag über das Dirichletsche Prinzip. Jber. dtsch. Math.-Ver. VIII,
(1900) S. 184. Dieser Band Nr. 3.

[2] Handbuch der Theorie der linearen Differentialgleichungen Bd. 2, Teil 2, Nr. 366.

22. Uniformisierung analytischer Beziehungen mittels automorpher Funktionen.

Wie POINCARÉ zuerst bewiesen hat, gelingt die Uniformisierung einer beliebigen *algebraischen* Beziehung zwischen zwei Variablen stets durch automorphe Funktionen einer Variablen, d. h. wenn eine beliebige algebraische Gleichung zwischen zwei Variablen vorgelegt ist, so lassen sich für dieselben stets solche eindeutigen automorphen Funktionen einer Variablen finden, nach deren Einsetzung die algebraische Gleichung identisch in dieser Variablen erfüllt ist. Die Verallgemeinerung dieses fundamentalen Satzes auf nicht algebraische, sondern beliebige analytische Beziehungen zwischen zwei Variablen hat POINCARÉ[1] ebenfalls mit Erfolg in Angriff genommen, und zwar auf einem völlig anderen Wege als derjenige war, der ihn bei dem anfangs genannten speziellen Probleme zum Ziele führte. Aus POINCARÉS Beweis für die Möglichkeit der Uniformisierung einer beliebigen analytischen Beziehung zwischen zwei Variablen geht jedoch noch nicht hervor, ob es möglich ist, die eindeutigen Funktionen der neuen Variablen so zu wählen, daß, während diese Variable das *reguläre* Gebiet jener Funktionen durchläuft, auch wirklich die Gesamtheit *aller* regulären Stellen des vorgelegten analytischen Gebildes zur Darstellung gelangt. Vielmehr scheinen in POINCARÉS Untersuchungen, abgesehen von den Verzweigungspunkten, noch gewisse andere, im allgemeinen unendlich viele diskrete Stellen des vorgelegten analytischen Gebildes ausgenommen zu sein, zu denen man nur gelangt, indem man die neue Variable gewissen Grenzstellen der Funktionen nähert. *Eine Klärung und Lösung dieser Schwierigkeit scheint mir in Anbetracht der fundamentalen Bedeutung der Poincaréschen Fragestellung äußerst wünschenswert.*

Im Anschluß an dieses Problem bietet sich das Problem der Uniformisierung einer algebraischen oder beliebigen analytischen Beziehung zwischen drei oder mehr komplexen Veränderlichen — ein Problem, das bekanntlich in zahlreichen besonderen Fällen lösbar ist, und für welches die neueren Untersuchungen von PICARD über algebraische Funktionen von zwei Variablen als willkommene und bedeutsame Vorarbeiten in Anspruch zu nehmen sind.

23. Weiterführung der Methoden der Variationsrechnung.

Bisher habe ich im allgemeinen möglichst bestimmte und spezielle Probleme genannt, in der Erwägung, daß es gerade die bestimmten und speziellen Probleme sind, die uns am meisten anziehen und von denen oft der nachhaltige Einfluß auf die Gesamtwissenschaft ausgeht. Dennoch möchte ich mit einem allgemeinen Probleme schließen, nämlich mit dem Hinweise auf eine Disziplin, die bereits mehrmals in meinem Vortrage Erwähnung fand —

---

[1] Bull. Soc. math. France XI, (1883) S. 112—125.

eine Disziplin, die trotz der erheblichen Förderung, die sie in neuerer Zeit
durch WEIERSTRASS erfahren hat, dennoch nicht die allgemeine Schätzung
genießt, die ihr meiner Ansicht nach zukommt — ich meine die *Variationsrechnung*[1]. Die geringe Verbreitung dieser Disziplin ist vielleicht zum Teil
durch den bisherigen Mangel an neueren zuverlässigen Lehrbüchern ver-
schuldet. Um so verdienstvoller ist es daher, daß A. KNESER[2] in einem jüngst
erschienenen Werke die Variationsrechnung nach den neueren Gesichtspunkten und mit Berücksichtigung der modernen Forderungen der Strenge bearbeitet hat.

Die Variationsrechnung im weitesten Sinne ist die Lehre vom Variieren
der Funktionen und erscheint uns als solche wie eine denknotwendige Fortsetzung der Differential- und Integralrechnung. So aufgefaßt bilden beispielsweise die Poincaréschen Untersuchungen über das Dreikörperproblem
ein Kapitel der Variationsrechnung, insofern darin POINCARÉ aus bekannten
Bahnkurven von gewisser Beschaffenheit durch das Prinzip des Variierens
neue Bahnkurven von ähnlicher Beschaffenheit ableitet.

Den am Anfange meines Vortrags gemachten allgemeinen Bemerkungen
über Variationsrechnung füge ich hier eine kurze Begründung hinzu.

Das einfachste Problem der eigentlichen Variationsrechnung besteht bekanntlich darin, eine Funktion y der Veränderlichen x derart zu finden, daß
das bestimmte Integral

$$J = \int\limits_a^b F(y_x, y; x)\, dx \qquad \left[y_x = \frac{dy}{dx} \right]$$

einen Minimalwert erhält im Vergleich zu denjenigen Werten, die das Integral annimmt, wenn wir statt y andere Funktionen von x mit den nämlichen
gegebenen Anfangs- und Endwerten in das bestimmte Integral einsetzen.
Das Verschwinden der ersten Variation im üblichen Sinne

$$\delta J = 0$$

liefert für die gesuchte Funktion y die bekannte Differentialgleichung zweiter
Ordnung

$$\frac{dF_{y_x}}{dx} - F_y = 0 \qquad \left[F_{y_x} = \frac{\partial F}{\partial y_x}, \quad F_y = \frac{\partial F}{\partial y} \right]. \qquad (1)$$

---

[1] Lehrbücher sind MOIGNO-LINDELÖF: „Leçons du calcul des variations". Paris 1861
und A. KNESER: „Lehrbuch der Variationsrechnung", Braunschweig 1900.

[2] Braunschweig 1900. Zur Charakterisierung des Inhaltes dieses Werkes sei bemerkt,
daß A. KNESER bei den einfachsten Problemen auch für den Fall, daß eine Integrations-
grenze veränderlich ist, hinreichende Bedingungen des Extremums ableitet und die
Enveloppe einer Schar von Kurven, die den Differentialgleichungen des Problems genügen, benutzt, um die Notwendigkeit der Jacobischen Bedingungen des Extremums
nachzuweisen. Ferner sei hervorgehoben, daß A. KNESER in seinem Lehrbuche die Weierstraßsche Theorie auch auf die Frage nach dem Extremum solcher Größen anwendet,
die durch Differentialgleichungen definiert sind.

Um nun des Näheren die notwendigen und hinreichenden Kriterien für das Eintreten des verlangten Minimums zu untersuchen, betrachten wir *das Integral*

$$J^* = \int_a^b \{F + (y_x - p) F_p\} \, dx$$

$$\left[F = F(p, y; x), \quad F_p = \frac{\partial F(p, y; x)}{\partial p} \right]$$

und fragen, wie darin p als Funktion von x, y zu nehmen ist, damit der Wert dieses Integrals J* von dem Integrationswege, d. h. von der Wahl der Funktion y der Variablen x unabhängig wird. Das Integral J^* hat die Form

$$J^* = \int_a^b \{A \, y_x - B\} \, dx,$$

wo A und B nicht y_x enthalten, und das Verschwinden der ersten Variation

$$\delta J^* = 0$$

in dem Sinne, den die neue Fragestellung erfordert, liefert die Gleichung

$$\frac{\partial A}{\partial x} + \frac{\partial B}{\partial y} = 0,$$

d. h. wir erhalten für die Funktion p der beiden Veränderlichen x, y die partielle Differentialgleichung erster Ordnung

$$\frac{\partial F_p}{\partial x} + \frac{\partial (p F_p - F)}{\partial y} = 0. \tag{1*}$$

Die gewöhnliche Differentialgleichung zweiter Ordnung (1) und die eben gefundene partielle Differentialgleichung (1*) stehen zu einander in engster Beziehung. Diese Beziehung wird uns unmittelbar deutlich durch die folgende einfache Umformung:

$$\delta J^* = \int_a^b \{F_y \delta y + F_p \delta p + (\delta y_x - \delta p) F_p + (y_x - p) \delta F_p\} \, dx$$

$$= \int_a^b \{F_y \delta y + \delta y_x F_p + (y_x - p) \delta F_p\} \, dx$$

$$= \delta J + \int_a^b (y_x - p) \delta F_p \, dx.$$

Wir entnehmen nämlich hieraus folgende Tatsachen: wenn wir uns irgend eine *einfache* Schar von Integralkurven der gewöhnlichen Differentialgleichung zweiter Ordnung (1) verschaffen und dann eine gewöhnliche Differentialgleichung erster Ordnung

$$y_x = p(x, y) \tag{2}$$

bilden, die diese Integralkurven ebenfalls als Lösungen zuläßt, so ist stets die Funktion $p(x, y)$ ein Integral der partiellen Differentialgleichung erster

Ordnung (1*); und umgekehrt, wenn $p(x, y)$ irgend eine Lösung der partiellen Differentialgleichung erster Ordnung (1*) bedeutet, so sind die sämtlichen nicht singulären Integrale der gewöhnlichen Differentialgleichung erster Ordnung (2) zugleich Integrale der Differentialgleichung zweiter Ordnung (1); oder kurz ausgedrückt: wenn $y_x = p(x, y)$ eine Differentialgleichung erster Ordnung der Differentialgleichung zweiter Ordnung (1) ist, so stellt $p(x, y)$ ein Integral der partiellen Differentialgleichung (1*) dar und umgekehrt; die Integralkurven der gewöhnlichen Differentialgleichung zweiter Ordnung (1) sind also zugleich die Charakteristiken der partiellen Differentialgleichung erster Ordnung (1*).

In dem vorliegenden Falle finden wir das nämliche Resultat auch mittels einer einfachen Rechnung; diese liefert uns nämlich die in Rede stehenden Differentialgleichungen (1) bzw. (1*) in der Gestalt

$$y_{xx}F_{y_x y_x} + y_x F_{y_x y} + F_{y_x x} - F_y = 0, \tag{1}$$

bzw.

$$(p_x + p\,p_y)F_{pp} + p F_{py} + F_{px} - F_y = 0, \tag{1*}$$

wo die unteren Indizes in leichtverständlicher Schreibweise die partiellen Ableitungen nach x, y, p, y_x bedeuten. Hieraus leuchtet die Richtigkeit der behaupteten Beziehung ein.

Die vorhin aufgestellte und soeben bewiesene enge Beziehung zwischen der gewöhnlichen Differentialgleichung zweiter Ordnung (1) und der partiellen Differentialgleichung erster Ordnung (1*) ist, wie mir scheint, für die Variationsrechnung von grundlegender Bedeutung. Denn wegen der Unabhängigkeit des Integrales J^* vom Integrationswege folgt nunmehr

$$\int_a^b \{F(p) + (y_x - p)F_p(p)\}\,dx = \int_a^b F(\overline{y}_x)\,dx, \tag{3}$$

wenn wir das Integral linker Hand auf irgend einem Wege y und das Integral rechter Hand auf einer Integralkurve $\overline{y}$ der Differentialgleichung

$$\overline{y}_x = p(x, \overline{y})$$

genommen denken. Mit Hilfe der Gleichung (3) gelangen wir zu der Weierstraßschen Formel

$$\int_a^b F(y_x)\,dx - \int_a^b F(\overline{y}_x^1)\,dx = \int_a^b E(y_x, p)\,dx, \tag{4}$$

wo E den von den 4 Argumenten y_x, p, y, x abhängigen Weierstraßschen Ausdruck

$$E(y_x, p) = F(y_x) - F(p) - (y_x - p)F_p(p)$$

bezeichnet. Da es hiernach lediglich darauf ankommt, die in Rede stehende Integralkurve $\overline{y}$ in der xy-Ebene auf eindeutige und stetige Weise mit Werten einer entsprechenden Integralfunktion $p\,(x,\,y)$ zu umgeben, so führen die eben angedeuteten Entwicklungen unmittelbar — ohne Heranziehung der zweiten Variation, sondern allein durch Anwendung des Polarenprozesses auf die Differentialgleichung (1) — zur Aufstellung der Jacobischen Bedingung und zur Beantwortung der Frage, inwiefern diese Jacobische Bedingung im Verein mit der Weierstraßschen Bedingung $E > 0$ für das Eintreten eines Minimums notwendig und hinreichend ist.

Die angedeuteten Entwicklungen lassen sich, ohne daß eine weitere Rechnung nötig wäre, auf den Fall zweier oder mehr gesuchter Funktionen, sowie auf den Fall eines Doppel- oder mehrfachen Integrals übertragen. So liefert beispielsweise im Fall des über ein gegebenes Gebiet ω zu erstreckenden Doppelintegrals

$$J = \int F(z_x,\, z_y,\, z;\, x,\, y)\, d\omega \qquad \left[z_x = \frac{\partial z}{\partial x},\quad z_y = \frac{\partial z}{\partial y}\right]$$

das im üblichen Sinne zu verstehende Verschwinden der ersten Variation

$$\delta J = 0$$

für die gesuchte Funktion z von $x,\, y$ die bekannte Differentialgleichung zweiter Ordnung

$$\frac{dF_{z_x}}{dx} + \frac{dF_{z_y}}{dy} - F_x = 0 \qquad \left[F_{z_x} = \frac{\partial F}{\partial z_x},\quad F_{z_y} = \frac{\partial F}{\partial z_y},\quad F_z = \frac{\partial F}{\partial z}\right]. \quad \text{(I)}$$

Andererseits betrachten wir *das Integral*

$$J^* = \int \{F + (z_x - p)F_p + (z_y - q)F_q\}\, d\omega$$
$$\left[F = F(p,\, q,\, z;\, x,\, y),\quad F_p = \frac{\partial F(p,\, q,\, z;\, x,\, y)}{\partial p},\quad F_q = \frac{\partial F(p,\, q,\, z;\, x,\, y)}{\partial q}\right]$$

und fragen, wie darin p und q als Funktionen von x, y, z zu nehmen sind, damit der Wert dieses Integrals von der Wahl der durch die gegebene geschlossene Raumkurve gelegten Fläche, d. h. von der Wahl der Funktion z der Variablen x, y unabhängig wird. Das Integral J^* hat die Form

$$J^* = \int \{A\,z_x + B\,z_y - C\}\, d\omega,$$

und das Verschwinden der ersten Variation

$$\delta J^* = 0$$

in dem Sinne, den die neue Fragestellung erfordert, liefert die Gleichung

$$\frac{\partial A}{\partial x} + \frac{\partial B}{\partial y} + \frac{\partial C}{\partial z} = 0,$$

d. h. wie erhalten für die Funktionen p und q der drei Variabeln x, y, z die Differentialgleichung erster Ordnung

$$\frac{\partial F_p}{\partial x} + \frac{\partial F_q}{\partial y} + \frac{\partial (pF_p + qF_q - F)}{\partial z} = 0. \quad \text{(I*)}$$

Fügen wir zu dieser Differentialgleichung noch die aus den Gleichungen

$$z_x = p(x, y, z), \qquad z_y = q(x, y, z) \tag{II}$$

resultierende partielle Differentialgleichung

$$p_y + q\,p_z = q_x + p\,q_z \tag{I**}$$

hinzu, so stehen die partielle Differentialgleichung zweiter Ordnung (I) für die Funktion z der zwei Veränderlichen x, y und das simultane System der zwei partiellen Differentialgleichungen erster Ordnung (I*), (I**) für die zwei Funktionen p und q der drei Veränderlichen x, y, z zu einander genau in der analogen Beziehung, wie vorhin im Falle eines einfachen Integrals die Differentialgleichungen (1) und (1*).

Wegen der Unabhängigkeit des Integrals J^* von der Wahl der Integrationsfläche z folgt:

$$\int \{F(p, q) + (z_x - p)F_p(p, q) + (z_y - q)F_q(p, q)\}\,d\omega = \int F(\bar{z}_x, \bar{z}_y)\,d\omega, \tag{III}$$

wenn wir das Integral rechter Hand auf einer Integralfläche $\bar{z}$ der partiellen Differentialgleichungen

$$\bar{z}_x = p(x, y, \bar{z}), \qquad \bar{z}_y = q(x, y, \bar{z})$$

genommen denken, und mit Hilfe dieser Formel gelangen wir dann sofort zu der Formel

$$\int F(z_x, z_y)\,d\omega - \int F(\bar{z}_x, \bar{z}_y)\,d\omega = \int E(z_x, z_y, p, q)\,d\omega, \tag{IV}$$

$$E(z_x, z_y, p, q) = F(z_x, z_y) - F(p, q) - (z_x - p)F_p(p, q) - (z_y - q)F_q(p, q),$$

die für die Variation der Doppelintegrale die nämliche Rolle spielt, wie die vorhin angegebene Formel (4) für die einfachen Integrale, und mit deren Hilfe wir wiederum die Frage beantworten können, inwiefern die Jacobische Bedingung im Verein mit der Weierstraßschen Bedingung $E > 0$ für das Eintreten eines Minimums notwendig und hinreichend ist.

Mit dieser Entwicklung verwandt ist die Modifikation, in welcher, von anderen Gesichtspunkten ausgehend, A. KNESER[1] die Weierstraßsche Theorie dargestellt hat. Während nämlich WEIERSTRASS zur Ableitung hinreichender Bedingungen des Extremums die durch einen festen Punkt gehenden Integralkurven der Gleichung (1) benutzt, macht A. KNESER von einer beliebigen einfachen Schar solcher Kurven Gebrauch und konstruiert zu jeder solchen Schar eine für sie charakteristische Lösung derjenigen partiellen Differentialgleichung, welche als Verallgemeinerung der Jacobi-Hamiltonschen anzusehen ist.

Die genannten Probleme sind nur Proben von Problemen; sie genügen jedoch, um uns vor Augen zu führen, wie reich, wie mannigfach und wie ausgedehnt die mathematische Wissenschaft schon heute ist, und es drängt

---

[1] Vgl. sein vorhin genanntes Lehrbuch der Variationsrechnung § 14, § 15, § 19, § 20.

sich uns die Frage auf, ob der Mathematik einst bevorsteht, was anderen Wissenschaften längst widerfahren ist, nämlich daß sie in einzelne Teilwissenschaften zerfällt, deren Vertreter kaum noch einander verstehen und deren Zusammenhang daher immer loser wird. Ich glaube und wünsche dies nicht; die mathematische Wissenschaft ist meiner Ansicht nach ein unteilbares Ganzes, ein Organismus, dessen Lebensfähigkeit durch den Zusammenhang seiner Teile bedingt wird. Denn bei aller Verschiedenheit des mathematischen Wissensstoffes im einzelnen gewahren wir doch sehr deutlich die Gleichheit der logischen Hilfsmittel, die Verwandtschaft der Ideenbildungen in der ganzen Mathematik und die zahlreichen Analogien in ihren verschiedenen Wissensgebieten. Auch bemerken wir: je weiter eine mathematische Theorie ausgebildet wird, desto harmonischer und einheitlicher gestaltet sich ihr Aufbau, und ungeahnte Beziehungen zwischen bisher getrennten Wissenszweigen werden entdeckt. So kommt es, daß mit der Ausdehnung der Mathematik ihr einheitlicher Charakter nicht verlorengeht, sondern desto deutlicher offenbar wird.

Aber — so fragen wir — wird es bei der Ausdehnung des mathematischen Wissens für den einzelnen Forscher nicht schließlich unmöglich, alle Teile dieses Wissens zu umfassen? Ich möchte als Antwort darauf hinweisen, wie sehr es im Wesen der mathematischen Wissenschaft liegt, daß jeder wirkliche Fortschritt stets Hand in Hand geht mit der Auffindung schärferer Hilfsmittel und einfacherer Methoden, die zugleich das Verständnis früherer Theorien erleichtern und umständliche ältere Entwicklungen beseitigen, und daß es daher dem einzelnen Forscher, indem er sich diese schärferen Hilfsmittel und einfacheren Methoden zu eigen macht, leichter gelingt, sich in den verschiedenen Wissenszweigen der Mathematik zu orientieren, als dies für irgend eine andere Wissenschaft der Fall ist.

Der einheitliche Charakter der Mathematik liegt im inneren Wesen dieser Wissenschaft begründet; denn die Mathematik ist die Grundlage alles exakten naturwissenschaftlichen Erkennens. Damit sie diese hohe Bestimmung vollkommen erfülle, mögen ihr im neuen Jahrhundert geniale Meister erstehen und zahlreiche in edlem Eifer erglühende Jünger!

18. Zum Gedächtnis an Karl Weierstraß.

[Göttinger Nachrichten 1897, Geschäftliche Mitteilungen, S. 60—69.]

KARL WEIERSTRASS wurde am 31. Oktober 1815 zu Ostenfelde in West-
falen als Sohn des dortigen Bürgermeisters geboren. Er besuchte während
der Jahre 1829—1834 das Gymnasium in Paderborn und studierte dann in
Bonn Jura; erst im Jahre 1838, als er im 23. Lebensjahre stand, entschloß
er sich zum Studium der Mathematik und ging deshalb nach Münster, wo-
selbst er eine mathematische Vorlesung bei GUDERMANN besuchte, die einzige, die er in seinem Leben gehört hat. Nach Ablegung des Examen pro
facultate docendi und des Probejahres ging er zunächst als Lehrer an das
Progymnasium in Deutsch-Krone und dann als Oberlehrer an das Gymnasium in Braunsberg. Fünfzehn Jahre hindurch war WEIERSTRASS als Gym-
nasiallehrer tätig; während dieser Zeit veröffentlichte er eine Reihe bedeutender Abhandlungen über die schwierigsten Probleme der Funktionentheorie.
Die erste Anerkennung für diese Leistungen wurde ihm durch die philosophische Fakultät in Königsberg zuteil, die ihn im Jahre 1854 auf RICHE-
LOTS Antrag zum Doctor honoris causa ernannte. Zwei Jahre später wurde
WEIERSTRASS als ordentlicher Professor an das Gewerbeinstitut und zugleich
als außerordentlicher Professor an die Universität, sowie als Mitglied der
Akademie der Wissenschaften nach Berlin berufen. Im Jahre 1864 wurde
er ordentlicher Professor an der Universität Berlin. Seit 1856 ist WEIERSTRASS
Korrespondent unserer Gesellschaft der Wissenschaften und seit 1865 ihr
auswärtiges Mitglied gewesen. Sein siebzigster Geburtstag wurde von der
mathematischen Welt als Festtag begangen; ebenso sein achtzigster Geburtstag, an welchem unsere Gesellschaft ihn in einer Glückwunschadresse als
den größten lebenden Meister des mathematischen Faches feierte.

WEIERSTRASS ist am 19. Februar dieses Jahres im zweiundachtzigsten
Lebensjahr in Berlin gestorben. Die Lehrtätigkeit hatte er schon seit einer
Reihe von Jahren eingestellt; doch seine geistige Frische blieb ihm bis zum
Tode erhalten. Er empfing noch gern Besuche auch der ihm persönlich ferner
stehenden Mathematiker und verfolgte ihre wissenschaftlichen Bestrebungen
mit Interesse.

WEIERSTRASS' äußere Erscheinung war eine bedeutende; seine leuchten-
den Augen und sein weißes wallendes Haar werden auch dem in Erinnerung

bleiben, der ihn nur selten gesehen hat. Sein Bildnis ist im Auftrage des
Staates für die Nationalgalerie gemalt worden.

Die Abhandlungen und Vorlesungen von WEIERSTRASS werden von
einer Kommission herausgegeben, welche die Akademie der Wissenschaften
zu Berlin aus ihrer Mitte ernannt hat und der WEIERSTRASS selbst angehörte.
Die ersten beiden Bände sind bereits erschienen.

In seiner akademischen Antrittsrede vom Jahre 1857 hat WEIERSTRASS
selbst sein wissenschaftliches Programm entwickelt. Er schildert darin, eine
wie mächtige Anziehungskraft schon beim ersten Studium die Theorie der
elliptischen Funktionen auf ihn ausgeübt habe und wie er die Förderung
der Theorie der periodischen Funktionen von mehreren Veränderlichen,
deren Existenz bereits von JACOBI nachgewiesen worden war, als eine Hauptaufgabe der Mathematik ansah, an der auch er sich zu versuchen entschloß.
Um sich für diese schwierige Aufgabe vorzubereiten, gab er sich zunächst
dem gründlichen Studium der vorhandenen Hilfsmittel und der Beschäftigung
mit minder schweren Aufgaben hin. Die Frucht dieser Studien waren zunächst
die in den Jahren 1841—1843 veröffentlichten Abhandlungen über die Theorie
der Potenzreihen, über die Definition analytischer Funktionen mittels algebraischer Differentialgleichungen und über die analytischen Fakultäten;
diese Abhandlungen waren zugleich die ersten Vorläufer für die später durch
ihn vollendete Neubegründung der Theorie der analytischen Funktionen.
Nunmehr folgten drei grundlegende Abhandlungen über das sogenannte
Umkehrproblem der hyperelliptischen Integrale: die erste in dem Programm
des Braunsberger Gymnasiums enthielt die Herleitung der Relationen zwischen
den Perioden der hyperelliptischen Integrale, die für die Lösung des Jacobischen Umkehrproblems von fundamentaler Bedeutung sind; die zweite und
dritte Abhandlung im Journal für Mathematik Band 47 und 52 gaben eine
kurze Darlegung des Weges, auf welchem er die das Umkehrproblem lösenden
Funktionen als Quotienten beständig konvergenter Potenzreihen wirklich
zur Darstellung bringt. Dieser Weg war gänzlich neu und demjenigen entgegengesetzt, der bisher für den Fall des Geschlechtes $p = 2$ von ROSENHAIN
und GOEPEL betreten war. Während diese Mathematiker die Thetafunktionen
und die errechneten Relationen zwischen denselben als Grundlage für ihre
Theorie wählten, ging WEIERSTRASS von den Differentialgleichungen der
hyperelliptischen Funktionen aus, und es erscheinen bei ihm die Thetafunktionen als ein letztes Glied der Theorie. Die Lösung des Jacobischen Umkehrproblems, die WEIERSTRASS in diesen Arbeiten für die hyperelliptischen Integrale zum erstenmal gegeben hat und die für beliebige Abelsche Integrale
nachher zuerst durch RIEMANN auf einem anderen Wege und dann von
WEIERSTRASS selbst in seinen Vorlesungen ausgeführt worden ist, gilt mit
Recht als eine der größten Errungenschaften in der Analysis.

Doch den nachdrücklichsten und weitreichendsten Einfluß auf die Entwicklung der mathematischen Wissenschaft hat WEIERSTRASS durch die
Neubegründung und den systematischen Aufbau der allgemeinen Theorie
der analytischen Funktionen ausgeübt. Bei der Errichtung dieser Theorie,
die das Hauptwerk seines Lebens ist, diente ihm als wesentliches Mittel zur
Sicherung der Grundlagen und zur Klärung der Begriffe die *Kritik*, die er
am überlieferten analytischen Stoffe mit meisterhafter Schärfe handhabte
und die durchweg ein Grundzug in seinem wissenschaftlichen Denken ist.

Vor allem erinnern wir an WEIERSTRASS' Kritik des Funktionsbegriffes,
welche ihn dazu führte, eine analytische Funktion als den Inbegriff aller
Potenzreihen zu definieren, die aus einer bestimmten Potenzreihe durch
Fortsetzung entstehen. Die Potenzreihe ist sonach das Fundament seiner
Theorie der analytischen Funktionen; die Potenzreihe gilt ihm *begrifflich*
als das Analogon zu der Irrationalzahl, die er als eine unendliche Summe
von rationalen Zahlen definiert, und sie erscheint ihm auch *formal* als die
naturgemäßeste Grundlage für seine Theorie, indem er erkennt, daß das
Rechnen mit Potenzreihen nach den gewöhnlichen Grundgesetzen der Addition, Subtraktion, Multiplikation und Division erfolgt. Für die Weiterentwicklung der Theorie sieht WEIERSTRASS das Wesentliche und Wertvolle
seiner Definition der analytischen Funktion in dem Umstande, daß eine jede
durch eine analytische Gleichung ausgedrückte Eigenschaft der Funktion,
wenn sie für einen noch so kleinen Bereich der komplexen Veränderlichen
erfüllt ist, notwendig für den ganzen Definitionsbereich gilt, oder kurz gesagt,
daß die Eigenschaften *einer* Stelle des Bereiches *jeder* Stelle zukommen.
Diese Tatsache würde, wie WEIERSTRASS an Beispielen zeigt, nicht statthaben,
sobald man die Funktion etwa durch einen analytischen Ausdruck oder durch
eine beliebige unendliche Reihe von rationalen Funktionen definieren würde.

In einer nach Form und Inhalt klassischen Abhandlung zur Theorie der
eindeutigen analytischen Funktionen hat WEIERSTRASS eine große Klasse von
Funktionen, nämlich die eindeutigen und in der ganzen Ebene definierten
Funktionen mit einer endlichen Anzahl von wesentlich singulären Stellen nach
den Prinzipien seiner Funktionentheorie behandelt und insbesondere den allgemeinsten analytischen Ausdruck für die Funktionen dieser Klasse aufgestellt.

Die Kritik des überlieferten Begriffes des Differentialquotienten führte
WEIERSTRASS zur Entdeckung solcher Funktionen einer reellen Veränderlichen, welche überall innerhalb eines Intervalles stetig sind und die dennoch
nirgends einen Differentialquotienten besitzen.

Von höchster Wichtigkeit ist ferner die scharfe Unterscheidung, die
WEIERSTRASS trifft, je nachdem eine Funktion an einer Stelle einen Wert
erreicht oder demselben nur *beliebig nahe kommt*, insbesondere die Unterscheidung zwischen dem Begriff des Maximums oder Minimums und dem Be-

griff der oberen oder unteren Grenze einer Funktion einer reellen Veränderlichen. In seinem Satze, demzufolge eine *stetige* Funktion einer reellen Veränderlichen ihre obere und untere Grenze stets wirklich erreicht, d. h. ein Maximum und Minimum notwendig besitzt, schuf WEIERSTRASS ein Hilfsmittel, das heute kein Mathematiker bei feineren analytischen oder arithmetischen Untersuchungen entbehren kann.

In engem Zusammenhange mit der genannten Unterscheidung steht die Weierstraßsche Kritik des sogenannten Dirichletschen Prinzipes, eines Prinzipes, mit dessen Hilfe RIEMANN seine großartige Theorie der Abelschen Funktionen begründet hatte. WEIERSTRASS erkannte, daß die diesem Prinzipe zugrunde liegende Schlußweise nicht stichhaltig ist, und zeigte dies auf die Weise, daß er als Beispiel ein gewisses einfaches Integral angab, welches vermöge der Willkür der darin vorkommenden Funktion die untere Grenze 0 besitzt, dagegen niemals genau den Wert 0 darstellt, wie man auch, den Endbedingungen entsprechend, die sonst willkürliche Funktion unter dem Integralzeichen wählen mag.

Wie wir gesehen, war WEIERSTRASS' wissenschaftliche Tätigkeit vor allem zwei großen Aufgaben gewidmet, nämlich der Förderung der Theorie der Abelschen Funktionen und der Neubegründung der allgemeinen Funktionentheorie. Diese und die nah verwandten Wissensgebiete bildeten zugleich den Hauptgegenstand der *Vorlesungen*, welche WEIERSTRASS an der Berliner Universität gehalten hat; es sind dies vor allem die Vorlesungen über die Theorie der analytischen Funktionen, über die elliptischen, die hyperelliptischen und die Abelschen Funktionen. Diese Vorlesungen haben in zahllosen Nachschriften weit über den Kreis seiner Schüler hinaus Verbreitung gefunden und sind den Fernerstehenden öfters auch durch mündliche Überlieferung bekannt geworden; erst sie lassen den *ganzen* Gedankeninhalt seiner Lehre erkennen. Es zeigt sich hier recht deutlich, daß für die Erlernung und Ausbreitung der mathematischen Wissenschaft neben der geschriebenen Formel das gesprochene Wort ein gleichberechtigter Faktor und ein ebenso unentbehrliches Hilfsmittel ist.

Die Vorlesung über die allgemeine Theorie der analytischen Funktionen einer Veränderlichen hat die bereits erwähnte Neubegründung der Funktionentheorie zum Gegenstande und bildet das Fundament des ganzen Weierstraßschen Lehrgebäudes; sie zeichnet sich ganz besonders durch die strenge Methode und den naturgemäßen Fortgang der Gedankenentwicklung aus.

Wir nennen ferner die Vorlesung über elliptische Funktionen. WEIERSTRASS vereinfachte die Theorie dieser Funktionen in erheblichem Maße, indem er an Stelle der von JACOBI studierten Funktionen die Funktionen $\wp(u)$ und $\sigma(u)$ einführte, die gegenüber der linearen Transformation der Perioden ein invariantes Verhalten aufweisen. Die Formeln und Lehrsätze zum Gebrauche dieser elliptischen Funktionen sind nach WEIERSTRASS' Vorlesungen und Aufzeichnungen von H. A. SCHWARZ bearbeitet und herausgegeben worden. Die Weierstraßschen elliptischen Funktionen $\wp(u)$ und $\sigma(u)$ sind jetzt fast allgemein in der mathematischen Welt eingebürgert.

Die Vorlesung über hyperelliptische Funktionen enthält die Ausführung und Vervollständigung der vorhin besprochenen, von WEIERSTRASS in seinen Abhandlungen niedergelegten Theorie.

Aus WEIERSTRASS' Vorlesung über Abelsche Funktionen endlich erkennen wir, wie es ihm gelang, in Verfolg seines ursprünglich für die hyperelliptischen Funktionen eingeschlagenen Weges eine Theorie dieser allgemeineren Funktionen aufzurichten. Diese Theorie ist ein ebenbürtiges Gegenstück zu derjenigen, die RIEMANN auf völlig verschiedene Art fast zu gleicher Zeit begründet hat. Während RIEMANN, wie vorhin erwähnt, seine Theorie der Abelschen Funktionen wesentlich auf das nicht einwandfreie Dirichletsche Prinzip stützt, beruht die Weierstraßsche Theorie der Abelschen Funktionen auf algebraischer Grundlage. Es war, wie WEIERSTRASS in einem an H. A. SCHWARZ gerichteten Briefe ausführt, für ihn ein Glaubenssatz, in welchem er sich besonders durch eingehendes Studium der Theorie der analytischen Funktionen *mehrerer* Veränderlicher bekräftigt sah, daß die Funktionentheorie auf dem Fundamente algebraischer Wahrheiten aufgebaut werden müsse, und daß es deshalb nicht der richtige Weg sei, wenn umgekehrt zur Begründung einfacher und fundamentaler algebraischer Sätze sogenannte transzendente Hilfsmittel in Anspruch genommen werden.

Für die Weierstraßsche Theorie der algebraischen Gebilde besonders charakteristisch ist der Begriff der Primfunktion. Indem WEIERSTRASS das algebraische Gebilde in der nach ihm benannten Normalform zugrunde legt derart, daß das Unendlichferne nur *eine* Stelle des Gebildes ausmacht, beweist er die Existenz einer analytischen auf dem algebraischen Gebilde eindeutigen Funktion, welche überall im Endlichen sich regulär verhält und welche überdies nur höchstens an *einer* gegebenen Stelle des Gebildes verschwindet. Fällt das Geschlecht oder nach WEIERSTRASS der Rang des algebraischen Gebildes größer als 0 aus, so besitzt jene Funktion im Unendlichfernen notwendig eine wesentlich singuläre Stelle, und wenn diese Singularität noch in gehöriger Weise charakterisiert ist, nennt WEIERSTRASS jene Funktion eine Primfunktion und beweist dann, daß jede ganze algebraische Funktion auf eine und nur auf eine Weise als Produkt von Primfunktionen darstellbar ist. Der Satz von der eindeutigen Zerlegbarkeit mathematischer Größen in Primfaktoren, welcher für ganze rationale Zahlen sogar Nichtmathematikern geläufig ist und der in der gesamten Zahlen- und Funktionentheorie eine fundamentale Rolle spielt, ist somit durch den Begriff der Primfunktion für den Bereich der Funktionen eines algebraischen Gebildes festgestellt, und insofern wird gewissermaßen der *algebraische* Begriff des *Primideals* durch die Weierstraßsche *transzendente* Primfunktion *realisiert*. Mit Hilfe des genannten Satzes von der eindeutigen Zerlegbarkeit einer jeden ganzen Funktion in Primfunktionen gelangt WEIERSTRASS zu dem Abelschen Theorem und zu dessen Umkehrung, d. i. um die Sprache der Arithmetik zu gebrauchen, zu der Erkenntnis, daß die Gleichungen des Abelschen Theorems die notwendige und hinreichende Bedingung darstellen, damit ein Ideal des algebraischen Gebildes zur Klasse der Hauptideale gehöre. Die Lösung des Jacobischen Umkehrproblems und die Darstellung der Abelschen Funktionen durch die Thetafunktionen bilden den Abschluß der Vorlesung.

In engster Beziehung zur Theorie der Abelschen Funktionen steht der Gegenstand einer Note, welche WEIERSTRASS in den Monatsberichten der Berliner Akademie vom Jahre 1869 veröffentlicht hat und welche die wichtige Frage nach den allgemeinsten $2n$-fach periodischen Funktionen von n Variablen betrifft. Ein an BORCHARDT gerichteter Brief behandelt den gleichen Gegenstand. Leider sind die Beweise der hier aufgestellten Sätze bis heute noch nicht bekannt geworden.

Durch die Beschäftigung mit der Theorie der Abelschen Funktionen wurde WEIERSTRASS veranlaßt, seine Theorie der analytischen Funktionen *einer* Veränderlichen auf *mehr* Veränderliche auszudehnen; er entwickelte vermöge des Hilfsmittels der Potenzreihen die Grundlagen der Theorie der analytischen Funktionen *mehrerer* Veränderlicher und deckte die merkwürdigen Analogien und Unterschiede dieser Theorie mit der Theorie der Funktionen *einer* Veränderlichen auf. Die hauptsächlichsten Resultate seiner Forschungen auf diesem Gebiete hat WEIERSTRASS zuerst im Jahre 1879 für seine Zuhörer lithographieren lassen.

Die schöpferische Tätigkeit WEIERSTRASS' war keineswegs auf Funktionentheorie beschränkt. Die Algebra verdankt ihm zwei neue Beweise ihres Fundamentalsatzes, demzufolge jede algebraische Gleichung eine Wurzel hat. Der letztere im Jahre 1891 veröffentlichte Beweis gibt zugleich einen Weg an, wie man die Wurzeln durch eine endliche Anzahl im voraus zu übersehender Operationen mit beliebiger Genauigkeit berechnen kann.

WEIERSTRASS bereicherte ferner die Algebra der linearen Transformationen um den Begriff der Elementarteiler; er stellte mit Hilfe dieses Begriffes die notwendigen und hinreichenden Bedingungen dafür auf, daß zwei bilineare oder quadratische Formen in zwei andere vorgelegte Formen linear transformiert werden können. Die Theorie der Elementarteiler fand seitdem in den verschiedensten Gebieten der Mathematik Eingang und Anwendung.

Der in unseren Nachrichten 1883 veröffentlichte an H. A. SCHWARZ gerichtete Brief zur Theorie der aus n Haupteinheiten gebildeten komplexen Größen behandelt die von GAUSS aufgeworfene Frage, warum die Relationen zwischen Dingen, die eine Mannigfaltigkeit von mehr als zwei Dimensionen darbieten, nicht noch andere in der allgemeinen Arithmetik zulässige Arten von Größen liefern können. WEIERSTRASS hält es nach dem Ergebnis seiner Untersuchung für wahrscheinlich, daß GAUSS diese Unzulässigkeit als dadurch begründet angesehen habe, daß bei Einführung von mehr als zwei Haupteinheiten das Produkt zweier Größen verschwinden kann, ohne daß einer seiner Faktoren den Wert 0 hat. Jedenfalls geht, wie WEIERSTRASS ausdrücklich hervorhebt, aus seiner Untersuchung hervor, daß die Arithmetik der allmeinen komplexen Größen zu keinem Resultate führen kann, das nicht aus Ergebnissen der Theorie der komplexen Größen mit *einer* oder mit *zwei* Haupteinheiten ohne weiteres ableitbar wäre.

Die Arbeit von WEIERSTRASS über die Ludolphsche Zahl stellt eine Vereinfachung der bekannten Untersuchungen von HERMITE und LINDEMANN dar, durch welche der letztere Mathematiker die Transzendenz der Zahl π bewiesen hatte.

Eine große Anzahl wertvoller mathematischer Publikationen entstanden auf WEIERSTRASS' Anregung. Es seien hier nur die beachtenswerten Theoreme erwähnt, die MITTAG-LEFFLER im Anschluß an die früher genannten Weierstraßschen Untersuchungen über die eindeutigen analytischen Funktionen entwickelt hat, und die interessante Abhandlung von F. SCHOTTKY „Abriß einer Theorie der Abelschen Funktionen von drei Variablen".

Kein Zweig der Funktionentheorie blieb von der Weierstraßschen Lehre unberührt; so sei an den Einfluß erinnert, den dieselbe auf die Theorie der gewöhnlichen und der partiellen Differentialgleichungen ausgeübt hat.

Wichtige und entwicklungsfähige Theorien anderer Mathematiker führen, wenn man ihrer Quelle nachgeht, auf WEIERSTRASS zurück. So knüpfen die interessanten und anregenden Untersuchungen von H. A. SCHWARZ über Minimalflächen an die Formeln an, die WEIERSTRASS 1866 in den Monatsberichten der Berliner Akademie über diesen Gegenstand entwickelt hat, und die Lösung der Randwertaufgabe in der Potentialtheorie durch die fundamentalen Methoden von H. A. SCHWARZ und C. NEUMANN ist eine mathematische Errungenschaft, die durch die vorhin besprochene Weierstraßsche Kritik des Dirichletschen Prinzips bedingt war. Ferner sind die neuerdings von den französischen Mathematikern, insbesondere von J. HADAMARD angestellten Untersuchungen über eindeutige analytische Funktionen von bestimmtem „Geschlechte" eine konsequente Fortbildung der Weierstraßschen Theorie der eindeutigen analytischen Funktionen, und wie wichtig diese Untersuchungen auch für die Arithmetik sind, hat uns jüngst in glänzender Weise J. HADAMARD[1] gezeigt, indem es ihm gelang, wesentlich auf Grund

---

[1] Sur la distribution des zéros de la fonction $\zeta(s)$ et ses conséquences arithmétiques. Bull. de la soc. math. Bd. 24, (1897) S. 199—220.

der Theorie der eindeutigen analytischen Funktionen den seit GAUSS von
den ersten Mathematikern vergeblich gesuchten Beweis dafür zu finden, daß
die Anzahl der unterhalb einer Grenze m liegenden Primzahlen den asymptotischen Wert $\frac{\log m}{m}$ besitzt.

Was endlich die Anwendungen der Funktionentheorie betrifft, so sind
vor allem die Vorlesungen von WEIERSTRASS über Variationsrechnung zu
nennen. Mit bewundernswerter kritischer Schärfe legt hier WEIERSTRASS
die Mängel der überlieferten Theorie bloß; er zeigt, daß die alten Methoden
nicht sämtliche Variationen der zu bestimmenden Funktion, sondern nur
diejenigen berücksichtigen, für die auch die Differentialquotienten der zu
bestimmenden Funktion unendlich wenig variieren. WEIERSTRASS gibt die
Lösung der Frage, wann ein bestimmtes Integral mit einer willkürlichen
Funktion ein Maximum oder Minimum besitzt, indem er zu den Kriterien von
EULER, LAGRANGE, LEGENDRE und JACOBI ein neues Kriterium hinzufügt.

Auch auf die Anwendungen der Funktionentheorie im Gebiete der Mechanik und Physik hat WEIERSTRASS hohen Wert gelegt und seine Schüler vielfach zu Untersuchungen in diesem Gebiete veranlaßt. Wir erwähnen in dieser
Hinsicht nur die Dissertation von H. BRUNS, welche die Frage nach der Fortsetzung der Potentialfunktion über die Oberfläche des betrachteten Körpers
hinaus behandelt, und die ebenfalls durch WEIERSTRASS angeregten Untersuchungen von SOPHIE KOWALEVSKI über die Brechung des Lichtes in kristal-
linischen Mitteln. Es haben ja über das Verhältnis der reinen Mathematik
zur angewandten Mathematik die Gelehrten je nach ihren Neigungen und
Arbeitsgebieten gar verschiedene Meinungen gehabt. KUMMER hat sein Glau-
bensbekenntnis in dieser Hinsicht in seiner akademischen Antrittsrede vom
Jahre 1856 ausgesprochen. „Die Mathematik", so führt KUMMER aus, „habe
auch als Hilfswissenschaft namentlich in ihren Anwendungen auf die Natur
manche großartige Triumphe gefeiert, und es sei nicht zu leugnen, daß sie
diesen hauptsächlich die allgemeine Achtung verdankt, in welcher sie steht;
aber ihre höchste Blüte könne sie nach seinem Dafürhalten nur in dem ihr
eigenen Elemente des abstrakten reinen Quantums entfalten, wo sie unabhängig von der äußeren Wirklichkeit der Natur nur sich selbst zum Zwecke
hat". WEIERSTRASS vertrat eine mehr vermittelnde Überzeugung. Die Bedeutung, die die Mathematik als reine Wissenschaft beansprucht, erkennt er
im vollsten Maße an und warnt davor, den Zweck einer Wissenschaft außerhalb
derselben zu suchen; aber zugleich betont er in seiner akademischen Antrittsrede vom Jahre 1857, daß es ihm nicht gleichgültig sei, ob eine mathematische
Theorie sich für Anwendungen auf Physik eigne oder nicht. WEIERSTRASS
redet einer tieferen Auffassung des Verhältnisses zwischen Mathematik und
Naturforschung das Wort, derzufolge der Physiker in der Mathematik nicht

lediglich eine Hilfsdisziplin und der Mathematiker die Fragen, die der Physiker stellt, nicht als eine bloße Beispielsammlung für seine Methoden ansehen solle. „Auf die Frage", so fährt WEIERSTRASS in jener Rede fort, „ob es denn wirklich möglich sei, aus den abstrakten Theorien, welchen sich die heutige Mathematik mit Vorliebe zuzuwenden scheine, auch etwas unmittelbar Brauchbares zu gewinnen, möchte er entgegnen, daß doch auch nur auf rein spekulativem Wege griechische Mathematiker die Eigenschaften der Kegel-schnitte ergründet hätten, lange bevor irgendwer ahnte, daß sie die Bahnen seien, in welchen die Planeten wandeln, und er lebe allerdings der Hoffnung, es werde noch mehr Funktionen geben mit Eigenschaften, wie sie JACOBI an seiner Thetafunktion rühmt, welche lehrt, in wieviel Quadrate sich jede Zahl zerlegen läßt, wie man den Bogen einer Ellipse rektifiziert und dennoch", so setzt WEIERSTRASS hinzu, „imstande ist, und zwar sie allein, das wahre Gesetz darzustellen, nach welchem das Pendel schwingt."

WEIERSTRASS ist nun seinem langjährigen Mitarbeiter an der Berliner Universität, L. KRONECKER, im Tode gefolgt, und nachdem auch die englischen Mathematiker CAYLEY und SYLVESTER heimgegangen sind, bleibt uns aus jener klassischen Zeit, in der die Mathematik allerorten in so hoher Blüte stand, noch der greise CH. HERMITE in Paris, der zweite mathematische Ehrendoktor der Königsberger Universität. Dieser scharfsinnige und viel-seitige Mathematiker hat neulich in der Pariser Akademie dem Andenken WEIERSTRASS' herzliche Worte gewidmet. „La vie de notre illustre Confrère", so schließt HERMITE seinen Nachruf, „a été en entier consacrée à la Science qu'il a servie avec un absolu dévouement. Elle a été longue et comblée d'hon-neurs; mais devant une tombe qui vient de se fermer, nous ne rappelons que son génie et cette universelle sympathie qui s'accorde à la noblesse du carac-tère. WEIERSTRASS a été droit et bon; qu'il reçoive le suprême hommage plein de regrets et de respect que nous adressons a sa mémoire! *Elle vivra aussi longtemps que des esprits avides de vérités consacreront leurs efforts aux recherches de l'Analyse, au progrès de la science du Calcul.*"

19. Hermann Minkowski[1].

[Göttinger Nachrichten, Geschäftliche Mitteilungen, 1909, S. 72—101 und Mathem. Annalen Bd. 68, S. 445—471 (1910).]

Einen schweren unermeßlichen Verlust haben zu Beginn des Jahres 1909 unsere Gesellschaft, unsere Universität, die Wissenschaft und wir alle persönlich erlitten: Durch ein hartes Geschick wurde uns jäh entrissen unser Kollege und Freund HERMANN MINKOWSKI im Vollbesitz seiner Lebenskraft, aus der Mitte freudigsten Wirkens, von der Höhe seines wissenschaftlichen Schaffens.

Seinem Andenken widmen wir diese Stunde.

HERMANN MINKOWSKI wurde am 22. Juni 1864 zu Alexoten in Rußland geboren, kam als Knabe nach Deutschland und trat Oktober 1872 im Alter von 8¼ Jahren in die Septima des Altstädtischen Gymnasiums zu Königsberg i. Pr. ein. Da er von sehr rascher Auffassung war und ein vortreffliches Gedächtnis hatte, wurde er auf mehreren Klassen in kürzerer als der vorgeschriebenen Zeit versetzt und verließ das Gymnasium schon März 1880 — noch als Fünfzehnjähriger — mit dem Zeugnis der Reife.

Ostern 1880 begann MINKOWSKI seine Universitätsstudien. Insgesamt hat er 5 Semester in Königsberg, vornehmlich bei WEBER und VOIGT, und 3 Semester in Berlin studiert, wo er die Vorlesungen von KUMMER, KRONECKER, WEIERSTRASS, HELMHOLTZ und KIRCHHOFF hörte.

Seine Befähigung zur Mathematik zeigte sich früh; fiel ihm doch im ersten Semester bereits für die Lösung einer mathematischen Aufgabe eine Geldprämie zu, auf die er freilich zugunsten eines armen Mitschülers verzichtete, so daß sein frühzeitiger Erfolg zu Hause gar nicht bekannt wurde — eine kleine Begebenheit, die zugleich die Bescheidenheit und Herzensgüte kennzeichnet, wie er sie sein ganzes Leben hindurch allen Menschen gegenüber, die ihm näher kamen, betätigt hat.

Sehr bald begann MINKOWSKI tiefgehende und gründliche mathematische Studien. Ostern 1881 hatte die Pariser Akademie das Problem der Zerlegung der ganzen Zahlen in eine Summe von fünf Quadraten als Preisthema gestellt. Dieses Thema griff der siebzehnjährige Student mit aller Energie an und löste die gestellte Aufgabe aufs glänzendste, indem er weit über das Preisthema hinaus die allgemeine Theorie der quadratischen Formen, ins-

---

[1] Gedächtnisrede, gehalten in der öffentlichen Sitzung der Kgl. Gesellschaft der Wissenschaften zu Göttingen am 1. Mai 1909.

besondere ihre Einteilung in Ordnungen und Geschlechter — zunächst sogar für beliebigen Trägheitsindex — entwickelte[1]. Es ist erstaunlich, welch sichere Herrschaft MINKOWSKI schon damals über die algebraischen Methoden, insbesondere die Elementarteilertheorie, sowie über die transzendenten Hilfsmittel wie die Dirichletschen Reihen und die Gaußschen Summen besaß, — Kenntnisse, die noch heute lange nicht allgemeines Eigentum der Mathematiker geworden sind, die aber freilich zur erfolgreichen Inangriffnahme des Pariser Preisthemas eine notwendige Voraussetzung bildeten. Hören wir, wie MINKOWSKI selbst in dem Begleitschreiben zu seiner der Pariser Akademie eingereichten Arbeit sich ausspricht: „Durch die von der Académie des sciences gestellte Aufgabe angeregt‟, so schreibt der jugendliche Student, „unternahm ich eine genauere Untersuchung der allgemeinen quadratischen Formen mit ganzzahligen Koeffizienten. Ich ging dabei von dem natürlichen Gedanken aus, daß die Zerlegung einer Zahl in eine Summe von fünf Quadraten in ähnlicher Weise von quadratischen Formen mit vier Variablen abhängen würde, wie bekanntlich die Zerlegung einer Zahl in eine Summe von drei Quadraten von den quadratischen Formen mit zwei Variablen abhängt. Diese Untersuchung hat mir in der Tat die gewünschten Resultate über die Zerlegung einer Zahl in eine Summe von fünf Quadraten geliefert. Indessen erscheinen diese Resultate bei der großen Allgemeinheit der von mir gefundenen Sätze nicht überall als das eigentliche Hauptziel der vorliegenden Arbeit; sie stellen vielmehr nur ein Beispiel für die gewonnenen umfangreichen Theorien dar. Wenn daher viele der nachfolgenden Betrachtungen nicht immer unmittelbar auf das Thema der Preisfrage hinweisen, so wage ich dennoch zu hoffen, daß die Académie nicht der Ansicht sein werde, ich würde mehr gegeben haben, wenn ich weniger gegeben hätte‟. Mit dem Motto: „Rien n'est beau que le vrai, le vrai seul est aimable‟ reichte der noch nicht Achtzehnjährige am 30. Mai 1882 die Arbeit der Pariser Akademie ein. Obwohl dieselbe, entgegen den Bestimmungen der Akademie, in deutscher Sprache abgefaßt war, so erkannte die Akademie dennoch unter ausdrücklicher Betonung des exzeptionellen Falles auf Zuerteilung des vollen Preises, da — wie es im Kommissionsbericht heißt — eine Arbeit von solcher Bedeutung nicht wegen einer Irregularität der Form von der Bewerbung auszuschließen sei, und erteilte ihm im April 1883 den Grand Prix des Sciences Mathématiques.

Als die Zuerkennung des Akademiepreises an MINKOWSKI in Paris bekannt wurde, richtete die dortige chauvinistische Presse gegen ihn die unbegründetsten Angriffe und Verdächtigungen. Die französischen Akademiker C. JOR-

---

[1] „Mémoire sur la théorie des formes quadratiques à coefficients entiers.‟ Mémoires présentés par divers savants à l'Académie des Sciences de l'Institut National de France. Bd. XXIX, Nr. 2. Paris 1884.

DAN und J. BERTRAND stellten sich sofort rückhaltlos auf die Seite MIN-
KOWSKIS. „Travaillez, je vous prie, à devenir un géomètre éminent." In
dieser Mahnung des großen französischen Mathematikers C. JORDAN an
den jungen deutschen Studenten gipfelte die bei diesem Anlaß zwischen
C. JORDAN und MINKOWSKI geführte Korrespondenz, — eine Mahnung, die
MINKOWSKI treulich beherzigt hat; begann doch nun für ihn eine arbeits-
frohe und publikationsreiche Zeit.

GAUSS hat in seinen Disquisitiones arithmeticae die Theorie der binären
quadratischen Formen mit ganzzahligen Koeffizienten und damit zugleich
den wesentlichen Inhalt der heutigen Theorie der quadratischen Zahlkörper
geschaffen. Nach zwei verschiedenen Richtungen hin war die Verallgemeinerung der Gaußschen Theorie möglich: einmal als Theorie der quadratischen
Formen mit beliebig vielen Variablen und dann als Theorie der zerlegbaren
Formen höherer Ordnung, d. h. als Theorie der Zahlkörper von beliebigem
Grade. Durch das Pariser Preisthema war MINKOWSKI zunächst auf die
erstere Verallgemeinerung der Gaußschen Theorie hingewiesen: in der Tat
sehen wir MINKOWSKI in den folgenden Jahren ausschließlich seine ganze
Arbeitskraft dem Studium der *Theorie der quadratischen Formen* und der
aufs engste damit zusammenhängenden Fragen widmen. Die Gaußsche
Theorie der quadratischen Formen hatte eine wesentliche Ergänzung durch
DIRICHLET erfahren, indem es diesem gelungen war, auf Grund einer ihm
eigentümlichen transzendenten Methode für die Anzahl der Klassen binärer
quadratischer Formen mit gegebener Determinante geschlossene Ausdrücke
aufzustellen. Es lag nahe, diese Methode nach jenen beiden oben gekennzeichneten Richtungen hin zu verallgemeinern. Nach letzterer Richtung
hin, nämlich für die Theorie der algebraischen Zahlkörper, war jene Verallgemeinerung der Dirichletschen Methode bereits von KUMMER und in
allgemeinster Weise von DEDEKIND vorgenommen worden; in ersterer Richtung aber, nämlich für das Problem der quadratischen Formen von beliebig
vielen Variablen, lagen nur einige Vorarbeiten von ST. SMITH, jenem schon
bejahrten englischen Zahlentheoretiker, vor, welcher auch bei der Bewerbung
um den Pariser Preis MINKOWSKIS Konkurrent gewesen war. MINKOWSKI
führte nun die Bestimmung der Anzahl der in einem Geschlecht enthaltenen
Klassen quadratischer Formen von beliebig vielen Variablen — denn darauf
spitzt sich das in Frage kommende Problem zu — nach der von DIRICHLET
für binäre quadratische Formen angewandten transzendenten Methode durch.
Die hierbei gefundenen Resultate bilden den wesentlichen Inhalt der Inaugural-
Dissertation[1], auf Grund deren MINKOWSKI am 30. Juli 1885 von der philosophischen Fakultät in Königsberg zum Doktor promoviert wurde.

---

[1] Untersuchungen über quadratische Formen. I. Bestimmung der Anzahl verschiedener Formen, welche ein gegebenes Genus enthält. Acta math. Bd. 7, (1885) S. 201—258.

Wie glücklich die Ideen des jugendlichen Minkowski auch auf anderem als rein zahlentheoretischen Gebiete waren, ersehen wir aus der bei dieser Gelegenheit von ihm aufgestellten These, die so lautete: „Es ist nicht wahrscheinlich, daß eine jede positive Form sich als eine Summe von Formenquadraten darstellen läßt." Es fiel mir als Opponent die Aufgabe zu, bei der öffentlichen Promotion diese These anzugreifen. Die Disputation schloß mit meiner Erklärung, ich sei durch seine Ausführungen überzeugt, daß es wohl schon im ternären Gebiet solch merkwürdige Formen geben möchte, die so eigensinnig seien, positiv zu bleiben, ohne sich doch eine Darstellung als Summe von Formenquadraten gefallen zu lassen. Die Minkowskische These war für mich später die Veranlassung, die Untersuchung der Frage aufzunehmen und für die in der These ausgesprochene Vermutung den strengen Nachweis zu erbringen. Es stellte sich außerdem späterhin heraus, daß das Problem der Darstellung definiter Formen durch Formenquadrate auch bei der Frage nach der Möglichkeit geometrischer Konstruktionen mittels gewisser elementarer Hilfsmittel eine interessante Rolle spielt und andererseits mit gewissen tieferen Problemen über die Darstellbarkeit algebraischer Zahlen als Summen von Quadraten zusammenhängt. Auch von anderer Seite ist seitdem das Problem aufgenommen worden und hat zu interessanten speziellen Ergebnissen geführt.

Angeregt durch eine von Kronecker gestellte Forderung, die eine schärfere Fassung des arithmetischen Begriffs der Äquivalenz von Formen betraf, gelangte Minkowski zu der interessanten Frage nach dem Verhalten linearer ganzzahliger Substitutionen von beliebiger Variablenzahl im Sinne der Kongruenz nach einem beliebigen Modul[1]. Minkowski gewann dabei den anwendungsreichen Satz, daß eine homogene lineare ganzzahlige Substitution mit n Variablen von einer endlichen Ordnung, die nach einem ganzzahligen Modul ≥ 3 der identischen Substitution kongruent ausfällt, selbst notwendig die identische Substitution ist. Mit Hilfe dieses Satzes gelingt es Minkowski unter anderem zu zeigen, daß die Ordnung jeder endlichen Gruppe von homogenen linearen ganzzahligen Substitutionen mit n Variablen stets ein Divisor der Zahl

$$2^n (2^n - 1)(2^n - 2) \ldots (2^n - 2^{n-1})$$

ist, und desgleichen stellt er eine nur von n abhängige Zahl auf, in welcher notwendig allemal die Anzahl der ganzzahligen Substitutionen aufgehen muß, die eine definite quadratische Form mit n Variablen in sich selbst überführen. Die beiden Abhandlungen, welche diese Resultate entwickeln, reichte

---

[1] Über den arithmetischen Begriff der Äquivalenz und über die endlichen Gruppen linearer ganzzahliger Substitutionen. J. reine angew. Math. Bd. 100 (1887) S. 449—458. — Zur Theorie der positiven quadratischen Formen. J. reine angew. Math. Bd. 101 (1887) S. 196—202.

er der philosophischen Fakultät in Bonn als Habilitationsschrift ein; April
1887 erteilte ihm diese die venia legendi für Mathematik.

Noch eine Arbeit MINKOWSKIS sei hier genannt, die ich der Jugendepoche
seines mathematischen Schaffens zuzähle, da sie ebenfalls ausschließlich
das Gebiet der quadratischen Formen betrifft; es ist diejenige[1], in welcher
MINKOWSKI die Bedingungen dafür aufstellt, daß eine quadratische Form
mit rationalen Zahlkoeffizienten sich vermöge einer linearen Substitution
mit rationalen Zahlkoeffizienten in eine andere ebensolche quadratische
Form oder in ein rationales Vielfaches einer solchen Form transformieren
läßt. Als äußerer Anlaß dazu diente ihm eine von HURWITZ und mir gemeinsam verfaßte Arbeit über ternäre diophantische Gleichungen vom Geschlechte
Null. Die Untersuchung von HURWITZ und mir hatte ergeben, daß jede ternäre diophantische Gleichung vom Geschlechte Null durch eine rationale
eindeutig umkehrbare Transformation in eine quadratische Gleichung übergeführt werden kann; die weiter entstehenden Fragen, insbesondere die
Frage nach den Kriterien dafür, daß eine quadratische diophantische Gleichung
bei beliebiger Variablenzahl durch rationale Zahlen lösbar ist, finden durch
MINKOWSKI ihre vollständige Erledigung; doch gestaltet sich noch darüber
hinaus die Bearbeitung des Problems durch MINKOWSKI zu einer vollständigen Invariantentheorie der quadratischen Formen im zahlentheoretischen
Sinne.

Nunmehr beginnt für MINKOWSKIS mathematische Produktion die reichste
und bedeutendste Epoche; seine bisher auf das spezielle Gebiet der quadratischen Formen gerichteten Untersuchungen erhalten mehr und mehr
den großen Zug ins Allgemeine und gipfeln schließlich in der Schaffung und
dem Ausbau der Lehre, für die er selbst den treffenden Namen „Geometrie
der Zahlen" geprägt hat und die er in dem großartig angelegten Werke gleichen
Titels, von dem freilich nur die erste Lieferung[2] erschienen ist, dargestellt hat.

Das Problem, aus den unendlich vielen Formen einer Klasse durch bestimmte Ungleichheitsbedingungen eine einzige auszusondern, d. h. das
Problem der Reduktion der quadratischen Formen, hatte MINKOWSKI schon
wiederholt beschäftigt. Vor allem ergriffen ihn die berühmten Briefe, die
1850 CH. HERMITE über diesen Gegenstand an JACOBI gerichtet hatte, und
insbesondere der dort von HERMITE aufgestellte Satz, daß die kleinste von
Null verschiedene Größe, die durch eine positive quadratische Form von
n Variablen mit der Determinante 1 mittels ganzer Zahlen darstellbar ist,

---

[1] Über die Bedingungen, unter welchen zwei quadratische Formen mit rationalen
Koeffizienten in einander rational transformiert werden können. J. reine angew. Math.
Bd. 106 (1890) S. 5—26.

[2] Eine zweite Lieferung ist nach MINKOWSKIS Tode aus dem Nachlasse herausgegeben
worden.

niemals einen gewissen, nur von der Zahl n abhängigen Betrag übersteigt.
Durch die Beschäftigung mit diesem Satze wurde Minkowski zu Betrachtungen veranlaßt, auf die wir ein wenig näher eingehen müssen.

Wir denken uns nach Minkowski dasjenige würfelförmig angeordnete,
den ganzen Raum erfüllende Punktsystem, welches entsteht, wenn man
den rechtwinkligen Koordinaten x, y, z alle ganzzahligen Werte erteilt. Minkowski nannte ein solches Punktsystem ein Zahlengitter. Bedeutet nun
$F(x, y, z)$ eine homogene positive quadratische Form von x, y, z mit der
Determinante 1, so stellt die Gleichung $F(x, y, z) = c$ für irgend einen positiven
Wert der Konstanten c ein bestimmtes Ellipsoid mit dem Nullpunkt als
Mittelpunkt dar. Wir denken uns nun um jeden Punkt des Zahlengitters als
Mittelpunkt ein diesem Ellipsoid kongruentes und ähnlich gelegenes Ellipsoid
konstruiert: ist dann der Wert der Konstanten c genügend klein, so werden
diese Ellipsoide offenbar sämtlich völlig voneinander getrennt liegen. Der
größte Wert von c, bei welchem dies noch der Fall ist und die Ellipsoide demnach einander nur in einzelnen Punkten berühren, sei $\frac{1}{4} M$. Da bei dieser
Raumerfüllung auf je einen Würfel mit der Kantenlänge 1 je eines der Ellipsoide kommt, so folgt leicht, daß der Inhalt des Ellipsoides $F(x, y, z) = \frac{1}{4} M$
notwendig kleiner als der Inhalt jenes Würfels ausfällt, d. h. es ist gewiß

$$\frac{4\,\pi}{3} \sqrt{\left(\frac{M}{4}\right)^3} < 1 \,.$$

Andererseits ist leicht zu erkennen, daß das Ellipsoid $F(x, y, z) = M$ gewiß
außer dem Nullpunkt keinen Punkt des Zahlengitters in seinem Innern enthält; liegen doch auf seiner Oberfläche gerade noch diejenigen Gitterpunkte,
die die Mittelpunkte der das Ellipsoid $F(x, y, z) = \frac{1}{4} M$ berührenden Ellipsoide
sind, d. h. M ist der kleinste von Null verschiedene, durch ganze Zahlen darstellbare Wert der quadratischen Form, und jene Ungleichung liefert für dieses
Minimum die obere Schranke

$$M < \sqrt[3]{\frac{6^2}{\pi^2}} \,.$$

Dieser Beweis eines tiefliegenden zahlentheoretischen Satzes ohne rechnerische Hilfsmittel wesentlich auf Grund einer geometrisch anschaulichen
Betrachtung ist eine Perle Minkowskischer Erfindungskunst. Bei der Verallgemeinerung auf Formen mit n Variablen führt der Minkowskische Beweis
auf eine natürlichere und weit kleinere obere Schranke für jenes Minimum M,
als sie bis dahin Hermite gefunden hatte. Noch wichtiger aber als dies war
es, daß der wesentliche Gedanke des Minkowskischen Schlußverfahrens nur
die Eigenschaft des Ellipsoides, daß dasselbe eine konvexe Figur ist und einen
Mittelpunkt besitzt, benutzte und daher auf beliebige konvexe Figuren mit
Mittelpunkt übertragen werden konnte. Dieser Umstand führte Minkowski
zum ersten Male zu der Erkenntnis, daß überhaupt der *Begriff des konvexen*

Körpers ein fundamentaler Begriff in unserer Wissenschaft ist und zu deren fruchtbarsten Forschungsmitteln gehört.

Ein konvexer (nirgends konkaver) Körper ist nach MINKOWSKI als ein solcher Körper definiert, der die Eigenschaft hat, daß, wenn man zwei seiner Punkte ins Auge faßt, auch die ganze geradlinige Strecke zwischen denselben zu dem Körper gehört.

Die Bedeutung des Begriffs des konvexen Körpers für die Grundlagen der Geometrie beruht in dem engen Zusammenhange, der, wie MINKOWSKI erkannte, zwischen diesem Begriff und dem fundamentalen Satze EUKLIDS besteht, wonach im Dreiecke die Summe zweier Seiten stets größer als die dritte Seite ist. Dieser Satz EUKLIDS, welcher ja lediglich von elementaren, aus den Axiomen unmittelbar entnommenen Begriffen handelt, folgt bei EUKLID aus dem Axiom von der Kongruenz zweier Dreiecke. Lassen wir nun alle Axiome der gewöhnlichen Euklidischen Geometrie bestehen mit Ausnahme des Axioms von der Dreieckskongruenz, indem wir vielmehr dieses durch das andere, weniger aussagende Axiom, daß in jedem Dreieck die Summe zweier Seiten größer als die dritte sein soll, ersetzen, so gelangen wir zu einer Geometrie, welche keine andere ist als diejenige, die MINKOWSKI aufgestellt und zur Grundlage seiner geometrischen Untersuchungen gemacht hat. Diese *Minkowskische Geometrie* ist dann im wesentlichen durch folgende Festsetzungen charakterisiert:

1. Zwei Strecken heißen dann einander gleich, wenn man sie durch Parallelverschiebung des Raumes ineinander überführen kann.

2. Die Punkte, die von einem festen Punkte O gleichen Abstand haben, werden durch eine gewisse konvexe geschlossene Fläche des gewöhnlichen Euklidischen Raumes mit O als Mittelpunkt repräsentiert, so daß an Stelle der konzentrischen Kugeln der gewöhnlichen Euklidischen Geometrie ein System ineinander geschachtelter, durch Ähnlichkeitstransformation erzeugter konvexer Flächen tritt.

Insofern in der Minkowskischen Geometrie das Parallelenaxiom gilt, dagegen an Stelle des Axioms von der Dreieckskongruenz der gewöhnlichen Euklidischen Geometrie jenes weniger aussagende Axiom tritt, daß im Dreieck die Summe zweier Seiten die dritte übertrifft, ist die Minkowskische Geometrie eine der gewöhnlichen Euklidischen Geometrie nächststehende Geometrie, ebenso wie die Bolyai-Lobatschefskysche Geometrie, zu der sie ein Gegenstück bildet. Wie die Bolyai-Lobatschefskysche Geometrie in verschiedenen mathematischen Disziplinen, besonders in der Theorie der analytischen Funktionen mit linearen Transformationen in sich, die fruchtbarste Anwendung findet, so zeigt sich die Minkowskische Geometrie besonders für die Zahlentheorie von hervorragender Bedeutung.

Übertragen wir die eben angestellten geometrischen Überlegungen ins

Analytische. In gewöhnlichen rechtwinkligen Koordinaten $x_1, \ldots, x_n$ des n-dimensionalen Raumes kann die Oberfläche eines konvexen Körpers in der Gestalt

$$f(x_1, \ldots, x_n) = 1$$

dargestellt werden, so daß f eine positive homogene (nicht notwendig rationale) Funktion ersten Grades bedeutet, deren wesentlichste Eigenschaft die ist, die durch die Funktionalungleichung

$$f(x_1 + y_1, \ldots, x_n + y_n) \leqq f(x_1, \ldots, x_n) + f(y_1, \ldots, y_n)$$

zum Ausdruck gebracht wird. Die Minkowskische Entfernung zwischen zwei Punkten $x_1, \ldots, x_n$ und $y_1, \ldots, y_n$ wird dann allgemein durch den Ausdruck

$$f(x_1 - y_1, \ldots, x_n - y_n)$$

definiert. Die ursprünglich zugrunde gelegte Fläche f

$$f(x_1, \ldots, x_n) = 1$$

heißt Eichfläche; sie ist das Minkowskische Analogon der Kugel im gewöhnlichen Euklidischen Raume.

Das Ausgangsbeispiel des Ellipsoides erhält man, wenn man hier für f die Funktion $\sqrt{F}$ nimmt, wo F die oben (S. 344) erwähnte quadratische Form bedeutet.

Nun werde als Eichkörper ein konvexer Körper mit Mittelpunkt, d. h. ein solcher konvexer Körper genommen, der einen Punkt im Innern aufweist, in welchem alle hindurchgehenden Sehnen des Körpers halbiert werden. Dann gilt für die so definierte Minkowskische Entfernung der Satz, daß für die kleinste Entfernung zwischen zwei Gitterpunkten, d. h. für M, eine obere Schranke existiert, die allein vom Volumen des Eichkörpers abhängt; und zwar schließt man leicht, daß ein konvexer Körper mit einem Mittelpunkte in einem Punkte des Zahlengitters und vom Volumen 2^n immer noch mindestens 2 weitere Punkte des Zahlengitters, sei es im Innern, sei es auf der Begrenzung, enthalten muß.

Dieser Satz ist einer der anwendungsreichsten der Arithmetik; aus ihm leitet MINKOWSKI seinen bekannten Determinantensatz ab, demzufolge man in irgend n ganzen homogenen linearen Formen von n Variablen mit beliebigen reellen Koeffizienten und der Determinante 1 immer den Variablen solche ganzzahligen Werte, die nicht sämtlich Null sind, erteilen kann, daß dabei alle Formen absolute Beträge $\leqq 1$ erlangen; ferner die das Wesen der algebraischen Zahl tief berührende Tatsache, daß die Diskriminante eines algebraischen Zahlkörpers stets von ± 1 verschieden ist, d. h. daß es für einen algebraischen Zahlkörper stets wenigstens eine durch das Quadrat eines Primideals teilbare Primzahl, eine sogenannte Verzweigungszahl, gibt, analog wie in der Theorie der algebraischen Funktionen bekanntlich gezeigt wird, daß eine algebraische Funktion stets Verzweigungspunkte besitzen muß.

Aber der obige Satz vom Volumen des Eichkörpers, den ich einen der anwendungsreichsten der Arithmetik nannte, bildet doch nur das Anfangsglied einer Reihe weiterer auf geometrischer Anschauung fußender Schlußweisen von weittragender Bedeutung. So gelangt MINKOWSKI durch eine sehr sinnreiche geometrische Überlegung, bei der der zugrunde gelegte konvexe Körper sukzessive nach bestimmten Vorschriften dilatiert wird, zu einer Erweiterung des ursprünglichen Satzes, die so lautet: Ist das Volumen des Eichkörpers gleich 2^n, so ist nicht nur, wie oben behauptet, die kleinste Minkowskische Entfernung $\leqq 1$, sondern sogar das Produkt der n kleinsten Entfernungen, in n unabhängigen Richtungen genommen, fällt stets $\leqq 1$ aus. Die Endlichkeit der Klassenanzahl der positiven quadratischen Formen von n Variablen mit gegebener Determinante ist unter anderem eine leichte Folge dieses allgemeinen Satzes.

Wie oben ausgeführt wurde, hat MINKOWSKI für das Minimum einer quadratischen Form F von n Variablen mit der Determinante 1 mittels seiner geometrischen Methode eine obere, nur von n abhängige Schranke aufgestellt. Das genaue Minimum, d. h. der kleinste von Null verschiedene Wert, den F für ganzzahlige Variablen erlangt, ist notwendig noch eine Funktion der Koeffizienten der Form F; lassen wir diese beliebig variieren, so jedoch, daß die Determinante beständig 1 bleibt, so können wir nach dem Maximum k_n der Minima aller dieser Formen fragen; dasselbe wird eine nur von n abhängige Zahl sein, welche jene obere Schranke ebenfalls nicht übersteigen kann. Durch völlig andere Hilfsmittel, aber ebenfalls ausgehend von einer geometrischen Betrachtung, bei der nunmehr der Begriff des Strahlenkörpers an Stelle des konvexen Körpers die wesentlichste Rolle spielt — Strahlenkörper ist ein Körper mit einem gewissen Punkte im Innern, der alle Strecken zwischen diesem Punkte und einem beliebigen Punkte des Körpers ganz enthält, so daß ein Strahlenkörper von einem gewissen Punkte aus diejenige Eigenschaft aufweist, welche bei einem konvexen Körper für jeden seiner Punkte erfüllt ist — gelangt MINKOWSKI für jenes Maximum k_n des Minimums der quadratischen Form F auch zu einer unteren Schranke. Ein überraschendes und für die Genauigkeit der Minkowskischen Methode zeugendes Resultat ist es, daß diese untere Schranke und die früher gefundene obere Schranke asymptotisch für $n = \infty$ ineinander fließen, so daß MINKOWSKI die Limesgleichung

$$\underset{n=\infty}{L}\ \frac{\log k_n}{\log n} = 1$$

aussprechen konnte.

CH. HERMITE, damals der Senior der französischen Mathematiker, hatte von Anbeginn die zahlentheoretischen Arbeiten MINKOWSKIS mit höchstem

Interesse und lebhaftester Freude verfolgt. Es ist rührend, wie rückhaltlos er die Vorzüge der Minkowskischen Methode gegenüber seinen eigenen Entwicklungen anerkennt, als MINKOWSKI ihm die eben besprochenen Resultate mitteilt. „Au premier coup d'œil j'ai reconnu", so schreibt CH. HERMITE in einem der an MINKOWSKI gerichteten Briefe, „que vous avez été bien au delà de mes recherches en nous ouvrant dans le domaine arithmétique des voies toutes nouvelles." Und in einem zwei Jahre späteren Briefe vom November 1892 heißt es: „Je me sens rempli d'étonnement et de plaisir devant vos principes et vos résultats, ils m'ouvrent un monde arithmétique entièrement nouveau, où les questions fondamentales de notre science sont traitées avec un éclatant succès auquel tous les géomètres rendront hommage. Vous voulez bien, Monsieur, — et je vous en suis sincèrement reconnaissant — rapporter à mes anciennes recherches le point de départ de vos beaux travaux, mais vous les avez tant dépassées qu'elles ne gardent plus d'autre mérite que d'avoir ouvert la voie dans laquelle vous êtes entré."

Hiernach nimmt es nicht wunder, daß HERMITES Begeisterung für die zahlentheoretischen Methoden MINKOWSKIS keine Grenzen kannte, als die erste Lieferung[1] seiner Geometrie der Zahlen 1896 erschien. „Je crois voir la terre promise", so schreibt HERMITE an LAUGEL, von dem er sich eine Übersetzung des Minkowskischen Buches zu seinem persönlichen Gebrauch anfertigen ließ. Und in der Tat, welche Fülle der verschiedenartigsten und tiefliegendsten arithmetischen Wahrheiten werden in diesem Hauptwerke MINKOWSKIS durch das geometrische Band gehalten und verknüpft! Die Theorie der Einheiten in den algebraischen Zahlkörpern, Sätze über die Ordnung einer endlichen Gruppe von homogenen linearen ganzzahligen Substitutionen und über die Zahl der Transformationen einer positiven quadratischen Form in sich, der Beweis für die Endlichkeit der Klassenanzahl von positiven quadratischen Formen mit gegebener Determinante, die Annäherung an beliebig viele reelle Größen durch rationale Zahlen mit den gleichen Nennern, die Theorie der Linearformen mit ganzen komplexen Koeffizienten, Sätze über Minima von Potenzsummen linearer Formen, die Theorie der Kettenbrüche usw. bilden, von den schon vorhin aufgeführten Gegenständen abgesehen, die Themata des Minkowskischen Buches über die Geometrie der Zahlen.

MINKOWSKI legte besonderen Wert auf die Darstellung, die er in seinem Buche der Theorie der gewöhnlichen Kettenbrüche hat zuteil werden lassen; er war der Meinung, daß durch seine geometrische Veranschaulichung erst das wahre Wesen des Kettenbruches enthüllt werde. In einer späteren Arbeit[2] gelangt er, ebenfalls geleitet durch ein geometrisches Verfahren, welches in

---

[1] Geometrie der Zahlen, 1. Lieferung. Leipzig 1896.

[2] Über die Annäherung an eine reelle Größe durch rationale Zahlen. Math. Ann. Bd. 54, (1901) S. 91—124.

der sukzessiven Konstruktion von Parallelogrammen besteht, zu einer neuen
Art von Kettenbruchentwicklung für eine beliebige reelle Zahl α. Diese Minkowskische Kettenbruchentwicklung ist so beschaffen, daß die dabei auftretenden Näherungsbrüche $\frac{x}{y}$ auch ohne Vermittlung des Kettenbruches
direkt durch die Ungleichung

$$\left| \alpha - \frac{x}{y} \right| < \frac{1}{2}\frac{1}{y^2}$$

charakterisiert werden können; sie stellt demnach das bis dahin vermißte
Analogon in der Größentheorie dar zu der in der Funktionentheorie üblichen
Kettenbruchentwicklung, bei der ja ebenfalls die sämtlichen Näherungsbrüche, die der Kettenbruch einer Potenzreihe liefert, auch ohne den Kettenbruch unmittelbar definierbar sind.

Die Schlußlieferung von MINKOWSKIS Geometrie der Zahlen ist nicht mehr
erschienen, doch hat MINKOWSKI den Stoff, den er für diese Lieferung plante,
im wesentlichen in seinen späteren Abhandlungen zur Darstellung gebracht.

Wenn wir uns diesen zuwenden, so haben wir vor allem eines Problems
zu gedenken, dem MINKOWSKI schon früh sein lebhaftes Interesse schenkte
und auf welches er dann die in der ersten Lieferung seines Buches entwickelten Methoden mit sehr bemerkenswertem Erfolge anwandte[1]. Nach LAGRANGE
fällt bekanntlich die Entwicklung einer reellen Zahl in einen Kettenbruch
immer dann und nur dann periodisch aus, wenn die Zahl Wurzel einer quadratischen Gleichung mit rationalen Koeffizienten ist. Insofern dieser Satz ein
notwendiges und hinreichendes Kriterium für die quadratische Irrationalität
enthält, lag es nahe, einen entsprechenden Satz für die algebraische Irrationalität beliebigen Grades n aufzustellen; doch waren alle bis dahin in dieser Richtung liegenden Versuche — ich erinnere an den Jacobischen Kettenbruch-
algorithmus zur Entwicklung der kubischen Irrationalität, dessen Periodizität
noch bis heute nicht festgestellt ist — vergeblich geblieben. Es gelang MIN-
KOWSKI zum ersten Male auf Grund sehr tiefliegender arithmetischer Sätze,
zu deren Beweis seine geometrischen Methoden herangezogen werden, das gewünschte Kriterium für die algebraischen Zahlen beliebigen Grades n zu
gewinnen. Der Minkowskische Algorithmus ist nicht ganz einfach; er besteht
zunächst in einer Vorschrift, wie man aus der beliebig vorgelegten algebraischen
Zahl α vom n-ten Grade in eindeutig bestimmter Weise eine Kette von gewissen linearen Substitutionen von n Variablen bestimmt und alsdann aus
diesen gewisse lineare Formen ableitet: die Zahl α ist dann algebraisch vom
Grade n, wenn die Kette niemals abbricht und zugleich alle jene unendlich
vielen Formen aus einer endlichen Anzahl unter ihnen durch Multiplikation
mit Faktoren entstehen.

---

[1] Ein Kriterium für die algebraischen Zahlen. Göttinger Nachrichten 1899, S. 64—88.

In einer weiteren Untersuchung über die periodische Approximation algebraischer Zahlen[1] beantwortet dann MINKOWSKI insbesondere die Frage nach denjenigen algebraischen Zahlen α, für welche jene Substitutionen periodischen Charakter aufweisen, denen also in diesem Sinne genau die von LAGRANGE für die quadratische Irrationalität entdeckte Eigenschaft zukommt. MINKOWSKI fand, daß die verlangte Periodizität außer für die quadratische Irrationalität nur noch in fünf ganz bestimmten Fällen stattfindet. Nämlich im Falle $n = 3$, α komplex; ferner $n = 3$, α reell, während die zu α konjugierten Zahlen komplex sind; im Falle $n = 4$, wenn α nebst allen konjugierten Zahlen komplex ist, und endlich in je einem speziellen Fall bei $n = 4$ und $n = 6$.

Hatte MINKOWSKI das ganze von ihm erschlossene Gebiet Geometrie der Zahlen genannt, weil er zu den Methoden, aus denen seine arithmetischen Sätze fließen, durch räumliche Anschauung geführt worden war, so blieb er auch bei der weiteren Erforschung dieses Gebietes stets dem Bestreben treu, durch engen Anschluß an die geometrischen Vorstellungen und Bilder die Fruchtbarkeit seiner Methoden zu zeigen; er wird nicht müde, durch originelle Modifikationen seine ursprünglichen Überlegungen zu vertiefen, die gefundenen arithmetischen Sätze zu vervollkommnen und neue zu ersinnen.

So gelangt MINKOWSKI[2] zu einer gitterförmigen Bedeckung der Ebene mit Parallelogrammen, bei der die ganze Ebene vollständig und andererseits keine Partie der Ebene mehr als zweifach überdeckt wird; diese Tatsache führt ihn unmittelbar zu einem Satze von TSCHEBYSCHEFF über nichthomogene lineare diophantische Ungleichungen, und zwar in einer allgemeineren und vollkommeneren Form, als derselbe von TSCHEBYSCHEFF aufgestellt worden war.

Ferner wirft MINKOWSKI die Frage auf[3], unendlich viele untereinander kongruente und parallel orientierte Körper derart anzuordnen, daß sie, ohne einander zu durchdringen, sich so dicht als überhaupt möglich zusammenschließen, während ihre Schwerpunkte ein parallelepipedisches Punktsystem bilden. Wählt man für die Körper Kugeln, so zeigt sich dann, daß im Raume von drei Dimensionen zwar die bekannte tetraedrale Anordnung von Kugeln die dichteste ist, daß aber in Räumen von höheren Dimensionen die dieser entsprechende tetraedrale Anordnung keineswegs die dichteste Kugellagerung liefert. Das Problem der dichtesten Lagerung von Kugeln im n-dimensionalen

---

[1] Über periodische Approximationen algebraischer Zahlen. Acta math. Bd. 26, (1902) S. 333—351.

[2] Über die Annäherung an eine reelle Größe durch rationale Zahlen. Math. Ann. Bd. 54, (1901) S. 108.

[3] Dichteste gitterförmige Lagerung kongruenter Körper. Göttinger Nachrichten 1904, S. 311—355.

Raum läuft auf die Bestimmung des Maximums k_n hinaus und hängt zusammen mit der Frage nach der Reduktion der positiven quadratischen Formen; diesem Problem wendet sich MINKOWSKI in seiner zahlentheoretischen Abhandlung über den Diskontinuitätsbereich für arithmetische Äquivalenz[1] noch einmal zu, es in vollendeter Form lösend, gleichsam als offensichtliches Wahrzeichen für die Leichtigkeit und Überlegenheit seiner gegenwärtigen mehr geometrischen Methoden im Vergleich zu dem Standpunkt seiner Jugendarbeiten.

Die Beweise der allgemeinen Sätze: der reduzierte Raum für die positiven quadratischen Formen von n Variablen ist eine konvexe Pyramide mit der Spitze im Nullpunkt, der von einer endlichen Anzahl durch diesen Punkt laufender Ebenen begrenzt wird; und: im Gebiet der positiv-definiten Formen grenzt der reduzierte Raum nur an eine endliche Anzahl von äquivalenten Räumen an; ferner die Berechnung des Volumens des reduzierten Raumes für alle Formen, deren Determinante eine gegebene Grenze nicht übersteigt, sowie die Anwendung hiervon auf die Bestimmung des asymptotischen Wertes der Klassenanzahl positiver quadratischer Formen sind die Glanzpunkte dieser letzten und inhaltreichsten zahlentheoretischen Abhandlung MINKOWSKIS.

Von der Bedeutung der Zahlentheorie, wie sie in den Werken ihrer Heroen FERMAT, EULER, LAGRANGE, LEGENDRE, GAUSS, HERMITE, DIRICHLET, KUMMER, JACOBI und in deren begeisterten Aussprüchen sich widerspiegelt, war MINKOWSKI aufs tiefste durchdrungen; ihre Reize empfand er jederzeit aufs lebhafteste: war doch, was man an der Zahlentheorie rühmt, die Einfachheit ihrer Grundlagen, die Genauigkeit ihrer Begriffe und die Reinheit ihrer Wahrheiten ganz und gar zu seinem Wesen passend und seiner innersten Neigung am meisten zusagend. Wenn es zutrifft, daß nur ein enger Kreis von Mathematikern der Pflege der Zahlentheorie sich hingibt und so viele „von den eigenartigen, durch die Zahlentheorie ausgelösten Stimmungen kaum einen Hauch verspüren": den Grund hierfür erblickt er darin, daß die Schöpfungen eines GAUSS und der andern Großen zu erhaben sind. Und um in dieser gewaltigen Musik, wie er die Zahlentheorie nennt, für diejenigen, die nicht nur erbaut, sondern auch ergötzt sein wollen, die einschmeichelnden Melodien herauszuheben und so zu ihrem Genusse mehr anzulocken, dazu veröffentlichte er die Vorlesung, die er Winter 1903/04 in Göttingen gehalten hat und in welcher er in leicht faßlicher Weise ohne die Voraussetzung besonderer Vorkenntnisse die wichtigsten Grundsätze der Geometrie der Zahlen und die einfachsten Anwendungen auf die Theorie der quadratischen Formen, auf die Zahlkörper und vor allem auf die Annäherung reeller und komplexer

---

[1] Diskontinuitätsbereich für arithmetische Äquivalenz. J. reine angew. Math. Bd. 129, (1905) S. 220—274.

Größen durch rationale Zahlen auseinandersetzt. Das so entstandene Buch *„Diophantische Approximationen"*[1] kann vorzüglich zur Einführung in die von Minkowski geschaffenen Methoden dienen.

Minkowski ist es zu danken, daß nach Hermites Tode die Führerrolle in der Zahlentheorie wieder in deutsche Hände zurückfiel und, wenn man überhaupt bei einer solchen Wissenschaft, wie es die Arithmetik ist, die Beteiligung der Nationen an den Fortschritten und Errungenschaften abwägen will: wesentlich durch Minkowskis Wirken ist es gekommen, daß heute im Reiche der Zahlen die bedingungslose und unbestrittene deutsche Vorherrschaft statthat.

Die Überzeugung von der tiefen Bedeutung des Begriffes eines konvexen Körpers, dessen Verwendung in der Zahlentheorie so erfolgreich gewesen war, hatte sich bei Minkowski immer mehr befestigt, und dieser Begriff bildet dann auch das Bindeglied zwischen denjenigen Arbeiten Minkowskis, die wesentlich zahlentheoretische Ziele im Auge haben, und seinen rein geometrischen Untersuchungen.

Das ursprüngliche Ziel, das Minkowski bei seinen rein geometrischen Untersuchungen im Auge hatte, war, die Begriffe Länge und Oberfläche mittels des Begriffes Volumen, „dieses elementarsten Begriffes der Analysis des Unendlichen", zu erfassen[2]. In der Tat gelingt ihm diese Reduktion durch ein einfaches Grenzverfahren. Ist etwa eine Kurve im Raume gegeben, so denkt sich Minkowski um jeden ihrer Punkte eine Kugel mit dem Radius r abgegrenzt. Das Volumen des so insgesamt in der Umgebung der Kurve abgegrenzten Bereiches nach Division durch den Inhalt des Kreises vom Radius r strebt in der Grenze für verschwindende Werte von r im allgemeinen einer Größe zu, die nunmehr als die Länge der Kurve eingeführt wird. Ähnlich kann der Begriff des Inhaltes einer Fläche eingeführt werden, und insbesondere die so entstehende Definition der Oberfläche ist es, durch die Minkowski zu einer wichtigen Verallgemeinerung des Begriffes der Oberfläche gelangt, indem er nämlich an Stelle von Kugeln beliebige, einander ähnliche und ähnlich gelegene konvexe Körper verwendet — genau im Sinne der vorhin bei Besprechung der zahlentheoretischen Abhandlungen geschilderten Minkowskischen Geometrie.

Durch den Ausbau des Gedankens, die Kugel durch einen beliebigen Eichkörper zu ersetzen, gelangt Minkowski zu demjenigen Begriffe, der das Fundament seiner ganzen Theorie bildet, zu dem *Begriffe des gemischten Volumens* von irgend drei konvexen Körpern. Das gemischte Volumen von drei konvexen Körpern K_1, K_2, K_3 ist eine ganz bestimmte eindeutig aus den-

---

[1] Diophantische Approximationen. Eine Einführung in die Zahlentheorie. Leipzig 1907.

[2] Volumen und Oberfläche. Math. Ann. Bd. 57, (1903) S. 447—495.

selben durch ein dreifaches Integral darzustellende Zahl V_{123}, die in das gewöhnliche Volumen eines Körpers übergeht, wenn man jene drei Körper miteinander identifiziert, die in die gewöhnliche Oberfläche eines Körpers übergeht, wenn man zwei von jenen drei Körpern miteinander identifiziert und den dritten gleich der Kugel mit dem Radius 1 nimmt und die endlich mit der totalen mittleren Krümmung der Oberfläche eines Körpers übereinstimmt, wenn man für zwei von jenen drei Körpern die Kugel mit dem Radius 1 wählt. So erscheint der Begriff des gemischten Volumens als der einfachste übergeordnete Begriff, der die Begriffe Volumen, Oberfläche, totale mittlere Krümmung als Spezialfälle enthält, und diese letzteren Begriffe sind damit in viel engeren Zusammenhang miteinander gebracht; steht doch deshalb auch von vornherein zu erwarten, daß wir auf diesem Standpunkte über das Verhältnis zwischen jenen Begriffen einen weit tieferen und allgemeineren Aufschluß erhalten, als bisher möglich war. Das Hauptergebnis, welches in dieser Hinsicht die Minkowskische Theorie liefert, gipfelt in der Ungleichung

$$V_{123}^2 \geqq V_{122}\,V_{133}\,,$$

einer Ungleichung, die lediglich quadratischen Charakter trägt, während beispielsweise der bekannte Satz, daß die Kugel unter allen Körpern gleicher Oberfläche das größte Volumen besitzt, für Volumen V und Oberfläche O eines beliebigen Körpers durch die kubische Ungleichung

$$36\,\pi\,V^2 \geqq O^3$$

ausgedrückt wird. Diese kubische Ungleichung aber und somit insbesondere jener Satz über das Maximum des Kugelvolumens erscheint bei MINKOWSKI als spezieller Ausfluß der genannten inhaltsreicheren und einfacheren quadratischen Ungleichung; zugleich treten neben jenen Satz vom Maximum des Kugelvolumens eine ganze Reihe gleich wichtiger Sätze über die Kugel. Über das gemischte Volumen stellt MINKOWSKI den allgemeinen Satz auf, daß, wenn man aus drei Körpern vom Volumen 1 das gemischte Volumen bildet, dieses stets $\geqq 1$ ist und nur dann gleich 1 wird, wenn die drei Körper miteinander identisch sind oder durch Translation miteinander zur Deckung gebracht werden können — ein Satz, der ebenfalls die in Rede stehende Maximaleigenschaft der Kugel als spezielle Folge mit enthält.

Zur analytischen Durchführung dieser Gedanken bedient sich MINKOWSKI im wesentlichen der Methode der Ebenenkoordinaten. Die letzteren erscheinen in der Tat als das naturgemäße Hilfsmittel zur Darstellung der Minkowskischen Theorie; ist doch das Mischvolumen nichts anderes als eine zweimalige Bildung der ersten Variation des gewöhnlichen Volumens, falls man dieses durch Ebenenkoordinaten ausdrückt.

Des weiteren beschäftigt sich MINKOWSKI mit dem einfachen und elementaren Begriffe des konvexen Polyeders und weiß diesem vielbehandelten

Gegenstande neue und fruchtbare Seiten abzugewinnen. Sein grundlegender
Satz sagt aus, daß ein konvexes Polyeder stets durch die Richtungen der
Normalen und die Inhalte seiner Seitenflächen bis auf eine Translation eindeutig bestimmt wird. Aus diesem Satze leitet MINKOWSKI durch Grenzübergang das merkwürdige Theorem ab, wonach es immer eine und nur eine
geschlossene konvexe Fläche gibt, für die die Gaußsche Krümmung als stetige
Funktion der Richtungskosinusse ihrer Normalen vorgeschrieben ist. Indem
hierbei MINKOWSKI die Krümmung — unmittelbar an die ursprüngliche Betrachtungsweise von GAUSS anschließend — durch eine Integralforderung
definiert, vermeidet er es, die Existenz der zweiten Ableitungen der die Fläche
definierenden Funktion vorauszusetzen, und erreicht eben dadurch jene
größtmögliche Einfachheit und Allgemeinheit in der Fassung und Entwicklung des Theorems.

Das Minkowskische Problem der Bestimmung der geschlossenen konvexen Flächen mit vorgeschriebener Gaußscher Krümmung ist wesentlich
identisch mit dem Problem der Integration einer gewissen *partiellen Differentialgleichung vom Monge-Ampèreschen Typus;* so kommt es, daß die ursprünglich rein geometrische, auf dem Begriff des konvexen Körpers beruhende
Methode MINKOWSKIS zugleich für die Theorie der Integration gewisser nichtlinearer partieller Differentialgleichungen bis dahin unbekannte Fragestellungen und aussichtsreiche Angriffspunkte liefert.

Endlich werde noch eines kleinen Vortrages[1] von MINKOWSKI Erwähnung
getan, den er vor seiner Übersiedlung nach Göttingen in der hiesigen mathematischen Gesellschaft gehalten hat und der bisher nur in einer russischen
Übersetzung publiziert worden ist; derselbe enthält einen Satz von elemen-
tarem Charakter, wonach die Körper, deren Breite konstant, d. h. in jeder
Richtung genommen die nämliche ist, und andererseits die Körper konstanten
Umfanges miteinander identisch sind; dabei ist unter Umfang der Umfang
des Querschnittes des in irgend einer Richtung dem Körper umschriebenen
Zylinders zu verstehen.

Sein Interesse für die physikalische Wissenschaft hat MINKOWSKI frühzeitig bekundet. Schon in den ersten Jahren seiner Privatdozentenzeit in
Bonn beschäftigte er sich mit theoretischen Untersuchungen über *Hydrodynamik.* HELMHOLTZ legte 1888 in der Akademie der Wissenschaften zu
Berlin eine Arbeit[2] von MINKOWSKI über das Problem der kräftefreien Bewegung eines beliebigen starren Körpers in einer reibungslosen inkom-
pressiblen Flüssigkeit vor. Um die Bewegung des Körpers völlig zu kenn-

---

[1] Über die Körper konstanter Breite. Moskau, Mathematische Sammlung (Mate-
matičeskij Sbornik) Bd. 25, (1904—1906) S. 505—508.

[2] Über die Bewegung eines festen Körpers in einer Flüssigkeit. Sitzungsberichte der
Berliner Akademie 1888, S. 1095—1110.

zeichnen, ist die Bestimmung von sechs unbekannten Funktionen der Zeit erforderlich. Das wichtigste Resultat von MINKOWSKI besteht nun in der Reduktion des ursprünglich durch das Hamiltonsche Prinzip gelieferten Variationsproblems auf ein Variationsproblem, welches nur zwei unbekannte Funktionen der Zeit enthält.

Die Ferienzeiten während der Bonner Jahre verlebte MINKOWSKI in der Regel in Königsberg, dem Wohnorte seiner Familie, wo er dann mit HURWITZ und mir fast täglich zusammenkam, meist auf Spaziergängen in der Königsberger Umgebung. Einmal, Weihnachten 1890, blieb MINKOWSKI in Bonn; auf mein Zureden, nach Königsberg zu kommen, stellte er sich in einem launigen Briefe als einen physikalisch völlig Durchseuchten hin, der erst eine zehntägige Quarantäne durchmachen müßte, ehe HURWITZ und ich ihn in Königsberg als mathematisch rein zu unseren Spaziergängen zulassen würden. „Ich habe mich", so fährt MINKOWSKI in seinem Briefe fort, „ganz der Magie, wollte sagen der Physik ergeben. Ich habe meine praktischen Übungen im physikalischen Institut, zu Hause studiere ich THOMSON, HELMHOLTZ und Konsorten; ja von Ende nächster Woche an arbeite ich sogar an einigen Tagen der Woche in blauem Kittel in einem Institut zur Herstellung physikalischer Instrumente, also ein Praktikus schändlichster Sorte". Von HEINRICH HERTZ in Bonn fühlte sich MINKOWSKI stark angezogen; er äußerte, daß er, wenn HERTZ am Leben geblieben wäre, sich schon damals mehr der Physik zugewandt hätte.

August 1892 war MINKOWSKI zum außerordentlichen Professor in der philosophischen Fakultät zu Bonn ernannt worden. April 1894 ermöglichte auf MINKOWSKIS und meinen dringenden Wunsch der damalige Ministerialrat ALTHOFF, der Scharfblickende, in dem MINKOWSKI sehr frühzeitig einen Gönner und Bewunderer gefunden hatte, die Versetzung MINKOWSKIS nach Königsberg und ein Jahr später wurde MINKOWSKI dann in Königsberg mein Nachfolger im dortigen Ordinariat für Mathematik. Aus diesem Amte schied er Oktober 1896, um einem Rufe als Professor für Mathematik an das Eidgenössische Polytechnikum in Zürich zu folgen. Dort verheiratete er sich im Jahre 1897 mit Auguste Adler aus Straßburg i. E. In Zürich blieb er bis zum Herbst 1902. Da war es wiederum ALTHOFF, der MINKOWSKI auf den für seine Wirksamkeit angemessensten Boden verpflanzte; mit einer Kühnheit, wie sie vielleicht in der Geschichte der Verwaltung der Preußischen Universitäten beispiellos dasteht, schuf ALTHOFF aus nichts hier in Göttingen eine neue ordentliche Professur, und dieser Tat ALTHOFFS danken wir es, daß seit Herbst 1902 MINKOWSKI der unsrige gewesen ist. Bereits Oktober 1901 hatte ihn unsere Gesellschaft zu ihrem korrespondierenden Mitgliede in der mathematisch-physikalischen Klasse gewählt.

Als Frucht der vielseitigen theoretisch-physikalischen Studien, die MIN-

23*

kowski auch in Zürich betrieben hatte und in Göttingen fortsetzte, ist der Enzyklopädieartikel über *Kapillarität*[1] anzusehen, in welchem er in wahrhaft musterhafter Weise in aller Kürze, dem beschränkten Raum entsprechend, die sämtlichen theoretischen Gesichtspunkte dieses Kapitels der Physik auseinandersetzt und die schwierigen mathematischen Grundlagen, insbesondere soweit sie die Variationsrechnung betreffen, in origineller, zum Teil ganz neuer Form entwickelt.

Aber am nachhaltigsten fesselten MINKOWSKI die modernen elektrodynamischen Theorien, die er mehrere Semester hindurch mit mir gemeinsam betrieb, insbesondere in Vorträgen, zu denen das von ihm und mir geleitete Seminar Anlaß bot. Die letzten Schöpfungen MINKOWSKIS entsprangen diesen Studien, denen er mit großem Eifer oblag; hatte er doch für die nächsten Semester Vorlesungen und Seminar über Elektronentheorie geplant.

H. A. LORENTZ hat zuerst erkannt, daß die Grundgleichungen der Elektrodynamik für den reinen Äther die Eigenschaft der Invarianz gegenüber denjenigen gleichzeitigen Transformationen der Raumkoordinaten x, y, z und des Zeitparameters t besitzen, die — falls man die Lichtgeschwindigkeit gleich 1 nimmt — den Ausdruck $x^2 + y^2 + z^2 - t^2$ in sich überführen. Im Zusammenhang mit dieser rein mathematischen Tatsache und in der Absicht, davon Rechenschaft zu geben, daß eine relative Bewegung der Erde gegen den Lichtäther nicht wahrgenommen wird, war jener scharfsinnige Forscher in kühnem Gedankenfluge zu der Einsicht gelangt, daß der Begriff des starren Körpers in dem bisherigen Sinne nicht aufrechtzuerhalten sei, sondern in der Weise modifiziert werden müsse, daß Elektrizität und Materie, sofern sie eine Bewegung von der Geschwindigkeit v besitzen, in Richtung dieser Bewegung eine Verkürzung ihrer Ausdehnung erfahren, und zwar im Verhältnis $1 : \sqrt{1 - v^2}$. Daß eine weitere Konsequenz dieser Idee eine neuartige Auffassung des Zeitbegriffes ist, und insbesondere alle den Lorentz-Transformationen entsprechenden Bezugsysteme zur Einführung eines Zeitparameters gleichberechtigt sind, dies erkannt zu haben, ist das Verdienst des Physikers EINSTEIN.

Die Ideenbildungen von LORENTZ und EINSTEIN, die man unter dem Namen des Relativitätsprinzipes zusammenfaßt, waren es, die MINKOWSKI die Anregung zu seinen wichtigen und auch in weiteren Kreisen bekannt gewordenen *elektrodynamischen Untersuchungen* gaben. MINKOWSKI[2] legte sofort jener mathematischen Tatsache der Invarianz der elektrodynamischen Grundgleichungen gegenüber den Lorentz-Transformationen die allgemeinste und weitgehendste Bedeutung bei, indem er diese Invarianz als eine Eigen-

---

[1] Enzyklopädie der mathematischen Wissenschaften, Bd. V 1, Heft 4, S. 558—613.

[2] Die Grundgleichungen für die elektromagnetischen Vorgänge in bewegten Körpern. Göttinger Nachrichten 1908, S. 53—111.

schaft auffaßte, die überhaupt allen Naturgesetzen zukomme, ja daß sie nichts anderes als eine schon in den Begriffen Raum und Zeit selbst enthaltene und diese beiden Begriffe gegenseitig verkettende und miteinander verschmelzende Eigenschaft sei. Auch dem Nicht-Naturforscher ist die Tatsache geläufig, daß die Naturgesetze von der Orientierung im Raume, sowie von der Zeit unabhängig sind, und ferner lehrt die gewöhnliche Mechanik, daß, wenn ein System sich bewegt, stets auch diejenige Bewegung statthaben kann, bei welcher die Geschwindigkeitsvektoren sämtlicher materieller Punkte je um einen konstanten Vektor vermehrt sind: darüber hinaus behauptet nun nach MINKOWSKI das Relativitätsprinzip — oder, wie es MINKOWSKI später nennt, das *Weltpostulat* —, daß die Naturgesetze in einem noch viel höheren Sinne von Raum und Zeit unabhängig, nämlich invariant gegenüber allen Lorentz-Transformationen sind. Indem nun durch die Lorentz-Transformationen gewisse Abänderungen des Zeitparameters zugelassen werden, die nicht bloß auf eine veränderte Wahl des Zeitanfanges hinauslaufen, fällt konsequenterweise überhaupt der Begriff der Gleichzeitigkeit zweier Ereignisse als an sich existierend. Nur weil wir gewohnt sind, ein bestimmtes Bezugsystem für Raum und Zeit stark approximativ eindeutig zu wählen, halten wir den Begriff der Gleichzeitigkeit für einen absoluten — ungefähr wie Wesen, gebannt an eine enge Umgebung eines Punktes auf einer Kugeloberfläche, darauf verfallen könnten, die Kugel sei ein geometrisches Gebilde, an welchem ein Durchmesser an sich ausgezeichnet ist. Tatsächlich ist die Sachlage die, daß stets zwei Ereignisse, die an zwei Orten zu zwei verschiedenen Zeiten stattfinden, als gleichzeitig aufgefaßt werden können, sobald die Zeitdifferenz kleiner als die Entfernung beider Orte, d. h. diejenige Zeit ausfällt, die das Licht braucht, um von dem einen Orte zu dem andern zu gelangen. Ähnlich verhält es sich mit drei Ereignissen zu drei verschiedenen Zeiten, die ebenfalls als gleichzeitig stattfindend aufgefaßt werden können, sobald gewisse Ungleichheiten zwischen den Raum- und Zeitparametern erfüllt sind. Erst durch vier Ereignisse ist im allgemeinen das Bezugsystem von Raum und Zeit eindeutig festgelegt. — „Von Stund an sollen Raum für sich und Zeit für sich völlig zu Schatten herabsinken, und nur noch eine Art Union der beiden soll Selbständigkeit bewahren." So bekannte sich MINKOWSKI eingangs des eindrucksvollen Vortrages[1], den er auf der vorjährigen Naturforscherversammlung zu Köln vor einer zahlreichen, ihm mit größter Aufmerksamkeit folgenden Zuhörerschaft, bestehend aus Mathematikern, Physikern und Philosophen, gehalten hat.

Um die in Rede stehende Invarianz der Naturgesetze richtig zu verstehen, ersetze man sowohl die Raum- und Zeitparameter x, y, z, t, wie

---

[1] Raum und Zeit. Physik. Z. Bd. 10 (1909), S. 108.

auch diejenigen Größen, die in den die Naturgesetze ausdrückenden Gleichungen als Funktionen von x, y, z, t auftreten, durch die entsprechend
linear transformierten Größen: dann müssen die erhaltenen Gleichungen
die nämliche Form für die neuen Größen in den neuen Veränderlichen aufweisen. Beispielsweise sind im Falle der elektrodynamischen Grundgleichungen
die mit der Dichte multiplizierten Geschwindigkeitskomponenten u, v, w
zusammen mit der Dichte ϱ als vier Größen anzusehen, die in gleicher Weise
mit den Variablen x, y, z, t transformiert werden; die Vektorenpaare dagegen,
der elektrische und der magnetische Vektor einerseits und die elektrische und
magnetische Erregung andererseits, sind als je sechs Größen anzusehen, die
wie die sechs zweireihigen Determinanten einer Matrix zweier Raumzeit-
punkte, d. h. etwa wie die Plückerschen Linienkoordinaten sich transformieren. Da demnach bei diesen Transformationen eine Vermischung von
Geschwindigkeiten und Dichte und ebenso von elektrischen und magnetischen
Vektoren stattfindet, so ist absolut genommen eine Festlegung von Geschwindigkeit und Dichte der Substanz, sowie der elektrischen und magnetischen
Vektoren nicht möglich; diese Begriffe hängen vielmehr ebenfalls wesentlich
von der Wahl des Bezugsystems für x, y, z, t ab.

MINKOWSKI wendet nun das eben gekennzeichnete und von ihm mathematisch präzisierte Weltpostulat — und darin erblicke ich seine bedeutsamste positive Leistung auf diesem Gebiete — dazu an, um die elektrodynamischen Grundgleichungen für bewegte Materie, deren definitive Form
unter den Physikern außerordentlich strittig war, herzuleiten. Dazu sind
nur drei sehr einfache Grundannahmen nötig: nämlich

1. die Annahme, daß die Geschwindigkeit der Materie stets und an allen
Orten kleiner als 1, d. h. als die Lichtgeschwindigkeit ist;

2. das Axiom, daß, wenn an einer einzelnen Stelle die Materie in einem
Momente ruht — die Umgebung mag in irgendwelcher Bewegung begriffen
sein — dann für jenen „Raumzeitpunkt" zwischen den magnetischen und
elektrischen Vektoren und deren Ableitungen nach x, y, z, t genau die nämlichen Beziehungen statthaben, die zu gelten hätten, falls alle Materie ruhte;

3. die Annahme der von niemand bestrittenen elektrodynamischen
Grundgleichungen für ruhende Materie.

Die elektrodynamischen Grundgleichungen, die MINKOWSKI auf diesem
Wege erhält, lassen, was Durchsichtigkeit und Einheitlichkeit betrifft, nichts
zu wünschen übrig; sie stimmen mit den bisherigen Beobachtungen überein,
weichen indes in mannigfaltiger Weise von den bis dahin gebrauchten, von
LORENTZ und COHN aufgestellten Gleichungen ab, indem diese keineswegs
das Weltpostulat genau erfüllen. Die *Minkowskischen elektrodynamischen
Grundgleichungen* sind eine notwendige Folgerung des Weltpostulates — sie
sind von derselben Gewißheit wie dieses.

Immer mehr und mehr befestigte sich MINKOWSKI in der Überzeugung von der allgemeinen Gültigkeit und der eminenten Fruchtbarkeit und Tragweite seines Weltpostulats und — die wunderbaren, vielverheißenden Ideen von M. PLANCK über die Dynamik bewegter Systeme bestärkten ihn darin — von der Notwendigkeit einer Reform der gesamten Physik nach Maßgabe dieses Postulats.

Was die Mechanik betrifft, so gelangte MINKOWSKI durch Einführung des Begriffs der Eigenzeit eines materiellen Punktes zu einem gewissen System modifizierter Newtonscher Bewegungsgleichungen, bestehend aus vier Gleichungen, von denen die drei ersten in die gewöhnlichen Newtonschen Gleichungen übergehen, wenn man die Lichtgeschwindigkeit c unendlich werden läßt, während die vierte eine Folge der drei ersten ist und den Satz von der Erhaltung der Energie ausspricht. In dieser dem Weltpostulat gemäß reformierten Mechanik fallen die Disharmonien zwischen der Newtonschen Mechanik und der modernen Elektrodynamik von selbst weg. Aber die Minkowskische Untersuchung führt darüber hinaus zu der prinzipiell interessanten Tatsache, daß auf Grund des Weltpostulates die vollständigen Bewegungsgesetze allein aus dem Satz von der Erhaltung der Energie ableitbar sind.

Ferner zeigte MINKOWSKI, wie das Newtonsche Gravitationsgesetz zu modifizieren sei, damit es dem Weltpostulat genügt. Das *Minkowskische Gravitationsgesetz*, verknüpft mit der *Minkowskischen Mechanik*, ist nicht weniger geeignet, die astronomischen Beobachtungen zu erklären als das Newtonsche Gravitationsgesetz, verknüpft mit der Newtonschen Mechanik. Dabei bedeutet die Minkowskische Formulierung eine Fortpflanzung der Gravitation mit Lichtgeschwindigkeit — was unserer heutigen Anschauungsweise über Fernwirkung weit besser entspricht als die alte Newtonsche Momentanwirkung.

Als Beleg dafür, wie die Minkowskische Betrachtungsweise, die sich stets in der vierdimensionalen Raum-Zeitmannigfaltigkeit x, y, z, t — Welt genannt — bewegt, erst imstande ist, die innere Einfachheit und den wahren Kern der Naturgesetze zu enthüllen, sei nur noch auf den wunderbar durchsichtigen, von MINKOWSKI angegebenen Ausdruck für die so äußerst komplizierte ponderomotorische Wirkung zweier bewegter elektrischer Teilchen hingewiesen.

Damit ist die Würdigung der hauptsächlichsten Ergebnisse der Publikationen MINKOWSKIS beendigt; aber die wissenschaftliche Wirksamkeit seiner Person ist durch die zur Veröffentlichung gelangten Schriften keineswegs erschöpft. Nach welchen Richtungen weiterhin und in welchem Sinne sich diese Wirksamkeit MINKOWSKIS vornehmlich erstreckte, bedarf noch einer kurzen Darlegung, da erst dann die volle Bedeutung MINKOWSKIS für die Entwicklung der Mathematik der Gegenwart sich erkennen läßt.

Zunächst gedenke ich der Stellungnahme MINKOWSKIS gegenüber derjenigen mathematischen Disziplin, welche heute eine hervorragende Rolle in unserer Wissenschaft einnimmt und ihren gewaltigen Einfluß auf alle Gebiete der Mathematik ausströmt, nämlich der Mengentheorie. Diese von GEORG CANTOR zuerst in fruchtbarer Weise in Angriff genommene und durch kühne Ideen zu gewaltiger Höhe geführte Lehre wurde damals von dem im Gebiet der Zahlentheorie maßgebenden Mathematiker KRONECKER aufs entschiedenste bekämpft. Obwohl MINKOWSKI in Berlin bei KRONECKER studiert hatte und sich dem mächtigen Einfluß, den dieser in der Zahlentheorie ausübte, willig hingab: die Vorurteile, von denen KRONECKER befangen war, durchschaute er frühzeitig; er war der erste Mathematiker unserer Generation — und ich habe ihn darin nach Kräften unterstützt —, der die hohe Bedeutung der Cantorschen Theorie erkannte und zur Geltung zu bringen suchte. „Die spätere Geschichte", so führt MINKOWSKI in einem in Königsberg gehaltenen Vortrag über das Aktual-Unendliche in der Natur aus, „wird CANTOR als einen der tiefsinnigsten Mathematiker dieser Zeit bezeichnen; es ist sehr zu bedauern, daß eine nicht auf sachlichen Gründen allein beruhende Opposition, die von einem sehr angesehenen Mathematiker" — gemeint ist eben KRONECKER — „ausging, CANTOR die Freude an seinen wissenschaftlichen Forschungen trüben konnte". MINKOWSKI verehrte in CANTOR den originellsten zeitgenössischen Mathematiker zu einer Zeit, als in damals maßgebenden mathematischen Kreisen der Name CANTOR geradezu verpönt war und man in CANTORS transfiniten Zahlen lediglich schädliche Hirngespinste erblickte. MINKOWSKI äußerte wohl, daß CANTORS Name noch genannt werden würde, wenn man die heute — weil sie modisch sind — im Vordergrunde stehenden Mathematiker längst vergessen hat. Der Umstand, daß ein Mann wie MINKOWSKI, der das exakte Schließen in der Mathematik gewissermaßen verkörperte und dessen Sinn für echte Zahlentheorie über allem Zweifel war, so urteilte, ist der Verbreitung der Cantorschen Theorie, „dieser ursprünglichen Schöpfung genialer Intuition und spezifischen mathematischen Denkens", wie sie mit Recht kürzlich ein jüngerer Mathematiker genannt hat, sehr zustatten gekommen.

MINKOWSKI hat stets danach gestrebt, nicht nur über die Methoden der reinen Mathematik die Herrschaft zu erlangen, sondern auch den wesentlichen Inhalt aller derjenigen Wissensgebiete sich anzueignen, in denen die Mathematik als Hilfswissenschaft eine entscheidende Rolle zu spielen berufen ist. Wie tief er dann in solche Wissensgebiete, die seinem eigentlichen Arbeitsfelde fern lagen, eindrang, und wie kritisch auch hier sein Blick war, zeigen die mannigfachen Vorträge, die er bei verschiedenen Anlässen, namentlich in unserer mathematischen Gesellschaft, gehalten hat, sowie seine Universitätsvorlesungen. Zumal in Göttingen hat MINKOWSKI außer den üblichen

Vorlesungen eine große Anzahl von Spezialvorlesungen über die verschiedensten Gegenstände gehalten, z. B. über Linien- und Kugelgeometrie, Analysis
situs, automorphe Funktionen, Invariantentheorie, Wärmestrahlung und
Wahrscheinlichkeitsrechnung. Diese Vorlesungen waren stets klar durchdacht und fein geformt; ihr Ziel war, die Ergebnisse neuester Forschung kritisch zu sichten, auf die einfachste Form zu bringen und alsdann in Verbindung
mit den alten Sätzen der Theorie einheitlich zur Darstellung zu bringen. Wie
sehr es ihm dabei gelang, auch den schwerfälligeren Zuhörern die Wege zu
ebnen und die reiferen ganz für sich zu gewinnen, beweist der steigende Zu-
spruch, dessen sich diese Vorlesungen in Göttingen erfreuten. Besonders
verstand er es, in höheren Vorlesungen junge Mathematiker zu eigenen
Forschungen anzuregen. Unter den Dissertationen, die seiner Anregung zu
verdanken sind, seien nur die von L. KOLLROS: Un algorithme pour l'approximation simultanée de deux grandeurs (1905), und E. SWIFT: Über die Form
und Stabilität gewisser Flüssigkeitstropfen (1907), genannt, deren wertvolle
Resultate in weiteren Fachkreisen bekannt geworden sind.

Daß MINKOWSKI auch Nichtfachleuten durch die Heranziehung treffen-
der Gleichnisse und anschaulicher Bilder über schwierige mathematische
Gegenstände vorzutragen und in ihnen eine Vorstellung von der Größe und
Erhabenheit unserer Wissenschaft zu erwecken wußte, zeigt am besten die
Rede, die er in der Festsitzung der Göttinger mathematischen Gesellschaft
zur hundertjährigen Wiederkehr des Geburtstages von DIRICHLET gehalten
hat[1]. Die begeisterten und klaren Ausführungen, die dort MINKOWSKI über
den Charakter der Zahlentheorie, ihre Bedeutung und ihre Stellung zu anderen
Disziplinen machte, beruhen auf einer tiefen Erfassung des Wesens der
Zahlentheorie und sind das beste, was je über diese wunderbarste Schöpfung
menschlichen Geistes gesagt worden ist. Hierfür sei das Zeugnis desjenigen
Mathematikers angerufen, der als Schüler von DIRICHLET ein kompetentes
Urteil hat, und den wir heute im In- und Auslande als den Senior der Mathematiker, als den einzigen lebenden Heros aus der größten Epoche der Zahlentheorie verehren dürfen. ,,Ich habe Ihren Vortrag", so schrieb RICHARD
DEDEKIND an MINKOWSKI, ,,mit größtem Genuß fünfmal und noch viel öfter
durchgelesen und bin besonders von der großen historischen Auffassung ergriffen, mit der Ihr Vortrag die tiefsten Gedanken unserer Wissenschaft
deutlich erfaßt und in ihrer Entwicklung verfolgt".

Trotz seiner milden Denkart war MINKOWSKI im Grunde kritisch, er
erkannte leicht die Schwächen einer Beweisführung oder einer Ideenbildung
und legte im allgemeinen auch an die Arbeiten anderer einen strengen Maß-

---

[1] P. G. LEJEUNE DIRICHLET und seine Bedeutung für die heutige Mathematik.
Jber. dtsch. Math.-Ver. Bd. 14 (1905), S. 149—163.

stab an. Er unterschied scharf zwischen oberflächlichen und soliden Mathematikern. Von einer guten mathematischen Arbeit verlangte er, daß in ihr eine klar gestellte und des Interesses werte Frage gelöst werde.

So sehr er von echter Bescheidenheit war und mit seiner Person gern im Hintergrunde blieb, war er doch von der innersten Überzeugung getragen, daß vieles von dem, was er schuf, die Arbeiten anderer zeitgenössischer Autoren überleben und einst zur allgemeinen Anerkennung gelangen würde. Den von ihm gefundenen Satz von der Lösbarkeit linearer Ungleichungen mit der Determinante 1, seinen Beweis für die Existenz von Verzweigungszahlen im Zahlkörper oder die Reduktion der kubischen Ungleichung, die die vorhin genannte Maximaleigenschaft der Kugel ausdrückt, auf eine quadratische Ungleichung stellte er wohl innerlich selbst den besten Leistungen der mathematischen Klassiker auf dem Gebiet der Zahlentheorie und Geometrie gleichwertig an die Seite.

Man müsse fleißig sein, das Leben sei ja so kurz, äußerte er wohl. Und in der Tat, die Wissenschaft begleitete ihn überall, sie war ihm zu jeder Zeit interessant und ermüdete ihn an keinem Ort, sei es auf einem Ausflug, in der Sommerfrische oder in der Bildergalerie, in dem Eisenbahncoupé oder auf dem Großstadtpflaster.

Noch in den letzten Nächten, die er zuhause zubrachte, beschäftigte ihn die Formung der Worte in seinem Kölner Vortrage, und er überlegte, welche Wendung dem naiven Sprachgefühl besser entspräche. Das war charakteristisch für ihn: er strebte zuerst nach Einfachheit und Klarheit des Gedankens — Dirichlet und Hermite waren darin seine Vorbilder —, dann bemühte er sich, dem Gedanken auch eine vollkommene Darstellung zu geben. Er war von großer Genauigkeit und einer ins kleinste Detail gehenden Eigenheit, was die Wahl der Bezeichnungen und der Buchstaben betraf, eine Genauigkeit, die — freilich wie bei Minkowski gepaart mit einem aufs Große gerichteten Blick — dem rechten Forscher stets eigen ist, und die wir heute bedauerlicherweise seltener werden sehen. Auch sonst, wenn er im kleineren Kreise über einen wissenschaftlichen Gegenstand sprach, legte er auf die Form und den Ausdruck Wert, und besonders in unserer mathematischen Gesellschaft verfehlte er selten, seinem Vortrage einige wohl überlegte, die Zuhörer anregende Bemerkungen vorauszuschicken.

Frei von aller vorgefaßten Meinung und von aller Einseitigkeit zeigte er auch für die entferntesten Anwendungen der Mathematik Interesse — immer der Meinung, daß diese auch der reinen Wissenschaft schließlich zum Vorteil dienen würden. So nahm er auch an den Sitzungen der Göttinger Vereinigung für angewandte Mathematik und Physik aufs regste teil.

Er besaß eine scharfe Beobachtungsgabe auch für Dinge, die nicht seine Wissenschaft betrafen. Wie er denn überhaupt für alles, was Menschen be-

wegt — von der Politik bis zum Theater — Verständnis, nicht selten Eifer
und Lebhaftigkeit bekundete. Dem Fernerstehenden schien es mitunter bei
dem im allgemeinen ruhigen Temperament MINKOWSKIS, als schenke er einer
Sache wenig Interesse: oft fiel gerade dann von MINKOWSKIS Seite eine Bemerkung, die den Kern der Sache traf, oder er hatte gar ein Zitat aus Faust
bereit, den er vollständig auswendig konnte. Noch in der letzten arbeitsreich-
sten Zeit seines Lebens liebte er es, seinen Kindern Gedichte von Goethe und
Schiller auswendig vorzutragen — mit der Begeisterung, die ihm aus seiner
Jugendzeit frisch geblieben war.

Für seine Person war er äußerst einfach und anspruchslos, mehr bedacht
auf das Wohlergehen seiner Angehörigen als auf sein eigenes.

Er war von unentwegtem Optimismus, stets überzeugt, daß das Gute
und Richtige zum schließlichen Siege gelangen würde. Für junge heran-
wachsende Mathematiker hatte er viel persönliches Interesse und sah sie
häufig bei sich im Hause; er sprach sich bisweilen überschwenglich über
die Kenntnisse und den Fleiß einzelner unter ihnen aus und setzte große
Hoffnungen auf ihre Zukunft.

Seit meiner ersten Studienzeit war mir MINKOWSKI der beste und zu-
verlässigste Freund, der an mir hing mit der ganzen ihm eigenen Tiefe und
Treue. Unsere Wissenschaft, die uns das liebste war, hatte uns zusammen-
geführt; sie erschien uns wie ein blühender Garten; in diesem Garten gibt
es geebnete Wege, auf denen man mühelos genießt, indem man sich umschaut,
zumal an der Seite eines Gleichempfindenden. Gern suchten wir aber auch
verborgene Pfade auf und entdeckten manche neue, uns schön dünkende Aussicht, und wenn der eine dem andern sie zeigte und wir sie gemeinsam be-
wunderten, war unsere Freude vollkommen.

Sein stiller Sinn stand nicht nach äußeren Zeichen der Anerkennung;
doch empfand er eine lebhafte Genugtuung, wenn mir eine solche zuteil
wurde. Allem, was mich betraf, brachte er sein stets gleichbleibendes Interesse
und seine herzlichste Teilnahme entgegen. Zumal die kleine Stadt hier er-
leichterte unsern Verkehr: ein Telephonruf zur Vermittlung einer Verabredung
oder ein paar Schritte über die Straße und ein Steinchen an die klirrende
Scheibe des kleinen Eckfensters seiner Arbeitsstube — und er war da, zu jeder
mathematischen oder nichtmathematischen Unternehmung bereit.

Noch auf der Krankenbahre liegend — todeswund — galten seine Gedanken dem Bedauern, daß er in der nächsten Stunde des Seminars, in der
ich meine Lösung des Waringschen Problems vortragen wollte, nicht zugegen
sein könne. Seinem Andenken darum habe ich meine die Lösung enthaltende
Abhandlung gewidmet, die erste, von deren Inhalt er keine Kenntnis mehr
genommen hat und über deren Korrekturbogen sein sicheres Auge nicht
geglitten ist.

Er war mir ein Geschenk des Himmels, wie es nur selten jemand zuteil wird, und ich muß dankbar sein, daß ich es so lange besaß.

Jeder, der ihm näher stand, empfand die Harmonie seiner Persönlichkeit und den Zauber seiner Genialität; sein Wesen war wie der Klang einer Glocke, so hell in dem Glück bei der Arbeit und der Heiterkeit seines Gemütes, so voll in der Beständigkeit und Zuverlässigkeit, so rein in seinem idealen Streben und seiner Lebensauffassung.

Wie er gelebt hat, so starb er — als Philosoph. Wenige Stunden noch vor seinem Tode traf er die Anordnungen über die Korrektur seiner im Druck befindlichen Arbeit und überlegte, ob es sich empfehlen würde, seine unfertigen Manuskripte zu verwerten. Er sprach sein Bedauern über sein Schicksal aus, da er doch noch vieles hätte machen können; seiner letzten elektrodynamischen Arbeit aber würde es vielleicht zugute kommen, daß er zur Seite trete — man werde sie mehr lesen und mehr anerkennen. Zum Abschiednehmen verlangte er nach den Seinigen und nach mir.

Mehr als sechs Jahre hindurch haben wir, seine nächsten mathematischen Kollegen, jeden Donnerstag pünktlich drei Uhr mit ihm zusammen den mathematischen Spaziergang auf den Hainberg gemacht — auch den letzten Donnerstag vor seinem Tode, wo er uns mit besonderer Lebhaftigkeit von den neuen Fortschritten seiner elektrodynamischen Untersuchungen erzählte: den Donnerstag darauf — wiederum um drei Uhr — gaben wir ihm das letzte Geleit. Dienstag, den 12. Januar, mittags, war er einer Blinddarmentzündung erlegen; bei dem bösartigen Charakter, mit dem die Krankheit auftrat, hatte auch die Sonntag Nacht ausgeführte Operation nicht mehr helfen können.

Jäh hat ihn der Tod von unserer Seite gerissen. Was uns aber der Tod nicht nehmen kann, das ist sein edles Bild in unserem Herzen und das Bewußtsein, daß sein Geist in uns fortwirkt.

20. Gaston Darboux.

[Göttinger Nachrichten 1917, Geschäftliche Mitteilungen, S. 71—75.]

Unter den Männern, die im letzten Drittel des 19. Jahrhunderts der Entwicklung der Mathematik in Frankreich das Gepräge verliehen, hat, wenn auch Henri Poincaré die glänzendste Erscheinung war, doch Gaston Darboux eine nicht minder führende Rolle gespielt. Der Grund hierfür liegt nicht ausschließlich in seiner reichen wissenschaftlichen Produktion, sondern auch seine ausgezeichnete Laufbahn, sein organisatorisches Talent, seine Lehrtätigkeit und gesamte Persönlichkeit wirkten dabei wesentlich mit.

In den sechziger Jahren des 19. Jahrhunderts war die Mathematik in Frankreich ebenso wie in Deutschland außerordentlich spezialisiert. Chasles und Hermite waren neben Serret, Bouquet, Bonnet und anderen die hervorragendsten Vertreter der mathematischen Wissenschaft: Chasles als reiner Geometer, Hermite als reiner Analytiker. Darboux und der einige Jahre ältere Camille Jordan waren es dann, die beide Seiten mit ihren Ideen verknüpften und damit die Wege für die jüngere Generation zu einer freieren Behandlung der mathematischen Wissenschaft ebneten. Mit welchem Erfolge dies geschah und schließlich in der Neuzeit fast zur Umgestaltung der Wissenschaft führte, schildert Darboux selbst auf dem internationalen Mathematiker-Kongreß 1908 in Rom, wo er den Charakter der Mathematik des 19. und des 20. Jahrhunderts einander gegenüberstellt. Während das 19. Jahrhundert wenigstens in seiner ersten Hälfte sich begnüge, die Aufgaben der beiden vorangehenden Jahrhunderte zu vollenden, öffne im Gegenteil das 20. Jahrhundert der mathematischen Forschung ganz neue Gesichtspunkte und völlig unerforschte Gebiete. „Nichts hemmt", so fährt Darboux in seiner Rede fort, „die eifrigen und wissensdurstigen Geister des 20. Jahrhunderts; ja sie scheuen sich nicht, selbst an den Grundpfeilern des mathematischen Gebäudes zu rütteln, das doch durch so viele und seit so langer Zeit fortgesetzte Arbeiten auf unangreifbaren Grundlagen errichtet zu sein schien. Und nicht zufrieden damit *unsere* Wissenschaft in diejenigen Richtungen zu weisen, die sie für die besten halten, prätendieren diese Geister von Grund aus neue und zwar besonders exakte Beiträge zu jenem Teil der Philosophie zu liefern, dessen Aufgabe es ist, den Ursprung, die Natur und die Trag-

weite unserer Erkenntnis überhaupt zu untersuchen". DARBOUX versichert
noch ausdrücklich, daß er diese Tendenzen der jüngeren Generation billige.

DARBOUX bestand im Herbst des Jahres 1861 als erster sowohl das Examen
der École Polytechnique als auch das der École Normale und entschied sich
für letztere. Die Tatsache, daß ein so reich begabter Mann auf Degen und gold-
gestickten Mantel eines Offiziers oder Staatsingenieurs verzichtete und den
bescheidenen Titel eines Professors sowie die weniger angesehenen Funktionen des Lehrberufs vorzog, war noch nie vorgekommen und erweckte
allgemeines Staunen; der damals berühmte französische Goethe-Forscher
J. J. WEISS veröffentlichte einen Artikel hierüber im Journal des Débats
(20. November 1861) — dieser Kritiker hielt es offenbar des Aufhebens für
alle Zeit wert, daß so etwas auf diesem Planeten wenigstens einmal nachweis-
lich passiert ist. Überhaupt wurde DARBOUX, der aus kleinen Verhältnissen
stammte und seinen Vater frühzeitig verloren hatte, gleich anfangs von den
einflußreichsten Pariser Gelehrten protegiert: sobald er 1864 die École Normale
absolviert hatte — aus diesem Jahre datiert seine erste mathematische Publikation (sur les sections du tore) — setzte PASTEUR für ihn eine Assistenten-
stelle an der École Normale durch, die ihm die Abfassung einer Dissertation
über Orthogonalflächen ermöglichte. Als er dann sein Doktorexamen im Juli
1866 bei CHASLES, SERRET und BOUQUET bestanden hatte, war es nur zwei
Jahre später, daß ihn JOSEPH BERTRAND zum stellvertretenden Professor
der mathematischen Physik am Collège de France und zugleich BOUQUET zum
Lehrer der höheren Mathematik am Gymnasium Lycée Louis le Grand er-
nennen ließ. Seitdem häuften sich immer mehr Ämter und Ehren auf ihn;
er starb als secrétaire perpétuel de l'académie des sciences de Paris in der
Dienstwohnung des palais Mazarin. Korrespondierendes Mitglied unserer Gesellschaft war er seit 1879, auswärtiges Mitglied seit 1901.

DARBOUX war von Natur und vor allem Geometer — von vornherein aber
mit der Tendenz, möglichst an alle verschiedenen Gebiete der Mathematik
anzuknüpfen, diese geometrisch durchdringend und befruchtend. So kommt
es, daß gleich unter den Arbeiten seiner Jugend drei nicht rein geometrische
zu finden sind: die erste, von SOPHUS LIE sofort in ihrer Bedeutung erkannte
Abhandlung sur les équations aux dérivées partielles (Ann. éc. Norm. VII,
1870) begründet diejenige Integrationsmethode der linearen partiellen Differentialgleichungen zweiter Ordnung, die heute DARBOUX' Namen trägt;
diese Integrationsmethode ist die konsequente Weiterführung der Monge-
Ampèreschen Theorie, in der aus der betrachteten Differentialgleichung eine
Kette von Differentialgleichungen desselben Typus konstruiert wird mit der
Eigenschaft, daß die Integration einer der Gleichungen der Kette die der
anderen zur Folge hat. Die beiden anderen Arbeiten sind aus der Beschäftigung DARBOUX' mit den Riemannschen Untersuchungen über trigono-

metrische Reihen hervorgegangen, nämlich die Abhandlung Sur la théorie des
fonctions discontinues (Ann. éc. Norm. IV, 1875), in der das sogenannte
Darbouxsche obere und untere Integral zuerst auftritt und die überdies viele
Resultate der Theorie der reellen Funktionen enthält, die damals WEIER-
STRASS in seinen Vorlesungen vortrug, aber noch nicht publiziert hatte. Die
letztere Arbeit hatte für die Einführung der modernen Strenge in Frankreich
maßgebenden Einfluß. Die Abhandlung endlich Mémoire sur l'approximation
des fonctions de très grands nombres (Journ. Liouv., 3ᵉ sér., t. 4, 1875) führt
zu gewissen Untersuchungen von LAPLACE zurück und verbindet sie mit
der Theorie der Fourierschen Reihen: es werden die Fourierschen Koeffizienten einer reellen analytischen Funktion mit bekannten reellen Singularitäten
abgeschätzt und dann das Resultat auf die mannigfaltigsten für die Anwendungen wichtigen speziellen Funktionen angewandt. POINCARÉ hat diese
Arbeit DARBOUXS oftmals z. B. bei der Abschätzung der höheren Glieder der
Störungsfunktion benutzt. Als echter Geometer zeigt sich DARBOUX in seiner
Schrift Sur une classe remarquable de courbes et surfaces algébriques et sur
la théorie des imaginaires (Paris 1873). Diese Schrift, in der DARBOUX die
pentasphärischen Koordinaten einführt, bewegt sich in dem Gedankenkreise
der gleichzeitigen Untersuchungen von FELIX KLEIN und SOPHUS LIE, mit
denen DARBOUX in den Jahren 1869—70 auch in persönlichen Beziehungen
stand.

DARBOUX hat in den Jahren 1873—1878 an der Sorbonne Mechanik gelehrt. Aus dieser Zeit stammen eine Reihe von Untersuchungen auf diesem
Gebiete. Dieselben sind meist als Noten zur Mechanik von DESPEYROUS
wieder abgedruckt worden; erwähnt seien die Untersuchungen über die
Axiome des Parallelogramms der Kräfte, an die unter anderen SCHIMMACK
in seiner Göttinger Dissertation angeknüpft hat, ferner die Behandlung gewisser Gelenkmechanismen, z. B. die äußerst elegante Realisierung einer
Ebenenführung und endlich die Entdeckung einer Bewegung des starren
Körpers, in welcher alle Punkte Ellipsen beschreiben und die zugleich die
einzig mögliche Bewegung ist, bei der sämtliche Punkte des Körpers ebene
Kurven beschreiben, die nicht in parallelen Ebenen liegen und durch das
Gleiten des Körpers auf einer Ebene realisiert werden können. Auch die tief-
sinnige von DARBOUX gefundene Lösung des Problems, die Flächen mit lauter
geschlossenen geodätischen Linien zu konstruieren, ist für die Mechanik von
Bedeutung. Diese Darbouxsche Untersuchung bildet den Ausgangspunkt
für die beiden Göttinger Dissertationen von OTTO ZOLL (1901) und von PAUL
FUNK (1911).

Die Hauptleistungen von DARBOUX liegen auf dem Gebiete der Flächentheorie. Hierbei wie bei seinen anderen geometrischen Untersuchungen benutzt er durchaus auch die analytische Formel und insbesondere das analy-

tische Hilfsmittel des Koordinatensystems, mit der Forderung jedoch, wie er selbst sagt, „daß die Untersuchung stets belebt und inspiriert sein muß durch den geometrischen Geist, der niemals aufhören darf, anwesend zu sein". Die in der Flächentheorie gefundenen Resultate hat DARBOUX in seinen Leçons sur les systèmes orthogonaux und in seinem vierbändigen Werke Théorie des surfaces zusammenfassend dargestellt. Letzteres Werk ist nicht nur ein Standard-Werk für Flächentheorie geworden, sondern zugleich ein Mittel zum Studium aller derjenigen Disziplinen, die heute die wichtigste Rolle in der Mathematik spielen: Mechanik, Variationsrechnung, Theorie der partiellen Differentialgleichungen, Invariantentheorie, und deren organischen Zusammenhang niemand vorher tiefer erfaßt und klarer bezeichnet hat als DARBOUX. Dieser Umstand, dessen Bedeutung erst die neueste Zeit — die Zeit der Entdeckung der Gravitationstheorie durch EINSTEIN — voll zu würdigen gelernt hat, brachte es mit sich, daß DARBOUX' Théorie des surfaces ein ebenso notwendiges Inventarstück der Bibliothek eines jeden Mathematikers geworden ist, wie etwa der Cours d'Analyse von CAMILLE JORDAN, wie PICARDS Traité d'Analyse und POINCARÉS Mécanique céleste.

Der verdiente deutsche Flächentheoretiker WEINGARTEN hat seinerzeit in den Fortschritten der Mathematik (Bd. 19, 25, 29) die beiden genannten Werke von DARBOUX ausführlich und treffend charakterisiert. Hier muß es genügen, aus dem gewaltigen und reichhaltigen Stoffe der Théorie des surfaces einzelne Partien zu nennen:

Buch 1. Die kinematische Theorie der Kurven und Flächen mit Benutzung des begleitenden Dreikants. Die Zurückführung der ein- oder zweiparametrigen Bewegung eines starren Körpers auf die Integration von Riccatischen Differentialgleichungen.

Buch 2. Die Theorie der pentasphärischen Koordinaten und deren Anwendung auf die Theorie der allgemeinen Zykliden.

Buch 3. Die bis heute unübertroffene Darstellung der Théorie der Minimalflächen, in der zum erstenmal die Resultate von MONGE einerseits, WEIERSTRASS und SCHWARZ andererseits mit den Ideen von LIE in organischen Zusammenhang gebracht worden sind.

Buch 4. Theorie der Geradenkongruenzen. Die Beziehung der Brennflächen dieser Kongruenzen zu der Laplaceschen Transformation der linearen partiellen Differentialgleichungen zweiter Ordnung und die Verallgemeinerung der Methode, die RIEMANN gelegentlich des Problems der Fortpflanzung der Schallwellen ersonnen hat.

Buch 5. Behandlung der Variationsrechnung.

Buch 6. Das klassische Kapitel über allerkürzeste Linien auf einer Fläche, die zwei gegebene Punkte verbinden, sowie die Begriffe der geodätischen Abbildung und der geodätischen Krümmung.

Buch 7. Differentialparameter von Beltrami und die Sätze von Weingarten. Geometrie auf Flächen konstanter negativer Krümmung.

Buch 8. Unendlich kleine Deformation und sphärische Abbildung. Flächen mit ebenen Krümmungslinien.

Zum Schluß gedenken wir noch kurz der großen administratorischen und
organisatorischen Fähigkeiten Darboux'. Darboux war zehn Jahre lang
doyen de la faculté des sciences, er hat als solcher den Bau der neuen Sorbonne
unter den größten Schwierigkeiten geleitet und wie kein Dekan vor ihm sich
den Dank der Fakultät erworben. Ferner hat er als Mitglied des conseil d'in-
struction supérieure den mathematischen Unterricht neu organisiert und viele
der Ideen und Bestrebungen von Felix Klein sind auf Darbouxs Anregungen
zurückzuführen. Auch der internationalen Association der wissenschaftlichen
Akademien hat er mit großer Hingebung seine Arbeitskraft gewidmet.

21. Adolf Hurwitz[1].

[Mathem. Annalen Bd. 83, S. 161—168 (1921).]

ADOLF HURWITZ wurde am 26. März 1859 in Hildesheim geboren. Hier besuchte er das städtische Realgymnasium, an welchem damals der in Fachkreisen später bekannt gewordene Mathematiker HANNIBAL SCHUBERT den mathematischen Unterricht erteilte. SCHUBERT führte den jungen HURWITZ schon auf der Sekunda in den „Kalkül der abzählenden Geometrie" ein, eine damals neu emporkommende Disziplin, deren systematische Bearbeitung und Ausbildung SCHUBERT sich zu seiner Lebensaufgabe gemacht hatte. HURWITZ wurde durch diesen persönlichen Verkehr mit SCHUBERT sehr frühzeitig zu selbständigem Forschen angeregt und veröffentlichte bereits als 17jähriger Schüler mit seinem Lehrer zusammen in den Nachrichten unserer Gesellschaft eine Arbeit *Über den Chaslesschen Satz* $\alpha\mu + \beta\nu$.

Auf SCHUBERTS Rat begann HURWITZ 1877 sein Studium bei KLEIN, der damals an der Technischen Hochschule in München lehrte. Hier lernte HURWITZ vor allem die Zahlentheorie kennen, die KLEIN gerade las. Von München ging HURWITZ auf drei Semester nach Berlin, wo er die strengen funktionentheoretischen Methoden von WEIERSTRASS und nicht minder die eigenartigen arithmetischen Denkweisen von KRONECKER in sich aufnahm und verarbeitete. Nach München zurückgekehrt trat er mit KLEIN, dem er 1880 nach Leipzig folgte, in regsten persönlichen Verkehr, und es entstanden so die bedeutenden Arbeiten von HURWITZ über elliptische Modulfunktionen, unter ihnen vor allem 1881 die Inauguraldissertation, in der er auf Anregung von KLEIN mit Benutzung Eisensteinscher Ansätze eine von der Theorie der elliptischen Funktionen unabhängige Theorie der elliptischen Modulfunktion schuf. Ein Hauptteil dieser Dissertation handelt von den sogenannten Multiplikatorgleichungen, die HURWITZ im Anschluß an die Arbeiten von KLEIN und KIEPERT mit der ihm eigenen Gründlichkeit und Sorgfalt studiert.

Der Leipziger Verkehr mit KLEIN (1881—1882) brachte HURWITZ insbesondere *einen* wissenschaftlichen Gewinn, der für seine gesamte Entwicklung von entscheidendem Einfluß gewesen und beständig in seinen Publika-

---

1 Abgedruckt aus Göttinger Nachrichten. Geschäftliche Mitteilungen, 1920, S. 75—83.

tionen erkennbar ist, nämlich das Vertrautwerden mit den Riemannschen
Ideen, die damals noch nicht wie heute Allgemeingut waren und deren Kenntnis gewissermaßen die Versetzung in eine höhere Klasse von Mathematikern
bedeutete. Und HURWITZ lernte in Leipzig nicht nur allgemein die Riemannschen Methoden, sondern auch deren so fruchtbare Anwendung auf die Theorie
der automorphen Funktionen kennen, die KLEIN gerade mit höchstem Erfolge betrieb.

Da nach einem Beschlusse der Leipziger Fakultät die Habilitation eines
Realgymnasialabiturienten unter keinen Umständen mehr zulässig sein sollte,
so war für HURWITZ ebenso wie für den jungen HÖLDER, den gegenwärtigen
Leipziger Ordinarius für Mathematik, die Habilitation in Leipzig bei KLEIN
nicht möglich. HURWITZ habilitierte sich daher 1882, ebenso wie nachher
HÖLDER, in Göttingen.

In diese Göttinger Zeit fällt die Veröffentlichung einer Reihe von interessanten Abhandlungen insbesondere aus dem Gebiete der Funktionentheorie, so der Beweis des Satzes, daß eine einwertige Funktion beliebig
vieler Variabler, welche überall als Quotient zweier Potenzreihen dargestellt
werden kann, eine rationale Funktion ihrer Argumente ist. Dieser von WEIER-
STRASS ohne Beweis ausgesprochene Satz wird hier von HURWITZ in sehr eleganter Weise auf Grund der Nichtabzählbarkeit des Kontinuums bewiesen.

Zwei Jahre später, noch nicht 25 Jahre alt, wurde HURWITZ auf Veranlassung von LINDEMANN, der seine außerordentlichen Fähigkeiten als
Forscher wie als Lehrer erkannte, nach Königsberg berufen. Hier wurde ich,
damals noch Student, bald von HURWITZ zu wissenschaftlichem Verkehr
herangezogen und hatte das Glück, durch das Zusammensein mit ihm in
der mühelosesten und interessantesten Art die Gedankenrichtungen der
beiden damals sich gegenüberstehenden und doch einander sich so vortreff-
lich ergänzenden Schulen, der geometrischen Schule von KLEIN und der
algebraisch-analytischen Berliner Schule kennenzulernen. Dieser Verkehr
wurde um so anregender, als auch der geniale HERMANN MINKOWSKI, mit
dem ich schon vorher befreundet war und der während der Universitäts-
ferien regelmäßig bei seiner Familie in Königsberg weilte, zu unserm Freund-
schaftsbund hinzutrat. Auf zahllosen, zeitweise Tag für Tag unternommenen
Spaziergängen haben wir damals während acht Jahren wohl alle Winkel
mathematischen Wissens durchstöbert, und HURWITZ mit seinen ebenso
ausgedehnten und vielseitigen wie festbegründeten und wohlgeordneten Kenntnissen war uns dabei immer der Führer.

Die Königsberger Jahre waren für HURWITZ eine Zeit intensivster Arbeit.
Zunächst setzte er seine schon früher unter dem Einfluß von KLEIN begon-
nenen Untersuchungen über Klassenanzahlrelationen fort, wobei er merkwürdige Aufschlüsse über gewisse in diesen auftretende zahlentheoretische

Funktionen induktiv gewinnt und dann allgemein als richtig nachweist. Auch der geometrische Interessenkreis, der durch seine früheren Arbeiten über Schließungsprobleme und Tangentenkonstruktionen charakterisiert ist, fesselt ihn noch, wie seine Bemerkungen über die Schrötersche Konstruktion der ebenen Kurve 3. Ordnung zeigen; aber seine Hauptkraft wendet er der Erforschung schwieriger algebraischer Fragen mittels funktionentheoretischer, insbesondere Riemannscher Methoden zu. Aus der Fülle der in rascher Folge erscheinenden Abhandlungen seien als die bedeutendsten und aus dieser Schaffensperiode tiefstgehenden die folgenden erwähnt:

Über algebraische Korrespondenzen und das verallgemeinerte Korrespondenzprinzip.

Über diejenigen algebraischen Gebilde, welche eindeutige Transformationen in sich zulassen.

Über Riemannsche Flächen mit gegebenen Verzweigungspunkten.

Zur Theorie der Abelschen Funktionen.

Die erste Abhandlung bringt eine Klärung der Frage nach der Anzahl der Koinzidenzen einer algebraischen Korrespondenz auf einer beliebigen Kurve. In der zweiten Abhandlung, die eine Fülle von neuen Ergebnissen enthält, wird unter anderem eine obere Grenze für die Anzahl der Transformationen einer algebraischen Kurve in sich und für ihre Ordnungen angegeben. Die letzte der genannten Arbeiten schafft fruchtbare Ansätze zur Übertragung der Riemannschen Theorie der algebraischen Funktionen auf Funktionen, die sich auf einer Riemannschen Fläche multiplikativ verhalten.

Ein mit Vorliebe von HURWITZ behandeltes Thema war die Theorie der arithmetischen Kettenbrüche. In seiner Arbeit *Über die Entwicklung komplexer Größen in Kettenbrüche* ging er dabei über den bisher allein berücksichtigten Bereich der reellen Zahlen hinaus und stellte einen allgemeinen Satz über die Periodizität der Kettenbruchentwicklung relativ quadratischer Irrationalitäten auf, der auf die Kettenbruchentwicklungen in den Körpern der dritten und der vierten Einheitswurzeln eine interessante Anwendung findet.

Die sehr merkwürdigen Resultate über spezielle Kettenbrüche, nämlich über die Kettenbruchentwicklungen der Zahl *e* und über die Kettenbrüche, deren Teilnenner arithmetische Reihen bilden, sind ebenfalls hier zu erwähnen, obwohl die Veröffentlichung der letzten Arbeiten in eine spätere Zeit fällt.

Auch entstehen in der Königsberger Zeit die Abhandlungen *Über arithmetische Eigenschaften gewisser transzendenter Funktionen.*

Schließlich beginnt in der Königsberger Zeit die Veröffentlichung einer Reihe von Abhandlungen, wie *Über die Nullstellen der Besselschen Funktionen* und *Über die Wurzeln einiger transzendenter Gleichungen*, in denen er verschiedene funktionentheoretische Hilfsmittel zur Trennung der Wurzeln transzen-

denter Gleichungen heranzieht und dabei zu Ergebnissen gelangt, die auch
für den praktischen Gebrauch dieser Funktionen von Bedeutung sind.

Michaelis 1892 folgte HURWITZ einem Rufe als ordentlicher Professor
an das Eidgenössische Polytechnikum in Zürich, wo er 27 Jahre hindurch
bis zu seinem Tode wirkte. Während dieser Zeit in Zürich, die an Produktivität der Königsberger nicht nachsteht, hat HURWITZ den Bereich seiner schöpferischen Tätigkeit beständig erweitert, so daß diese schließlich alle Teile der
reinen Mathematik betraf.

Unter den Abhandlungen über neu hinzukommende Gegenstände seien
hier folgende hervorgehoben:

Zur Invariantentheorie, eine Arbeit, in der HURWITZ unter anderem eine
Verallgemeinerung des bekannten Hermiteschen Reziprozitätsgesetzes der
binären Invariantentheorie auf Formen von beliebig vielen Variablen findet.

Über die Erzeugung der Invarianten durch Integration, eine Arbeit, in der
HURWITZ ein neues Erzeugungsprinzip für algebraische Invarianten entdeckt, das ihm insbesondere ermöglicht, ein von mir eingeschlagenes Verfahren zum Nachweis der Endlichkeit des vollen Invariantensystems auf den
Fall orthogonaler Invarianten anzuwenden.

Über die Theorie der Ideale.

*Über einen Fundamentalsatz der arithmetischen Theorie der algebraischen
Größen.*

Zur Theorie der algebraischen Zahlen.

Der Euklidische Divisionssatz in einem endlichen algebraischen Zahlkörper.

Diese Arbeiten enthalten zwei neue Beweise des Fundamentalsatzes der
Idealtheorie über die eindeutige Zerlegbarkeit der Ideale in Primideale.
Der erste schließt an die Gedankengänge von KRONECKER über die Verwendung von Unbestimmten an; der zweite Beweis, den HURWITZ in der
letzten Arbeit noch ausführt und sehr vereinfacht, ist bemerkenswert
durch die Analogie mit dem Euklidischen Algorithmus in der elementaren
Zahlentheorie.

Die unimodularen Substitutionen in einem algebraischen Zahlenkörper.

In dieser Arbeit handelt es sich um die Gruppe aller derjenigen linearen
binären Substitutionen, deren Koeffizienten ganze Zahlen eines gegebenen
algebraischen Zahlkörpers von der Determinante 1 sind. Das Hauptergebnis
ist in dem Satze enthalten, daß diese Gruppe stets eine endliche Anzahl von
erzeugenden Substitutionen besitzt.

Über lineare Formen mit ganzzahligen Variablen, eine Arbeit, die einen
direkten und klassisch gewordenen Beweis des berühmten Minkowskischen
Satzes über Linearformen bringt.

Über die Bedingungen, unter welchen eine Gleichung nur Wurzeln mit negativen reellen Teilen besitzt. Dieses Problem aus der Theorie der kleinen Schwin-

gungen ist auch für die technischen Anwendungen von höchster Bedeutung.
Für die Entscheidung ergibt sich als notwendig und hinreichend, daß gewisse
in Determinantenform aus den Koeffizienten der Gleichung gebildete Zahlen
positiv ausfallen.

Über die Zahlentheorie der Quaternionen.

Vorlesungen über die Zahlentheorie der Quaternionen. (Berlin: Julius Springer 1919.) Der wesentliche Gedanke besteht in der Erkenntnis, daß die ganzzahligen Quaternionen zu einem Bereich erweitert werden können, der analoge
Eigenschaften besitzt wie die Gesamtheit der ganzen algebraischen Zahlen
eines Körpers. Dadurch wird die Theorie schöner Anwendungen auf alte
klassische Probleme der Zahlentheorie fähig.

Über die Entwicklungskoeffizienten der lemniskatischen Funktionen. Diese
Arbeit behandelt die Eigenschaften der Entwicklungskoeffizienten der
Weierstraßschen $\wp$-Funktion im lemniskatischen Falle, die den gewöhnlichen Bernoullischen Zahlen entsprechen, und das Hilfsmittel ist die komplexe Multiplikation der lemniskatischen Funktion. Die Eleganz, mit der die
großen Schwierigkeiten des Problems überwunden werden, ist bewunderungs-
würdig.

Sur un théorème de M. Hadamard. Die kurze Arbeit enthält ein Seiten-
stück zu einem bekannten Hadamardschen Satze, indem sie ein Verfahren
angibt, aus zwei gegebenen Potenzreihen eine neue zu bilden, deren singuläre
Stellen sich aus den singulären Stellen der beiden gegebenen additiv zusammensetzen. Die Arbeit ist noch besonders dadurch bemerkenswert, daß Hurwitz darin die Poincarésche Theorie der Residuen der Doppelintegrale in neuer
Weise anwendet.

Sur quelques applications géométriques des séries de Fourier. Hurwitz
beweist hier unter prinzipieller Anwendung der Fourier-Koeffizienten auf
elegante Art die klassischen Minimaleigenschaften des Kreises.

*Über eine Darstellung der Klassenzahl binärer quadratischer Formen durch
unendliche Reihen.* In dieser Arbeit, die im Dirichlet-Bande des Crelleschen
Journals erschienen ist, gibt Hurwitz eine sehr merkwürdige, auf vollständig
neuen Prinzipien beruhende Darstellung für die Klassenanzahl binärer quadratischer Formen negativer Diskriminante durch unendliche Reihen.

Über die Trägheitsformen eines algebraischen Moduls. Durch Einführung
des Begriffs der Trägheitsform gelingt es Hurwitz unter anderem, neue
Beweise der Mertensschen Sätze über die Resultante von n Formen mit n
homogenen Variablen zu gewinnen und über sie hinaus zu gehen. Insbesondere
ergibt sich eine neue, sehr elegante Darstellung der Resultante als größter
gemeinsamer Teiler von gewissen n Determinanten.

*Über die Entwicklung der allgemeinen Theorie der analytischen Funktionen
in neuerer Zeit.* Auf dem Züricher internationalen Kongreß gab Hurwitz

ein Bild von dem damaligen Stande der Theorie der analytischen Funktionen: es ist ein Vortrag, mustergültig durch die klare und prägnante Ausdrucksweise, sowie die glückliche Umgrenzung und Auswahl des so weit ausgedehnten Stoffes.

Hurwitz hat seit seiner Habilitation 1882 in ununterbrochener Regelmäßigkeit von allem, was ihn wissenschaftlich beschäftigte, Aufzeichnungen gemacht und auf diese Weise eine Serie von 31 Tagebüchern hinterlassen, die ein getreues Bild seiner beständig fortschreitenden Entwicklung geben und zugleich eine reiche Fundgrube für interessante und zur weiteren Bearbeitung geeignete Gedanken und Probleme sind.

Aber Hurwitz war nicht bloß Forscher, er gehörte vielmehr zu den hervorragendsten und erfolgreichsten mathematischen Universitätsdozenten unserer Zeit. Insbesondere nach der Wegberufung Minkowskis von Zürich widmete er sich der ihm am eidgenössischen Polytechnikum übertragenen Aufgabe der Ausbildung der mathematischen Oberlehrer mit hingebender Liebe und Pflichttreue. Seine Vorlesungen waren durch die sorgfältige Auswahl des Stoffes, die abgerundete Ausdrucksform und die ruhige, klare Sprache ausgezeichnet. In den Übungen war er beständig darauf bedacht, durch anregende Aufgaben zur Mitarbeit heranzuziehen, und es war charakteristisch, wie oft man ihn in seinen Gedanken auf der Suche nach geeigneten Aufgaben und Problemstellungen für seine Schüler antraf. Von welchem Erfolge seine Mühe war, davon legen die zahlreichen schönen Dissertationen, die unter seiner Leitung entstanden sind, Zeugnis ab.

Von seinen Publikationen gilt das gleiche wie von seinen Vorlesungen, sie sind in Form und Stil ein Spiegelbild seiner Persönlichkeit. Einige darunter, z. B. das kleine schon vorhin erwähnte Buch über die Zahlentheorie der Quaternionen, sind Meisterstücke der Darstellungskunst. Er war besonders eingenommen gegen alle Art von Aufmachung und unechtem Beirat bei der Publikation: eine mathematische Arbeit sollte nirgends über den Bereich der wirklichen Leistung und erkannten Wahrheit hinaus mehr erscheinen wollen, und er konnte, wie mild sonst sein wissenschaftliches Urteil war, dann wohl ein scharfes Wort brauchen, wenn er die Verschleierung einer Lücke im Gedankengang irgendwo zu rügen fand.

Unter seinen Betätigungen außerhalb des Berufes stand obenan die Musik, die ihm eine notwendige Ergänzung zur Wissenschaft war. Er betrieb von Jugend an das Klavierspiel und vervollkommnete sich darin beständig. Musikalische Darbietungen bereiteten ihm zugleich Erhebung und Genuß, und namentlich in der späteren Züricher Zeit wurde sein Haus mehr und mehr eine Pflegestätte der Musik.

Hurwitz war ein harmonisch entwickelter und philosophisch abgeklärter Geist, gern bereit zur Anerkennung der Leistungen anderer und von auf-

richtiger Freude erfüllt über jeden wissenschaftlichen Fortschritt an sich:
ein Idealist im guten altmodischen Sinne des Wortes. Er war eine vornehme
Natur: angesichts der heute so verbreiteten Unsitte, die eigene Berufung zu
betreiben, schätzen wir in Hurwitz ganz besonders den Mann, der so tief
innerlich bescheiden und zugleich so frei von allem äußeren Ehrgeiz war,
daß er keine Kränkung darüber empfand, wenn ein Mathematiker, der ihm
an Bedeutung nachstand, ihm bei Berufungen vorgezogen wurde. Übrigens
fühlte er sich in der schönen Natur der Schweiz und ihren freiheitlichen Ein-
richtungen äußerst wohl, und durch das Entgegenkommen von seiten der
eidgenössischen Schulbehörde war seine amtliche Tätigkeit genau seinen
Wünschen gemäß gestaltet. Es ist ihm schließlich zum Glück ausgeschlagen,
daß er in der Schweiz blieb, da er den körperlichen und seelischen Anstren-
gungen, die das Leben in Deutschland während des Krieges für ihn mit sich
gebracht hätte, nicht gewachsen gewesen wäre.

Hurwitz war von unscheinbarem Äußeren; aber das kluge und lebhafte
Auge verriet seinen Geist. Sein freundliches und offenes Wesen gewann ihm,
als er nach Königsberg kam, rasch die Herzen aller, die ihn dort kennenlernten, und wie sehr man ihn in Zürich schätzte, bezeugen allein die zahlreichen
warmen Nachrufe, die ihm aus schweizerischen Kreisen zuteil geworden sind.

Seine frühzeitigen Erfolge hatten ihn nicht überhebend gemacht, vielmehr blieb er seiner bescheidenen Natur treu und mied jedes persönliche
Hervortreten im akademischen und öffentlichen Leben.

In Zürich war er ein Mittelpunkt für den Kreis der jüngeren Mathematiker,
und während der letzten Dezennien hat gewiß kein Mathematiker des In-
und Auslandes Zürich passiert, ohne ihn, der selbst wenig reiste, zu besuchen.

Auch äußere Anerkennungen sind ihm zuteil geworden: Die mathematischen Gesellschaften zu Hamburg, Charkow und London ernannten
ihn zu ihrem Ehrenmitglied; auch war er auswärtiges Mitglied der Accademia dei Lincei zu Rom. Unserer Gesellschaft gehörte er seit 1892 als korrespondierendes und seit 1914 als auswärtiges Mitglied an.

Hurwitz war seit seiner Jugend von zarter Gesundheit: zweimal, in
den Jahren 1877 und 1886, wurde er von schwerem Typhus heimgesucht.
Heftige Migräne zwang ihn bereits auf der Universität, öfters seine Studien
zu unterbrechen. Am besten ging es ihm gesundheitlich in den ersten Jahren
in Zürich. Die damals berechtigte Hoffnung seiner Freunde, daß seine Be-
schwerden nur nervöser Natur seien, erfüllten sich nicht. Im Juli 1905 mußte
zu einer Operation geschritten werden: es wurde ihm die eine Niere entfernt,
und als später auch die zweite Niere erkrankte, war äußerste Vorsicht und
Schonung geboten. Während dieser schweren Jahre stand ihm seine Frau,
die Tochter des Königsberger Professors der Medizin Samuel, in aufopferndster
Treue zur Seite: ihrer keinen Augenblick ruhenden Sorge und aufs genaueste

bedachten Pflege gelang es, vorübergehende Besserungen in seinem Befinden zu erzielen, und es wurde ihm dadurch möglich, bis zuletzt seine Berufspflichten zu erfüllen. HURWITZ selbst ertrug sein Schicksal mit der überlegenen Ruhe des Philosophen. Der Wunsch, von den Seinen nicht Abschied nehmen zu müssen, ist ihm erfüllt worden: er erwachte in den Tagen vor seinem Tode nicht mehr zum Bewußtsein.

Es war ein ganz der stillen Denkerarbeit gewidmetes, sich selbst stets treues Gelehrtenleben, das am 18. November 1919 allzufrüh zu Ende ging — in dankbarem und treuem Andenken bewahrt auch außerhalb des Verwandten- und Freundeskreises überall in der mathematischen Gelehrtenwelt.

22. Naturerkennen und Logik.

[Naturwissenschaften 1930, S. 959—963.]

Die Erkenntnis von Natur und Leben ist unsere vornehmste Aufgabe. Alles menschliche Streben und Wollen mündet dahin, und immer steigender Erfolg ist uns dabei zuteil geworden. Wir haben in den letzten Jahrzehnten über die Natur reichere und tiefere Erkenntnis gewonnen als früher in ebenso vielen Jahrhunderten. Wir wollen heute diese günstige Lage benutzen, um unserem Thema entsprechend ein altes philosophisches Problem zu behandeln, nämlich die vielumstrittene Frage nach dem Anteil, den das Denken einerseits und die Erfahrung andererseits an unserer Erkenntnis haben. Diese alte Frage ist berechtigt, denn sie beantworten, heißt im Grunde feststellen, welcherart unsere naturwissenschaftliche Erkenntnis überhaupt ist und in welchem Sinne all das Wissen, das wir in dem naturwissenschaftlichen Betriebe sammeln, Wahrheit ist.

Ohne Vermessenheit gegenüber den alten Philosophen und Forschern können wir heute auf eine richtige Lösung dieser Frage sicherer rechnen als jene — aus zwei Gründen: der erste ist das schon erwähnte rasche Tempo, in dem sich unsere Wissenschaften heute entwickeln.

Die bedeutsamen Entdeckungen der älteren Zeit, von COPERNICUS, KEPLER, GALILEI, NEWTON bis MAXWELL verteilen sich in größeren Abständen auf fast vier Jahrhunderte. Die neuere Zeit beginnt mit der Entdeckung der Hertzschen Wellen. Nun folgt Schlag auf Schlag: RÖNTGEN entdeckt seine Strahlen, CURIE die Radioaktivität, PLANCK stellt die Quantentheorie auf. Und in neuester Zeit überstürzen sich die Entdeckungen neuer Erscheinungen und überraschender Zusammenhänge, so daß die Fülle der Gesichter fast beunruhigend wirkt: RUTHERFORDS Theorie der Radioaktivität, EINSTEINS $h\nu$-Gesetz, BOHRS Erklärung der Spektren, MOSELEYS Numerierung der Elemente, EINSTEINS Relativitätstheorie, RUTHERFORDS Zerfällung des Stickstoffs, BOHRS Aufbau der Elemente, ASTONS Isotopentheorie.

So erlebten wir allein in der Physik eine ununterbrochene Reihe von Entdeckungen, und was für Entdeckungen! An Gewaltigkeit steht keine einzige derselben den Errungenschaften der älteren Zeit nach, und überdies sind sie zeitlich enger zusammengedrängt und doch innerlich ebenso vielgestaltig wie jene. Und darin zeigen sich beständig Theorie und Praxis, Denken und Erfahrung aufs innigste verschlungen. Bald eilt die Theorie, bald das Experiment voraus, immer sich gegenseitig bestätigend, ergänzend und anregend. Ähnliches gilt von der Chemie, der Astronomie und den biologischen Disziplinen.

Wir haben also den älteren Philosophen gegenüber den Vorteil, eine große Anzahl solcher Entdeckungen miterlebt und die dadurch bewirkten Neueinstellungen während ihrer Entstehung kennengelernt zu haben. Dabei waren unter den Neuentdeckungen viele solche, die alte, festgewurzelte Auffassungen und Vorstellungen abänderten oder ganz beseitigten. Denken wir beispielsweise nur an den neuen Zeitbegriff der Relativitätstheorie oder an die Zerfällung der chemischen Elemente und wie dadurch Vorurteile beseitigt worden sind, an denen zu rühren früher überhaupt niemand eingefallen wäre.

Aber noch ein zweiter Umstand kommt heute der Lösung jenes alten philosophischen Problems zugute. Nicht bloß die Technik des Experimentierens und die Kunst, theoretisch-physikalische Gebäude zu errichten, ist heute auf einer nie bisher erreichten Höhe angelangt, sondern auch das Gegenstück, nämlich die logische Wissenschaft, ist wesentlich fortgeschritten. Es gibt heute eine allgemeine Methode für die theoretische Behandlung naturwissenschaftlicher Fragen, die auf alle Fälle die Präzisierung der Problemstellung erleichtert und die Lösung des Problems vorbereiten hilft, nämlich die axiomatische Methode.

Was für eine Bewandtnis hat es nun mit dieser heute so vielgenannten Axiomatik? Nun, die Grundidee beruht auf der Tatsache, daß meist auch in umfassenden Wissensgebieten wenige Sätze — Axiome genannt — ausreichen, um dann rein logisch das ganze Gebäude der Theorie aufzubauen. Aber mit dieser Bemerkung ist ihre Bedeutung nicht erschöpft. Beispiele können uns am ehesten die axiomatische Methode erläutern. Das älteste und bekannteste Beispiel der axiomatischen Methode ist EUKLIDS Geometrie. Ich möchte aber lieber ganz kurz die axiomatische Methode an einem sehr drastischen Beispiele aus der modernen Biologie verdeutlichen.

Drosophila ist eine kleine Fliege, aber groß ist unser Interesse für sie; sie ist der Gegenstand der ausgedehntesten, der sorgfältigsten und erfolgreichsten Züchtungsversuche gewesen. Diese Fliege ist gewöhnlich grau, rotäugig, fleckenlos, rundflügelig, langflügelig. Es kommen aber auch Fliegen mit abweichenden Sondermerkmalen vor: statt grau sind sie gelb, statt rotäugig sind sie weißäugig usw. Gewöhnlich sind diese fünf Sondermerkmale gekoppelt, d. h. wenn eine Fliege gelb ist, dann ist sie auch weißäugig und fleckig, spaltflügelig und klumpflügelig. Und wenn sie klumpflügelig ist, dann ist sie auch gelb und weißäugig usw. Von dieser gewöhnlich statthabenden Koppelung kommen nun aber bei geeigneten Kreuzungen unter den Nachkommen an Zahl geringere Abweichungen vor, und zwar prozentuell in bestimmter konstanter Weise. Auf die Zahlen, die man dadurch experimentell findet, stimmen die linearen Euklidischen Axiome der Kongruenz und die

Axiome über den geometrischen Begriff „zwischen", und so kommen als Anwendung der linearen Kongruenzaxiome, d. h. der elementaren geometrischen Sätze über das Abtragen von Strecken, die Gesetze der Vererbung heraus; so einfach und genau — und zugleich so wunderbar, wie wohl keine noch so kühne Phantasie sie sich ersonnen hätte.

Ein weiteres Beispiel der axiomatischen Methode auf ganz anderem Gebiet ist folgendes:

In unseren theoretischen Wissenschaften sind wir an die Anwendung formaler Denkprozesse und abstrakter Methoden gewöhnt. Die axiomatische Methode gehört der Logik an. Bei dem Worte Logik denkt man in weiten Kreisen an eine sehr langweilige und schwierige Sache. Heute ist die logische Wissenschaft leicht verständlich und sehr interessant geworden. Z. B. hat man eingesehen, daß schon im täglichen Leben Methoden und Begriffsbildungen gebraucht werden, die ein hohes Maß von Abstraktion erfordern und nur durch unbewußte Anwendung der axiomatischen Methoden verständlich sind. Z. B. der allgemeine Prozeß der Negation und insbesondere der Begriff „Unendlich". Was den Begriff „Unendlich" betrifft, so müssen wir uns klarmachen, daß „Unendlich" keine anschauliche Bedeutung und ohne nähere Untersuchung überhaupt keinen Sinn hat. Denn es gibt überall nur endliche Dinge. Es gibt keine unendliche Geschwindigkeit und keine unendlich rasch sich fortpflanzende Kraft oder Wirkung. Zudem ist die Wirkung selbst diskreter Natur und existiert nur quantenhaft. Es gibt überhaupt nichts Kontinuierliches, was unendlich oft geteilt werden könnte. Sogar das Licht hat atomistische Struktur, ebenso wie die Wirkungsgröße. Selbst der Weltraum ist, wie ich sicher glaube, nur von endlicher Ausdehnung, und einst werden uns die Astronomen sagen können, wieviel Kilometer der Weltenraum lang, hoch und breit ist. Wenn auch in der Wirklichkeit Fälle von sehr großen Zahlen oft vorkommen, z. B. die Entfernungen der Sterne in Kilometern oder die Anzahl der wesentlich verschiedenen möglichen Schachspiele, so ist doch die Endlosigkeit oder die Unendlichkeit, weil sie eben die Negation eines überall herrschenden Zustandes ist, eine ungeheuerliche Abstraktion — ausführbar nur durch die bewußte oder unbewußte Anwendung der axiomatischen Methode. Diese Auffassung vom Unendlichen, die ich durch eingehende Untersuchungen begründet habe, löst eine Reihe von prinzipiellen Fragen, insbesondere werden dadurch die Kantschen Antinomien über den Raum und über die unbegrenzten Teilungsmöglichkeiten gegenstandslos und also die dabei auftretenden Schwierigkeiten gelöst.

Wenn wir uns nun unserem Problem selber, wie Natur und Denken zusammenhängen, zuwenden, so wollen wir hier drei Hauptgesichtspunkte zur Sprache bringen. Der erste knüpft an das soeben besprochene Problem der

Unendlichkeit an. Wir sahen: das Unendliche ist nirgends realisiert; es ist weder in der Natur vorhanden noch als Grundlage in unserem Denken ohne besondere Vorkehrungen zulässig. Hierin schon erblicke ich einen wichtigen Parallelismus von Natur und Denken, eine grundlegende Übereinstimmung zwischen Erfahrung und Theorie.

Noch einen anderen Parallelismus nehmen wir wahr: unser Denken geht auf Einheit aus und sucht Einheit zu bilden; wir beobachten die Einheit des Stoffes in der Materie, und wir konstatieren überall die Einheit der Naturgesetze. Dabei kommt uns die Natur in Wirklichkeit bei unserer Forschung sehr entgegen, als wäre sie bereit, ihre Geheimnisse gern zu enthüllen. Die dünne Verteilung der Masse im Himmelsraum ermöglichte die Entdeckung und genauere Bestätigung des Newtonschen Gesetzes. MICHELSON konnte trotz der großen Lichtgeschwindigkeit noch die Ungültigkeit des Additionsgesetzes der Geschwindigkeiten mit Sicherheit feststellen, weil unsere Erde noch gerade rasch genug dazu ihren Rundlauf um die Sonne macht. Der Merkur tut uns gerade den Gefallen, die Perihelbewegung auszuführen, so daß wir die Einsteinsche Theorie daran prüfen können. Und der Fixsternstrahl läuft gerade noch so an der Sonne vorüber, daß seine Ablenkung beobachtet wird.

Aber noch auffallender ist eine Erscheinung, die wir in anderem Sinne als LEIBNIZ die prästabilierte Harmonie nennen, die geradezu eine Verkörperung und Realisation mathematischer Gedanken ist. Die älteren Beispiele dafür sind die Kegelschnitte, die man studierte, lange bevor man ahnte, daß unsere Planeten oder gar die Elektronen sich in solchen Bahnen bewegten. Aber das großartigste und wunderbarste Beispiel für die prästabilierte Harmonie ist die berühmte Einsteinsche Relativitätstheorie. Hier werden allein durch die allgemeine Forderung der Invarianz in Verbindung mit dem Prinzip der größten Einfachheit die Differentialgleichungen für die Gravitationspotentiale mathematisch eindeutig aufgestellt; und diese Aufstellung wäre unmöglich gewesen ohne die tiefgehenden und schwierigen mathematischen Untersuchungen von RIEMANN, die lange vorher da waren. In neuester Zeit häufen sich die Fälle, daß gerade die wichtigsten im Mittelpunkt des Interesses der Mathematik stehenden mathematischen Theorien zugleich die in der Physik benötigten sind. Ich hatte die Theorie der unendlich vielen Variablen aus rein mathematischem Interesse entwickelt und dabei sogar die Bezeichnungen Spektralanalyse angewandt, ohne ahnen zu können, daß diese einmal später in dem wirklichen Spektrum der Physik realisiert werden würden.

Wir können diese Übereinstimmung zwischen Natur und Denken, zwischen Experiment und Theorie nur verstehen, wenn wir das formale Element und den damit zusammenhängenden Mechanismus auf beiden Seiten der Natur und unseres Verstandes berücksichtigen. Der mathematische Prozeß der Elimination liefert, wie es scheint, die Ruhepunkte und Stationen, auf denen ebenso die Körper in der realen Welt wie die Gedanken in der Geisteswelt verweilen und sich dadurch der Kontrolle und der Vergleichung darbieten.

Indes auch diese prästabilierte Harmonie erschöpft noch nicht die Beziehungen zwischen Natur und Denken und enthüllt noch nicht die tiefsten Geheimnisse unseres Problems. Um zu diesem zu kommen, fassen wir einmal den gesamten physikalisch-astronomischen Wissenskomplex ins Auge. Wir bemerken dann in der heutigen Wissenschaft einen Gesichtspunkt, der weit über die älteren Fragestellungen und Ziele unserer Wissenschaft hinausgeht: es ist der Umstand, daß die heutige Wissenschaft nicht bloß im Sinne der klassischen Mechanik aus Daten der Gegenwart die künftigen Bewegungen und zu erwartenden Erscheinungen vorauszubestimmen lehrt, sondern sie zeigt auch, daß gerade die gegenwärtigen tatsächlichen Zustände der Materie auf der Erde und im Weltall nicht zufällig oder willkürlich sind, sondern aus den physikalischen Gesetzen folgen.

Die wichtigsten Belege dafür sind die Bohrschen Atommodelle, der Aufbau der Sternenwelt und schließlich die ganze Entwicklungsgeschichte des organischen Lebens. Die Verfolgung dieser Methoden müßte, so erscheint es, dann wirklich zu einem System von Naturgesetzen führen, das auf die Wirklichkeit in ihrer Gesamtheit paßt, und dann bedürfte es tatsächlich nur des Denkens, d. h. der begrifflichen Deduktion, um alles physikalische Wissen zu gewinnen; alsdann hätte HEGEL recht mit der Behauptung, alles Naturgeschehen aus Begriffen deduzieren zu können. Aber diese Folgerung ist unzutreffend. Denn wie ist es mit der Herkunft der Weltgesetze? Wie gewinnen wir solche? Und wer lehrt uns, daß sie auf die Wirklichkeit passen? Die Antwort lautet, daß uns dies ausschließlich die Erfahrung ermöglicht. Im Gegensatz zu HEGEL erkennen wir, daß die Weltgesetze auf keine andere Weise zu gewinnen sind als aus der Erfahrung. Mögen bei der Konstruktion des Fachwerkes der physikalischen Begriffe mannigfache spekulative Gesichtspunkte mitwirken: Ob die aufgestellten Gesetze und das aus ihnen aufgebaute logische Fachwerk von Begriffen stimmt, das zu entscheiden ist allein die Erfahrung imstande. Bisweilen hatte eine Idee ihren ersten Ursprung im reinen Denken, wie z. B. die Idee der Atomistik bei DEMOKRIT, während die Existenz der Atome erst zwei Jahrtausende später durch die Experimentalphysik bewiesen worden ist. Bisweilen geht die Erfahrung voran und zwingt dem Geiste den spekulativen Gesichtspunkt auf. So danken wir es dem kräftigen Anstoß des Michelsonschen Experimentes, daß das festgewurzelte Vorurteil der absoluten Zeit aus dem Wege geräumt und schließlich der Gedanke der allgemeinen Relativität von EINSTEIN gefaßt werden konnte.

Wer trotzdem leugnen will, daß die Weltgesetze aus der Erfahrung stammen, muß behaupten, daß es außer der Deduktion und außer der Erfahrung noch eine dritte Erkenntnisquelle gibt.

Es haben in der Tat Philosophen — und KANT ist der klassische Vertreter dieses Standpunktes — behauptet, daß wir außer der Logik und der Erfahrung noch a priori gewisse Erkenntnisse über die Wirklichkeit haben. Nun gebe ich zu, daß schon zum Aufbau der theoretischen Fachwerke gewisse apriorische Einsichten nötig sind und daß stets dem Zustandekommen unserer Erkenntnisse solche zugrunde liegen. Ich glaube, daß auch die mathematische Erkenntnis letzten Endes auf einer Art solcher anschaulicher Einsicht beruht. Und daß wir sogar zum Aufbau der Zahlentheorie eine gewisse anschauliche Einstellung a priori nötig haben. Damit behält also der allgemeinste Grundgedanke der Kantschen Erkenntnistheorie seine Bedeutung: nämlich das philosophische Problem, jene anschauliche Einstellung a priori festzustellen und damit die Bedingung der Möglichkeit jeder begrifflichen Erkenntnis und zugleich jeder Erfahrung zu untersuchen. Ich meine, daß dies im wesentlichen in meinen Untersuchungen über die Prinzipien der Mathematik geschehen ist. Das Apriori ist dabei nichts mehr und nichts weniger als eine Grundeinstellung oder der Ausdruck für gewisse unerläßliche Vorbedingungen des Denkens und Erfahrens. Aber die Grenze einerseits zwischen dem, was wir a priori besitzen, und andererseits dem, wozu Erfahrung nötig ist, müssen wir anders ziehen als KANT; KANT hat die Rolle und den Umfang des Apriorischen weit überschätzt.

Zur Zeit KANTS konnte man denken, daß die Raum- und Zeitvorstellungen, die man hatte, ebenso allgemein und unmittelbar auf die Wirklichkeit anwendbar sind wie z. B. unsere Vorstellungen von Anzahl, Reihenfolge und Größe, die wir in den mathematischen und physikalischen Theorien beständig in der uns geläufigen Weise verwenden. Dann würde in der Tat die Lehre von Raum und Zeit, insbesondere also die Geometrie etwas sein, das ebenso wie die Arithmetik aller Naturerkenntnis vorausgeht. Aber dieser Standpunkt KANTS wurde bereits, ehe die Entwicklung der Physik dazu zwang, insbesondere von RIEMANN und HELMHOLTZ verlassen — mit vollem Recht; denn Geometrie ist nichts anderes als derjenige Teil des gesamten physikalischen Begriffsfachwerkes, der die möglichen Lagenbeziehungen der starren Körper gegeneinander in der Welt der wirklichen Dinge abbildet. Daß es beweglich starre Körper überhaupt gibt und welches die Lagebeziehungen sind, ist lediglich Erfahrungssache. Der Satz, daß die Winkelsumme im Dreieck zwei Rechte beträgt und das Parallelenaxiom gilt, ist eben, wie schon GAUSS erkannte, lediglich durch das Experiment festzustellen oder zu widerlegen. Würden sich z. B. die sämtlichen durch die Kongruenzsätze ausgedrückten Tatsachen in Übereinstimmung mit der Erfahrung erweisen, fiele dagegen die Winkelsumme in einem aus starren Stäben konstruierten Dreiecke kleiner als zwei Rechte aus, so würde niemand darauf verfallen, daß das Parallelenaxiom in dem Raume der wirklichen Körper gültig sei.

Bei der Aufnahme in den apriorischen Bestand ist die äußerste Vorsicht am Platze; sind doch viele der früher als apriorisch geltenden Erkenntnisse heute sogar als unzutreffend erkannt worden. Das schlagendste Beispiel dafür ist die Vorstellung von der absoluten Gegenwart. Eine absolute Gegenwart gibt es nicht, so sehr wir auch von Kindheit an daran gewöhnt sind, sie anzunehmen, da es sich eben im täglichen Leben nur um kurze Entfernungen und langsame Bewegungen handelt. Wäre dies anders, so würde niemand darauf gekommen sein, die absolute Zeit einzuführen. So aber sind sogar so tiefe Denker wie NEWTON und KANT gar nicht einmal darauf gekommen, an der Absolutheit der Zeit zu zweifeln. Der vorsichtige NEWTON formulierte diese Forderung sogar so kraß wie möglich: die absolute wahre Zeit fließt an sich und vermöge ihrer Natur gleichförmig und ohne Beziehung auf irgend einen Gegenstand. NEWTON hat damit ehrlich jeden Rückzug oder Kompromiß abgeschnitten, und KANT, der kritische Philosoph, erwies sich hier so gar nicht kritisch, indem er ohne weiteres NEWTON akzeptierte. Erst EINSTEIN befreite uns definitiv von diesem Vorurteil — das wird immer eine der gewaltigsten Taten des menschlichen Geistes bleiben —, und die allzu weitgehende Apriori-Theorie konnte schlagender als durch diesen Fortgang der physikalischen Wissenschaft nicht ad absurdum geführt werden. Die Annahme der absoluten Zeit hat nämlich u. a. den Satz von der Addition der Geschwindigkeiten bei Zusammensetzung zweier Geschwindigkeiten zur Folge — übrigens an sich ein Satz, der scheinbar an Evidenz und populärer Verständlichkeit kaum überboten werden konnte —, und doch ergab sich aus den verschiedenartigsten Experimenten auf den Gebieten der Optik, der Astronomie und der Elektrizitätslehre in zwingender Weise, daß dieser Satz von der Addition der Geschwindigkeiten nicht richtig ist; es gilt tatsächlich ein anderes komplizierteres Gesetz für die Zusammensetzung zweier Geschwindigkeiten. Wir können sagen: in der neueren Zeit ist die von GAUSS und HELMHOLTZ vertretene Anschauung über die empirische Natur der Geometrie zu einem sicheren Ergebnis der Wissenschaft geworden. Sie muß heute für alle philosophischen Spekulationen, die Raum und Zeit betreffen, als fester Anhaltspunkt dienen. Denn die Einsteinsche Gravitationstheorie macht es offenkundig: die Geometrie ist nichts als ein Zweig der Physik; die geometrischen Wahrheiten sind in keiner einzigen Hinsicht prinzipiell anders gestellt oder anders geartet als die physikalischen. So sind z. B. der pythagoreische Lehrsatz und das Newtonsche Anziehungsgesetz miteinander wesensverwandt, insofern sie von demselben physikalischen Grundbegriff, dem des Potentials, beherrscht werden. Aber noch mehr ist für jeden Kenner der Einsteinschen Gravitationstheorie sicher: diese beiden Gesetze, so verschiedenartig und bisher scheinbar durch Fernen getrennt, das eine ein schon im Altertum bekannter, seitdem auf der Schule überall gelehrter Satz der elementaren Geometrie, das andere ein Gesetz über die Wirkung der Massen aufeinander, sind nicht bloß von demselben Charakter, sondern nur Teile ein und desselben allgemeinen Gesetzes.

Es konnte kaum drastischer die prinzipielle Gleichartigkeit der geometrischen und der physikalischen Tatsachen zutage treten. Freilich beim üblichen logischen Aufbau und bei unseren gewöhnlichen täglichen und von Kinderzeiten her geläufigen Erfahrungen gehen die geometrischen und kinematischen Sätze den dynamischen voraus, und dieser Umstand erklärt es, wenn man vergaß, daß es überhaupt Erfahrungen sind. Wir sehen also: In der Kantschen Apriori-Theorie sind noch anthropomorphe Schlacken enthalten, von denen sie befreit werden muß und nach deren Entfernung nur diejenige apriorische Einstellung übrigbleibt, die auch der rein mathematischen Erkenntnis zugrunde liegt: es ist im wesentlichen die von mir in verschiedenen Abhandlungen[1] charakterisierte finite Einstellung.

Das Instrument, welches die Vermittlung bewirkt zwischen Theorie und Praxis, zwischen Denken und Beobachten, ist die Mathematik; sie baut die verbindende Brücke und gestaltet sie immer tragfähiger. Daher kommt es, daß unsere ganze gegenwärtige Kultur, soweit sie auf der geistigen Durchdringung und Dienstbarmachung der Natur beruht, ihre Grundlage in der Mathematik findet. Schon GALILEI sagt: Die Natur kann nur der verstehen, der ihre Sprache und die Zeichen kennengelernt hat, in der sie zu uns redet; diese Sprache aber ist die Mathematik, und ihre Zeichen sind die mathematischen Figuren. KANT tat den Ausspruch: „Ich behaupte, daß in jeder besonderen Naturwissenschaft nur so viel eigentliche Wissenschaft angetroffen werden kann, als darin Mathematik enthalten ist." In der Tat: Wir beherrschen nicht eher eine naturwissenschaftliche Theorie, als bis wir ihren mathematischen Kern herausgeschält und völlig enthüllt haben. Ohne Mathematik ist die heutige Astronomie und Physik unmöglich; diese Wissenschaften lösen sich in ihren theoretischen Teilen geradezu in Mathematik auf. Diese und die zahlreichen weiteren Anwendungen sind es, denen die Mathematik ihr Ansehen verdankt, soweit sie solches im weiteren Publikum genießt.

Trotzdem haben es die Mathematiker abgelehnt, die Anwendungen als Wertmesser für die Mathematik gelten zu lassen. Der Fürst der Mathematiker, GAUSS, der gewiß zugleich ein angewandter Mathematiker par excellence war, der ganze Wissenschaften, wie Fehlertheorie, Geodäsie neu schuf, um darin die Mathematik die Führerrolle spielen zu lassen, der, als die Astronomen den neu entdeckten Planeten Ceres — einen besonders wichtigen und interessanten Planeten — verloren hatten und nicht wiederfinden konnten, eine neue mathematische Theorie ersann, auf Grund deren er den Standort der Ceres

---

[1] Vgl. Über das Unendliche. Math. Ann. Bd. 95, (1926) S. 161. Die Grundlagen der Mathematik. Abh. a. d. math. Sem. d. Hamburgischen Universität Bd. 6, (1928) S. 65. Abgedruckt als Anhang VIII bzw. IX der „Grundlagen der Geometrie", 7. Aufl. 1930.

richtig voraussagte, der den Telegraphen und vieles andere Praktische erfand,
war doch derselben Meinung. Die reine Zahlentheorie ist dasjenige Gebiet der
Mathematik, das bisher noch nie Anwendung gefunden hat. Aber gerade die
Zahlentheorie ist es, die von GAUSS die Königin der Mathematik genannt und
von ihm und fast allen großen Mathematikern verherrlicht wird. GAUSS
spricht von dem zauberischen Reiz, der die Zahlentheorie zur Lieblings-
wissenschaft der ersten Mathematiker gemacht habe, ihres unerschöpflichen
Reichtums nicht zu gedenken, woran sie alle anderen Teile der Mathematik
so weit übertrifft. GAUSS schildert, wie ihn schon in früher Jugend die Reize
der zahlentheoretischen Untersuchungen so umstrickten, daß er sie nicht mehr
lassen konnte. Er preist FERMAT, EULER, LAGRANGE und LEGENDRE als Männer von unvergleichlichem Ruhme, weil sie den Zugang zu dem Heiligtum
dieser göttlichen Wissenschaft erschlossen und gezeigt haben, von wie großen
Reichtümern es erfüllt ist. Und ganz ähnlich begeistert sprechen sich die
Mathematiker vor GAUSS und die nach GAUSS, wie LEJEUNE DIRICHLET,
KUMMER, HERMITE, KRONECKER und MINKOWSKI aus — KRONECKER ver-
gleicht die Zahlentheoretiker den Lotophagen, die, wenn sie einmal von dieser
Kost etwas zu sich genommen haben, nie mehr davon lassen können.

Auch POINCARÉ, der glänzendste Mathematiker seiner Generation, der
wesentlich zugleich Physiker und Astronom war, ist derselben Ansicht. POIN-
CARÉ wendet sich einmal mit auffallender Schärfe gegen TOLSTOI, der erklärt
hatte, daß die Forderung „die Wissenschaft der Wissenschaft wegen" töricht
sei. „Sollen wir uns", so hatte TOLSTOI gesagt, „bei der Wahl unserer Beschäftigung durch die Laune unserer Wißbegierde leiten lassen? Wäre es nicht
besser, nach der Nützlichkeit die Entscheidung zu treffen, d. h. nach unseren
praktischen und moralischen Bedürfnissen?" Eigenartig, daß es gerade
TOLSTOI ist, den wir Mathematiker da als einen platten Realisten und eng-
herzigen Utilitarier ablehnen müssen. POINCARÉ führt gegen TOLSTOI aus,
daß, wenn man nach dem Rezept TOLSTOIS verfahren hätte, eine Wissenschaft
überhaupt niemals entstanden wäre. Man braucht nur die Augen zu öffnen,
so schließt POINCARÉ, um zu sehen, wie z. B. die Errungenschaften der In-
dustrie nie das Licht der Welt erblickt hätten, wenn diese Praktiker allein
existiert hätten und wenn diese Errungenschaften nicht von uninteressierten
Toren gefördert worden wären, die nie an die praktische Ausnützung gedacht
haben. Der gleichen Meinung sind wir alle.

Auch unser großer Königsberger Mathematiker JACOBI dachte so, JACOBI,
dessen Name neben GAUSS steht und noch heute von jedem Studierenden
unserer Fächer mit Ehrfurcht genannt wird. Als der berühmte FOURIER einmal gesagt hatte, der Hauptzweck der Mathematik liege in der Erklärung der
Naturerscheinungen, ist es JACOBI, der ihn mit der ganzen Leidenschaftlichkeit seines Temperaments abkanzelt. Ein Philosoph, wie FOURIER es doch sei,

hätte wissen sollen, so ruft Jacobi, daß die Ehre des menschlichen Geistes der einzige Zweck aller Wissenschaft ist und daß unter diesem Gesichtspunkt ein Problem der reinen Zahlentheorie ebensoviel wert ist als eines, das den Anwendungen dient.

Wer die Wahrheit der großzügigen Denkweise und Weltanschauung, die aus diesen Worten Jacobis hervorleuchtet, empfindet, der verfällt nicht rückschrittlicher und unfruchtbarer Zweifelsucht; der wird nicht denen glauben, die heute mit philosophischer Miene und überlegenem Tone den Kulturuntergang prophezeien und sich in dem Ignorabimus gefallen. Für den Mathematiker gibt es kein Ignorabimus, und meiner Meinung nach auch für die Naturwissenschaft überhaupt nicht. Einst sagte der Philosoph Comte — in der Absicht, ein gewiß unlösbares Problem zu nennen —, daß es der Wissenschaft nie gelingen würde, das Geheimnis der chemischen Zusammensetzung der Himmelskörper zu ergründen. Wenige Jahre später wurde durch die Spektralanalyse von Kirchhoff und Bunsen dieses Problem gelöst, und heute können wir sagen, daß wir die entferntesten Sterne als wichtigste physikalische und chemische Laboratorien in Anspruch nehmen, wie wir solche auf der Erde gar nicht finden. Der wahre Grund, warum es Comte nicht gelang, ein unlösbares Problem zu finden, besteht meiner Meinung nach darin, daß es ein unlösbares Problem überhaupt nicht gibt. Statt des törichten Ignorabimus heiße im Gegenteil unsere Losung:

Wir müssen wissen,
Wir werden wissen.

Lebensgeschichte[1].

Von Otto Blumenthal.

David Hilberts Voreltern väterlicherseits sind zur Zeit Friedrichs des
Großen in Königsberg eingewandert. Der Stammvater der Königsberger Familie, David Hilberts Urgroßvater, Christian David, war ein tatkräftiger, be-
merkenswerter Mann, der eine als Zeitdokument wertvolle Lebensgeschichte
hinterlassen hat. Ihr ist das Folgende entnommen. Die Familie Hilbert war
im 17. Jahrhundert in der Umgebung des Städtchens Brand bei Freiberg i. Sa.
ansässig. Sie war evangelisch. Es waren Kleinbürger, Handwerker und Han-
delsleute, die ihre Frauen mehrfach aus Schulmeisterhäusern heimgeführt
haben. Viele Stellen der Lebensbeschreibung Christian Davids, auch der bi-
blische Vorname, legen die Vermutung nahe, daß die Familie kirchlich dem
Pietismus nahe stand. Johann Christian Hilbert, Vater des Christian David,
von Handwerk Gürtler, war im Anfang des 18. Jahrhunderts „in Brand ein
großer Kauf- und Handelsmann, der angesehenste Mann in Brand und über
100 Menschen, denen er (in der Spitzenindustrie) Verdienst gab". Aber er
starb, als seine Kinder noch unmündig waren, und gewissenlose Vormünder
machten die Familie bettelarm. Christian David, der bei dem Stadtchirurgus
von Freiberg das Barbierhandwerk erlernt hatte, zog als Handwerksbursch
aus, kam, vom Zufall geführt, nach Königsberg, trat als Kompagnie-Feldscher
in Militärdienst, machte 1777 bis 1778 Friedrichs des Großen letzten Krieg
gegen Österreich mit, ließ sich dann in Königsberg dauernd nieder, heiratete
— sogar dreimal —, hatte viele Kinder, von denen viele jung starben, gelangte
schließlich durch Fleiß und Sparsamkeit dazu, eine durch den Tod des In-
habers erledigte „Barbierstube" zu kaufen, mit der gewisse Vorrechte verbunden waren, und bestand zu ihrer Ausnutzung im Alter von 33 Jahren seine
Examina als „K. Preußischer approbierter privilegierter Amts- und Stadtchirurgus, Operateur und Accoucheur". In diesen gut bürgerlichen Verhält-

---

[1] Als Ergänzung zu dieser Biographie vergleiche man das Hilbertheft der „Naturwissenschaften" [Bd. 10, (1922) S. 65—104]. Mein dortiger Aufsatz, zu anderer Zeit und
anderer Gelegenheit entstanden, zeigt vielfach eine andere Farbgebung. Auch habe ich
absichtlich vermieden, bei der Darstellung kleine Einzelzüge zu wiederholen. Siehe auch
die anläßlich der Verteilungen des Bolyai-Preises 1905 und 1910 über Hilberts Arbeiten
erstatteten Referate von G. RADOS (Math. Ann. Bd. 72, S. 167—176) und H. POIN-
CARÉ (Ungar. Ak. Wiss. 1910). — Mehreren Schülern und Freunden Hilberts habe ich
für wertvolle Ratschläge und Bemerkungen herzlich zu danken.

nissen lebte er noch über 20 Jahre in Königsberg, bis er im Herbst 1812 seine „vier vergoldeten Barbierbecken hereinnahm". Bald darauf scheint er, 56 jährig, gestorben zu sein. Seine Söhne wandten sich studierten Berufen zu, und seit der Zeit sind die Hilberts in Königsberg Juristen und Ärzte. David Hilberts Großvater und Vater waren Amtsrichter. Der Vater Otto Hilbert wird geschildert als ein etwas einseitiger Jurist, von so regelmäßigen Gewohnheiten, daß er täglich den gleichen Spaziergang machte, verwachsen mit Königsberg, das die Familie nur verließ, um in einem ostpreußischen Seebad den Sommer zu verbringen, wenig zufrieden mit der ungewöhnlichen Laufbahn, die sein Sohn einschlug, und lange Zeit voll Mißtrauen in ihren Erfolg. 'Außergewöhnliche geistige Interessen dagegen hatte die Mutter, geb. Erdtmann, aus einer Königsberger Kaufmannsfamilie, eine eigenartige Frau, die mit Vorliebe philosophische und astronomische Schriften las und Primzahlen berechnete.

David Hilbert wurde geboren am 23. Januar 1862. Er war der einzige Sohn, eine jüngere Schwester starb mit 28 Jahren im Wochenbett. Er besuchte von 1870 an zuerst das Friedrichskolleg in Königsberg, wo er sich nicht glücklich fühlte, besonders weil er gegen die damaligen gedächtnismäßigen Methoden des Sprachunterrichts eine Abneigung hatte. Das letzte Schuljahr verbrachte er auf dem Wilhelms-Gymnasium, wo er auch, im Herbst 1880, das Abitur bestand. Dort war die Umgebung ihm förderlicher, die Lehrer hatten Verständnis für seine Eigenart; er hat sich später oft und gern daran erinnert. Ein noch vorhandenes Mathematikheft beweist, daß neuere Geometrie in erheblichem Umfang getrieben wurde. Aber charakteristisch ist Hilberts späterer Ausspruch: „Ich habe mich auf der Schule nicht besonders mit Mathematik beschäftigt, denn ich wußte ja, daß ich das später tun würde."

Hilberts Studienzeit verlief, mit Ausnahme des 2. Semesters, das er in Heidelberg bei L. Fuchs verbrachte, ganz in Königsberg. Dort wirkte als Ordinarius der Mathematik bis 1883 Heinrich Weber, der damals zusammen mit R. Dedekind die berühmte arithmetische „Theorie der algebraischen Funktionen einer Veränderlichen" entwickelt hatte. Bei ihm hat Hilbert Vorlesungen über Zahlentheorie und elliptische Funktionen gehört und an einem Seminar über Invariantentheorie teilgenommen[1]. Als Weber 1883 nach Charlottenburg berufen wurde, trat an seine Stelle F. Lindemann, nach seinem 1882 veröffentlichten Beweise der Transzendenz von π auf dem Gipfel seines Ruhmes stehend. Sein Einfluß bestimmte Hilbert, sich der Invariantentheorie zuzuwenden. Dazu traten aber zwei andere Einflüsse, die sich für die Folge nachhaltiger auswirken sollten. Die Mathematiker Königsbergs standen

---

[1] Die Herren Szegö, Specht und Fitting in Königsberg haben sich der großen Mühe unterzogen, für mich aus den Quästurakten ein Verzeichnis der von Hilbert in Königsberg gehörten Vorlesungen aufzustellen. Ich bin ihnen dafür aufrichtig dankbar.

damals in dem Banne der überragenden Begabung und der glänzenden Erfolge Hermann Minkowskis, der, 2 Jahre jünger als Hilbert, aber ½ Jahr früher immatrikuliert, bereits bahnbrechend auf zahlentheoretischem Gebiet hervorgetreten war und im April 1883 den Großen Preis der Pariser Akademie erhalten hatte. Mit ihm wurde Hilbert bald befreundet, obwohl Hilberts Vater eine Annäherung an einen so berühmten Mann als eine Dreistigkeit mißbilligte. Abgesehen von seinen eigenen originellen Ideen brachte Minkowski aus seinen Berliner Studienjahren auch die Wissenschaft Kummers, Kroneckers, Weierstraß' und Helmholtz' mit und muß dadurch ungemein belebend auf den etwas eingeschlossenen Königsberger Kreis gewirkt haben. Und dann wurde Ostern 1884 Adolf Hurwitz, 3 Jahre älter als Hilbert, als Extraordinarius nach Königsberg berufen. Über ihn sagte Hilbert mehrfach: „Wir, Minkowski und ich, waren ganz erschlagen von seinem Wissen und glaubten nicht, daß wir es jemals soweit bringen würden". Ihm verdankt Hilbert vor allem die gründlichste Einführung in die Funktionentheorie, sowohl in die Riemann-Kleinsche wie in die Weierstraßsche Richtung. Es soll schon hier vorgreifend über das selten harmonische und fruchtbare Zusammenarbeiten dieser drei Mathematiker berichtet werden. Für die lebenslange Freundschaft mit Minkowski hat Hilbert in seinem Nachruf auf den früh Verstorbenen die zartesten und schönsten Worte gefunden[1]. In ihrem Briefwechsel sieht man den Übergang von dem Ton studentischer Lustigkeit zu reifer, rückhaltsloser Gemeinschaft aller Interessen[2]. Das äußere Zeichen der Herzlichkeit, das Du, erscheint erst im Jahre 1891. Über den wissenschaftlichen Verkehr mit Hurwitz schreibt Hilbert in seinem Nachruf auf diesen: „Auf zahllosen, zeitenweise Tag für Tag unternommenen Spaziergängen haben wir damals während acht Jahren wohl alle Winkel mathematischen Wissens durchstöbert, und Hurwitz mit seinen ebenso ausgedehnten und vielseitigen wie festbegründeten und wohlgeordneten Kenntnissen war uns dabei immer der Führer"[3]. Diesen Spaziergängen schloß sich während der Ferien regelmäßig auch Minkowski an. So hat Hilbert in seiner Lehrzeit den Grund seines Wissens in der für ihn immer charakteristischen Art gelegt, nicht durch systematischen Unterricht oder durch Buchstudium, sondern durch schnelle und tiefe Auffassung und gründliches Durchdenken dessen, was ihm von Mitstrebenden zugetragen wurde.

Es ist hier der Ort, der eigentümlichen Bedeutung zu gedenken, die Leopold Kronecker für Hilberts Entwicklung gehabt hat. Sie äußert sich zunächst in einer ausgesprochenen Gegensätzlichkeit, die Hilbert in allen Zeiten seines Lebens empfunden hat. Er sagt darüber einiges in seinem Nachruf auf Min-

---

[1] Bd. III S. 363—364 oder Math. Ann. Bd. 68, (1910) S. 470—471.

[2] Frau Lili Rüdenberg, geb. Minkowski, hat mir freundlich Einsicht in den Briefwechsel gestattet.

[3] Bd. III S. 371 oder Math. Ann. Bd. 83, (1921) S. 163.

kowski, mehr wissen wir aus seinen Gesprächen. Kronecker war in Hilberts
Entwicklungszeit ein Gewaltiger, eine gebieterische Persönlichkeit, die der
mathematischen Forschung die von ihm bevorzugten Wege weisen wollte und
Außenseiter abwies. Gegen jede Beschränkung der geistigen Freiheit aber
lehnte sich Hilbert mit seiner ganzen Leidenschaftlichkeit auf. Kroneckers
Kritik an dem Dedekind-Weierstraßschen Zahlbegriff, die sich in „Polizei-
verboten" äußerte, hat zweifellos den ersten Anstoß zu Hilberts Ringen um
die Axiome der Arithmetik gegeben. Und er ist stolz darauf, daß im Gegensatz zu Kronecker die Königsberger zu den ersten deutschen Mathematikern
gehörten, die G. Cantors von Kronecker abgelehnte mengentheoretische Schöpfung würdigten und anwandten[1]. Hilberts einzige nicht-invariantentheoretische
Veröffentlichung seiner ersten Periode betrifft ein mengentheoretisches Thema,
die Abbildung des Quadrats auf die Strecke[2]. Auf der anderen Seite aber
hat Kroneckers Werk Hilberts algebraischen und zahlentheoretischen Arbeiten
zweifellos die Richtung gewiesen: die formentheoretischen Forschungen sind
nur durch Kroneckers Bearbeitung der Modulsysteme ermöglicht worden, die
rationalen Methoden (Kronecker, Dedekind) zur Bestimmung der Basis eines
algebraischen Körpers liefern die Mittel zur tatsächlichen Aufstellung der
vollen Invariantensysteme, und schließlich sind starke Anregungen zum Studium der relativ-Abelschen Körper von Kronecker ausgegangen.

Zunächst aber treten diese Einflüsse noch zurück. Am 11. Dezember 1884
bestand Hilbert das Doktorexamen, das Diplom trägt das Datum des 7. Februar 1885. Als Doktorthema stellte ihm Lindemann die Frage nach den
invarianten Bedingungen für diejenigen Formen, die sich projektiv in eine
Kugelfunktion n-ter Ordnung transformieren lassen[3]. Den Zugang sollte die
Differentialgleichung der Kugelfunktionen bilden. Zur Bewältigung dieser
speziellen Aufgabe führte Hilbert sofort selbständig ein allgemeines Hilfsmittel
ein, die Darstellung einer beliebigen Kovariante durch die Derivierten der
Form und die in Gestalt einfacher Differentialgleichungen hinschreibbaren
notwendigen und hinreichenden Bedingungen dafür, daß eine Funktion dieser
Derivierten kovarianten Charakter hat. Nach dieser Grundlegung läßt sich
die Differentialgleichung der Kugelfunktionen verwerten und die Aufgabe
lösen. In einer späteren Bearbeitung der Dissertation für die Mathematischen
Annalen[4] hat übrigens Hilbert erkannt, daß die Einstellung auf Kugelfunk-

---

[1] Bd. III S. 360 oder Math. Ann. Bd. 68, (1910) S. 467.   [2] Bd. III Nr. 1.

[3] In einem Glückwunschschreiben, das der fast 83jährige Lindemann am 7. Februar
1935 an Hilbert zu seinem 50jährigen Doktorjubiläum gerichtet hat, erwähnt er, daß
Hilbert ihm zuerst ein selbstgefundenes Thema für die Dissertation vorgeschlagen hatte,
nämlich eine Verallgemeinerung der Kettenbrüche, wonach ihm Lindemann „leider
mitteilen mußte, daß diese Verallgemeinerung schon von Jacobi gegeben".

[4] Bd. II, Nr. 4 oder Math. Ann. Bd. 30, (1887) S. 15—29.

tionen eine Erschwerung war, während die naturgemäßere Fragestellung den invarianten Charakter der allgemeinen abbrechenden hypergeometrischen Reihen betraf. Von seiner Dissertation an bleibt Hilberts Produktion bis zum Jahre 1892 fast ausschließlich der Formen- und Invariantentheorie zugewandt, er stellt sich in einem Brief an Minkowski scherzhaft als „Fach-Invariantentheoretiker" hin.

An das Doktorexamen schließen sich einige äußere Ereignisse. Im Mai 1885 wurde das Staatsexamen für Mathematik und Physik als Hauptfächer bestanden. Hilbert hat später Schüler, die siegesbewußt nur an Habilitation und akademische Laufbahn dachten, gern ermahnt, sich durch dieses Examen eine bescheidenere, aber sichere Laufbahn offenzuhalten. Im Winter 1885 bis 1886 ging er auf Studienreisen. Zuerst nach Leipzig zu F. Klein, der ja auch Hurwitz' Lehrer gewesen war. Zu Hilberts 60. Geburtstag überreichte Klein, schon gelähmt im Rollstuhl, als Erinnerungsgeschenk das Protokoll des Dr. Hilbert aus seinem damaligen Seminar. Von Leipzig ging Hilbert auf Kleins Rat für kurze Zeit nach Paris, wo er von Ch. Hermite eine Anregung empfing, die er mit den Gedanken seiner Habilitationsarbeit verknüpfte[1]. Gleichzeitig mit ihm war E. Study in Paris. Es ist zu bedauern, daß diese beiden bedeutenden, originellen Persönlichkeiten infolge der Verschiedenheit ihrer Auffassungen sich damals und auch später wenig zu sagen fanden. Im Juni 1886 erfolgte in Königsberg die Habilitation mit der Arbeit „Über einen allgemeinen Gesichtspunkt für invariantentheoretische Untersuchungen im binären Formengebiete"[2], in der die Eigenwert- und Eigenfunktionentheorie von den quadratischen und linearen Formen auf allgemeine binäre Formen übertragen wird[3]. Hilbert war also in seinem eigensten Gebiet, als ihm später das gleiche Problem bei den Integralgleichungen in anderer Form wieder entgegentrat.

Die Privatdozentenzeit in Königsberg dauerte bis zum Jahr 1892. Sie ist gekennzeichnet durch eine ausgedehnte Produktion. Hilbert greift, im Gegensatz zu seinem späteren Schaffen, auch kleinere Fragen auf, die außerhalb der Linie seiner großen Untersuchungen liegen. Er hat später vielfach publikationsträge Privatdozenten auf sein Beispiel hingewiesen. Von diesen Nebenarbeiten hat eine Untersuchung über die Maximalzahl der reellen Züge algebraischer Kurven[4] Anlaß zu einem der „Pariser Probleme" gegeben und in der Folge eine bedeutende Wirkung gehabt[5]. Auch eine der bekanntesten Lei-

---

[1] Bd. II, Nr. 9 oder J. Math. pures appl. 4. Reihe Bd. 4, (1888) S. 249—256.

[2] Bd. II, Nr. 3 oder Math. Ann. Bd. 28, (1887) S. 381—446.

[3] Auf diese Aufgabe hat Hilbert noch einmal in der Göttinger Dissertation von Marxsen zurückgegriffen (DV. Nr. 10). [DV. = Verzeichnis der bei Hilbert angefertigten Dissertationen; Bd. III S. 431—433.]

[4] Bd. II, Nr. 27 oder Math. Ann. Bd. 38, (1891) S. 115—138.

[5] Siehe Rohn: Math. Ann. Bd. 73, (1913) S. 177—229 und die Arbeit Bd. II, Nr. 29 oder Gött. Nachr. 1909, S. 308—313.

stungen Hilberts muß unter die Nebenarbeiten gerechnet werden, der Irreduzibilitätssatz[1] mit den bedeutsamen Anwendungen auf die Konstruktion
von ganzzahligen Gleichungen mit symmetrischer und alternierender Gruppe.
Man kann nämlich den Ursprung dieses Satzes auf eine unscheinbare Quelle
zurückverfolgen: in einer gemeinsamen Note mit Hurwitz[2] wird benutzt, daß
eine gewisse, eine Anzahl Parameter enthaltende irreduzible ternäre Form
auch für allgemeine ganzzahlige Werte dieser Parameter irreduzibel bleibt. Aus
dieser, in dem vorliegenden Fall ohne Schwierigkeit beweisbaren, Bemerkung
hat Hilbert die Anregung zu dem tiefen Irreduzibilitätssatz geschöpft, dessen
Beweis 1½ Jahre später beendet war. Neben der Produktion spielt die Vorlesungstätigkeit eine wesentliche Rolle. Damals hat Hilbert in sorgfältig vor-
bereiteten Vorlesungen über alle wichtigeren Gebiete der Mathematik (in
seinem 1. Semester liest er Invarianten, das 2. bringt schon, wahrscheinlich
unter Minkowskis Einfluß, eine Vorlesung über Hydrodynamik) das umfassende sichere Wissen begründet, das ihm die Studentenzeit nicht gegeben
hatte[3]. Überhaupt hat Hilbert immer Gebiete, über die er zu arbeiten beabsichtigte, gern zuerst in Vorlesungen behandelt. Auch die oben erwähnten
Untersuchungen über reelle Züge algebraischer Kurven sind Ergebnisse der
Vorlesungstätigkeit. Dabei war deren äußerer Rahmen traurig klein. Es war
die Zeit der Ebbe unter den Studierenden der Mathematik. Ein Brief an
Minkowski ironisiert „11 Dozenten, die auf etwa ebenso viele Studenten angewiesen sind". Ein Lichtstrahl und ein Zeichen des beginnenden Ruhmes
der Königsberger Schule war im Wintersemester 1891 bis 1892 die Ankunft
eines älteren amerikanischen Mathematikers, Professor Franklin aus Baltimore,
„eines sehr scharfen und außerordentlich interessierten Mathematikers", für
den allein Hilbert seine erste Vorlesung über analytische Funktionen gehalten
hat. Anregung vermittelten das Mathematische Kolloquium, an dem außer
den Dozenten auch die älteren Studenten teilnahmen, unter anderen A. Sommerfeld, der eine „wichtige Stütze" genannt wird, vor allem aber die Spaziergänge mit Hurwitz „nachmittags präzise 5 Uhr nach dem Apfelbaum" und
Minkowskis regelmäßige Ferienbesuche. Einen gewissen Raum nehmen, wie
auch später, gesellschaftliche Freuden, Tanzereien ein und die jährlichen Som-
meraufenthalte in Rauschen oder Cranz. Auch die Naturforscherversamm-
lungen werden besucht, und Hilbert gehört zu den gründenden Mitgliedern
der Deutschen Mathematiker-Vereinigung.

Während die Habilitationsarbeit und die Publikation des Jahres 1887 den
Eindruck erwecken, daß Hilbert sich damals noch nicht selbst gefunden hatte,

---

[1] Bd. II, Nr. 18 oder J. Math. Bd. 110, (1892) S. 104—129.
[2] Bd. II, Nr. 17 oder Acta Math. Bd. 14, (1891) S. 217—224.
[3] Viele Ansätze der späteren Zeit lassen sich bis in diese Jahre zurückverfolgen.

bringt 1888 durch ein äußeres Ereignis die entscheidende Wendung. Er machte
in den Osterferien eine Reise nach Erlangen und Göttingen. In Erlangen suchte
er P. Gordan auf, den „König der Invarianten", der als erster mit rechnerischen Methoden einen Beweis für die Endlichkeit des Invariantensystems
einer binären Form gegeben hatte. Dieses Problem packte Hilbert und ließ
ihn nicht mehr los. Und es beginnt ein Siegeszug, der mich an Napoleons
ersten italienischen Feldzug erinnert. Im März 1888 schrieb er in Göttingen
eine Note nieder, die die vorhandenen Beweise des Satzes (von P. Gordan und
F. Mertens) zusammenfaßt und wesentlich vereinfacht. Aber bereits am 6. September 1888 schickt er aus dem Sommeraufenthalt Rauschen an die Göttinger
Nachrichten die erste Note „Zur Theorie der algebraischen Gebilde"[1], in der
die Frage auf einer viel höheren Ebene vollständig gelöst wird. Die Grundlage bildet ein allgemeiner Satz über die Endlichkeit der Basis eines Modulsystems, so einfach, daß man ihn für trivial halten könnte, und aus diesem
rohen Material wird dann durch einen Invarianten-erzeugenden Prozeß, den
schon Gordan und Mertens gebraucht hatten, der Satz von der Endlichkeit des
Invariantensystems herausgehämmert. Hier erscheinen zum erstenmal die
kennzeichnenden Züge Hilbertscher Arbeitsweise, die sich durch alle seine
Arbeiten verfolgen lassen: Hinabsteigen zu den tiefsten Grundlagen einer
Fragestellung, und eine überlegene Kenntnis und Beherrschung des Formalismus, die ihm die rechnerischen Hilfsmittel mit fast unbewußter Selbstverständlichkeit in die Hände spielt. Dieser letzte Punkt verdient um so mehr
hervorgehoben zu werden, als Hilbert selbst den Formalismus vielfach abfällig
beurteilt hat. Er schreibt einmal an Minkowski, „daß auch in unserer Wissenschaft stets nur der überlegene Geist, nicht der angewandte Zwang der Formel
den glücklichen Erfolg bedingt". Die Lösung dieses scheinbaren Widerspruchs
bedarf wohl keiner Erklärung. — Wesentlich an der Arbeit vom 6. September
1888 ist, neben der Lösung des Invariantenproblems, die mächtige Erweiterung
des Gesichtskreises auf algebraische Formen überhaupt. In der zweiten Note
„Zur Theorie der algebraischen Gebilde"[2] wird aus der Endlichkeit der Basis
die „charakteristische Funktion" eines Modulsystems erschlossen, die mit den
Geschlechtszahlen des algebraischen Gebildes in engem Zusammenhang steht,
in der dritten Note werden die Ergebnisse zahlentheoretisch verfeinert[3].

Aber noch einmal tritt das Invariantenproblem in den Vordergrund. Der
Beweis für die Endlichkeit des Invariantensystems wies noch eine Lücke auf,
die besonders Gordans Kritik herausgefordert hatte. „Das ist keine Mathematik", sagte er, „das ist Theologie". Hilbert drückt sich darüber selbst folgendermaßen aus: „(Er) gibt durchaus kein Mittel in die Hand, ein solches

---

[1] Bd. II, Nr. 13 oder Gött. Nachr. 1888, S. 450—457.
[2] Bd. II, Nr. 14 oder Gött. Nachr. 1889, S. 25—34.
[3] Bd. II, Nr. 15 oder Gött. Nachr. 1889, S. 423—430.

System von Invarianten durch eine endliche Anzahl schon vor Beginn der Rechnung übersehbarer Prozesse aufzustellen in der Art, daß beispielsweise eine obere Grenze für die Zahl der Invarianten dieses Systems oder für ihre Grade in den Koeffizienten der Grundformen angegeben werden kann"[1]. Diese Stelle entstammt der Arbeit „Über die vollen Invariantensysteme"[2], die diese Lücke ausfüllt. Dazu gehörten allerdings sehr große neue Hilfsmittel: die Theorie der algebraischen Zahlkörper, in die sich Hilbert unterdessen vollkommen eingearbeitet hatte, und eine tiefliegende Erweiterung des Noetherschen Satzes auf Funktionen von mehr als zwei Veränderlichen. Die ganzen und gebrochenen Invarianten einer Form bilden einen algebraischen Funktionenkörper endlichen Grades, dessen ganze Elemente gerade die ganzen Invarianten sind. Die vollständige Theorie dieses Körpers, zu deren Aufstellung der Begriff der „Nullform" wesentlich ist, liefert eine obere Grenze für die Gewichte derjenigen ganzen Invarianten, durch die sich alle übrigen ganz und algebraisch ausdrücken lassen, und daraus mit Hilfe zwangsläufiger arithmetischer Prozesse die endliche Basis des Invariantensystems. Die Arbeit schließt mit den Worten: „Hiermit sind, glaube ich, die wichtigsten allgemeinen Ziele einer Theorie der durch die Invarianten gebildeten Funktionenkörper erreicht". Sie ist datiert vom 29. September 1892, also fast genau vier Jahre nach dem ersten allgemeinen Endlichkeitsbeweis. Gleichzeitig schreibt Hilbert an Minkowski: „Mit der Annalenarbeit verlasse ich das Gebiet der Invarianten definitiv und werde mich nunmehr zur Zahlentheorie wenden". In der Tat hat er diese Abwendung von dem Gebiete seines jungen Ruhms mit seltener Vollständigkeit vollzogen: keine Publikation mehr[3], und nur noch drei Vorlesungen, mit deren letzter er 1929 bis 1930 vor der Emeritierung seinen Abschied vom Lehramt nahm.

Das Jahr 1892 ist also ein Grenzstein in Hilberts wissenschaftlicher Laufbahn, zugleich aber auch in seinen äußeren Verhältnissen. Infolge von Kroneckers Tod und Weierstraß' Rücktritt vom Lehramt wurde Ostern 1892 eine größere Zahl von Berufungen notwendig. In deren Verlauf erhielt Hurwitz die ordentliche Professur am Eidgenössischen Polytechnikum in Zürich, und zu seinem Nachfolger auf dem Königsberger Extraordinariat wurde Hilbert von der Fakultät einstimmig und alleinig vorgeschlagen und von dem Ministerium sofort ernannt. Fast 6 Jahre war er Privatdozent gewesen, eine Zeit,

---

[1] Der Beweis ist ein Musterbeispiel für eine „transfinite" Schlußweise und hat Hilbert starke Anregung zu seinen späteren logisch-mathematischen Untersuchungen gegeben.
[2] Bd. II, Nr. 19 oder Math. Ann. Bd. 42, (1893) S. 313—373.
[3] Die späte Gelegenheitsschrift Bd. II, Nr. 25 ist die Ausnahme, die die Regel bestätigt. [Auch Math. Abh. Hermann Amandus Schwarz zu seinem fünfzigsten Doktorjubiläum, S. 448—451. Berlin: Julius Springer 1914.]

die ihm wohl recht lang geworden ist. Aber schon im Herbst 1893 gab es
eine neue Veränderung. Lindemann ging als Nachfolger L. v. Seidels nach
München, die Berufungsliste für das freigewordene Königsberger Ordinariat
führte Hilbert neben den viel älteren Brill, Krause, Voß auf. Die Entscheidung
zu Hilberts Gunsten traf der Ministerialrat, spätere Ministerialdirektor, Fried-
rich Althoff im Preußischen Kultusministerium, der auch Hilbert gegenüber
seine bewunderte Menschenkenntnis bewährte. Nicht nur übertrug er ihm das
Ordinariat unter günstigen Bedingungen, sondern er forderte ihn außerdem
zur Äußerung über seinen Nachfolger im Extraordinariat auf. Damals zeigte
Hilbert zum erstenmal seine Fähigkeit, die er nur bei entscheidenden Ge-
legenheiten gebrauchte, zu geschickter und energischer akademischer Diplo-
matie. Es gelang ihm, trotz einiger verwickelter Personalfragen, Minkowski
Ostern 1894 als Extraordinarius nach Königsberg zu ziehen. Hier konnten
die beiden noch ein Jahr zusammenarbeiten, bis Ostern 1895 Hilbert nach
Göttingen übersiedelte. Darüber soll aber erst später berichtet werden.

Noch ein weiteres Ereignis brachte ihm das Jahr 1892. Im Vorjahre hatte
er sich mit Käthe Jerosch, einer der Hilbertschen Familie befreundeten Königsberger Kaufmannstochter, verlobt, im Oktober 1892 heiratete er. Es ist
in den Lebensbeschreibungen bedeutender Männer üblich, ihrer Lebensgefähr-
tinnen mit wenigen freundlichen Worten zu gedenken. Frau Käthe Hilbert
aber soll gerühmt werden, wie es ihr gebührt, und etwas Scherz soll dabei
sein, damit sie es freundlich aufnimmt. Sie ist ein ganzer Mensch, kräftig und
klar. In den glänzenden Zeiten des Hilbertschen Hauses in Göttingen stand
sie ebenbürtig neben ihrem Mann, gütig und kritisch, immer originell, die
Mutter und Meisterin der vielen jungen Mathematiker, die in dieses weit
offene Haus kamen, um von ihm Wissenschaft, Tatkraft und manche Weisheit, von ihr kluge Lebensfreude und Menschenkenntnis, von beiden das Gefühl liebevoller Teilnahme mit hinauszunehmen. Sie ist die verständnisvolle,
herzhafte Betreuerin ihres Mannes und Sohnes. Viele Manuskripte Hilberts
sind in ihren hohen festen Buchstaben geschrieben. Sie kannte uns alle genau,
beurteilte uns temperamentvoll und wußte uns mit unseren Eigenheiten zu
nehmen. Folgende Geschichte möge das Bild heiter beschließen: Als einst
zur Feier eines Hilbertschen Geburtstages ein „Liebesalphabet" gedichtet
wurde — Hilberts damalige „Lieben", zu jedem Buchstaben ein Vorname
— und den Dichtern kein „K" einfiel, da sagte sie in ihrem bestimmtesten
Königsberger Tonfall: „Na, nun könnten Sie doch auch einmal an mich denken". Worauf der Vers entstand: „Gott sei Dank, nicht so genau Nimmt es
Käthe, seine Frau".

In wissenschaftlicher Hinsicht gehören die Königsberger Professorenjahre
und die ersten Göttinger Jahre der Zahlentheorie. Begonnen wird dieses Ge-

biet durch die Vereinfachung der Hermite-Lindemannschen Beweise der Transzendenz von *e* und π (Winter 1892 bis 1893)[1], dann wendet sich das Interesse
ganz der Zahlkörpertheorie zu. Schon lange, wahrscheinlich schon seit der
Studentenzeit, fühlte sich Hilbert zu diesem „Bauwerk von wunderbarer
Schönheit und Harmonie" hingezogen, in dem „eine Fülle der kostbarsten
Schätze noch verborgen liegt, winkend als reicher Lohn dem Forscher, der
den Wert solcher Schätze kennt und die Kunst, sie zu gewinnen, mit Liebe
betreibt". Auch reizte ihn der Gegensatz zwischen den einfachen Einsichten
und den „monströsen Beweisen". Auf den Spaziergängen mit Hurwitz wurden
Kroneckers und Dedekinds Arbeiten eingehend besprochen. Hilbert erzählte
später drastisch: „Einer nahm den Kroneckerschen Beweis für die eindeutige
Zerlegung in Primideale vor, der andere den Dedekindschen, und beide fanden
wir scheußlich". Es ist oben gezeigt worden, daß die abschließende Arbeit
über die „Vollen Invariantensysteme" völlig vom Geiste der Körpertheorie
durchdrungen ist. Nach ihrem Abschluß begann Hilbert zunächst intensive
Literaturstudien. In den Briefen an Minkowski erwähnt er namentlich die
Dedekindsche Arbeit über die Diskriminante, die „ein großer Genuß" für ihn
ist, und die Arbeiten von Kummer über die Reziprozitätsgesetze. Seine eigene
Veröffentlichung beginnt mit einem Vortrag „Zwei neue Beweise für die Zerlegbarkeit der Zahlen eines Körpers in Primideale"[2], gehalten im September
1893 auf der Münchener Versammlung der Deutschen Mathematiker-Vereinigung. Es war die erste Frucht der Spaziergänge mit Hurwitz. Die zweite
war Hurwitz' ein Jahr später veröffentlichter Beweis desselben Satzes, dem
Hilbert in dem „Zahlbericht" den Vorzug gegeben hat. Noch auf der Versammlung in München beschließt die Mathematiker-Vereinigung: „Es werden
die Herren Hilbert und Minkowski ersucht, in zwei Jahren ein Referat über
Zahlentheorie zu erstatten", ein merkwürdiges Zeichen dafür, daß Hilbert
bereits als Autorität galt auf einem Gebiet, über das er eben erst zu publi-
zieren anfing. Minkowski, durch seine „Geometrie der Zahlen" in Anspruch
genommen, trat später zurück, und so erschien im Jahresbericht für 1896
an Stelle des Referates über Zahlentheorie Hilberts monumentaler Bericht
„Die Theorie der algebraischen Zahlkörper"[3], dessen Einleitung vom 10. April
1897 datiert ist. Für den Inhalt des Berichtes sei auf Hasses Referat[4] verwiesen. Wieviel eigene Ergebnisse und eigene Wendungen der Bericht enthält,
zeigt sich deutlich in den ungezählten Briefen Hilberts an Minkowski, der
die Korrekturen liest und in seiner kritischen Art kommentiert. Diese erste
zusammenfassende Darstellung der Zahlkörpertheorie hat eine gewaltige Wir-

---

[1] Bd. I, Nr. 1 oder Math. Ann. Bd. 43, (1893) S. 216 bis 219.
[2] Bd. I, Nr. 2 oder Jber. dtsch. Math.-Ver. Bd. 3, (1894) S. 59.
[3] Bd. I, Nr. 7 oder Jber. dtsch. Math.-Ver. Bd. 4, (1897) S. 177—546.
[4] Bd. I, S. 529.

kung auf die weitere Entwicklung dieses Gebietes gehabt. Hilbert wollte es
aber noch populärer machen und hat deshalb im Anschluß an eine Vorlesung
vom Wintersemester 1897 bis 1898 den damaligen Göttinger Privatdozenten
J. Sommer zur Abfassung seines bekannten Lehrbuches „Vorlesungen über
Zahlentheorie" angeregt, in dem die allgemeine Theorie an dem Beispiel des
quadratischen Zahlkörpers erläutert wird[1].

Während der Arbeit an dem Zahlbericht hat Hilbert die Verfolgung seiner
eigenen Pläne zurückgestellt. Sie betreffen die Reziprozitätsgesetze in einem
beliebigen Zahlkörper und zielen darüber hinaus auf die vollständige Erforschung der Abelschen Relativkörper über solchen Körpern. Hier geht Hilbert
völlig anders vor als bei den Invarianten, wo er die begehrte Stellung mit
stürmender Hand genommen hat. Hier geht er vorsichtig vom speziellen zum
allgemeinen, erprobt erst seine Methoden an dem Dirichletschen biquadratischen Zahlkörper[2], gibt dann den bereits bekannten Gesetzen des quadratischen und Kummerschen Zahlkörpers ihre definitive Gestalt[3] und behandelt
schließlich umfassend die neue Theorie des relativquadratischen Zahlkörpers[4],
wobei er sich aber auch noch für die Diskussion der Einzelergebnisse auf den
Fall eines mit allen Konjugierten komplexen Grundkörpers ungerader Klassenzahl beschränkt. Aus diesen Sonderfällen aber abstrahiert er mit großer Intuition die allgemeine Theorie der relativ-Abelschen Körper, die er auf den
in den Mittelpunkt gestellten Begriff des Klassenkörpers stützt; insbesondere
gelangt er so zum allgemeinsten Reziprozitätsgesetz in einem beliebigen
Grundkörper, das er mit Hilfe des von ihm erfundenen Normenrestsymbols
in einheitlicher Form ausspricht[5]. Er selbst hat diese Erkenntnis noch nicht
allgemein bewiesen, aus Hasses Referat ist aber zu ersehen, daß seine Voraus-
sicht — allerdings nach langer Arbeit vieler Forscher — in allen Punkten
sich bestätigt hat. Einen ersten Erfolg hat er noch selbst angeregt: er hat
als Preisaufgabe der Gesellschaft der Wissenschaften zu Göttingen für das
Jahr 1901 die Preisaufgabe gestellt: „Es soll für einen beliebigen Zahlkörper
das Reziprozitätsgesetz der l-ten Potenzreste entwickelt werden, wenn l eine
ungerade Primzahl bedeutet". Die Aufgabe wurde in einer seine Erwartungen
übertreffenden Vollständigkeit durch Ph. Furtwängler gelöst, der von Klein
in die Zahlentheorie eingeführt worden war und sich in die Hilbertsche Theorie
selbständig eingearbeitet hatte.

Es sind hier noch Untersuchungen zu erwähnen, die Hilbert selbst nicht

---

[1] Zu erwähnen sind auch Hilberts zwei Enzyklopädieartikel IC 4a und IC 4b.

[2] Bd. I, Nr. 5 oder Math. Ann. Bd. 45, (1894) S. 309—340.

[3] Zahlbericht 3. u. 5. Teil.

[4] Bd. I, Nr. 8 u. 9 oder Jber. dtsch. Math.-Ver. Bd. 6, (1899) S. 88—94 und Math.
Ann. Bd. 51, (1899) S. 1—127.

[5] Bd. I, Nr. 10 oder Acta Math. Bd. 26, (1902) S. 99—132.

veröffentlicht, über die er aber eingehende Aufzeichnungen gemacht hat. Es handelt sich um die Konstruktion relativ-Abelscher Körper auf transzendentem Wege, in derselben Weise wie die sämtlichen relativ-Abelschen Körper über dem rationalen Zahlkörper durch Adjunktion der Werte der Exponentalfunktion $e^{i\pi x}$ für rationale Werte des Arguments gewonnen werden können. Den Beweis des von Kronecker vermuteten und von Hilbert[1] abermals ausgesprochenen Satzes, „daß die Abelschen Gleichungen im Bereiche eines quadratischen imaginären Körpers durch die Transformationsgleichungen elliptischer Funktionen mit singulären Modulen erschöpft werden", hat R. Fueter in seiner von Hilbert angeregten Dissertation[2] begonnen und dann selbständig vollendet. Hilberts Aufzeichnungen beschäftigen sich mit dem Fall eines quadratischen imaginären Oberkörpers eines mit seinen sämtlichen Konjugierten reellen Körpers und ziehen Modulfunktionen in mehreren Veränderlichen heran. Diese Aufzeichnungen durfte O. Blumenthal[3] zu seiner Habilitationsschrift benutzen. Die Durchführung der Gedanken für den Fall eines reellen quadratischen Grundkörpers bildet das Thema von E. Heckes Dissertation und Habilitationsschrift[4].

Nach 1899 hat Hilbert nichts mehr über Zahlkörpertheorie geschrieben[5].

Nachdem im vorstehenden die mathematische Arbeit der ersten Göttinger Zeit vorweggenommen ist, sollen jetzt die äußeren Verhältnisse dieser Jahre zusammenhängend betrachtet werden. Die Berufung nach Göttingen erfolgte zu Ostern 1895 infolge des Weggangs von Hilberts früherem Lehrer Heinrich Weber nach Straßburg. Sie war F. Kleins Werk, der mir später darüber sagte: „Meine Kollegen haben mir damals vorgeworfen, ich wolle mir einen bequemen jungen Kollegen berufen. Ich habe aber geantwortet: Ich berufe mir den allerunbequemsten". Ich erinnere mich noch genau des ungewohnten Eindrucks, den mir — zweitem Semester — dieser mittelgroße, bewegliche, ganz unprofessoral aussehende, unscheinbar gekleidete Mann mit dem breiten rötlichen Bart machte, der so seltsam abstach gegen Heinrich Webers ehrwürdige, gebeugte Gestalt und Kleins gebietende Erscheinung mit dem strahlenden Blick. Erst als älterer Student bin ich mit Hilbert in nähere Berührung gekommen, zuerst in dem funktionentheoretischen Seminar, das er gemeinsam mit Klein abhielt, dann in der Mathematischen Gesellschaft, zu der neben den Dozenten auch die fortgeschrittenen Studierenden auf besondere Ein-

---

[1] Bd. I, S. 369 oder Jber. dtsch. Math.-Ver. Bd. 6, (1899) S. 94.
[2] DV. Nr. 25.
[3] Math. Ann. Bd. 56, (1903) S. 509—548; Jber. dtsch. Math.-Ver. Bd. 13, (1904) S. 120—132.
[4] Math. Ann. Bd. 71, (1912) S. 1—37 (= DV. Nr. 48) und Bd. 74, (1913) S. 465—510.
[5] 9 Hilbertsche Dissertationen behandeln zahlentheoretische Fragen.

ladung Zutritt hatten, spät erst in Vorlesungen. Hilberts Vorlesungen waren
schmucklos. Streng sachlich, mit einer Neigung zur Wiederholung wichtiger
Sätze, auch wohl stockend trug er vor, aber der reiche Inhalt und die einfache Klarheit der Darstellung ließen die Form vergessen. Er brachte viel
Neues und Eigenes, ohne es hervorzuheben. Er bemühte sich sichtlich, allen
verständlich zu sein, er las für die Studenten, nicht für sich[1]. Sein Verhalten
im Seminar ist legendär geworden: sehr aufmerksam, im allgemeinen mild,
für gute Leistungen gern anerkennend, konnte er grober Verständnislosigkeit
der Vortragenden gegenüber plötzlich die Geduld verlieren und in origineller
Weise ungewollt scharfe Kritiken abgeben. Um mit seinen Seminarleuten
genau bekannt zu werden, führte er sie eine Zeit lang nach jedem Seminar
in großen Scharen in eine Waldwirtschaft, wo Mathematik gesprochen wurde.
Aus den Seminarteilnehmern sonderte sich allmählich eine Auslese ab, aus
der die Doktoranden hervorgingen. Was diese Hilbert an tiefer Anregung
und persönlichem Wohlwollen verdanken, werden sie nie vergessen. Ein aus-
dauernder Fußgänger, machte er mit ihnen allwöchentlich weite Spaziergänge in die Berge Göttingens: da konnte jeder seine Fragen stellen, meist
aber sprach Hilbert selbst über seine Arbeiten, die ihn gerade beschäftigten.
Da haben wir einen tiefen Einblick in seine Arbeitsweise bekommen, und
wenn wir auch nicht alles verstanden, haben wir um so mehr gelernt, was
Denken und Arbeiten heißt, ein lebensfreudiges und lebensnotwendiges Arbeiten. Geistige Verbindung mit den Jungen war Hilbert sein ganzes
Leben durch ein Bedürfnis. In einem Brief an Minkowski schreibt er von
seinen „drei Wunderkindern", Studenten meiner Generation, die mit ungewöhnlich reichen Kenntnissen auf die Universität gekommen waren. Welches Heimatgefühl hatten die jungen Privatdozenten bei ihm und Frau Käthe!
Wir sprachen mit ihm von Gleich zu Gleich, obwohl er immer der Gebende
war. Nicht nur an unseren wissenschaftlichen Arbeiten, auch an unserem
Unterricht nahm er tätigen Anteil: als einst E. Zermelo und ich elementare
mathematische Übungen einer damals noch ungebräuchlichen Art einführen
wollten, nahmen er und Minkowski regelmäßig daran teil, um unserem Versuche Gewicht zu verleihen.

Zu Klein bestand seit langem eine engere wissenschaftliche Beziehung.
Sie äußert sich namentlich darin, daß Hilbert seit 1888 die vorbereitenden
Noten seiner großen Arbeiten an Klein schickt, der sie der Göttinger Gesellschaft der Wissenschaften für die Göttinger Nachrichten vorlegt. Auch ist
eine geometrische Arbeit von 1894 (s. u.) in der Form eines an Klein gerichteten Briefes abgefaßt. Es hat sich aber zufällig gefügt, daß ungefähr gleich-

---

[1] Von den meisten Vorlesungen ließ Hilbert nach Kleinschem Vorbild durch Assistenten Ausarbeitungen anfertigen. Ein Teil ist auf der Bibliothek des Göttinger Mathematischen Instituts aufgestellt. (Siehe Bd. III, S. 430.)

zeitig mit Hilberts Berufung Klein seine rein-mathematische Tätigkeit aufgab und sich zuerst seinen Bestrebungen um Verbindung der Mathematik mit den Ingenieurwissenschaften, dann seinen pädagogischen Zielen zuwandte. Infolgedessen fühlte sich Hilbert in den ersten Göttinger Jahren etwas vereinsamt. Eine charakteristische Aufzeichnung stammt wohl aus dieser Zeit: „Mathematik ist eine vornehme Dame, die bei den Nachbarn nicht betteln soll und sich ihnen nicht aufdrängen soll, die aber ihre Protektion gern zuwendet solchen, die derselben würdig sind". Später kamen Klein und Hilbert sich näher, nicht zum mindesten wohl deshalb, weil Hilberts Vielseitigkeit, seine Gabe zur Verbindung entfernter Gebiete immer überraschender hervortrat. Das war die Fähigkeit, die Klein am höchsten schätzte, während andererseits Kleins Leichtigkeit, neue Gedanken in die Fülle seines Wissens ordnend aufzunehmen und mit einer persönlichen Note zu versehen, Hilbert anzog. Ein weiteres Feld der Zusammenarbeit beider ergab sich bei den „Mathematischen Annalen", in deren Hauptredaktion Hilbert 1902, mit dem 55. Band, aufgenommen wurde. Er war seit seinen frühesten Veröffentlichungen ein treuer Freund dieser Zeitschrift gewesen und hatte fast alle seine großen, zusammenfassenden Arbeiten in ihr veröffentlicht. Seine Teilnahme an der Redaktion verschaffte der Zeitschrift die Mitarbeiterschaft nicht nur der Göttinger Schule im engeren Sinne, sondern all der vielen in- und ausländischen Mathematiker, die seine Probleme bearbeiteten oder durch seinen großen Namen angezogen wurden. So hat er den durch Klein begründeten internationalen Ruf der Annalen aufrechterhalten und neu gegründet. Auch er selbst hat weiter den größten Teil seiner Abhandlungen in den Annalen erscheinen lassen, die anderen erschienen hauptsächlich in den Nachrichten der Gesellschaft der Wissenschaften zu Göttingen, deren Mitglied er kurz nach Übernahme der Göttinger Professur (22. Juni 1895) geworden war. Seit Kleins Rücktritt von den Annalengeschäften nimmt er dessen Stellung als Haupt der Redaktion ein. — In geschäftlicher und organisatorischer Hinsicht beließ Hilbert gern Klein die gewohnte und bewährte Führung. Überhaupt liegen ihm Geschäfte wenig und er zieht sich davon zurück. So ist er niemals Rektor oder Dekan gewesen. Nur in wenigen Fällen, wo er Unrecht oder schwere Fehler sah, griff er ein und setzte hart seinen Willen durch. Klein und Hilbert waren sehr verschiedene Menschen, aber sie waren einander wert, und sie wußten es[1].

Eine Berufung nach Leipzig auf den durch S. Lies Weggang erledigten Lehrstuhl lehnte Hilbert 1898 ohne Schwanken ab.

Die beiden bisher von Hilbert fast ausschließlich bearbeiteten mathematischen Gebiete, Zahlentheorie und Algebra, sind hinsichtlich ihrer Grund-

---

[1] Das in meinem Besitz befindliche Geschenkexemplar seiner Integralgleichungen widmet Hilbert „s. l. Kollegen Felix Klein in Freundschaft".

lagen besonders einfach, denn man arbeitet nur in einem endlichen oder abzählbar unendlichen Bereich. Die Schwierigkeiten des Unendlichen, die sich
bei der Behandlung des Kontinuums ergeben hatten, treten noch nicht auf.
Mit dem Jahre 1898 beginnt eine neue, noch heute andauernde Periode in
Hilberts Tätigkeit, gekennzeichnet durch die Auseinandersetzung mit dem
Unendlichen.

Für den Winter 1898 bis 1899 hatte Hilbert eine Vorlesung über „Elemente
der Euklidischen Geometrie" angekündigt. Das erregte bei den Studenten
Verwunderung, denn auch wir älteren, Teilnehmer an den „Zahlkörperspaziergängen", hatten nie gemerkt, daß Hilbert sich mit geometrischen Fragen beschäftigte: er sprach uns nur von Zahlkörpern. Staunen und Bewunderung
aber erwachten, als die Vorlesung begann und einen völlig neuartigen Inhalt
entwickelte. Eine vorzügliche autographierte Ausarbeitung, hergestellt von dem
früh verstorbenen H. v. Schaper, Hilberts erstem Assistenten, ist noch heute
eine empfehlenswerte Einführung in die Axiomatik der Geometrie, denn sie
enthält manche Motivierungen und Beispiele, die in der klassisch gefeilten
Darstellung des späteren Buches weggefallen sind. Dieses, „Grundlagen der
Geometrie" betitelt, erschien 1899 als Festschrift zur Enthüllung des Göttinger
Gauß-Weber-Denkmals und hat seitdem, durch Anhänge bereichert und in
Einzelheiten verbessert, 7 Auflagen erlebt. Es hat seinem bis dahin nur in Fachkreisen gewürdigten Verfasser den Weltruf eingetragen. Es ist lohnend, dem
Grund dieses Erfolges und der Entwicklung von Hilberts Ideen nachzuspüren.

Diese Entwicklung scheint schon sehr früh eingesetzt zu haben. Sicher
wissen wir erst, daß ein starker Anstoß von einem Vortrag ausging, den
H. Wiener 1891 auf der Naturforscher-Versammlung in Halle über „Grundlagen und Aufbau der Geometrie" hielt[1]. In diesem Vortrag stellt Wiener mit
völliger Klarheit die Forderung auf, daß man die für die Punkte und Geraden
der Ebene und die Operationen des Verbindens und Schneidens geltenden
Tatsachen aus solchen Grundsätzen müsse ableiten können, deren Aussagen
nur diese Elemente und Operationen enthalten, so daß „man aus diesen eine
abstrakte Wissenschaft aufbauen kann, die von den Axiomen der Geometrie
unabhängig ist". Als ein vollständiges System solcher Grundsätze findet
Wiener den Desargues und den speziellen Pascal (Pappus) und macht auch
einige Angaben über das gegenseitige Verhältnis der beiden Sätze. Diese Ausführungen packten Hilbert, der im vorhergehenden Semester Projektive Geometrie gelesen hatte, so, daß er gleich auf der Rückreise den Fragen nachging.
In einem Berliner Wartesaal diskutierte er mit zwei Geometern (wenn ich
nicht irre, A. Schoenflies und E. Kötter) über die Axiomatik der Geometrie
und gab seiner Auffassung das ihm eigentümliche scharfe Gepräge durch den

---

[1] Jber. dtsch. Math.-Ver. Bd. 1, (1892) S. 45—48.

Ausspruch: „Man muß jederzeit an Stelle von „Punkte, Geraden, Ebenen" „Tische, Stühle, Bierseidel" sagen können". Seine Einstellung, daß das anschauliche Substrat der geometrischen Begriffe mathematisch belanglos sei und nur ihre Verknüpfung durch die Axiome in Betracht komme, war also damals bereits fertig. Im April 1893 schreibt er an Minkowski: „Ich habe mich jetzt in die Nichteuklidische Geometrie hineingearbeitet, da ich im nächsten Semester darüber zu lesen gedenke". Die Vorlesung ist im Sommer 1894 gehalten worden. Ihre Frucht ist der (schon oben erwähnte) Brief an Klein „Über die gerade Linie als kürzeste Verbindung zweier Punkte"[1], in dem, wohl unter dem Einfluß Minkowskischer Ideen, Geometrien betrachtet werden, deren Punkte das Innere eines konvexen Körpers erfüllen (so wie in Kleins Realisierung der Lobatschefskyschen Geometrie das Innere einer Kugel), und gezeigt wird, daß bei Definition der Entfernung durch den Logarithmus des Doppelverhältnisses mit den unendlich fernen Punkten die Dreiecksungleichung gilt. Historisch von Bedeutung ist, daß in dieser Arbeit die Axiome der Verknüpfung und Anordnung und das Archimedische Axiom vorangestellt werden, und zwar im wesentlichen in derselben Formulierung wie in den „Grundlagen", die Anordnungsaxiome unter ausdrücklicher Berufung auf M. Pasch.

Die „Grundlagen" verdanken ihren gewaltigen Erfolg zweifellos in erster Linie ihrer philosophischen Richtung, der radikalen Abstraktion von der Anschauung und ihrem Ersatz durch logische Verknüpfungen. Sie kommt schon zum Ausdruck in dem vorangestellten Kantschen Motto, das die Stufenfolge „Anschauungen, Begriffe, Ideen" herausstellt, sie wird in der Schaperschen Ausarbeitung der Vorlesung „Elemente" ausdrücklich ausgesprochen: „die Axiome selbst genau zu untersuchen, ihre gegenseitigen Beziehungen zu erforschen, ihre Anzahl möglichst zu vermindern". Es ist für uns heute schwer, uns vorzustellen, welche Neuheit diese Auffassung damals bedeutete, denn uns ist der Gesichtspunkt selbstverständlich geworden. Aber man lese Euklid oder, was uns näher liegt, Pasch. Paschs Ziel ist, aus der Anschauung diejenigen „Grundsätze" (später sagt er „Kernsätze") herauszuschälen und zu formulieren, die zu einem logischen Aufbau der Geometrie hinreichen. Die Frage, ob diese „Grundsätze" miteinander verträglich sind, wird nicht gestellt: dafür bürgt die Anschauung. Ebensowenig wird die Frage der gegenseitigen Abhängigkeit untersucht. Gewiß waren Unabhängigkeitsbeweise durch Gegenbeispiele in dem Streit um das Parallelenaxiom schon früher geführt worden, aber nicht erkannt, oder mindestens nicht betont, war die nackte Banalität, daß es sich um ein logisches Gegenbeispiel handele, das mit Anschauung nichts zu tun habe. Dadurch wirkte Hilberts Werk revolutionär.

---

[1] Grundlagen der Geometrie, 7. Auflage, Leipzig und Berlin: B. G. Teubner 1930, Anhang I oder Math. Ann. Bd. 46, (1895) S. 91—96.

Ich kann den Eindruck nicht besser schildern als durch den damaligen unmutigen Ausruf eines tüchtigen Mathematikers: „Da nennt man gleich, was nicht gleich ist!". Den Sieg der neuen Auffassung entschied die breite Anlage, die Vielseitigkeit der Untersuchung. Die an mannigfachsten Fragen wiederholten Beweise für Ableitbarkeit oder Unabhängigkeit verschiedener Satzgruppen voneinander zeigten geheimnisvolle Zusammenhänge zwischen Axiomen, die anscheinend miteinander nichts zu tun hatten. Man denke an die Ersetzbarkeit der räumlichen Axiome durch die Kongruenzaxiome beim Beweis des Desargues oder an die Ersetzbarkeit der Kongruenzaxiome durch das Archimedische Axiom beim Beweis des Pascal. Dazu kam die mit größter Kunst durchgeführte Arithmetisierung, deren berühmtestes Beispiel die Desarguessche Streckenrechnung ist.

In den folgenden geometrischen Veröffentlichungen Hilberts verdichtet sich das Interesse auf zwei Fragen: Die Bedeutung der Stetigkeit und die der räumlichen Axiome. An erster Stelle erwähne ich die Arbeit[1], in der nach einem Gedanken von S. Lie die ebene Geometrie allein auf der Gruppeneigenschaft der Bewegungen und weitestgehenden Stetigkeitsforderungen aufgebaut wird, so daß alle übrigen Axiome aus diesen wenigen Voraussetzungen folgen. Die Untersuchung ist auch dadurch bedeutsam, daß in ihr zum ersten Male die Methoden der Punktmengenlehre entscheidend verwandt wurden. An diese Abhandlung knüpft sich in meiner Erinnerung ein kleines Erlebnis, das höchst bezeichnend für Hilberts Arbeitsweise ist. Als ich ihn auf einem Spaziergang nach dem Fortschritt der Lie-Arbeit fragte, sagte er halb lachend: „Ich bin in Not. Ich sehe auf einmal, daß ich die Ergebnisse meiner ‚Grundlagen' nicht anwenden kann, weil es in der Lieschen Geometrie keine Klappung gibt"[2]. Diese Not rief die feine Untersuchung „Über den Satz von der Gleichheit der Basiswinkel im gleichschenkligen Dreieck"[3] hervor, in der das Verhältnis von Klappung und Stetigkeit mit vollendeter Gründlichkeit geklärt wird[4]. In die Forschungen über die Bedeutung der Stetigkeitsaxiome gehört als wichtiges Glied auch M. Dehns Dissertation „Die Legendreschen Sätze über die Winkelsumme im Dreieck"[5]. Hinsichtlich der räumlichen Axiome war noch die Stellung des Parallelenaxioms zu klären, das in den „Grundlagen" bei diesen Betrachtungen wesentlich gebraucht wird. Dazu diente die Arbeit „Neue Begründung der Bolyai-Lobatschefskyschen Geometrie"[6], die allerdings noch nicht das abschließende Ergebnis bringt. Dieses hat erst 4 Jahre später J. Hjelmslev erreicht[7].

[1] Grundlagen, Anhang IV oder Math. Ann. Bd. 56, (1903) S. 381—422.
[2] Vgl. Anhang IV, § 41 und 42.
[3] Proc. London Math. Soc. Bd. 35, (1903) S. 50—68; Anhang II der 2.—6. Aufl.
[4] Siehe übrigens die Neubearbeitung durch A. Schmidt im Anhang II der 7. Aufl.
[5] DV. Nr. 8.　　[6] Grundlagen, Anhang III oder Math. Ann. Bd. 57, (1903) S. 137—150.　　[7] Vgl. A. Schmidt in Bd. II, S. 410.

Den Untersuchungen über die Axiome der Geometrie ist schließlich auch zuzurechnen die Aufstellung der Axiome der Arithmetik in dem Vortrag „Über den Zahlbegriff"[1], denn Hilbert stellt bekanntlich als erster die Frage nach der Widerspruchsfreiheit der geometrischen Axiome und beantwortet sie durch Zurückführung auf die Gesetze der Zahlen, deren Widerspruchslosigkeit der Anschauung entnommen wird.

Im ganzen hat die Arbeit an der Geometrie bis in das Jahr 1902 angedauert. Auch verschiedene in jenen Jahren entstandene flächentheoretische Untersuchungen, die sich mit dem Verhalten gewisser Flächenklassen im Großen befassen, müssen in diesen Zusammenhang eingeordnet werden[2].

Mit dem Erscheinen der „Grundlagen" beginnt die äußerlich glanzvollste Zeit von Hilberts Leben. Den Auftakt bildet 1900 der Internationale Mathematiker-Kongreß in Paris, an dem Hilbert als Vorsitzender der Deutschen Mathematiker-Vereinigung teilnahm und seinen tiefwirkenden Vortrag „Mathematische Probleme"[3] hielt. Diese 23 Probleme haben den Mathematikern bis zur jüngsten Generation reiche Anregung gegeben, viele konnten gelöst werden, einige sind noch heute ungelöst, zu fast allen sind wenigstens Ansätze und Teillösungen vorhanden. Die kleinere Hälfte steht in engerem Zusammenhang mit Hilberts früheren Arbeiten, ein Teil der übrigen bildet sein eigenes Programm für die Zukunft: die Axiomatik der Arithmetik und Physik und die Probleme aus der Variationsrechnung, die zu bearbeiten er gerade begonnen hatte. Ganz wenige sind dem allgemeinen Besitzstand der Mathematik oder dem Problemkreise anderer Forscher entnommen. Als Beispiel einer durch eine flüchtige äußere Anregung entstandenen tiefen Fragestellung erwähne ich Problem 13: Unmöglichkeit der Lösung der allgemeinen Gleichung 7. Grades durch eine endliche Anzahl Einschachtelungen von Funktionen von nur 2 Argumenten[4]. Wichtiger als die Einzelheiten der Probleme ist für uns das Thema als ganzes und die Form der Behandlung. Denn in der Wahl dieses Themas zeigt sich der ganze Hilbert. Für ihn sind wohlbestimmte große Probleme eine Lebensnotwendigkeit. Er braucht sie zur Auslösung und Steuerung seiner außergewöhnlichen Denkkräfte. Daher der zögernde Beginn seiner

---

[1] Grundlagen, Anhang VI oder Jber. dtsch. Math.-Ver. Bd. 8, (1900) S. 180—184.

[2] Grundlagen, Anhang VII oder Trans. Am. Math. Soc. Bd. 2, (1901) S. 87—99 und die Dissertationen von Boy über das singularitätenfreie ganz im Endlichen gelegene Bild der projektiven Ebene (DV. Nr. 17) und Zoll (Nr. 20) über Flächen mit lauter geschlossenen geodätischen Linien. [Siehe auch die spätere Diss. Funk (Nr. 53)]. — Im ganzen sind 10 Dissertationen geometrischen Inhaltes bei Hilbert angefertigt worden.

[3] Bd. III, Nr. 17 oder Arch. Math. Phys. 3. Reihe, Bd. 1, (1900) S. 44—63, 213—237.

[4] Merkwürdige Ergebnisse, die mit diesem Problem zusammenhängen, enthält die späte Gelegenheitsschrift Bd. II, Nr. 26 oder Math. Ann. Bd. 97, (1927) (Riemannheft) S. 243—250.

wissenschaftlichen Tätigkeit, daher das jähe Abbrechen einer Klimax von
Untersuchungen gerade am Höhepunkt. Die Form ist künstlerisch gefeilt,
die Sprache gehoben, sie schmückt sich durch Bilder aus Hilberts Lieblings-
beschäftigung in den Stunden seiner Erholung. „Ein neues Problem, zumal
wenn es aus der äußeren Erscheinungswelt stammt, ist wie ein junges Reis,
welches nur gedeiht und Früchte trägt, wenn es auf den alten Stamm, den
sicheren Besitzstand unseres mathematischen Wissens, sorgfältig und nach den
strengen Kunstregeln des Gärtners aufgepropft wird." Die Grundströmung
ist eine unbedingte, frohe Bejahung einer großen Zukunft der Mathematik;
entgegenstehende Befürchtungen werden widerlegt. Mit Hilfe der Axiomatik ist
völlige Strenge in allen Gebieten mathematischer Betätigung, nicht nur in der
Analysis oder gar nur in der Arithmetik, zu erreichen, Strenge ist keine Feindin
der Einfachheit, „das Streben nach Strenge zwingt uns zur Auffindung einfacherer Schlußweisen; auch bahnt es uns häufig den Weg zu Methoden, die
entwicklungsfähiger sind als die alten Methoden", diese Vereinfachung hat
dann außerdem den glücklichen Erfolg, daß der Mathematiker weniger von der
Gefahr der Zersplitterung bedroht ist als andere Wissenschaftler, „daß es dem
einzelnen Forscher, indem er sich die schärferen Hilfsmittel und einfacheren
Methoden zu eigen macht, leichter gelingt, sich in den verschiedenen Wissenszweigen der Mathematik zu orientieren, als dies für irgendeine andere Wissenschaft der Fall ist". In allen diesen Äußerungen sehen wir Zeichen einer
eigenen glücklichen Erfahrung. Darüber steht aber das höchste: „die Überzeugung, die jeder Mathematiker gewiß teilt, die aber bis jetzt wenigstens
niemand durch Beweise gestützt hat, daß jedes bestimmte mathematische
Problem einer strengen Erledigung notwendig fähig sein müsse. . . . Diese
Überzeugung ist uns ein kräftiger Ansporn während der Arbeit; wir hören
in uns den steten Zuruf: Da ist das Problem, suche die Lösung. Du kannst
sie durch reines Denken finden; denn in der Mathematik gibt es kein Ignorabimus!" Dieser vielzitierte Ausspruch mußte hier wiederholt werden, denn
ohne ihn bleibt Hilberts Bild unvollständig.

Wir verfolgen Hilberts äußeren Lebensgang sofort zusammenhängend weiter.
Das Jahr 1902 brachte darin das bedeutsamste Ereignis. Im Sommer 1902
wurde Hilbert die Nachfolge L. Fuchs' an der Berliner Universität angetragen.
Er war lange gänzlich unschlüssig, aber dann faßte er einen wirklich großartigen Plan, dessen erfolgreiche Durchführung eine starke Probe für das
Gewicht seiner Meinung bei der Unterrichtsverwaltung war. Er überzeugte
den Ministerialdirektor Althoff von der Notwendigkeit, in Göttingen, neben
Berlin, eine Zentrale für Mathematik zu errichten, und wies ihm das Mittel
dazu in der Berufung Minkowskis, der damals in Zürich war. Und so geschah
es: noch im Sommersemester machte Minkowski seinen ersten Besuch in

Göttingen, zeigte in der Mathematischen Gesellschaft seine Eigenart durch einen Vortrag: „Über die Körper konstanter Breite"[1], und nahm an der Nachsitzung teil, bei der die Freude groß war über Hilberts Bleiben und seine Ankunft. Für die beiden Freunde aber begannen 6 Jahre regster, eigentlich ununterbrochener Zusammenarbeit. Hilbert sagt in seinem Nachruf auf Minkowski: „ein Telephonruf zur Vermittlung einer Verabredung oder ein paar Schritte über die Straße und ein Steinchen an die klirrende Scheibe des kleinen Eckfensters seiner Arbeitsstube — und er war da, zu jeder mathematischen oder nichtmathematischen Unternehmung bereit". An Stelle der Seminare mit Klein traten solche mit Minkowski. Gemeinsam begannen beide ein in- und extensives Studium der Mechanik und Physik, zu dem die Anregung wahrscheinlich von Hilbert ausging, der das Ziel einer Axiomatik der Physik vor Augen hatte, während Minkowski das größere Fachwissen mitbrachte. Er hat auch den reichsten Ertrag der gemeinsamen Saat ernten können: seine Entdeckung des Relativitätsprinzips. Als dann 1904 eine glückliche Berufung auch C. Runge als Vertreter der angewandten Mathematik nach Göttingen brachte, da war Göttingens Stellung als Hochburg der Mathematik fest gegründet. Die Zusammenarbeit der vier Ordinarien gab sich äußerlich kund in den gemeinsamen Spaziergängen „jeden Donnerstag pünktlich drei Uhr", bei denen Mathematik, Organisation und sportliche Leistung vereinigt wurden. Und um die Mathematik und in regem Austausch mit ihr blühten, vertreten durch hervorragende Männer, die Nachbarwissenschaften, Astronomie, Mechanik, Physik.

In dieser bedeutenden Umgebung erwuchs die Hilbert-Schule zu ihrem höchsten Glanze. In den Jahren 1901 bis 1914 entstehen unter Hilberts Leitung mehr als 40 Dissertationen, viele von bleibendem Wert, einige berühmt; aus den jungen Doktoren rekrutieren sich dann Hilberts Assistenten, die fast alle heute hochangesehene akademische Lehrer und Forscher sind. Dazu kommen erprobte Mathematiker des In- und Auslands zahlreich nach Göttingen, lernen bei Hilbert und bringen auch manche wertvolle Anregung mit. Verschiedene machen sich als Privatdozenten seßhaft, andere Privatdozenten gehen aus den Doktoranden hervor. In runder Zahl sind es 15 bekannte Männer, die damals in Göttingen ihre Dozentenlaufbahn begonnen haben. Es war ein ungestümes wissenschaftliches Leben, das auch die schwächeren zu namhaften Leistungen emporriß: unvergeßlich allen, die es genießen durften.

Und Hilbert gewöhnte sich daran, ein berühmter Mann zu sein, ohne dadurch seine Naturwüchsigkeit zu verlieren. Um das einfach behäbige Haus, das er sich bald nach der Übersiedelung nach Göttingen erbaut hatte, weitete

---

[1] Minkowski: Werke Bd. II, Nr. XXVII.

sich mehr und mehr der Garten, die Freude und Arbeitsstätte seines Herrn,
mit den gepflegten Obstbäumen und der gedeckten Wandelbahn für Mathematik bei schlechtem Wetter. Man sah auch einen lebhaften Weltmann Hilbert
in kühnem Panamahut. Die Geburtstagsfeiern wurden zu vergnügten gesell-
schaftlichen Ereignissen. In reichem Strom kamen die äußeren Ehrungen,
Mitgliedschaften von gelehrten Gesellschaften, wissenschaftliche Preise. Auch
eine lockende Berufungsaussicht eröffnete sich 1904 auf dem Mathematiker-
Kongreß in Heidelberg, als L. Königsberger Hilbert seine Nachfolge auf dem
Heidelberger Lehrstuhl anbot. Er lehnte aber nach kurzem Schwanken ab.
Ein weiterer Ruf kam erst viel später, in den ersten Nachkriegsjahren, als für
ihn in Bern ein Lehrstuhl geschaffen werden sollte. Trotz der, damals sehr
augenfälligen, äußeren Vorteile dieser Stelle blieb Hilbert in Göttingen.

Die nächsten Jahre nach dem Erscheinen der „Grundlagen der Geometrie"
sind ausgezeichnet durch gleichzeitige große Produktion auf verschiedenen
Gebieten. Während die geometrischen Forschungen in der früher geschilderten
Weise fortgeführt werden, während die „Mathematischen Probleme" entstehen, treten schon die analytisch-funktionentheoretischen Untersuchungen
in den Vordergrund. Sie fließen in starkem Strom bis 1906 und ebben bis
1910 langsam ab. Sie haben die Analysis um die neuen, wirksamen Methoden
bereichert, die, durch die Mitarbeit anderer Forscher ergänzt und erweitert,
in dem Lehrbuch Courant-Hilbert, Methoden der mathematischen Physik[1]
zusammenfassend dargestellt sind.

Mir scheint, daß sich auch für diese Untersuchungen Hilbert von vornherein ein axiomatisches Programm gesteckt hat. Er hat es allerdings erst
viel später, in einem für den Mathematiker-Kongreß zu Rom 1908 bestimmten
Vortrag[2] formuliert: „Von hervorragendem Interesse scheint mir eine . . .
Untersuchung über die Konvergenzbetrachtungen, die zum Aufbau einer bestimmten analytischen Disziplin dienen, in der Weise, daß man ein System
gewisser möglichst einfacher Grundtatsachen aufstellt, die ihrerseits zum Beweise eine gewisse Konvergenzbetrachtung erfordern und mit deren ausschließlicher Hilfe ohne Hinzunahme irgendeiner neuen Konvergenzbetrachtung die
sämtlichen Sätze jener analytischen Disziplin bewiesen werden können".

Zum Verständnis sind einige Worte über den Stand der Analysis am Ende
des 19. Jahrhunderts nötig. Nachdem der Bau der komplexen Funktionentheorie in seinen Grundlagen gesichert und zu imposanter Höhe emporgetrieben
war, hatte sich die Forschung hauptsächlich den Randwertproblemen zugewandt, die zuerst aus der Physik übernommen worden waren, dann aber auch
in der reinen Mathematik ihre grundlegende Bedeutung bewiesen hatten. Es

---

[1] Erste Auflage Berlin: Julius Springer, 1924.
[2] Bd. III, Nr. 6, S. 72 oder Rend. Circ. Mat. Palermo Bd. 27, (1909) S. [59—74] 74.

handelte sich hauptsächlich um zwei Probleme, das Problem der Existenz
einer Potentialfunktion mit gegebenen Daten am Rande, und das Problem
der Eigenschwingungen elastischer Körper (in erster Linie Saite und Membran).
Der Zustand war unerfreulich. Früher schien in dem Dirichletschen Prinzip
eine einheitliche Methode zur Erledigung aller dieser Aufgaben gefunden zu
sein. Nachdem sich dieser Boden als nicht tragfähig erwiesen hatte, war man
darauf angewiesen, zur Erledigung jeder Aufgabe besondere Verfahren aus-
zubilden. Sie waren von hoher Kunst getragen, haben einen noch heute un-
verblaßten ästhetischen Reiz (C. Neumann, H. A. Schwarz, H. Poincaré)[1],
aber sie verwirrten durch ihre Verschiedenheit, obwohl namentlich Poincaré
sich Ende der neunziger Jahre mit größtem Scharfsinn und Tiefblick um
Vereinheitlichung bemüht hatte. Es fehlten eben gerade die „einfachen Grundtatsachen", aus denen ohne Konvergenzbetrachtungen ad hoc die sämtlichen
Ergebnisse abgeleitet werden konnten.

Diese suchte Hilbert zunächst in der Variationsrechnung, in den regulären
Variationsproblemen[2], d. h. denjenigen, bei denen die Legendresche Bedingung
im strengen Sinne erfüllt ist. Und es gelang ihm sofort ein ganz großer Wurf,
der Beweis des Dirichletschen Prinzips. Er hat sich als erster durch Weierstraß'
Kritik nicht abschrecken lassen, sondern die Schwierigkeiten und Fehlerquellen
des Problems genau durchdacht und den Weg zu ihrer Überwindung gefunden.
Er hat erkannt, daß man die zur Konkurrenz zugelassenen Flächen zuerst
einem Glättungsprozeß unterwerfen müsse, und hat dafür zwei Methoden angegeben. Die erste (von 1899)[3], dem Gedanken nach sehr einfache, hat Klein
anschaulich mit den Worten beschrieben: „Hilbert schneidet den Flächen die
Haare ab". Die zweite ist viel kunstvoller. Um ihre Kraft zu zeigen, benutzt
Hilbert sie in der Festschrift zur Feier des 150 jährigen Bestehens der Göttinger
Gesellschaft der Wissenschaften (1901) zur Lösung eines altberühmten vor-
nehmen Problems, der Existenz der Abelschen Integrale 1. Gattung[4]. Nachdem
durch das von Hilbert schon bei der ersten Methode gebrauchte „Auswahl-
verfahren" aus einer Folge von Näherungsfunktionen eine stetige Grenzfunktion gewonnen ist, wird über diese ein sechsfaches Integral genommen und
dieses als Potentialfunktion nachgewiesen, worauf dann auf die ursprüngliche
Funktion zurückgeschlossen werden kann. Die Glättung wird also hier durch

---

[1] Auch Hilbert hat einen Beitrag dazu geliefert. Siehe Charles A. Noble, „Lösung der
Randwertaufgabe für eine ebene Randkurve mit stückweise stetig sich ändernder Tangente und ohne Spitzen". Gött. Nachr. 1896, S. 191—198.

[2] Mathematische Probleme, Nr. 19 und 20, Bd. III, S. 320—322.

[3] Bd. III, Nr. 3 oder Jber. dtsch. Math.-Ver. Bd. 8, (1900) S. 184—188. Siehe auch die
Dissertationen Noble (DV. Nr. 16) und Hedrick (Nr. 14).

[4] Bd. III, Nr. 4 oder Math. Ann. Bd. 59, (1904) S. 161—186. Dieselbe Methode hat
später W. Ritz in seiner bekannten Habilitationsschrift verwerten können. Ritz' Werke,
Paris 1911, S. 192—250 oder J. Math. Bd. 135, (1908) S. 1—61.

Mittelwertbildung vollzogen. Der hohe Turm starker Schlüsse ist bewunderns-
wert. Viel später (1909), als eine neue große Aufgabe der Funktionentheorie,
die allgemeine Uniformisierung, im Vordergrund des Interesses stand, hat
Hilbert noch einmal auf sein Dirichletsches Prinzip zurückgegriffen und durch
eine Modifikation die Abbildung eines beliebigen Gebietes auf die durch
Parallelschlitze zur reellen Achse aufgeschnittene schlichte Ebene geleistet[1].
Das Dirichletsche Prinzip ist also für die Funktionentheorie wirklich eine
der von ihm gesuchten einfachen Grundtatsachen.

Angeregt durch diese Erfolge hielt Hilbert 1899 eine Vorlesung über Variationsrechnung. Ihre Frucht war der bekannte Unabhängigkeitssatz, eine
neue, besonders handliche Darstellung der Feldtheorie, die Hilbert mit sicht-
licher Freude als letztes seiner „Mathematischen Probleme" in Paris vorgetragen hat. Später (1905)[2] (abermals im Anschluß an eine Vorlesung) hat
er gezeigt, daß die Methode des Unabhängigkeitssatzes unverändert auch im
Falle mehrerer abhängiger Funktionen anwendbar bleibt. In der gleichen
Note gibt er, eine lang empfundene Lücke ausfüllend, für eindimensionale
Variationsprobleme einen übersichtlichen und strengen Beweis der Multipli-
katorenmethode bei nichtholonomen Nebenbedingungen und formuliert mit
Hilfe der Begriffe der „Lösungssysteme von positiv-definitem" und „inwendig
eindeutigem" Charakter ein neues weittragendes hinreichendes Kriterium für
Variationsprobleme mit festgehaltenem Rand. Jedoch sind diese Resultate
zur allgemeinen Variationsrechnung, so wichtig sie für die Verfestigung und
Vereinfachung dieser Theorie sind, nur als Nebenprodukte anzusehen, der
Gang der Hauptuntersuchung nahm eine überraschende andere Wendung.

Gleichzeitig nämlich, während Hilbert durch variationsrechnerische Methoden die Vereinheitlichung der Analysis anstrebte, war I. Fredholm, anknüp-
fend an Poincarés oben erwähnte Arbeiten, auf dem Wege der linearen Integralgleichungen demselben Ziele näher gekommen. Im Wintersemester 1900
bis 1901 brachte E. Holmgren, aus Upsala zum Studium bei Hilbert nach Göttingen gekommen, in das Hilbertsche Seminar Fredholms ein Jahr zuvor erschienene erste Note über Integralgleichungen[3] mit und trug darüber vor.
Dieser Tag war entscheidend für eine lange Periode in Hilberts Leben und
einen beträchtlichen Teil seines Ruhmes. Es muß dahingestellt bleiben, ob
er es fertig gebracht hätte, den Variationsmethoden soviel Geschmeidigkeit
und Kraft zu verleihen, daß sie allein die ganze Analysis hätten durchdringen
und tragen können. Er hat es nicht versucht, sondern hat mit Feuer die neue

---

[1] Bd. III, Nr. 7 oder Gött. Nachr. 1909, S. 314—323. Siehe auch die Dissertation
Courant (DV. Nr. 47).

[2] Bd. III, Nr. 5 oder Math. Ann. Bd. 62, (1906) S. 351—370.

[3] Sur une nouvelle méthode pour la résolution du problème de Dirichlet. Öfvers. Vet.
Ak. Förh. Stockholm 57, S. 39—46 (10. I. 1900).

Entdeckung aufgenommen und in ihrer Verknüpfung mit den Variationsprinzipien sein Ziel gefunden.

Im Jahre 1904 erschien als Ergebnis von Ansätzen, die seit Sommer 1901 in Vorlesungen und Seminaren vorgetragen waren[1], in den Göttinger Nachrichten die 1. Mitteilung „Grundzüge einer allgemeinen Theorie der linearen Integralgleichungen". Zum Verständnis ihrer Bedeutung ist wieder ein geschichtlicher Rückblick nötig. Fredholm hatte, bedeutende Ansätze Poincarés scharfsinnig deutend und ausbauend, das Problem der Lösung einer Integralgleichung 2. Art gestellt und bewältigt. Dieses Resultat genügte zur Erledigung der Randwertaufgabe der Potentialtheorie. Dagegen war die Frage der Eigenschwingungen und der Reihenentwicklungen einer willkürlichen Funktion nach diesen von Fredholms Methode noch nicht erfaßt worden, obwohl Poincaré seine erwähnten potentialtheoretischen Ansätze gerade aus dieser Aufgabe abstrahiert hatte. Erst Hilbert hat diesen Zusammenhang hergestellt. Er hatte zur Lösung der Integralgleichung den von Fredholm absichtlich verlassenen heuristischen Weg eingeschlagen, der darin besteht, daß man das Integral durch eine endliche Summe ersetzt, wodurch die Integralgleichung in ein inhomogenes System linearer Gleichungen übergeht, diese Gleichungen nach der Determinantenmethode löst und in den Determinanten den Grenzübergang ausführt. Dabei sah er, daß die zu diesem linearen System zugehörigen homogenen Gleichungen bei Symmetrie des Koeffizientensystems gerade die Gleichungen der orthogonalen Hauptachsentransformation einer quadratischen oder bilinearen Form sind. Die Symmetrie des Koeffizientensystems aber ist gleichbedeutend mit der Symmetrie des Kerns der Integralgleichung (das international gewordene Wort „Kern" stammt von Hilbert), und es zeigte sich, daß gerade die bei den Schwingungsproblemen auftretenden Kerne die Symmetrieeigenschaft haben. Hilbert erweiterte also die Fredholmsche Aufgabe, indem er diese bilineare Form und ihre Hauptachsentransformation in den Mittelpunkt der Betrachtung stellte und an ihr den Grenzübergang vornahm. Dieser Grenzübergang gelingt: die Wurzeln der Säkulargleichungen streben gegen die „Eigenwerte" des Parameters, für die die homogene Integralgleichung lösbar ist, die Transformationskoeffizienten schließen sich zu den „Eigenfunktionen" zusammen und die Gleichung der Hauptachsentransformation besagt die Gleichheit eines Doppelintegrals, in dessen Integranden der Kern der Integralgleichung eingeht, mit einer Reihe oder endlichen Summe, in der jeder Term genau von 1 Eigenwert abhängt. Aus dieser für Hilberts Theorie grundlegenden Doppelintegralformel folgt unmittelbar die Existenz der Eigenwerte symmetrischer, stetiger Kerne. Weiter konnte Hilbert aus ihr, unter einer einschränkenden Voraussetzung über den Kern, die Entwickel-

---

[1] Die erste Hilbertsche Dissertation über Integralgleichungen (Kellogg, Nr. 24 des DV.) ist von 1902.

barkeit einer quellenmäßig[1] dargestellten Funktion durch die Eigenfunktionen
ableiten. Damit ist tatsächlich in der linearen Integralgleichung die gemeinsame Quelle für die Existenzsätze der Potentialtheorie und die Entwicklung
nach Eigenfunktionen aufgezeigt. Durch den Nachweis gewisser Maximal-
eigenschaften des Doppelintegrals wird auch die Verbindung mit der Variationsrechnung aufrechterhalten. Von unserem heutigen Standpunkt erscheinen
uns die Entwicklungen etwas ungelenk — z. B. nehmen mehrfache Wurzeln
der Nennerdeterminante noch eine Sonderstellung ein —, wenn wir sie etwa
mit der Kürze und Eleganz von E. Schmidts[2] Beweisen vergleichen, aber der
entscheidende Schritt war getan und Hilbert konnte noch im selben Jahr in
der 2. Mitteilung[3] durch Anwendung auf Sturm-Liouvillesche und noch allgemeinere Reihenentwicklungen und durch Existenzbeweise für Greensche Funktionen die reichen Früchte seiner Saat eintragen. Noch tiefer geht die Leistung
seiner ein Jahr später erschienenen 3. Mitteilung[4]. Von den großen Aufgaben,
die Riemann der Funktionentheorie gestellt hatte, war noch eine ungelöst:
die Frage nach der Existenz von Differentialgleichungen mit vorgeschriebener
Monodromiegruppe[5]. Hilbert führt sie auf die Aufgabe zurück, im Inneren und
Äußeren einer geschlossenen Kurve je zwei holomorphe Funktionen zu bestimmen, deren Real- und Imaginärteile auf der Kurve lineare Substitutionen
mit zweimal stetig differenzierbaren Koeffizienten erfahren. Die Lösung dieser
Aufgabe ist ein Musterbeispiel für die von Hilbert geforderte Axiomatik der
Grenzprozesse: alles folgt ohne weitere Grenzbetrachtung aus der Existenz
der gewöhnlichen Greenschen Funktion für das Innere und Äußere der geschlossenen Kurve und der Alternative, daß immer entweder die homogene
oder die inhomogene Integralgleichung eine Lösung hat.

Aber der Methode der Integralgleichungen sind noch leicht erkennbare
Grenzen gesetzt, z. B. dürfen die Kerne nur von geringer Ordnung unendlich
werden. Ein weit ausgedehnteres Feld eröffnete sich, als Hilbert die Theorie
der quadratischen (allgemeiner, bilinearen) Formen von unendlich vielen Veränderlichen, von der nur ein Sonderfall in der 1. Mitteilung gebraucht worden
war, in seiner 4. und 5. Mitteilung[6] 1906 allgemein und systematisch erschloß.
Die Variabilität der abzählbar unendlich vielen Veränderlichen wird durch
eine obere Grenze für die Summe ihrer Quadrate eingeschränkt (der später
sogenannte „Hilbertsche Raum"). Nun werden allgemein „beschränkte" quadratische Formen der unendlich vielen Veränderlichen betrachtet, d. h. solche,
deren sämtliche Abschnitte für alle Punkte des Hilbertschen Raumes unter-

---

[1] Der Ausdruck stammt nicht von Hilbert, wohl aber der Begriff.
[2] Nr. 30 des DV. und die Arbeit Math. Ann. Bd. 64, (1907) S. 161—174.
[3] Gött. Nachr. 1904, S. 213—259.   [4] Gött. Nachr. 1905, S. 307—338.
[5] Mathematische Probleme Nr. 21.
[6] Gött. Nachr. 1906, S. 157—227 und S. 439—480.

halb einer endlichen Grenze bleiben. Auf sie läßt sich die Hauptachsentransformation übertragen, aber mit sehr wesentlichen Abwandlungen bezüglich
der Eigenwerte und Eigenfunktionen. Während in dem Falle der 1. Mitteilung
die Gesamtheit der Eigenwerte (das „Spektrum", wie Hilbert in glücklicher
Umdeutung eines physikalischen Begriffs sagt) eine höchstens abzählbare
Menge reeller Zahlen ohne Häufung im Endlichen bildete, kann für die allgemeine beschränkte Form das Spektrum beliebige Verdichtungen aufweisen,
es können sogar ganze Intervalle von Eigenwerten bedeckt sein. Die Spektral-
zerlegung der quadratischen Form erschöpft sich dann nicht in einer unendlichen Reihe, sondern muß ergänzt werden durch ein Stieltjessches Integral.
Aus den zuerst als Mittel zum Zweck eingeführten quadratischen Formen von
unendlich vielen Veränderlichen sind Gebilde mit Eigengesetzlichkeiten von
hoher Schönheit und wunderbarer Durchsichtigkeit geworden. Es handelte
sich noch darum, aus der Menge der beschränkten Formen diejenigen heraus-
zupräparieren, deren Spektrum die einfachen Eigenschaften des Fredholmschen hat. Es gelingt zu zeigen, daß diese Eigenschaften die Folge einer besonders straffen Stetigkeit der quadratischen Form, der „Vollstetigkeit", sind.
Für die Hauptachsentransformation vollstetiger Formen braucht man auch
gar nicht die oben skizzierte allgemeine Theorie, hier lassen sich die Eigenwerte, wie im Falle endlich vieler Veränderlichen, durch einfache Maximum-
betrachtungen bestimmen.

Die Anwendungen dieser Theorie sind sehr mannigfaltig. Sie umfassen
namentlich die Integraldarstellung willkürlicher Funktionen nach Art des
Fourierschen Integrals. Sie sind, ebenso wie die weiteren Ausgestaltungen
der Theorie, von vielen Schülern bearbeitet worden[1]. Hilbert selbst hat sich
damit begnügt, die Sätze seiner 1. Mitteilung aus der Theorie der vollstetigen
Formen wiederzugewinnen. Das gelingt sehr übersichtlich durch Vermittlung
eines vollständigen orthogonalen Funktionensystems. Zugleich ergeben sich
die Entwicklungssätze ohne die ihnen in der 1. Mitteilung noch anhaftenden
Beschränkungen mit noch erweitertem Gültigkeitsbereich hinsichtlich der
zulässigen Kerne. Als neu fügt Hilbert die Behandlung einer „polaren" Integralgleichung hinzu, die sich von der (gewöhnlichen) „orthogonalen" durch
einen sein Vorzeichen wechselnden Faktor unterscheidet und unter anderem
bis dahin unzugängliche Fälle des Sturm-Liouvilleschen Problems zu behandeln gestattet.

Mit der Schaffung der Theorie der unendlich vielen Veränderlichen glaubt
Hilbert der Analysis eine so umfassende Basis gegeben zu haben, daß seine
Forderung nach Einheitlichkeit und gegenseitiger Abgrenzung der Konver-

---

[1] Von den Dissertationen siehe Hellinger (DV. Nr. 41) und Weyl (Nr. 42). Im ganzen
sind 24 Dissertationen über Variationsrechnung und Integralgleichungen bei Hilbert
angefertigt worden.

genzbetrachtungen erfüllt ist. Der Fortgang der Wissenschaft hat ihm Recht gegeben: der Hilbertsche Raum, mit gewissen Verallgemeinerungen, ist noch heute ein herrschender Begriff. Hilbert selbst hat nur noch zwei Nachträge beigesteuert, den schon erwähnten, für den Kongreß in Rom bestimmten rückblickenden Vortrag[1], in dem er noch einige Betrachtungen über Potenzreihen unendlich vieler Veränderlichen zufügt, und eine schon 1907 konzipierte, aber erst 1910 veröffentlichte 6. Mitteilung[2], deren wichtigster Inhalt eine analytische Neubegründung der Minkowskischen Theorie von Volumen und Oberfläche konvexer Körper ist. Schon Hurwitz[3] hatte 1902 mit seiner Theorie der Kugelfunktionen diese Aufgabe anzugreifen versucht, hatte aber nur einen Teilerfolg erzielt. Hilbert, im Besitze der mächtigen Hilfsmittel der Integralgleichungen, ersetzt die Kugelfunktionen durch allgemeinere, jedem konvexen Körper angepaßte Funktionen, und kommt durch. Es war dabei noch eine wesentliche Schwierigkeit zu überwinden, die daher rührt, daß ein auf der geschlossenen Kugel definierter Differentialausdruck nicht überall in den gleichen unabhängigen Veränderlichen geschrieben werden kann. Es mußte daher für den Kern der zu einem solchen Differentialausdruck zugehörigen Integralgleichung eine invariante Form gefunden werden. Hilbert gibt sie in der „Parametrix". Diese ist ein Ersatz für die Greensche Funktion; sie hat die gleichen Unstetigkeits- und Randeigenschaften wie diese (im Minkowskischen Falle Endlichkeit auf der Kugel), ist aber nicht an eine Differentialgleichung gebunden. Minkowskis Ungleichung zwischen Volumen und Oberfläche spiegelt sich wieder in der Tatsache, daß eine gewisse Integralgleichung außer trivialen nur positive Eigenwerte hat. Minkowskis eigenartige Begabung hat auf seine beiden Königsberger Freunde einen solchen Zauber ausgeübt, daß es sie immer wieder reizte, seine auf dem Boden außerordentlicher geometrischer Anschauung erwachsenen Ergebnisse ihrem Gedankengut einzuordnen[4].

1912 hat Hilbert seine 6 Mitteilungen zu einer Monographie „Grundzüge einer allgemeinen Theorie der linearen Integralgleichungen"[5] zusammengefaßt, wozu sie sich wegen ihrer lückenlosen, eindringlichen Darstellung gut eignen. Eine als übersichtlicher Wegweiser dienende Einleitung wurde vorangestellt, der Text wurde nur an wenigen Stellen, dem Fortschritt der Forschung entsprechend, nachgebessert.

Die glückliche Zeit von Hilberts und Minkowskis Zusammenarbeit sollte

---

[1] Bd. III, Nr. 6.   [2] Gött. Nachr. 1910, S. 355—417.
[3] Ann. Ec. Norm. 3. Reihe, Bd. 19, (1902) S. 357—408.
[4] Ein anderes Beispiel bietet Minkowskis Satz über ganzzahlige Linearformen, von dem zuerst Hilbert einen rein arithmetischen Beweis ersann [veröffentlicht in Minkowskis Buch „Diophantische Approximationen" (1907), Kap. I § 6—9], und daran anschließend Hurwitz (Gött. Nachr. 1897, S. 139—145).   [5] Leipzig und Berlin: B. G. Teubner.

mit einem großartigen Abschluß enden: von Minkowskis Seite mit der Entdeckung des Relativitätsprinzips, von Hilberts Seite mit der Lösung des Waringschen Problems[1]. Hilbert hat hier, wie einst bei dem Beweis für die Endlichkeit des Invariantensystems, in überraschend kurzer Zeit eine Aufgabe gemeistert, zu der hervorragende Mathematiker viele Jahre lang keinen Weg gefunden hatten.

Waring hatte im 18. Jahrhundert die Vermutung ausgesprochen, daß alle positiven ganzen Zahlen als Summe einer beschränkten Zahl K_n von n-ten Potenzen positiver ganzer Zahlen darstellbar seien. Die Frage galt als unzugänglich, und erst seit dem letzten Jahrzehnt des 19. Jahrhunderts hatten sich verschiedene Mathematiker bemüht, Warings Vermutung wenigstens für einige kleine Werte des Exponenten zu bestätigen. Hier interessiert besonders eine kurze Note von Hurwitz[2], datiert 20. November 1907 und im April 1908 in den Mathematischen Annalen erschienen, in der folgende Tatsache bewiesen wird: „Ist die n-te Potenz von $x_1^2 + x_2^2 + x_3^2 + x_4^2$ identisch gleich einer Summe $(2n)$-ter Potenzen linearer rationalzahliger Formen der x_1, x_2, x_3, x_4, und gilt die Waringsche Behauptung für n, so gilt sie auch für $2n$". Dieser Satz gab Hilbert die Anregung und Richtung zu seinen Untersuchungen.

Er fand nämlich einen ungeahnten Weg, um für beliebige n eine Identität der von Hurwitz geforderten Art aufzustellen. Er drückt sich selbst darüber folgendermaßen aus: „Der Beweis ... gelingt mittels einer neuartigen Anwendung der Analysis auf die Zahlentheorie ... Ich werde von einer gewissen Integralformel ausgehen und aus ihr schließlich eine rein arithmetische Relation gewinnen". In der Tat leitet er aus einem allgemeinen Prinzip, das Hurwitz 1897 in der Invariantentheorie[3] benutzt hatte, eine Formel her, in der die n-te Potenz einer Summe von 5 Quadraten $x_1^2 + \cdots + x_5^2$ durch ein 25-faches bestimmtes Integral über $(t_{11}x_1 + \cdots + t_{15}x_5)^{2n}$ nach Parametern $t_{11}, \ldots, t_{15}$, $t_{21}, \ldots, t_{55}$ ausgedrückt wird[4]. Dieses Integral wird näherungsweise durch eine endliche Summe ersetzt und deren Gliederzahl mittels der einfachen Bemerkung, daß es nur eine beschränkte Zahl linear unabhängiger Formen $2n$-ter Ordnung in $x_1, \ldots, x_5$ gibt, auf diese beschränkte Zahl reduziert. Hierdurch gelingt es, den durch die Integration geforderten Grenzübergang in die Koeffizienten der Summe zu verlegen und schließlich durch einen weiteren Kunstgriff diese Koeffizienten durch positive rationale zu ersetzen. Damit ist die Grundlage für den Beweis des Waringschen Satzes gelegt. Er wird durchgeführt mit Hilfe einer bewundernswerten Kette höchst kunstvoller Schlüsse, deren Ausgangspunkt die Darstellung des Exponenten n im Dualsystem ist.

[1] Bd. I, Nr. 11 oder Math. Ann. Bd. 67, (1909) S. 281—300.
[2] Math. Ann. Bd. 65, (1908) S. 424—427.　　　[3] Gött. Nachr. 1897, S. 71—90.
[4] In einer späteren Fassung ist das 25-fache Integral durch ein 5-faches ersetzt worden; es liegt mir aber hier daran, den Zusammenhang mit Hurwitz' Arbeit hervorzuheben.

Der Gedanke dieser Dualentwicklung geht auf Hurwitz' schönen Schluß
von n auf $2n$ zurück, aber diese Anregung verschwindet fast hinter der
Fülle der hinzutretenden originellen Ausführungen.

Der Beweis des Waringschen Satzes ist wohl eines der stärksten Zeugnisse
für Hilberts überragende Denkkraft. Denn er kämpfte zusammen mit einem
Meister von dem hohen Range Hurwitz' und siegte mit Waffen aus Hurwitz'
Rüstkammer an einem Punkte, wo dieser keine Aussicht auf Erfolg gesehen
hatte.

Mitte Januar 1909 wollte Hilbert seinen fertigen Beweis in seinem und
Minkowskis gemeinsamem Seminar vortragen. Aber es kam nicht mehr dazu:
am 12. Januar war Minkowski gestorben. Seinem Andenken hat Hilbert die
Abhandlung geweiht.

Minkowskis Tod war ein einschneidendes Ereignis in Hilberts Leben. Man
merkt es deutlich an der Verminderung seiner Produktion. Es fehlte der „zu
allen Unternehmungen bereite“ wissensreiche Freund und Berater mit dem
offenen und zugleich kritischen Geist, es fehlten die unaufhörlichen mathematischen Gespräche, von denen Hilbert in seinem Minkowski-Nachruf sagt:
„Gern suchten wir auch verborgene Pfade auf und entdeckten manche neue, uns
schön dünkende Aussicht“. Diese Aussichten zeigten Hilbert in der Ferne
die konkreten Probleme, zu denen sein Spürsinn den Weg zu finden verstand.
Nach Minkowskis Tod waren es die Jüngeren, seine zu reifen Forschern heran-
gewachsenen Schüler, mit denen er auf die Suche nach Aussichten ging. Sie
vermochten den einzigartigen Verstorbenen nicht zu ersetzen.

Unmittelbar empfindlich wurde Minkowskis Fehlen in der jetzt anschließenden Arbeitsperiode, da Hilbert sich der gemeinsam mit Minkowski in Angriff genommenen axiomatischen Durchdringung der Physik zuwandte. Bei
der Axiomatik naturwissenschaftlicher Disziplinen kann es sich naturgemäß
nicht um eine so weitgehende Zergliederung der Begriffe handeln wie in der
Geometrie. Es kommt nur darauf an, eine aus möglichst wenigen und in sich
widerspruchslosen Sätzen bestehende Grundlage zu finden, aus der sich die
ganze Lehre rein mathematisch ableiten läßt, also auf ein Loslösen der physikalischen Hypothesen von dem mathematischen Beiwerk. So legt Hilbert der
Mechanik etwa das Gaußsche Prinzip des kleinsten Zwanges oder das Bertrandsche Prinzip vom Maximum der kinetischen Energie nach einem Impuls,
der Strahlungstheorie das Fermatsche Prinzip vom raschesten Lichtweg zugrunde. Die Frage, wie diese Prinzipien gewonnen werden, wird zurückgestellt. Wesentlich dagegen ist die Untersuchung ihrer gegenseitigen Abhängigkeiten und ihrer Widerspruchsfreiheit, wobei Widerspruchsfreiheit in dem allgemeineren Sinne zu verstehen ist, daß auch kein Widerspruch gegen Ergeb-

nisse von Nachbargebieten eintritt (Strahlungstheorie und Optik, kinetische Gastheorie und Thermodynamik). Die Durchforschung der Mechanik und Physik nach diesen Gesichtspunkten bildet den Inhalt der zahlreichen Vorlesungen über diese Wissenschaften, die Hilbert schon seit 1902, besonders aber in den Jahren 1910 bis 1918 gehalten hat. Es wäre sehr zu wünschen, daß Teile dieser Vorlesungen veröffentlicht würden. Sie sollen nicht physikalische Pionierarbeit leisten, aber für die Sicherung des von den Physikern Gewonnenen und die Ordnung und das Verständnis der darin enthaltenen Beziehungen ist die erstrebte Säuberung wesentlich. Alle Kraft des Ansatzes wird auf das eigentlich physikalische Problem verwandt, die Entwicklung der Folgerungen bleibt Sache der Mathematik. Es kam vor, daß diese sogar etwas von oben herab beiseite geschoben wurde. Wenn ein Ansatz auf ein zur Zeit undurchführbares mathematisches Problem geführt hatte, dann sagte Hilbert wohl wegwerfend: „Das ist eine rein mathematische Aufgabe", oder lächelnd: „Dazu hat eben der Physiker die große Rechenmaschine Natur". Die Physik ist für ihn Selbstzweck, nicht Übungsfeld der mathematischen Kraft. Dies gilt trotz mancher übermütiger Paradoxa der Vorlesungen, z. B. der in vergnügter Erinnerung vieler Hilbertianer unsterblichen „angebundenen Lawine", die die Trägheitskräfte bei Bewegung eines Punktes von veränderlicher Masse sichtbar machen sollte. Eher zeigt sich ein Rest rein mathematischer Auffassung darin, daß ein auf klarem Wege gewonnenes, in eleganter Gestalt sich darbietendes Formelsystem von Hilbert wohl einmal wegen dieser ästhetischen Vorzüge für einen voraussichtlich richtigen Ausdruck der Naturgesetze angesehen wird, während A. Einstein in dieser Hinsicht den Pessimismus des Naturwissenschaftlers in die Worte faßte: „Ich habe ein unbegrenztes Mißtrauen gegen die Natur". — Zuerst hat sich Hilbert zusammen mit Minkowski in intensivem Studium — Buchstudium, das er sonst meidet — die klassische theoretische Physik angeeignet und sie kritisch durchdacht, dann aber packten ihn die neuen großen Umwälzungen des physikalischen Denkens, Relativität und Quantenmechanik. Er hat ihre Entwicklung mit regster Anteilnahme mitgemacht und selbst wesentlich in diese Entwicklung eingegriffen. 1913 brachte er die „Göttinger Gaswoche" zustande, auf der M. Planck, P. Debye, W. Nernst, M. v. Smoluchowski, A. Sommerfeld, H. A. Lorentz und andere hervorragende Physiker über Fragen der Quanten- und Gastheorie vortrugen und debattierten. In den letzten Vorkriegsjahren hatte er auch einen besonderen Assistenten für Physik, eine Stelle, die er mit Vorliebe durch bewährte Schüler A. Sommerfelds besetzte. Noch heute pflegt er mit jüngeren Physikern regelmäßige Besprechungen, in denen die neuesten physikalischen Entdeckungen behandelt werden. Um ihn und durch ihn bildete sich eine tätige Schule „mathematischer Physiker", darunter Forscher von hohem Ruf, eine bedeutungsvolle Bereicherung des physikalischen Lebens Göttingens, das

infolge mehrerer durch Hilbert maßgebend beeinflußter glücklicher Berufungen
mächtig aufblühte. Was sein Geist für diese Schule bedeutete, spricht aus
den Worten eines Physikers, der sein Assistent gewesen ist: „Jener mit
Leidenschaft suchende, um die restlose Durchführung des als wahr und einfach
erkannten Gedankens ringende Geist, der die Nebensächlichkeiten beiseite
schiebt und in meisterhafter Klarheit die Fäden zwischen den Gipfeln aus-
spannt — ein Geist, durch den Generationen von suchenden Seelen zur Wissenschaft begeistert worden sind"[1].

In Hilberts physikalischer Produktion sind 3 Perioden zu unterscheiden.
In der ersten, die in die Jahre 1912 bis 1914 fällt, werden Ergebnisse der
klassischen Physik durch Methoden der Integralgleichungen neu und streng
begründet. Es war für Hilbert eine freudige Überraschung, auf Probleme geführt zu werden, bei denen sich die Integralgleichungen zwangsläufig, nicht
durch mathematische Übersetzung aus Differentialgleichungen einstellen. Zunächst war es die kinetische Gastheorie, die ein solches Beispiel bot[2]. Hilbert
stellt sich die Aufgabe, die Bewegung eines Gases aus 2 Grundannahmen
abzuleiten: 1. die Moleküle sind untereinander gleiche, vollkommen elastische
Kugeln; 2. die Änderung der Geschwindigkeitsverteilung durch die Zusammen-
stöße wird geregelt durch die Boltzmann-Maxwellsche Stoßformel. Das Problem ist „klassisch" gestellt, insofern die weitgehende Spezialisierung der Annahme 1. ohne Diskussion angenommen wird. Dagegen sind alle Wahrschein-
lichkeitsbetrachtungen in die eine Stoßformel zusammengezogen; weitere
kommen nicht vor. Den Grundannahmen hinzuzufügen sind nur noch anschaulich selbstverständliche, genau formulierte Stetigkeits- und Verschwin-
dungsbedingungen der Verteilung der Geschwindigkeiten. Hilberts mathematischer Gedanke bestand nun darin, nach dem Vorbild der Integralgleichungen die Verteilungsfunktion nach Potenzen eines Parameters λ zu entwickeln. Das erste Glied dieser Entwicklung liefert das schon von Boltzmann
aus der Stoßformel abgeleitete Maxwellsche Verteilungsgesetz (in jedem
Raum-Zeit-Punkt), die folgenden Glieder geben die den Anfangsbedingungen und Kraftfeldern entsprechende raum-zeitliche Ausbreitung der mittleren Geschwindigkeiten. Jedes dieser Glieder genügt nun — das ist die
wesentlichste Entdeckung — einer linearen Integralgleichung mit symmetrischem Kern, auf die die Fredholmsche Theorie anwendbar ist, und die
Alternative zwischen Lösbarkeit der homogenen und inhomogenen Gleichung
führt unmittelbar auf die makroskopischen Gesetze der Gasbewegung (hydro-
dynamische Gleichungen usw.); insbesondere zeigt sich, wie es physikalisch sein

---

[1] P. P. Ewald: Besprechung des Courant-Hilbert. Naturwissenschaften Bd. 13, (1925)
S. 385. Dieser Besprechung entnehme ich auch das Wort „mathematischer Physiker" in
dem oben gebrauchten spezifischen Sinne.

[2] Integralgleichungen Kap. XXII oder Math. Ann. Bd. 72, (1912) S. 562—577.

muß, daß eine Geschwindigkeitsverteilung durch fünf makroskopische Anfangsbedingungen überall und für alle Zeiten eindeutig definiert ist. Diese Arbeit, zu der später E. Hecke durch genauere Betrachtung der Integralgleichung eine wesentliche Ergänzung geliefert hat[1], ist Ausgangspunkt von 3 Dissertationen geworden[2], von denen zwei, unter Mitberatung von M. Born und P. Hertz, die Hilbertsche Methode auf Elektronentheorie und Elektrolyse anwandten, eine (Baule) die auffallenden Erscheinungen des Temperatursprungs und des Gleitens verdünnter Gase an festen Wänden erstmalig systematisch in Übereinstimmung mit den Beobachtungen erklären konnte. — Kaum waren die Resultate über kinetische Gastheorie niedergeschrieben, da brachte schon die elementare Strahlungstheorie[3] das zweite Beispiel des spontanen Auftretens einer Integralgleichung in der Physik. Es handelte sich um die Ableitung der Kirchhoffschen Strahlungsgesetze aus folgenden Grundannahmen: 1. Fortpflanzung der Energie längs des Weges raschester Ankunft; 2. Ausgleich der Energien jeder einzelnen Farbe. Die Energiebilanz in jedem Raumelement führt dann ohne jede weitere Annahme auf eine homogene Fredholmsche Integralgleichung für den Emissionskoeffizienten, die nur eine einzige Eigenfunktion hat. Deren physikalische Deutung ist die Proportionalität zwischen Emission und Absorption, also Kirchhoffs Grundgesetz. An diese Entdeckung schließt Hilbert noch eine bedeutsame Diskussion seiner Annahmen (Axiome) an[4]. Er fragt namentlich, ob sich die Annahme 2. nicht durch die weniger fordernde und in der früheren Literatur benutzte des Ausgleichs der Gesamtenergie ersetzen lasse. Er zeigt durch Gegenbeispiel, daß dies unmöglich ist, auch wenn man noch das Axiom hinzufügt, daß Lichtgeschwindigkeit, Emissions- und Absorptionskoeffizient nur von der physikalischen Eigenschaft der Materie, nicht von dem Ort, d. h. von der Lage zu den Begrenzungen des durchstrahlten Raums abhängen. Dagegen erweisen sich zwei andere Axiome (von der physikalischen Natur der Strahlungsdichte und von dem Vorhandensein gewisser Verschiedenartigkeiten in dem Absorptions- und Brechungsvermögen der Stoffe) als gleichwertig mit dem Ausgleich der Energien jeder Farbe. Sind nun diese untereinander gleichwertigen Axiome auch miteinander verträglich? Die Frage ist notwendig, weil sie alle sehr weitgehende Abstraktionen aus den physikalischen Beobachtungen sind. Sie wird durch einen mathematischen Beweis der Widerspruchsfreiheit geklärt. Schließlich hatte noch die eingehende Untersuchung der Wirkung der Reflexion an den Wänden zu einem neuen Gesetz der reinen Optik geführt. Es war ein schöner Beweis für die Richtigkeit der Grundannahmen, daß dieses Gesetz

[1] Math. Z. Bd. 12, (1922) S. 274—286.
[2] Bolza (DV. Nr. 56), Baule (Nr. 58), Schellenberg (Nr. 59).
[3] Bd. III, Nr. 13 oder Gött. Nachr. 1912, S. 773—789.
[4] Bd. III, Nr. 14 und 15 oder Gött. Nachr. 1913, S. 409—416 und 1914, S. 275—298.

auch aus den Maxwellschen Gleichungen der Lichttheorie gewonnen werden konnte. Diese Diskussion, ursprünglich hervorgegangen aus Kontroversen mit Physikern, die in anderer Weise die Strahlungstheorie behandelt hatten, ist ein feines Beispiel Hilbertscher Gründlichkeit.

Die zweite Periode physikalischer Produktion wurde angeregt durch A. Einsteins Aufstellung der allgemeinen Relativitätstheorie (1914). Ende 1915 legt Hilbert der Göttinger Gesellschaft der Wissenschaften seine 1. Mitteilung über die Grundlagen der Physik vor, der Ende 1916 eine ergänzende 2. Mitteilung folgt. Diese Arbeiten hatten eine starke Wirkung auf den beinahe 70 jährigen Klein, dem mit Hilfe der ihm altvertrauten Lieschen Methode der infinitesimalen Transformation eine Abkürzung der Hilbertschen Rechnungen gelang. Als die endgültige Fassung ist ein Zusammendruck in vereinfachter Form von 1924 anzusehen[1], zu dem Hilbert sich entschloß, nachdem ihn die Weiterentwicklung der Theorie durch H. Weyl u. a. davon überzeugt hatte, daß seine Entwicklungen „einen bleibenden Kern enthalten". — Hilberts Zweck war, im Anschluß an einen auf die spezielle Relativitätstheorie gegründeten früheren Ansatz von G. Mie, das elektromagnetische Feld mit dem Gravitationsfeld zu verknüpfen. Er benutzt dazu das Hamiltonsche Prinzip, das er auf eine gegenüber beliebigen Transformationen der Koordinaten invariante Funktion der Gravitationspotentiale und eines elektromagnetischen Vierervektors anwendet. Auf Grund einer eigentümlichen Eigenschaft der Variationsgleichungen ergeben sich in der Tat 4 Gleichungen, die die elektromagnetischen Größen mit den Gravitationsgrößen verbinden. Freilich sind nicht alle Blütenträume gereift, denn das unausgesprochene Ziel der Mitteilungen war wohl eine Feldtheorie der Atomkerne und Elektronen, und diese ist auch Hilbert nicht gelungen.

Der Theorie des Atoms, wie sie durch die sich überstürzende Entwicklung der Quantenmechanik geschaffen worden war, galt Hilberts letzte physikalische Arbeit, die er — damals sehr leidend — im Anschluß an eine Vorlesung 1927 mit seinen beiden Mitarbeitern J. v. Neumann und L. Nordheim herausgab[2,3]. Es handelt sich um eine ordnende Übersicht über die verschiedenen in der Quantenmechanik gebrauchten Formalismen, wobei die Grundbegriffe klar herausgestellt werden, in den Einzelheiten aber noch genügender Spielraum für die Mannigfaltigkeit der physikalischen Notwendigkeiten bleibt. Denn die Quantenmechanik ist noch kein abgeschlossenes System, sondern kann jederzeit vor neue Aufgaben gestellt werden. Insofern ist diese Axiomatisierung

---

[1] Bd. III, Nr. 16 oder Math. Ann. Bd. 92, (1924) S. 1—32.

[2] „Über die Grundlagen der Quantenmechanik". Math. Ann. Bd. 98, (1928) S. 1—30. In diesen „Gesammelten Abhandlungen" nicht abgedruckt.

[3] Schon früher beschäftigt sich mit Quantentheorie die Diss. H. Kneser (DV. Nr. 63), die die älteren „Quantelungsvorschriften" wesentlich klärt.

nicht so abgeschlossen wie die früheren: sie kann es noch nicht sein. Den gesuchten allgemeinen Rahmen für die verschiedenen Spezialtheorien findet Hilbert darin, daß er zunächst den Begriff der Wahrscheinlichkeitsamplitude zwischen zwei gemessenen Größen durch gewisse Eigenschaften axiomatisch festlegt und dann einen Operatorenkalkül mit linearen Integraltransformationen aufbaut, in dem jedes Paar gemessener Größen durch eine gewisse „kanonische Transformation" repräsentiert wird. Der „Kern" dieser Transformation hat dann die von den Wahrscheinlichkeiten geforderten Eigenschaften und wird mit der relativen Wahrscheinlichkeitsamplitude der beiden Größen identifiziert. Durch die weitere Forderung der Realität der Wahrscheinlichkeiten wird die kanonische Transformation so weit eindeutig festgelegt, wie bei den jetzigen physikalischen Unterlagen gefordert werden kann. Das erstrebte und erreichte Ziel der Arbeit ist die reinliche Scheidung zwischen physikalischen Begriffen und mathematischem Formalismus, die Hilbert in den Veröffentlichungen der Physiker vermißt hatte.

Diese letzte Arbeit fällt bereits in eine Periode, in der sich Hilbert ganz anderen, außerordentlich tiefliegenden und schwierigen Fragen zugewandt hatte, mit denen sein Name immer verbunden bleiben wird. Wir sprechen von der Axiomatisierung der Zahlenlehre. Sie ist der notwendige Abschluß seiner axiomatisierenden Tätigkeit, denn für den axiomatischen Standpunkt ist die Hauptfrage bei jedem Axiomensystem diejenige nach der Vereinbarkeit, der Widerspruchslosigkeit der Sätze des Systems. Im Bereiche der Geometrie, noch mehr der Physik, ist es erlaubt, die Widerspruchslosigkeit durch Zurückgehen auf ein übergeordnetes Gebiet zu erweisen. Da gezeigt wird, daß die Punkte der euklidischen Geometrie sich auf Grund der geometrischen Axiome so verhalten wie Tripel reeller Zahlen, kann die beliebige Anwendung der Axiome zu keinem Widerspruch führen, wenn die Arithmetik der reellen Zahlen widerspruchsfrei ist. Dies aber muß auf direktem Wege bewiesen werden, denn für die Zahlen existiert kein übergeordnetes Gebiet.

Hier erheben sich die Schwierigkeiten des Unendlichen. Hilbert wurde frühzeitig mit ihnen bekannt. Er bewunderte als junger Mensch Cantors Mengenlehre und Dedekinds „Was sind und was sollen die Zahlen?" und übte sich „als Sport", nach Kroneckers Regeln in der Theorie der algebraischen Zahlkörper die überendlichen Begriffe und Schlußweisen zu vermeiden. Die Widerspruchslosigkeit der arithmetischen Axiome ist das zweite seiner Pariser Probleme. Freilich lassen die Andeutungen des Beweiswegs die Schwierigkeiten der Aufgabe nicht erkennen. Die Lage war aber kritisch. Die Paradoxien der Mengenlehre zeigten in erschreckender Weise, daß gewisse Operationen mit dem Unendlichen, die jedermann für zulässig hielt, zu zweifellosen Widersprüchen führten. Hilbert überzeugte sich davon endgültig durch das

von ihm selbst aufgestellte, nirgends aus dem Gebiete der reiu mathematischen
Operationen heraustretende Beispiel der widerspruchsvollen Menge aller durch
Vereinigung und Selbstbelegung entstehenden Mengen. Das war die Zeit, wo
Dedekind und G. Frege ihre Schriften widerriefen, wo andere, darunter Cantor,
durch Ausschluß gewisser besonders kompromittierter Mengen das Ansehen
der übrigen noch zu erhalten hofften. Ich erinnere mich auf der Kasseler
Naturforscherversammlung 1903 einer erregten Diskussion zwischen Cantor
und L. Boltzmann, wo Boltzmann, einen Apfel in der Faust schüttelnd, Cantor
klarmachte, daß in diesem einen Apfel bereits unendlich viele Dinge mit
schwer übersehbaren Eigenschaften enthalten seien, nämlich erstens der Apfel,
zweitens die Vorstellung von dem Apfel, drittens die Vorstellung von der Vorstellung des Apfels usw. Unterdessen war Hilbert still seinen eigenen Weg
gegangen, und der Vortrag, mit dem er 1904 vor den Internationalen Kongreß zu Heidelberg trat[1], enthielt schon den Grundgedanken seiner späteren
Beweistheorie, daß man nämlich die aus einem gegebenen Axiomensystem
folgenden Formeln auf ihre Form prüfen solle, daß sich dann eine gewisse
Invarianz dieser Form zeigen werde — in dem Vortrag wird mit einer ,,Homo-
genität" gearbeitet — und daß diejenigen, auf Grund des Axiomensystems
unmittelbar aufzeigbaren, Formeln, die einen Widerspruch enthalten, diese
Invarianz nicht besitzen. In dem Vortrag wird, augenscheinlich unter Dedekinds Einfluß, das Unendlich selbst als einer der ersten Begriffe eingeführt.
Der Vortrag blieb damals, nach allem, was ich weiß, völlig unverstanden,
und seine Ansätze erwiesen sich auch bei genauerem Eingehen als unzulänglich. Lange Zeit ruhte Hilberts Beschäftigung mit diesen Fragen, wenn er sie
auch mehrfach in Vorlesungen über Prinzipien der Mathematik berührt hat.
Dagegen verfolgte er mit lebhaftestem Interesse E. Zermelos mengentheoretische Gedanken, sein Auswahlpostulat und seine Axiomatik der Mengenlehre.
Auf der anderen Seite machte er sich mit dem Logikkalkül in seinen verschiedenen Formen bekannt, denn er hatte sogleich nach 1904 bemerkt, daß
ohne eine übersichtliche und vollständige Formalisierung der logischen Schlußweisen auf dem von ihm erstrebten Wege nicht vorwärts zu kommen war.
Auf seine eigene Stellung zu den Ansätzen von 1904 wirft vielleicht das folgende Erlebnis einiges Licht: In den letzten Vorkriegsjahren kam ich auf
einem Spaziergang mit ihm und Frau Hilbert auf den Heidelberger Vortrag
zu sprechen und äußerte mit der schönen Offenheit des Sach-Unkundigen als
eine Selbstverständlichkeit die Ansicht, dabei sei doch wohl nichts herausgekommen. Darauf schwieg Hilbert ganz still, während Frau Hilbert an der
Form meiner Äußerung offenbar Anstoß genommen hatte und sie lachend
zurückwies. 1917 — nach Abschluß der Untersuchungen zur Relativitäts-

---

[1] Grundlagen, Anhang VII oder Verh. Int. Math.-Kongreß Heidelberg (1904) S. 174
bis 185.

theorie — kam Hilbert mit großer Energie auf seine alten Gedanken zurück und brachte sie jetzt rasch zur Entfaltung, wobei ihm P. Bernays als unermüdlicher Kritiker und Mitarbeiter zur Seite stand. Die Entwicklung erhielt aber dadurch eine besondere Note, daß Hilbert von vornherein in Gegenstellung zu treten hatte gegen Bestrebungen, nach ganz anderen Grundsätzen die Mathematik von Widersprüchen zu befreien. Diese Bestrebungen gingen aus von L. E. J. Brouwer und H. Weyl, ihnen gemeinsam ist die Absicht, einen Teil der Analysis solide zu unterbauen, den Rest zu opfern, gemeinsam ist ferner die Auffassung, daß nur die tatsächliche Konstruierbarkeit eines mathematischen Dings seine logische widerspruchsfreie Existenz sicherstellen soll. Weyls Buch „Das Kontinuum" erschien 1918. Brouwer hatte schon früh[1] die Anwendbarkeit des Satzes vom ausgeschlossenen Dritten verneint bei Fragen, die eine Unendlichkeit von Dingen betreffen, und begann, ebenfalls um 1918, mit großer Kraft diejenigen Teile der Analysis aufzubauen, die ohne Anwendung dieses Satzes sich begründen lassen. Aber Hilbert lehnt jedes Opfer mathematischen Gutes ab. „Fruchtbaren Begriffsbildungen und Schlußweisen wollen wir, wo immer nur die geringste Aussicht sich bietet, sorgfältig nachspüren und sie pflegen, stützen und gebrauchsfähig machen. Aus dem Paradies, das Cantor uns geschaffen, soll uns niemand vertreiben können[2]." Zum erstenmal trat er mit seiner Theorie 1922 in Vorträgen an die Öffentlichkeit, die er in Kopenhagen und Hamburg hielt[3]. Sein Prinzip ist die „finite Einstellung", d. h. ein Operieren mit einer endlichen Anzahl von Zeichen und Formeln. Zunächst läßt sich ein elementarer Teil der Arithmetik abtrennen, bestehend aus solchen Überlegungen, in die jeweils nur eine endliche Anzahl ganzer Zahlen eingeht. Hier sind keine Axiome nötig, wir können inhaltlich mit einem einzigen Zeichen, 1, schließen. Die Schwierigkeiten beginnen aber sofort, wenn wir zu dem Bereich „aller" ganzen Zahlen übergehen, und zwar liegen sie gerade in dem Begriff „alle" und den damit zusammengehörigen der Negation und des „es gibt"[3]. An diese tritt Hilbert mit seiner bewährten axiomatischen Methode heran, indem er für die arithmetischen Begriffe (Zahlsein, Gleichheit, arithmetische Operationen usw.), aber auch für die logischen Begriffe (folgt, alle, Negation, es gibt usw.) Zeichen einführt und zwischen diesen ein System von Formeln (Axiomen) anschreibt. Er erklärt ebenso formal das Schlußschema und hat ein vollständiges Axiomensystem der Arithmetik dann, wenn sich aus dem Formelsystem durch Einsetzung und nach dem Schlußschema alle die Formeln ableiten lassen, die den, uns inhaltlich bekannten, arithmetischen Gesetzen entsprechen. Jede solche Ableitung, jeder

---

[1] Vgl. seine Akademische Antrittsrede „Intuitionisme en Formalisme" 1912.

[2] Grundlagen, Anhang VIII, S. 274 oder Math. Ann. Bd. 95, (1926) S. 170.

[3] Bd. III, Nr. 10 oder Abh. Sem. Hamb. Univ. Bd. 1, (1922) S. 157—177. — Ich fasse hier mit dem Hamburger Vortrag Teile des Inhalts späterer Veröffentlichungen zusammen.

„Beweis", besteht aus einer endlichen Anzahl untereinander geschriebener Formeln. Auf diesen Umstand gründet sich (hier kommen wir auf den Vortrag von 1904 zurück) die Methode zum Beweis der Widerspruchslosigkeit des Axiomensystems. Die widerspruchsvolle Formel (man kann ihr immer die Form $0 \neq 0$ geben) muß nämlich als Schlußglied einer endlichen Kette von Formeln erscheinen. Man gehe nun den vorgelegten „Beweis" rückwärts durch und weise aus dem formalen Charakter der einzelnen Zeilen nach, daß die widerspruchsvolle letzte Zeile nicht an sie anschließen kann. Die überzeugende Kraft des Hamburger Vortrags bestand darin, daß für ein vereinfachtes Axiomensystem der Widerspruchslosigkeitsbeweis vollkommen durchgeführt wurde. In der weiteren Entwicklung verdichtete sich das Interesse auf ein Axiom, das den Satz vom ausgeschlossenen Dritten ersetzen soll, das transfinite Axiom oder Axiom von der transfiniten Funktion, für die ich hier am besten die von Hilbert gegebene Veranschaulichung hinsetze: „Nehmen wir etwa für A das Prädikat ‚bestechlich sein', dann hätten wir unter τA einen bestimmten Mann von so unverbrüchlichem Gerechtigkeitssinn zu verstehen, daß, wenn er sich als bestechlich herausstellen sollte, tatsächlich alle Menschen überhaupt bestechlich sind"[1]. Wir nannten deshalb dieses τ den „Aristides". Es kommt wesentlich darauf an, die widerspruchslose Möglichkeit des Einbaus dieses Axioms in das System der arithmetischen Axiome zu beweisen[2]. Dies ist auch im gewissen Umfang gelungen[3], allerdings noch nicht so weit, daß sich die Widerspruchslosigkeit der Arithmetik auf diesem Wege ergäbe. Aus letzterem Grund wurde in den letzten Jahren eine Erweiterung des finiten Standpunkts vorgenommen und mit ihrer Hilfe der Beweis für die Widerspruchslosigkeit der Lehre von den ganzen Zahlen tatsächlich erbracht, während die entsprechende Behandlung des Gebietes der reellen Zahlen noch aussteht.

Hilbert hat sich viel höhere Ziele gesteckt. Er ordnet Zermelos Auswahlaxiom in seine Theorie ein[4]. In einem (in den „Grundlagen" nicht abgedruckten) letzten Teil seines Vortrags „Über das Unendliche"[5] skizziert er eine kühne Schlußreihe, die mit einem Lemma über die Möglichkeit der Entscheidung jedes mathematischen Problems beginnt[6] und von da aus zu einer Darstellung der Cantorschen transfiniten Zahlen durch Variablentypen und zur Lösung des Kontinuumproblems hinleitet. Auf höhere, noch ungelöste

---

[1] Bd. III, Nr. 11 S. 183 oder Math. Ann. Bd. 88, (1923) S. 156.

[2] In späteren Veröffentlichungen tritt an Stelle des „Gegenbeispiels" τ das positive charakteristische Element ε.   [3] Diss. Ackermann (DV. Nr. 65).

[4] Bd. III, Nr. 11 oder Math. Ann. Bd. 88, (1923) S. 151—165.

[5] Math. Ann. Bd. 95, (1926) S. 180—190.

[6] Es ist bemerkenswert, daß von einem solchen Beweis schon in dem Pariser Vortrag die Rede ist. Siehe die auf S. 406 wörtlich zitierte Stelle.

Probleme weist tiefgreifend und wirkungsvoll sein Vortrag vor dem Internationalen Mathematiker-Kongreß in Bologna hin[1].

Aber bis zur Ausführung dieser weitreichenden Pläne wird es noch ein langer, schwerer Weg sein, besonders weil die bisherigen Veröffentlichungen nur die skizzenhafte Form von Vorträgen haben. Einen großen Schritt vorwärts bedeutet es deshalb, daß 1934 der erste Band des groß angelegten Werkes Hilbert-Bernays „Grundlagen der Mathematik" erschienen ist[2]. Eine Darstellung der Hilbertschen Ausgestaltung des Logikkalküls ist schon 1928 herausgekommen: Hilbert-Ackermann „Grundzüge der theoretischen Logik"[3]. Die Fragen sind noch im Fluß, es sind, besonders von K. Gödel, gewichtige Einwände gegen die Beweistheorie erhoben worden. Aber Hilbert ist durchdrungen von der Überzeugung ihres endlichen Erfolgs, und jedenfalls ist sie eine Leistung von so hoher Originalität und Kraft, daß dieses Werk seines Alters zu seinen größten zählen wird[4].

In den Nachkriegsjahren hat Hilberts Vorlesungstätigkeit ein besonderes Gepräge erhalten. Von Pflichtvorlesungen und Prüfungstätigkeit hatte er sich freigemacht. So konnte er fast ausschließlich diejenigen Gebiete behandeln, die ihn gerade unmittelbar beschäftigten, besonders also Fragen der neuesten Physik und der Grundlegung der Mathematik. Er hat seine Vorlesungstätigkeit sehr geliebt, hat sogar während schwerer Krankheit zu Hause sein Eßzimmer mit 40 Stühlen zu einem Hörsaal einrichten lassen und dort gelesen. Auch seine 1930 gesetzesgemäß erfolgte Emeritierung hat an seiner Lehrtätigkeit nichts geändert. Er hat sie bis Ostern 1934 fortgesetzt. Eine neue Erscheinung bilden Vorlesungen ausgesprochen popularisierender Richtung. Vor allem aber ist zu erwähnen die dreimal gelesene „Anschauliche Geometrie", die, von St. Cohn-Vossen ausgearbeitet und auf den neuesten Stand der Forschung ergänzt, 1932 als Buch erschienen ist[5]. Hier werden fast ohne Beweise, vielfach durch Demonstration am Modell, in reicher Fülle solche geometrischen Tatsachen aufgezeigt, die in tiefere Zusammenhänge einleiten können. Man nehme etwa als besonders bezeichnend den § 32, Elf Eigenschaften der Kugel. Man verfolgt geradezu mit Spannung, welche Eigenschaften man da kennenlernen wird und zu welchen allgemeinen Fragestellungen sie Anlaß geben. Wir Hilbertschüler aber sehen das freundliche, etwas schelmische Lächeln und hören die liebevolle Modulation der Stimme, mit der Hilbert an der Tafel gesagt hat: „*Elf* Eigenschaften der Kugel ... also

---

[1] Grundlagen, Anhang X oder Math. Ann. Bd. 102, (1930) S. 1—9.
[2] Berlin: Julius Springer.   [3] Berlin: Julius Springer.
[4] [Zusatz bei der Korrektur Sept. 1935.] Der vollständige Beweis der Widerspruchslosigkeit der Zahlentheorie nach Hilberts Plan ist neuerdings G. Gentzen gelungen (Math. Ann. Bd. 112).   [5] Berlin: Julius Springer.

elf Eigenschaften der Kugel". Der Grundsatz des Buches ist Vermeidung aller Systematik: Spaziergänge, kein Marsch nach einem Ziel. Es ist bemerkenswert, daß sich in dieser Tendenz der ältere Hilbert mit dem so ganz anders gearteten Klein trifft.

Zum Schluß will ich eine Skizze von Hilberts Persönlichkeit geben, wie sie vor mir steht. Darin werden sich zwanglos die wenigen äußeren Ereignisse der letzten 20 Jahre einflechten lassen.

Hilbert ist ein ausgesprochener Lebenskünstler im guten Sinne des Wortes. Er hat es meisterhaft verstanden, sich immer die Verhältnisse und die Umgebung zu schaffen, die seiner Arbeit zusagen. Er ist einfach in seiner Lebensweise, aber braucht eine gewisse behäbige Ordnung. Es war erstaunlich, mit welcher Beharrlichkeit und welchem Scharfsinn er sich diese in den knappen Jahren des Kriegs und der Nachkriegszeit zu erhalten verstand[1]. Er ist in höchstem Maße Individualist und kann nicht mit fremdem Maßstab gemessen werden. Aber er ist nicht egozentrisch. Für fremde Leistungen ist er zugänglich, und trotz seines kritischen Scharfblicks gern anerkennend, gelegentlich sogar bewundernd. Er hat an allen seinen Studenten, besonders an den zu ihm kommenden jüngeren Gelehrten, jederzeit warmes Interesse genommen, und diejenigen, die er lieb gewonnen hat, vergißt er nicht. Er ist keine Kampfnatur; wo ihn aber gewichtige Anlässe zwangen hervorzutreten, hat er scharfe Waffen angewandt. Ganz schlicht im Auftreten, kennt er doch seinen Wert und weiß ihn, wo es darauf ankommt, hervorzuheben. So hat er in seinen jüngeren Jahren alle Arbeiten genau datiert, und als eine Zeitschrift ein Datum wegstrich, hat er ihr seine Mitarbeit dauernd entzogen. Von seinem Pariser Vortrag hat er einen französischen Auszug anfertigen und drucken und die Exemplare vor dem Vortrag im Publikum verteilen lassen: ein zweckmäßiges Vorgehen, das aber damals noch nicht Brauch war. Auch sein wissenschaftlicher Stil ist einfach, ohne Schmuck, aber von selbstbewußtem Ernst. Nicht selten sind Äußerungen des Stolzes auf ein schönes oder unerwartetes Ergebnis. Ehrungen sind ihm in überwältigendem Maße zuteil geworden. Er hat sie gern angenommen, aber kaum je davon gesprochen[2]. Einige Ehrungen der letzten Jahre seien genannt. Sein 60. und 70. Geburtstag waren große Feiern, die erste mehr im intimen Kreis der Freunde und Schüler mit einer Festschrift, zu der 54 Verfasser beigesteuert haben[3], die zweite mit öffentlichen Ehren und studentischem Fackelzug. Aber das echt Hilbertsche Gepräge verliehen beiden ein harmloser, geistreicher Humor und ungezwungene

---

[1] Der Krieg hat in seiner Familie keine Opfer gefordert, aber harte im Kreis seiner Freunde und Schüler.

[2] Vgl. eine Stelle des Nachrufs auf Minkowski. Bd. III, S. 363.

[3] Die Festschrift ist nicht im Handel.

Vergnügtheit. Am liebsten von allen Ehren, die er erhalten hat, ist ihm und seiner Frau das Ehrenbürgerrecht seiner Vaterstadt Königsberg, das ihm 1930 gelegentlich der dortigen Naturforscherversammlung und seines bekannten Vortrags „Naturerkennen und Logik"[1] verliehen wurde. Infolge seiner immer auf das Größte gerichteten Leistungen ist er frühzeitig in den ehrenvollen aber gefährlichen Rang der Altmeister aufgerückt. Daher in den letzten Jahren zahlreiche Einladungen und Reisen zu auswärtigen Vorträgen. Ein ergreifendes Zeugnis seiner internationalen Berühmtheit und Beliebtheit haben wir auf dem Kongreß in Bologna 1928 erlebt, dessen Erfolg er durch sein entschiedenes Auftreten in kritischer Zeit gesichert hatte. Als er damals zu seinem Vortrag nach dem Katheder ging, mühsam sich durch die Menge drängend, durch Krankheit blaß, eine schmächtige Greisengestalt, da erhob sich ein einmütiger Applaus, aus dessen Begeisterung die innerliche Herzlichkeit und Aufrichtigkeit klar herausklang.

Der Kopf des alten Hilbert ist ungewöhnlich ausdrucksvoll. Die hohe, breite, vorgewölbte Stirn, das schmale Gesicht und kleine Kinn kennzeichnen den geistigen Menschen. Aber der breitgespaltene, beim Lachen weit sich öffnende Mund bezeugt einen kräftigen physischen Einschlag. Er war körperlich gewandt und hat sich in verschiedenen Leibesübungen gern betätigt. Gartenarbeit ist ihm eine Erholung, er liebte Tanz und Bälle, wobei auch der ihm eigene Zug zur Galanterie Befriedigung fand. Er hat eine ungemeine Lebensenergie, und diese hat ihn in schwerer Gefahr gerettet. Früher von kräftiger, nur vorübergehend beeinträchtigter Gesundheit[2], erkrankte er 1925 lebensgefährlich an Anämie. Er kannte seine Krankheit und unterrichtete sich wissenschaftlich über sie. Aber er bewahrte den Glauben an seine Wiederherstellung und arbeitete in gewohnter Weise weiter, so viel es die körperliche Müdigkeit zuließ. Und sein Mut und seine Energie erhielten ihn aufrecht, bis das Wunder geschah und das 1927 herausgekommene Leberpräparat des Amerikaners Dr. Minot — das ihm durch tätige Hilfe treuer Freunde als einem der ersten zugute kam — die Genesung brachte, die nur während des Bologna-Kongresses durch einen bedenklichen Rückfall nochmals in Frage gestellt wurde. Ein unmittelbarer Ausfluß seiner Vitalität ist ein mit Humor verbundener natürlicher Frohsinn und ein unbegrenzter Optimismus, besonders in der Wissenschaft. Sein Königsberger Vortrag bringt im Anfang den Satz: „Wir haben in den letzten Jahrzehnten über die Natur reichere und tiefere Erkenntnis gewonnen als früher in ebenso vielen Jahrhunderten". Er endet mit dem berühmten — und leider auch viel mißverstandenen —: „Wir müssen

---

[1] Bd. III, Nr. 22 oder Naturwissenschaften Bd. 18, (1930) S. 959—963.

[2] Im Sommer 1908, dem Jahre vor Minkowskis Tod, machte er einen ihn sehr quälenden Zustand nervöser Erschöpfung durch, der durch einen längeren Aufenthalt in einem Erholungsheim behoben wurde.

wissen, Wir werden wissen". Ohne solchen Optimismus kann ein Mensch nicht Hilberts grundlegende Probleme angreifen.

Hilberts Intelligenz ist überragend. Nicht nur in der Wissenschaft, sondern auf allen Gebieten des Lebens, auch denen des kleinlichsten Alltags. Wenn auch seine Urteile oft paradox klingen, sie erweisen sich in großen Fragen schließlich als richtig. Es gibt unzählige Anekdoten, in denen er als der „zerstreute Professor" erscheint. Sie sind durchweg besser als sie wahr sind. Politisch hat er abgeklärte Anschauungen, im allgemeinen hat er wohl die durch seine Abstammung aus einer guten Königsberger Beamtenfamilie gegebene Richtung beibehalten. Seine künstlerischen und literarischen Interessen sind durchschnittlich. In der Musik widerlegt er das häufig — ohne Begründung — ausgesprochene Urteil, daß Mathematiker entweder sehr oder gar nicht musikalisch seien: er übt weder selbst Musik aus noch besucht er Konzerte, aber sein sorglich gepflegtes Grammophon mit dem Schatz wertvoller Platten gewährt ihm die angenehmste Unterhaltung. Als Wissenschaftler ist er kein Fachmensch. Innerhalb der Mathematik und theoretischen Physik ist ihm Allseitigkeit eine selbstverständliche Forderung. Aber er war von früher Zeit an auch philosophischen Betrachtungen offen und ist in den letzten Jahren auch selbst mit Vorlesungen und Vorträgen über Gegenstände der allgemeinen Naturerkenntnis an die Öffentlichkeit getreten[1]. Es kam ihm dabei darauf an, einerseits auch von der Naturwissenschaft her seinen finiten Standpunkt zu begründen und andererseits die Anwendbarkeit der axiomatischen Methode auch auf diesen Gebieten deutlich zu machen. Ein Beispiel einer feinen Analyse naturwissenschaftlicher Ergebnisse ist in dem Königsberger Vortrag die Diskussion der erbbiologischen Experimente an der Fliege Drosophila.

Der Mathematiker Hilbert hat einen schwer erklärlichen Zug. Ich habe viele Fachgespräche mit ihm geführt, die er sehr liebt und in denen er sich ungezwungen und mitteilsam gibt. Soweit sie seine eigenen Arbeiten betrafen, war dabei immer nur von dem Gegenstand die Rede, der gerade zur Veröffentlichung vorbereitet wurde. Andererseits ist die Plötzlichkeit, mit der er vielfach auf ganz neue Gebiete übergesprungen ist, und die reife Form gleich der ersten Publikationen darin nur zu erklären durch eine lange Vorbereitung und Vertrautheit mit dem Gegenstand. Ich kann nicht anders als annehmen, daß dieser Prozeß sich zum Teil unterbewußt vollzieht, in kurzen gelegentlichen Überlegungen, vielleicht während eines Spaziergangs oder während der Gartenarbeit, daß diese Überlegungen sich in einem ungewöhnlichen mathematischen Gedächtnis — das auch sonst belegbar ist — erhalten, und wenn

---

[1] Vorträge Zürich 1918 [Bd. III, Nr. 9 oder Math. Ann. Bd. 78, (1918) S. 405—415], Königsberg 1930 (l. c.) und die Einleitungen verschiedener logisch-mathematischer Vorträge.

das Interesse — viel später — sich diesem Gebiete zuwendet, plötzlich an das Licht treten. Sicher ist, daß Hilbert ununterbrochen mit mathematischen Gedanken beschäftigt ist. Das ist ein Fleiß, den man als unbewußt bezeichnen kann. Es tritt aber auch ein ehrfurchtgebietender, bewußter, echt kantischer Fleiß hinzu.

Zur Analyse der mathematischen Begabung unterscheide man einmal zwischen einer „Erfindungsgabe", die neuartige Denkgebilde erzeugt, und einer „Spürkraft", die in die Tiefen der Zusammenhänge eindringt und die vereinheitlichenden Gründe findet. Dann beruht Hilberts Größe auf einer überwältigenden „Spürkraft". Alle seine Arbeiten enthalten Beispiele weithergeholter Materialien, deren innere Verwandtschaft und deren Beziehung zu dem vorgelegten Problem nur er erkennen konnte, und aus deren Zusammenschluß sein Kunstwerk erwuchs. In bezug auf jene „Erfindungsgabe" möchte ich Minkowski höher stellen, ebenso von den klassischen Großen etwa Gauß, Galois, Riemann. An jener „Spürkraft" wird Hilbert nur von wenigen der Größten erreicht.

Man rühmt als sittlichen Wert der Mathematik, daß sie den Menschen zu strenger Wahrhaftigkeit leite. H. Scholz[1] hat in Ausdeutung Platonischer Ideen diesen Gedanken vertieft und hat den Typus des „intellektuellen Charakters" gezeichnet, das ist ein Mensch, dem pünktliches Denken so zum Wesen gehört, daß es sein Leben und Handeln dauernd entscheidend bestimmt. Ich weiß niemand, den man mit solchem Recht wie Hilbert als intellektuellen Charakter rühmen kann. Gewiß, wir wissen, die ratio ist nur ein Teil des Menschen, aber es ist derjenige Teil, der den Menschen als solchen erkennbar macht, und Hilbert erscheint mir als ein Ideal der zur Weisheit erhobenen, zum Charakter durchgebildeten ratio.

---

[1] Semesterberichte aus den Seminaren Bonn und Münster Wintersemester 1933/34.

a) Verzeichnis der von Hilbert gehaltenen Vorlesungen.

(Zu den mit einem * versehenen Vorlesungen existiert eine Ausarbeitung im Lesezimmer des Mathematischen Instituts der Universität Göttingen.)

Zahlentheorie, Algebraische Zahlen*, Algebraische Gleichungen, Invariantentheorie*, Determinantentheorie, Gruppentheorie, Numerische Gleichungen.

Differential- und Integralrechnung, Bestimmte Integrale und Fouriersche Reihen, Funktionentheorie*, Elliptische Funktionen*, Differentialgleichungen, Partielle Differentialgleichungen*, Variationsrechnung*, Integralgleichungen, Lineare Differentialgleichungen, Lineare partielle Differentialgleichungen, Funktionentheorie unendlich vieler Variabler, Automorphe Funktionen, Mathematische Methoden der neueren Physik.

Analytische Geometrie, Projektive Geometrie, Kugel- und Liniengeometrie, Krumme Linien und Flächen, Fokaleigenschaften der Flächen 2. Ordnung, Flächentheorie, Ebene algebraische Kurven, Allgemeine Theorie der algebraischen Gebilde, Anschauliche Geometrie*, Grundlagen der euklidischen Geometrie*, Grundlagenfragen der Geometrie.

Mechanik und Geometrie, Mechanik*, Mechanik der Kontinua, Hydrodynamik, Statistische Mechanik, Kinetische Gastheorie, Strahlungstheorie, Elektronentheorie*, Elektromagnetische Schwingungen, Molekulartheorie der Materie*, Grundlagen der Physik, Relativitätstheorie, Quantenmechanik.

Mengenlehre, Zahlbegriff und Quadratur des Kreises, Über das Unendliche, Grundlagen der Mathematik, Probleme der mathematischen Logik, Logische Prinzipien mathematischen Denkens*, Grundlagen der Logik.

Wissen und Denken, Die Einheit der Naturerkenntnis, Denkmethoden der exakten Naturwissenschaften, Natur und mathematische Erkenntnis, Einleitung in die Philosophie auf Grund moderner Naturwissenschaften.

b) Verzeichnis der bei Hilbert angefertigten Dissertationen.

(Das eingeklammerte Datum gibt den Tag der mündlichen Prüfung an, die zweite Jahreszahl das Erscheinungsjahr der Dissertation.)

1. BLUMENTHAL, OTTO: Über die Entwicklung einer willkürlichen Funktion nach den Nennern des Kettenbruches für $\int\limits_{-\infty}^{0} \dfrac{\varphi(\xi)\,d\xi}{z-\xi}$. (25. Mai 1898) 1898.

2. SCHAPER, HANS VON: Über die Theorie der Hadamardschen Funktionen und ihre Anwendung auf das Problem der Primzahlen. (26. Juli 1898) 1898.

3. DÖRRIE, HEINRICH: Das quadratische Reziprozitätsgesetz im quadratischen Zahlkörper mit der Klassenzahl 1. (29. Juli 1898) 1898.

4. FELDBLUM, MICHAEL: Über elementar-geometrische Konstruktionen. (12. Juli 1899) 1899.

5. BEER, FRITZ: Kriterien für Irrationalität von Funktionalwerten. (19. Juli 1899) 1899.

6. REID, LEGH WILBER: Tafel der Klassenanzahlen für kubische Zahlkörper. (28. Juli 1899) 1899.

7. BOSWORTH, ANNE LUCY: Begründung einer vom Parallelenaxiome unabhängigen Streckenrechnung. (31. Juli 1899) 1899.

8. DEHN, MAX: Die Legendreschen Sätze über die Winkelsumme im Dreieck. (8. Nov. 1899) 1900. Aus Math. Ann. Bd. 53, S. 404—439.

9. HILBERT, KARL SIGISMUND: Das allgemeine quadratische Reziprozitätsgesetz in ausgewählten Kreiskörpern der 2^h-ten Einheitswurzeln. (18. Dez. 1899) 1900.

10. MARXSEN, SOPHUS: Über eine allgemeine Gattung irrationaler Invarianten und Kovarianten für eine binäre Form ungerader Ordnung. (5. März 1900) 1900.

11. SAPOLSKY, LJUBOWJ: Über die Theorie der Relativ-Abel'schen kubischen Zahlkörper. (21. Juni 1900) 1902.

12. TOWNSEND, EDGAR JEROME: Über den Begriff und die Anwendung des Doppellimes. (12. Juli 1900) 1900.

13. RÜCKLE, GOTTFRIED: Quadratische Reziprozitätsgesetze in algebraischen Zahlkörpern. (22. Jan. 1901) 1901.

14. HEDRICK, EARLE RAYMOND: Über den analytischen Charakter der Lösungen von Differentialgleichungen. (20. Febr. 1901) 1901.

15. BERNSTEIN, FELIX: Untersuchungen aus der Mengenlehre. (2. März 1901) 1901.

16. NOBLE, CHARLES A(LBERT): Eine neue Methode in der Variationsrechnung. (14. Mai 1901) 1901.

17. BOY, WERNER: Über die Curvatura integra u. d. Topologie geschlossener Flächen. (19. Juni 1901) 1901.

18. HAMEL, GEORG: Über die Geometrieen, in denen die Graden die Kürzesten sind. (24. Juni 1901) 1901.

19. GERNET, NADESCHDA: Untersuchung zur Variationsrechnung. Über eine neue Methode in der Variationsrechnung. (28. Juli 1901) 1902.

20. ZOLL, OTTO: Über Flächen mit Scharen von geschlossenen Linien (Preisschrift). (29. Juli 1901) 1901.

21. MÜLLER, JOHANN OSWALD: Über die Minimaleigenschaft der Kugel. (24. Febr. 1902) 1903.

22. LÜTKEMEYER, GEORG: Über den analytischen Charakter der Integrale von partiellen Differentialgleichungen. (9. Mai 1902) 1902.

23. KIRCHBERGER, PAUL: Über Tchebychefsche Annäherungsmethoden. (17. Juli 1902) 1902.

24. KELLOGG, OLIVER DIMON: Zur Theorie der Integralgleichungen und des Dirichlet'schen Prinzips. (24. Nov. 1902) 1902.

25. FUETER, RUDOLF: Der Klassenkörper der quadratischen Körper und die komplexe Multiplikation. (23. Febr. 1903) 1903.

26. MASON, CHARLES MAX: Randwertaufgaben bei gewöhnlichen Differentialgleichungen. (24. April 1903) 1903.

27. KRAFT, ALBERT: Über ganze transzendente Funktionen von unendlich hoher Ordnung. (17. Juni 1903) 1903.

28. ANDRAE, ALBERT: Hilfsmittel zu einer allgemeinen Theorie der linearen elliptischen Differentialgleichung 2. Ordnung. (26. Juni 1903) 1903.

29. LIETZMANN, WALTHER: Über das biquadratische Reziprozitätsgesetz in algebraischen Zahlkörpern. (29. Okt. 1903) 1904.

30. SCHMIDT, ERHARD: Entwickelung willkürlicher Funktionen nach Systemen vorgeschriebener. (29. Juni 1905) 1905.

31. WESTFALL, WILHELMUS DAVID ALLEN: Zur Theorie der Integralgleichungen. (19. Juli 1905) 1905.

32. KISTLER, HUGO: Über Funktionen von mehreren komplexen Veränderlichen. (26. Juli 1905) 1905.

33. MYLLER, ALEXANDER: Gewöhnliche Differentialgleichungen höherer Ordnung in ihrer Beziehung zu den Integralgleichungen. (2. Mai 1906) 1906.

34. GILLESPIE, DAVID C(LINTON): Anwendungen des Unabhängigkeitssatzes auf die Lösung der Differentialgleichungen der Variationsrechnung. (25. Juli 1906) 1906.

35. LEBEDEFF, WERA: Die Theorie der Integralgleichungen in Anwendung auf einige Reihenentwickelungen. (24. Okt. 1906) 1906.

36. CRATHORNE, ARTHUR R(OBERT): Das räumliche isoperimetrische Problem. (21. Febr. 1907) 1907.

37. BROGGI, UGO: Die Axiome der Wahrscheinlichkeitsrechnung. (8. Mai 1907) 1907.

38. HASEMAN, CHARLES: Anwendung der Theorie der Integralgleichungen auf einige Randwertaufgaben in der Funktionentheorie. (28. Juni 1907) 1907.

39. CAIRNS, WILLIAM DEWEESE: Die Anwendung der Integralgleichungen auf die zweite Variation bei isoperimetrischen Problemen. (3. Juli 1907) 1907.

40. KÖNIG, ROBERT: Oszillationseigenschaften der Eigenfunktionen der Integralgleichung mit definitem Kern und das Jacobische Kriterium der Variationsrechnung. (10. Juli 1907) 1907.

41. HELLINGER, ERNST: Die Orthogonalinvarianten quadratischer Formen von unendlichvielen Variabelen. (17. Juli 1907) 1907.

42. WEYL, H(ERMANN): Singuläre Integralgleichungen mit besonderer Berücksichtigung des Fourierschen Integraltheorems. (12. Febr. 1908) 1908.

43. SPEISER, ANDREAS: Zur Theorie der binären quadratischen Formen mit Koeffizienten und Unbestimmten in einem beliebigen Zahlkörper. (3. März 1909) 1909.

44. HAAR, ALFRED: Zur Theorie der orthogonalen Funktionensysteme. (16. Juni 1909) 1909.

45. KAHN, GRETE: Eine allgemeine Methode zur Untersuchung der Gestalten algebraischer Kurven. (30. Juni 1909) 1909.

46. LÖBENSTEIN, KLARA: Über den Satz, daß eine ebene, algebraische Kurve 6. Ordnung mit 11 sich einander ausschließenden Ovalen nicht existiert. (30. Juni 1909) 1910.

47. COURANT, RICHARD: Über die Anwendung des Dirichletschen Prinzipes auf die Probleme der konformen Abbildung. (16. Februar 1910) 1910.

48. HECKE, ERICH: Zur Theorie der Modulfunktionen von zwei Variablen und ihrer Anwendung auf die Zahlentheorie. (3. März 1910) 1910. Siehe Math. Ann. Bd. 71, S. 1—37.

49. GRELLING, KURT: Die Axiome der Arithmetik mit besonderer Berücksichtigung der Beziehungen zur Mengenlehre. (8. Juni 1910) 1910.

50. HURWITZ, WALLIE ABRAHAM: Randwertaufgaben bei Systemen von linearen partiellen Differentialgleichungen erster Ordnung. (13. Juli 1910) 1910.

51. MÜHLENDYCK, OTTO: Klassifikation der regelmäßigsymmetrischen Flächen fünfter Ordnung. (7. Dez. 1910) 1911.

52. STEINHAUS, HUGO: Neue Anwendungen des Dirichlet'schen Prinzips. (10. Mai 1911) 1911.

53. FUNK, PAUL: Über Flächen mit lauter geschlossenen geodätischen Linien. (22. Mai 1911) 1911.

54. FÖPPL, LUDWIG: Stabile Anordnungen von Elektronen im Atom (1. März 1912) 1912. Auszug in: Journ. reine angew. Math. Bd. 141 S. 251—302.

55. JANSSEN, GERHARD: Über die definitionsmäßige Einführung der affinen und der äquiformen Geometrie auf Grund der Verknüpfungsaxiome. (19. Febr. 1913) 1913.

56. BOLZA, HANS: Anwendung der Theorie der Integralgleichungen auf die Elektronentheorie und die Theorie der verdünnten Gase. (2. Juli 1913) 1913.

57. GROMMER, JAKOB: Ganze transzendente Funktionen mit lauter reellen Nullstellen. (16. Juli 1913) 1914. Aus: Journ. reine angew. Math. Bd. 144 S. 114—166.

58. BAULE, BERNHARD: Theoretische Behandlung der Erscheinungen in verdünnten Gasen. (18. Febr. 1914) 1914. Aus: Annalen der Physik F. 4 Bd. 44.

59. SCHELLENBERG, KURT: Anwendung der Integralgleichungen auf die Theorie der Elektrolyse. (24. Juni 1914) 1915. Gekürzt in: Annalen der Physik F. 4 Bd. 47.

60. PRANGE, GEORG: Die Hamilton-Jacobische Theorie für Doppelintegrale (mit einer Übersicht der Theorie für einfache Integrale). (21. Dez. 1914) 1915.

61. BEHMANN, HEINRICH: Die Antinomie der transfiniten Zahl und ihre Auflösung durch die Theorie von Russell und Whitehead. (5. Juni 1918) 1922.

62. WINDAU, WILLI: Über lineare Differentialgleichungen vierter Ordnung mit Singularitäten und die dazugehörigen Darstellungen willkürlicher Funktionen. (7. Juli 1920) 1921. Aus: Math. Ann. Bd. 83 S. 256—279.

63. KNESER, HELLMUTH: Untersuchungen zur Quantentheorie. (2. März 1921) 1921. Aus: Math. Ann. Bd. 84 S. 277—302.

64. ROSEMANN, WALTHER: Der Aufbau der ebenen Geometrie ohne das Symmetrieaxiom. (11. Dez. 1922) 1923.

65. ACKERMANN, WILHELM: Begründung des „tertium non datur" mittels der Hilbertschen Theorie der Widerspruchsfreiheit. (4. Aug. 1924) 1925. Aus: Math. Ann. Bd. 93 S. 1—36.

66. SUDAN, GABRIEL: Über die geordneten Mengen. (20. Juli 1925) 1925. Aus: Buletinul de Stinţe Matematice pure şi aplicate. Anul 28.

67. CURRY, HASKELL BROOKS: Grundlagen der kombinatorischen Logik. (24. Juni 1929) 1930. Aus: American Journ. of Math. Bd. 52 S. 509—536, 789—834.

68. SCHMIDT, ARNOLD: Die Herleitung der Spiegelung aus der ebenen Bewegung. (20. Juli 1932) 1934. Aus: Math. Ann. Bd. 109 S. 538—571.

69. SCHÜTTE, KURT: Untersuchungen zum Entscheidungsproblem der mathematischen Logik. (10. Mai 1933) 1934. Aus: Math. Ann. Bd. 109 S. 572—603.

c) Verzeichnis derjenigen Hilbertschen Schriften, die nicht in die Gesammelten Abhandlungen aufgenommen worden sind.

Es handelt sich im folgenden hauptsächlich um solche Abhandlungen, die schon früher entweder in den „Grundlagen der Geometrie" 1.—7. Auflage, Leipzig, oder in den „Grundzügen einer allgemeinen Theorie der linearen Integralgleichungen", Leipzig und Berlin 1912 (zitiert als „Grundlagen" bzw. „Grundzüge") erschienen sind. Nicht aufgenommen sind im folgenden Verzeichnis solche Arbeiten, die ohne größere Veränderung in mehreren Zeitschriften abgedruckt sind, und von denen in den Gesammelten Abhandlungen nur eine zum Abdruck gekommen ist.

1. Über eine allgemeine Gattung irrationaler Invarianten und Kovarianten für eine binäre Grundform geraden Grades. Berichte über die Verhandlungen der Königlichen Sächsischen Gesellschaft der Wissenschaften zu Leipzig. Math.-phys. Klasse Bd. 37, (1885) S. 427—438.

2. Über die Büschel von binären Formen mit der nämlichen Funktionaldeterminante. Berichte über die Verhandlungen der Königlichen Sächsischen Gesellschaft der Wissenschaften zu Leipzig. Math.-phys. Klasse Bd. 39, (1887) S. 112—122. Vgl. diese Abh. Bd. II Nr. 12, Anm. d. Hrgb.

3. Über die Theorie der algebraischen Invarianten. I. Note, Nachr. Ges. Wiss. Göttingen 1891, S. 232—242; II. Note, Nachr. Ges. Wiss. Göttingen 1892, S. 6—16; III. Note, Nachr. Ges. Wiss. Göttingen 1892, S. 439—449. Vgl. Anm. d. Hrg. zu der Abhandlung Bd. II Nr. 19 dieser Ges. Abh.

4. Über volle Invariantensysteme. a) Verhandlungen der Gesellschaft deutscher Naturforscher und Ärzte, 64. Versammlung zu Halle a. S. 1891, S. 11—12. b) Jber. dtsch. Math.-Ver. Bd. 1, (1892) S. 61—62. Vgl. diese Abh. Bd. II Nr. 19.

5. Über die gerade Linie als kürzeste Verbindung zweier Punkte. Math. Ann. Bd. 46, (1895) S. 91—96. Vgl. „Grundlagen".

6. De Séguier: Formes quadratiques et multiplication complexe d'après Kronecker. Göttingische gelehrte Anzeigen 1895, S. 11—14.

7. Grundlagen der Geometrie, 1.—7. Auflage. Leipzig, B. G. Teubner.

8. Über den Zahlbegriff. Jber. dtsch. Math.-Ver. Bd. 8, (1900) S. 180—184. Vgl. „Grundlagen".

9. Über die Grundlagen der Geometrie. a) Nachr. Ges. Wiss. Göttingen 1902, S. 233 bis 241; b) Math. Ann. Bd. 56, (1902) S. 381—422. Vgl. „Grundlagen".

10. Neue Begründung der Bolyai-Lobatschefskyschen Geometrie. Math. Ann. Bd. 57, (1903) S. 137—150. Vgl. „Grundlagen".

11. Über den Satz von der Gleichheit der Basiswinkel im gleichschenkligen Dreieck. Proc. Lond. Math. Soc. Bd. 35, (1903) S. 50—68. Vgl. „Grundlagen".

12. Theorie der algebraischen Zahlkörper. Theorie der Kreiskörper. Encyklopädie der mathematischen Wissenschaften mit Einschluß ihrer Anwendungen Bd. I (2) S. 675 bis 698 und S. 699—714.

13. Grundzüge einer allgemeinen Theorie der linearen Integralgleichungen. Nachr. Ges. Wiss. Göttingen, 1.—6. Note, 1904, S. 49—91; 1904, S. 213—259; 1905, S. 307—338; 1906, S. 157—227; 1906, S. 439—480; 1910, S. 355—417 und Zusammenfassung 1910, S. 595—618. Vgl. „Grundzüge".

14. Über die Grundlagen der Logik und Arithmetik. Verhandlungen des 3. internationalen Mathematiker-Kongresses in Heidelberg. Leipzig 1905, S. 174—185. Vgl. „Grundlagen".

15. Über eine Anwendung der Integralgleichungen auf ein Problem der Funktionentheorie. Verhandlungen des 3. internationalen Mathematiker-Kongresses in Heidelberg, S. 233—240. Leipzig 1905.

16. Grundzüge einer allgemeinen Theorie der linearen Integralgleichungen. Leipzig und Berlin, B. G. Teubner. 1912. 2. Auflage 1924.

17. Begründung der kinetischen Gastheorie. Math. Ann. Bd. 71, (1912) S. 562—577. Vgl. „Grundzüge".

18. Die Grundlagen der Physik. Nachr. Ges. Wiss. Göttingen 1915, S. 395—407 und 1917, S. 53—76. Vgl. auch Abh. 16 dieses Bandes.

19. Über das Unendliche. Math. Ann. Bd. 95, (1926) S. 161—190 und Jber. dtsch. Math.-Ver. 1927, S. 201—215. Vgl. „Grundlagen". Auszug.

20. Referat über die geometrischen Schriften und Abhandlungen Hermann Weyls, erstattet der Physikalisch-Mathematischen Gesellschaft an der Universität Kasan. Bull. Soz. Phys.-Math. Kazan. Reihe III, Bd. 2, (1927).

21. Über die Grundlagen der Quantenmechanik (gemeinsam mit J. v. NEUMANN und L. NORDHEIM). Math. Ann. Bd. 98, (1928) S. 1—30.

22. Die Grundlagen der Mathematik. Hamb. Sem. Bd. 6, S. 65—85. Vgl. „Grundlagen".

23. Probleme der Grundlegung der Mathematik. Math. Ann. Bd. 102, (1930) S. 1—9. Vgl. „Grundlagen".

24. Beweis des tertium non datur. Nachr. Ges. Wiss. Göttingen 1931, S. 120—125.

Ferner:

D HILBERT und W. ACKERMANN: Grundzüge der Theoretischen Logik. Berlin, Julius Springer, 1928.

D HILBERT und S. COHN-VOSSEN: Anschauliche Geometrie. Berlin, Julius Springer, 1932.

D HILBERT und P. BERNAYS: Grundlagen der Mathematik. Erster Band. Berlin, Julius Springer, 1934.

Printed in the United States
By Bookmasters